人文生境

文明、生活与宇宙观

王铭铭 著

生活·讀書·新知 三联书店

图书在版编目（CIP）数据

人文生境：文明、生活与宇宙观 / 王铭铭著. —北京：生活 · 读书 · 新知三联书店，2021.9
（文史新论）
ISBN 978 – 7 – 108 – 07100 – 2

Ⅰ. ①人… Ⅱ. ①王… Ⅲ. ①人类学 – 研究 – 中国 Ⅳ. ① Q98

中国版本图书馆 CIP 数据核字（2021）第 038524 号

责任编辑 钟 韵
装帧设计 蔡立国
责任印制 宋 家
出版发行 生活 · 讀書 · 新知 三联书店
（北京市东城区美术馆东街 22 号 100010）
网 址 www.sdxjpc.com
经 销 新华书店
印 刷 北京市松源印刷有限公司
版 次 2021 年 9 月北京第 1 版
2021 年 9 月北京第 1 次印刷
开 本 635 毫米 × 965 毫米 1/16 印张 43
字 数 558 千字
印 数 0,001 – 5,000 册
定 价 98.00 元
（印装查询：01064002715；邮购查询：01084010542）

目　录

第三编　东西方文明论

第四编　生活世界的广义人文关系界定

第五编　宇宙观与文明的差异与关联

自　序

在现代社会科学中，一提起“人文”，人们便会自然想到18世纪末在欧洲文明中出现的“‘人类学’所有唾手可得的锦囊妙计”。[1]据福柯（Michel Foucault）[2]，这一“锦囊妙计”的产生，大背景是所谓“古典时代”（17世纪中叶之后一段时间）词/物和身/心对反语义格局导致的“认识型”（l'épistémè）突变，其结局为一种将人当作“物之裂隙”的“人文科学”的出现。“人文科学”主张实证地审视活着、劳作、交谈的人，但它自身却制造和传播了某种吊诡的人生观和世界观：它将人回归于物，却又将人分离于世界（即我们所谓的“天”）之外；它确立了人这个范畴，却又没有赋予人主体性（即我们所谓的“人”）。[3]

作为科学对象的“人文”，确是近代西方的创造，但在我们身处其中的华文世界里，这个词并不新鲜。

《易经》这本古书里便有条被广为引用的传文，关于“人文”，它说：“刚柔交错，天文也；文明以止，人文也。”其大意是：“阴阳刚柔相互错杂，构成自然物象景观；文明约束人类行止，构成社会典章制度。”[4]挑出来看，这句话中的“人文”一词，所指与19世纪西方

---

〔1〕 福柯：《词与物：人文科学考古学》，莫伟民译，上海：上海三联书店，2001，前言12页。
〔2〕 据一种看法，福柯是一位致力于以身体－知识－权力三位一体之形态替代身心二元对立论及精神－观念论传统的法国思想家。见李猛：《福柯与权力分析的新尝试》，《社会理论学报》1999年第2期，375—413页。
〔3〕 福柯：《词与物：人文科学考古学》，449—506页。
〔4〕 陈鼓应、赵建伟：《周易今注今译》，北京：商务印书馆，2016，212页。

“人文科学”中的“社会”“文化”“文明进程”等近似。然而，从整句看，“人文”的意思就不大一样了。《易经》之传文接着上句还说，“观乎天文，以察时变；观乎人文，以化成天下”，前一句意思是，“观察自然物象，可以察知时序变化”，后一句意思是，“观察社会典章，可以化育成就天下之人”。古人似乎也将“天文”（如哲学家替我们指出的，这并不是现代天文学意义上的“天文”，而泛指“自然物象”）与“人文”分列，但在他们那里，“人文”的“人”字，并不是指那种分裂于世界之外的存在范畴。古人对于“天人”的想象与今人大有不同：叙述时，他们并没有对立看待（或者说，“观”）分列的两方，并没有因为要对宇宙和人生加以“区分”而割裂被区分的二者之间的关系；相反，“天文”与“人文”都有同一个“文”字，无论这个字是指纹样、纹理、文字，还是相对于“武”的文，它都如《说文解字》所言，不过是“象交叉”而已，并没有现代用以将人区分于天的“文化”的意思。

《易经》是古代世界智慧的产物，这一世界智慧的主张是，“顺性命之理”（所谓“性命”，与“生”字息息相关），“立天之道曰阴与阳，立地之道曰柔与刚，立人之道曰仁与义”，通过这些来“兼三才而两之”，“分阴分阳，迭用柔刚”（《易经·说卦》）。在这一主张展现的图景里，“天文”与“人文”二者各自的生成和力量消长，遵循同样的规律，相互映照、互为条件；人与物均有“文”，我们无须在二者之间作现代意义上的心或物的归结，而只需要“观”（感知），便可以理解人内在于世界（即我们所谓的“天”）的气质，在获得人的主体性之同时获得其客体性。

我所谓的“人文”，背对近代认识型，面向这个从一古老话语中引申而来的“古式宇宙观”（必须强调指出，我之所以泛称其为“古式”，乃因我并不相信，《易经》的“逻辑”是个别或特殊的）。

我将“人文”和“生境”两个词组合成这本书的书名；其中，

“生境”二字，与“人文”一样，也有其“现代解”——它往往让人想到生态学。现如今，这个词既已被广泛用来翻译西文 habitat、biotope 等生态学概念，它一般指生命栖息地的“环境”。众所周知，“环境”本不只是由非生物构成的；生命个体、群落或种群栖息之地及其周遭，若是没有其他有机体，那这些生命体便无以维生了。而如不少前辈人类学家指出的，除了现代“理性人”之外，栖息于地球不同区位的众多“前理性人”（兴许，这类人也包括了如我这样的并不谙熟近代科学理性的现代人），并没有划分生物与非生物的习惯；在他们的感知里，万物普遍有生命力，世界生机盎然，作为世界组成部分的各类“环境”亦当如此。

“生态学”本应含有生机盎然的意思，对这个意思，中文其实比其所译释的西文更有表现力。

西文“ecology”在 19 世纪中叶得到发明时，凭靠古希腊“房屋”“住所”之类观念获得含义，而这类观念，在设置万物与天地的联系机制时，在其中暗藏了某种自他物我相分的分类－逻辑中心主义玄机。在这一玄机的作用下，“理性人”用生与非生、有机与无机二元对立的种种“行话”，将“生态”理解为与“生”无涉的“不动产”（当然，必须指出，诸如“房屋”或“住所”之类“不动产”，在原始人和古人眼里，其实也不是死的）。对我而言，这无异于消解了“生态”本应有的意义。

鉴于由“ecology”观念生长出来的概念所表达的世界看法并不真切，作为一个着迷于“泛生论”（人类学家曾以“animatism”一词[1]指涉这种宇宙观）、“神话事实”的研究者，我将生活和思想的“基本形式”与生生不息这个意象关联起来，而不准备用那些用以“归类”和“分析”的词来界定“生境”。

---

〔1〕 Robert Marret, “Pre-animistic religion,” in his *The Threshold of Religion*, London: Methuen & Co., Ltd., 1914, pp. 1-28.

这里界定的“生境”，大体是指：所有存在体均为有生者；有生者因其“生动”而产生相互关系，这些相互关系构成个体性和群体性生命的存在条件，在这些“条件”中，存在体是在其他存在体“共同在场”的情景中生成和成长的；无论它们是人还是非人，是“超人”（神圣的存在）还是物，这些存在体即使没有意识，为了“生”，它们也必须遵从“相生”原理，因而，“生境”自然而然也带有道德（不只是人间道德）上的含义。

在我看来，“人文”若是脱离“生境”便无法真切理解，而“人文生境”，大致可以指泛化的生命之自他物我相互关联、互为条件、主客杂糅的状态（如果我们一定要追究生命的“本体”，那么我认为，这一本体在多数情况下，并不是“泛灵论［animism］”观点所主张的那种与“肉”相对的“灵”，而是这类“存在状态”本身）。

* * *

我是一位社会人类学研究者，践行着专业内的“习惯法”，采取“窥视法”，从人间之一小局部进入生活世界，求知这一小局部之内里的“秩序”（无论这是指“组织”“结构”，还是“文化”）。我从亲属制度、交换、巫术、崇拜、仪式、神话、支配等侧面进入人的研究，将绝大多数时间和精力投入到以民族志（ethnography）方法求知人文世界内在结构的工作中去。我本无暇顾及人的生境；我所做的，可以说正是对割裂在生境之外的“人间”（特别是共同体、社会、国家、文化区域系统中的“人间”）的“参与观察”，而我自己也因此可谓是通过专业实践播化近代认识型的人。

然而，我对“好人类学”的想象[1]，却又不曾远离“人文生境”

〔1〕萨林斯（Marshall Sahlins）先生曾在闲谈中告诉我，当列维-斯特劳斯（Claude Lévi-Strauss）被问及“结构人类学”为何时，他在沉默片刻后答道，“那就是好人类学”。

所代表的方向。这不是出于自觉，而大抵是某种“文化基因”使然——正是后者中的某种近似“究天人之际”的信息启迪了我，使我对“好人类学”的想象，有别于我所从事的专业的一般界定。

堆积成山的社会人类学著述，都可谓“后人文科学”的成就，它们既已合成一个新传统。这一新传统本是为了拯救人的主体性而设的，因而有这样的标准：唯有那些对规模不一的社会共同体施加的整体民族志把握，方值得积累。很显然，这个新传统，形同一种“认识姿态”，它业已在学界取得某种主导地位，这一地位之确立，再次导致了现代性的断裂。19世纪，“人文科学”尚有一部分致力于揭示活着的人之自然本质，而20世纪，多数社会人类学家则通过他们的著述消解了人的这一本质，致力于提升疏离于世界的人之社会境界。

带着“文化基因”使然的那种心境，我介入了批判认识论研究，借之思索这样一个问题：既然民族志整体把握往往要以清除社会实体与社会实体之间、人与自然物象之间、主观与客观之间的关系纽带为代价，那这一方法是否真的是知识人接近其致力于认识的真实的好途径？

由是，我对所从事专业的吊诡生发了一些反思性的感想。无论这些感想是书本知识带来的，还是源自经验研究心得，它们都已有了效用——它们使我认识到，要给世人提供一种“好人类学”，便先要平衡整体民族志把握与“超整体”的关系理解。

我深知，要做到这点，很是困难，我们要冒一些风险。我勉为其难，带着内心的纠结，做了一项抉择：对学科长期以来对人文世界的“反人文生境”界定给予“否思”。

在摸索人文世界的社会性和历史性的纹理过程中，我默默关注到对近现代知识史产生了深刻影响的两种主张：一是那种将国族这种人间共同体的扩大版视作社会有机体最高形式的看法，二是那种将人割裂于其生境之外并视后者为人的对象、敌手和资源的人类中心主义观点。这两种主张都源自西方的科学精神，而如钱穆所言，这一精神虽源于近代，却“依然脱不了古希腊人的格言，所谓‘知识即权力’，而要求这一种权力之无限伸张，则是近代文化一特征”。[1]有意（为了抵制“人文科学”权势格局）无意（凭靠散漫的惯性）之间，我时而对从上述两者中的前者衍生出来的民族志整体把握主张进行特定社会政治史根基之考据，时而对与之紧密关联的后者（我深知，它从一个别样的角度，论证了那个有问题的方法的有效性，并与之一道，将那个有问题的世界看法推行于世）加以相对化。在宇宙观的比较和关联研究中，我模糊感到心中怀有同时触及国族主义和人类中心主义社会科学观之内在危机的希望。但这一希望稍纵即逝，于是我“东一榔头，西一棒子”，一会儿猜想着文明论如何启迪我们建设性地批判“国族营造社会科学”（nation-building social sciences），一会儿回归于“混沌式”古代人、物、神合一的宇宙观，思索着如何可以返本开新，复原我称之为“广义人文关系”的现实－想象体系。

这部文集所收录的二十二篇体裁不尽相同的文章，便是在“一心二用”中写下的。因而，尽管其主要关注点是作为社会科学之一门的人类学之问题与前景，它们却也兼及哲学和历史的某些主题和内容。

在这些文章成文之前，我的“一心二用”其实已经留下不少痕迹；其中，印在几年前出版的《超社会体系：文明与中国》一书[2]上的那些形影，堪称突出。在该书收录的文章中，我将自己对国族主义与人类中心主义的体会转化为对文明与广义人文关系的畅想；在这些由自体会的畅想中，我试图综合自己对既有理论的理解（这些理解不免有其倾向性）及对古今之变的认识（这些认识不免失之于印象化），重构国族与世界之间的中间环节（即“超社会体系”）意象，并从两

〔1〕钱穆：《文化学大义》，北京：九州出版社，2017，94页。
〔2〕王铭铭：《超社会体系：文明与中国》，北京：生活·读书·新知三联书店，2015。

个方面——古代文明形态及其现代命运，宇宙观与中国历史时间性的“非中国相关性”——赋予这一意象以形质。

本书可以说是《超社会体系：文明与中国》之续集，在其汇编的文本中，我接续在前著中展开的畅想，求索社会生命赖以成其自身的“生境”之样貌。

个别文章（如第一编中的《局部作为整体》一文）杂糅了我的双重旨趣，但多数还是有明显不同的侧重点。我顺着文本的内容偏向，将之归为五编。

第一编所含的九篇文章，从不同角度处理“人的研究在中国”（费孝通语）遗留的问题。这些都并非学科史研究的专业作品，而只是相关“历史碎片”组合起来的议论文。它们的具体主旨各异、篇幅长短不一、风格有别，但共同担当了一项任务：通过追溯一门社会科学的认识起源，反思一个文明传统落入现代国族世界体系框套的历程。用布尔迪厄（Pierre Bourdieu）的观点看，这一历程亦可以理解为学者主动为创建现代国家之“正式修辞”提供方法和思路的过程。[1]如我在第一篇文章中指出的，与其他社会科学学科一样，中国人类学在认识方法上广受各种现代看法的影响，但在其研究领域和旨趣的界定上，却表现出突出的特征——传统上，它将“研究对象”圈定在国界内部，侧重研究国族的“内部他者”。无论是其秩序主义社会学式，还是其历史主义民族学式，抑或20世纪30年代以来长期存在的“杂糅式”，作为社会科学之一门的中国人类学，都无疑取得过值得称道的成就。然而，这门学科是在国族时代“格式化”的，其知识严重受制于当时的主导认识姿态，其从业者为了获得其“学术生涯”，也必定需要为创生中的现代国家积累“学术资本”。更严重的

〔1〕 Pierre Bourdieu, *On the State: Lectures at the Collège de France*, trans. David Fernbach, Cambridge: Polity Press, 2014, pp. 44-64.

是，如我在数篇文章中指出的，由于它以营造对应于“后圣王时代”世俗国家的人间社会为己任，在中国，这门学科发挥深刻社会和政治影响的最主要局部，既难以获得其原来向往的“远方之见”，又尚待在拓展视野中还给生活世界一个含“超人间”内涵的本来面目。问题表面上看似源自抵制西方话语势力的“西学中国化”，而实则远为复杂：所谓“中国化”，与“国族营造社会科学”对于本文明“前现代时期”的人文学和宇宙观传统之颠覆有直接关系；在其中，现代化和国族史重建实为“去传统计划”的手段。

在第一编收录的篇章中，我松散地述及自己对差序格局、社区研究、阶段论社会形态学、边疆/中间圈、民族、民族化学术的看法。写作这些篇章的总旨趣在于，借助对学科的东方“国族化”历程的反思性叙述重申：要使社会科学从其“国族营造使命”中解放出来，我们有必要在历史时间和民族志地理空间的远方借来“超社会”的文明镜片，重新认识社会科学研究对象群。

必须指出，我并没有因为要“否思”学科史长期面对的“国族营造”压力而否定前辈的建树。

收录于第一编的九篇文章，按学科史时间线索的先后顺序编排，先触及清末以来人类学从进步主义启蒙转入社区研究和民族史志研究的历程，接着描绘了这门学科于20世纪50年代转回进步主义阶段论社会形态学研究的情景，再接着勾勒了过去四十年来中国人类学在“西方主义”与“中国主义”之间“挣扎”的面貌。我深知，在这三个阶段中，我从事的这门学科持续迎合“国族营造使命”，但这并没有妨碍我们的先贤在他们的文字中留下各种微妙的“余地”。在我看来，若深加思索、善加综合，这类“余地”将可以汇合成某种“关系主义”视野，将有助于我们重新发现社会共同体本有的内外、上下、前后、左右关系，并复原“社会”的“非国族”地理-宇宙观、等级、历史时间性、内在传统/派系多样性的关系秩序（我称之为“文明”)。因而，在述评身处不同阶段的前辈著述时，我有意赋予它们一定的当代性，与“现在的我”杂糅，使之从历史的阴影中脱身而出，进入当代的思想领域。

第二编所含的三篇札记，综合概念史、“学派史”、个人研究和教学工作中的体会及个人对学科奠基人在时局之变中做出的抉择（特别是在战争阴云密布的20世纪初，法国社会学年鉴派做出的“文明研究转向”）之理解，进一步揭示民族志整体把握的人间主义问题，陈述个人对超越局限之可行途径的看法。

第三编收录的两篇长文之一，旨在梳理一种有突出价值的文明研究构想之缘起与系统化。在文章中，我指出，这一叙述（即年鉴派社会学文明研究构想）表达了社会人类学先驱者对国族与世界之间的中间环节的思考，这一思考对于我们当下重新展开跨社会、跨地区研究有着重要启迪。列入这一编的另一篇论文，则集中考察20世纪初康有为的相近思考。在该文中，我以完成于1904年底的《意大利游记》为“个案”，考察了康有为思想世界的一个局部。经由比较，我阐明，康有为与法国社会学年鉴派导师涂尔干是同龄人，二者不约而同，在20世纪初展开了文明的构想，前者将诸文明视作“三世”的中间环节（升平），后者将“超社会现象”视作国族与世界之间的中间领域，二者理解的文明有着差异，但对于国族观念的局限之揭示，却异曲同工，值得我们有选择地借鉴。

第一至第三编中的文章，重点处理国族主义社会观带来的问题，而第四编和第五编所含的文章，则侧重思考如何同时从现实生活和“形而上的”宇宙观领域的关系面向，将社会、文化、文明开放给自然这一问题。

在第四编的前两篇和最后一篇文章里，我陈述了对广义人文关系的看法并梳理了相关研究的学术脉络。总体而言，这些文章都聚焦于作为人类学研究基础层次的民族志，它们批判了现代西方民族志将被研究“土著”当作没有他们自己的我他观念的“他者”（对我而言，这无异于将西方人类学家当作被研究者的“唯一他者”）的做法，致力于将“他者”还原为“地方世界”中的“自他物我”关系。

如我在收在第四编的《民族志——一种广义人文关系学的界定》一文中表明的，民族志之名，来自“民族+志”，这一组合是近代知识者基于古希腊文制造出来的，它与欧洲国族社会形态貌合神离。多数经典民族志研究单元一般超脱于“民族”，其描绘的物质、社会和精神世界，是“ethnos”（民族）的真正含义，而“ethnos”指与近代西方“个人”不同的另一类“为人之道”。在民族志叙述中，“人”不乏其个体性，但这一个体性通常与内在差异化、人格外在化特征杂糅，其本体论属性不可单独以“世间性个体”来理解。在此意义上的“人”，是含有人、神、物诸存在者之间的关系的生命体。“人”的这些复合内容，曾被界定为“文化”的诸“因子”或“方面”，而如我理解的，“文化”最好被理解为人文关系的状态。在我看来，人文关系，是“己”与广义的“它”之间的关系，是“世内存在者”与“世界”的关系。所有这些关系分布在大小不一的社会共同体中，即使我们观察的是一个范围狭小的村庄，这些关系依然可以得到清楚的表现。因此，对民族志书写者而言，所有地方，都必须被理解为“世界”，在人文关系的“世界”中，“己”与“它”（或“广义他者”）的关联可以被分解为几类关系及其认知，但其本来面目却是浑然一体的。比较不同民族志，可以看到，不同宇宙观和文明都会“因地制宜”，形成人中心、神中心或物中心的不同形貌，它们相互之间有着差异，但以内在于这些形貌的复合性观之，它们却存在突出的一致性。如此一来，民族志世界中的“自他物我”关系，便犹如古代中国之词，虽有“无我”与“有我”之不同境界，但都关乎“我”，与此同时，情景远离“我者”的“他者”民族志研究，亦总是关乎民族志作者这个“己”。[1]

---

〔1〕 王国维：《人间词话》，北京：中国人民大学出版社，2004，1—2 页。

我拟借这类方法论叙述表明，民族志研究的重点，本应放在考察被研究者与这些不同类的“他者”之间实际的和想象的关系这一工作上。“民族志”一词中的“民族”，确是指“社会共同体”，但所谓“社会共同体”并不是由狭义的人文关系构成的，而是由人人、人物、人神这些广义人文关系结合起来的生活世界。人类学家要基于多部民族志展开比较研究，并借助比较研究的展开提出理论，便要对不同民族志展现的这些不同形态的广义人文关系加以比较。

第四编也收录了一篇述及某些古书（如《山海经》）的文章，其中呈现了我对书中描述的广义人文关系体系的理解。

此编还收录有另一篇文章，是由 2018 年 12 月在上海大学召开的“山与社会”学术工作坊上的口头主旨发言整理而成的，陈述了我对社会的“非人基础”的有关看法。

汇编入第四编中的所有文章，是为民族志方法之改良而写的；在其中，我侧重陈述生活世界研究上的主张。不过，实际上，这些文章都已述及宇宙观。撰写时，我在不少地方有批评地参考了二十年来对人类学产生重要影响的“本体论转向”（ontological turn）或“本体论人类学”（ontological anthropology）的主要成果，我将这些成果视作早已存在的宇宙观研究传统在新世纪的回响。我没能忘记，许多年前利奇（Edmund Leach）对宇宙观给予的诠释。利奇指出，宇宙观不受现实世界局限，是人们自由想象的成果，有着不受现实世界的边界拘束的特征。与此同时，宇宙观也是人发明的，必然带有人所在的现实世界的痕迹，可谓是其生活世界的“形而上变体”。因而，要对宇宙观展开研究，便要重点考察人的想象世界与现实世界之间的结构转化关系。[1] 我权以此一经验化结构主义宇宙观人类学主张，对“本体论”的新研究做出积极评价和必要的“建设性批判”。

---

〔1〕 Edmund Leach, *Social Anthropology*, Glasgow: Fontana Press, 1982, p. 213.

与被研究者一样，研究者也身处特定人文关系系统之中。为了生活和思想，我们也必然会在处理“己”与我们置身于其中的“人文生境”之间的关系中形成各自的“想象世界”。换言之，我们不应否认，我们的志业也是特定人文关系和宇宙观的“变体”。如果生活和思想的现实如此，那么，我们又应如何看待宇宙观的“学术变体”与被学者研究的“生活世界变体”之间的“结构转化关系”？在一定意义上，第五编收录的两篇长文和一篇短文，正是针对这个问题展开叙述的。在本编第一篇文章中，我对人类学文明论、民族志遗产、思想史进行了综合，基于这一综合，我考察了欧亚大陆诸宇宙观的差异与关联，展望了欧亚宇宙观诸传统与其他区域“世界智慧”之间相互启迪的前景。在第二篇文章中，我述评了一部对比中西文明的作品，由此表明，一个“超文化”的境界（“自然境界”）等待着人类学家对它的思索。在最后一篇论文中，我以费孝通先生的“天人合一”叙述为主线，择要评介了国内外社会人类学界近年来对于自然 / 文化对立宇宙观的批判，联想和比较“天人合一论”和“本体论转向”，我指出，这些不同见解，同为建设性批判，均主张重建文化和自然双重意义上的“和而不同”的世界。新出现的“本体论转向”也是关于近代西方宇宙观之世界破坏性的思考，但由于它受制于本体的精神论与物质论诠释，在有启迪性的同时也有局限性。要拓展智识的界限，身在欧亚大陆诸文明及其之外的民族志世界中的知识人，有必要共同求索各种“容有他者的己”观念的人文科学意涵。“容有他者的己”，天人双关，同时观照自然和文化，是“广义人文关系”的根基。鉴于当下盛行的本体论人类学观点，因袭了其批判的西方宇宙观的不少范畴，实为某种静态主义本体观的再现，我认为，这一观点含有的遗憾，为“人与自然关系的再认识”留下了巨大空间。背靠以动为本的“泛生论”传统，我们有望对自他物我融通的新人类学做出自己的贡献。

* * *

本书的副题由“文明”、“生活”与“宇宙观”三个词构成，它们大致对应我在书中处理的三类现象：作为文明的超社会体系、生活世界中的广义人文关系，以及诸“世界智慧”中物我关联形态。如果说“文明以止，人文也”一语意味深长，那么，我相信，其意味便是：“文明”既应指人及其共同体对其身在其中的、由多个生命体和共同体合成的体系之“道德生境”的位育（“适应”），又应指所有共同体对笼罩诸社会的“天地境界”的位育。不少学者对“文明”与“生活”加以纯规模的划分，认为前者意指“超大规模的社会事实组”，后者意指只有借助社会科学“显微镜”方可鉴知的“细微末节”。在用“文明”一词来代指“超越国族的关系系统”（无论是原始跨群体联盟，还是印欧的神话－宗教，抑或是中国的“天下”）时，我自己也确实赋予了这个词特定的规模性含义。然而，在我看来，我们从大规模“关系系统”的研究中总结出来的理解，必然也广泛分布在生活的“细微末节”之中。“广义人文关系”一语之所指，正是“关系系统”意义上的“文明”之“生活版”。如我在解释“人文生境”的意思时表明的，在其生活中，任何一个生命体都需在由不同生命体——容我重申，“科学”上界定的“无生物”，在这个意义上，亦是生命体——构成的“环境”中成其自身。既然“文明”与“生活”是融通的，可想而知，任何“世界智慧”，任何宇宙观，都必定是对这种融通的解释。因而，我们也可以说，所谓“世界智慧”，所谓“宇宙观”，其本质内容和形态，都关乎生活中的“广义人文关系”，关乎文明和生活的“人文生境”。

王铭铭

2019 年 6 月 23 日初稿于北京五道口

8 月 13 日完稿于阿坝州松岗镇

致　谢

在本书收录的二十二篇文章中，除两篇（《关于“另外一些人类学家”》《山与“社会的自然之源”》）待刊外，其余均已发表过。按文章在本书中出现的先后顺序，其具体出处如下：

《东方中的西方——中国人类学的形成》，以“The West in the East：Chinese Anthropologies in the Making”为题，发表于 *Japanese Review of Cultural Anthropology*（Vol. 18，Iss. 2，pp. 91-123，2017）。

《费孝通》，英文版以“Fei Xiaotong”为题，发表于 *The Wiley Blackwell Encyclopedia of Social Theory*（edited by Brian H. Turner，published by John Wiley & Sons Ltd.，2017. DOI:http://onlinelibrary.wiley.com/book/10.1002/9781118430873/），中文版以《费孝通：〈社会理论百科全书〉词条》为题，发表于《西北民族研究》2018 年第 3 期（89—99 页）。

《局部作为整体——从一个案例看社区研究的视野拓展》，以同题发表于《社会学研究》2016 年第 4 期（98—120 页）。

《〈古代社会〉——一个时代的丰碑》，以同题发表于《中央社会主义学院学报》2019 年第 5 期（156—170 页）。又作为序言收入《从经典到教条——理解摩尔根〈古代社会〉》（北京：生活・读书・新知三联书店，2020）。

《中间圈的文化复合性》，为我与舒瑜合编的《文化复合性：西南地区的仪式、人物与交换》之导论（与舒瑜合作）删节版，亦发表于

《云南民族大学学报》2015 年第 1 期（24—37 页）。

《有关人类学与藏学（答问）》，藏文版，以同题发表于《西藏大学学报》2017 年第 2 期（1—30 页）。

《说“边疆”》，发表于《西北民族研究》2016 年第 2 期（83—93 页）。

《从关系主义角度看……》，英文版以“Afterword：a View from a Relationist Standpoint”为题，发表于 *cArgo: Revue Internationale de'Anthropologie Culturelle & Sociale* 之 *The New Chinese Anthropology*（Paris：de l'université Paris Descartes-Sorbonne Paris Cité，2018，pp. 149-166）。

《反思“社会”的人间主义定义》，发表于《西北民族研究》2015 年第 2 期（109—112 页）。

《“道德生境”与文明》，发表于《学海》2018 年第 2 期（43—51 页）。

《社会中的社会——读涂尔干、莫斯〈关于“文明”概念的札记〉》，发表于《西北民族研究》2018 年第 1 期（51—60 页）。

《在国族与世界之间——莫斯对文明与文明研究的构想》，发表于《社会》2018 年第 4 期（1—53 页）。

《升平之境——从〈意大利游记〉看康有为欧亚文明论》，发表于《社会》2019 年第 3 期（1—56 页）。

《人类学家的凝视与环顾（答问）》（与刘琪合作），原文以“王铭铭教授访谈录”为副题，发表于《学术月刊》2015 年第 3 期（170—176 页）。

《民族志——一种广义人文关系学的界定》，发表于《学术月刊》2015 年第 3 期（129—140 页）。

《谈〈山海经〉的广义人文关系体系》，发表于《西北民族研究》2017 年第 3 期（143—148 页）。

《当代民族志形态的形成——从知识论的转向到新本体论的回

归》，发表于《民族研究》2015 年第 3 期（25—38 页）。

《“西游”中的几个转向——欧亚人类学的宇宙观形塑》，原文以“Some Turns in a ‘Journey to the West’：Cosmological Proliferation in an Anthropology of Eurasia”为题，发表于 *Journal of the British Academy*，No. 5，2017，pp. 201-250；中文版发表于《清华社会科学》2019 年第 2 辑（3—69 页）。此文的附篇《人类学如何直接介入欧亚研究（答问）》，曾由《三联学术通讯》网站（2017 年 4 月 10 日）发表。

《“超文化”何以可能？》，刊于《信瑞周报》2019 年总第 6 期（6—9 版）。

《“天人合一”与其他宇宙观》，原题《“天人合一论”与人类学“本体论转向”》，发表于《学术月刊》2019 年第 8 期（145—169 页）。

我首先要感谢 *Japanese Review of Cultural Anthropology*、*The Wiley Blackwell Encyclopedia of Social Theory*、《云南民族大学学报》、《西北民族研究》、《社会学研究》、《西藏大学学报》、*cArgo: Revue Internationale de'Anthropologie Culturelle & Sociale*、《社会》、《学海》、《学术月刊》、《民族研究》、*Journal of the British Academy*、《清华社会科学》、《三联学术通讯》、《信瑞周报》等杂志和网站，是它们刊发或收录了列入本书的大部分文章。

本书中，《东方中的西方——中国人类学的形成》《说“边疆”》《在国族与世界之间——莫斯对文明与文明研究的构想》《“西游”中的几个转向——欧亚人类学的宇宙观形塑》诸文原为演讲稿。其中，《说“边疆”》于 2014 年 9 月 21 日下午应《三联生活周刊》之邀在北京 798 艺术区尤伦斯当代艺术中心报告厅发表，我要感谢舒可文女士的邀请；《“西游”中的几个转向——欧亚人类学的宇宙观形塑》于 2017 年 3 月 29 日在大英学院（The British Academy）拉德克里夫 - 布朗纪念讲座（Radcliffe-Brown Memorial Lecture）上发表，我要感谢大英学院的邀请，巴大维（David Parkin）教授的主持，理查德·法尔顿（Richard Fardon）、提姆·英戈尔德（Tim Ingold）、Stephan Feuchtwang、Michael Rowlands、Elizebeth Hsu 等教授在此过程中给我提供的帮助和批评；《在国族与世界之间——莫斯对文明与文明研究的构想》于 2017 年 4 月 27 日在北京大学人文社会科学研究院文研讲座（第 33 讲）上发表，我要感谢渠敬东教授的邀请、周飞舟教授的主持及李猛教授的评议；《东方中的西方——中国人类学的形成》于 2017 年 12 月 28 日在东京日本文化人类学会上发表，我要感谢日本文化人类学学会会长松田素二教授、日本东亚人类学会会长河合洋尚教授的邀请，还要感谢著名汉学人类学家渡边欣雄教授的鼓励。

《"道德生境"与文明》《谈〈山海经〉的广义人文关系体系》《山与"社会的自然之源"》《"超文化"何以可能？》等文，原分别为在"纪念涂尔干逝世一百周年学术研讨会"上发表的谈话（2017 年 11 月 18 日），在"山水社会：一般理论及相关话题"研讨会上发表的主旨发言（2016 年 12 月 18 日），在《社会》杂志于上海大学召开的"山与社会"学术工作坊上发表的口头主旨说明（2018 年 12 月 16 日），及在"赵汀阳对话阿兰·乐比雄（Alain Le Pichon，即李比雄）"和"互尊互鉴：跨文化何以可能？"研讨会上发表的评议（2019 年 6 月 22 日及 24 日）。文章均据发言提纲整理而成。我应感谢这些学术活动的召集人渠敬东、王南溟、萧瑛、赵汀阳教授的邀请，及参会的苏国勋、杨善华、渠岩、萧梅、张江华、李比雄诸教授在讨论中给予的启发。

本书收录的两篇答问录，实为访谈录。其中，《有关人类学与藏学（答问）》访谈人为西藏大学更尕益西副教授，《人类学家的凝视与环顾（答问）》，访谈人为华东师范大学刘琪副教授，《"西游"中的几个转向——欧亚人类学的宇宙观形塑》之附篇《人类学如何直接介入欧亚研究（答问）》访谈人为德国马普社会人类学研究所博士候选人（现任北京大学社会学系助理教授）张帆，我愿借此机会，对这些青年才俊的错爱表示谢忱。

《东方中的西方——中国人类学的形成》《费孝通》《从关系主义角度看……》《“西游”中的几个转向——欧亚人类学的宇宙观形塑》原文为英文，感谢翟淑平、杨清媚、赵满儿、郭晏然提供初译稿。《中间圈的文化复合性》原文与中国社会科学院民族学与人类学研究所舒瑜副研究员合作，我要感谢舒博士容许我在个人文集中收录此文。本书收录的文章，发表时文献出处注释方式不同，在汇编时，我对它们进行了统一，在此过程中，我得到了张常煊同学的帮助，亦特此致谢。

第一编

“人的研究在中国”

东方中的西方

——中国人类学的形成

首先，我要感谢日本文化人类学会的盛情邀请，也感谢你们给我具体提议了“近几十年来中国人类学与欧美或西方人类学的交流”这个演讲主题。我本愿客随主便，听从建议，谈谈当前学科情状，但考虑再三，我想还是把当代这部分淡化一些为好，因为局内人的视角，即使不会引起争议，也会存在这样或那样的偏见。作为替代，我决定主要谈谈在一个较远时期发生的事情，这个时期是1929年到1945年之间那个年代，特别是战前时期，即1937年之前的学科形成阶段。当然，在延伸部分，我还是会以这一时期中国人类学的面貌为背景，追溯当下学科状况的源流。

我要重点述及的那几十年，构成了中国人类学的一个转型期；其间，人类学被重新塑造成了一组学科形态，区别于其作为“大写历史”话语体系（特别是严复翻译中的“进化”话语体系）的前身。我们的人类学先贤在这个阶段更加活跃地与其西方导师和他们的著述关联起来，基于此，他们创设了不同的学科格式。他们以明确或含蓄的方式将其借用来的知识转化为互相竞争的国内“亚传统”，并在亚传统的边界之内，同各自的追随者一道，进一步“吸收”西方观念和研究手段，从而激活了他们的“民族志机器”。在其学术活动中，许多先贤——他们多为刚刚归国的留学生，多为身兼“西方化”使命的文化中介者——也不同程度地使其“回收”的东西成为世界学界的可用资源。可以说，他们介入的这些智识活动，恰是“交换”一词所表达的典型含义。

我们可以用“互惠”(reciprocity)一词来形容这些交换互动，这是法国社会学家兼民族学家莫斯(Marcel Mauss)[1]在中国人类学学科形成前几年才提出的概念。但不应简单地将这种“互惠”理解为一种平等者之间的关系(莫斯的“互惠”本来也绝非这个意思)。因为，这些互动是在依差序划分的“辈分”之间被感知和实践着的，它们发生在西方的“老师”和中国的“学生”之间；而这一切，都出现于西方处于知识/权力霸权的时代。[2]在这个时代，中国作为欧亚大陆古老帝国圈的一部分，作为日本民族学家梅棹忠夫所定义为“二区”(zone two)之一分子，正在遭受作为“一区”(zone one)的西方和日本之挤压[3]，这个有过旧日辉煌的天下感受着成为一个“有待现代化”的国家的难处。在这样一个“由天下变来的国族”中工作，要建立人类学的学科根基，中国知识分子紧随西方潮流，或多或少可算是“国际主义者”。然而，他们也是驱动“本土化”引擎的马达[4]：正如莫斯在其题为《国族》的那篇论文中指出的，“社会通过彼此之间的借用而存在，但它们是通过否认而不是通过承认这种借用而定义自身的”[5]。

我相信，这些交换活动本身已经书写出一部历史，而一旦这部历

---

[1] Marcel Mauss, *The Gift: Forms and Functions of Exchange in Archaic Societies*, London: Routledge, 1925 [1990].

[2] Talal Asad, “Introduction,” in Talal Asad ed., *Anthropology and the Colonial Encounter*, London: Ithaca, 1973, pp. 1-19. Edward Said, *Orientalism: Western Representations of the Orient*, London: Routledge & Kegan Paul, 1978. Eric Wolf, *Europe and the People without History*, Berkeley: University of California Press, 1982.

[3] Tadao Umesao, *An Ecological View of History: Japanese Civilization in the World Context*, Melbourne: Trans Pacific Press, 2003.

[4] Shinji Yamashita, Joseph Bosco and J. S. Eades, “Asian Anthropologies: Foreign, Native, and Indigenous,” in their edited, *The Making of Anthropology in East and Southeast Asia*, Oxford: Berghahn Books, 2004, pp. 1-34.

[5] Marcel Mauss, *Techniques, Technology and Civilisation*, edited and introduced by N. Schlanger, New York, Oxford: Durkheim Press/Berghahn Books, 2006, p. 44.

史被重新刻画，就能为我们理解东方的复杂状况和人类学的本体论形态提供重要线索。像我以下将要呈现的那样，如果存在一个中国人类学，那么，它也是与外部相关联且内部多样的，它通过内化自外而内流传的形式和内容，不断形成某些不同的综合体，而且，它不是单数的。这一国别人类学种类，包括好几个分派，这些派别都介于“普遍主义和本土主义之间”[1]，无论它们是“国家人类学”[2]、民族志“区域传统”[3]，还是“世界人类学”[4]，情况都是如此。

在接下来的概述中，我将回顾这些相互竞争的亚传统，尤其是其各自不同的“民族志风格”。接着，我将说明这些亚传统在战时和战后如何进一步扩展并吸引了更多的参与者，其扩展又如何导致进一步的内部分化。在结论部分，我将关联过去与现在，由此进行更多的反思和前瞻性思考。

背景

为了恢复天朝秩序，晚清到欧美访问的官员和士人（以代表或流放者身份），不仅在其“田野工作”中认真学习西方科技与制度，而且还亦步亦趋跟踪着西方社会思想的趋势。[5]虽则在《山海经》、

---

[1] Arif Dirlik ed., with Li Guannan and Yen Hsiao-pei, *Sociology and Anthropology in Twentieth-Century China: Between Universalism and Indigenism*, Hong Kong: Chinese University of Hong Kong Press, 2012.

[2] Tomas Gerholm and Ulf Hannerz, “Introduction: The Shaping of National Anthropologies,” in *Ethnos*, 1982, Vol. 47, No. 1, pp. 1-35.

[3] Richard Fardon, “General Introduction,” in Richard Fardon ed., *Localizing Strategies: Regional Traditions of Ethnographic Writing*, Edinburgh and Washington: The Scottish Academic Press and the Smithsonian Institution Press, 1990, pp. 1-36.

[4] Arturo Escobar and Gustavo Lins Ribeiro eds., *World Anthropologies: Disciplinary Transformations within systems of Power*, London: Routledge, 2006.

[5] 张星烺：《欧化东渐史》，北京：商务印书馆，2000。吴文藻：《论社会学中国化》，北京：商务印书馆，2010。钟叔河：《走向世界：近代中国知识分子考察西方的历史》，北京：中华书局，2000。

《列子》以及法显的《佛国记》等古书中，确早已存在某种“人类学感”[1]，但学者们更习惯将中国人类学的起源追溯到帝制晚期的“欧化”[2]，尤其是与进化论宇宙观相关的思潮。

从19世纪末期算起的那十年，西方民族学传播论也被一些古史学家借来使用了，这些学者主张东西方文明有共同起源。不无吊诡的，正是借助文明同源说，一些中国学人界定了他们的国家之现代文化自我认同。[3]

稍后，在20世纪的头十年，人类学这门学科（主要是其体质人类学部分）已被列入京师大学堂的课表中。民国建立之后，人类学及其相关学科的其他西方著作被译介，与此同时，许多国立和教会大学——如，燕京大学、厦门大学、南开大学、清华大学、沪江大学（上海）、天主教大学（北京）、华西大学（成都）——设立了人类学、民族学、社会学教学研究机构。[4]

然而，作为有正式格式（formations）的学科，人类学（经常被冠以不同名称）很晚才得以建成。

自20世纪20年代末始，一些“海归”从欧美带回了西方风格的人文学科和社会科学学科知识，他们视其所获为中国国族建设工程所迫切需要的知识体系，开始大力加以宣扬。如有学者考证了，“留学生”这个概念——有时被英译为“returned students”或“students studying abroad”——是日本发明的[5]，本来指好些世纪之前到大唐帝国追寻中国智慧的日本学者和僧人（遣唐使）。到了19世纪中期，它

〔1〕 蔡元培：《说民族学》，见其《蔡元培民族学论著》，台北：中华书局，1962，1—11页；Wang Mingming, *The West as the Other: A Genealogy of Chinese Occidentalism*, Hong Kong: The Chinese University of Hong Kong Press, 2014, pp. 117-152.

〔2〕 张星烺：《欧化东渐史》。

〔3〕 Wang Mingming, *The West as the Other: A Genealogy of Chinese Occidentalism*, pp. 49-86.

〔4〕 王建民：《中国民族学史》，昆明：云南教育出版社，1997，84—96页。

〔5〕 舒新成：《近代中国留学史》，上海：上海书店出版社，2011。

则变成了一个中国概念，用来指那些到海外学习新观念和新技术的年轻学子。20世纪初，中国在政治上开始模仿西来的共和模式，而此间“留学生”对西方科学的物质和精神成就也投以了更多关注，他们相信，这些因素能够强国。

在“西化”的新环境下，一些“留学生”和他们的本土追随者一道，把在西方不同国家学到的不同学科概念实体化，依据当年不同西方国家对今日所谓“社会-文化人类学”的不同界定，在他们充任研究教学职务的不同机构中建立了不同的“学派”。

20世纪早期，理论上由民族志、民族学和关于人类的总体理论思考三层次合成的人类学，在欧洲的部分地区（例如德国）是作为历史人文地理（民族学）的区域民族志知识综合体而存在的，其本质内容为以民族为对象的科学，与人类的总体理论研究关系不大；而在欧美其他地区（尤其是美国、法国、英国），人类学则要么被归于四分支合一的大体系，要么被归于社会学。[1]

在欧美，不同的“国别人类学”一直发扬着各自的学科传统和启蒙遗产（历史主义、实证主义、功利主义），在20世纪早期，他们则在中国这个东方王朝找寻各自的位置，作为某些亚传统，彼此交错和竞争，呈现出某种与战国时期“百家争鸣”[2]非常相似的状态。

燕京大学（下称“燕大”）这所英语国家教会在华建立的大学，20世纪20年代晚期在社会科学舞台上扮演了重要角色。在这所大学中，“社会学中国学派”领袖吴文藻先生煞费苦心，将“微型社区”的民族志科学引入社会学研究；而大抵也是在同一时期，民族学家和

---

〔1〕 Claude Lévi-Strauss, “The Place of Anthropology in the Teaching of the Social Sciences and Problems Raised in Teaching It,” in his *Structural Anthropology,* Vol. 2, London: Penguin Books, 1963, pp. 346-381. George Stocking, Jr., “Afterword: A View from the Center,” in *Ethnos*, 1982, Vol. 47, No. 1-2, pp. 172-186.

〔2〕 Liang Chi-chao, *History of Chinese Political Thought: During the Early Tsin Period*, London: Kegan Paul, Trench, Trubner & Co., Ltd., 1930.

历史学家也正在努力奋斗，他们在刚刚开辟的学术空间里，致力于将现代西方学术与中国传统经史相结合。一些研究机构和大学创建了自己的民族学系和人类学博物馆，而1928年新成立的中央研究院建立了民族学组。中央研究院的考古学家、历史学家、民族学家，以及受这个机构吸引的华东、华南各个大学的一些教授，可以说形成了燕京大学“社会学中国学派”的对立派。[1]在中国人类学的历史研究中，有些学者借传统的中国地域性术语，称这两派为“南派”（中央研究院历史语言研究所及其外围）与“北派”（燕大“社会学中国学派”）。[2]虽则当年也存在其他学派，燕大社会学（融合了社会人类学）和中研院的民族学可以说构成了两个相互竞争的“学派”[3]，二者均视西化和中国化为文明化的必要条件，二者也均在由西化和中国化双重价值规范下的学术领域里为各自影响力的生成和扩张相互竞争。

吴文藻与燕京学派

吴文藻，1901年生于江苏，1917年被清华学堂录取。1923年，他前往美国留学，先后在达特茅斯学院和哥伦比亚大学得到社会学训练。在哥伦比亚大学，除了社会学的课程，他也修了包括露丝·本尼迪克特（Ruth Benedict）在内的波亚士学派（Boasian）成员讲授的不少课

---

〔1〕胡鸿保主编：《中国人类学史》，北京：中国人民大学出版社，2006，65—68页。

〔2〕黄应贵：《光复后台湾地区人类学研究的发展》，见《“中央研究院”民族学研究所集刊》1984年第55期，105—146页。

〔3〕燕大社会学家在财政和制度上依靠国外资源的支持（特别是洛克菲勒基金会）（Paul Trescott, “Institutional Economics in China: Yenching, 1917-1941,” in *Journal of Economic Issues*, 1992, Vol. 16, No. 4, pp. 1221-1255），而史语所的机构建立和研究则直接由国民党政府资助（Wang Fan-sen, *Fu Ssu-nien: A Life in Chinese History and Politics*, Cambridge: Cambridge University Press, 2000, pp. 209-221）。我们不能低估资助机构对学校不同态度所造成的影响：洛克菲勒基金会高度重视通过对中国农村“小地方”进行长时段的田野调查所获得的意义深远的民族志知识，但这些“微型社会区域”的民族志研究却根本无法引起那些从事民族学研究的学者的兴趣，也不在那些探究更大范围的民族历史的民族主义的关注之内。

程。拿到博士学位后，他回到北平（今北京），被燕大聘任为教授。[1]

吴氏被任职之前，燕大的社会学系已存在，并已有中国教员在系里工作。然而，那时所有的课程都用英语讲授，教学内容也多依据英美教科书拟定。

到燕大后不久，吴氏决定将自己的“中国化”计划付诸实施。他坚持认为，在中国，社会学应该用汉语来传播。为了建立一个范例，他用汉字编写了教学大纲，并以国语授课。

然而吴文藻的“中国化”不只意味着使社会学“说中国话”，而且也意味着研究这门科学的一个不同路径。这并不是说，吴氏认为在实现“中国化”理想时可以弃外部环境于不顾；相反，他坚信，要“中国化”，就应该积极与欧美学科传统交流互动。为了建立一个“中国化的社会学”，吴氏花费数年时间考察西方主要的社会学和人类学思想。为了提出一种独特的“中国式”研究方法，并使之成为“中国学派”的认识动力，他对西学成就进行了综合。最终，“社区研究法”成为吴文藻建立的燕京学派（北派）的方法论基础。

吴文藻社区研究方法的主要学术源头之一，兴许是美国传教士社会学家明恩溥（Arthur Smith）的著作，特别是其《中国乡村生活》[2]一书，在该书中，明氏提出了“村庄窥视法”[3]这个方法概念。[4]不过，吴氏和他的学生在其参考文献中，并没有涉及《中国乡村生活》

---

〔1〕冰心：《代序：我的老伴——吴文藻》，载吴文藻：《吴文藻人类学社会学研究文集》，北京：民族出版社，1990，1—18页。

〔2〕Arthur Smith, *Village Life in China: A Study in Sociology*, London: Kegan Paul International, 2003.

〔3〕王铭铭：《“村庄窥视法”的谱系》，载其《经验与心态——历史、世界想象与社会》，桂林：广西师范大学出版社，2007，164—193页。

〔4〕明恩溥在山东进行了长期的田野调查，他把帝制中国描绘成一座大房子。他认为，在他的书出版之前，西方对中国帝国的叙述只限于谈论大城市是错误的。在他看来，要了解“真正的中国”，应该采用一种新的方法，那就是乡村研究。从明恩溥的角度来看，想知道中华帝国的大房子里藏着什么，就应该把乡村当作墙上的一个小洞，透过它去窥探帝国的秘密建筑。

这本书。吴氏自己在方法论叙述中述及了诸如罗伯特·派克（Robert Park）的人文区位学、马林诺夫斯基（Bronislaw Malinowski）的民族志科学、拉德克里夫－布朗（A. R. Radcliffe-Brown）的结构－功能主义之类的西方“科学方法”。20 世纪 30 年代，吴文藻与他的门生们对这些西学方法加以了借用、综合与“加工”，并付诸实施。

燕大社会学与派克人文区位学的源流关系，通过派克 1932 年的访问正式得以确立。[1] 到燕大访学之前，派克已游走于亚太广阔地区之间。[2] 在以其“同化”概念重新思考“国家和文化间关系”时，派克提出他的“文明”概念，并将中国视作一个突出的实例。在其《论中国》（吴氏亲自翻译了这篇文章并将之收录于为纪念派克的访问而出版的合集）一文中，派克说，中国是“一个有机体。在它悠久的历史中，逐渐生长，并逐渐扩张其疆域。在此历程中，它慢慢地、断然地，将和它所接触的种种文化比较落后的初民民族归入它的怀抱，改变他们，同化他们，最后把他们纳入这广大的中国文化和文明的复合体中”。[3] 通过对比前现代中国与欧洲的“民族集合体”，派克认为，欧洲的“民族”是从国家的制度中生发出来的，“出于征服”或“以武力加诸邦邻，或以政治的制裁力来对付征服的人民”，而古代中华帝国则通过传播其文明影响而扩展，“出之以同化的手段，不但他们的邻邦，就是征服他们自己的人民，亦因而被纳入他们自己的社会及道德的秩序中”。[4]

派克对传统中国“文明”的理解，与吴文藻的多民族国家理论非常相似。一读吴氏《民族与国家》一文（早在他留学哥伦比亚的时候就发表了）便能明了，在派克来访前几年，吴氏仍致力于以古代中国

---

〔1〕 燕京大学社会学系编：《派克社会学论集》，重印于北京大学社会学人类学研究所编：《社区与功能：派克、布朗社会学文集及学记》，北京：北京大学出版社，2002，1—234 页。

〔2〕 费孝通：《师承·补课·治学》，北京：生活·读书·新知三联书店，2002，210—211 页。

〔3〕 派克：《论中国》，见《社区与功能：派克、布朗社会学文集及学记》，18 页。

〔4〕 同上。

的大一统观点来修正西式国族中心的社会学。[1]然而，大约在1932年，吴氏突然转变得对方法论更加感兴趣；对他来说，运用社会学观点来研究中国，是自然而然，反复论证古代概念没有太大意义。

吴氏邀请派克教两门课，一门是“集体行为”，另一门是“社会学方法”。在两门课上，派克花费大量时间介绍了芝加哥学派城市研究的路径[2]，关于这个路经，派克和伯吉斯（Ernest W. Burgess）早在20世纪20年代已共同给予过集中叙述。[3]

吴氏赞扬派克为“人类文化之本质”提出了伟大的洞见[4]，认为派克引领的芝加哥社会学派为世界社会学做出了巨大的贡献。然而，如同明恩溥，吴氏相信，传统中国社会在气质上与城市社会截然相反；若是不加调整，派克的城市人文区位学就不能用来研究中国社会。对他而言，美国城市社会学之所以重要，仅在于它提供了中国——一种根植于乡土的社区集合——的一个反例。对吴氏而言，派克的模式本可以更好，遗憾的是，它并没有基于这样的观察得以建设——“都市是西方社会学的实验室，乡村是东方社会学的实验室”[5]；芝加哥学派社会学还有一个遗憾，它没有将自身限定为社区研究法，而更倾向于在城市研究里运用这一方法，这就使社区研究法没有得到应有的广泛发挥。吴氏相信，社区研究法，将是一个伟大的人类公共生活的理论与方法论视角，有益于部落社会、村落社会以及都市社会的研究。[6]

---

〔1〕吴文藻：《民族与国家》，见其《吴文藻人类学社会学研究文集》，19—36页。王铭铭：《西学“中国化”的历史困境》，桂林：广西师范大学出版社，2005，92—102页。

〔2〕杨庆堃：《派克论都市社及其研究方法》，见《社区与功能：派克、布朗社会学文集及学记》，179—223页。

〔3〕Robert Park, Ernest W. Burgess and Roderick D. McKenzie, *The City*, Chicago: University of Chicago Press, 1925.

〔4〕吴文藻：《编者识》，见《社区与功能：派克、布朗社会学文集及学记》，17页。

〔5〕吴文藻：《导言》，见《社区与功能：派克、布朗社会学文集及学记》，13页。

〔6〕同上，16页。

吴文藻对波亚士（Franz Boas）界定的民族志方法很熟悉，除此之外，至1935年，他已对马林诺夫斯基开创的民族志科学有了充分理解（他1936年派费孝通跟随马林诺夫斯基和弗思［Raymond Firth］学习），不仅如此，他还深入了解了拉德克里夫－布朗的社会人类学观点。

在1935年秋，吴氏找到机会，邀请拉德克里夫－布朗（当时系芝加哥大学的教授）来华讲学。[1] 同派克一样，拉德克里夫－布朗对中国的文明整体怀有浓厚兴趣。20世纪30年代早期，他已花了不少时间研习汉学，尤其是葛兰言（Marcel Granet）的社会学式汉学。有证据表明，他还有意给葛兰言的模式添加一个补充性视角，为此，他甚至曾设计一个课题，计划在乡村选定一些民族志地点，在其中检验葛兰言的理论。[2] 在燕大，拉德克里夫－布朗受邀开设关于"社会科学中功能的概念"和"人类学研究现状"的讲座。据吴文藻的说法，拉德克里夫－布朗还自愿就他对于中国农村社区研究的看法进行了一个很长的演讲。在这个题为《对于中国乡村生活社会学调查的建议》[3] 的演讲中，拉德克里夫－布朗从结构－功能主义角度对民族志整体观进行了界定，并讨论了其芝加哥大学年轻同事罗伯特·雷德菲尔德（Robert Redfield）正在开展的乡民社会人类学研究。结合雷氏观点，拉德克里夫－布朗费了大量精力描绘他的方法论设想，他指出，在"共时（synchronic）研究或单时（monochronic）研究"之上，应增加其他两个方面的研究：对所选择民族志地点与其他地点及这些地点所属的更大区域间相互关系的研究，及对社区与其外部世界——包括那些远近不一的过去——之

〔1〕 Chiao Chien, "Radcliffe-Brown in China," in *Anthropology Today*, 1987, Vol. 3, No. 2, pp. 5-6. 燕京大学社会学系编：《纪念布朗教授来华讲学特辑》，见《社会学界》第九卷，1936，亦见《社区与功能：派克、布朗社会学文集及学记》，235—448页。

〔2〕 吴文藻：《布朗教授的思想背景及其在学术上的贡献》，见《社区与功能：派克、布朗社会学文集及学记》，270页。

〔3〕 拉德克里夫－布朗：《对于中国乡村生活社会学调查的建议》，见《社区与功能：派克、布朗社会学文集及学记》，302—310页。

间相互关系的变化进行的“历时性”（diachronic）研究。

拉德克里夫－布朗的《对于中国乡村生活社会学调查的建议》讲座，对吴文藻的学生们产生了深刻启迪。吴氏亲自翻译并发表了这篇文章。几年后，在若干篇关于社区研究法的文章中，吴文藻把拉德克里夫－布朗关于在乡村社区研究中展开“内外前后”关系研究（我的概括）的重要性的看法，与派克的人文区位的生态学“适应”概念加以结合，并将其转化为一种激发了费孝通和林耀华后来展开的相关研究的看法。如大家所知，费氏研究了本土士绅如何积极应对从通商口岸（上海）辐射至乡村的“工业力量”[1]，林氏则写过一部传记式民族志，在书中考察了不同地方家族如何适应通商口岸（福州），由于其适应程度不同，历史运势又如何有别。[2]费、林二者都受到了乃师吴文藻有关看法的深刻影响。

正如弗里德曼（Maurice Freedman）所观察到的，社会科学在华刚建立，“人类学和社会学就以一种奇怪的方式互相缠绕，难解难分”。[3]社区研究法正是使社会学和人类学“捆绑”在一起的纽带。

在20世纪30年代的燕大，社会学的民族志化和中国化的趋势变得越来越明显，这与英美人类学社会学化运动的趋势相一致。在英美人类学界的这一运动中，民族学与社会人类学之间的区别或多或少被重新定义为历史与科学之间的差异。[4]无论是英美社会学化的人类学，还是燕大民族志化的社会学，对当代地方社会生活的民族志挖掘，都

---

〔1〕 Fei Xiaotong, *Peasant Life in China: A Field Study of Country Life in the Yangtze Valley*, London: Routledge and Kegan Paul, 1939.

〔2〕 Lin Yue-hua, *The Golden Wing: A Sociological Study of Chinese Familism*, London: Routledge and Kegan Paul, 1948.

〔3〕 Maurice Freedman, “Sociology in China: a brief overview,” in his *The Study of Chinese Society* (Selected and introduced by G. William Skinner), Standford: Standford University Press, 1979, p. 373.

〔4〕 罗兰：《从民族学到物质文化（再到民族学）》，载王铭铭主编：《中国人类学评论》第5辑，北京：世界图书出版公司，2008，79—87页。

成为不少人类学家自担的使命。当年，一代学者极力试图摆脱 19 世纪进化论和 20 世纪初传播论有关“文化遗存”史－地观的束缚。然而，战前燕大社会学似乎比西方社会学化的民族志更加激进。

在一般学理上，派克和拉德克里夫－布朗（也许还有马林诺夫斯基和弗思）都强调社会学的科学属性，但一旦触及中国这个特殊个案，他们便转而对历史表现出更为浓厚的兴趣。派克对东方同化之路进行“东方主义想象”，拉德克里夫－布朗对中国文明表示出“同理感”，二者共同表现了某种强烈的绵延时间感。有趣的是，吴文藻在有选择地吸收西方学术成果时，却排除了西学大师从中土文明引申出来的这种绵延时间感。这就使得燕大社会学与西方社会学有了明显区别。英美导师和他们的中国追随者对于科学与历史的关系，显然有着不同的看法。

无论是派克还是拉德克里夫－布朗，都主张社会学和社会人类学必须与历史决裂。然而，对他们而言，这种决裂不意味着对“东方遗产”的拒绝，而只意味着弃绝民族学中“人类史”意义上的“臆测性历史建构”。派克因袭德国（尤其是齐美尔［Georg Simmel］）文化社会学传统的一些因素，拉德克里夫－布朗移植涂尔干（Émile Durkheim）宗教社会学，对安达曼岛人和后帝国时代中国乡民社会生活加以民族志挖掘，二者由此重新界定了社会学与社会人类学的边界，使这些社会科学学科与历史学划清界限。

燕大所倡导的民族志化社会学，乍听起来与那些试图劝说社会学家放眼民族志世界的先贤（例如莫斯）之作为非常相似，但实际上，其含义却大不相同。

1938 年，即拉德克里夫－布朗访问燕大三年之后，费孝通在英国完成了他的博士论文。之前，他曾在瑶族中完成了一项更有结构－功能主义风格的民族志研究[1]，此时，他则已将其民族志研究的目标设

〔1〕 王同惠、费孝通：《花蓝瑶社会组织》，南京：江苏人民出版社，1988。

定为描述社会经济变迁的状况。正如他所说："如果要组织有效的行动并达到预期的目的，就要充分理解形势，而如果要充分理解形势，便必须对社会制度的功能进行细致的分析，而且既要同其意欲满足的需要结合起来分析，也要同其运转所依赖的其他制度联系起来分析。"〔1〕

涂尔干主义社会学理论早在20世纪20年代中叶，就被左翼学者许德珩〔2〕翻译成汉语并引入中国，吴文藻在评述拉德克里夫－布朗的理论时，也把涂尔干思想当作社会人类学的一个哲学源头，进行过大致介绍〔3〕。然而，这并没有引起燕大社会学家的关注。〔4〕吴文藻列举了拉德克里夫－布朗的四个贡献，其中比较社会学——也就是被拉德克里夫－布朗设想的包含民族学的那部分——被列到了最后，而另外三个则是：（1）重新整合社会学与人类学，正如涂尔干和莫斯所做的；（2）对于"功能"和"意义"的再定义；（3）田野研究技能的训练。作为一个细心的学者，吴文藻并没有漏掉拉德克里夫－布朗思想中的微妙方面，他提到了拉氏的一个观点：一个社会系统既是一个特定社群与自然和物质世界的关联，也是不同"人"的内部整合。〔5〕吴氏还注意到，到了20世纪30年代初，雷蒙德·弗思在拉德克里夫－布朗的澳大利亚民族志项目中增加了文化区和接触研究。〔6〕然而，吴文藻的兴趣主要是社会学和人类学在社区研究方法上的"团圆"。

在描述拉德克里夫－布朗对于社会学与人类学的结合时，吴文藻说，19世纪，在孔德、斯宾塞、爱德华·泰勒和摩尔根的著作中，社会学与人类学都已经有过结合。但是到了20世纪，美国历史特殊主

---

〔1〕 Fei Xiaotong, *Peasant Life in China*, p. 4.

〔2〕 涂尔干：《社会学方法论》，许德珩译，上海：商务印书馆，1925。

〔3〕 吴文藻：《布朗教授的思想背景及其在学术上的贡献》，见《社区与功能：派克、布朗社会学文集及学记》，239—270页。

〔4〕 田汝康（田汝康：《芒市边民的摆》，昆明：云南人民出版社，2008）似乎是一个例外，他是战争时期费孝通在云南的徒弟之一，他将涂尔干社会学运用于云南芒市摆夷（现在的傣族）村寨的民族志研究。

〔5〕 吴文藻：《布朗教授的思想背景及其在学术上的贡献》，见《社区与功能：派克、布朗社会学文集及学记》，255页。

〔6〕 同上，263页。

义的斗士克虏伯（Alfred Kroeber）力图分离这两个学科，“这显然是一种错误的认识”，导致了学科的分化。[1]在法国，莫斯建立了一个民族学研究机构，吴氏说，莫斯原本计划训练田野工作者，但最后只能纸上谈兵，结果在巴黎就并不存在对涂尔干理论的实地验证了。[2]吴文藻认为，拉德克里夫－布朗的《安达曼岛人》（1922）作为理论和田野工作的综合，是社会学和人类学结合的第一个也是最好的一个例子。

吴文藻笔下拉德克里夫－布朗的第二点贡献，涉及其对“功能”和“意义”的重新定义，但吴氏对此只是一笔带过。他挥毫泼墨大加渲染的，是社区研究的方法论。他认为，拉德克里夫－布朗对安达曼岛民的社会学研究，是这方面的一个极佳范例，这个范例表明，研究社区时应该视其为一个整体、为社会生活的基础、为社会结构与“社会系统”。[3]

关于拉德克里夫－布朗在培养众多田野调查专家方面的贡献，吴文藻提及他在澳大利亚的研究，并列举了其众多学生的名字。[4]在文章后段，吴文藻说，因拉德克里夫－布朗关于乡村社区研究的那篇文章“从此，庞大的中国，也变成了他的比较社会学的试验区”。[5]

史禄国的批评

“二战”前，燕大的社会学家成功地为村庄民族志的繁荣奠定了基础。为了将他们从西方导师那里学来的科学知识改造为一项比较研究事业，并在这项事业中给中国社会——多多少少被理解为农民社

---

〔1〕吴文藻：《布朗教授的思想背景及其在学术上的贡献》，见《社区与功能：派克、布朗社会学文集及学记》，250页。
〔2〕同上，251页。
〔3〕同上，255页。
〔4〕同上，262页。
〔5〕同上，266页。

会——一个妥当的地位，他们提倡了社区研究法。据吴文藻的看法，发展中国社会学的最好办法，是从中国社会自身的研究入手，而要研究中国社会，最好是先细致地研究某些选定的微型“社会区域”，然后将它们与以同样的方法得到精细研究的类似“社会区域”比较，最终才得出结论。村庄窥探法、人文区位学、民族志和结构-功能主义方法，都不是中国独有的。然而，对于吴文藻和他的追随者来说，从自己的角度入手，综合这些方法，却可以使燕京学派耐心地从其村庄民族志中归纳出对中国总体的理解，以此逐渐推进西学的“中国化”。

数十年之后，像派克和拉德克里夫-布朗一样，弗里德曼倾向于以其界定的社会结构和宇宙论整体来描述中国，对社区研究法，他说了如下一段话：

> ……如果我们还记得它直接起源于对整体的关注，那么它必然就是一种具有特别的嘲讽意味的方法。当我们研究原始社会时，我们必须将之视作整体加以考察，而一旦我们转入复杂社会，便会发现，我们所用的工具如此适合于小规模社会之调查，以至于我们必须从无法控制的整体中切割出一些小型社会区域，如果我仿照马林诺夫斯基和拉德克里夫-布朗的语调来说，那么，这些小型社会区域便是大小适中的缩影。[1]

弗里德曼对“中国化”社会学的嘲讽并非出于不公正，但是他或许确实误认为燕大社会学是在华唯一的人文科学，确实没有看到，这是战前中国人文科学宏大画卷的一个局部，在此之外，尚有其他局部。

社会学的民族志化发生于燕大，给吴文藻周围的年轻一代学生

〔1〕 Maurice Freedman, “A Chinese Phase in Social Anthropology,” *The Study of Chinese Society*, p. 383.

带来了深远影响。然而，在吴文藻的影响范围之外，还有其他的学术走势。

拉德克里夫－布朗住在燕京大学时，“施密特（Wilhelm Schmidt）教父就在有天主教背景的辅仁大学，他在一座城堡式建筑后面固守着自己，而史禄国（S. M. Shirokogoroff）教授则在清华大学任教”[1]。

20世纪30年代，罗马天主教神父及传播主义民族学家施密特，都在宣扬一种有关文化区、文化层和文明中心的民族学。[2]史禄国出生于1887年，于20世纪初在巴黎接受了人类学和民族学训练；1910年，他东归，在俄罗斯，他成为圣彼得堡大学的教授，其研究聚焦于西伯利亚和“满洲”。在苏维埃革命期间，出身贵族的他逃往中国。流亡中国期间，他在数个机构中工作过，包括上海大学（1922）、厦门大学（1926）、中山大学、广州中央研究院（1928）、清华大学（1930—1939）。史禄国专攻民族学和体质人类学。

施密特没有留下有关他如何看待燕大社会学家的社区研究法的言辞。然而，可以想象，作为一个传播论民族学家，对于致力于将民族学从社会人类学中驱除出去的涂尔干主义者拉德克里夫－布朗的观点，他的敌对态度若是得到表达，那就不能再强烈了。而几年后，史禄国则公开发表了一篇关于社区研究法的文章，直接批评该方法说，“不是一个站得住脚的假设”。史禄国辩称，中国百姓的生活并没有固着于乡村，把中国百姓的生活固定在乡村的，是那些没有接受恰当民族志训练的社会学家。因为燕大社会学家主要是从西方社会科学借来其观点的，他们“从社会学角度来解决问题”，而社会学是基于非中国社会经验事实提出其理论的，如此一来，燕大社会学家“关于中国的

〔1〕 Francis L. K. Hsu, “Sociological Research in China,” in *Quarterly Bulletin of Chinese Bibliography*, New (2d) Series, 1944, Vol. 3, No. 1, p. 13.

〔2〕 Ernest Brandewie, *When Giants Walked the Earth: The Life and Times of Wilhelm Schmidt*, Fribourg, Switzerland: University Press, 1990.

观点便异常混乱”[1]。在一个很长的脚注中，史禄国进一步说，社区研究这一方法意味着使中国学生的观点得以“依据‘社会工程师’和实践社会学家的目的而塑造”[2]。

如史禄国所说，民族志工作本应包含绘制族群分布图、搜集地方志、实施田野工作、开展博物馆式研究等，而中国的民族志研究者应该注意族群与地区的复杂性。有关此一复杂性，早在20世纪30年代，史禄国已经提出了一个ethnos概念加以概括。他也称ethnos为“心智丛结”（psychomental complex），基于这个概念，他对民族史提出了一种生物－文化看法，用以开拓社会间互动的民族学视野。[3]

民族学家、历史学家与国家

短暂或永久居住中国的洋学者对燕京学派的反应十分强烈，而那些在国内科研机构工作的学者们，则悄然建立了不同于这一学派的另一些“学科格式”（disciplinary formations）。

1928年3月，在吴文藻被任命为燕大教授的一年之前，社会科学研究所即已在新成立的中央研究院建成。该所设有民族学组，院长蔡元培安排自己当了民族学组的成员。早在1906年，蔡元培就曾前往德国莱比锡大学，在那里留学三年。1911年，他第二次赴欧洲，这一次，除了德国，他也去了法国，他在这两个国家待了整整四年。在这两段时期内，蔡元培学习了哲学、美学和民族学。1925年，蔡元培再一次前往德国，在那里他又学习了民族学，而在这之前数年，他已在北京大学教授过民族学这门学科。蔡元培对欧洲民族学了解甚深甚

〔1〕 Sergei Shirokogoroff, “Ethnographic investigation of China,” in *Asian Ethnology (Asian Folklore)*, 1942, Vol. 1, No. 1, p. 4.

〔2〕 Sergei Shirokogoroff, “Ethnographic investigation of China,” in *Asian Ethnology (Asian Folklore)*, 1942, Vol. 1, No. 1, pp. 3-4.

〔3〕 Sergei Shirokogoroff, *Psychomental Complex of the Tungus*, London: Kegan Paul, Trench, Trubner, 1935.

广，尤其熟知其进化论和传播论。对他而言，这些理论对于现代中国知识人的思想形塑大有裨益。蔡氏相信，他们担负着探知中国民族进步的历史性深度和地理性广度的使命，有必要深入研究中国疆域内民族形成的历史进程和民族文化的多样性，而民族学对于他们的研究，将会有巨大启迪。

蔡元培对民族学这门学科持一种欧陆式的双层合一看法。[1]对他来说，民族志是民族学这门有深度的历史和比较科学的描述性基础。民族志实质为对处于文明边缘的群体的细致描述，而民族学则是在此基础上通过比较和综合而形成的知识体系。蔡氏之所以热衷于弘扬民族学，乃因他认为这门科学对中国的文化现代化大有裨益。蔡氏相信，在共和制下，中国亟待通过建立博物馆"美学"培养公众的文化品位。

为了推进其服务于国族文明的民族学学科建设工程，蔡元培任命受过法国训练的民族学家凌纯声为民族学组负责人。[2]凌纯声，1902年出生于江苏，1926年至1929年在巴黎留学。在此期间，社会学年鉴派正致力于通过扬弃德国学派的遗产探索自己的民族学道路。凌纯声师从莫斯和著名民族学家瑞伟（Paul Rivet）。在其晚年，即20世纪五六十年代，他把大部分时间用于追踪中国礼仪和宇宙观系统与古埃及、美索不达米亚文明之间的连接路线，他还凭借民族学想象力构想出一个被他称为"环太平洋"的宏观区域。[3]而在他的早期学术生涯里，凌纯声却是一个严格意义上的田野工作者，他足迹遍布东北、西南、东南的少数民族地区，对这些地区的地方性物质、社会和精神系统进行了民族志研究，其田野工作的区域，广泛包括了黑龙江、湘

[1] 蔡元培：《说民族学》，《蔡元培民族学论著》，1—11页。
[2] 这个机构的其他成员包括，接受德国训练的语言学家商承祖，德国汉学家严复礼（Fritz Jaeger），以及接受美国训练的文化人类学家林惠祥。
[3] 凌纯声：《中国边疆民族与环太平洋文化》，台北：联经出版事业公司，1979。

西、浙江、云南、四川西部等地。

在凌纯声第一部专著《松花江下游的赫哲族》(1934)中，他赋予了民族志截然不同于吴文藻社区研究法的定义。他认为，民族志的“分立单位”(isolate)不应是小型的社会区域；相反，它应更广泛地包括所选群体(族)在人群身份、区域和语言诸层次的整体范畴。这或多或少是史禄国在其《中国民族志研究》一文中所采用的定义。在其民族志中，凌纯声费了大量篇幅描绘赫哲文化。他把“文化”定义为赫哲人的物质、精神、家庭和社会生活的总体面貌。[1]凌先生依靠他和同事商承祖在赫哲地方的田野考察中收集的资料，呈现了赫哲“文化”的全貌。然而凌氏并不把“第一手资料”视作所有事实。他指出，“赫哲文化”深受古亚洲人、满族人和汉人之间频繁的跨文化、跨族群接触的影响，因而研究者有必要将更多精力献给赫哲语言的复杂性和赫哲故事的丰富性研究。对他来说，这样做，能使研究者将田野工作中密切观察到的事项加以历史化处理。

在描述赫哲族的社会生活时，凌纯声显示出他对莫斯和瑞伟的民族学的妥善把握，此二人所在学派在两次大战之间提出了一种文明理论，这一理论使社会学年鉴派有可能将技术与智识的跨文化借用当作历史的一个重要方面来理解。[2]凌纯声也强调了赫哲文化在物质、精神、家庭和社会各方面的跨文化借用。然而，在他展开民族志研究的年代(20世纪30年代)，19世纪欧洲汉学家给予文化传播的方向定位已遭到多数中国学者的反对(此间，他们多数不齿“中国文明西来说”，及任何将中国文明之源与异域文明相联系的看法)。有鉴于此，凌纯声坚称，中国东北的文化接触主要发生在地方部落系统之间。这些部落系统多数属于通古斯，而凌纯声却认为，通古斯并不像许多欧

[1] 凌纯声：《松花江下游的赫哲族》，南京：中央研究院出版社，1934，1页。

[2] Marcel Mauss, *Techniques, Technology and Civilisation*.

洲民族学家和汉学家所认为的那样，是个泛欧亚的种族-文化大家族；相反，他认为，这个大家族属于中国的“东夷”，即古史传说里中国东部宏观区域的居民。

凌纯声是在社会科学研究所完成其先驱性的民族学研究的。但当这项研究成果发表时，他已是历史语言研究所（后或简为“史语所”）这个更大学术机构的研究员。在史语所，所长傅斯年正带领一大批杰出学者，为书写中国民族的新历史而奋斗着。

傅斯年大学期间（北京）深受胡适的影响，但他也出国留学多年。1919年至1926年，他在爱丁堡大学、伦敦大学学院和柏林大学攻读实验心理学、生理学、数学和物理学的研究生课程。这些年间，相较于他自己的专业，他对比较语言学和历史学有着更为浓厚的兴趣。1926年，傅被任命为广州中山大学文学与历史学教授，1928年，他则被委任去创办史语所。[1]

傅斯年在开始书写之时，已将中国乾嘉学派与德国现代主义客观主义、国族中心主义史学（尤其是利奥波德·冯·兰克[Leopold von Ranke]的史学）进行了新的综合。在为研究所开幕典礼所写的那篇文章中，傅斯年表明，他不赞同新儒家和其他“主观历史观”，他主张，史语所的工作目标是，按照生物学和地质学的相同科学标准来构建历史学和语文学，以使中国成为“科学的东方学”的源头。[2]像史禄国一样，傅斯年对中国民族起源有强烈的兴趣，对于历史时期中国的民族和区域复杂性也特别关注。然而，傅斯年比史禄国更集中于研究中国古代“民族”。他认为，早在帝国时代来临以前（即先秦时期），在中国，古代“民族”已经实现了整合，这一整合是夷夏种族-文化系统的“对立统一”。

---

〔1〕参见王汎森对傅斯年生平的研究（Wang Fan-sen, *Fu Ssu-nien: A Life in Chinese History and Politics*）。

〔2〕傅斯年：《傅斯年全集》（第3卷），长沙：湖南教育出版社，2003，12页。

傅斯年最著名的作品之一是其论文《夷夏东西说》，该文构思于1923年，1931年写成，全文发表于1933年。在这篇文章中，傅斯年结合考古学和文献材料，呈现了处在中国东部与西部地理区域的两个种族－文化系统之间的互动情景。他将东方的种族－文化系统描述为“夷”，而称西方系统为“夏”。据傅斯年所论，这两个种族－文化系统活跃在黄河、济河、淮河的河谷地带，二者势力相互竞赛，造成此消彼长的轮替。而其互动本身，带来了种族－文化意义上的交流。傅斯年称这些交流为“混合”，认为“混合”推动了天下的合成和天下内部区域势力的轮替。正如傅斯年所说：“这两个系统，因对峙而生争斗，因争斗而起混合，因混合而文化进展。”〔1〕

为了充实中国民族的历史研究，傅斯年组建了一支多学科研究团队，他招募了一整批资深学者，吸引了大量青年才俊，让他们参与到中国民族的研究工作。1937年之前，在他手下工作的学者有经学家、语言学家、考古学家及民族学家，接受过美国人类学训练的李济也在其中。

李济在清华完成预科学习后，被美国克拉克大学心理学系录取，他从那里转向人口学，以社会学者的身份毕业。1920年，李济开始在哈佛大学攻读人类学。在哈佛，他师从民族学家罗兰·迪克森（Roland Dixon）和体质人类学家恩斯特·虎顿（Earnest Hooton），于1923年完成了关于中国民族形成的论文，被授予博士学位。1929年，李济先在南开大学担任人类学和社会学讲师，继之在清华大学任国学和中国文化研究讲师，之后进入史语所，担任该所考古组主任。

1928年，李济的博士论文修订版以英文发表，取名为《中国民族的形成》（1928），该书从体质人类学、考古学、民族学和历史学视角考察了中国民族的起源。李济并没有傅斯年《夷夏东西说》中的文

〔1〕 傅斯年：《史学方法导论》，北京：中国人民大学出版社，2004，211页。

明互动论，但他同样对族群之间互动交流如何贡献于文明整体的生成感兴趣。很明显，李济比傅斯年要更进一步，他强调技术进步对中国文明形成的贡献，他将商文明呈现为陶器、青铜、书写、祭祀制度、武器以及石器手工技术六个发展阶段的相继实现。在 1928 年至 1937 年，李济主持了殷墟这个著名遗址的挖掘工作。[1] 傅斯年相信，这项挖掘工作相当重要，因为它最终能证实他自己的观点，即中国是由相互竞争的不同种族 - 文化系统（夷夏）合成的。李济在殷墟考古中获得了大量资料，这使他能够进一步去比较商代以前的文明与仰韶文化、龙山文化的区别，而这又进而使他相信，商文明的创造者是与农业文明不同的种族 - 文化系统，他们是来自东方的狩猎群体，具有比“华夏”系统强烈得多的宗教意识。这个系统的迁移性很强，居于其中的不同社会群体也善于汲取四面八方的文明养分，因而缔造出一个融合能力很强的王朝。

“兄弟相争”

要更好理解中国人类学诸传统（或者说，“诸人类学”[anthropologies]）的形成，我们需要地理学视角。

在我的其他作品中[2]，我以包括外圈、中间圈和核心圈在内的“三圈”圈层结构秩序界定了这个地理学视角。“外圈”是指那些远离帝国疆域和国家边界的区域，从近现代角度看，这些包括了西方和非西方社会。不同于欧美人类学的“外圈”，此处的“外圈”不指原始社会；我认为，在鸦片战争之后的中国，“外圈”并不限于指“野蛮人”的空间，而是指包含“原始”、“半文明”和“文明”民族混杂其

---

〔1〕 Li Chi, *Anyang*, Seattle: University of Washington Press, 1977.

〔2〕 王铭铭：《超社会体系：文明与中国》，136—164 页。

中的广阔地理空间。“中间圈”是指中国和外圈的接触地带，居于其中的人，仍为“他者”，但作为中间类型，相较于“外圈”，这些“他者”是我们相对熟悉的“陌生人”，与“我者”交集较多，故而以第二人称“你者”来分类更好。最后是“核心圈”，它指乡村、城镇和都市构成的区位级序，及位于这一级序中的人群。

对于研究“外圈”中的集合体，中国人类学的一些先驱者表现出浓厚的兴趣。比如，吴文藻自己做的第一项经验研究，便是有关英国方面如何看待鸦片战争的，而在“二战”期间，他得到了一次机会去访问印度，他借之研究了印度的民主制与种姓制之间的关系。[1]然而，一旦涉及学科大框架这一问题，不仅吴文藻，连他的追随者和对手，都对欧美及其他异域的民族志失去了兴趣，他们还将“外圈”中的西方从经验事实领域排除了出去，转而将这个板块视作理论与方法的来源地，致力于从这个板块引来理论方法概念，以之分析“核心圈”和“中间圈”的“内部他者”的社会与历史。如此一来，三圈的圈层关系秩序就被重新组织了，它转化为两个相反相成的方面，其中一方是国际知识界的智识性，另一方则由民族志投射出来的“生活世界”组成。必须指出，这个转化了的圈层关系秩序，含有一个吊诡：在这个秩序中，西来思想凌驾于东方经验之上，但民国学者多祈求从这种知识/权力的支配性格局中获得他们赖以对学科进行国族化的资源。

最终，燕大社会学派和中研院民族学派所建设的学科虽然有许多不同，但在一个意义上是一致的：在很大程度上，二者都与“帝国营造人类学”（anthropologies of empire-building）有别，而与“国家营造人类学”（anthropologies of nation-building）一致。

正如史铎金（George Stocking, Jr., 又译斯托金）[2]指出的，在西

---

〔1〕 吴文藻：《印度的社会与文化》，见其《论社会学中国化》，333—346页。

〔2〕 George Stocking, Jr., “Afterword: A View from the Center,” in *Ethonos*, 1982, Vol. 47, No. 1-2, pp. 172-186.

方，“帝国营造人类学”侧重关注遥远的“黑皮肤”原始人，这些被认为构成西方人类学的“外圈”；与之相反，“在欧洲大陆的许多地区，在19世纪文化民族主义的背景下，民族认同和内部他者之间的关系，成为一个焦点问题；随之，民俗学（Volkskunde）建立了强大的学统，这些学统与民族学（Völkerkunder）形成了清晰区分。前者是对于国内乡民他者的研究，这些乡民他者被视为构成国族或帝国内部有潜力成为国族的群体，后者则研究比乡民更遥远的他者，这些他者要么是海外的，要么是更遥远的欧洲历史上的”[1]。

燕大社会学家被外人描述为“英美派”，而中研院的民族学家则主要遵循欧洲大陆的风格及其美国变体。站在第三者的角度看，两派学者虽有不同学术背景，其差异实际上可以看作劳动分工的不同，前者集中关注国内农民他者，这些是“核心圈”中的核心群体；而后者则关注那些更遥远的他者，即非汉“种族－文化系统”或“少数民族”，这些大抵就是我们说的“中间圈”中的群体。[2]

燕大学派和中研院学派都是“国际化的”：在形塑其不同的“人类学”学科格式时，二者受到其所从事的西方英美传统和欧洲大陆传统的深刻影响。然而，受“想象的共同体”[3]原则的制约，二者都未能从其学术的国际性中开拓“文化国际主义”（cultural internationalism）的思想视野。这两派学者的作品都对“超国族进程”展开了民族志调

〔1〕 George Stocking, Jr., “Afterword: A View from the Center,” in *Ethonos*, 1982, Vol. 47, No. 1-2, p. 170.

〔2〕 史禄国与其民族学家同人对社区研究法局限性的认识也许是正确的，但吊诡的是，他们自己也进行着不同种类的“分立群域”（isolates）民族志研究。他们研究的地区在规模上比燕大社会学家界定的小型社会区域要大，但仍然是“分立的”，而且也只是在确定的少数民族地区展开的。这种民族志并没有自动产生民族学家所寻求的整体性。民族学家将中国视作似乎单纯由其研究的某些“较大对象”（国界内相对遥远的他者）组成的，实则却忽略了中国的另一半，即广大农民及与之关联着的“大传统”。因此，民族志研究者不得不把“总体”的任务交给他们的“上级”——历史学家傅斯年。因此，有一点似乎是真的，倘若没有社会学、民族学以及历史学的结合，东方文明的整体视野便不可能得到形塑。

〔3〕 Benedict Anderson, *Imagined Communities: Reflections on the Origin and Spread of Nationalism* (Revised and Extended Edition), London: Verso, 1991.

查，但研究者要么将这一进程视作现代工业世界对华产生的“外来影响”[1]，要么将它化作丰富了中国文明库存的“内部性相对差异”[2]。

在很大程度上，两派的对立主要源于这一事实：他们是“兄弟”，志同道合，决心建立一个有边界的国家。

战时及战后的“裂变”

到了20世纪30年代中期，不少区域形成了各自的学术中心，但许多社会学家和人类学家还是附着或半附着于燕大和中研院。

在燕大这个阵营里，费孝通、林耀华、瞿同祖[3]等成长为一代国际公认的人类学家，如我前面提到的，他们被认为开创了“社会人类学的中国时代”[4]。

吴文藻的门徒并没有构成一个内在一致的整体。虽然他们共享着一定的社会学倾向，但内部也存在着分殊。因而，在费、林、瞿的作品中，我们可以看到明显的差异。燕大社会学也没有全变成吴文藻的风格，即使是那些与燕京学派有密切关联的学者，也各有风格和旨趣，其中，李安宅便是一个例子。李安宅是吴文藻的同时代人，他1926年加入社会学系，1934年去了伯克利。通过保罗·雷丁（Paul Radin）的引荐，李安宅被祖尼人接受，他在祖尼地区一个美国印第安人群体中进行了田野工作，他的民族志有中国问题意识，是开

---

〔1〕 Fei Xiaotong, *Peasant Life in China*. Lin Yue-hua, *The Golden Wing*.

〔2〕 凌纯声：《松花江下游的赫哲族》。

〔3〕 瞿同祖是费孝通和林耀华的同时代人，他1936年进入燕大，师从吴文藻、杨开道。他吸收了两位教授的思想，并综合了吴文藻的社会学和杨开道的历史学，将自己转变成一位社会史学家，写作了大量有关中国法律和官僚制历史演变的著作。1945年至1965年，瞿同祖在哥伦比亚大学和哈佛大学任研究员，集中于历史研究。1972年，他出版了杰作《汉代社会结构》（Ch'ü T'ung-Tsu, *Han Social Structure*, Seattle: University of Washington Press, 1972）。此书原为卡尔·魏特夫（Karl Wittfogal）主持的“汉代项目”的组成部分。

〔4〕 Maurice Freedman, “A Chinese Phase in Social Anthropology,” *The Study of Chinese Society*, pp. 380-397.

拓性的。战争期间，吴文藻和费孝通去了云南，李安宅则去了四川。1938年，李安宅被华西大学任命为社会学教授，并长期致力于藏学研究。[1]李氏的人类学有燕京学派的民族志风格，但相比这个学派的其他学者，他的学术更富经史色彩，也有不少宗教学的因素。

战前，中研院的民族学也有所扩张。20世纪30年代早中期，民族学研究继续沿着两个方向开拓。被称作“中国民族史”或“中国民族形成史”的史志研究继续扩大着它的影响范围。[2]与此同时，越来越多的民族学式民族志研究工作也得以开展。

与凌纯声一同研究的，还有另外两位在中国民族学方面颇有影响的学者，他们是芮逸夫和陶云逵。芮逸夫毕业于南京东南大学外语系，1930年加盟凌纯声的研究，后来成为由凌纯声主持的几乎所有重大项目的合作人。陶云逵，1924年毕业于天津南开大学，之后前往柏林大学和汉堡大学学习遗传学和民族学。1934年，他加入凌纯声的研究团队，与凌氏和其他人一起到了云南，对云南、滇越边境、滇缅边境地区的少数民族展开研究。[3]云南人类学考察项目历时两年，在此期间，陶云逵负责体质人类学和民俗学调查研究。战争期间，陶云逵留在云南，在那里，他间或与吴文藻及其门徒碰面，相互之间有潜移默化的影响。

中研院民族学也从几所国立大学吸收了一些兼职人员。例如，中山大学民族学家杨成志，1928年被中大和中研院任命为田野研究员。他在云南进行田野调查，跟他一起去的人，包括史禄国和一个民俗学家。回到广州后不久，杨成志去了巴黎学习民族学，先后于1934年和1935年从巴黎人类学研究院（L'École d'Anthropologie de Paris）

〔1〕李安宅：《李安宅回忆海外访学》，未发表档案，著述年代不详。陈波：《李安宅与华西学派人类学》，成都：巴蜀书社，2010。

〔2〕这些研究包括王桐龄的《中国民族史》（北平：文化学社，1934）和吕思勉所写的完全同名的论著（《中国民族史》，上海：世界书局，1934），两书出版于同一年，都以汉文文献作为主要资料来源，考察了前现代中国的民族多样性、民族关系和民族统一。

〔3〕陶云逵：《陶云逵民族研究文集》，北京：民族出版社，2012。

和民族学研究所（Institut d’ethnologie）获得证书和博士学位，之后回到中山大学任教。[1]

林惠祥，厦门大学人类学家，他在菲律宾师从一位美国人类学家拜耶（H. O. Beyer），早在1924年就开始教授人类学。受美国文化人类学的影响，他对文化区研究、神话、原始艺术和物质文化等有浓厚兴趣。1934年，他建立了厦门大学人类学博物馆。[2]

马长寿曾在南京中央大学学习文化社会学，他同林惠祥一样，受到文化人类学和民族学的影响更多。而与凌纯声一样，马长寿更倾向于进行综合性的民族学式民族志，因此，他试图将语言学、物质文化、社会生活和跨文化关系全部纳入一部单独的民族志专著。[3]

此外，还有不少其他独立民族学家，杨堃就是一个很好的例子。1921年，杨堃被里昂中法大学录取，在那里，他加入了共产主义组织。从那时到1927年，杨堃在法国和中国参与了许多政治活动。但1927年，他对政治失望，转入学术，加入了巴黎的社会学年鉴学派，师从莫斯和葛兰言。1930年12月，他和妻子张若名乘坐火车经过柏林、莫斯科、西伯利亚，夫妻二人于1931年1月抵达北平。在北平，杨堃在国立大学及法国、英美教会设立的大学都有任职，一些年后（1937—1941年），他进入了燕大社会学系。但他一贯提倡法国社会学和民族学。[4]

吴泽霖的所有学位都是于1922年至1927年间在美国获得的，他也是一个不同的人。吴泽霖的论文主题是《美国人对黑人、犹太人和东方人的态度》，受包括罗伯特·派克在内的诸导师影响，他成为中

---

〔1〕杨成志：《杨成志文集》，广州：中山大学出版社，2004。
〔2〕林惠祥：《林惠祥文集》，蒋炳钊、吴春明主编，厦门：厦门大学出版社，2011。
〔3〕伍婷婷：《交往的历史，“文化”和“民族－国家”：以马长寿20世纪30—40年代的研究为例》，见王铭铭主编：《中国人类学评论》第10辑，北京：世界图书出版公司，2009，116—130页。
〔4〕杨堃：《杨堃民族研究文集》，北京：民族出版社，1991。

国社会学在种族关系和城市问题研究方面的先驱。吴泽霖毕业后曾去欧洲，在那里，他调查了英国、法国、德国和意大利的社会状况。他的研究可谓是现代中国人类学西方社会研究的最早实例。1928 年，吴泽霖被任命为上海大夏大学社会学系主任。在上海，吴氏及其追随者倡导一种与燕大不同的社会学，他们特别关注社会、人口和种族问题，这些也是吴氏自己的三个主要研究兴趣。[1]

战前几年，在我所谓的“三圈”（汉人、少数民族、异域）内，不仅发生着中国学者与欧美学者之间的频繁学术交流，而且也出现了众多不同风格的民族志研究。核心的“民族志区域”[2]有两个，汉与非汉，在这两个领域，学者个人和集体，都互动频繁。燕大社会学与中研院民族学的学术分殊，实际上也是“民族志区域”的分殊（前者着重展开汉人乡村社区研究，后者着重实施少数民族民族志调查和历史研究）。

然而，在战争期间，情况发生了变化。中国社会学和民族学的几乎所有重要学术中心都迁往西南。燕京大学、清华大学、南开大学从北平迁至昆明，组成西南联大。吴文藻在昆明建立了一个社会学系。傅斯年率领他的史语所一路迁徙，最后“侨居”四川长江沿岸一个繁华的村落——李庄。避开了战争的干扰，史语所的所有研究都在这个地图上寻觅不见的偏远村落中继续展开着。

1938 年，费孝通经越南返回中国，在昆明与吴文藻会合。1938 年至 1942 年间，在离昆明不远的呈贡县魁星阁（一个供奉主宰文章兴衰之神明的小庙，又称“魁阁”），他领导云南大学的社会学研究所在那里开办了与马林诺夫斯基的席明纳（seminar）类似的工作坊，还完成了一系列社区民族志，致力于将它们综合成“乡土中国”的整体

[1] 张帆：《吴泽霖与他的〈美国人对黑人、犹太人和东方人的态度〉》，见王铭铭主编：《中国人类学评论》第 5 辑，11—19 页。

[2] Richard Fardon, “General Introduction,” in his edited, *Localizing Strategies: Regional Traditions of Ethnographic Writing*, pp. 1-36.

视野。[1] 同时，在魁阁工作的几位研究人员也创作了几部作品，后来得以在英语世界发表，其中包括许烺光的《祖荫下》。[2]

战争期间，国民政府的政治和文化中心暂时迁往西南，在那里，西迁"衣冠"强烈地感受着民族多样性和边疆问题。国民政府急需得到有关边区民族多样性和跨民族关系的民族学知识。它提供大量的研究经费用以展开边政研究。此间，民族学家和社会学家形成合力。在20世纪30年代头几年即已研究过这些问题的民族学家，继续着他们的研究工作。吴文藻、吴泽霖及其众多社会学追随者变身为民族学式社会学家。比如林耀华，他本以研究福建的一个村庄而著称，此时，则在成都加盟李安宅的研究，共同致力于学科的再建构。

像燕大一样，成都华西协和大学也是由英美传教会建立的。战前，一群具有教会背景的外国人类学家，包括戴谦和（Daniel Dye）、陶然士（Thomas Torrance）、叶长青（J. H. Edgar），兼有自然史与民族学的旨趣，他们建立了自己的人类学和社会学研究项目。1914年，他们在华西大学建成一座综合性博物馆，而到1922年，则又创立华西边疆研究会（West China Border Research Society）。从那时到李安宅到来，一个过渡性的重要人物是葛维汉（David Graham），他最初在燕京大学工作，之后被任命为华西大学博物馆馆长。葛维汉反对戴谦和、陶然士、叶长青的传播主义民族学，他还通过清除其动物学、植物学和地质学的内容，将综合性博物馆改造成一个民族学和考古学博物馆。[3] 1938年，李安宅受华西大学之聘，到任后即开始对其民族学和人类学研究加以"社会学化"。但其"社会学化"不是总体性的，留有民族学余

〔1〕 Fei Hsiao-Tung and Chang Chih-I, *Earthbound China: A Study of Rural Economy in Yunnan*, Chicago: University of Chicago Press, 1948.

〔2〕 Francis L. K. Hsu, *Under the Ancestors' Shadow: Kinship, Personality, and Social Mobility in China*, Stanford: Stanford University Press, 1971.

〔3〕 李绍明：《中国人类学的华西学派》，见王铭铭主编：《中国人类学评论》第4辑，北京：世界图书出版公司，2007，41—63页。

味。这是因为，在此之前，李氏已在藏人中开展田野调查，其社会学获得了某种民族学风格，与燕京学派的社区研究不尽相同。

区域性（西南地区的）的土司（地方土官）研究及其历史颇受重视。土司制度是元、明两代发明的一种“间接统治”方法，到了清初，它被宣布过了时。但在中国西南的许多地方，直到20世纪上半叶，土司制度仍旧存在，土司（地方土官）仍然在当地社会有着深刻影响。如何将“间接统治”转变为国家直接管理？诸如凌纯声之类的民族学家、吴文藻之类的社会学家以及林耀华之类的社会人类学家，都感到有义务给出自己的答案。[1]

对同一问题，民族学家和民族社会学家之间存在着不同的认识。中研院的民族学家在民族和边疆问题上的看法更倾向于中央主义，而受“同化”（派克）、“间接统治”（马林诺夫斯基）和“文化相对主义”（波亚士）等英美理想模式影响的民族学式社会学家，则以更为开放的心态面对官僚统治的中间形式。战时，两派获得机会各自表述，相互对话。

1939年2月13日，著名史学家顾颉刚在昆明《益世报·边疆周刊》上发表了一篇题为《中华民族是一个》的文章。[2]在文中，顾颉刚呼吁青年知识分子为中国的民族统一和自强做出贡献。[3]顾文发表后，傅斯年和费孝通随即对此表达了各自观点。傅斯年等人写信给顾，表达了热情洋溢的支持，而费孝通与其同道则对顾文的政治化呼

[1] 龚荫：《回顾20世纪中国土司制度研究的理论与方法》，见其《民族史考辨：龚荫民族研究文集》，昆明：云南大学出版社，2004，373—391页。

[2] 这篇文章很快就被许多其他的报纸转载，包括《中央日报》、《东南日报》、《西京平报》和其他省级日报。

[3] 他反对将“民族”（nationalities 或 ethnic groups）概念引入中国。他主张，为了艰难战争岁月里中国人民的利益，应该重新认识历史和现状，知识分子应该勇敢地接受中国很早以前是统一的这个“事实”，应该抛弃将中华民族定义为五个或更多不同“民族”联合体的错误观念。他还主张，应该接受一种“当代事实”，即最好将中国视作仅仅是汉人、穆斯林、藏人构成的，并努力通过研究和实践来减少他们之间或边疆“部落”之间的差异。

吁持谨慎态度。在战时的那么一个小阶段，生活在西南“边疆”的中国知识分子被分成两个对立的群体，一方坚持“中华民族是一个”，另一方则仍然致力于接受中国民族多样性的历史事实。[1]

战后不久，所有的民族学家和社会学家返回到他们本来的学术机构所在地。然而，还未安定下来，国内战争又打响了。1949 年，国民党军队战败，“中研院”与其国民政府一同转移到台湾。傅斯年、李济、凌纯声、芮逸夫，及许多其他伟大的历史学家、考古学家、民族学家离开了大陆。怀着实现毛泽东“新民主主义”的真切希望，几乎所有在“北方”教会大学工作的社会学家和社会人类学家都选择留在大陆。然而，他们没有料到，“新民主主义”开始实现之时，社会学并没有受到特别重视，更谈不上繁荣。那时并不鼓励社会学或社会人类学式的研究，但为了营造一个新式的“民族大家庭”，它却极其重视“民族研究”。“民族研究”固然有着 1949 年前的“本土基础”（史语所的民族学便是基础之一），但到 50 年代初，已渐渐与从苏联借鉴的民族学相结合。这种苏式的民族学注重“在一个特定历史框架中对社会生活所有现象进行研究，追溯其缘起和发展过程及因果决定关系”[2]。在一个相当长的阶段里，中国大陆的社会学家、社会人类学家及相当多历史学家，都在“民族研究”领域工作，以“民族学”为官方职业身份标志。

1946 年，吴文藻作为国民政府代表驻日。从那时起到 1951 年，他对日本社会开展了广泛的调查研究。1953 年，中央民族学院在北京这个新首都成立，他被聘任为民族研究的教授。1957 年，吴文藻被打成“右派”。1959 年至 1979 年，由于没有机会开展社会学和民族学的研究，他把大量时间用于翻译西方世界史作品。1979 年，“文革”结束后的三年，

〔1〕 周文玖、张锦鹏：《关于“中华民族是一个”学术论辩的考察》，载《民族研究》2007 年第 3 期，20—30 页。

〔2〕 Yu Petrova-Averkieva, “Historicism in Soviet Ethnographic Science,” in Ernest Gellner ed., *Soviet and Western Anthropology,* London: Duckworth, 1980, p. 19.

他被选为新成立的中国社会学会顾问。吴文藻于1986年去世。他晚年写了数篇颇有影响的论文，陈述其对战后西方民族学变迁的认识。[1]

1949年至1966年间，中国的民族学和社会学均被改造为“民族研究”。社会学、人类学和民族学在1949年以前的视角和走向，遭到否弃。[2]新中国民族研究者的任务主要（即使不是完全的话）变为识别少数民族，及将其多样的历史集入“社会形态”的进化时间框架内。两方面的工作都是为了将少数民族归进“民族大家庭”内。为了达到这个目标，传播论、功能论、涂尔干主义社会学、历史特殊论均被摒弃。许多大名鼎鼎的社会学家变身为用“唯物史观”研究少数民族社会形态的学者，至少在表面上是，为此，他们必须放弃他们之前推崇的“后进化主义”理论，重新学习得到重新界定的“人类进步史”。[3]

在海峡对岸的台湾，凌纯声于1956年在“中研院”内创建了民族学研究所，将之从史语所独立出去。之后，凌纯声将其主要精力投入跨文化宏观区域的研究，在一定程度上，这些研究推翻了他自己早些时候视中国为一个具有内在民族多样性的自足世界的想法。他的继任者李亦园，转向美国风格文化人类学和结构主义的某种混合。在凌纯声和李亦园的相继带领下，“中研院”的民族学研究所涵括了民族学、社会学和心理学诸学科。20世纪90年代，社会学和心理学相继独立，建成独立研究所。同一时期，在民族学研究所，民族志化和社会学化的英国风格人类学成为主导范式，这得益于90年代初一位从伦敦经济学院获得博士学位的学者的努力。这一范式的主导地位遭到

---

〔1〕吴文藻：《民族与国家》，载《吴文藻人类学社会学研究文集》。

〔2〕带领中国社会学家为“民族政策”而工作的费孝通，当然也不能幸免于批斗，他也被划入“右派”名单。林耀华在1947—1949年间仍在燕京大学工作，后来则成为摩尔根主义民族学家，不仅如此，他还书写了一部体质人类学视野下的人类史、一部原始社会史，及若干有关区域研究的文章。他在费孝通被批判的同一天加入共产党。1950年，李安宅在藏区建立了第一所现代小学，并深入参与到新政府的藏区工作。他曾在西南民族学院工作，而从1961年始，则转入四川师范大学，担任英语教师。

〔3〕王铭铭：《西学“中国化”的历史困境》，32—71页。

一些人的强烈抵制，这些人包括一位在亲属关系结构研究方面受过训练但转而特别重视在台日本民族学传统的人类学家、一位受过美国训练并翻译过莫斯一些著作的人类学家，以及一位拒绝承认社会学与人类学有任何区别的乡村社会学家。

位于台北南港区的史语所，其研究深受英美社会科学新近作品的影响，产生了一大批对中国现代史学、考古学、语言学的民族主义给予批评的著作，随着新观点的出现，包含着丰富民族多样性的文明实体之形象，成了后现代主义者批判的目标。

结论

不久后，在中国大陆，人类学正庆祝其恢复重建四十周年（从1979年算起）。回顾刚刚过去的几十年，将其与之前几个时期相比较，我们的同人将会颂扬他们自己在促进学科繁荣方面取得的成就。过去这个阶段，人类学科研项目、从业人员、学生、出版物、翻译作品、会议等，在数量上均出现了剧增之势，了解了这点，我们便更易于看到，“繁荣”这个词是多么适于描述中国人类学的当前面貌。

在国内汉与非汉民族志区域和二者之间的接触地带，大量的研究项目得以实施，这些项目产出了大量成果。与此同时，随着田野地点和大学的对外开放，越来越多外国研究者在中国越来越多的地方进行了田野工作，也在越来越多的科研教学机构开设了讲座。

在过去的十来年，我们的新一代同人也越来越多地在国外进行了田野工作；作为其成果，中国人类学的地理覆盖面已然超出了国家疆域。更有甚者，在中国民族志的“三圈”（汉族、少数民族、外国）中，我们的先驱未能集中关注到的许多重要主题，例如宗教、历史和政治等，现在都有了相当深入的研究，而诸如城市化、移民、健康、环境、民族生态、灾难、旅游、地景、文化遗产等新问题，同样也得到越来越集中的关注。

中国人类学“生产力”的快速增长，背后有几个因素在起推动作用。20 世纪 70 年代末开始实施“改革开放政策”，使中外学者间及学术机构之间得以交流，文化间的思想流动得以加强，中外科研合作成为可能，因而可以说是中国人类学进步的主要动因之一。[1] 然而，事实表明，这个因素的作用并不稳定。不应忘记，1983 年，这门学科恢复重建后仅仅几年，关乎文化的人类学便被人与“资产阶级异化理论”相联系，受到批评；在 1995 年之前的几年里，出于复杂原因，这门学科大幅度衰退；而在过去的几年中，出于同样复杂的原因，某些问题的研究，也变得举步维艰。

显然，除了政策，还有其他因素在起作用。其中一个兴许是，中国人类学研究者对于困扰着我们在北半球西部和南半球不少板块的同行的人文科学表述危机[2]“麻木不仁”，这种说法有其问题，但确实发挥着正面作用。

半个多世纪以来，在西方，人类学家被一个问题困惑着——到底我们是应将他者中心的“帝国营造人类学”改造为文化的自我批判，还是应复兴有过旧日辉煌的“远方之见”？大家莫衷一是；在南半球，人类学家奋力清洗“国族营造人类学”中的殖民物质性和精神性，他们意识到这些东西带给他们的“后殖民社会”的，不过是些文化霸权的衍生物。[3] 对比于西方和南半球，在东方（至少在中国），从国外留

---

〔1〕 Stevan Harrell, “The Anthropology of Reform and the Reform of Anthropology: Anthropological Narratives of Recovery and Progress in China,” in *Annual Review of Anthropology*, 2001, Vol. 30, pp. 139-161.

〔2〕 George E. Marcus and Michael M. J. Fischer, *Anthropology as Cultural Critique: An Experimental Moment in the Human Sciences*, Chicago: University of Chicago Press, 1986.

〔3〕 Hussein Fahim ed., *Indigenous Anthropology in Non-Western Countries*, Durham: Carolina Academic Press, 1982. Arturo Escobar, “The Limits of Reflexivity: Politics in Anthropology's Post-*Writing Culture* Era,” *Journal of Anthropological Research*, 1993, Vol. 49, No. 4, pp. 377-391. Esteban Krotz, “Anthropologies of the South: Their Rise, Their Silencing, Their Characteristics,” in *Critique of Anthropology*, 1997, Vol. 17, Iss. 2, pp. 237-251.

学归来的学生和留在本土的学者，似乎结成了某种“统一战线”，他们团结一致，无视人类学在社会、认识论和政治本体论诸方面出现的问题，共同为这门学科的新生而奋斗着。

可以用这样一个事实来解释这种“麻木不仁”，那就是，在中国，人类学——尤其是其社会学式和民族学式的形态——曾经繁荣过，但后来却经历了在其他国家从未见过的有组织地强有力“否定”，因而在这个国度，人类学家为了其自身的“生存发展”，更易于搁置其学科的内在危机，采取更毅然的姿态，守护学科的保护层。然而，无论我们如何解释这种“麻木不仁”，它所带来的学科繁荣并不是理所当然的，因为透过“统一战线”的表层，可以看到，以往的国内学科的张力还继续影响着中国人类学家的社会生活。

三十年前，一批以“民族学家”为身份的学者，成功地获得了教育部和民族事务委员会的支持，将民族学和人类学的相互关系定名为“民族学（包括文化人类学）”。1995年，若干以“人类学家”为身份的学者相聚北京，提出了相反意见。他们书写了一份“请愿书”，交给教育部，在信中争辩说，人类学应该是一门独立的学科。教育部某个学科划分负责人给这些人类学家的答复是：人类学在中国人听来很奇怪，甚至他自己听着也觉得奇怪，它似乎与“我们的社会主义现代化建设”无关，是一门用处不大的学科。他不同意人类学获得更多的独立性，但他还是善意地表达了自己对这门不独立、定义模糊、毫无用处的学科未来的担忧。他说，不像民族学，人类学不能依靠民委提供的经费资助，除了外国经费之外，要寻找其他资源其实很难。最后，教育部把人类学纳入“大社会学”范畴，这是一门包括了许多二级学科且更有用的大学科，与此同时，民族学得以继续保持其“一级学科”地位。

当下，社会学、民族学、人类学等从西方借鉴而来的学科，重新成为在中国人类学中并存的“亚传统”，它们相互竞争，相互交错，而各自却有着独立的机构根基和人际关系基础。

中国人文科学的分化与我在以上叙述的那些裂变并没有想象中的那么不同，它提醒我们，应关注困扰着先贤的那些旧张力。但这并不必然意味着现在和过去是一样的。以“民族学”为例，它作为一门学科在民族院校拓展着，而它也发生了巨大的变化，似乎不再那么雄心勃勃了；在它内部，曾经吸引着大批中西民族学家的跨文化关系进程之长时段历史研究，不再引人注目，从业者似乎都满足于在具体政策创造的平台上获得生存空间。在社会科学实用性层面上，社会学和民族学之间的“兄弟相争”继续进行着，而两者之外的人类学，则被留在了“不实用”的领域。〔1〕

更糟糕的是，我们的先贤们在知行传统上达成的平衡（尽管是有限的平衡）已基本随风消散。太多的中国人类学家献身于“抽象的民族志”而不是“具体的科学”，太多学者不得已为了成为“实用的”人类学家、民族学家或社会学家而必须将理论和方法用于证明政策的合理性，其程度如此之深，以至于许多知识产品只称得上是“学术习惯实践”的副产品。

几年前，在勾勒当代中国的思想景观时，我对某些“亚传统”进行了形态学描绘，借之对“文明”的“主流”话语进行考辨。〔2〕要恢复文明之辉煌，我们是应向祖先学习，还是应向外国人学习？当代中国思想家形成了不同阵营，他们有的将他们认为的“正确思想方法”视为源自中国自己的文化祖先，有的则以不同的方式将其视为学习西方的结果，认为正是通过接受西方模式，中国才可以不断向前迈进，

---

〔1〕 但颇为吊诡的是，许多留学归国的学者与在国内接受训练的学者一道，反对“不实用”的人类学，他们也通过西式的医疗、旅游、遗产和“后灾难”文化研究，猛烈地推进学科的实用化。

〔2〕 Wang Mingming, “To Learn from the Ancestors or to Borrow from the Foreigners: China’s Self-identity as A Modern Civilisation,” in *Critique of Anthropology,* 2014, Vol. 34, Iss. 4, pp. 397-409.

以期重返昔日的“黄金时代”。

在中国民族志话语中，也出现了同类追求。为了实现中国的复兴，学者们持续展开文化斗争，有的重复西方理论，有的试图将人类学视作知识与政治中国性这一“本土”要求的一个组成部分。

许多争论其实源于这样一个事实，即“继嗣”（descent）和“交换”（exchange）模式尚未形成妥善的结合。然而事实是，尽管差异明显存在，这些分立的“亚传统”本质上却仍是相类似的。

在各种“麻木”和“混乱”涌现在东方的时代，有必要考虑我们的先贤没有避开哪些陷阱，即哪些陷阱仍然在困扰我们；也有必要考虑我们应具备何种能力，才能够在先贤奠定的基础之上建起知识大厦。

至此，我们已经回顾了20世纪上半叶学科亚传统的争鸣。我对于先贤的旧有成就羡慕不已，且在最近所编的评论文集[1]中，表达了对它们的某种怀念之情。但是，在此，我却不得已指出，由于两个“学派”都富有激情地参与了国族营造工作，其建设的人类学（无论其实际名称为何）因而都带有国族营造的旨趣与色彩。为了贡献于国族营造，燕大社会学家倾向于提供经验数据，以期其所来由的微型农村区域能在来日得到国家引导的工业化和城市化，中研院的民族学家和历史学家则倾向于重新发现帝制中国多元自足体“对立统一”（如夷夏合一）的国家创世神话。因此，两个“学派”或是将自己的国家化约为乡村社区的集合体，或者是将新的政体想象加诸天下的“封建主义”过往，二者均对中国历史复杂的治乱轮替实行了“国家化”。[2]

---

〔1〕王铭铭主编，杨清媚、张亚辉副主编：《民族、文明与新世界：20世纪前期的中国叙述》，北京：世界图书出版公司，2010。

〔2〕有趣的是，当燕大社会学家们积极地从派克和拉德克里夫-布朗那里学习人文区位学和结构-功能主义时，这些导师实际上对了解东方的历史文明更有兴趣。而当中研院的民族学家们尽力将英美社会化的民族志推至一边时，他们也在做其对立派的英美导师所想做的工作，也就是，如同“东方主义者”那样，书写着中国的民族史。

在“前现代”时期，中国是一个成熟的超社会（超国族）体系[1]，它有着巨大的内部文明变异，也有着与其他人文世界之间的“超社会”联系，这个道理也解释了现代学者的人格，他们寻求中国化，却又离不开西方；他们致力于在中国建立真正的“科学的东方学”，但在其知识创造中却离不开来自西方的概念和想象。[2]

这类情况或许就是莫斯和他的同事们曾经试图复原的。

在巴黎，1913—1930年间，许多民族学要素被重新纳入社会学年鉴学派。莫斯借鉴了德国传播论和美国文化人类学，并反过来改造了它们，他由此书写了一些民族学论文，强调他称之为“文明现象”的研究之重要性。莫斯的“文明现象”指技术和社会组织原则的借用，以及那些“对社会生命体而言是最私密的现象（例如秘密社团或秘密宗教仪式）”的传播。[3]莫斯指出，“文明现象”常常被误认为是国族特有的，其实却是国际性的。与那些国家超有机体的特定“社会现象”对反，“文明现象”可以被定义为“在一定程度上若干个社会所共有的那些社会现象，这些社会通过长期的接触，通过永久的中介，或者通过共同继嗣关系而相互关联”[4]。

在20世纪20年代末期，凌纯声获得难得的机会去巴黎与莫斯及其同事学习，他至少听说过莫斯的文明观念，但直到50年代，他才开始研究“文明现象”（他没有用这个词）。在此之前，在民国时期，为了服务于国族营造，凌纯声不得不把大部分时间用于对中国境内的少数民族进行民族志调查，并将其从田野工作中获得的资料拿来与古代中国“民族融合”的历史加以比较和联想。

我们不应该轻易地认为，微观社会学和民族学式民族志仅仅会培

---

〔1〕见王铭铭：《超社会体系：文明与中国》。

〔2〕民国时期的社会科学更像中国本身，这是一个由天下转型而来的国家，其自身就是一个“洲”，努力从外部吸收各种技术与思想。

〔3〕Marcel Mauss, *Techniques, Technology and Civilisation*, p. 60.

〔4〕*Ibid.*, p. 61.

养出缺乏任何他者意识的“家乡人类学家”（anthropologists at home）。事实上，大多数活跃在民国时期的人类学家虽然没有机会研究异域他者，但都深知尊重“内部他者”之制度、习俗和信仰的重要性。可惜的是，他们过于紧跟西方流行的科学模式，以至于没有充分重视到“地方性知识”的知识/权力意蕴，具体言之，他们没有意识到，“地方性知识”之类东西，看似是为了尊重他者而设，其实却是“帝国营造人类学”中“帝国”一词所意味的。然而，与欧美人类学相比，东方的各种人类学确实较少关注对“外圈”群体进行民族志研究所具有的普遍启迪，而即使与上古和帝制时代国内异域志相比，现代中国民族志的宇宙-地理视野也同样比先前狭窄得多。在漫长的20世纪之前那些世纪里，在中国的各种志书里，作为广义他者的人、物、神占据着显要地位。当然，这些不同的存在体并没有总是被当作文明的平等伙伴或更高的境界来表述：它们有时也被当作低等存在形式描述。但是在许多志书中，对他者的好奇却能在知识、文学和哲学上得到通畅表达。[1]与这些志书相比，民国民族志中的他者叙述，局限于距离较近的他者，因而，若不是我者中心主义的，那也一定可以说是“自给自足主义的”。

鉴于民国社会学和民族学仅限于对“内部他者”进行民族志研究，也许新一代学者所能完成的任务之一，就是把中国民族志的地理视野扩展到疆域之外，借此，他们也许有望带来一种“补偿”。正如一些人相信的那样，这种“补偿”将使中国人类学更“国际化”，或者说，更像西方“帝国营造人类学”。

引用列维-斯特劳斯[2]的话来说，在“帝国营造人类学”中——

〔1〕 Wang Mingming, *The West as the Other: A Genealogy of Chinese Occidentalism*.

〔2〕 Claude Lévi-Strauss, *Anthropology Confronts the Problems of the Modern World*, Cambridge, Massachusetts: The Belknap Press of Harvard University Press, 2013.

人类学家简直就是在请求每个社会不要认为自己的制度、习俗和信仰是唯一可行的。他奉劝每个社会不要因为相信自己的社会是好的，就相信其制度、习俗和信仰都是浑然天成的，更不要自认为可以毫无顾忌地将这些强加于其他社会头上，因为其他社会的价值体系与自己的社会并不匹配。[1]

不能说中国人类学对异域他者的研究必将完全缺乏列维－斯特劳斯在以上“人类学宣言”中表明的心态——若如此预测，那就必定是荒谬的。然而，通过实践远方他者的研究来模仿西方某些国家的“帝国营造人类学”，会不会误导我们回到西方人类学“殖民情景”[2]的旧陷阱中？会不会违背人类学对打开非西方和非霸权图景所做出的承诺[3]？他者的某些“本土观点”——在上古和帝制时期存在的“世界智慧”中即含有这种观点——对于中国人类学关于远方的想象到底是不是至关重要的？

这些问题还有待讨论[4]，但有一点却是现在就可以肯定的，即民族志事业的地理扩张和人类学的“国际化”是两码事，后者与我们的反思更为相关。如果我们的学科先驱有其局限性，那么，这一局限性便既不是缘于他们不够国际化（事实上，他们都在西方生活多年，也运用了很多西方思想和学科图符），又不是缘于他们从来没有研究过异域（事实上，中国农村社会学之父吴文藻不仅撰文分析过英国人对鸦片战争的看法，而且李安宅也在祖尼人中进行过田野调查，吴泽霖构想了一种西方种族文化关系的社会学，费孝通发表了大量有关英美文化的

〔1〕 Claude Lévi-Strauss, *Anthropology Confronts the Problems of the Modern World*, p. 43.

〔2〕 George Stocking, Jr. ed., *Colonial Situations: Essays on the Contextualization of Ethnographic Knowledge*, Madison: University of Wisconsin Press, 1991.

〔3〕 Arturo Escobar and Gustavo Lins Ribeiro eds., *World Anthropologies: Disciplinary Transformations within Systems of Power*.

〔4〕 王铭铭：《超社会体系：文明与中国》，395—417 页。

文章[1])。真正的问题在于，一个没有国际性理论——在尚无更好的概念之前，相比于“世界社会”概念，莫斯的“文明”概念更适合于我们理解“国际性”的含义——的国际社会科学，连对己身的由来都无法说明清楚，更不用说要解释其试图描述或“唤醒”的现象了。

未来，中国人类学家将继续在不同的地方进行民族志研究，继续将先贤们提出的方法用于研究在“三圈”中此处或彼处分布的“微型社会区域”和大型种族－文化群组。但他们将会发现，因为世界各地的人们在过去和现在都是相互联系的，而这些联系并没有妨碍他们形成自我认同，所以他们更有必要使“分立单元”相互开放，以使这些单元可以用其持有的语词和其他单元持有的语词来掺杂着形容，从而使民族志叙述真实反映世界的“文明现象”，毕竟，民族志与其研究对象都是这类现象不可分割的组成部分。

---

〔1〕王铭铭：《近三十年来中国的人类学：成就与问题》，载邓正来、郝雨凡主编：《中国人文社会科学三十年：回顾与前瞻》，上海：复旦大学出版社，2008，425—435页。

费孝通

费孝通是 20 世纪中国最重要的学者和改革家之一。他 1910 年 11 月 2 日出生在江苏省吴江县的一个绅士家庭。在他出生前五年，清政府废除了科举制度。这一大变革导致传统教育衰落，费孝通失去了接受系统旧学教育的机会，只能去上新式学校。不过，童年时期，费孝通在家中接受了双亲的中西文明熏陶。他的父亲费璞安有良好的旧学修养，同时也对西方现代科学有浓厚兴趣，母亲杨纫兰，则是一位有基督教信仰的官员之女。18 岁时，费孝通进入东吴大学医学专业学习，但是两年之后，他放弃了这个专业，在"一种为医治社会疾病与不公的更伟大目标"的感召之下，他转向了社会学，认为这个专业比医学对于中国更有用。他转入位于北平的燕京大学，该校由教会支持。他在其社会学系——这应该是当时中国最好的社会学系——就读，毕业后，又进入清华社会学系，攻读人类学硕士学位。在燕大和清华，他的老师有吴文藻、潘光旦、史禄国，以及来华访学的杰出社会学家和人类学家，如派克（1932 年访问燕京大学）和拉德克里夫－布朗（1935 年访问燕京大学）。

1935 年，费孝通与新婚爱妻王同惠女士一起赴广西花蓝瑶地区开始其首次田野调查。但是，他们这次工作以悲剧收尾。费孝通误踏虎阱，王同惠在寻求救援途中身亡。1936 年，费孝通伤势逐渐恢复，他回到家乡，在附近一个名叫"开弦弓"的村子做了第二次田野调查。在开弦弓村，他的姐姐费达生创办了一个农民缫丝合作社，费孝通将其作为自己关于社会变迁研究的第一个案例。

两个月之后，在吴文藻先生的安排下，费孝通赴伦敦经济学院攻读社会人类学博士学位。[1]在这里，他师从弗思和马林诺夫斯基，以开弦弓村的调查所得为基础，写成一部博士论文，并在1938年通过答辩。

1938—1946年间，回国后的费孝通在云南大学社会学系工作。其间，他在昆明附近的呈贡魁阁创建了社会学调查工作站。在那里，他培养了新一代投身于田野工作的社会学和人类学学者。[2]同时，费孝通还写了大量关于中国现代化、族际关系、跨文化比较的作品，并投身于民主运动。他成为广为人知的杰出学者、社会学研究的领军人物以及著名社会活动家。

20世纪50年代早期，费孝通先是在清华工作过几年，之后作为一位著名学者和知识分子，受到新政府的信任，接受了多项重要任务，包括知识分子的动员、民族事务的管理、中央民族学院的创建。同时，他希望用自己的智慧服务于新政府。在费孝通看来，毛泽东是一位不错的领袖，相信在他领导下，皇权－绅权这一“双轨政治”的传统可以得到复兴。[3]

1957年春天，费孝通在报刊上发表了一篇短文《知识分子的早春天气》，称赞毛泽东鼓励自由言论，但同时也微妙地批评了当时出现的对于不同言论的压抑。出乎意料，他却因这篇短文而被划为“右派”。费孝通被下放到专门为有问题的知识分子而设的“五七干校”进行劳动改造。[4]随着毛泽东去世和“四人帮”倒台，1978年，费孝

---

〔1〕吴文藻意图部分地借助社会人类学的方法使社会学“中国化”，以适用于研究中国乡村社会的变迁（吴文藻：《吴文藻人类学社会学研究文集》，12页）。

〔2〕潘乃谷、王铭铭编：《重归“魁阁”》，北京：社会科学文献出版社，2005。

〔3〕在这一阶段，费孝通不仅投入了大量时间和精力去推动知识分子共同为新中国工作，而且也致力于把在乡村的田野工作中获得的有用洞察转化为政策思考。

〔4〕在这些晦暗的岁月里，费孝通被禁止发表作品，仅在60年代有机会去翻译两本关于工业化和现代世界历史的英文著作，同时撰写他在英国学习期间的回忆录。

通得到平反。在他自叙的“第二次学术生命”阶段，他身上汇聚了一系列学术和政治头衔。[1] 在海外，他的社会学和人类学贡献得到承认而获得多项荣誉。[2]

费孝通于 2005 年 4 月去世。从 14 岁发表作品开始，直到 90 多岁仍在坚持写作，费孝通可谓著作等身，作品类型涵盖学术、文学和政治。[3] 不仅如此，费孝通的社会学和人类学研究视野极其广阔，这些研究广泛涉及从乡土、民族到世界三个圈层的众多话题。[4] 费孝通的国际声誉固然主要来自他的乡村社区研究，以及他在推动乡土工业和小城镇城市化上的主张和行动，然而，他的研究并不只局限于民族志，他不断在深层的历史时间里寻求社会生活的真实，也不断将其社会科学的视野拓展到乡土之外。因而他对世界社会科学的贡献，并不局限于他的杰出社区研究。他关于“社会”的中国式界定、关于现代性的比较社会学论述、关于知识分子适应时代的途径的主张、关于多元和跨国文明的“民族史”的诠释，以及关于西方的中国人类学研究的实验，都具有重要的价值。

工业化时代的乡土社会

费孝通的代表作《江村经济——中国农民的生活》(1939)，是一

---

〔1〕 这些头衔包括：中国社会科学院社会学研究所所长、民族研究所副所长、研究员，中央民族学院副院长，中国社会与发展研究中心主任，北京大学社会学教授，国家民族事务委员会顾问，全国政协副主席，全国人大常委员副委员长，中华人民共和国香港特别行政区基本法起草委员会副主任委员，等等。

〔2〕 这些荣誉包括：国际应用人类学学会马林诺夫斯基奖章、英国皇家人类学会赫胥黎奖章、大不列颠百科全书奖章，以及在日本福冈颁发的“美国与亚洲文化奖”。

〔3〕 在他去世前几个月，《费孝通文集》(北京：群言出版社，1999—2004）正在编纂中，最终出版时共有厚厚的十六卷。

〔4〕 杨清媚：《最后的绅士：以费孝通为个案的人类学史研究》，北京：世界图书出版公司，2010。

项富有创造性的研究，涉及变迁中的乡村社会这一主题。[1]这本书由其博士论文修改而成，有人认为它是功能主义民族志的成功案例[2]，但其实，此书同时也是一项对现代世界体系的地方冲击和地方之回应进行的一项开创性的民族志研究。书中，费孝通先花了九章描述家庭、财产、生计、占有、历法、农业和土地租佃等方面的传统方式，然后用四章的篇幅聚焦于传统手工业、贸易、市场和金融的变迁。如果说前面的章节对乡土生活做了描述式的说明，那么后四章则旨在分析。在这些分析的章节里，费孝通集中讨论了“农业问题”，认为这与西方的“工业力量”扩张（通过附近的大城市，如上海）有关，而西方主导的工业化导致了农户破产和苦难。

江村的农民传统上依赖农业和丝业的复合经济为生计。随着 19 世纪中叶以来西方工业力量的进入，他们的生计越来越依赖世界市场的变化。世界市场导致丝价骤然下跌，使农民社会转向解体，农民陷入贫困。对费孝通而言，所有这些问题背后的一个重要原因是传统手工业的衰退。

不同于那些将“工业”限定于工业社会的讲法，费孝通从一个更广的范围来讨论“工业”。他比较了传统手工业和现代工业的方式，认为前者规模更小并且嵌入在农业生活之中，而后者来自外部（西方），规模更大且对农业构成了破坏。

对费孝通来说，一个正确的社会变迁方案应该导向乡土工业的复兴，而这一目标的达成需要依靠同时具有传统道德和现代知识的“新绅士”的作为。在江村研究关于丝业的部分，费孝通以姐姐费达生作为个案，呈现士绅如何通过创办技术学校，引导乡土工业的发展。对他而言，这一“中国和西方文明接触的结果”[3]是十分必要的，它促使

〔1〕 费孝通：《江村经济——中国农民的生活》，戴可景译，北京：商务印书馆，2001。
〔2〕 Edmund Leach, *Social Anthropology*, pp. 122-148.
〔3〕 费孝通：《江村经济——中国农民的生活》，178 页。

乡土工业的复兴得以展开，对妥当的社会变迁起到重要推动作用。[1]

费孝通与美国人类学家雷德菲尔德在调查城乡结合体上有共同的兴趣。他们从 20 世纪 40 年代中期开始结下深厚友谊，在费孝通的安排下，雷德菲尔德于 1948 年秋作为访问教授访问了清华大学。如雷德菲尔德一样，费孝通认为现代城市的扩张不可避免地引起乡村的瓦解，以及农民对“美好生活”期待的破灭。[2]

在云南期间，费孝通及其学生张之毅研究了三个村庄——禄村、易村和玉村；这三个村庄形成了一组与城市距离不等的乡村共同体序列。费孝通和张之毅根据乡村手工业的衰退、土地流出和贫困增加的不同程度，把它们排列在一起。[3]

在这些个案研究中，费孝通并没有融入雷德菲尔德的大小传统理论。雷德菲尔德从尤卡坦的研究中得出一个结论：“农民社会”的现代化等于“大传统”对乡村的“文明化”（在雷德菲尔德的叙述中，“文明”相当于农民文化的退化）。费孝通同意雷德菲尔德的看法，但是，他在现代“文明”的历史中加入了地方行动者这一视角。

不同于雷德菲尔德从一个外部视角来写作墨西哥的局部，费孝通是从一个内部视角来写作他的中国乡村的。作为一个爱国者，他“充满活力，并不仅着眼于当下中国的灾难，更重要的是关心偌大祖国是西化还是灭亡”[4]。费孝通从来不满足于描绘事实或是学究气的“文字游戏”，而致力于超越描述和“游戏”，使社会学“学以致用”，服务于“知行合一”。正如他对雷德菲尔德所说，他内心深信，中国的问

---

〔1〕 从这一个案中，费孝通总结道：“在现代工业世界中，中国是一名后进者，中国有条件避免前人犯过的错误。在这个村庄里，我们已经看到一个以合作为原则来发展小型工厂的实验是如何进行的。与西方资本主义工业发展相对照，这个实验旨在防止生产资料所有权的集中。”（《江村经济》，238 页）

〔2〕 Robert Redfield, *The Folk Culture of Yucatan*, Chicago: University of Chicago Press, 1948, pp. 110-131.

〔3〕 Fei Hsiao-Tung and Chang Chih-I, *Earthbound China:A Study of Rural Economy in Yunnan*.

〔4〕 Bronislaw Malinowski, “Preface,” to *Peasant Life in China* by Fei Hsiao-Tung, p. xx.

题是“中国人要解决的问题，不能靠政治站队，不能靠投靠苏联或美国，而只能由中国人民自己的中国体制的改革来解决”[1]。他真正将自己的知识探索定位于解决问题。

士人“位育”的必要性和行动者的角色

在中国社会的社会学研究中，费孝通曾依靠一种对功能主义民族志、芝加哥学派的人文区位学、涂尔干理论、历史和政治经济学的综合。而在云南期间，他又阅读了几种关于资本主义精神的重要论述，特别是韦伯（Max Weber）、桑巴特（Werner Sombart）和托尼（R. H. Tawney）的作品。[2]他还将自己的解读运用于对传统中国和现代西方的比较中，以支持其主张，即中国对于现代世界的“位育”（适应/调适）的必要性。“位育”一词来自潘光旦——他在20世纪30年代发展了一种儒家式的“人文区位学”。[3]

在禄村研究中，费孝通呈现了一个与资本主义有着根本不同因而需要调适的农民社会的经济制度与文化。而在美国待了一年之后，1944年，费孝通返回中国，开始了他后来自述为“第二次学术生命”的阶段，此时，他开始集中精力研究中国社会的总体性，希冀以此来达成一种新的社会学理解。

从这之后的诸多论著中，《皇权与绅权》（1948）[4]一书中的文章，应该说最简明地表达了他的社会学旨趣。这些文章聚焦于传统中国整个社会和政治结构中的士大夫（这被费孝通理解为与精英文化密切关

---

〔1〕 Robert Redfield, “Introduction,” to *China's Gentry: Essays in Rural-Urban Relations* by Fei Hsiao-Tung, Chicago: University of Chicago Press, 1953, p. 5.

〔2〕 费孝通：《新教教义与资本主义精神之关系》，佚稿，1940。亦刊《西北民族研究》2016年第1期，5—24页。

〔3〕 潘乃穆等编：《中和位育：潘光旦百年诞辰纪念》，北京：中国人民大学出版社，1999。

〔4〕 费孝通、吴晗等：《皇权与绅权》，北京：生活·读书·新知三联书店，2013。

联的政治和经济阶层）以及乡绅（这被费孝通理解为文化精英）的角色。他考察了中国知识人的历史（包括士大夫和乡绅），试图以之论证其“位育”理论。他认为传统士人曾起过积极作用，有利于缓和国家权力和农民之间的紧张关系。然而，与此同时，他们也存在一个问题。费孝通指出，传统士人只关心伦理－政治知识，既无意于发展任何关于物的技术性知识，也不可能完全脱离皇权与亲族。更糟糕的是，在工业化扩张时代，大部分士人不仅失去了其声望，还变成了“盲人骑瞎马”。对于费孝通而言，如果士人不能使自己适应于现代情况，迎接新知识，那么他们将与后传统时代格格不入。[1]

费孝通在其关于三个阶层（农民、帝国权力统治者和士大夫）的论述中不断地表达一种伤感情绪。但是这并没有使他放弃由中国人以自己的方式来解决自己的问题的主张。20世纪40年代后期，费孝通摆脱了狭义的“社区研究”对他的制约，开始探索中国文化的整体形态，有志于恢复中国文化的自主性。费孝通认为自己对“差序格局”和“乡土中国”[2]的论述，是这一时期的主要成就。不过，《生育制度》（1946）[3]似乎是费孝通比较社会学的第一项努力。该书与人的再生产、亲属制度、儿童教养和社会结构等理论形成对话，采用了广泛的民族志材料，指出家族主义是中国的特点，同时也是比西方现代个体主义更普遍实用的社会“基本制度”。而《乡土中国》（1948）——英文译为 *From the Soil, the Foundation of Chinese Society*（1992），是一系列通俗有趣的文章之合集，这一合集沿着前述主题，推进了理论探索，费孝通通过这些探索，更自觉地构建着一种非西方的社会学。

---

〔1〕20世纪90年代，费孝通将这一观点与马林诺夫斯基关于文化变迁的动态研究关联起来，认为马林诺夫斯基强调了地方精英处于西方文明和本土文化之间，扮演着重要角色（费孝通：《论人类学与文化自觉》，北京：华夏出版社，2004，250—271页）。

〔2〕费孝通：《乡土中国》，北京：生活·读书·新知三联书店，2013。

〔3〕费孝通：《生育制度》，上海：商务印书馆，1947。

作为一种理论的“差序格局”

《乡土中国》从广泛的观察出发，从经典、家喻户晓的故事和鲜活的例子中提取一些模式，并将之与西方相关的习俗、信仰和制度进行比较。费孝通采用了一个自下而上的视角，但不像之前那么注重对特殊事实的民族志描写，而在开篇“乡土本色”对中国社会做了一个概念化的刻画，同时尖锐地批评当时中国知识界和政治界存在的对“乡土本色”的误判。然后，他转向核心章节，集中于解释“差序格局”这一基本社会制度。

《乡土中国》英文版[1]的译者，将“差序格局”译为“the differential mode of association”（关系的差异模式），这个翻译基本符合“差序格局”的原意，不过仍没有充分表现原词的丰富意涵。在中文里，“差”的意思是区别、差异和不同的距离感，“序”指的是序列性的次序，而“格局”意思是网格、模式和秩序。对费孝通来说，中国社会的基本形式是由社会关系的等级构成，而这一等级有其特殊性，即它是根据与“己”的远近亲疏的不同来衡量的。考虑到这一点，我们亦可以将“差序格局”译为“the order of stratified closeness”（层次化亲疏关系格局）。

为了说明“差序格局”，费孝通引入西方社会关系模式，并将二者作对比，将后者称为“团体格局”，意思是“有凝聚力的群体的格局”（“the order of the solidaritary group”，或者在英文版本里译作“organizational mode of association”）。如费孝通所说：

> 西洋的社会有些像我们在田里捆柴，几根稻草束成一把，

〔1〕 Hamilton, Gary and Wang Zheng, “Introduction,” to *From the Soil, the Foundation of Chinese Society* by Fei Xiaotong, Berkeley: University of California Press, 1992, pp. 1-36.

> 几把束成一扎，几扎束成一捆，几捆束成一挑。每一根柴在整个挑里都属于一定的捆、扎、把。每一根柴也可以找到同把、同扎、同捆的柴，分扎得清楚不会乱的。[1]

这种团体次序形成相互分离的单位，每个单位都有各自的界线，清晰地界定谁是该单位的成员、谁不是。“在团体里的人是一伙，对于团体的关系是相同的，如果同一团体中有组别或等级的分别，那也是先规定的。”[2]

费孝通认为，西方团体格局的基础与基督教对亲属制度的否定有关，这在基督教故事中有所体现，如他所说：

> 耶稣称神是父亲，是个和每一个人共同的父亲，他甚至当着众人的面否认了生育他的父母。为了要贯彻这“平等”，基督教的神话中，耶稣是童贞女所生的。亲子间个别的和私人的联系在这里被否定了。其实这并不是“无稽之谈”，而是有力的象征，象征着“公有”的团体，团体的代表——神，必须是无私的。每个“人子”，耶稣所象征的“团体构成分子”，在私有的父亲外必须有一个更重要的与人相共的是“天父”，就是团体。[3]

在费孝通看来，与西方的团体格局像“一捆一捆扎清楚的柴”相反，中国社会关系最重要的特点可以形象地描述为“把一块石头丢在水面上所发生的一圈圈推出去的波纹”[4]。费孝通基于其对中国亲属制度的理解而提出这一同心圆式的概念。在其《生育制度》中，他对通过婚

---

〔1〕 费孝通：《乡土中国》，26页。
〔2〕 同上书，27页。
〔3〕 同上书，37页。
〔4〕 同上书，28页。

姻和再生产形成的亲属制度给予了更集中讨论。在《乡土中国》里，亲属制度则拓展到无限的人，无限的过去、现在和未来。中国社会的亲属网络是巨大的，但是“这个网络像个蜘蛛的网，有一个中心，就是自己。我们每个人都有这么一个以亲属关系布出去的网，但是没有一个网所罩住的人是相同的”[1]。但是，当我们用这体系来认取具体的亲戚时，各人所认的就不同了。基于关系顺序的亲属关系亦可以用于传统地缘关系：“每一家以自己的地位作中心，周围划出一个圈子，这个圈子是‘街坊’。”[2]

正如《乡土中国》英文版译者所强调的，差序格局表达了一种关于“网络”的中国式理论，其主要特点如下：

1. 网络是非连续性的，它们并没有将人们以一种系统的方式组织起来，而是各自以个人为中心；

2. 个体的每一个网络链接都由二元的社会纽带所决定，称为“关系”，即同时由标准的（因为这一关系要求明确的、既定的礼仪）和极其私人的纽带（因为这一关系通过相互的互惠义务培养）所决定；

3. 网络并无确切的群体身份边界，并且群体成员的社会纽带是当下的；

4. 与适用于西方团体格局中所定义的自主性的个体之抽象原则不同，在网络中，行为的道德意涵是针对具体情境的，通过涵盖行动者之间的特定关系，用以评估正在进行的行动。

显然，借“差序格局”这一概念，费孝通意在提出一种中国式的自我和能动性理论，他得出了一个与西方人类学晚近提出的概念——“可分解的人”（dividual persons）相似的结论。英国人类学家斯特雷森（Marilyn Strathern）在《礼物的性别》（*The Gender of the Gift*）中

---

〔1〕 费孝通：《乡土中国》，28 页。
〔2〕 同上书，29 页。

提出，美拉尼西亚人既从个体来设想人，也从“个体的可分解性”来设想人，他们当中的“人”，内在包含着一种普遍化的社会性，这种“人”是复数的和复合部分的关系的会合场所。[1]尽管雷氏的理解源于美拉尼西亚民族志而非中国，但这或多或少正是费孝通在几十年前基于中国“社会事实”试图总结的。费孝通比较了有中国特色的“己”与西方的“个体主义”中“不可分解的个体”，指出“己”——社会的“自我”是嵌入在社会关系网络之中的，并没有平等地组织起来成为团体，而是根据与“自我”的不同距离形成一个序列；个体的人不是封闭的，而是开放给社会空间中重要程度不同的他者。

从“己”的视角而言，差序格局也可以与莫斯关于人观和自我的研究联系起来思考。对于后者，人类学近来讨论很多。费孝通并没有读过莫斯的有关论著，后者比《乡土中国》早了十年发表，这使我们可以构想一种形式上的连续性，也即关于“自我”的概念是在无数不同社会的人的生活中产生的。即便如此，从某一特殊的方面来说，费孝通的研究与莫斯对人观的诠释是高度相关的。莫斯致力于考察“古式社会”的人观类型及与之对反的基督教人观，认为正是“三位一体”观念下基督的神人二元对应论，为现代不可分割的、个体的人的理性实在提供了基础。[2]费孝通则指出，在西方，上帝实际上是普遍的团体象征，在这个观念之下，有两个重要的派生观念：一是每个人在上帝面前平等，二是上帝对每个人都公道。[3]这种宗教虔诚和信仰不仅是西方道德观念的来源，而且也是支持西方行为规范的力量，在

---

〔1〕 Marilyn Strathern, *The Gender of the Gift: Problems with Women and Problems with Society in Melanesia*, Berkeley: University of California Press, 1988, p. 13.

〔2〕 Louis Dumont, “A Modified View of Our Origins: the Christian Beginnings of Modern Individualism,” in Michael Carrithers, Steven Collins, and Steven Lukes eds., *The Category of the Person: Anthropology, Philosophy, History*, Cambridge: Cambridge University Press, 1985, pp. 93-122.

〔3〕 费孝通：《乡土中国》，37页。

这种道德观念下，一种自我的概念使个体努力奋斗去认识自己，超越特定的社会角色和关系，并在这个过程中，为现代组织结构的形成奠定了基础。如果说费孝通和莫斯之间有观点上的差别，那这可能在于，莫斯的历史叙述停留在检视从道德意识和自我神圣化到知识思维现代形式的转化，费孝通则更多讨论了西方组织形式内在的道德性，其目的在于“陪衬出‘差序格局’中道德体系的特点来”。[1]

在费孝通关于自我存在之东西方差异的比较背后，可能有更深层次的文化认识基础。中国比欧洲更少沉浸于诸如灵魂的来世、人与超越性的神圣之间存在不可逾越的界线之类的问题。[2]因此，考察中国的道德体系总体形态及其极特殊性和内在特点时，费孝通用“己”这个概念，而不是用“超越性”的概念。

对于费孝通来说，这种道德是具体的，针对不同社会环境下个体的关系从自我向外扩展。为了说明这一点，他进一步讨论到传统社会中缺乏“爱”：

> 不但在我们传统道德系统中没有一个像基督教里那种“爱”的观念——不分差序的兼爱；而且我们也很不容易找到个人对于团体的道德要素。在西洋团体格局的社会中，公务，履行义务，是一个清楚明白的行为规范。而这在中国传统中是没有的。[3]

在《乡土中国》接下来的几章，费孝通讨论了差序格局结构的其他几个方面。第一，分析了权力结构。他认为，在西方，个人被认为

---

〔1〕 费孝通：《乡土中国》，38 页。

〔2〕 Mark Elvin, “Between the Earth and Heaven: Conceptions of the Self in China,” in *The Category of the Person: Anthropology, Philosophy, History*, pp. 156-189.

〔3〕 费孝通：《乡土中国》，40 页。

是自主的存在，拥有自己的意志和权利，因此权力是在法律规则的基础上发展来的。与之相对，在中国这样的关系社会，社会通过礼仪控制，礼阐述了人与人之间的义务规范，通过定义人们在维持相互关系时应该做什么来制定秩序。第二，西方国家的职能是作为人民和社会最高层次的组织实体，与之不同，中国传统国家并不是作为这样一个组织存在，在关系的庇护下，给上位者操弄权力留下很大空间，而他们通过教化功能来维持秩序。这种“教化功能”由内而外起作用，与差序格局功能的水波纹结构或者自我中心的关系圈类似。这一格式多少有点像朝贡制度，后者亦建立在亲疏层次的顺序基础上，通过维持中心与外圈的适当关系来再生产秩序。第三，差序格局不仅仅是一个社会体系，同时也是一个经济体系。差序格局的根本特点使经济不可能成为一个独立的系统。因此，在中国社会，家族和公司之间没有区分，甚至那些已经成为“世界公民”的商人，也会依靠相互联系的家族公司组成的关系网络，从而组织大规模商业网络。第四，在差序格局的世界里，前现代的中国社会是高度稳定的，甚至在革命时期，人民有时候也必须通过重新诠释旧的权威来寻求社会变迁的合法性。

然而，必须承认，“差序格局”概念既不是来自费孝通进行社区调查的方言地区，又不是直接来自儒家经典。这个概念除了与其生活于其中的文明传统有关，还与在西方话语影响下的现代中国社会科学语言有关。它是被发明用以构建一种“理想型”的概念，对于费孝通来说，这一概念的存在价值在于它能很好描述中国现实。

“差序格局”的关键词是两个字：“差”和“序”。它们组合起来，表示社会差别的等级秩序。这种等级（差序）不同于马克思主义的阶级定义，相反，它可与西方个体主义对比，某种程度上非常接近印度的卡斯特与西方平等主义的道德和政治之比较，指向一种等级秩序化的关系。然而，亦不同于印度的卡斯特制度，“差序”不是一种在某个整体意识形态下的阶层分化的极端形式，而是一种为实际交换所束缚的社会关系形式。换言之，“差序”缺乏“涵盖中介与社会类别”[1]的作用。

借用列维－斯特劳斯的说法[2]，差序格局概念可以说显示了不同的网络如何参与和等级关联的互惠义务，及同时行使与之相对称的权利。

费孝通认为，中国式的等级和互惠综合早在城市出现之前的新石器时期，就已经在东亚地区的乡村存在了。作为一种农耕传统，这种前历史的遗产孕育了古代的“封建文明”（尤其是周朝）；除了战国时期有过“百家争鸣”的思想斗争的场面外，中国的思想后来定于儒家一尊。[3]这“定于一尊”的说法只是费孝通对“有差序之爱”的原初传统的一种哲学化表达。费孝通谈及儒家的“仁”，指出儒家面临中国这样一个组织松散的乡土社会时，要发展出一个有整全涵盖力的伦理概念是极为困难的。在他看来，儒家的“仁”实际上只是一个前述青铜时代和铁器时代文明的个人关系诸伦理汇合的成果。

多元一体格局：从中国的“民族问题”到世界诸文明的关系

写作《乡土中国》时，作为一位美国民主制度和英国社会主义的爱好者，费孝通并未参与到任何“复兴运动”中。他对民族主义和道德普遍主义有着清醒的认识，既反对将中国变成一个“团体格局”，又反对以道德普遍主义把中国农民“文明化”为个体主义意义上的个体。通过建立“差序格局”模型，费孝通提出了一种关于社会形态的社会学看法，这一看法注重从文化特定类型意义上挖掘“地方性知识”，而在他看来，这正是中国对现代世界的适应中最迫切需要的。

---

〔1〕 Louis Dumont, *Homo Hierarchicus: The Caste System and its Implications*, Chicago: University of Chicago Press, 1980, p. 20.

〔2〕 Claude Lévi-Strauss, “Do Dual Organizations Exist?” in his *Structural Anthropology,* Vol. 1, New York: Basic Books, 1963, pp. 132-166.

〔3〕 费孝通：《乡土中国》，100页。

除了有关中国社会的“乡土本色”的书写之外，费孝通也对其他论题广泛发表了评论。例如，与云南三村研究同期，费孝通著文反对民国思想界构建一个单一民族国家历史的思潮。在与顾颉刚坚持的“中华民族是一个”的观点论争时[1]，费孝通指出，战争时期中国不切实际的自我认同减损了民族文化的丰富性，使其降为一种国家认同的幻象。

其后，费孝通持续沿着这条线索思考，在条件成熟之时，他还努力将思考投入实践。20世纪50年代前半期，他承担了新中国政府“民族工作”主要部分的指导工作。这项工作一开始的目标是进行民族分类和民族文化保存。在内心深处，费孝通不认同新政府采取的斯大林式民族分类，更反对将苏联式的历史阶段论化作政治迷信。[2]进入民族工作，他便关注研究如何平衡“一”（国家）与“多”（民族）的关系。70年代后期，费孝通获得“第二次学术生命”，便提出了自己的观点。在其著名的《中华民族的多元一体格局》一文里，费孝通区分了“民族”——一种现代的发明，和异常复杂的民族关系过程，认为后者为前现代中国必不可少的内在动态，认为“民族工作”的核心，应是使“民族”构筑于互相交往的文化历史基础上。他还认为，在中国文化的历史中，汉人只是其中的一个部分。[3]费孝通以民族学的视角概述了中国历史，并在历史分析中运用了他的关系概念，在其中加入了强烈的民族史动力学因素，将历史上“我”和不可分的“你”之间紧密互动的方面概念化。[4]

在20世纪40年代，除了写作有关中国自我认同的难题之外，费孝通也开始创造性地用人类学的方式“书写西方”。他出版了《初访

---

〔1〕 周文玖、张锦鹏：《关于“中华民族是一个”学术论辩的考察》，《民族研究》2007年第3期。
〔2〕 费孝通：《论人类学与文化自觉》，152—166页。
〔3〕 费孝通：《中华民族的多元一体格局》，见其《论人类学与文化自觉》，121—150页。
〔4〕 王铭铭：《超越“新战国”：吴文藻、费孝通的中华民族理论》，北京：生活·读书·新知三联书店，2012。

美国》《重访英伦》《美国人的性格》。[1]费孝通从不假装自己对美国和英国文化的研究是“民族志式的”——可能是因此，这些研究到目前为止还没有翻译成英语或其他外语。他更愿意将其定义为“杂写”。但是，这些所谓的“杂写”实际上开启了中国人类学家观察域外的窗户。

在英国期间，费孝通访问了当地乡村，看到了一种不同的现代生活方式。他比较了英国乡村、上海和香港的现代生活，提出，在英国，现代化主要意味着从农业衍生出工业，而在远东则意味着殖民主义和大批量生产。[2]费孝通也考虑了美国的科学和民主之间的紧张，认为科学迫使人服从于大工业的合作，然而民主要求个体主义，二者摆明了必然产生冲突。对于美国生活的深层，他进一步联系到美国基督教教义，认为这是同时培养了个体主义和“自我牺牲信念”的温床，是民主和科学（团结）特有的根源。

费孝通把《美国人的性格》一书视为《乡土中国》的姊妹篇。他采用了本尼迪克特关于东方人的文化心理学研究（尽管她研究的是日本），将研究对象——东方人（对于本尼迪克特而言是日本，对于费孝通而言是东亚）——放进了调查主体的位置；并使用了自己那套从中国社会研究中发展出来的社会学模式，进一步考察了美国人生活方式的内在张力。

1946年，受英国文化委员会邀请，费孝通访问英国。几个月之后，1947年，他出版了一本杂记，其中不仅考察了英帝国的历史命运，还调查了有关英国乡村重建的难题。[3]费孝通描述了英帝国如何从其注定的“水德”兴起，指出帝国对海洋世界的依赖。在他看来，是科

[1] 费孝通：《初访美国》，上海：生活书店，1946；《重访英伦》，上海：大公报馆，1947；《美国人的性格》，上海：生活书店，1947。费孝通在此后一个阶段持续写作他对国外的观察，主要是对西方的观察（费孝通：《芳草天涯：费孝通外访杂文选集》，苏州：苏州大学出版社，2005）。

[2] 费孝通：《初访美国》。

[3] 费孝通：《重访英伦》。

学和工业造就了英帝国，也是科学和工业使英帝国式微和衰落。大多数英国工业依赖煤和钢铁资源，而本土的供应却不足。迫于不足，英国靠武力获取并垄断了第三种资源——海洋（水）；这种垄断为英国带来丰富的资源，并创造了大量工业。然而，无论是资源还是工业技术都不可能单独为一个国家所控制，相反，它们流动到世界不同地方，结果其他国家追赶上来，发展自己的工业，至“二战”之时“报复”了英国。

费孝通还深刻思考了英国社会的其他两个方面。一个是君主立宪的政治制度，在他看来这是一个“旧瓶（君主制）装新酒（议会和内阁）”的绝佳例子。与辛亥革命不同，这种缔造民主社会的方式更和平。另一方面是费孝通所说的“乡村重建”。比较了英国的乡村和中国的乡村之后，费孝通说，五百年前，英国农民和中国农民或许并无太大差别，都靠土地讨生活。在工业革命之后，英格兰的乡村则成为都市的后花园。费孝通叹息英国乡村社会的衰落，动身前往村庄里探访，在村子里，他试图在地主（他称之为“绅士”）、教士和教师等人中发现乡土复兴的潜在领导者，但令他失望的是，那些乡村英国绅士并没有任何热切的愿望来担当这个角色。

在其人生的最后十年，在完成了进一步的乡土工业研究[1]和边区研究[2]之后，费孝通转向了他所研究过的“三个世界”（农民、民族和中国）与“外国”之间的社会学意义上的关联。受到“师者”（儒家定义中的知行结合的学者，而不是道家或接近道家定义的自我隐逸的学者）的模范力量鼓舞，以及曼海姆（Karl Mannheim）等西方知识分子的政治学说影响，费孝通感到包括他自己在内的知识分子都是跨越边界者，其身体与精神的旅行将相互隔离的世界桥接起来。费孝

〔1〕 费孝通：《论小城镇及其他》，天津：天津人民出版社，1986。
〔2〕 费孝通：《边区开发与社会调查》，天津：天津人民出版社，1987。

通读过不少当代新儒家的哲学和历史著作，特别是钱穆的著作，并将这些论述与西方社会科学著作（如美国政治学家亨廷顿［Samuel Huntington］的著作）相比较。亨廷顿实在过于焦虑世界的一体化，以至于未能看到处于文明的“中间圈”的积极作用。费孝通看到中国知识分子世界的土壤里，具有生长出一种替代性文明的思想潜能。[1]他相信，中国知识分子若是获得“文化自觉”，便能以之为纽带连接世界。他用四个短语将这一精神纽带表达为“各美其美、美人之美、美美与共、和而不同”[2]。“文化自觉”概念融合了一种特殊的文明观，即文明自我认同的感受和一种关系的普遍认知。这是一种类似于“差序格局”融合了自我中心主义和不同社会圈层秩序的方式。通过“文化自觉”，费孝通不仅描绘了一幅文明政治体之间紧张关系的图画，同时亦构想了一种世界秩序；他同时致力于这两者，作为一个反思者和行动者，永远从他所生活和工作的“本土”（中国文明）出发。

〔1〕 Wang Mingming, “To Learn from the Ancestors or to Borrow from the Foreigners: China’s Self-identity as A Modern Civilisation,” in *Critique of Anthropology*, 2014, Vol. 34, Iss. 4, pp. 397-409. 中文版见本书 2—42 页。

〔2〕 费孝通：《论人类学与文化自觉》，176—197 页。

局部作为整体

——从一个案例看社区研究的视野拓展

社区研究法是现代中国社会学和社会人类学奠基人之一吴文藻先生于20世纪30年代中期始倡的。这一方法，并非吴先生独创，它与西方社会学理论探索及相关学者在民族志、社会调查、文化人类学、人文区位学、地域调查运动、文化社会学等领域的具体实践关系密切。[1]不过，吴文藻先生选择以社区研究法为中国社会学研究的方法论基础，有其独立的学术思考。

提出社区研究法时，吴先生为燕京大学社会学教授，其间，他做的工作主要有三：（一）讲课，用他学生的话说是“建立‘适合我国国情’的社会学教学和科研体系，使‘中国式的社会学’扎根于中国的土壤之上”；（二）为培养专才，请外国的专家来讲学和指导研究生，派出优秀的研究生去各国留学；（三）在其学生中提倡“用同一区位的或文化的观点和方法，来分头进行各种地域不同的社会研究”[2]。吴先生致力于建设社会学的中国学派（亦称“燕京学派”），为此，他以身作则，以中国语言文字阐述社会学，在中国社会研究的理论解释上，他倾向于功能的观点（functionalism），在方法上，则择取社区研究[3]，以此引领一批学生分头对变迁中的乡土中国进行扎实研

[1] 吴文藻：《西方社区研究的近今趋势》，见其《论社会学中国化》，200—208页。

[2] 冰心：《我的老伴——吴文藻》（一至二），《冰心全集》第8卷，福州：海峡文艺出版社，1994，31—50页。

[3] 吴文藻：《〈社会学丛刊〉总序》，载其《论社会学中国化》，3—7页。

究，指导他们将各自研究所得与通过听课或留学获得的有关西学的系统知识相结合，提出“适合我国国情”的理论。

在吴先生看来，社区是中国社会学研究的实验室，乡村社区的研究有在中国研究的根基上梳理自身学术风范的可能。而20世纪，中国各地的乡村正在遭受超大规模的现代性实体的腐蚀，其可预见的结果是，乡村社区将成为国人在现代化中丧失的文化，有鉴于此，吴先生主张，学者有义务通过自己的学术实践来守护传统。

何为“社区”？吴先生的观点是，社区是社会的具体体现，“社会是描述集合生活的抽象概念，是一切复杂的社会关系全部体系之总称。而社区乃是一地人民实际生活的具体表词，有实质的基础，是可以观察得到的”〔1〕。作为社会的“实质的基础”，社区乃是个功能相系的整体，若要对之善加研究，便要借鉴功能的观点。关于“功能观点”，吴先生所给予的解释是，它意味着“先认清社区是一个，整个就在这整个的立足点上来考察它的全部社会生活，并且认清楚这社会生活的各方面是密切相关的，是一个统一体系的各部分，要想在社会生活的任何一方面求得正确的了解，必须就从这一方面与其他一切方面的关系上来探索穷究”〔2〕。

不过，吴先生并没有局限于功能观点，在其提出社区研究法之后不久（1936），他即在其《中国社区研究计划的商榷》一文中修订了自己的看法，提出了我们可称之为“社区前后内外关系论”的补充。〔3〕这一关系论，源于拉德克里夫－布朗应吴先生之邀来华讲学时介绍的雷德菲尔德大小传统理论。〔4〕雷氏自20世纪40年代开始，在

〔1〕 吴文藻：《社区的意义与社区研究的近今趋势》，载其《论社会学中国化》，440页。

〔2〕 吴文藻：《〈社会学丛刊〉总序》，载其《论社会学中国化》，6页。

〔3〕 吴文藻：《中国社区研究计划的商榷》，载其《论社会学中国化》，462—478页。

〔4〕 同上。又见拉德克里夫－布朗：《对于中国乡村生活社会学调查的建议》，载《社区与功能：派克、布朗社会学文集及学记》，302—310页。

方法上质疑西方人类学家局限于部落社会民族志的做法，提出应使民族志研究向乡民社会开放，使之适应研究作为文明整体之局部的乡村社区（即其所称的“partial societies”或“局部社会”）的需要。不同于相对独立的、整体化的部落社会，乡村社区属于其所在的文明整体，作为文明社会整体的局部存在。要认识这些社区，研究者便要对它们与它们所在的文明（即“大传统”）之间的关系加以深究，尤其是要对文明“大传统”与乡村社区“小传统”之间的关系加以辨析。[1]吴文藻接受了拉德克里夫-布朗转述的雷氏学说，并在《中国社区研究计划的商榷》一文中，将自己在1935年提出的社区整体论观点重新定义为社区研究的“横的”观点，还指出，妥善的社区研究，应结合空间的内外关系和历史的前后相续。

在吴文藻先生社区研究法论述的启迪下，自20世纪30年代后期起的十多年间，国内学界以燕京大学社会学系为中心涌现了一批村庄研究著作，这些著作后来被誉为“社会人类学的中国时代”[2]的代表之作。其中，尤为著名的是费孝通先生1939年出版的《江村经济》[3]，该书在关注社区整体性的同时，关注作为局部的乡村与正在进入乡村的整体世界经济格局之间的关系，重视分析介于家国之间的传统乡绅如何在现代化过程中转化为有益于乡村重建的内外关系纽带。《江村经济》出版之后，费先生在“魁阁时期”除了开创多点民族志式的乡村社区类型比较研究[4]之外，还聚焦介于乡村社区上下内外之间的乡绅，以之为范例，表现传统中国社会中局部与整体之间的关系

---

〔1〕 Robert Redfield, *Peasant Society and Culture: An Anthropological Approach to Civilization*, Chicago: University of Chicago Press, 1956. Clifford Wilcox, *Robert Redfield and the Development of American Anthropology* (2nd, revised ed.), Lanham, MD: Lexington Books, 2006.

〔2〕 Maurice Freedman, “A Chinese Phase in Social Anthropology,” *The Study of Chinese Society*, pp. 380-397.

〔3〕 Fei Hsiao-Tung, *Peasant Life in China*.

〔4〕 Fei Hsiao-Tung and Chang Chih-I, *Earthbound China: A Study of Rural Economy in Yunnan*, 1948.

及这一关系在现代化进程中出现的断裂危机。[1]费先生的一系列社区研究作品，忠实于吴文藻先生的社区研究纵横观，并加以富有知识社会学[2]和文明人类学[3]气质的发挥。同样地，与他同代的林耀华[4]、李安宅[5]等，也在各自的民族志研究中，发挥着同一方法论的优势。

然而，这里务须指出，“社会学的中国学派”一向有侧重现代化研究的倾向，这一倾向使它习惯于以传统－现代二分的框架叙述变迁。在其发挥学术和现实作用的过程中，这一学派习惯于将社区联系到传统，将它形容为不受外界影响而改变的整体，将社区的“腐蚀”联系到现代，将现代化中的社区形容为局部。这就使这个学派在了解纵横结合的重要性之同时，偏重于吴先生所谓“横的”方面的研究，沉浸于“解剖麻雀”，从而缺乏对社区的历史性和内外关系体系的结构之考量。

我曾引据相关观点，批评社区研究实践者模拟部落社会研究的“分立群域”（isolates）意象以定义乡村社区的做法，质疑其轻视文明、地区权力精英、国家、市场、等级、社会流动、宗教－神话－知识的作风[6]，又曾将社区研究法的这一视野局限，与19世纪基督教社会学对中国社会的扭曲联系起来[7]。我甚至还不满足于雷德菲尔德大小传统理论，而试图借助葛兰言的著述[8]，探究文明整体之早期形态发生于所谓“局部”（乡村社区）的可能，并将之与“帝制晚期”的

---

〔1〕 Fei Hsiao-Tung, *China's Gentry: Essays in Rural-Urban Relations*.

〔2〕 杨清媚：《“燕京学派”的知识社会学思想及其应用——围绕吴文藻、费孝通、李安宅展开的比较研究》，载《社会》2015年第4期，103—133页。

〔3〕 张江华：《“乡土”与超越“乡土”：费孝通与雷德斐尔德的文明社会研究》，载《社会》2015年第4期，134—158页。

〔4〕 Lin Yue-hua, *The Golden Wing*.

〔5〕 李安宅：《藏族宗教史之实地研究》，北京：中国藏学出版社，1989。

〔6〕 王铭铭：《社会人类学与中国研究》，北京：生活·读书·新知三联书店，1997。王铭铭：《走在乡土上：历史人类学札记》，北京：中国人民大学出版社，2003。

〔7〕 王铭铭：《经验与心态——历史、世界想象与社会》。

〔8〕 如 Marcel Granet, *Chinese Civilization*, London: Kegan Paul Trench and Co., Ltd., 1930。

历史研究相结合，组合成一种有关社区上下内外之间文化双向流动关系的看法，以反思雷德菲尔德式的文明授受关系论点。

然而，这些是否意味着要放弃对限定于社区内部的生活世界的研究？答案无疑是否定的。在我看来，种种反思绝非是为了抛弃社区研究而提出的；正相反，这些反思是为了丰富社区研究的内涵、使之在局部的研究中兼及整体而进行的。那么，如何使被研究的社区之关系组合或生活世界的组织同时呈现来自“外面的”诸多体系的丰富性？这便成为我们反思社区研究法时应重点解答的问题。

在反思社区研究法的同时，我坚持认为，也要重视对更大范围的历史流动和“环境”开放的观点，也就是说，加之以吴文藻先生补充的观点，以注重社会共同体内外关系层次的结构人类学为进一步的补充，社区研究法仍不失为社会科学中国研究的有效手段。

此处，我将以一项个人于20世纪90年代完成的闽南村落研究为例，说明这个看法。1995年以来，我的实地考察工作涉及我国华北与西部“民族地区”，还有欧洲，但在此之前（1989—1995年），我长期研究过广义的闽南文化区，特别是泉州一城（鲤城）、二村（晋江县塘东村、安溪县溪村）及台湾一乡（台北县石碇）。基于调查所获资料，我写过一系列习作。这些习作涉及不同地点和论题，此处，我将仅举其中的溪村一例，借以说明本文所关注的论题。

由溪村研究，我曾引申出两种论述，其中一种，是对20世纪以来“化农民为公民”进程的描述与分析。这个历史进程可以被理解为农民的现代化，它是有特殊目的性的，旨在追求将整体乡村社区改造为国家之局部，使社区中的个人成为国家可以直接与之交往的实体（公民）。近一个世纪涌现的一拨拨运动朝向这一目的展开，它们相互之间时常存在号召上的变化，但始终没有脱离一个共和主义诉求，即摧毁帝制时期国与家（包括个人）之间关系的中间社会环节。在溪村，这些中间社会环节，既包含闻名遐迩的家族制度和所谓“迷信”

或“民间信仰”，又包含介于上下内外之间的精英人物。借助民族志方法对当下溪村社会生活加以考察，我认识到，将过去“改革开放”以来的政治经济变迁描绘为现代化是有问题的，原因是，这个阶段兼带出现了一种可被称为“传统复兴”的现象，而“传统复兴”的内涵，实为中间社会环节（家族、“民间信仰”、地方精英）的复兴，它巧妙说明了“化农民为公民”运动的历史困境。[1]

关于溪村，我还进行过另一种论述，这一论述，关涉地方精英的权威性格组合现象。过往社会学研究者在分析权威人格时，总是采取类型学观点，以卡里斯玛或“自然 / 神授权威”（charisma）、传统及科层制三类型理解历史转变的图谱，以呈现现代化过程中行政权力替代其他权威的进程。我的论述旨趣，主要在于复杂社会中杂糅型权威的生成过程，我认为，这种杂糅型权威的力量和社会身份来自其在不同时空之间、不同机构之间所起的关系纽带作用，而这种权威正是中间社会环节的典范。[2]

这里我将重述个人溪村社区研究经验，使之与社区研究法的奠基性论述及对它的反思关联起来，并融进结构人类学的相关观点，合成某种有针对性的方法论看法。

我用“局部作为整体”来形容本文拟提出的看法。这是萨林斯在《整体即部分：秩序与变迁的跨文化政治》一文中对局部与整体关系界定的倒置。在该文中[3]，萨林斯将雷德菲尔德用以形容乡民社会中的社区“局部社会”与文明“整体社会”之别的概念，推衍为用以

〔1〕王铭铭：《社区的历程：溪村汉人家族的个案研究》，天津：天津人民出版社，1997。王铭铭：《村落视野中的文化与权力——闽台三村五论》，北京：生活·读书·新知三联书店，1997。王铭铭：《溪村家族：社区史、仪式与地方政治》，贵阳：贵州人民出版社，2004。

〔2〕王铭铭：《村落视野中的文化与权力——闽台三村五论》。Stephan Feuchtwang and Wang Mingming, *Grassroots Charisma: Four Local Leaders in China*, London: Routledge, 2001.

〔3〕萨林斯：《整体即部分：秩序与变迁的跨文化政治》，刘永华译，载王铭铭主编：《中国人类学评论》第9辑，北京：世界图书出版公司，2009，127—139页。

形容“整体社会”与跨文化关系体系的观点。我曾借用萨林斯的这一观点，并将之与关于“超社会体系”的论述[1]相联系。在本文中，我则将他的“整体即部分”倒过来说。借“局部作为整体”，我想表明，如果说社区是更大的社会体系的局部，那么也可以说，这个局部不仅有整体的“形”，而且还在自身的形成中融入了整体的“质”，因此，考察局部也意味着考察整体（无论“整体”指的是区域、社会，还是“超社会体系”）。

社区作为整体

溪村是一个平凡的闽南村庄，它位于泉州市所辖安溪县。该县地处闽南山区，其周边有南安、华安、同安、永春、长泰、漳平等区县和县级市，全县辖24个乡镇，溪村是这些乡镇中的460个村居之一。清乾隆时期知县庄成编修的《安溪县志》卷首即说，安溪“大溪横流，龙山拱峙，由陆而至者必出其途，由水而运者必会流而下”[2]，县城周边“三峰玉峙，一水环回”，西溪和蓝溪构成城与乡的天然界线。溪村即位于县城外西北方向，西溪和蓝溪的交汇处以南。20世纪50年代之前的溪村，在县城西门外永安里的辖区内，要渡过蓝溪方可与城相通，当时溪上并无桥梁，直到建桥辟路之后，渡口交通才失去其重要功用。

现在的溪村，社区空间已随着道路、工厂、新建住宅楼的势力扩展而部分肢解。不过，村内家屋依旧有序分布着聚落。聚落大体有三大板块，它们分布在东、南、西三个方位，环绕着村庄中心点偏北处的村庙。村庙名叫“龙镇宫”，主祀神为法主公。这是一位宋代道人

---

〔1〕 王铭铭：《超社会体系：文明与中国》，3—70页。
〔2〕 庄成：《安溪县志》（清乾隆），厦门：厦门大学出版社，1988，31页。

变化而来的神明。村庙坐北向南，庙门之南，有一块肥沃的农田，20世纪50年代土地改革之前，是供养年度祭祀所用的公田。村庙东北向，有陈氏祠堂。村庄的居民三千多人，其中，男性居民绝大多数姓陈。这个陈姓家族的开基祖是明初从鲤城东部城墙附近的一个地方迁移而来的，初来此地时，先依附于相邻村庄，到五世祖时，创建了祭祀公业（包括祠庙及附属的公田），此后，陈氏独立成为一个以血缘继承性为组织方式的家族。至90年代，这个家族已传22代。

1991—1995年间，我两度在溪村进行过长期田野工作。我当时的研究工作，是在两个科研项目的大框架之下进行的，有其特定的问题意识，但所运用的方法则是民族志。这个方法，可谓是半个世纪之前吴文藻先生阐述的社区研究法的基础。吴先生以三个要素定义社区，他认为，社区是由人民、地域、文化构成的。社区首先指人群居住的地方，而不是指自然地理单元。吴先生所说的“地域”，有其特指，不是指一般所谓的地区，而是指社区所在的部落社会、乡村或都市这些更大范围的地理空间，它们之间的区分，是由其各有不同的“生业”界定的，如部落社会居民多从事游猎和畜牧，乡村居民多从事农业和家庭手工业，都市居民多从事工商制造业。在吴先生看来，每个社区都有自己的文化，而所谓“文化”，指的是一个社会共同体“应付环境——物质的、概念的、社会的和精神的环境——的总成绩”[1]。

作为一个村落，溪村符合吴先生所定义的社区，它的“人民”是一个家族，它是一个乡村社会中的社区。生活在此地的人群，既不是部落民，也不是城市居民。与部落民不同，他们的主要生业是农耕和家庭手工业，他们长期与周边的城镇、市场打交道，对于这些区位的生活形态，有着相当程度的认知。正是在部落与城市两种“地域”之

---

〔1〕 吴文藻：《社区的意义与社区研究的近今趋势》，载其《论社会学中国化》，441页。

间，溪村人形成了自己的社区，有了其在“应付”广义的环境中孕育出来的文化。

吴先生所说的“社区研究”，本就是基于个体学者通过长期努力而可以通盘把握的有实在地方性根基的文化。为了阐述文化，除了提供社区构成要素方面的定义之外，吴先生还借马林诺夫斯基的相关论述[1]，提供了一种多层次的、整体的文化定义。在他看来，文化是由如下层次关联而成的整体：

1. 物质文化，是顺应物质环境的结果。

2. 象征文化，或称语言文字，系表示动作或传递思想的媒介。

3. 社会文化，亦简称为“社会组织”，其作用在于调适人与人间的关系，乃应付社会环境的结果。

4. 精神文化，有时仅称为“宗教”，其实还有美术科学与哲学也须包括在内，因为他们同是应付精神环境的产品。[2]

吴文藻先生列举的文化的诸方面，适用于描述作为生活世界的溪村各具体社会生活层次。

溪村的本来生业是农业（稻谷、蔬菜、茶叶、竹林种植业）和小型家庭手工业（如竹藤器编制业）。这个地方的人民操有安溪腔调的闽南语，以之相互交流、传递思想。作为一个家族村落，溪村的社会组织纹理清晰。经过几个月的摸索，我发现，当地社会是由同姓的堂亲、异姓的姻亲以及超过亲属体系范围的关系构成的。这里也存在丰富的“精神文化”，不过，这一文化的内容并不单一，它杂糅了儒家宗法制、区域化道教诸神崇拜、法术－节庆仪式，以及佛家的彼世论

---

〔1〕 吴文藻：《论文化表格》，载其《论社会学中国化》，269—332 页。

〔2〕 吴文藻：《现代社区实地研究的意义和功用》，载其《论社会学中国化》，433—434 页。

诸因素。宗法制这个礼仪体系本局限于帝王将相和士大夫阶层，到宋以后，则渐渐允许庶民加以尊奉和实践。在宗族伦理的庶民化的历史大背景下，产生了运用于自治化基层社会的宗法制，明清期间，它与扩大式家族共同财产关系的建立与维持关系密切。[1]溪村的宗法制，便有这些庶民化、自治化、财产共有化的特质。与此同时，基于宗法伦理原则组成的社会共同体（家族），其象征，既源于祖先崇拜，也源于道教化的民间诸神崇拜，其共同命运之把握，更凭靠道教符箓、法术、科仪，这些符箓、法术、科仪为共同体及其成员驱邪避灾、维持其社会再生产。[2]而佛教的彼世论在溪村也占有一席之地，如乾隆版《安溪县志》所记载，安溪为朱子过化之区，依照《朱子家礼》来安排过渡礼仪是其传统。然而，此地"城邑乡村习俗，不无各别"[3]。以丧礼为例，"士大夫尚依《朱子家礼》，属纩，散发，徒跣、擗踊，哭不食，立护丧，讣告亲友，择日成服"，而"乡俗"则"或用僧道诵经礼忏，唯士大夫有不用者"。[4]跟闽南其他社区一样，溪村乡间的丧礼，糅合了古老的丧服制度和汉以后传入中国的佛教信仰[5]，尤其是在处理死者的"身份"、使新亡故之亲人化为祖先的过程中，佛教的超度仪式扮演着关键角色。

将民族志方法与其社区论述相结合，吴文藻先生提出了"社会生活之应研究的各方面"大纲：

1．家族氏族和亲族制度。

2．村落社区的技术制度。

---

〔1〕郑振满：《明清福建家族组织与社会变迁》，长沙：湖南教育出版社，1992，227—271页。

〔2〕Kenneth Dean, *Taoist Ritual and Popular Cults of Southeast China*, Princeton: Princeton University Press, 1993.

〔3〕庄成：《安溪县志》，113页。

〔4〕同上书，115页。

〔5〕J. J. M. de Groot, *Buddhist Masses for the Dead at Amoy*, Leiden: Brill, 1884.

3．村落生活的经济方面。

4．社会裁认——包括法律、道德、公意以及伦理的与宗教的裁认等。

5．礼仪习俗——例如庙宇、节期以及生、婚、丧、祭的风俗。

6．语言文字的社会意义（尤其与社会文化的关系）。

7．教育，即个人社会化的历程。

8．宗教、神话、艺术及民间文学（即国内一般人所谓之民俗学的领域）。

9．个人在变迁的社会环境中之社会调适问题。

10．民族的思想和情操的研究，如国魂、民族精神与民族品德之类。[1]

这个大纲是吴先生文化四层次说的具体化，也是对任何合格的社区研究提出的研究内容上的要求。

吴先生的社区研究法，难以避免地带有那个时代的烙印，他的文化四层次说来自马林诺夫斯基的文化表格，"社会生活之应研究的各方面"大纲来自20世纪20年代建立的现代西方民族志研究方法指南，而将文化诸层次和社会生活诸方面联系起来以塑造社区整体形态的理论是功能主义的相互作用观点。在研究过程中，我遵循社区研究法的基本准则，但我并没有全盘接受它的理论纲领。吴先生列出的社区文化诸层次、社会生活诸方面，与功能派民族志研究内容基本对应，也与它一样，存在重视人（包括其"神性"）、轻视物及物构成的"环境"的倾向。接受结构人类学的有关主张，我则认为，任何完整的社区，或者说，任何完整的"社会共同体"，都是人、物、神诸"存在体"共处的场所；要研究社区，就需要重视这三类"存在体"

〔1〕 吴文藻：《中国社区研究计划的商榷》，见其《论社会学中国化》，471—472页。

之间的关系。[1]这并不是说，为此，我们应放弃研究吴先生列举的文化层次、社会生活方面，而只不过是说，倘若我们不对这些层次和方面加以重新归并，那么，我们的实地考察研究，便不可能达成其追求的整体性。

吴先生列举的层次和方面，可更有逻辑地归并为人人、人物、人神三对关系。

首先，“民族志”一词中的“民族”如果说指广义的社会共同体，那么，其形成的前提，就可谓是联系于他人（共同体内与外）而存在的人，具体包括血缘－地缘关系，道德、法律中的人人关系，政治关系，语言，风俗－宗教，人对人的服从或支配，民族认同，国家的符号政治，经济及人通过（人化）物产生的相互间关系（如生产一物时人与人之间的关系、交换礼物或商品的关系）。

人人关系中，存在着“象征文化”因素，因为在我们所考察的社区中，人们不仅要“做人”，还要有对“做人”妥善与否的看法，而这些看法是运用语言和行为表达的人们对“如何为人”的观点。

任何“社会共同体”都难以割裂于物构成的另一个世界而独存。在人人关系中，这个道理已通过交通人人之间的礼物得以表达，从礼物这个侧面可以看到，不少人人关系正是通过物的流动得以实现和表达的。此外，物作为“环境”，在很多情况下也成为技术和制度的塑造者，甚至对于社会形态的生成起到关键作用。在吴文藻先生所说的部落社会、农业社会、都市社会中，不同的社区都需要与人化和非人化的物构成关系，以此获得“生业”，因之，各自的工具和知识体现，都扮演着交流人物的作用。不是说物的世界必定会决定人的世界的形态，而不过是说，从事社区研究，不能将人物关系局限于吴先生所说

---

〔1〕王铭铭：《民族志：一种广义人文关系学的界定》，载《学术月刊》2015年第3期，129—140页。亦见本书428—451页。

的“村落社区的技术制度”“村落生活的经济方面”之类，而应更重视人的创造与自然之间的“相互协调关系”。如列维－斯特劳斯在涉及“生态”时所说的，在民族志研究中，我们观察和试图描述的事实有两个方面，“一方面，人们试图实现历史潮流与特殊环境之间的相互退让，另一方面，他们保持某种前后相续的心灵诉求”，而一个有意义的整体，正是在这两种“现实秩序”之间的调适中混合而生的。[1]

吴先生在列举社会生活的方面时提到“宗教”（我加上引号是因为这个意义上的“宗教”，指普遍存在于任何社会共同体的宗教性观念、象征与行为，而不是被官方承认的“世界宗教”）。其实，“宗教”涵盖的面，可以说广泛涉及人神关系，此处的“神”是广义的、复数的，不局限于基督教的不可数的“上帝”，一方面，可以是人人关系的拓展；另一方面，则可以是人物关系的延伸。

科学早已宣布绝对死亡的存在，但在我们研究的社区中，人们对生死之别仍保持种种相对的看法，无论是音容宛在的祖先，还是威严犹在的神，抑或阴魂不散的鬼，都是“相对死亡”的存在体。人们顺着生死之间的相对界线，设想出此世与彼世（物，神）之间的领域，用种种方法处理其相互之间的关系，这些关系超出了人与人之间实际关系的范畴，但与之无法“脱嵌”。

物质世界构成的“另外一个世界”已被科学宣布为非人的、无神的，但在社区文化中，依旧有人的形象，显现着神性，发挥着隐秘力量，在一些情况下地位低于人，在另一些情况下地位高于人，而无论其地位高低，都要人与之形成关系，服从其设定的规矩，形成某种带有神圣色彩的生活。

溪村正是一个由以上广义人文关系（人人、人物、人神关系）构成

---

〔1〕 Claude Lévi-Strauss, *The View from Afar* , trans. Joachim Neugroschel and Phoebe Hoss, Chicago: University of Chicago Press, 1992, p. 104.

的复合性生活世界。作为一个社区，它的首要构成要素是人，作为一个家族村落，人们依照一定的家族社会组织原则（堂亲、姻亲、辈分）形成关系。然而，社区中的人并不只生活在以己为中心、以远近定亲疏的人际关系差序格局[1]之中。没有周边的山川，聚落内外的谷物、树木、牲畜，社区生活便不可能，人们用这些物来养育自身，维系家族的绵延，他们也生活在广义的神当中，通过与神、鬼、祖先的交流，焕发着这些关系的生机，塑造着这些关系的体系。吴文藻先生有关文化层次、社会生活方面的定义，有助于我们分门别类把握这个复合性生活世界的面貌，但我们若追求更忠实地观察和描述社区中的生活，那么，便需要从广义人文关系的角度，更全面地考察人、物、神构成的"世界体系"，需要对人、物、神构成的复合性生活世界加以整体的把握。

社区作为局部

在考察溪村之初，我数次登上村庄周边的丘陵，俯瞰村庄，绘制村道、农田、树林、聚落、祠庙的分布草图。接着，我随机选择 30 个家户，利用预先设计好的问卷，对家庭物质生活、社会关系、教育、宗教信仰等方面进行了调查。在做问卷调查的过程中，我日复一日穿行在狭窄的村道、田埂上，去探访随机选择的家户，这使我获得了对村落住宅和它们周边事物的具体知识。与此同时，我开始对村庙和祠堂的历史及分布在村庄东、南、西三个方位的聚落的形成过程和相互关系进行研究，我依靠民间文献（如族谱）与第一手田野调查资料，分析当地家庭的组成与亲属制度、各家之间关系的体制（如各家庭之间的分合关系、聚落形态与仪式制度）、超家庭的关系（祠堂、寺庙、开基祖墓地等"公共建筑"所呈现的"人神关系"）。沉浸在村

---

〔1〕 见费孝通：《乡土中国》。

社空间布局上各局部的内部关系与结合形态的研究中，我了解了家族内部分支（房份和聚落）的历史和现实状况，认识到祠堂和庙宇这类祭祀公业在联系这些分支时起到的作用。

问卷调查涉及家户的物质生活，生产、消费状况，种植蓄养状况。这些状况，实为一个由物构成的“世界”的局部。

溪村人的社会生活，既在人与人的相互关系中展开，也在由地方的物构成的体系及人与之形成的关系中展开。山、水、树、农田、茶园、牲畜、家禽、日用工艺品，便是主要的物。对当地人来说，生产并不简单意味着人对物的“加工”，而是可以用“五行”（金木水火土）之间生克关系来形容的过程。种植是以金属工具开垦整地、以水滋养木，消费既牵涉各种交换活动，有些部分又与祭祀相关，而对熟食的习惯性需要，又预示着火这一元素在消费中的关键作用。村民对于周边人为、半人为及非人为的物，既采取实用主义的态度，又附加各种神话性的价值，尤其是赋予日用工艺品之外的诸类物（如山、水、树、牲畜）以传说。比如，村庄西南的聚落建在一个微微凸起的台地上，传说那个台地不只是地，还是一只灵验的乌龟；祠堂前面的大榕树，不只是一棵树，而是曾护佑祠堂，使之不受洪水侵袭的神明；献给神明和祖先的猪，必须在他们乐意时才可被宰杀。

人居不是一切，作为一个整体，溪村的生活世界是由三个圈子构成的：由神明和祖先庇护的人居是它的核心圈，农地构成半人为的中间圈，通向村社之外的遥远之处是非人为的外圈。

像溪村这样的乡村社区，其社会体系与自然紧密嵌合，这情景，时而让我联想到城市文明尚未诞生的新石器时代，时而将我带回上古时代，它给我的“史前”或“先秦”的感觉，似乎可以被引申作文明的乡土之根[1]的证据。然而，实在的证据却又明白无误地表明，这个

---

〔1〕 见费孝通：《乡土中国》。

社区的历史并没有那么悠久，直到14世纪中叶之前，它都还属于野外。更重要的是，对村社社会生活形态的历史和现状的研究，使我看到，这一特定的乡村社区，不但不是文明的乡土之源，而且其社会能动性甚至可以说是有特殊限定的。自其诞生之日起，溪村不仅必须与周边的自然和社会共同体持续地打交道，适应其势力，而且用雷德菲尔德的话说，更必须与自上而下播化的“先在文明”（primary civilization，具体指帝制时期的官方与精英文化）和“后起文明”（secondary civilization，具体指现代性）打交道。[1]溪村的家族制度是宋明庶民化的宗法制度的民间实践，而如我在既有的研究中阐明的，自20世纪上半叶起，它便被纳入了现代国家的地方行政管理体制的直接监控之下，并部分接受了现代教育体制和政治经济运行模式。[2]

即使不考虑这个小地方与所谓“大传统”之间的关系，而对我们的视野做区域性的限制，也会看到，由于溪村是作为一个局部存在于一个地理范围更大的区域体系之下，不同于西方人类学家笔下的原始部落，这种村庄不是全然自在、自为、自立的。

溪村人和他们的家族绵延，需要娶妻生子，家族外婚制是通婚实践的基本规则，这个规则的实行，使村社与周边远近社区形成了某种“通婚圈”的关系。在一个父系社会，“通婚圈”的基本内涵是不同地点、家族之间女性配偶的流动，这一流动深受溪村及其周边门当户对的习惯观念和制度的影响。在互惠与阶层不平衡的双重作用下，“通婚圈”表现为人文地理上的近、中、远三圈子，近至邻近几个社区，中至周围几个乡镇，远至闽南及其之外的县市。[3]

“通婚圈”的版图，是溪村社会生活的基本空间样貌，其他社会

---

〔1〕 Robert Redfield, *Peasant Society and Culture: An Anthropological Approach to Civilization*, pp. 41-42.

〔2〕 王铭铭：《溪村家族：社区史、仪式与地方政治》，83—101页。

〔3〕 同上书，50—59页。

生活方面，基本与之相互对应。溪村规模不算小，但不存在自己的集市，而需仰赖周边的集镇交通有无，人们日常交易的地点在“通婚圈”的“近”的范围内，但有时也超出这个范围，抵达“中”“远”层次。溪村的村神在本地备受敬仰，富有威仪和灵性，但他却不是由生于本地的历史人物升华而成，而是从德化石牛山祖庙分香而来，石牛山地处溪村“通婚圈”的“中”“远”层次之间。那些年复一年安排村神庆典和表演仪式的道士、为节庆增添喜气的戏班、为丧礼举行超度仪式的和尚，都来自村外，具体而言，多数来自于“通婚圈”的“近”的这个层次。

不同于部落社会的社区，身处文明社会的乡村社区是“局部”。因此，我能够深刻领悟 1936 年吴文藻先生对社区研究法所做的补充。如吴先生指出的，要对这类社区进行彻底考察，就必须同时展开三方面不同而相关联的研究，包括：

> （甲）横的或同时的研究（以前曾称为静态研究，或模型调查），系专门考察某指定期间内某社区的内部结构和生活，而不涉及其过去的历史，或正在进行中的变迁的。
>
> （乙）村落社区的外部关系的研究，即系考察该社区与其他各种社区的外部关系，以及与较大社区的外部关系。
>
> （丙）纵的或连绵的研究（以前曾称为动态研究，或变异调查），系专门考察村落社区的内部结构与外部关系间，已在及正在进行中的变迁的。[1]

吴先生以上所说，是对其之前提出的侧重“横的”研究的主张的补充。这一补充至为关键。可惜的是，吴先生并没有明确指出这一补

〔1〕 吴文藻：《中国社区研究计划的商榷》，见其《论社会学中国化》，470 页。

充如何与其之前罗列的社区研究所应涉及的社会生活方面密切关联起来。揣摩吴先生的心思，我猜想，他的意思大体是，甲类社区研究（“横的”研究）不能脱离乙、丙类，否则便不可能真正贴近社区的本来面目。甲类社区研究，亦即“横的或同时的研究”，以前曾称为静态研究或模型调查，指通过对“社会生活之应研究的各方面”（家族氏族和亲属制度、村落社区的技术制度、经济、社会裁认、礼仪习俗、语言文字的社会意义、教育［社会化］、宗教、神话、艺术及民间文学）的研究，形成对于社区的横向结构组织模式的认识。这方面的研究是专门考察某个特定期间某社区的内部结构和生活，既不涉及社区与其外部环境的关系，也不涉及其过去的历史。而事实上，社区“横的”结构组织，都是在更广阔的社会空间领域里成长起来的，并通过历史的积累而形成，近代以来，更深受现代性信仰和制度的影响。因此，要真实考察和描述社区的内部结构组织，便要对其外部环境与历史变迁加以研究。

以溪村为例，聚落形态和祭祀公业，可谓是这个社区结构组成的核心内容，这两类社会事物，一类与历史中分家析产的运动有关，一类与历史中为了克服分家析产带来的分化而实施的合成运动有关。分家析产似乎是历史中家族形成的前提。分家析产的实质，是家庭中年轻男性成员的成家立业，而成家立业的前提是婚配，婚配则意味着一个家与另一个家（异姓）之间形成联盟，以此为男方家庭生育后代的保障。从这个观点看，聚落形态的生成，凭借的正是历史中的社区内部与外部的“结盟”。作为克服家族内部分化问题的手段的祭祀公业，给我留下的深刻印象是，它们是一个社会共同体兴发自身集体认同的渠道。如我已指出的，无论是村庙，还是祠堂，祭祀活动之所以可以成为周期性的公共事件，一方面是由于有家族成员的集体参与，另一方面则是由于来自周边的道士、和尚、戏班的介入。这些公共祭祀场所的构成，基础同样是社区与外部世界的关系。比如，村神法主公并不是本村的历史人物，而是宋代成神于德化县石牛山的张氏道人；又如，祠堂祭祀的对象虽不是陈氏家族的祖先，但这些祖先要正式地在祠堂里有自己的牌位，前提是其亡灵经过佛教超度仪式的“处理”，而祭祖仪式的一个核心“外界”，是由家族的姻亲（妻舅）来念诵祭文。

在“社会生活之应研究的各方面”中，任何一个方面，都不仅与其他方面形成相互作用的功能关系，而且都有自身的历史，而这一历史的内涵，都与“社区与其他各种社区的外部关系，以及与较大社区的外部关系”相关。

从事社区研究，就是在认识上处理内外的关系。社区内部的关系不仅是层次和方面上的关系，而且是内部单元分合的关系。没有一个社区不是内部异质的。在如溪村这样的家族村落中，宗派、男女、长幼等区分普遍存在，人们赋予这些区分特定的价值，给予“左右”的判别。正是在“左右有别”的逻辑中，家族分化为房支宗派，各自基于由父亲、母亲、子女构成的“亲属制度的基本三角”[1]拓展自身的存在和发展空间，在内部及与其他房支宗派的关系中，形成辈分秩序。所有这些区分和联系，都是日常生活史的核心内容，它们既是“横的”，又是“纵的”，既是结构组织性的左右关系，又是充满变数的前后关系。这些关系没有一样不兼及社区的外部关系，甚至可以说，没有一样不是内外关系的载体。同样地，在力量、制度和观念上，卷入关系中的单元与其他单元势力不平衡是常态，它们之间通常存在着程度不一的大小或上下之别。如果说社区存在着某种功能整合的一体性，那么，也可以说，这个意义上的一体性，正是指社区内部的分合关系与内外分合关系在力量、制度和观念上凝结而成的等级化的体制（上下关系），也正是在这个体制内，社区遭遇或接受着自外

---

〔1〕 见费孝通：《生育制度》。

而内、自上而下的古今文明（大传统）的影响。

至于“社会生活之应研究的各方面”的最后两条，即“个人在变迁的社会环境中之社会调适问题”及“民族的思想和情操的研究”，吴先生本来可能分别用以指现代化过程中个人可能遭际的问题，及民族学意义上的“民族精神”（ethnos），前者是指新出现的问题之研究，而后者则似乎指其在论述文化层次时提到的“精神文化”，指任何时代的任何社会共同体都有的共同“气质”。而来自溪村的历史事实则表明，个人的社会性调适问题与“民族精神”之间的时间关系是相反的，前者存在于任何时代、任何社会共同体，也就是说，任何时代、任何社会共同体，都存在个人如何社会化的问题；而后者被吴先生理解为任何时代、任何社会共同体都有的，但在我看来，它与近代欧洲国族主义有着难以分割的关系，自 19 世纪末以来便与所谓“农业文明”中的社区存在矛盾，是自外而内、自上而下进入村社的现代性的核心内容。“民族精神”的政治性，表现为我在既有研究里指出的“化农民为公民”的新文明，虽然也属于村落社区内部结构与外部关系间的关系，但实为“正在进行中的变迁”或现代性的核心内容。

社区作为局部性和整体性的合一

溪村社区给我的感受是双重的。一方面，它让我感到，要对这个乡村社区加以深入研究，采取民族志研究法，辅之以社会统计学和历史学，对它的文化层次和社会生活方面加以整体的考察，有充分的可行性和必要性。另一方面，毕竟溪村是文明体下的一个小局部，作为一个小地方，它有可考的形成年代，在其特定历史变化的过程中，深受自外而内、自上而下的势力影响，这些势力大小不一，其等级次序基本上可以用施坚雅（G. William Skinner）的“中心区位等级统”

(hierarchy of central places)来形容[1]。视社区为整体的方法，使我们有可能有效认识社区的内部纹理，但一旦我们真的进入这些纹理的细部，则会发现，我们运用的概念（“社区”）其实包不住它旨在形容的生活世界。

这一双重感受，主要从我这个外来研究者的客位（etic）观点得出，但必须指出，它也有主位（emic）的“本土世界观”根据。

主位的地方民间世界观，含有一套将社区的内部与外部世界联结的制度，这套制度的内涵是年度周期。

若是将溪村社会生活的时间性看作一个完整的年度周期，那么，我们便会看到，这一周期的内涵并不纯一，是由节气、择吉（或“择日”）通书、节庆三种“历法”杂糅而成。这三种“历法”都不来自溪村，其起源，有的与华夏自先秦至汉逐渐积累的宇宙论知识相关，有的是民间化了的正统历法，有的则是区域性的祀神制度转化而成的。不过，正是这些经传播得来的历法，成为地方民间世界观的核心内容，为当地社会生活提供了年复一年激活自身的契机。

二十四节气指二十四时节和气候，先秦时期已逐渐根据中原一带人们对于物质环境的周期性变化规律建立，到秦汉时期则已有了系统的文字记述。它反映了黄河流域一带人们对于季节（立春、春分、立夏、夏至、立秋、秋分、立冬、冬至）、物候（惊蛰、清明、小满、芒种）、气候（雨水、谷雨、小暑、大暑、处暑、白露、寒露、霜降、小雪、大雪、小寒、大寒）等年度周期性变化的认识。

节气与农业生产的节律关系紧密，可谓是人适应物质环境而形成的“物质文化”的最基本方面。汉以后，这套知识已由自北而南迁徙的汉人移民带到闽南地区。可以想见，远在东南沿海的闽南地区，季

[1] 施坚雅：《十九世纪中国的地区城市化》，载其主编：《中华帝国晚期的城市》，叶光庭等译，北京：中华书局，2000，242—300页。

节、物候、气候都与中原地区有所不同，但这种不同并没有导致人们放弃二十四节气的观念图谱，相反，这一观念图谱被长期沿用，以指涉地方上相应的季节、物候、气候。

在溪村，人们也是根据二十四节气来调适自身的活动与季节、物候、气候变化之间的关系。这套知识尤其在人们的食品生产和消费中起到关键作用。

在一个规模有限的乡村社区，人们无须文本便可以通过体会而认识节气的规律与作用。不过，这并不意味着识字毫无用途。当人们遇有婚丧、盖房等重大事宜而需要确定行动吉凶之时，便需要求助于识字且握有择吉方面专门知识的专家。溪村人最常去求助的那个专家，居住在溪村数公里外的另一个村庄，他根据一本《通书》来帮助乡民做趋吉避凶的日期选择。这本《通书》不是那个择吉专家自己编修的，而是泉州继成堂《通书》的抄本。继成堂《通书》的创始者是洪潮和，他是清朝人，以堪舆和择吉闻名，嘉庆年间开始编撰《趋避通书》，其后人在泉州集贤铺海清亭开设继成堂择日馆，印制《通书》，这一《通书》在闽台、浙江、东南亚华人社区广为流传。泉州继成堂洪潮和《通书》是生者“事生事死”时趋吉避凶的历法指南。追根溯源，这一含有丰富堪舆术和选择术内涵的指南，与先秦时期和明堂、羲和、史卜之职有关的数术及汉唐正统历法相关，而其直接前身，则为宋元时期民间化的官方日书。[1]继成堂《通书》内容广泛，涉及星象、方术、堪舆、择吉、嫁娶、造葬、安葬、开生圹、添葬、修圹、合寿木、安床、冠笄、作灶、伐木剪料、避宅出火、动土平基、起基定磉、竖柱上梁、安门放水、安碓合脊、入宅进火、祈福设醮、斋醮功课、造桥造船、上官赴任、开光塑绘等，囊括处理生活与死亡的所有事务。其

〔1〕 黄一农：《通书——中国传统天文与社会的交融》，载《汉学研究》第14卷第2期，1996年，159—186页。

运用的择吉方法，基于阴阳五行理论，包含有关气、朝向、季节、岁神、人物等命题，将当事人及与之相关的他人之生辰八字特质联系到特定时间点上宇宙构成因素（天文、地理、人事）的特质，对其相生相克关系加以判断，择其相生者为“宜”，择其相克者为“忌”，以此类判断服务于当事人对行动时间和空间的抉择。

《通书》由握有择日技术的算命先生运用，系属“专门知识”，但在其系统化阐述的过程中，为了自身被承认和接受，此“专门知识”兼容了民间关怀，这些民间关怀牵涉处理人事规则与宇宙秩序之间的关系。通过服务于当事人，《通书》为社区中的人界定了内外关系的准则，它告诫人们，当人与周遭的广义他者（其他人、物、神）处在相克关系之时，应实施关键行动，要使关键行动有利于人的福利，就要使这一行动在人与周遭的广义他者处在相生关系时实施。

妥善处理内外上下关系，并由此而焕发社区的生机，也是溪村的年度节庆所追求的。溪村的年度节庆大致包括全国性的年节（如春节、清明、佛诞、端午、七夕、中秋、重阳等），祖先忌日，道教对上元、中元、下元的祭祀安排，及一个富有地方特色的村神祭祀周期。全国性的年节，以家或房支为单位庆祝，仪式规模比较小；祖先忌日有的牵涉全家族，有的也是以家或房支为单位；道教对上元、中元、下元的祭祀安排，则地方化为迎神、祭孤（孤魂野鬼）、送寒衣予祖先的供养活动。在节庆的诸年度周期中，最富地方特色的是奉献给村神法主公的两次庆典，一次是每年农历七月二十三日法主公的诞辰庆典，另一次是每年正月初十前后举办的法主公进香刈火仪式。

七月二十三日法主公诞辰，村民以家为单位，会集于村庙，为村神“祝寿”。这一祝寿仪式实为溪村每年一度的献祭活动，其规模并非每年都一样，有些年，活动在一天内即完成，有些年，仪式活动则长达三天两夜。

莫斯和于贝尔（Henri Hubert）[1]曾给予献祭以社会学的界定，他们指出，献祭涉及若干角色和一个程序的安排，它首先对祭主（献祭的人）、献给神的祭品、祭司加以区分，接着，对献祭空间加以神圣化，使之成为献祭程序展开的舞台，而献祭过程，则起到将祭品的生命释放出来、交通人神的作用。对于献祭的社会作用，莫斯和于贝尔指出，献祭是人通过与神交流达到自身的伦理提升、获得神的护佑的过程。这一论述，基本可以用于溪村法主公诞辰仪式的分析。

该仪式的内容是由社区延聘的一个道士团队（祭司）安排的，这个道士团队也是仪式的核心表演者。献祭仪式开始之前，道士团队把带来的神像和牌位按特定方位摆放，将庙宇布置成一个井然有序的神明世界，与此同时，在被选举出来的村民祭祀代表（当地称为“头家”）的协助之下，他们也将祭祀的桌台安装起来。之后，在他们演奏的音乐和诵经之声的配合之下，祭祀活动宣告启动。

仪式既然是村神诞辰庆典，它的主要内容便是由村神治下的地方百姓前来向他献礼贺喜。作为一个地方神，在其喜庆的日子里，法主公也吸引神界“同人”来贺寿，这些“同人”有些是来自上界的天神，有些是来自四面八方的其他地方神。没有天神赐贺，不能体现法主公的正统性，没有其他地方神同贺，不能体现他的感召力。于是，仪式的开端被安排为请神，请神就是邀请上界天神降临祭坛、四方“诸侯”莅临盛宴。

请神之后，按照一定的时间规定，村民开始供奉祭品。祭品中，核心的有全村共同献祭的羊和猪，及每家每户于当日清晨宰杀的、代表整个家庭献祭的猪。

道士团队的头领告诉我，祭祀仪式中，送神比请神还要重要，原

---

〔1〕莫斯、于贝尔：《献祭的性质与功能》，载于《巫术的一般理论 献祭的性质与功能》，杨渝东、梁永佳、赵丙祥译，桂林：广西师范大学出版社，2007，171—293 页。

因是，他们所请的神是来与民宴饮的，节日过后，如果没有把他们送走，他们便会一直在村子里宴饮下去，最终村子里的财富会被消耗殆尽。宴饮正是祭祀活动的本质内容。村神诞辰庆典，是人供奉神的活动，是回报神在过去一年中的护佑的行动，同时又是本村人当主人，通过宴请，回报平日与他们有关系的周边社区关系户的行动。道士所说的送神，是祭祀仪式的结束礼，但祭祀仪式的结束礼完成之后，仪式活动并没有终结，而是续之以宴请亲戚朋友的盛宴活动。祭祀活动在村庙举行，而盛宴活动则在各家各户举行。

正月的进香刈火活动，具体日期通过占卜决定，活动同样以村神法主公为中心，但内容不同于其诞辰庆典，不表现为上下内外各界神明、人间各类社会关系的来贺，而表现为村神、家庭护佑神（如观音）去往远山圣地重新获取灵力。正月的这次仪式，接近于“朝圣”（pilgrimage），包含家庭和家族向远离社区的大庙求取保佑来年生活福利的香火。

如我在前文提到的，村神法主公成神于离村庄甚远的德化石牛山上。该山有一巨石形如牛，因之而得名，主峰海拔 1782 米，除了有险峰、怪石、奇树、幽洞之外，还有一座称为“石壶祖殿”的庙宇。传说溪村的村神法主公原名张慈观，他在宋绍兴年间（1131—1162）与章公（朗瑞）、肖公（朗庆）在石牛山治魍魅，他们仙逝之后，被当地人尊奉为神。此后，法主公信仰广泛传播于闽南和台湾各地。溪村与法主公的“祖殿”，及这座“祖殿”所在的石牛山形成了近土与远山的关系。正月的进香刈火，便是作为近土的溪村，实践其与作为远山的石牛山的关系的仪式。

溪村人对进香刈火仪式的解释是，法主公在溪村龙镇宫镇守一年之后，不免劳累、疲乏，以致灵力减弱，需要“回家”休养一阵，以便回到村庄后，可以在来年带着充沛的体力、精神及灵力，继续镇守他管辖的人间治所。同样地，被私人家庭奉祀的守护神，经过一年的劳累，也需要恢复其体力和精神，如果能跟着法主公去远山的大庙休养一阵，那对充实其能量也极有必要。

溪村人并不是每年都去石牛山进香刈火，只有通过家族议事和占卜决议了的重要年份才去。溪村的“远山”不仅有石牛山，还有周边的城隍庙、清水岩、真觉寺所在的山丘。这些圣地有的是帝制时期朝廷的官方祭祀场所，有些则属于释道难分的大寺庙所在地，它们与溪村没有准确的方位关系，但在人们的想象中，这些寺庙与石牛山一道，构成了四方围绕中心（溪村）的五方格局。

进香刈火仪式，意味着逢迎村庙与家中的神像回归于神明来自的、方位不同的远山，进而为之更新灵力。

仪式的出发点是作为中心的溪村，但进香刈火行程勾勒出的地理图景，含有颠倒中心/边缘格局，将外围（四方的圣地）视作超越地方中心的更大中心的意味。这种行程与基督宗教的朝圣[1]不同，不是由孤独的个体为了克服困境与病痛而私自展开的，而是整个社区的集体行动。在行程中，青壮年男子形成强大合力，逢迎村神法主公神像，与此同时，各家各户也由其代表虔诚怀抱家庭保护神，他们组成了一支浩浩荡荡的队伍，在写有“法主圣君”字样的旗帜引领下，由一支特别的乐队鸣锣开道，一路前行。沿途经过道路的转折节点时，这支队伍中持有土枪的青年还要鸣枪驱赶鬼怪。抵达目的地之后，逢迎村神的青壮年将法主公神像送进寺庙之内，安放在寺庙中神像的一侧。所谓“进香”，指的是向外在于社区的、山上圣地的中心表示敬意的仪式，而所谓“刈火”，指的是从这些远山求取文明生活（烹调、祭祀）所必需的火苗。抵达目的地之后，除了让村神在他的祖殿内、接近他的“金身”的方位歇息停留之外，还要举行刈火仪式。一

〔1〕 Victor Turner and Edith Turner, *Image and Pilgrimage in Christian Culture*, New York: Columbia University Press, 2011.

路上，一组村民带着装满木柴的铁锅，到达祖庙后，从主香炉获刈火苗，将带来的铁锅内的木柴点燃。接着，跟随法主公神像而来的家庭守护神神像，也纷纷由家户所派代表拿着，在主香炉上环绕三圈。此时，圣地寺庙的香火，显然被理解为神的延续性灵力本身，它成为社区公共之火与家庭守护神灵力的来源。

带着社区公共之火和神明的灵力，溪村的村民再度形成一支浩浩荡荡的队伍踏上回归村庄的旅程。到达溪村附近，逢迎村神的神轿必须晃动，以显示神明的活力，同时，道路两边，早已排列阵容可观的供桌。进香刈火团队及其带着的各种圣物，在热闹的鞭炮声中徐徐行进，进入村庄，到达村庙，装着火的铁锅被安置在村庙神像侧面的地上，同时，家庭的神像也被迎回各自家中。

经过片刻歇息，法主公神像再度被青壮年扛了起来，这时，仪式进入了村神“巡境”的阶段，所谓“巡境”，指的是由灵力充沛的村神视察社区各聚落和家户。从圣地带回来的火苗，要由专人在庙里守护到上元节（在安溪县上元为正月十五前后三日）。此时，村内迎神，火苗被分送到各家各户，此后，各家正式点燃代表家庭人丁兴旺的灯，放花炮、敲锣鼓，庆元宵。

进香刈火仪式有丰富的意味，其核心在于通过集体旅行，实现社区与周边世界的再关联、社区公共符号与外在于社区的圣地之灵力的再分享。

法主公诞辰仪式与进香刈火仪式之间存在着鲜明区别。诞辰仪式接近于“社祭”，是社区通过祭祀地方神展现其一致性、确认其中心性的过程，而进香刈火则接近于“会盟”，是社区将自身纳入一个超社区的联盟体、分享其活力的过程。在诞辰仪式中，村民的集体行为表现为“当主人”，他们借村神诞辰之机，设宴（祭祀）接待来自上界、四周、村外的神明和亲友，在进香刈火仪式中，村民的集体行为则表现为“当客人”，他们在村神消耗了不少灵力之后，跟随他去

“别的地方”，在更大的寺庙里做客，向那里的“主人”求得其生活的源泉（香火）。

与其他乡村社区一样，溪村的集体性格有内向和外向两面，其内向的一面，将社区与它的外部空间的区分界定为秩序与混乱、安全与危险的差异；而其外向的一面，则采取一种包容他者的态度，将有着区别的内外世界界定为互利的两方。前面提到，溪村人在进香刈火路程上遇到水沟洼地等转折节点时，要鸣放土枪惊吓潜伏着的鬼怪，也提到村神曾在石牛山上治魑魅。这表明，对溪村人来说，有序家园之外的世界，是充满着鬼怪、魑魅之类有害异己的。[1]然而，在有害异己被治理之后，家园之外的世界的人、物、神，都可成为有利于家园生活的存在体。如果说村神诞辰仪式的“社祭”和“当主人”，自内而外地联系着社区与超社区的世界，那么，也可以说，“会盟”和“当客人”，自外而内地起到同样的纽带联结作用。年度周期中的这两种意义看似相反的仪式，共同构成将社区与外界、主人与客人、近土与远山联结起来的世界观，这种世界观不同于将有序的家园与混乱、危险的外部空间敌对看待的内向世界观，它包含着一种鲜明的内外互利观念。这一观念与当地人对于人与他们的祖先之间区分和联系的看法相互呼应。人与祖先分别生活在此世与彼世，它们各自的世界被定义为阳间与阴间。然而，阳间人与阴间祖先之间的区分是相对的，家族祠堂里和房支公厅里奉祀的祖先牌位，便是经过特殊超度仪式重新焕发生机的祖先，它们既代表着离开此世的先辈，又代表着由彼世而来的先辈之灵。这些有灵性（当地称为“灵圣”）的存在体，既有超越此世的一面，又与此世形成互利关系：此世之人有着赡养彼世先辈的义务，而彼世先辈一旦接受后代的赡养，便也会对此世之人施以恩惠。

---

〔1〕 Mircea Eliade, *The Myth of the Eternal Return: or, Cosmos and History*, trans. Willard R. Trask, Princeton: Princeton University Press, 1971.

结语

自吴文藻先生关于社区研究法的论述提出后，八十年过去了，但这一学说依旧富有新意，经一定补充，仍然可作为我们研究实践的指导。

结合人文区位学及人类学对功能、结构－功能、文明的看法，吴先生提出一种纵横交错的社区研究理念，认为作为整体的社区与作为局部的社区可以是“一个”。这一社区研究的纵横观富有高度启发。遗憾的是，吴先生对此未及加以充分诠释，而其引领的一代杰出社会学和社会人类学研究者也未及加以论证，“燕京学派”便被拉进了不利于它学术生存的年代。

上文中，我将吴先生提出的社区研究方法，与我个人研究过的一个案例相联系，使之互为说明。接续他的论述，我将社区整体性与局部性的合一理解为一个活生生的生活世界，我拟借此指出，如吴先生期待的，只有当“横的”研究与社区内外关系和历史的“纵的”研究同时展开，社区研究方可展现其社会生活的“活生生状”。

把横和纵结合起来后，我面对另一个问题，那就是，由于社区的生活世界所触及之地理范围，超出了作为所谓“民族志实验室”的社区之地理空间范围，因此，要说明社区的整体性，便要超出一般民族志侧重考察和描述的“调节人与人之间的关系”的社会组织，将它与吴先生定义的“物质文化”和“精神文化”联系起来，将社区研究从人类中心主义的社会观中解放出来，使之融入对地方所及的更大世界的认识。

这个“更大世界”，既包含超出社区边界的半自然和自然世界，以及与之形成不同形式关联性的通婚、贸易、移民等实际生活圈子，又包含宗教性的观念、象征与行为，而有必要在此强调指出的是，对于后者，我认为可以用结构人类学家通过宇宙观与现实社会之间关系的研究而得出的有关抽象世界的定义来阐释。

在其相关研究中，列维－斯特劳斯指出，民族志世界的精神领域，包括地理、经济－技术、社会和宇宙观四个层次，被研究者的精神层次与现实情况存在对应和不对应的不同情况，其中，“土著”的地理和经济－技术观念比较准确地反映了现实情况，他们的社会观交织着真实和想象，而他们的宇宙观则大大超出现实的范围，作为独立的精神文化领域存在。[1]基于这一理解，利奇对宇宙观做了解释，他认为，作为人类想象的造物，宇宙观（复数）不为现实世界的边界所局限，它们是创造它们的人的现实生活经验的变体（transformations），这种变体是人对于“这个世界”的建构，是“这个世界”的人对于“这个世界”与“那个世界”之间关系的想象，因此，通常也以人间形式出现，成为人类学者可以充分观察的事实，成为“近在咫尺的那个世界”[2]。

探究“精神文化”，有时会触及与社区现实生活经验无关的层次，但如利奇指出的，在多数情况下，“精神文化”也在我们观察得到的现实生活经验中得以表现。上文论述的节气、通书、节庆三种“历法”，便可以说是深嵌于社会生活中的“精神文化”。这些历法是社会生活时空混融状态的“象征”以及“精神文化”的表达和规定，它们再生产着社区的内部秩序与内外关系逻辑。

作为20世纪30年代吴先生提出的社区研究法的重要补充，用宇宙论研究法认识社区，有助于我们深入到社区中的诸多人文关系领域中去，考察其内部秩序与内外关系逻辑，以及这一秩序与逻辑被社会时间——即赋予社会生活以节律的历法——激活的情景，有助于我们基于经验研究而领悟“内外之间”的左右（性别、宗族分支、宗派－意识形态－亚传统）、上下（等级是普遍的）、前后（历史和历史记忆）对立统一体的生成原理。

溪村的研究使我相信，充满世界情状和关系内涵的社区，其构成

〔1〕 列维－斯特劳斯：《结构人类学》（2），张祖建译，北京：中国人民大学出版社，2006，640页。
〔2〕 Edmund Leach, *Social Anthropology*, p. 213.

原理与国族这一“想象的共同体”[1]相通，其内部统合大大依赖于外部世界的创造[2]，二者之间的关系包含着大小传统的关系，但大小传统不是一对一的，更不是简单的自上而下的“授受关系”。

在雷德菲尔德的大小传统理论中，存在着将单一的“大”（古代文明或现代性）相对于单一的“小”的简单化区分。而我们看到的事实是，小传统不仅为大传统提供过基础，而且，如我们在溪村看到的，它还持续地消化着不止一个大传统（包括“先在文明”，如儒、道、释，及“后起文明”，如现代性）。

一个显而易见的道理是，倘若小传统不是以一个力量巨大的宇宙观为基础的，那么，这种以一化多的情景便不可能出现，而如我试图通过地方年度周期仪式的考察指出的，这个宇宙观，有着广泛的地理、经济-技术、社会内涵，作为一套知识，它将社区与其“环境”——尤其如山、水、树、农田、牲畜、茶园等——关联成一个有相互作用或者“生克关系”的生活世界整体，将此处（社区）与彼处（“进香刈火”的目的地）、此世与彼世、生与死、主与客关联成既相互区分又相互结合的对立统一体，使二者之间产生互利作用，为社区与社区以外的世界提供着关系的知识与实践技术。

内外关系的广泛存在，使乡村社区变成外在整体的局部，但这并没有改变乡村社区作为整体存在的事实。在以社区为中心的地方世界中，社会时间——尤其是地方年度周期节庆的社会时间——将“局部”化为一个兼容内外关系的宇宙论整体。

溪村是一个有具体历史历程的社区。随着现代性的植入，溪村出现了生业的改变，农民的“公民化”、乡村的工业化、农业的商业化、乡绅的干部化与商人化、教育的个体主义化等，这个社区的社会生活

---

〔1〕 Benedict Anderson, *Imagined Communities: Reflections on the Origin and Spread of Nationalism.*

〔2〕 莫斯等：《论技术、技艺与文明》，蒙养山人译，罗杨审校，北京：世界图书出版公司，2010。

情景随之出现了不少改变。然而，也正是在变迁最为激烈的20世纪80年代，传统得以恢复[1]，使我们有可能在当下考察曾被现代性话语诅咒的宗族、村庙、祠堂、村神诞辰庆典、进香刈火等现象，进而得出有关作为整体和作为局部的社区的认识。

有关社区的“纵的或连绵的”历史变迁，吴文藻指出，这既包括历史上的变迁，又包括“正在进行中的变迁”（现代化），他还精彩地指出，这些变迁发生于村落社区内部结构与外部关系间，因此，对社区历史变迁的研究，也就是对其内部结构与外部世界之间关系的研究。而我业已指出，对于这一关系，被我们观察分析的、作为研究对象的社会共同体，自身有着一套知识与处理技术。不可否认，随着现代性的传播，这套知识和技术不可能一成不变，如今，它已间杂着雷德菲尔德所谓“后起文明”（现代性）的因素。然而，对溪村依旧年复一年举行的法主公诞辰仪式与进香刈火仪式的观察使我确信，正是基于这套既有的知识和技术，人们与进入他们家门的“新世界”形成了关系。我们甚至可以认为，正是这套曾经遭受现代性历史目的论推行者诅咒的知识和技术，通过自己的坚持，迫使其对立面产生观念上的根本改变。

与此相关，不久之前，浮在社会面上的话语仍言说着作为现代化文明进程的改造对象的乡村，仍致力于诱使人们相信，这个文明进程唯有在乡村社区被零星化为一部国家机器的局部（即从作为整体社区的乡村到作为现代世界的对立面或现代国家的“零件”的乡村）之后方能实现自身。近两三年来，观念形态世界里出现了一种不同的看法，这一看法一改旧有的化乡村社区整体为现代社会局部的观点，其持有者号召我们珍惜乡村，借“乡愁”来实现“美好生活”。在视乡村为有高度“收藏价值”的社区整体主义看法的影响之下，乡村发展和村落规划领域加进了人文为本、绿色循环、可持续发展等流行概

〔1〕 见王铭铭：《社区的历程：溪村汉人家族的个案研究》《溪村家族：社区史、仪式与地方政治》。

念。随之，传承发展优秀乡村文化，保护人类文化多样性及资源环境，推动人类生态文明建设之类的说法，也越来越被广为接受。“守护乡土”的主张，表面是文化守成主义的，实则依旧奠定在传统－现代二分的有问题的历史目的论主张基础之上，这种历史观将传统社会的乡村社区视作是全然整体的，将现代社会的乡村社区视作是全然破碎的，依据这一二分法，在现代畅想传统，悲叹现代的不幸，并将之追溯为整体乡村社区的失落，为了“救赎”，设计出回归过去的未来图谱。“救赎”本不能说出于恶意，不过，在其名义下，很可能再次出现借回归乡村社区的“整体”而重新实施规划性的破坏。

到底乡村社区的原本气质是整体性的，还是局部性的？持“守护乡土”主张的“意见领袖”必然给予整体论的回答，而未能关注到，事实上，如雷德菲尔德早已指出的，数千年来乡村社区是作为文明体系的局部而存在的[1]。倘若我们可以说，现代化意味着传统的失落，那么，我们也可以说，这种失落，不仅是乡村社区的，而且是文明体系（如上文提及的溪村广义人文关系体系，以及作为其内涵之一的儒、道、佛的关系体系）整体的。那么，在此情况下，新的流行话语缘何局限于乡村社区整体性来谈问题？对我而言，原因昭然若揭：正在成为主流的话语，支持着某些“收藏乡愁”的运动，如同过去所有一切运动那样，以激情掩盖着粗暴。如此一来，与之相关的种种戴着学术面具的论述，往往不幸地沦为干预行动的借口，从而丧失知识的起码尊严。

在丧失了进入乡村的合适姿态的时代，我们亟须接续历史上有过的论述，吸收国内外后来的相关论述，形成合适方法，领悟其对于新时期乡村研究与重建的价值。而我在本文中试图完成的对吴文藻先生社区研究法论述的反思性继承或继承性反思，正是展开这项工作的一个关键步骤。

---

〔1〕 Robert Redfield, *Peasant Society and Culture: An Anthropological Approach to Civilization.*

《古代社会》

——一个时代的丰碑

摩尔根《古代社会》一书，是西方人类学早期经典之一，其历史唯物主义版本，也曾成为国内民族学（社会人类学）、史学和考古学遵循的“原理”。

十五年前，我完成了一部有关《古代社会》的小册子。[1]写作期间，我重温经典，回顾了它在学术史的一个局部的“变形”。有感于自己身处“摩尔根”与“后摩尔根”两个阶段之间，长期存在困扰，我做了一点努力，组合我所感知到的过去和现在。我梳理了文本自身的逻辑，并将这部影响深远的经典当作“社会事实”加以审视，表露了自己的些许心得。我总的看法是，有必要重新思考《古代社会》的“大历史”，揭示其教条化的危害，但我们却不应抹杀这类经典的巨大贡献，不应无视其启迪。

这么些年过去了，我的这一双重态度没有改变。

一

我这行的承前启后者埃文思－普里查德（Evans-Pritchard）在评价摩尔根那代经典人类学家时承认，他们才华出众、学识渊博、诚实

---

〔1〕王铭铭：《裂缝间的桥——解读摩尔根〈古代社会〉》，济南：山东人民出版社，2004。此书新版更名为《从经典到教条——理解摩尔根〈古代社会〉》，北京：生活·读书·新知三联书店，2020。

正直。然而，他却没有给摩尔根的《古代社会》留情面。埃文思－普里查德指出，在这本书中，摩尔根与他的同代人一样，致力于“历史重构”，为此，他将大部分心思用以确立他者与我者之间的前后年代顺序（以原始他者为前，以西方文明我者为后），而要做这项工作，他“只有全靠猜测，并经常局限于看似有道理的猜测工作”。[1]

19世纪的经典人类学家们所用的“服从于分析的事实一般来说是不准确、不充分的，它们还经常被从独自赋予它们意义的社会背景中强拉出来”。[2]他们做研究的目的是“历史重构”，而这些“不仅是猜测的，而且是评价性的”，其依据是欧美的“进步”价值观（如，自由主义者和理性主义者的物质、政治、社会、哲学“文明价值”）。[3]如此一来，来自原始社会的素材，在“历史重构”中往往转化为西方文明自负的证明。

摩尔根为了跨越文明疆界，曾以所研究部落的养子身份，进入被研究者的生活世界，他在观察和分析上，也极其审慎。但这些都没有为他克服文明自负提供充分条件，其《古代社会》，犯有19世纪“大历史”的文明自负通病。

在批判经典理论的文明中心主义问题之中，西方人类学家走进了一个新时代。从19世纪末开始，德美传播论者和历史特殊论者对那些此前被当作不同历史阶段的内容的物质文化和社会习俗进行地理关系的研究，法国年鉴派社会学家将进化论改造成理解各种“基本形式”的手段，英国功能论者和结构－功能论者揭示出“土著”生活世界和社会体系之无关于19世纪被推理出的文明进程的诸事实。一代归属于不同学派的学者不是都能身体力行地从事田野工作，但他们大

---

〔1〕埃文思－普里查德：《论社会人类学》，冷风彩译、梁永佳审校，北京：世界图书出版公司，2010，28页。

〔2〕同上书，29页。

〔3〕同上书，30页。

多崇尚不带偏见的观察研究，即使是他们中的那些倾向于文化史研究的先贤，在思索历史时，也没有忘记真切领悟“土著观点”（如文化区理论中的“地方观点”和“基本形式”理论中的非西方宇宙观）的重要性。在他们的引领下，新人类学（现代人类学）得以缔造。

对于那代导师和他们的后人来说，新人类学尽可以说是一项人类学家担负的使命，对我们这个国度的学科先驱者而言，也并不陌生（它的几个派别曾于20世纪前期深刻影响到中国民族学和“社会学的中国学派”或“燕京学派”的研究）。但我最初接触的人类学，并不属于这种。

新人类学并没有自一开始就流传到东方。新人类学的扎根之所，是世界的一个局部。其致力于根除的旧人类学，先在苏联被奉为典范理论。此后，在不少由部落和古代帝国（如中国）变成的“新兴国家”中，旧人类学的“大历史”转化为某种现代化叙述框架，并与形形色色的文化复兴运动杂糅，演变成第三世界“民族自觉”的主导观念形态。

在传播－历史具体论“民族学”、社会学及功能和结构－功能论社会人类学基础上形成的西方新人类学，与世界上“剩余地区”持续存在的“大历史”（在中国，它曾被称为“原始社会史”），构成一个学科地缘政治二元对立格局。

我身处中国，生长在一个激情依旧的“后革命时代”。在“成年的来临”过程中，我先受考古学、民族史和文化人类学的学科教育，后在西方接受社会人类学训练，得以对“人文科学”在东西方的转化有切身体会。而到了写作这本书的阶段，我已被夹在学生时代的我和为人师表的我两者之间。这两个“我”，前者承受着原始社会史（这固然是被教条化的摩尔根学说）的压力，后者肩负着传播“后原始社会史”社会人类学的使命，两个“我”本来由自同一个，但两者间却无以实现“性格组合”。虽说当下是过往的将来，但是后面这个动态的“现在的我”难以是“过去的我”的自然转化，这就给我带来了不少困扰。

在纠结和徘徊中，最终我选择了站在新人类学的立场上回望旧人类学。

之所以做此选择，并不是要对新人类学“东施效颦”（其实我在不少作品中也表达了对它的严重不满），而是因为我确实从它身上看到了某些优点：相对于“大历史”，它明显缺乏“宏大叙事”所具有的魅惑力，但它却要具体、可靠得多，对学术与观念形态之间关系问题，它的反应要远比旧人类学敏感。我一直相信，经验化、整体化和相对化的新人类学，对于化解中国社会科学研究中的口号化、片面化和绝对化倾向，有着值得期待的正能量。

在新人类学的启迪下，我批判地对待《古代社会》的教条化。

在我的理解中，《古代社会》的教条化，是民族志学“客位主张”（etic position）政治化的表现。

“民族志学”一词的核心组成部分是“ethnos”，这个约指“民族”的古希腊文。如盖尔纳（Ernest Gellner）借苏联与西方民族志学的差异考察指出的，在新人类学扎根之后的西方，“ethnos”或“民族”在多数情况下指唯有通过理解局内人观点（往往通过其语言表达出来）方可充分把握的“民族精神”，它实等于用被研究者的“主位观点”（emic perspectives）理解的“文化特征”，而在苏联及其影响范围波及的国家，它则指服务于国家的民族志学家和政府工作人员从外部对被研究社会共同体加以识别和区分的“客观标准”，它实为“客位观点”（etic perspectives）。[1]

站在苏联的局外观察它，盖尔纳对在“客位”的“ethnos”观念下获得的民族史学成就，似乎还是给予理解的。然而，作为一位来自

[1] Ernest Gellner, “Preface,” in Ernest Gellner ed., *Soviet and Western Anthropology*, pp. ix-xx.

东方的学者，我却不是这种观念的局外人。通过我的老师辈的著述（这些著述的细部，含有大量接续传统中国史学和20世纪前期“中国化”的新人类学因素，但这些因素往往被“大历史”的阶段论标签吞没），我感知了那种对民族志学进行“客位”规定的严重问题。在我们所在的这个社会，若是学者强调“主位”，也就是强调从被研究者的观点看被研究的社会，那么，他们不仅可能会被指责为“无用”（不能为国家的社会改造提供理由），而且可能会被讥笑为“无能”。迄今，“客位主张”在我们的社会科学中仍旧占有支配地位，有着它的现实基础，这个现实基础，与近代“强国主义”观念形态有着密切关系。

与此相关，在围绕“ethnos”形成的分歧背后，世界还存在着影响更广、藏得更深的对立——正是这一对立在对照中凸显了“客位主张”的本质特征。

如20世纪最伟大的人类学家列维－斯特劳斯20世纪60年代即予指出的，当西方人类学从进步主义转为“地方性知识主义”之时，非西方政治文化精英因不愿看到自己的社会滞留在西方人类学家乐于见到的“落后状态”，而将19世纪旧人类学经典中的历史目的论加以政治化，使之成为社会变迁规划的纲领。[1]如列维－斯特劳斯所言：

> ……现代人类学发现自己处于一种矛盾的局面。对于跟我们自己的文化迥然不同的文化所怀有的深刻尊重导致产生了所谓文化相对论。现在，这个学说反而遭到了我们出于敬重他们才建立此学说的那些民族的激烈反对。再者，这些民族认可一种陈旧的单向进化论的说法，好像他们为了尽快共享工业化的

[1] 列维－斯特劳斯：《美国民族学研究署的工作与教训》，载其《结构人类学》（2），519—530页。

好处而宁愿自认暂时落后，而不愿永远自视不同。[1]

过去一百多年来，有了文化相对论，西方人类学中很少有人坚持旧人类学对原始与文明之先后顺序的看法，绝大多数行内人既已将这一构想视作欧洲海洋帝国时代的产物；而在相当长的时间里，在新的世界体系中谋求“生存权”的另一些社会共同体，则自觉不自觉地采用“陈旧的单向进化论”。在这一同样是源自西方的进步主义历史目的论的庇荫下，这些共同体中的一些还是培养出了数量不小的、有独立思考的研究者。然而，出于列维－斯特劳斯所指出的那一原因，这些非西方社会的精英之大多数，并没有真的将19世纪的“历史重构”视作人文科学的“天职”。他们不甘看到自己的社会“落后”，于是企图以最快的速度（这在20世纪50年代后期的中国被称为“大跃进”）实现“陈旧的单向进化论”指明的文明目标。由此，对经典人类学家赖以推导这一理论的学术志业，他们不加质疑，没有将它当作知识系统深入领悟，而只感到需要信仰。

“过去的我”和“现在的我”面对的无以组合的问题，正来自列维－斯特劳斯揭示的“矛盾的局面”。而在写有关摩尔根《古代社会》的那本小册子之前，在犹豫中，我既已成为新人类学的一员。随之，我“在自己社会是批评者，在其他社会是拥护随俗者”。[2]我希望有用于自己社会之知识状况的改善，于是我尽其所能超脱所在条件，在一个远在的境界，拥抱那门“敬重我们”的学科，用它来将我们的思想从“陈旧的单向进化论”的牢笼中解放出来。我下了决心，在研究中追随在否弃这些前辈的功业中提出的新人类学准则，在传递学科知识时，我回避旧人类学（我担心，若是它那种“陈旧的单向进化

---

〔1〕列维－斯特劳斯：《美国民族学研究署的工作与教训》，载其《结构人类学》(1)，523—524页。
〔2〕列维－斯特劳斯：《忧郁的热带》，王志明译，北京：生活·读书·新知三联书店，2000，502页。

论”在东方保住主导地位，我所在的社会将文明不再）。我将20世纪60年代西方新人类学的杰作当作学术思想“旅行”的停靠站，相信从那个站点往前走，引向20世纪前期，在那里，我们可以领略英、法、美三国人类学有过的风采，从那个站点往后走，引向20世纪后期，在那里，我们可以鉴知一个没有大师的年代，我们在异域的众多同代人如何各自形成各自的问题意识。

十五年过去了。在过去这个阶段，我的研究的历史和地理视野都有了拓展，在学科经典文本研习中，我的目光也渐渐从“20世纪60年代中心主义”中移挪开来，向旧人类学的历史方向投去。然而，对“陈旧的单向进化论”，我的看法没有改变。我不是没有看到，在过去的这二十年间，不少国人已从“不愿永远自视不同”转变为“不愿变得一样”，在这一过程中，《古代社会》之类经典的“大历史”已退出历史舞台，取而代之的，似乎是“主位主张”（emic position）的种种变体（如国学）。我目睹了“主位主张”的复兴，渐渐认识到，形形色色的“主位主义”，都是在“大历史”转化为民族的文明史叙述框架过程中形成的，其要素不是新人类学的“ethnos”，而依旧是教条化了的旧人类学的“ethnos”。于是，我仍旧在对“陈旧的单向进化论”的拒斥中相信，对教条化的“大历史”，新人类学家尚待加以更为系统的批判性回溯。

二

我在书中述及20世纪80年代学科重建过程中国内学者围绕摩尔根《古代社会》展开的辩论。时过境迁，这类辩论现在大家都不再关注了。我们这个时代，重视经典文本及其问题的人有之，但他们仍是极少数。

近半个世纪以来，我的国外同人中的大部分已采纳了用政治经济学主义、后现代主义、后殖民主义批判的观点来重新把握新人类学。这些本都要求我们在一个更为广阔的视野下考察社会共同体的内部机理与外部联系，要求我们重新检视经典文本。然而，做这些工作的人却是极少数。在新人类学旗帜下，同人们淡化了其内部德美两国的文化区研究传统和广泛存在于法国、美国、英国的综合比较研究传统，在一个相当长的阶段里，满足于对个别小规模社会单元的“参与观察”，后来又为了标新立异，频繁更新其所运用的理论（现如今甚至后殖民主义的著述都叫老书了，同人们近期似乎进入了某种对比较宇宙观研究的回归，他们却为标新立异，将之定义为“转向”），他们无暇顾及旧人类学的书籍。作为结果，一部部厚重的经典文献，只是当有人要写学术史时才会被翻开，研究者翻阅的多数书籍，若非刚问世，便是不久前出版的。

西方的思潮，影响着世界其他地区。随着跨区域学术交流的增多，本来难以服众的旧人类学显出了其在“时效性”上的劣势，在雪上加霜中，其生存终于也出现了严重危机。在这些地区，出现比西方更难以解决的问题，并不令人惊讶。

以中国为例，其社会科学时而因循守旧、拒绝反思，时而崇新弃旧、反对传统。在两种对反的认识姿态的“钟摆”中，有些研究者还是对早先的那段历史有所感知和怀念的。不过，即使是他们，也没有再讨论民族志学中的摩尔根问题。

按说，摩尔根这个名字几乎可以说代表新中国一大阶段民族志学的总体气质。曾几何时（20 世纪 50 年代起），在《古代社会》“大历史”框架下，“民族大调查”纲领得以制订和实施。参与过“大调查运动”的，不仅有如今已故的老一代学者，而且还有在这个运动中得以成长的新一代精英，而这新一代精英，在过去四十年里也培养了他们的传人。对他们而言，《古代社会》到底意味着什么？它是否还是与老一代学者所曾接受的英美派、法兰西学派和德意志派民族志学有所不同？“土著学者”在一个特定的年代如何“磨合”新旧人类学（此间，旧人类学已在国家的重新界定下替代了新人类学的地位）？其制作的作品内容和形式到底是什么样的？其得出的结论为何？对政策和社会有何影响？在当下是否意义全无？或者说，这些结论是否还在“潜移默化”着我们？

如我所知，过去四十年来，被研究民族共同体中，有不少“土著”对当年民族学家用社会阶段论标签来界定他们的“社会性质”的做法是不喜欢的。他们不愿意承认自己的民族共同体是“原始”、“奴隶制”、“农奴制”或“封建制”的。他们的看法更接近功能主义，他们有的相信他们的习惯、风俗和思想传统有现实的存在理由，有的则看到，他们的社会与远方的某些社会之间的相似性，只能说是偶然产生的，他们与结构－功能主义者一样，不愿意相信这一相似性有什么“历史必然性”可言。这样看法的存在是不是表明新人类学还是比旧人类学更贴近被研究者的心灵？

上述两大类问题本来极其重要，值得善加追问，而我们却还没有看到相关表述。我们看到的作品，优秀者不是没有，但属于“追风派”和“因循派”者，显然最多。

在学科目录里，社会人类学的处境尴尬（这门学科被同时列在社会学与民族学之下），而这似乎并没有妨碍它在认识姿态的“钟摆”中与自己的根基渐行渐远。

如果漠视原典是个问题，那么，这个问题的根源，便不完全是本土性的。可以说，它部分由自新人类学。新旧人类学之间本来并非没有延续性。比如，对原始社会和古史的兴趣，对归纳法的推崇，对自我/他者二元论的信奉，都是前后相续的。而我们也看到，在新人类学建立之后，还是出现了莫斯《礼物：古式社会中交换的形式与理由》[1]、拉德克里夫－布朗《原始社会的结构与功能》[2]、列维－斯特劳

〔1〕 莫斯：《礼物：古式社会中交换的形式与理由》，汲喆译，陈瑞桦校，上海：上海人民出版社，2002。

〔2〕 拉德克里夫－布朗：《原始社会的结构与功能》，潘蛟等译，北京：中央民族大学出版社，1999。

斯《亲属制度的基本结构》[1]、萨林斯《石器时代经济学》[2]等综合比较研究文本；这些文本与旧人类学经典主张有所不同，但气质并没有不同。然而，在其确立的过程中，新人类学在将其前人从原有“社会背景中强拉出来”的素材归还给这些“社会背景”时，除了以越来越“令人信服”的方法和修辞表现着在“大历史”之外从事民族志学研究的效率和价值之外，还对旧人类学施加了意在使之退出历史舞台的批判。

如果说新人类学自身有什么问题，那么，我们似乎可以说，这些问题源自在新人类学以上崇新弃旧做法的基础上生长出来的“新新人类学”。这种“认识姿态”，在否思了自身的前身（新人类学）的过程中，恢复了前身的前身（旧人类学）的部分习性而不自知。新新人类学追随其臆想中的现实变化，无意识地回到“陈旧的单向进化论”，用它的观念变体（如我在上面提及的政治经济学、后现代主义和后殖民主义）来理解变化，从而相信，在其所在的文明侵袭下，其他文明已濒于灭绝。他们有的看到，这些文明留下了一些“遗迹”，人类学家要么可以通过唤醒这些“遗迹”的精神来借之以批判主导文明，要么可以对之加以保护，使之被列入“文化遗产”名录。

在这种情形下，写《古代社会》的述评，兴许不合时宜，甚至令人困惑。作为一个新人类学的践行者，我本应特别了解新人类学的建立必然意味着旧人类学的死亡，本应能从前者对后者的盖棺论定中理解前者的相对价值，而我却“反潮流而动”，回到一本早已尘封的老书里。这一“吊诡”出于何处？

---

〔1〕 Claude Lévi-Strauss, *The Elementary Structure of Kinship*, trans. James Bell, John Sturmer and Rodney Needham, Boston: Beacon Press, 1969.

〔2〕 萨林斯：《石器时代经济学》，张经纬、郑少雄、张帆译，北京：生活·读书·新知三联书店，2009。

三

上面引到的埃文思－普里查德叙述，出自其《论社会人类学》一书的上编，它汇集了1950年这位大师在英国广播公司播出的六篇讲稿，其中涉及旧人类学的那篇，题为“理论起源”，紧随其后，有“后期理论发展”这个下篇，它与上篇交相辉映。叙述者有意让前者衬托后者的迥然不同，他把重点放在他参与缔造的新人类学上，认为，要彰显这一后期人类学的特征，便要回到其“理论起源”。

回望经典，有益于我们了解学科“推陈出新”的过程。埃文思－普里查德说的这点，对我启发颇多。然而，我想说，它并不等于回望经典的所有理由。

旧人类学经典的解析，自身是一门学问，其本质内容是对一个时代知识和思想的生成过程、总体形态、具体内容，及所有这些与其所处情景之间关系的研究。可以说，这门学问属于“专门史”的一个特殊部门，有其自身学理价值：从其展开，我们既可以洞见一个时代的成就，又可以发现某些“未解之谜”，从而赋予学科活力。

如何理解？容我费点笔墨给予解释。

《古代社会》是1861—1871年间出现的一系列对古今社会习俗展开综合研究的作品之一。基于此书及马克思对它的摘录，恩格斯写就了《家庭、私有制和国家的起源》。在1891年为其著第四版所写的序言中，他比对了若干经典，先将摩尔根的非宗教解释与巴霍芬等的宗教解释对立起来，再将摩尔根的群婚说与麦克伦南多偶说对立起来，从而将《古代社会》一书与几乎所有其他人类学早期经典划清了界线。[1]

恩格斯不归属于任何学科，作为思想家，他有理由站在他所在的理论高处，将《古代社会》视作一枝独秀。与恩格斯不同，在专业内

---

〔1〕 恩格斯：《家庭、私有制和国家的起源》，北京：人民出版社，1972，6—18页。

从事研究的学者，多数会像埃文思－普里查德那样，将它放归其所由来的经典群组中考察。对旧人类学而言，这个群组的“成员”不止一个，而是多个：梅因的《古代法》（*Ancient Law*，1861）和《东西方的乡村社区》（*Village-Communities in the East and West*，1871），巴霍芬的《母权论》（*Das Mutterrecht*，1861），古朗热的《古代城邦》（*La Cité Antique*，1864），麦克伦南的《原始婚姻》（*Primitive Marriage*，1865），爱德华·泰勒的《人类早期历史研究》（*Researches into the Early History of Mankind and the Development of Civilization*，1865）和《原始文化》（*Primitive Culture*，1871）等。[1]

这些经典内容有所不同，有的主要涉及古希腊－罗马的社会生活和制度，有的侧重考察作为文明之源的原始社会。梅因、巴霍芬、古朗热的著作属于前一类，摩尔根的《古代社会》则与麦克伦南、爱德华·泰勒等的作品同属于后一类，前者更像古典文明研究，后者则在综合中含有更多有关原始社会的内容。尽管这些经典在内容上有不同，但它们都一致关注“人性”的最初面貌，关注人的“自然境界”及其演化，及“道德境界”的由来。它们的旨趣都是进化论的。

在不同程度上，这类进化论的历史叙述，都奠定在他者/我者、自然/文化、野蛮/文明的二元论基础上，都一面将“野蛮他者”视作处在“自然境界”、与“文明我者”有鲜明差异的类别，一面将他者视作我者的“童年”或“祖先”。

在旧人类学中，来自英国的那个，所占地位最为突出。这不是偶然的。这些作品得以写作和出版时，英国正处在维多利亚时代（1837—1901）工业革命和帝国扩张的巅峰。进化论这种旨在论证欧洲文明成就的思想方法，在那里得以出台，是时代使然。而那个时代的来临也并不突然，其现实的变局，其“进化论突破”，固然与更久

[1] 埃文思－普里查德：《论社会人类学》，21页。

远的西方宇宙观基础及地理大发现、宗教改革、资本主义萌芽等“多声部交响”有关，但与此前一个世纪的积累，关系最为密切。

对于这点，人类学史领域最杰出的学者史铎金给予了重点关注。在其《维多利亚时代人类学》一书[1]中，史铎金分析了旧人类学“进化论突破”的前因后果。为了将这一突破置于由复杂的知识-思想史线条交织起来的历史背景中考察，他详细检视了启蒙运动至维多利亚时代早期，包括文明/文化概念、自然理性观念、进步时间感的兴起，此间民俗学对于欧洲内部民间风俗中的古史因素的重视，考古学对原始人的发现，自然史时间观的革命，及达尔文《物种起源》一书出版前夕“人类心理一致性”观念的诞生。通过勾勒这一复合的知识-思想史背景，史铎金为我们展现了一幅人文进化论和旧人类学的历史图像。他表明，维多利亚时代人类学的构建，离不开18世纪以来各种观念和知识（如民俗学、考古学、宗教学和生物学知识）的汇合。

史铎金为我们提供一个机会，以社会史和知识-思想史为角度，鉴知旧人类学的“多元一体格局”，还为我们提供一个机会，从各自的兴趣点出发，在一个逝去的时代里寻找与我们的时代相关的动态。

从《维多利亚时代人类学》，我得到不少启迪，在这些启迪中，与这里的论述相关的主要有以下两个：

其一，旧人类学具有的哲学性；

其二，西方进化论自然历史时间观与其对立面——即内在于“民族精神”的时间观——之间的张力，及这一张力的复原所可能给新人类学的再形塑带来的刺激。

关于19世纪旧人类学的哲学性，必须指出，它主要来自启蒙思想，并且，其与后者之间的关系是双重的。

旧人类学主要代表人物比启蒙思想家更为实证，他们进行了更广

---

〔1〕 George Stocking, Jr., *Victorian Anthropology*, New York: The Free Press, 1987.

泛的归纳，在进行分析比较研究时，更系统地使用更丰富的经验知识。同时，他们大多抱怨他们的启蒙哲学家在理论上猜想过多，在论证上似是而非，以至于彻底失去“求真”的条件。换句话说，他们的志业在于创造一种不同于“我思”哲学的“非思”人文科学。[1]他们主张不加主观干预，搜集经验素材，认为要提出理论，便先要运用归纳法对经验素材加以排比、联想并对历史因果关系给出解释。

与此同时，对其研究和陈述方法有抵触甚至批判的旧人类学，因袭了启蒙哲学的许多主张。其运用的归纳、比较方法，是启蒙哲学家确立的。其问题意识，也始于启蒙哲学。启蒙哲学家惯于在教会与新兴“世俗政府”和“市民社会”之间起中介作用，其提出的理论大多与此相关。经典人类学家之所以注重宗教和亲属制度的比较历史社会学研究，正是因为这两个领域对应着教会与“世俗政府－市民社会”。在对这两个领域进行研究时，他们更是因袭了启蒙哲学的“原始人幻象”。

启蒙哲学家内部分歧严重，但各派对后来人类学家专门研究的原始社会均加以集中关注。以对近代文明论有奠基性贡献的法国和苏格兰启蒙哲学为例，其中，孟德斯鸠的名著《论法的精神》（*De L'Esprit des Lois*，1748）便含有大量有关不同原始民族外部生存环境、内部组成和“文化”（信仰、习俗、礼节以及民族气质）的论述。从孟德斯鸠起，一批法国哲学家相继做出了“社会学”意义上的研究，这些研究富有理性主义色彩，对文明进程特别关注，同时又主张整体和历史地看社会，并为此大量引据来自原始社会的证据。在英国，苏格兰道德哲学家如休谟、亚当·斯密等坚持社会不是社会契约的产物，而是个自然体系，是由人性派生而来的。为了“人性的证明”，那里的启蒙哲学家也极其重视原始社会，他们综合了许多来自不同区域的民族

〔1〕 参福柯：《词与物：人文科学考古学》。

志素材，用以阐述自然道德、自然宗教、自然法理学等（如，洛克依赖有关新英格兰某狩猎群体的记述，推测出宗教、政府、财产的演化线条，与法国的卢梭凭靠有关南美某社会的记述勾勒出蒙昧人的“自然状态”如出一辙）。

无论是法国哲学家还是苏格兰哲学家，都信奉改良、改善或进步的法则，都用比较法来论证人性及其完善的进程。他们将自己的研究视作“人的科学”，而这一“人的科学”不但是经验科学，而且也是规范科学，它旨在基于社会中的人性之研究为社会提供我们可称之为“世俗伦理”的东西。

对于经典人类学家的著述，埃文思－普里查德评论说：

> 我提到的那些作者以及他们之后的作者，都采用这种方法写了大量作品，试图说明制度起源和发展的规律：从群婚到一夫一妻制婚姻的发展，从财产公有到财产私有制的发展，从等级制到契约制的发展，从游牧生活到工业社会的发展，从神学到绝对科学的发展，从泛神论到一神论的发展。有时，特别是处理宗教问题时，往往从哲学家称之为人性的心理起源方面和历史起源方面寻找解释。[1]

经典人类学家的确关注制度起源和发展的规律，他们从事原始社会研究，正是为了从中找到这一规律。然而，他们之所以特别关注那些相异于西方的“社会习俗”，如群婚、财产公有、等级制、游牧生活、“神学”、泛神论等，并不只是为了说明最初的人文世界的面貌，他们更关切的是一夫一妻制、财产私有制、契约制、工业社会、绝对科学等的由来，而这些早已在启蒙哲学家那里以相通或不同的概念加

---

〔1〕 埃文思－普里查德：《论社会人类学》，22页。

以讨论。

作为一种问学方式，旧人类学与启蒙哲学的关联，值得身处新人类学中的我们重视。

新人类学给我们带来了具体而关系地看文化、整体地看社会、内在地看秩序的知识新风尚，也给我们带来了平等看待不同社会、宗教和哲学传统“和而不同”的价值观。然而，与旧人类学相比，新人类学的哲学含量显然减少了。这兴许可以说是在纠正旧人类学的“大历史”偏差中付出了过大代价。

在新人类学中，不乏勤奋运用“中层理论”者，也不乏想从民族志学的案例研究中提炼能肯定或否定既存哲学理论者。不过，这些优秀同人因担忧归纳和比较会再度引向文明的臆想，他们多数选择始于个案、止于个案。因而，他们即使有雄心要联系观察所得与哲学理论，所采取的办法，也多为个案否证法或个案证实法。借助这些方法，他们有的致力于证明某某西方哲人的某某论断不符合他们研究的某某社会共同体的“存在本质”，有的致力于论证他们在某某社会共同体耳闻目睹的某某情形或故事完全如同某某西方哲人的某某玄学所形容的一般。马林诺夫斯基借美拉尼西亚案例对弗洛伊德的批评，近期大批人类学家对海德格尔的引用，即属于两种“民族志学哲学对话”的范例。这类对话，固然还是有其魅力的，但这类将哲学当作靶子或真理的做法，显露了新人类学忌讳哲学的心态。这令人怀恋旧人类学的“胆大”和“自信”（若不是出于“怀旧”，列维-斯特劳斯便不会反乃师莫斯之道而行之，试图跳出“土著概念”的圈套，通过联想和综合，探寻沟通不同文明的“语法”了）。

当然，应强调，对旧人类学的回归，需坚持应有的反思性。经典人类学家依据的民族志资料，多数出自业余爱好者之手，它们不是遵照严格的研究程序采集的，不仅零碎，而且带有这些业余爱好者（他们多为殖民地官员、商人、军人等）的偏见。即使这些资料算得上有一定价值，我们也必须看到，它们都来自有机地联系在一起的社会，但经典人类学家自视为“天职”的志业是书写“大历史”，他们为了自己的“天职”，将这些资料反映的事实强行从他们所在的社会分割出来，使它们丧失与其所在社会的关系，成为研究者掌控的知识财富。旧人类学的叙事让人以为，只有在古希腊、古罗马和德意志开拓出文明视野之后，世界才进入政治理性或道德境界。以今天的观点看，这样的历史心态，荒谬之处极其显然。如前述，在将启蒙哲学的“我思”转化为经验人文科学的“非思”中，旧人类学完成其“大历史”构想，这一构想，存在着将自己的（西方的）文明视作世界其他文明的未来的问题，这一问题，迄今仍存在。比如，活跃在新人类学时代的法国神话学家韦尔南（Jean-Pierre Vernant），带着“观念形态”概念展开古希腊的研究，这本应使他比一般古典学研究者更有分析和批判性，但韦尔南有意无意在书中暗藏玄机，从所谓“独特”的古希腊“几何主义”宇宙观入手，证明西方在政治理性上的先进性。[1]

然而，“大历史”构想并非如新人类学奠基人想象的那样一无是处。

在《家庭、私有制和国家的起源》一书《第一版序言》中，恩格斯曾明确提出其对《古代社会》的一个值得重视的评价：

> 摩尔根的伟大功绩，就在于他在主要特点上发现和恢复了我们成文历史的这种史前的基础，并且在北美印第安人的血族团体中找到了一把解开古代希腊、罗马和德意志历史上那些极为重要而至今未解决的哑谜的钥匙。[2]

对恩格斯而言，在决定论意义上，《古代社会》以独特方式，“重

〔1〕 韦尔南：《神话与政治之间》，余中先译，北京：生活·读书·新知三联书店，2001。

〔2〕 恩格斯：《家庭、私有制和国家的起源》，4页。

新发现了四十年前马克思所发现的唯物主义历史观"[1]，在历史构想上，它则与19世纪其他西方人类学早期著作无异，"发现和恢复了我们成文历史的这种史前的基础"，编织了连通原始社会和古典文明的线条。

恩格斯加诸《古代社会》的历史唯物主义解释，在苏联和新中国头三十年实行的民族志学转化，我在书中已给予了讨论；而对恩格斯指出的摩尔根的另一个贡献，我则尚需给予说明。

恩格斯称摩尔根"在北美印第安人的血族团体中找到了一把解开古代希腊、罗马和德意志历史上那些极为重要而至今未解决的哑谜的钥匙"。这句话有两方面含义。一方面，它指向旧人类学那种将所有社会置于其之外的"自然史时间性"中考察的方法，它表明，在诸如摩尔根之类的经典人类学家看来，要理解诸社会的本质特征，便有必要确立一种超越所有社会的"外在时间序列"。另一方面，它意味着，西方文明这一催生近代先进性的思想体系，与他者的创造有共同基础，是从这一基础上分立出来的。这便是说，经典人类学家的共同志业在于，在他们外在于所有已知人类社会的时间序列与内在于它们的物质或精神一致性之间寻找结合点。

可以认为，旧人类学的根本追求在于用某种超越文化疆界的时间序列来确定不同社会的历史性质。在这一追求下，包括摩尔根在内的经典人类学家必须先把近代西方文明的形态设置成存在过的和依旧存在的"其他文明"历史进步的目的地。无论他们如何感知和评价近代西方的一夫一妻制、财产私有制、契约制、工业社会、绝对科学，对他们而言，客观上，这些制度都是后发的。对于非西方，这些制度和认识的方式是新颖的，但在西方，其"初级形式"却可追溯到古代（如恩格斯说的"古代希腊、罗马和德意志"），可谓是西方文明的特

〔1〕 恩格斯：《家庭、私有制和国家的起源》，3页。

征。这些特征，共同构成了一个与民族志学家所呈现的“史前基础”之间的破裂，但这个破裂要产生，便需要积累，而要历史地把握这一积累的样貌，便要将西方文明的“初级形式”与原始社会习俗历史地联系起来。为此，经典人类学家必须博览群书，不仅要精通印欧、闪米特、东方诸区域的“圣书”，而且熟知业余和专业的民族志学作品不仅要沉浸于他们的“民族志世界”，还要将自己的见闻与古典文明研究的成果联系起来。

对于西方文明诸因素在古代基础上实现的近代系统化，多数启蒙哲学家和经典人类学家不仅乐见其成，而且努力地自担其纲领制定者的角色。

然而，在旧人类学中，似乎还隐约存在某种“另类认识姿态”。比如，摩尔根即志在身体力行，表明联结原始社会与西方文明对于现代人文世界有着高度重要性。可以认为，这便出于某种“另类认识姿态”。

这一“另类认识姿态”在“大历史”中的存在，不是没有背景的。在很大程度上，它缘自内在于启蒙运动的批评思想。

对于文明进步论及进化论，启蒙运动至旧人类学之间的两个世纪，多数“知识阶级”身在其中，作为局内人，他们中有些人致力于推进这一观念，有些人则心存疑虑。那个时代，不仅有理性－智识主义者，而且也有反理性－智识主义者，不仅有自然主义者，而且也有神秘－情感主义者。对于“大历史”，乐观主义的文明进步论占主导地位，但不是没有对立面。在近代之前，欧洲知识－思想史中，相继有黄金时代经白银时代、青铜时代、英雄时代衰降至黑铁时代的历史时间系列“神话”，及世界末日的宗教思想。在启蒙运动中，这类对历史衰降的“感知”，时而也会在“高贵的野蛮人”、城市生活的“恶之花”之类意象中得以部分再现。更重要的是，如史铎金指出的，对于外在于任何“民族精神”的“大历史”时间感，18 世纪在德国哲学里出现了系统抵制。在抵制英法文明进步论中产生的德国“文化”观念，刺激了关于浪漫主义的历史想象。这一想象不将历史的时序视作是外在于社会的，而将之与诸民族及其历史的“内在本质”相联系。到19世纪，这一想象已在德国的史学和比较哲学研究中得到广泛运用。德国学者从中推导出的历史认识，大多带有文化多元论的色彩。他们大多将“文明”限定在物质文化领域，相信历史时序的决定因素是“文化”，亦即“文明”的精神方面，也相信，这一精神方面，是民族性的而非超民族性的。[1]

启蒙和旧人类学的分歧，由文字表达，这些文字既已成为历史文献，给后世提供了看法形成的参照系。正是诉诸这个参照系，列维-斯特劳斯这位20世纪大师才可能在卢梭的著述里找到热爱“野性思维”的理由[2]，众多其他新人类学家也才可能从维科的“诗性智慧”、赫尔德的“民族精神”、哈曼的“巫师激情”中获得被笛卡尔和康德拒之门外的灵感。[3]

可以想见，启蒙运动同时存在“阴阳”两面，其势力关系，既是结构性的又是历史性的，二者在历史时间中势力此消彼长。就其在人类学学科中的表现看，在经典人类学时期，进步理性势大，在新人类学时期，它的势小。而对反因素亦是随着时间推移而发生的势力变化，维多利亚时代，它的势小，但随着20世纪的来临，它紧随“文化化”的脚步，至少在北美获得了主导地位，而这一可谓“德国因素”的东西，也在普遍主义占支配地位的英法新人类学中谋得一席之地（埃文思-普里查德的人文主义人类学，便是一个表现）。

文化与文明的观念对立，确实曾形塑了西方新人类学“国别传

---

〔1〕 George Stocking, Jr., *Victorian Anthropology*, pp. 20-25.

〔2〕 列维-斯特劳斯：《关于人的科学的奠基人让-雅克·卢梭》，载其《结构人类学》(2)，501—512页。

〔3〕 以赛亚·柏林：《启蒙的三个批评者》，马寅卯、郑想译，南京：译林出版社，2014；Louis Dumont, *German Ideology: From France to Germany and Back*, Chicago: University of Chicago Press, 1994。

统”及其与非西方民族志学的差异。然而，是不是这些差异导致了“冷战”和“文明冲突”？传承“原始蛮性”的文化论，是否必然如埃利亚斯想象的那样[1]，比近代西欧文明论大传统更易于滋生血腥？如果是这样，缘何即使是英法普遍主义社会人类学解释，都选择了作为启蒙中的反启蒙因素的文化论？相比于西方新人类学，20世纪80年代以前的一个相当长的阶段，西方之外的国家保持进化论，是否有其更深层次的理由？这些问题，易于引发争议，但难以回避。

在我看来，启蒙运动的历史时间双重性，既是知识-思想史事实，又具有促发理论再思考的潜力。

如果说摩尔根是在非西方土著部落民族中找到了古代希腊、罗马和德意志文明的史前基础，那么也可以说，他是从外在于西方“民族精神”之外的“他者”中找到了构建历史的“客观”元素的。矛盾的是，在化合这些元素时，他不加质疑地将西方文明当作有史以来文明最突出的地标。他将这一地标当作超文化的“外在历史时间”，并为它找寻内在于原始的证据，殊不知所谓“外在历史时间”却一样是来自于文明之内的，只不过这个文明是西方的，是在西方文明的局部土壤上生长出来的累积性历史时间观和科学宇宙观的衍生物。

这个吊诡，似乎普遍存在于经典人类学中，在新旧人类学过渡阶段以相当有启发的方式保持着旧人类学风范的弗雷泽，亦莫能外。在其名著《金枝：巫术与宗教之研究》[2]中，弗雷泽用来自意大利丛林的祭祀神话“包裹”来自世界各地的有关死亡、复生巫术和禁忌仪式的民族志、民俗学及历史记载，将其对历史的巫术、宗教和科学三分法深藏于一部如史诗一样引人入胜的作品。在被其认为的三个时代当

---

〔1〕 埃利亚斯：《文明的进程：文明的社会起源和心理起源的研究》，王佩莉、袁志英译，上海：上海译文出版社，2009。

〔2〕 弗雷泽：《金枝：巫术与宗教之研究》，徐育新、汪培基、张泽石译，北京：中国民间文艺出版社，1987。

中，弗雷泽用力最多的是巫术时代，次之为宗教时代，他令科学时代在文本中滞留于依稀可见的境地。然而，恰是那个仅是依稀可见的科学时代，为弗雷泽提供了历史时间的唯一参照。

兴许是因为看到了启蒙和旧人类学运用的那一所谓超然世外的历史时间之西方本质，清末，康有为才一面接受西来的积累性进化时序，一面引据古代中国的治乱观点，将这一时序界定为据乱、升平、太平三世的递进，而他似乎也正是出于对西方"民族精神"世界化的警惕，才一面接受西来的积累性纪年法，一面试图以孔子历替代"耶稣历"。[1]

前面我提到，盖尔纳在比较苏联与西方民族志学时说，前者倾向于从"客位"来理解"ethnos"，后者则倾向于坚持"主位"看法。其实，苏联引领的那种"客位民族论"和与之相关的历史唯物主义历史观，也并不是纯"客位"的，因为它经常与从德国浪漫主义历史观中得到激励的"民族自觉"运动相交织。

无论文明进步论，还是"民族精神"，都是人类中心主义世界观，在这个世界观形塑的历史时间形态，相互有差异，但在一个问题上却是一致的：这些历史时间形态，固然都与人对宇宙的认识相关，其"历法"可谓是这一认识的结果；然而，作为与自然相分以至对立的文明或文化的组成部分，这些时间形态并不等于宇宙的动态本身。宇宙的动态，是否才是决定"在世界中存在"的方式？

四

在西方，19世纪末20世纪初，诸如罗伯森-史密斯、马雷特、

---

〔1〕王铭铭：《升平之境——从〈意大利游记〉看康有为欧亚文明论》，《社会》2019年第3期，1—56页。亦见本书335—401页。

弗雷泽、涂尔干、列维-布留尔、莫斯等社会人类学家，及在文明起源研究上见解有所不同的拉策尔、巴斯第安、史密斯、波亚士等传播论-文化区民族学家，在继往开来中，持续致力于构想原始与文明之间的历史关联，追寻人文世界的“原初形式”。此后的一百年，在回溯先辈功业中偶尔也触及那个“原初形式”的人有之，但他们成了极少数，其他绝大多数人则成了“历史构想”的激烈或温和的反对者。

在东方，同时期，这些不同流派被用于服务于“国族营造”的学术工程，有的（如传播论-文化区民族学）被当作民族史研究的智识资源，用以促进国家的整合；有的（如功能和结构-功能社会人类学）被当作现实社会生活研究的方法，用以把握传统与现代的复杂关系。到20世纪后期，在相当长的时期，国内前辈带着“建设新中国”的关怀回到转化了的旧人类学中，在刚被识别出来的少数民族中从事深入的田野工作。他们所完成的研究之扎实、所采取的比较视野之开阔、所怀有的“大历史”关怀之深切，甚至令人不禁感念19世纪经典人类学。遗憾的是，从那个既已逝去的年代的总体形貌角度看，这些值得称颂的成就又像是易碎的器皿，经不起折腾，对比而论，经得起折腾的，竟被列氏不幸言中，这就是那种“不愿永远自视不同”的主张。这一主张反对文化上的好古主义，但它不等于“西方主义”（“-ism”通常也含有“学”的意思，如Americanism和Africanism），因为，它如德国的浪漫主义对法国的进步理性的抵抗一样，在祈求文明现代性中含有对它的抗拒，表面“他者为上”，实则并非如此。这一主张无视“各美其美”的重要性，又时常“钟摆”到“他者为下”这另一个价值观方向，在“各美其美”中，无缘于“美人之美”的境界。[1]在它的庇荫之下生长出来的存在体，能借助摩尔根在殖民化国家（美国）内的“少数民族”（印第安人血族团体）中找到的那

〔1〕 费孝通:《论人类学与文化自觉》。

把“钥匙”，得出某种有关未来的“论断”，却不能将同一些方法用于跨文化（inter-cultural）理解，更谈不上对“超文化”（trans-cultural）的境界有什么兴趣了。

在现代性成为“殖民文明”的过程中，我们这个背负天下负担进入新世界的国度，曾有过许多比部落酋长和巫师高超的人文学者。他们有的从“我者为下”的阴影中脱身而出，深入那些被列维-斯特劳斯笔下的民族鄙视的传统之中，以求索其“性命”为己任；有的则返身而入“他者为上”之境，在那里，思索着“极西”文明的源流与价值。相形之下，在作为现代世界体系的组成部分的社会科学中，对某些所谓“理论”的不求甚解式运用，既已将“我者”化为被分析和解释的数据，将“他者”奉为从事分析和解释的“主体”。如果说这一在东方被运用的社会科学还有什么自己的“主体”的话，那么，这个“主体”充其量是在被其框定的国内被研究者面前才得以梳理自身的形象，而即使是在这类情况下，其“主体”形象依旧要凭靠使他们不求甚解的“域外主体”来加以塑造。正是出于这个原因，我们这方的社会科学“西方主义”，既不真的是“西方学”意义上的“西方主义”，又不真的是“东方主义”，它是在二者之间接近真空的范围内谋求“生存权”的存在体。

通过有改变地运用新人类学原理，解释经典人类学家早已关注的“文化遗存”，如中国东南部的家族组织和礼仪、祠庙的空间格局和节庆、历史的“治乱”，西南部的物质文化、土司制度与文明的复合性，乃至留存或被重新创造的各种欧亚大小传统，我兴许还算是给先贤献上了一份微薄的“供品”。然而，我并没有幸免于社会科学的“精神分裂”。我可谓正是上述存在体中的一员。

我时感自己是个七十多年前费孝通先生戏称之为骑着瞎马的“知识阶级”。然而，问题似乎不只是没有在规范知识的“体”和技术知识的“用”之间找到结合点，似乎不只是在丧失了道统之后“有了不加以实用的技术知识，但是没有适合于现在社会的规范知识”[1]，它似乎比费先生告诫我们的更加严重。我归属的这个集体性“盲人”之所以盲，是因为他用了他人的眼睛换了自己的眼睛，用他人的“体”换了自己的“体”，而在置换的眼睛或“体”之后，却从未对这两双眼睛、这个“体”之所以然有真切的了解，我们“知识阶级”急忙地将来自“极西”的“体”转化成了“用”。

摩尔根《古代社会》在一个历史阶段的教条化，本质上就是因为“体”转化成了“用”。如果这一理解离事实不远，那么重读经典的工作，便必须有恢复这个所谓“体”的本来面目的旨趣。而要做到这点，对于我们所读的经典，也要采取新人类学的方法加以总体审视，要对它们的每一部进行民族志学研究，要“进得进，出得来”，不能陷入其中不能自拔，要在从事经典的个案“参与观察”和志书性质的描述之后，对不同经典做联想或比较，由此得出对其同时代作品的尽可能完整的理解，并将这一所要得出的理解置于历史情景中考察，找到文本与情景之间的原有关联。

对于旧人类学的整体把握，教条化固然无益，新人类学那一通过经验主义主张的运用对学科实施的去哲学化，作用也不见得正面。旧人类学为新人类学奠定了学科话语基础[2]；当它与启蒙哲学和“大历史”的关联被新人类学切断之后，学科付出了高昂的代价，损失了一些原有的“软实力”。

要挽回损失，唯有借助上述方法，回到“历史垃圾箱”中去，用心于重新发现这些早期经典的思想价值。

对于摩尔根那代经典人类学家在文明中的地位，人们可以有不同的理解。然而，我却确信那代人是一个更大历史情景的内在组成部

---

〔1〕 费孝通：《论知识阶级》，载费孝通、吴晗等：《皇权与绅权》，27页。
〔2〕 George Stocking, Jr., *Victorian Anthropology*, pp. 314-323.

分，他们使用的方法和得出的结论，后人可以给出负面评说，但这些评说无法颠覆一个事实，即如果说那代人缔造了一种人类学，那么也可以说，这种人类学富有高度的“大历史”意识，有了这种意识，他们的研究便不局限于人类学，而且也富有哲学意味。这种视野开阔、与哲学不分的“人的科学”，兴许会因比“我思主义”的哲学更注重“非思”而在思辨上难以超越哲学，也兴许会比“格式化”的学科界线模糊而有碍知识的社会分工和利益分配（摩尔根本人便不是一位“职业人类学家”），但在一个知识零碎化时代，它的模糊性和“无用性”，却弥足珍贵。

在时间从这种“人的科学”身边流过之后，那一部部经典成为一座座丰碑，我们即使只有时间和精力对其中的一座投以凝视的目光，也会给自己带来精神的滋养。当然，必须重申，这不应意味着应该教条地或不假思索地迷信经典。我们应当容许自己发现经典所没有妥善处理的矛盾，其中包括文明与文化的矛盾，理论与经验的矛盾，普遍与特殊的矛盾，外在性与内在性的矛盾，变迁与绵续的矛盾……因为，鉴知了种种矛盾，我们会在内心生成与之相关的某些“问题意识”，其中的一个是：如何处理外来与内在的历史与“世界智慧”之间的关系？摩尔根对技术学和社会结构的同时关注，梅因、巴霍芬、古朗热、麦克伦南对礼法、神话、家族、婚姻的诠释，泰勒对泛灵论的绵续与历史转化的辨证，弗雷泽对巫术穿过宗教默然与科学构成的联系的“认证”，都从各自角度触及了这个问题。在他们的“大历史”叙述中，经典人类学家尤其重视考察超人间的物的因素和神圣性的因素，重视从这些因素的“化合”，找寻“超文化”历史时间的自然或神圣根基。我感觉到，在新世纪，有必要回到这些解释，尤其是回到这些解释中的那些非自我中心、非人类中心的部分，以它们为线索，寻找联结历史与宇宙的纽带。

还应表明，不迷信经典，意味着在贯通新旧人类学中守护新人类学的那一尊重被研究文化的传统，因为，正是这个在非西方世界尚待被理解的传统让我们鉴知了旧人类学“大历史”叙述的西方中心主义问题，正是这个传统让我们的心灵向我们在研究中遭遇到的“当地观念”或“非正式哲学”开放，而这些观念或哲学，包含着不少有助于我们理解历史与宇宙之关系的因素。

在那些曾经被西方新旧人类学视作研究对象的社会中，已出现化客体为主体的努力。这些努力起初鉴于殖民主义话语支配问题而曾转向“土著研究土著”，或更准确地说，“公民研究自己的社会”的社会学。过去几十年来，这种社会学漠视被研究者视角、局限于国族体制、对人间之外的世界不加追究的弱点，慢慢呈现了出来，使学者们看到，这门学科几近天生地具有西方文明自负偏向。他们返回了人类学。时下，非西方人类学家正在争取获得世界身份，如同不少被国族纳入其中的少数族群正在争取其国内学术话语权一样。他们不甘滞留于“非西方”这个政治地理概念限定的那个空间，不甘服从外界对其所在文明的“地区特殊性”的规定，他们试图从“地方”的地位脱身而出，因而，他们用世界性来形容“土著人类学”。与此同时，他们拒绝用西方的普遍主义或文化相对主义来界定这种知识，而倾向于用“特殊世界性”来理解它。然而，这种特殊世界性的根基何在？它几乎唯有从殖民现代性传入之前的状态中发现，而这一状态又一向是西方人类学家所致力于“把握”或“理解”的。几乎是在命定之中，非西方的特殊世界性人类学正在与西方新旧人类学产生某些别致的综合体。带有“民族精神”之浪漫学者们，兴许并不愿意承认这些综合体的文明杂糅本质。不过，如果它有助于我们迈向历史与宇宙之关系的重新领悟，那么，它也是有益的，值得期待的。

中间圈的文化复合性

文化复合性的意思是，不同社会共同体“你中有我，我中有你”[1]，其内部结构生成于其与外在社会实体的相互联系，其文化呈杂糅状态。文化复合性有的生成于某一方位不同社会共同体的互动，有的则在民族志地点周边的诸文明体系交错影响之下产生，是文化交往互动的结果。文化复合性是自我与他者关系的结构化形式，表现为同一文化内部的多元性或多重性格。这种结构的存在表明，没有一种文化是自生、自成的孤立单体，而总是处在与其他文化的不断接触与互动之中，即使有些文化相对于其他文化“封闭”，但其现实存在避免不了“外面的世界”的“内部化”。

文化复合性亦可理解为一种“复杂性”；这里，“复杂性”与过往人类学者探究过的、不同于原始“简单社会”的文明“复杂社会”有关[2]，但也有着自身的特殊含义，意味着，无论是“简单”还是“复杂”社会，文化均形成于一种结构化的自我与他者、内部与外部的关系之中，使他者和外部也内在于“我者”。我们以“内外上下关系”[3]

---

〔1〕对于这一观点的形成，费孝通先生有关“中华民族”和“文化自觉”的论述（见费孝通：《论人类学与文化自觉》），及萨林斯有关跨文化政治的论述（萨林斯：《整体即部分：秩序与变迁的跨文化政治》，载王铭铭主编：《中国人类学评论》第9辑，127—139页；萨林斯、王铭铭：《我们是彼此的一部分——萨林斯、王铭铭对谈录》，载王铭铭主编：《中国人类学评论》第12辑，北京：世界图书出版公司，2009，78—92页），都有着重要贡献。

〔2〕Robert Redfield, *Peasant Society and Culture: An Anthropological Approch to Civilization*.

〔3〕王铭铭：《民族志与“四对关系”》，载其《人类学讲义稿》，北京：世界图书出版公司，2011，375—382页。

来认识文化复合性的构成。所谓“内外”，即指社会共同体与文化界线两边的联动；所谓“上下”，则是指历史中的社会共同体与文化通常存在规模与影响不一或“尊卑”不等的“差序”，因此，跨社会或跨文化关系通常也具有深刻的等级内涵。而关系及其形成过程，都存在主观和客观两面，且主客之间的界线不易划定，杂糅着我者与他者之间关系的实际状态与观念形态。我们既以“文化”来形容社会共同体的组织形态，又以之来形容关系与过程的主客杂糅状态。我们认为，倘若将“内外”形容为横向关系，“上下”形容为纵向关系，那么，实际存在于历史中的关系，都是纵横交错的，表现为“内外”与“上下”的不可分割。

我们又以“居与游”双重性[1]来领悟文化复合性。我们认为，无论是单以“栖居”来形容人的存在，还是单以“流动”来形容人的存在，都不足以说明人的存在的本质特征。我们以“居”来表达存在的“栖居性”，以“游”来表达存在的“流动性”，认为人、社会共同体、文化的存在，都构成“居与游”的复合。以上所说的“内外上下关系”，一面是局内与局外、“上级”与“下级”的区分，另一面是与社会共同体相伴生的流动。作为“居与游”双重关系的展开及其生成结果的文化复合性，其动力学类型大约可以概括为：贸易、宗教传播、行政制度建制、移民迁徙等。

在分类与关系之间

我们的研究，展开于“后现代主义时代”的晚期。在这个阶段，西

---

〔1〕 向上和向外流动，是“乡土中国”内在构成因素（见王铭铭：《居与游：侨乡人类学对“乡土中国”人类学的挑战》，载其《西学“中国化”的历史困境》，174—213页）。我们认为，这一结论虽来自东南研究，但对于我们认识西南文化复合性也有意义。相比通过海洋与海外长期频繁交流的东南，西南给人的印象是相对封闭的。然而，对这个地区的民族志论述却使我们认识到，与东南一样，“对外交流”也是其区域文化活力的源泉。

方人类学后现代主义者们对西方的“我”与非西方的“他”之间做西方中心的全球性界定。对于人类学的后现代主义，我们并非全然舍弃，然而，我们认识到，后现代主义的种种我他关系的认识论和政治经济学反思，既致使民族志研究脱离人类生活本体的丰富内涵，又致使人类学研究者对其研究对象（往往是非西方文化）中广泛存在的主客关系事实与观念失去兴趣。[1]人类学研究者与其存在的文化，不是唯一的“我”——在我们致力于认识的西南生活世界，“我”固然存在，其与“他”的关系，更是那些纷繁的人文世界的内容。既然文化意义上的自我与他者关系存在于民族志研究的所有地理和历史时间领域，那么，致力于分析这对关系的人类学研究者在形成认识时，便要介入其自身与不同考察地点及与此地点相关系的不同认识者的互动，在区域性和历史性的场合论述作为生活世界内涵物的跨社会共同体与跨文化关系。

对于文化复合性进行的研究，遵循的便是这一带有新经验主义色彩的区域民族志方法论规则。

我们和我们的同道，在多年的交往互动中形成共同的学术追求，有志于对关系过程与形态加以历史人类学探究，“换一个角度”，对现存种种有关区分与关联的论述加以反思，并提出更加贴近区域民族志事实的观点，由此而展开诠释；我们借重的素材都来自西南，其民族志意义上的“地方”都处在西南这个区域。

“西南”之所指，范围并不固定；在民族志研究中，它时常特别地与“民族”结合起来，成为族群地理概念，“指四川、云南、湖南、贵州、广西、广东诸省所有之原始民族”[2]，甚至超出这一范围，指包括东南亚某些地区在内的“西藏苗蛮系者”[3]。而有的民族学研

〔1〕王铭铭：《西方作为他者：论中国“西方学”的谱系与意义》，北京：世界图书出版公司，2007。
〔2〕马长寿：《中国西南民族分类》，载《马长寿民族学论集》，北京：人民出版社，2003，49页。
〔3〕杨成志：《云南民族调查报告》，载《杨成志人类学民族学文集》，北京：民族出版社，2003，23页。

究者则采取狭义的定义，以川、渝、滇、黔为“西南”，将“西南地区”定义为范围“在云南全省，又四川省大渡河以南，贵州省贵阳以西”，且谓“这是自汉至元代我国的一个重要政治区域——西汉为西南夷，魏晋为南中，南朝为宁州，唐为云南安抚司，沿到元代为云南行省——各时期疆界虽有出入，而大体相同”。[1]

“西南”这个具有现实和想象地理内涵的“模糊范畴”，早就出现在司马迁的《史记·西南夷列传》中。该“传”勾勒出西南人文世界的轮廓。[2]司马迁的描述表明，西南与华夏核心地区迥异的地方在于，这里分布着众多在政治、经济、习俗方面迥异的人群。“分”似乎是这些人群的生存之道，因此，这些人群的存在往往与帝国之“统合”有着矛盾。司马迁在地域概念“西南”之后加上“夷”这个字，形容的正是西南这个地区的“特色”。[3]然而，细究司马迁的“西南夷”论述，可以得知，他笔下的西南，既与秦汉帝国有着密切关系，又长期与帝国内部的其他区域及外部的王权酋邦存在着联动关系，是广阔领域中的一个环节，其存在，在具有“分”的属性之外，具有深刻的

---

〔1〕 方国瑜：《中国西南历史地理考释·略例》，北京：中华书局，1987，1页。

〔2〕 一如王文光、翟国强指出的：“《史记·西南夷列传》记载：‘西南夷君长以什数，夜郎最大。其西，靡莫之属以什数，滇最大。自滇以北，君长以什数，邛都最大。此皆魋结、耕田、有邑聚。其外，西自同师以东，北至楪榆，名为嶲、昆明，皆编发，随畜迁徙，毋常处，毋君长，地方可数千里。自嶲以东北，君长以什数，徙、筰都最大，自筰以东北，君长以什数，冉駹最大。其俗或土著，或移徙，在蜀之西。自冉駹以东北，君长以什数，白马最大，皆氐类也。此皆巴蜀西南外蛮夷也。’这里，司马迁把当时处于今滇、黔、川西以至川青甘边境一带，数以百计的西南各族部落、方国，就其居住区域、经济生活、社会习俗，划分为七个族群、三种类型：耕田有邑聚、迁徙毋常处和或土著或移徙。这七个族群几乎涵盖了先秦时期我国西南地区主要的大族群。”（王文光、翟国强：《试论中国西南民族地区青铜文化的地位》，载《思想战线》2006年第6期，95—101页）

〔3〕 当然，必须注意到，一如王明珂指出的，西南一面被描绘成处于华夏边缘的区域，其族群认同与边界多元与易变，汉与非汉界限模糊，与中原帝国形成模棱两可的关系。这一关系的结果，一方面是汉文史籍对这个“边缘”的表述具有含混性，时而将之与华夏相区分，时而又将之与华夏相联系；另一方面是，在“边缘”这一方，其与中心的关系时常成为当地竞争与阶级区分的资源。见王明珂：《羌在汉藏之间：一个华夏边缘的历史人类学研究》，台北：联经出版事业公司，2003；王明珂：《英雄祖先与弟兄民族：根基历史与文本情景》，台北：允晨文化实业股份有限公司，2006。

"合"或"关联性"的内容。[1]

《史记》开创了包括"西南夷"在内的涉及"四裔"的志书传统[2]，这一传统长期与地理志、博物志、制度史、风俗志、旅行记、方志等不同"纪录传统"交接共生，创造出丰富多彩的志书，这些志书对西南都有过丰富的记述。[3]

19 世纪晚期起，在新的历史时代，作为一个区域的西南，开始引起现代学人的重视。

觊觎于中国西南边疆，西方传教士、旅行者、博物学家、民族学家开始进入这片土地，采用细致入微的近代分类学手段，对西南地区的人种、语言、风物、习俗等加以记载。比较观之，用近代分类学来形容的西南，远比《史记》之后的所有汉文志书更加注重"西南夷"的"分"。[4]

自 20 世纪 20 年代起，一大批受过民族学专业训练的国内学者也陆续到西南开展实地考察。[5]他们对西式分类学抱着矛盾心态。从他们的著述中，一方面，我们看到这些受过西学影响的国内学者，对西方学者的族群分类和实地考察传统有着继承关系；另一方面，我们也看到他们对于这一分类保持某种值得关注的警惕，有的甚至直接关注族群分类存在的问题。比如，对民族学领域内西南区域的圈定做出关键贡献的民族学前辈杨成志先生，曾撰文叙述西南。他借其谙熟的西学对西南加以定义，对西南区域文化内涵表现出某种分类学式的旨趣。然而，与此同时，杨先生却认为，西方人的分类不可全信，中国历史

---

〔1〕王铭铭：《中间圈——"藏彝走廊"与人类学的再构思》，北京：社会科学文献出版社，2008，92—115 页。

〔2〕王文光、仇学琴：《〈史记〉"四裔传"与秦汉时期的边疆民族史研究》，载《思想战线》2008 年第 2 期，25—29 页。

〔3〕岑家梧：《西南民族研究的回顾与前瞻》，见其《岑家梧民族研究文集》，北京：民族出版社，1992，22—31 页。

〔4〕岑家梧：《西南民族研究的回顾与前瞻》，24—25 页。

〔5〕王建民：《中国人类学西南田野工作与著述的早期实践》，载王铭铭主编：《中国人类学评论》第 7 辑，北京：世界图书出版公司，2008，43—65 页。

文献的记载因缺乏实地的调查研究也不够科学、可靠。他也不赞成把“西南民族”分成百数十种不同的种类，而主张结合中国的“旧学问”和西方的“新科学”，加以实地考察，充分地比较、分析和综合。

在杨成志看来，“所谓西南民族者除汉族外即指我国版图内西南各省和印度支那的苗、夷、蛮、番、猺、藏……各种土著的部族而言”。[1] 相传西南民族是我国的主人翁，后来汉族由西北部移入，随着汉族势力的扩张，把他们从黄河流域驱逐到长江流域并最终驱赶到更边远的西南高山旷野中。但是，从周直至明清，西南建过很多方国，与中原王朝并峙，因此不能以“野蛮”称之。[2] 杨成志对西南民族的认识是把它放在与中原汉族的关系之中，并承认西南有其民族的传统及其“方国”的历史，而且西南民族也不应局限在今天中国的疆域内，其与东南亚各民族有一定渊源关系，杨成志途经越南时曾考察过“安南民俗”，试图追溯中原文明对越南的深远影响，有“礼失求诸野”的意味[3]。

同为西南民族学先驱的马长寿先生，对西南民族也比较早地有了相关论述。他认为，西南民族不能完全被汉族同化而维持了相对封闭独立的局面，究其原因，一是地理的优势，另一个重要因素是“诸民族历史悠久，历代建国称王者凡十余次，诸族复居中国与印度两大文明之间，往往能采撷众长，为其养息蕃孳之助。而外来之两大文明，虽鼓荡于西南凡2000年，然以性质不同，反不能收单独同化之效”。[4]

在马长寿看来，处在中印两大文明之间的西南诸族，既可以采撷众长保持对双方文明的吸收和借鉴，又不至于被某一文明单方面同化，这一文化格局为西南民族提供了独特的生存空间。

对于西南民族在历史中的重要作用，马长寿指出：

---

〔1〕 杨成志：《云南民族调查报告》，136页。

〔2〕 同上，30、136页。

〔3〕 他曾计划写《安南民俗》一书，内容涉及越南的历史、地理、文字语言以及社会组织、信仰等，其写作提纲参见杨成志：《云南民族调查报告》，97—98页。

〔4〕 马长寿：《中国西南民族分类》，49—50页。

介居汉番之间者，有羌、氐、嘉绒、磨些、傈僳等族，此等中间民族，忽臣于汉，忽归于番。汉攻番则倚之为堵塞，番攻汉则任之为前驱。故流离颠覆死亡者，多为此中间民族。设使汉、番二大帝国之间，直接交战，而无羌戎诸族为之缓冲，则中国、吐蕃之祸，不知伊于胡底；而康藏民族，更无养生休息之时，以缔造出光明灿烂之佛教文化也。[1]

中国民族学家先驱在研究西南的过程中，普遍关注结合分类与跨民族、跨文明关系[2]，他们笔下的西南，具有某种"中间性文化身份"。

1937—1945年全面抗战期间，大批科研教学机构暂迁西南，西南汇集了众多杰出民族学、社会学研究者，他们以昆明[3]、成都[4]、贵阳[5]等为中心，前赴周边地点展开实地考察研究。诸如昆明呈贡魁阁社会学工作站、成都华西坝华西大学社会学与民族学教学研究机构、李庄中央研究院历史语言研究所、贵阳大夏大学，对西南的乡村社区与民族进行了民族志与历史的深入调查，取得丰硕成果。其时，"中华民族"的多元性与一体性之间的关系得到了空前关注，学者专注于从"边疆"追问地方、民族与国家之间的关系[6]，使分类与关系的两种观点，以新的形象出现于西南研究。这个阶段，学者对于民族与国家分合关系采取不同观点，但一致重视此前学术作品对于西南的"中

〔1〕马长寿：《四川古代民族历史考证》(下)，载《马长寿民族学论集》，122页。

〔2〕与中国民族学派一样，深受西方社会人类学和社会学影响的"燕京学派"，对于多民族杂处的事实亦给予了关注。一个杰出的例子是李有义《汉夷杂区经济》(昆明：云南人民出版社，2014)，该书以社区研究法介入不同民族杂居的社区，为我们呈现了地方视野中文化复合性的面貌。

〔3〕潘乃谷、王铭铭编：《重归"魁阁"》。

〔4〕李绍明：《中国人类学的华西学派》，王铭铭主编：《中国人类学评论》第4辑，北京：世界图书出版公司，2007，41—63页。

〔5〕王建民：《中国人类学西南田野工作与著述的早期实践》。

〔6〕孙喆、王江：《边疆、民族、国家：〈禹贡〉半月刊与20世纪30—40年代的中国边疆研究》，北京：中国人民大学出版社，2013。

间性文化身份”的论述。

到20世纪50年代，随着民族识别工作和少数民族社会历史调查的展开，西南的“中间性文化身份”不再被强调，代之而起的是具有浓厚分类学特征的“民族研究”。[1]

过去三十多年来，西南再次引起了国内外民族学（人类学）界的关注。在国内，民族识别的遗留问题以及分“族”写志的缺憾在20世纪70年代末期得到了反思。例如，费孝通先生基于西南民族学意象于1978年提出“藏彝走廊”的概念，主张对民族“分”与“合”、“多”与“一”的历史动力进行研究。[2]这一反思未能彻底改变中国民族学界自20世纪50年代起既已奠定的分类主义民族研究传统的面貌，却悄然影响着国内学界。与此同时，国外学者对西南的研究，也出现了重视关系的论述[3]，但因受观念形态的局限，其所关注之关系，

---

〔1〕 20世纪50年代之后的几十年，在民族学领域，西式的侧重语言、社会共同体、风俗之分类的为学方式，以新的变相（甚至可以说，主要是以对“西方”的批判之面目）重新出台。与此同时，50年代曾经出现大批民族关系史之作，这些著作充分表现了20世纪早期中国民族学的“关系学特征”。不过，由于在一个更广阔的政治地理范围内，民族国家疆域观念的官方地位已确立，这些著作所论述之“关系”，往往带有疆域的内在规范，不再具有之前的那一跨文明（如跨中印）内涵。由此，此时的民族关系史研究，在追述民族起源、呈现迁徙流动、展开关系论述时，往往将关系圈定在国家疆域的范围内，否定跨民族关系的超社会内容。

〔2〕 费孝通：《论人类学与文化自觉》，121—151、152—166页；李绍明：《西南丝绸之路与民族走廊》，载《李绍明民族学文选》，成都：成都出版社，1995，868—883页；石硕主编：《藏彝走廊：历史与文化》，成都：四川人民出版社，2005；李星星：《论“藏彝走廊”》，载石硕主编：《藏彝走廊：历史与文化》，32—68页。

〔3〕 例如，早在20世纪80年代，童恩正先生即已提出“半月形文化带”之说，他认为，自新石器时代起，从东北到西南边地，存在一条介于东西之间的地带，这条地带主要是畜牧和半农牧的民族繁衍生息的地方，既是夷夏之间的分界线，又是不同族群彼此交往互动的地带（童恩正：《南方文明》，重庆：重庆出版社，1998，558—603页）。童先生的这项研究，创造性地指出了关系研究对于理解整体中国的重要意义。又如，赵心愚所著《纳西族与藏族关系史》（成都：四川人民出版社，2004）继承了中国民族关系史研究的传统，运用大量历史文献资料、民族志资料，对公元7世纪至20世纪初两族间的关系、相互间出现的融合及这一关系形成发展原因与性质特点等进行了系统深入的研究。再如，杨正文所著《苗族服饰文化》（贵阳：贵州民族出版社，1998）汇集丰富的民族志材料，对丰富多彩的苗族服饰加以风格、支系和区域的区分，同时，这部著作为我们指出，苗族服饰文化的差异不单纯源于族群的内部分化，相反，其多样性与苗族各支系吸收他民族文化的历史有着密切的关系。

主要是指近代以来西南地区少数民族与国家的关系。西方中国史学界对帝制时代西南少数民族的政治和意识形态处境的研究蔚然成风[1]；而带着对“民族国家”的一体化和同质化的反思与批判，一些重新进入中国的美国人类学研究者开始将研究兴趣集中于中国内部族群文化的多元异质性和民族问题上，并着力从“中心/边缘”的模式，对中国现行的民族构架进行一番具有后现代色彩的解析，将民族和民族性研究推向西南研究的中心舞台。[2]例如，郝瑞（Stevan Harrell）主编的《中国民族边疆的文化遭际》一书，对中国历代政府对边缘族群的定义及与之形成的“上下关系”展开论述。[3]又如，近年来备受关注的一项研究，试图通过云南一个彝族社区的历史记忆和空间叙事来表现一个民族地区如何看待和记忆现代民族国家暴力[4]。而李瑞福（Ralph A. Litzinger）[5]、路易莎（Louisa Schein）[6]虽然关注的主题不太一样，但也试图用“族群”理论来研究西南。由此，“民族”概念遭遇了“族群”理论的质疑，中西学者展开了一场辩论。[7]

---

〔1〕著名的研究包括：Laura Hostetler, *Qing Colonial Enterprise: Ethnography and Cartography in Early Modern China*, Chicago: University of Chicago Press, 2001;David G. Atwill, *The Chinese Sultanate: Islam, Ethnicity, and the Panthay Rebellion in Southwest China, 1856-1873*, Stanford: Stanford University Press, 2005。前者通过对《百苗图》的研究指出，到了清初，中国已经出现非常精致的民族志和地图，这是中国已经进入早期现代世界的表现，民族志和制图学的发展是与清代的殖民事业紧密相关的；后者通过研究清代杜文秀起义来对回族的族群认同问题进行历史阐述。

〔2〕参见彭文斌、汤芸、张原：《20世纪80年代以来美国人类学界的中国西南研究》，载王铭铭主编：《中国人类学评论》第7辑，130—142页。

〔3〕Stevan Harrell ed., *Cultural Encounters on China's Ethnic Frontiers*, Seattle: University of Washington Press, 1995.

〔4〕Eric Muggler, *The Age of Wild Ghosts: Memory, Violence, and Place in Southwest China*, Berkeley: University of California Press, 2001.

〔5〕Ralph A. Litzinger, *Other Chinas: The Yao and the Politics of National Belonging*, Durham: Duke University Press, 2000.

〔6〕Louisa Schein, *Minority Rules: The Miao and the Feminine in China's Cultural Politics*, Durham: Duke University Press, 2000.

〔7〕李绍明：《从彝族的认同谈族群理论：与郝瑞教授商榷》，载《民族研究》2002年第2期，31—38页；郝瑞：《再谈“民族”与“族群”：回应李绍明教授》，载《民族研究》2002年第6期，36—40页。

一百多年来，西南会集了大批学者，他们从不同的方位出发，基于不同背景和经验提出不同的论述，这些论述相互之间频繁接触碰撞，形成某种相互参照、区分、对垒的关系，使西南不仅成为一组成熟的民族志对象群，而且也获得了重要的学术地位，堪称一个“民族志学术区”[1]。

我们从大批的西南论述中得到了西南的间接经验，并将之与我们渐渐获得的直接经验相联系[2]，经过概念辨析与实地调查的反复展开，我们认识到，西南有着值得重视的理论价值。

世界人类学中，有作为的民族志学术区共同体似乎都善于围绕最具区域特色的经验提出最富地方特色的概念。狩猎－采集人（如爱斯基摩人与澳大利亚土著）的自然主义与亲属制度，美拉尼西亚的交换与人性，非洲的继嗣与“无政府秩序”，欧亚的文明、等级、历史与“世界宗教”，都是具有普遍意义和影响的制度性概念，但都来自学者与其长期研究地区的互动，来自研究同一个地区的不同学者之间围绕着各类概念的互动。

如果说，成为一个民族志学术区的主要条件之一在于存在一个或若干个牵引学术共同体的概念，那么，此类概念，在西南也存在——如我们以上铺陈的学术情景所表明的，分类与关系两个概念，一向是从事西南民族志研究的学者所关切的。分类与关系，固然是研究者“表述”其所见之事实所用的概念工具，而不是事实本身。然而，这两个概念工具不是与西南的历史与文化土壤毫无关联的。[3]

---

〔1〕 关于民族志区域概念的定义，见 Richard Fardon ed., *Localizing Strategies: Regional Traditions of Ethnographic Writing*；关于这一概念，又见王铭铭：《中间圈——“藏彝走廊”与人类学的再构思》，116—147 页。

〔2〕 一个间接经验与直接经验相结合的典范是李绍明口述、伍婷婷等记录整理的《变革社会中的人生与学术》，北京：世界图书出版公司，2009。

〔3〕 大量的考古证据表明，从新石器时代到青铜时代，西南的“方国”分立与人群迁徙、文化互动，这两方面的情况是并存的。王文光、翟国强（《试论中国西南民族地区青铜文化的地位》，载《思想战线》2006 年第 6 期，95—101 页）引用大量资料表明，青铜时（转下页）

比照在田野之所见的这些“生活辩证法”与西南区域相关的民族学及社会人类学文献中的“西南意象”，我们坚信，只有结合分类论与关系论，方能充分地表述西南，而一旦能够实现对分类论与关系论的结合，我们便能在西南民族志学术区既有成就的基础上，更充分地发挥区域民族志研究的理论潜力。

学术传统的反思性继承

文化复合性概念是我们基于对前人的分类论和关系论的反思性继承提出的，不能说是独创，在西南民族志研究中，其意象，早已在许多前人著述中出现。除了以上提到的国内杨成志、马长寿、费孝通等的有关论述，及国外对“文明”（包括“国家与族群”关系）的论述之外，还有其他更直接触及西南“中间性”的论著。

例如，老一代民族学家陈永龄先生，曾研究嘉绒社会，他指出，嘉绒处在汉藏两大民族文化的夹缝之间，数百年来吸收双方文化而自成一独特系统。

据陈永龄的说法，“嘉绒”一词的藏语语义是“近于汉族的溪谷区域”，由地理之名而引申为人群之名，这个名称本身已经表明，嘉

（接上页）代，西南地区在四川盆地、云贵高原的滇池、红河流域及滇东、黔西等文化区、横断山脉等地，相继出现青铜文明。这些文明有着不同的族群主体，但这些主体的“族属”是混合性的。此阶段，民族迁徙持续频繁发生，各民族间文化的不断交流和融合，为该地区出现具有凝聚作用的统一体创造了条件。青铜时代的西南地区相继出现的若干区域性统一体，例如，蜀国、巴国、滇国、夜郎国等，都是由多民族多元文化汇集而成。基于横断山脉的考古资料，霍巍（《论横断山脉先秦两汉时期考古学文化的交流与互动》，载石硕主编：《藏彝走廊：历史与文化》，272—299页）也指出，先秦两汉时期，横断山脉地带从考古学的物质文化研究角度看，既有“土著文化”，也有通过西北、西南不同民族集团之间互动的产物。西南一个重要局部（藏彝走廊）持续存在着人群迁徙和跨文化互动。而早在20世纪80年代，在童恩正、李绍明、江玉祥等的带动下，对古代西南与印度的交流通道的研究，也蔚然成风。这些研究为我们说明，西南诸“方国”及中原帝国长期存在着向南、向西与东南亚和印度形成关系的传统（参见李绍明：《“藏彝走廊”研究与民族走廊学说》，载石硕主编：《藏彝走廊：历史与文化》，3—12页）。

绒所处的地方乃为汉藏接触的前沿地带。“嘉绒所居之地，多贫瘠艰险，农牧皆不足以自给，故一向难于建立一独立不倚之政权，如7世纪至9世纪，藏蕃强盛，则嘉绒附于藏，任其驱策以攻汉地；及至14世纪时，中朝势力直达康藏，嘉绒诸部落首先称臣纳贡求为附庸，且随中朝之兵数平藏乱，故嘉绒历史始终周旋于汉藏两大强力之间。”〔1〕陈永龄认为，在此独特系统中，土司制度为其核心，根植于嘉绒社会，支配着整个社会的运作，造成嘉绒民族所特有的文化特质；而在宗教信仰方面，嘉绒社会又深受藏传佛教的影响，人生礼仪、节庆庙会都是由喇嘛来组织，藏传佛教深入嘉绒人日常生活的方方面面。陈永龄指出，藏传佛教与土司制度彼此联合协调，两种制度相互附着而成为嘉绒社会维持均衡局面的两大支柱。近代以来，随着鸦片种植、汉族秘密组织袍哥势力深入到土司社会中，与土司制度紧密结合而发生作用，绒汉关系发生了新的变化。

陈永龄还注意到，嘉绒地区存在一种房名制度，每个家族团体聚居在具有历史来源的家屋内，形成嘉绒社会组织的基本单位。家屋是“双系单支传代”，一个家屋只传一人（或子或女），其他子女或出嫁或入赘到别的家屋，家屋之房名既立，永不更改，即使绝嗣、他迁，接替之家仍须沿用该家屋的旧房名；甚至他人在旧屋基上建新屋，亦不得改变旧房名。“家屋既各有来源和名号，各成其独立之单位，因此嘉绒人不可能有氏族组织。而村落社区之家屋聚集，只是地缘或政治的关系，而非为血缘之关系。”〔2〕家屋社会在西南还有不同的形式，诸如备受关注的纳人的家屋制度。〔3〕与嘉绒人不同的是，“纳人的家名

〔1〕 陈永龄：《四川理县藏族（嘉戎）土司制度下的社会》，载其《民族学浅论文集》，台北：财团法人子峰文教基金会、弘毅出版社，1995，340页。

〔2〕 陈永龄：《四川理县藏族（嘉戎）土司制度下的社会》，载其《民族学浅论文集》，354页。

〔3〕 詹承绪、王承权、李进春、刘龙初：《永宁纳西族的阿注婚姻和母系家庭》，上海：上海人民出版社，2006，49—53页。翁乃群：《女源男流：从象征意义论川滇边境纳日文化中社会性别的结构体系》，载《民族研究》，1996年第4期，46—53页。

是容易变更的，在同母居分居之后，人们通常就以第一个分居者的名字作为家名。家名的命名方式很多，其中一种可以用原来的民族成分命名，例如，汉若、海人米，意指这家的祖先原为汉族，巴阿，则是一个普米族女子的后裔，鲁苏，是指该家的祖先原为傈僳族”。[1]家屋社会提供了一种不同于血缘社会的组织形态，该社会具有更强的开放性和流动性，但同时“居”的形式又通过永恒的家屋得以保留。

与汉藏之间的嘉绒有类似之处，居住在中缅之间的傣族，也得到过很多学者的关注。陶云逵在20世纪三四十年代对西双版纳的“摆夷”进行过深入的田野调查。他首先也观察到土司制度在当地社会结构中的核心作用。车里宣慰使司是滇中土司中名分最高、辖地最广者。而且陶云逵曾指出，从明后期开始，车里土司多同时接受中华帝国和缅甸王朝的委任，表现出“天朝为父，缅朝为母，车里宣慰司为双方之子臣”的政治双属性；在文化上，车里摆夷也受到汉文化与印缅文化的双重影响。小乘佛教的传入，形塑了摆夷地区的人文风貌，“其文化之灿烂，生活之郁丽为全滇之冠”[2]。

陶云逵描述了小乘佛教如何影响和形塑了摆夷人的生命史。他同时也注意到与佛教仪式并行的还有一套由当地巫官组织的社祭仪式，并认为社祭是摆夷在佛教传入之前就有的一种信仰与仪式。[3]

几乎是同时代进行摆夷研究的田汝康，也关注到摆夷社会“摆”与“非摆”的仪式，并试图对两者做出区分。在他看来，两者之间还有一些中间形式，“摆”与“非摆”的差别基本可以视为宗教与巫术的区别。[4]

陶云逵和田汝康都关注到了傣族社会文化的复合性，一方面是小

---

〔1〕詹承绪、王承权、李进春、刘龙初：《永宁纳西族的阿注婚姻和母系家庭》，51页。

〔2〕参见陶云逵：《车里摆夷的生命环》《十六世纪车里宣慰使司与缅王室礼聘往还》《云南摆夷在历史上及现代与政府之关系》，载其《陶云逵民族研究文集》，2012。

〔3〕陶云逵：《车里摆夷的生命环》，载其《陶云逵民族研究文集》，537页。

〔4〕田汝康：《芒市边民的摆》，66—71页。

乘佛教对当地年度周期以及个人生命史的塑造，另一方面是制度化的佛教之外其他“弥散化”的信仰仪式，例如巫官主持的祭祀社神的仪式；此外，还有一套基于“封建”制度的礼仪和仪式，如陶云逵提到的土司的承袭仪式等。这一类文化复合性的塑造，是基于外来文化与本土文化的并接结构，展现了不同文化杂合并存的人文样貌。

与嘉绒藏族和傣族稍有不同，彝族“文化复合性”的呈现方式并不明显表现为佛教的传入对地方社会文化的形塑。林耀华于 1943 年深入彝族腹心地带的凉山地区开展田野调查。他们一行沿着彝汉接触地带一直深入到彝族腹地。一路上还能看到彝汉势力角逐、拉锯留下的痕迹。汉人势力深入的地方土地被耕垦，被彝族占据的土地则不事种植变得荒芜，彝汉分界甚为明显。这条分界线随着彝汉势力的消长而不断伸缩。“汉人势力兴盛之时，罗罗大部西越黄茅埂，退守大凉山。至汉人势衰，彝家必趁势叛变，出扰小凉山各地，使雷、马、屏、峨区无日安宁。”〔1〕然而，分界线不单构成隔离，它同时也是双方贸易的地方。双方的贸易、交换往往是在交界地进行。彝族对汉区的掳掠或是交易，使得很多汉人进入彝族社会，并成为其社会阶序的组成部分。林耀华详细分析了彝族社会阶序之间的稳固性与流动性。彝人社会分为黑彝、白彝和汉娃三个等级。黑、白彝分别甚严，彼此之间无流动的可能性，白彝的地位介于黑彝和汉娃之间，但白彝与汉娃之间则具有流动性。汉娃全部“彝化”之后，就可以取得白彝的地位。从林耀华的描述中，可知彝族社会的构成本身已经不是单一的族属，汉人已经构成其社会不可或缺的一部分。

如果说林耀华重视对彝族社会组织形态的考察，那么马长寿则更关注彝族迁徙、流动的历史以及文化的考察。〔2〕他对彝族各支的系谱、

〔1〕 林耀华:《凉山彝家》，收录于其《凉山彝家的巨变》，北京：商务印书馆，1995，3 页。
〔2〕 马长寿:《凉山罗彝考察报告》，成都：巴蜀书社，2006。

《招魂经》、《指路经》进行过研究，梳理出罗彝从金沙江北上进入大小凉山的迁徙史。他认为，彝族在不断的迁移过程中，内袭邛都文化之遗风，外受南诏文化以及西番文化等邻族文化之影响。在彝族的创世神话中，马长寿明显感受到彝汉神话的相似之处。彝族用十二生肖纪日纪月纪年之序，与汉历相同。在谈到文化的交流与借鉴时，马长寿指出，罗彝文化受到汉文化影响最多，其次为西番。他看到在罗彝的门楣上常挂有喇嘛用藏文所书之牌额以辟不祥，罗彝经文中绘有西番喇嘛施行法术的故事，以及罗巫或民众常学习喇嘛之咒偈或者请喇嘛为其设坛诅敌。他指出："一民族之吸取邻族文化，往往以适合于本族之固有文化为限，喇嘛原为佛教密宗之僧徒，其造诣之深在于教义，即于宇宙人生之深刻解释。然罗族文化与佛教教义距离过远，遂弃其精华，转而吸受与本族文化相调和之糟粕的黑的法术，引以自重。……西疆罗彝与此种西番日相接触，故由文化契合而成为渐次的文化传播。"[1]通过林耀华和马长寿的研究，彝族社会与文化的复合性已得到精彩的呈现。

如今，白族聚居的大理喜洲，在20世纪40年代曾经被许烺光当作中国父系大家庭的典型来加以描述。许烺光认为，自称为"民家"的喜洲人，"他们不仅具有汉族文化习俗，而且试图表明，在某些方面，他们比中国其他地区的汉民族更加汉化"。[2]许烺光详细描述了喜洲人的祖先崇拜和家族传统，而他"急于使民家人代表中国整体，所以几乎不提民家地方文化特色"[3]的做法，遭到了利奇的批评。在另一本同样以喜洲为背景的作品《驱逐捣蛋者》中，许烺光以喜洲人如何应对1942年的一场"霍乱"为线索，呈现喜洲纷杂的文化面貌。不仅有道士组织的大规模打醮，也有佛教超度亡灵的仪式。作为仪式

[1] 马长寿：《凉山罗彝考察报告》，614页。
[2] 许烺光：《祖荫下——中国乡村的亲属、人格与社会流动》，王芃、徐隆德译，台北：南天书局有限公司，2001，17页。
[3] Edmund Leach, *Social Anthropology*, pp. 126-127.

专家的道长，脱下道袍，披上袈裟，头戴莲花帽就成为佛家的和尚，进行超度亡灵的仪式。在这个仪式中，大和尚指引亡灵渡过奈何桥，道士们唱诵着经文，子嗣们对祖先牌位跪拜磕头。[1]其实，从许烺光的描述中，我们已经不难看出喜洲既有深受汉族影响的祖先崇拜，又有道教和佛教的影响，另外，还有许烺光着墨不多的本主信仰……大理喜洲的例子表明，尽管内部文化已经基本汉化，但自身的地方特色文化却在自我的外部得到表达。

前辈民族学家宋蜀华先生曾指出，北方和西北草原游牧兼事渔猎文化区，黄河流域以粟、黍为代表的旱地农业文化区和长江流域及以南的水田稻作农业文化区，是新石器时代起即长期存在的三个主要文化区。由云贵高原、青藏高原东部南下的横断山脉诸山谷流域云贵高原东缘的广西山地、丘陵和平原地区构成的西南，与中国三大文化区长期碰撞、交融，是其“板块延伸”。[2]宋先生对中国区域文化多样性的诠释，及对“西南夷”与中国三大文化区的关系进行的历史人类学论述，启发颇多。然而，在我们看来，西南文化复合性所展现的特点，与西南作为“中间圈”的地位关系更大。

西南不仅是国内三个文化区“板块延伸”的成果，而且也作为这些文化区与“外圈”之间的中间地带，在古代中国－印度文明连续统中起着中介纽带的作用，这个“板块”，既同时享有来自不同区域的文明因素，又免于被单方面的文明同化。这一点在傣族的例子中表现得最为明显。佛教作为印度文明对世界最广泛的影响，在西南汇聚了藏传佛教、汉传佛教与南传上座部佛教的不同派别，嘉绒社会与傣族社会分别位于南北两端，呈现出佛教与地方社会结合的两种不同方

[1] 许烺光：《驱逐捣蛋者——魔法、科学与文化》，王芃、徐隆德、余伯泉译，台北：南天书局有限公司，1997，25—30页。

[2] 宋蜀华：《论历史人类学与西南民族文化研究——方法论探索》，载王筑生主编：《人类学与西南民族》，昆明：云南大学出版社，1998，89—104页。

式，嘉绒人的家屋制度和傣族的父系家庭，以及土司在当地社会的作用，这些制度的不同配置就导致文化复合性的不同样貌。来自彝族的例子，则呈现另一种复合方式。历史上彝族的流动性很突出，彝族与汉族之间充满了激烈的战争，也不乏频密的贸易往来，汉族成为彝族社会的组成部分；彝族文化中同时可以看到汉藏文化的影响，但佛教未能像在傣族社会那样深刻地改变彝族的人文社会风貌。对于大理白族而言，其文化的复合性要在内外关系的结构中才能清晰地呈现，既有浓厚的汉文化也不乏基于地方历史传统的本地文化，同时，佛教对大理社会的形塑方式更为深刻，佛教曾经与地方王权紧密地结合在一起[1]。从以上这些类型来看，中央王朝的“封建”制度（以土司制度为载体的间接统治方式）、佛教对地方社会的形塑方式，以及地方文化与外来文化的联动并接关系，构成形塑西南文化复合性的基本机制。

结构、区域世界与民族学

在构思“文化复合性”概念时，我们得益于以上述及之国内外西南民族志与历史研究，也得益于结构主义、过程理论及历史人类学（这些“学派”产生于后现代主义时代之前）。其中，列维－斯特劳斯的结构人类学对我们的思想启发尤大。这位20世纪最伟大的西方人类学家长期致力于对作为“两个种族、文化甚至实力方面都不同的民族之间的联合的历史产物”的“二元现象”，对社会结构提出了新的定义。他主张，“我们研究的社会结构可以既是二元的，也是不对称的；甚至可以说，它们非这样不可”。列维－斯特劳斯综合了大量民

〔1〕参见古正美：《从天王传统到佛王传统——中国中世佛教治国意识形态研究》，台北：商周出版、城邦文化发行，2003；连瑞枝：《隐藏的祖先：妙香国的传说和社会》，北京：生活·读书·新知三联书店，2007。

族志案例，对社会结构中互惠和所谓“不对称”之构成的不同形式加以比较，尤其关注联姻与等级两种关系形式在不同社会的联结方式，用丰富的民族志资料说明，有的社会以二分团体的互惠来涵盖等级，有的社会以等级来涵盖互惠，有的社会似乎是在互惠与等级之间的中间领域奠定自己的基础，但是，这些社会结构形态的差异并不否定一个事实：所有社会都是对立现象的统一。

我们也深受将结构主义方法用以进行历史研究的杰出美国人类学家萨林斯的启发。这位杰出学者为我们重新把握静态与动态、体系与事件、基础与上层建筑的合一提供了有刺激的论述，还精彩地为我们诠释了冲突性的文化接触何以同时是文化“并接”的事件、文化的“并接”何以同时包含着文化差异的绵延。[1]在我们看来，萨林斯的这些精到的历史人类学观点，为我们纠正此前人类学将所研究地区或人群视作与世隔绝的孤立“空间”的错误做法做了最好的示范。

无论是结构人类学导师列维－斯特劳斯，还是文化学坚守者萨林斯，其提出的看法，与法国年鉴派史学家和美国世界体系论者之间，都存在着深刻的观念形态鸿沟。然而，在一个重要方面，他们的观点不谋而合：他们共同认为，没有一个社会共同体不是在其与其他社会共同体和“非人”的物质世界的互动中得到“结构化”的。与结构人类学家和结构－历史人类学家一样，年鉴派史学家和世界体系论者在分析社会共同体时主张将它们向“外面的世界”开放。这批学者在过去的数十年间积累了丰厚的世界史文本，这些文本包括了诸如沃尔夫（Eric Wolf）的《欧洲与没有历史的人民》[2]在内的人类学著述，它们为我们将“小地方”与“大世界”联系起来提供了不可多得的启发。

---

〔1〕萨林斯：《历史之岛》，蓝达居、张宏明、黄向春等译，刘永华、赵丙祥校，上海：上海人民出版社，2003。

〔2〕沃尔夫：《欧洲与没有历史的人民》，赵丙祥、刘传珠、杨玉静译，上海：上海人民出版社，2006。

我们也正是在更长时段、以更世界性的视野重新审视西南，方能提出文化复合性观点。[1]

西南总是与“民族”二字相联系。由是，本文集*收录的论文也必然与近几十年来得到空前关注的族群性（ethnicity）理论相联系。文化复合性概念，也可以通过著名挪威人类学家巴特（Fredrik Barth）对于族群与边界的论述来理解。巴特替我们指出，族群之间的边界，一面维系着族群的文化特征，一面又为族群之间的文化互动提供空间。[2]而早在巴特对族群边界加以双重定义之前，法国民族学家莫斯已更为直接地定义了“民族”的双重属性。他指出，“每个社会都依靠相互间的借鉴来生存，但它们恰恰是通过否认这种借鉴来定义自身的”。[3]换句话说，包括民族在内的任何社会，在历史上都有自己的物质和精神文化创造，生活于其中的人们，为其创造而自豪，并生发对其所处的社会的认同。然而，不同社会的文化创造都不可避免地与周遭的其他社会产生相互借用、影响和共享关系。这些关系超越社会的界线，既包含物质性特征，又包含精神性因素，久而久之形成自己的体系。莫斯的这一观点，固然是针对国族而言的，但对于我们理解国内“民族”的文化复合性，也具有高度的指导意义。

长期以来，西南研究更多地被当作区域研究，学界多忽视其作为“民族志学术区”的意义，这就使致力于西南研究的西方人类学家，习惯于“综合地搬用”现成的社会科学理论对“地方”加以解释，而未

〔1〕为我们所乐见，一项对尼泊尔“藏边”展开的人文地理学研究，聚焦在“边缘地带”的贸易与贸易者，这项研究既定位于“小地方”，富有民族志色彩，又将“小地方”的社会构成与更广阔的世界联系起来。这一做法，与我们在这里采取的做法是相通的。见 Wim van Spengen, *Tibetan Border Worlds: A Geographical Analysis of Trade and Traders*, London and New York: Kegan Paul International, 2000。

〔2〕Fredrik Barth, “Introduction,” in Fredrik Barth ed., *Ethnic Groups and Boundaries*, Long Grove, Illinois: Waveland Press, Inc., 1969, pp. 9-38.

〔3〕莫斯等：《论技术、技艺与文明》，45 页。

* 指《文化复合性：西南地区的仪式、人物与交换》一书（北京：北京联合出版公司，2015）。——编者按

与其同人在相邻于西南的区域提出的理论形成关系。有鉴于此，我们基于“中间圈”概念，将西南放回到它的“界线”上，从而指出，西南既与“中原帝国”——无论是华夏的，还是游牧的〔1〕——有着密切关系，又与东南亚-印度，以至更为遥远的文明板块互动频繁。〔2〕为了使西南真正成为一个“民族志学术区”，我们主张，西南之人类学研究，除了要与一般社会科学理论及从更遥远的区域之民族志理论勾连之外，还要与产生于相邻地区——东南亚和南亚——的理论进行更为密切的交往。作为人类学的重要民族志区域之一，东南亚、南亚在政治、宗教、族群等领域均产生过重要的理论范式，如利奇的“钟摆”理论〔3〕、杜蒙（Louis Dumont）对等级制度的研究〔4〕、格尔兹（Clifford Geertz）的“剧场国家”理论〔5〕、谭拜尔（Stanley Tambiah）的“星系政体”和小乘佛教研究〔6〕，以及凯斯（Charles Keyes）等人的国族认同理论〔7〕等。我们认为，这些理论中存在的相关因素，若在西南得以综合和“地方化”，那么，对于我们理解西南，将十分重要。〔8〕

〔1〕关于长城内外农耕、游牧帝国势力消长的复杂历史面貌，见拉铁摩尔：《中国的亚洲内陆边疆》，唐晓峰译，南京：江苏人民出版社，2005；巴菲尔德：《危险的边疆：游牧帝国与中国》，袁剑译，南京：江苏人民出版社，2011。

〔2〕王铭铭：《中间圈——“藏彝走廊”与人类学的再构思》，166—175页。

〔3〕利奇：《缅甸高地诸政治体系：对克钦社会结构的一项研究》，杨春宇、周歆红译，北京：商务印书馆，2010。

〔4〕杜蒙：《阶序人：卡斯特体系及其衍生现象》，王志明译，杭州：浙江大学出版社，2017。

〔5〕格尔兹：《尼加拉：十九世纪巴厘剧场国家》，赵丙祥译，上海：上海人民出版社，1999。

〔6〕Stanley Tambiah, *World Conqueror and World Renouncer: A Study of Buddhism and Polity in Thailand against a Historical Background*, Cambridge: Cambridge University Press, 1976; *Buddhism and the Spirit Cults in North-East Thailand*, Cambridge: Cambridge University Press, 1970.

〔7〕Charles Keyes, *Thailand: Buddhist Kingdom as Modern Nation-State,* New York: Westview Press Inc., 1987.

〔8〕王筑生先生曾在其出版的博士论文《景颇——云南高原的克钦人》（Wang Zhusheng, *The Jingpo Kachin of the Yunnan Plateau*, Arizona: Program of East Asian Studies, University of Arizona, 1997）中，提供一个新的视角来审视利奇所分析的缅甸克钦的政治制度。据这项研究，在中国境内的克钦人不仅与傣族（在缅甸称之为掸）和汉人有着历史深远的关系，而且几个世纪来一直处于“土司”制度的统治之下，中央王朝通过被认可的世袭头人（山官）来运用这个制度。王筑生试图表明，研究一个地方的政治制度有必要联系相邻地区的政治制度展开比较研究。我们认为，王筑生用云南景颇的研究和基于东南亚经验的政治人类学经典理论进行对话的做法，应得到更充分的重视。

然而，必须强调指出，我们不拟以这组研究来充当西学的“中国注脚”，我们在借鉴西学的同时深刻地意识到，我们的论述是在汉文学术世界中展开的，论者的定位，与“中国”这个政治地理范畴相关，其身份，与我们所在的方位相关。倘若我们的论述给人留下“唯西学主义”的印象，那么，这种印象不过是表面的，因为，我们对西学的借重，不等于我们对学术自我定位的丢弃。

有学者指出，新中国民族学包括1949—1978年的“新中国前期的民族学”，及1978年至今的“新时期以来的民族学”两个阶段，前一个阶段，中国民族学界经历了大规模的“改造”，“全面参与全国民族大调查并创造辉煌”，后一个阶段，民族学获得了新生，摆脱了孤立，全面开放并“初步自立门户”。[1]

我们对西南的研究在“后民族大调查”之后的阶段展开，大抵属于“新时期以来的民族学”。在新时期展开民族学研究，我们怀着双重心态面对中国民族学那段并不遥远的过去：“民族大调查”硕果累累，但其所呈现的民族志事实与所提出的政治经济学解释之间，却显然存在着迄今未被充分反思的脱节状态。[2]文化复合性概念正是针对这种事实与理论的脱节问题而提出的，我们旨在指出，在为了区分民族、规定被研究共同体在社会形态史中的位置而展开的民族志调查及民族学比较研究中，前辈们“淡描”了人文世界的多重性。为了提出

---

〔1〕 杨圣敏、胡鸿保主编：《中国民族学六十年：1949—2010》，北京：中央民族大学出版社，2012，29—53页。

〔2〕 民族志事实中诸如“领主制”与世系社会组织的复合，本来难以用单一社会形态分析框架来解释，但出于论证进化主义的“社会形态演变史观”的需要，这种分析框架还是被搬用于民族志事实的解释。例如，云南永宁纳西族社会及母权制调查（云南省编辑组：《永宁纳西族社会及母权制调查》，昆明：云南人民出版社，1986）及四川凉山彝族社会历史调查（四川省编辑组：《四川省凉山彝族社会历史调查》，成都：四川社会科学院出版社，1985），分别聚焦母系和父系世系组织的研究，调查资料显示，这两种组织方式，都与当时定义的“领主制”（诸多内涵属于土司制度）紧密结合，成为复合性的制度。但无论是永宁还是凉山，得到的民族学解释，都是二元分离，而不是二元复合的。这些地方的不同“民族”，一面提供了学术论述中母系向父系、原始社会向阶级社会进化的民族志证据，一面为政策论述提供共同的“封建领主制”的政治经济学证据。

文化复合性概念，我们一面在20世纪前期的中国民族学及其在新中国民族学中遗留的痕迹中寻找赖以复原这一多重性的知识资源[1]，一面在西方人类学史中搜索有助于重新焕发这一资源的相关见解；最终，我们将收获与体会表达于此。

在“新时期以来的民族学”中展开研究，我们的心境，既不同于前辈，又不同于西方人类学家。我们没有前辈那种用学术直接为“民族工作”服务的任务，更没有他们承受过的诸多观念形态约束。比较前人的研究与我们自己的研究，我们能看到，总体而论，由于我们并不拘泥于“分族写志”，我们所做的工作在两个方面有其鲜明的特征：它明显带有对具体的时空坐落的关注，对当下人类学的“关联性”（relatedness）概念之形成，有着自己的使命感[2]。我们与西方人类学家的处境也有不同。他们与其所表述的他者之间存在遥远距离，这一距离使他们获得以“遥远的目光”审视他者的能力，但与此同时，又使他们深陷于科学的普遍主义与人文的相对主义的矛盾状况。如列维－斯特劳斯所表露的，“如果他［人类学家］希望对他自己社会的改进有所贡献的话，他就必须谴责所有一切他所努力反对的社会条件，不论那些社会条件是存在于哪一个社会里面，这样做的话，他也就放弃了他的客观性和超然性。反过来说，基于道德上立场一致的考虑和基于科学精确性的考虑所加在他身上的限制而必须有的超脱立场（detachment）使他不能批判自己的社会，理由是他为了取得有关所有社会的知识，他就避免对任何一个社会做评断”。[3]相比之下，我们与被研究人群之间的关系，不属于“我/他”性质。我们中没有一个纯属所在民族志区域的“局外人”，我们多数虽非“西南少数民族”，但是，不少却曾是西南这个地区的居民，即使我们中有的来自

---

〔1〕 王铭铭主编，杨清媚、张亚辉副主编：《民族、文明与新世界：20世纪前期的中国叙述》。
〔2〕 如我们承认的，我们的这些研究工作所具有的“色彩”，部分来自前辈民族学家自己的论述。
〔3〕 列维－斯特劳斯：《忧郁的热带》，502—503页。

其他地方，这些地方也同属境内。通过现代学术的规训，我们丧失了“地方人”的大多特质，但我们身处的那个外在于西南的地方，与我们所研究的西南，距离仍不算遥远。距离之“近”，无法自动消除列维－斯特劳斯式的困惑，但却足以使我们更易认识到，我们进入的地带，并不是与我们的生活无关的他邦，它处在我们与更遥远的“他者”之间，与我们的关系不是“我／他”而是“你／我”。“你中有我，我中有你”，形容着这个地带（“中间圈”）与包括我们在内的“核心圈”之间的关系。我们的“定位”，赋予我们的“表述”不同的内涵，而文化复合性这个概念表达了我们的定位和表述的特殊性。

在特殊处境下产生的经验与心态有着更为广泛的意义。文化复合性的研究，来自一个地域广阔的国家的一个局部，我们不能将局部等同于“缩影”，但是我们相信，从局部的民族志知识挖掘中得到的看法，对于理解整体是有价值的。在我们看来，作为一个文明体，“中华民族多元一体格局”概念〔1〕之所以成立，最主要的原因，就是其中的“一体”之构成的文化复合性。历史学与民族学史上，存在过大量关于“夷夏东西说”“中国与内亚－游牧帝国内外说”“文明南北说”等主张，都为我们表明，不能将“中国文化”视作仅由单一的、铁板一块的“华夏”所构成的。文化复合性内在于中国文明，无论是在历史还是在当下，都表现了极大的丰富性和极强的动态性。研究西南，不仅使我们认识了西南，而且还使我们对于中国的文化复合性产生了某种“文化自觉”〔2〕。

我们的时代存在一个大问题，这便是，人们过多地对立看待文化自我认同与相互交流，甚至以互为代价为方式来处理二者之间的关系。所谓“民族中心主义”指的是抹杀文化交流对于文化自我认同的

〔1〕 费孝通：《论人类学与文化自觉》，121—151页。
〔2〕 同上书，176—189页。

贡献，视文化之“我”为人文世界的荣耀源泉。这种历史悠久的文化态度，经与国族主义、地缘政治、文明偏狭主义结合，而成为当今世界矛盾的主要来源之一。为了应对民族中心主义，人们常诉诸其“对立面”，借国族化、区域化、全球化等，推进交流，以期消除妨碍交流的文化自我认同。然而，这一“战略”已被证明是失败的。一方面，与国族化、区域化、全球化相关，当下世界出现了“过度交流”的现象，这会伤及人类社会生活的基本需要——生活的多种可能性、“文化模式”的非唯一性及社会共同体尊严的复合性；另一方面，期待交流来彻底消解文化自我认同，无异于等待永远不会到来的未来。原因十分简单，如我们的研究所表明的，文化自我认同正是在文化交流中产生、维系和强化的，一样地，文化交流的条件，正是文化差异。

文化复合性的论述不能说明一切，但对其加以探讨，却已使我们意识到，文化自我认同与交流存在着深刻的相生关系（尽管自我认同与交流之间关系，时常被定义为相克性的），对这一关系加以更为清晰的认识，将有助于我们处理文化与世界二分的近代观念给人文世界带来的问题。

有关人类学与藏学（答问）

相关学术经历

王老师，我们应《西藏大学学报》编辑部之托，冒昧造访，围绕人类学与藏学相结合的问题专程来向您请教。据我所知，您本科的时候在厦大读的是考古学，在研究生时期方向是中国民族史，后来在博士期间，您选择了人类学这个专业，请问您为什么会选择人类学呢？

我1979年高中毕业，当时还是想继续学音乐，所以等到1981年才参加了高考，考上后选了厦门大学历史系考古专业。1983年我们学校成立了人类学系，将考古学和民族史老师及学生都调到人类学系，计划以考古学和民族史为基础，把人类学的各个分支学科都恢复起来。这样，我就跟着考古专业被搬到了人类学系了。也就是从那时起，我开始学习人类学。那时我们学校的人类学系、研究所、博物馆都恢复了，老师中的领导人是陈国强先生，他曾是中国人类学的奠基人之一林惠祥先生的学术助手。林惠祥先生1949年以前就开始做人类学研究了，做过很多学科建设上的工作，水平很高，现在已经有他的文集出版了。陈老师跟随林先生，对人类学事业一样有献身精神。20世纪70年代改革开放，有了机会，他就着手联合林先生的徒弟们在东南地区恢复这门学科。我之所以有机会学习人类学，跟老师们引领的学科重建运动有直接关系，可以说是“被动的”，不能说是个人的“理性选择”。本科毕业后，我就考了民族史方向的硕士研究生，研究方向为“中国东南民族史”。那时候我们学校还没有人类学的硕士点，我只能考这个专业。所谓“中国东南民族史”，有百越民族、畲族及晚一些的民族（如回族、蒙古族）等方面的研究，还有台湾的“高山族”（现在不叫“高山族”了）的研究。读研究生两年之后，我偶然得到中英友好奖学金的资助，就去英国留学了。这个奖学金项目是中国和英国合办的，当时是第一届，全国有 125 个名额，我们学校好像有 3 个，我考过了，1987 年就去了英国。我本来学考古，再学民族史，在这个过程中已经接触到了叫作“文化人类学”的学科。厦门大学的人类学基本上是美国的风格，因为林惠祥先生的老师之一是在菲律宾大学从教的美国著名人类学家，虽然他的徒弟们教我们的主要是考古和民族史，但也开始恢复讲授文化人类学、民族学、民俗学等课程。到了英国以后，我则主要学社会人类学，这是英国风格的人类学。博士论文写完初稿后，我从 1991 年开始到 1994 年参与了一些科研项目，这个期间，研究的风格逐渐开始靠近历史人类学。我的学习过程大概就是这样的。

虽然我直接接触的人类学是在我们老师手里才恢复的，但 1949 年之前，我国就有这个学科的名称和内容，之后一段时间，人类学（其中的社会人类学部分曾作为社会学的主干得到发展）的研究者被分到了民族研究这个大范围里面，直到改革开放以后，才在南方——特别是在中山大学、厦门大学、复旦大学和中南民族大学（当时叫民族学院）这几家所谓“南派”的学校得到了恢复。我很幸运，受惠于学科重建。要感谢老师们，是他们带着我们进入他们创造的系里去当学生的。我们不是欧洲英雄神话里的英雄，没有什么“天命”，不是生下来就投身于某种事业的。我之所以做人类学，有很大的偶然因素，这个因素，就是我刚才解释的学科重建的地区性背景。但这兴许也不全没有个人选择因素。我在研究生阶段也曾考虑去夏威夷读东南亚考古（现在我仍然觉得我去了那里也很不错），那时候有一位叫索尔海姆（Wilhelm G. Solheim）的美国考古学教授应邀来厦门大学讲学，他是一位在南洋考古领域很厉害的老先生，我当过他的翻译，跟他有不少交流，曾想跟着他读博士。但不久之后我们学校又得到派学生留学英国的机会，我得到机会，就面临着在考古学和社会人类学做选择的挑战。英国的社会人类学是不做考古，不做古史研究的，它比较侧重于研究当代社会。我当时年轻，总觉得要做点直接对当代社会有影响的研究，所以选了社会人类学。这背后还是有费孝通先生的著述的影响。那个时候费老的一些著作慢慢在重印，像《乡土中国》，三联书店刚重印，我就买来读了，感到很带劲，跟我们的生活比较有关系。我放弃学考古学，转学社会人类学，跟这本书是有关系的，所以我也很感激费先生。

从您的诸多研究成果来看，您之前做过东南研究，也做过西南研究，您对西藏和整个藏区的人类学考察情况如何？

我是藏学的行外人，但对藏文明有着浓厚的兴趣。我比较规范的研究都是在东南地区做的，特别是东南地区的闽南语言－文化区，这个是广义上讲的，就是指讲闽南话的、有闽南生活习惯的区域。在中国大陆，其核心地带包括以泉州、漳州、厦门三地为核心的区域，这个区域过去几十年来被称为“厦漳泉”。但闽南语言－文化区还广泛适用于闽东北地区、浙南地区、广东潮汕地区、珠三角、广东雷州半岛、海南岛等地操闽南语的人群和他们的居住地，也适用于东南亚的相当多华人社群。可以说，北到浙江南部，由此向南，经过台湾到广东东部，甚至更广的地方，都分布着闽南语，这个区域，我认为是一个中间圈，它包围着闽南语言－文化区的核心圈，即厦漳泉。过去，有学者将我说的中间圈定义为“中国东南宏观经济区”，这个所谓经济区，实际上就是闽南语分布的中间地带。而闽南人还有很多在过去的几百年里移居海外的，他们主要移民到东南亚地区，古代叫作“南洋”。我觉得他们形成了一个广大的外围区域，可以说是“外圈”。之前我做的研究主要是围绕着讲闽南语的、有闽南风俗习惯的这群人展开的，研究方法侧重综合人类学和地方史。

回国后，我在北京大学工作，因为教学和科研的需要，接触面就广了许多。特别是 1999 年，我跟云南的一些朋友来往比较多，尤其是和云南民族大学民族研究所、云南大学等单位的同行有了交流。他们的学术实力很强，我们一起在昆明办了高级研讨班，这样我才开始接触西南研究。

我所在的北大社会学人类学研究所那时开始和云南民族大学做“省校合作”，这个项目主要是要促进该校学科的建设，拓展研究范围，我自己负责对“魁阁社会学工作站”主要学术研究成果的“再研究”。

社会学学科史的一些书，把这些成果叙述为中国社会学的“魁阁时代”，如果这个称号合适，那么我们应该说，那是一个特殊的时代。“魁阁社会学工作站”是费孝通先生在 20 世纪 30 年代末 40 年代初主持的一个研究基地。当时的背景大概是这样的：抗日战争爆发后，北方几所有名的高校向西南方向迁移，先在长沙组成了国立长沙临时大学，后来又向西迁至昆明，改称国立西南联合大学。从 1938 年 4 月，日本开始轰炸昆明，这些院校不得已从城市迁到郊区和农村。费孝通先生就是在这个特殊的时期在“魁阁”所在的乡村地区建立了一个学术工作站的。这个工作站在昆明东郊呈贡县古城村的魁星阁，被称为“魁阁”。魁阁是一个庙，奉祀魁星，这相当于当地老百姓的“智慧之神”。“魁阁”的研究工作以吴文藻先生所倡导的实地社区研究为方针，也受到马林诺夫斯基等西方人类学家思想的深刻影响，又跟费孝通先生自己倡导的社会学直接相关，研究内容从一些尚未受到近代工商业影响的农村开始，进而至农村手工业，直至近代工业的发展过程中存在的问题。这个工作站的成员做了很多很好的实地考察工作，调查和写作水平所达到的高度，我们今天很难企及。也许是偶然的巧合，当时聚在“魁阁”中的青年学者，以他们出色的成绩使“魁阁”名副其实——“魁阁”的确成了“智慧之神”的楼阁。有学者指出，“魁阁”凭靠其特殊的工作风格，成长为中国现代学术集团的雏形。

1999年，借“省校合作”之机，我们对“魁阁”团队做过的一些研究展开了重新研究，这些既往的研究涉及的几个地点都还在，既保留了过去的特色又有了新的变化，很值得我们去追踪。幸运的是，也是在那时，费孝通先生和我合作指导了几个社会人类学方向的博士生，我们就利用这个机会来实施课题。我自己心里想，让新一代的博士生做这样的研究，可以“一石二鸟”，让他们既有机会通过接触学术史上的著名研究地点，对中国社会学和社会人类学的早期成就和其艰辛历程有比较深入的理解，又有机会集中于个别地点，对历史和现实进行同时研究。

在西南地区，“民族”多样，比如说，我们主要做的四个点，有的识别为白族，有的是傣族的、汉族的、苗族的。但我们当时没有涉及藏区，只是在做课题过程当中，我自己多次在云南民大的朋友（特别是和少英教授）的安排下去纳西族和藏族聚居区旅行，得到一些印象和想法，后来把自己的印象和想法，以及有限的文献阅读跟学生分享，由他们做具体研究。如果可以把学生的研究工作和我的思考联系起来，那么，你也可以说那个阶段，我就开始走进藏区了。但是，稍微深入地接触藏文明是2003年以后。那年，在做了几年“魁阁再研究”之后，我觉得应该考虑民族问题的研究。之前我做的（包括“魁阁再研究”）还是社会人类学式的，不大涉及民族文化类的研究。2003年，我开始看一些东西，特别是吴文藻先生的《民族与国家》、费孝通先生的《中华民族的多元一体格局》等这一类的文章。

特别是费先生，他围绕民族这个主题写过几篇很有意思的文章，文章里，他提到一个概念叫“藏彝走廊”，基本上指的就是从甘青一带穿过四川到云南的西北部再到西藏的东南部这片广大的地带。他对这个区域很关注，他关注这个区域的一个主要的原因是，要认识这个地方的“民族”，不能简单套用苏联的标准，如共同语言、共同地域、共同生活方式等。费孝通先生参加和指导过民族工作，过程中对“民族”有直接和间接的经验，将这些经验与那些僵硬的标准做比对，他发现，后者存在不少问题，特别是在“藏彝走廊”，问题更大。这个地带，一个民族的特点总是在结合别的民族的特点中形成的，民族之间来来往往，相互之间的区别不是那么容易说清楚，存在很多“模糊”状态。而且有意思的是，在这个地方存在着一些独立的“政权”，就像这次我们在阿坝看到的嘉绒的十八土司那样，你说它们完全独立那倒也不一定是，这些更早时和藏文明核心地带有密切关系，后来又跟东部接触、碰撞，与一些规模大小不等的其他实体相互之间也有密切关系，自身地域有频繁变化，总是处在动态中。费先生文章里，讲到白马人，有些学者认为它是独立的“民族”，起源可以追溯到氐，更多的学者，特别是藏族背景的学者则认为，他们是藏族。费先生认为，如果仔细考察的话，白马人实际是介于两者之间的，这个社会共同体典范地表现了“民族走廊”的特征。费老的论述，让我想到东南沿海地区的文化复合性，我于是想到，应该做一个“藏彝走廊”的课题。

正好也在那几年，四川的一些同人特别重视“走廊”这个概念，他们身处“走廊”边上，有这个兴趣是自然的。2003年，民族学家李绍明先生在四川成都的郫县（今郫都区）主持召开了一个有关“藏彝走廊”的研讨会，通知我去参加，我就去向费先生汇报，说有这么个会跟他以前的著述有关，我要去参加。费先生说，他觉得“来不及了”，为什么来不及呢？因为“藏彝走廊”的一些小民族已经被识别为大民族的组成部分了，尽管在20世纪50年代有一些小民族想单独申请成为民族，像白马、僜人[1]等人，到了改革开放以后，想“翻案”是不可能的，而且背后的历史错综复杂，动不动就会得罪一些人，他觉得这个格局已经定了，意思就是说，当时他提的“藏彝走廊”，做的研究再深也不会改变现状了，尽管历史上的“藏彝走廊”对他的民族思想的形成很重要，可是，现实已经走到这一步了，就算我们讨论再多，也起不了什么作用。但是，他老人家很和善。当时的几位专家，如李绍明、石硕等，让我去请费老一起参会，费老因故参加不了，写了封信，签了字，让我带去宣读，表示支持。后来那封信被登在会议论文集的第一页，意思大概是说，通过“藏彝走廊”研究，可以认识群体与群体、文化和文化之间来往的一些原理，而这些原理的认识，不仅是对人的问题的处理有好处，对世界各文明之间的关系处理也是有好处的。在这封信里，“藏彝走廊”的意思，还超出了费先生对单一民族研究的反思范围，与文化自觉理论关联了起来。

参加这个会议之后，我就不断来往于北京和西南之间。那时我也开始独立招博士生，我把他们组成小小的科研团队，进入“藏彝走廊”。我算不清楚到底从那时起我送了多少学生去“藏彝走廊”地区做研究，但到现在大概有二十来个吧，而且他们大多数在藏区做定点历史民族志考察，少数在彝族和羌族地区调查，还有做学术史的。当时川大和四川社科院的几位老师（特别是李星星老师）对“藏彝走廊”有一个北、中、南三个板块的区分。我根据他们的分区情况，设想了几个课题，派学生到每个点做研究，最北边到达了绵阳的平武，南边到了云南的德钦，中间很多，阿坝也有一两个学生。大多数地方我个人到访过，也和国内外的朋友和学生一道去过，我们边走边聊

[1] 僜人俗称僜巴人，主要分布西藏自治区林芝市察隅县西部林区，他们有自己的方言，但没有文字。在民间，有实行一夫多妻的习俗，目前尚未列入中国56个民族中。——采访人注

天，很多研究课题是在旅途中定下来的。

在甘青、四川西部、滇西北穿梭的那些年，我接触了许多藏人共同体和他们的山水，对它们形成了深刻的印象，这些印象在学术上没有什么深刻内涵，却让我想了很多。虽则这个地带都受到“藏”这个字代表一切的影响，而有了鲜明的文化共通性，但藏文化多彩多样，从语言、服饰、日常生活，到宗教象征和仪式，都有高度的地方差异性。另外，这个地带的各类领袖人物表现出的对权威的复合认同、对权力的有限性的意识，也给我留下了深刻的印象。其复合性结构的公共和私有地产，到20世纪50年代“民主改革”所面临的解体命运，则又让我思绪万千。渐渐地，多读一些古代汉文志书、多穿行一些地方，我则更加为这个地带的山水格局所吸引，我感到在这个地带存在着杂糅人－物－神的广义人文关系体系，这一体系，与其他体系一道，给予我们思考人与种种“他者”（物性、神性和人性的他者）之间的关系如何处理，提供了不可多得的启迪。围绕这些，我形成了一些表面化的认识，我行走，到处看，我期待我的徒弟们能够在我的“第一印象”的基础上对问题加以深究，做出有深度的研究。比如，我2003年到平武，初识白马藏人，也与当地学者曾维益结识，特别希望有学生到那里调查，后来他的女儿来中央民族大学跟我读博士，研究课题就定在对这个族群的历史人类学研究上了。我到了德钦、阿坝、甘孜几次，这些地方的自然和人文胜景给我留下了深刻印象，而它们所经历的土司制度向“直接统治”的过渡，也让我产生浓厚的兴趣，后来我也渐渐找到一些博士生往那些地方去，这些徒弟后来做出了不少研究，这些研究在藏学家看来一定还是有不少粗糙之处，但对我来说，却还是深有启发的。我感觉这些处在青藏高原和“汉地”之间的藏区，有很多值得研究的课题，去那边研究，对学生也有帮助。对于这些地方，文献记载丰富，民族学前辈有不少研究，学生如果研究这些地方，就能跟前辈的研究联结上，还能兼着学点藏语，又能核对其与汉文记载的区别和联系，对不同的“表征”有所理解。另一方面，我感到，来自汉区的学人要提高自己的思想境界，不仅要向祖先学，向外国人学，也有必要向诸如藏族这样的“少数民族”学。换句话说，去藏区研究有双重好处，一个是学术史上的，一个是“文化自觉”上的，这些加起来，有助于身处非西方的人类学家反观学科的问题。

西方人总有一种虚幻的想象，认为世界上的什么地方都是他们发现的，哥伦布发现新大陆，欧洲人类学家发现印第安人，似乎在他们到来之前，我们这些地方都没有人发现他们自己似的。事实上，在他们来之前，这些地方已经有了口述的和文字的历史，相互之间也有了“跨文化”互动和研究。

在欧亚大陆的东部和“第三极”，历史就是这样，那些地区的人们早已发现了他们的“自己”和“生态”。在那里研究，通过自我认识和相互学习，通过尊重既有记载，通过跟被研究者学，通过参与、观察、交往，我们得到不少好东西。除了知识以外，我觉得对人生、对社会、对世界，也都会有所收获。我内心的感觉是，那些地方的人民值得我们的学生和他们在一起，除了学到学问，还学到为人的道理。

过去十来年，我深深感到，作为“走廊”，西南的研究不能局限于西南，而要展望这个区域跟其他方位之间的关系，其中与中原和长城以外其他“边疆”的关系，自不必多说，南向与东南亚的关系，西向与青藏、印度文明体系的关系，也值得关注。

在这个阶段，我又建议了几个博士生到卫藏和东南亚做研究，渐渐地，这些研究似乎形成了某种超越“民族”的、围绕着宗教文明（佛教）而展开的跨地区历史人类学叙述。对这一叙述，我有着高度的期待，因为这样的叙述能够超越藏汉和其他“民族”，形成某种有别于传统“他我之分”的知识体系。

关于人类学的探讨

很多人都读过您写的《人类学是什么》，我觉得作为一个人类学学习者来讲，您这本书应该是必读的课本。我有种这样的读后感，这本书的前半部分是比较细的，而后半部分就有点综合性的感觉。请您在这里向没有学习过人类学的读者简单介绍一下人类学研究的主要内容和方法。

这本书是多年前应北大出版社之约写的，我试图用轻松、简洁的语言，介绍社会人类学的几个大方面内容，包括它的理论史、主要领域和问题意识等，为入门者提供导引。学习一门专业知识，要追求它的规则、价值和艺术。人类学是什么呢？我认为它是一门特别注重体会和理解的学科，要说清楚它，挑战较大。人类学很注重奇风异俗类的探讨，但是，它探讨和追问的每一个问题，都牵涉人类的一般状况。从远古至今，人类经历和创造种种变化，这些变化构成种种历史时间，这些历史时间并非没有规律可循。一方面，历史是变化的，但另一方面，我们人仍然生活在“年”对于我们的生活的规定之中。尽管科学不断地发现新东西，这些新东西似乎要超脱“年”这个不断重复自己的制度，但我们还是在“年”与“年复一年”这样的概念里面轮回，而没有说走一条不归路。我们的社会不断地在“年”的概念范畴内活动。因而，一般说来，要做一项人类学调查，前提是你要跟随“年”，起码要转一圈，人类学要求的第一方面的实质是这个。可惜，我们的多数书里面，都看不出“年”这个概念。围绕这个“年”，有很多制度，如亲属制度，还有政治的、经济的、宗教的，这些跟这个“年”的概念套在一起，形成一个很复杂的综合体，它有几个圈子。我在写《社区的历程：溪村汉人家族的个案研究》时，注意到了这个问题。一个村社的种植和畜养时间节奏是什么样的？剩余产品怎么办？你缺的东西怎么办？一个人人生里遇到一些过渡阶段怎么用合适的方法加以处理？他所处的家族分成几个分支？这些分支怎么克服其导致的矛盾？这些跟“年”的周期都形成重要关系。可以说，“年”是由好几个周期套在一起形成的一个共同体的时间，这个时间往往是复合的。我想，人类学调查研究的实质内容是，要在这个“年”的氛围里面研究各种制度和行为的互动、象征和意义网络、思想和实践的关系等，要在这些东西有节奏地表现自身的、同别的东西联成一体的样式里展开思考。

此外，有人将人类学分成三个层次，包括民族志、民族学、社会人类学，意思是说，人类学的基础研究是田野工作和个案分析，中间层次是比较和历史研究，最高层次具有哲学色彩。也有人说层次的区分不重要，因为单独一项民族志研究往往也包含比较和历史、理论概括。无论怎么说，人类学对于深入的个案研究的重视，对于比较和历史的强调，及试图从个案、比较和历史引申出理论的做法，是这门学科的特点。我们学习和研究这门学科，要重视这个根本特点。

我在《人类学是什么》里还探究了从不同文明出发探索人类学的可能，我举了中国这个例子。

人类学研究的方法和内容都很多样，我认为要把握其主体，要将二者密切结合起来思考，不存在脱离于内容的方法，也不存在脱离于方法的内容，二者总是相互关联、互为“创造”，使我们这个学科成为具有客观性的呈现和主观性的体会的综合体。

您在关于“藏彝走廊”的研究成果中，提出了“三圈说”和“中间圈”这样的概念，这些概念具体应该怎么去理解？

对于这些概念问题，我给予的定义是模糊的。结果矛盾的是，也许我给人的印象是，圈子的区分太分明，而我自己却感到难以说明白。关于这些概念，我只能随机提几个相关的点。

所谓“三圈”，事实上很早就有人谈了，欧洲的政治地理学家谈得最早。政治地理学家考虑的问题是国家的地理处境，他们研究人类社会政治现象的空间分布与地理布局。国家地理里，一个重要的环节就是边疆。曾经有一些早期民族学家就在考虑边疆是什么，他们提出边疆是介于一个民族和其他民族之间的、中间性的、“我”和“他”之间的、宽度不等的空间范畴。政治地理学里的“三圈说”，也就是指“我圈”经过“中间圈”到“他圈”。政治地理学先得到德国学者的重视。这可能是因为德国民族国家的成立相比英法要晚一点，所以人们很焦虑，要考虑这个问题。后来又有一个“三圈说”，有马克思主义中政治经济学理论和毛泽东的“三个世界理论”。毛泽东的“三个世界理论”大家都知道，第一世界指的是美国、苏联，第二世界是日本、欧洲、澳大利亚、加拿大之类国家，第三世界就是发展中国家。毛泽东的这一思想是1974年2月在会见赞比亚总统卡翁达时提出来的。碰巧20世纪70年代的西方政治经济学里也出现了这一思想。这一思想的背后是什么呢？不少学者认为，近代以来，随着资本主义势力的扩张，世界上的各民族都被套到一个世界格局里面了，这个格局是分三个圈的，一个圈是所谓文明中心，不过这是政治经济意义上的文明中心，代表一种政治经济的核心地位，此外，则还有比较其次的，更有受文明中心剥削、支配的外圈。这个在西方人类学里也有不少人研究，像埃里克·沃尔夫就专门研究了这个问题，他写了一本叫《欧洲与没有历史的人民》的大作，基本上可以说是这种世界格局理论的。这本书考察了不同的文化、政治和社会环境的人群之原有政治经济地理关系格局，及近代以来的变化，特别是西方中心的资本主义世界体系导致的变化。

我说的“三圈”，则是基于文明的，具体而言，它不涉及全世界，因为我认为所谓世界体系的概念是西方的，不是普遍的。这种基于文明提出的“三圈说”，既不同于政治地理学，又不同于广义的“三个世界理论”，后两者要么基于国家来划分，要么基于全球性的“区域阶级”来划分；我的“三圈说”指的圈子，是在这二者之间的，它既不指民族国家的自身、边疆和他者，又不指世界性的政治经济格局。我用的实例是古代中国。像中国这样的文明，它历史上既不属于严格意义上的民族国家，又不同于近代“世界体系”。这个“治乱无常”的文明，有时呈大一统局面，貌似具有世界性，有时分化为“列国”，貌似民族国家，从一般面貌看，它有影响广大的“朝贡”政治经济－礼仪秩序，其中间层覆盖面很广，但不至于达到全世界。我用“三圈”来形容这个文明，主要还是站在我们今天的角度来回看历史。

我不是个历史学家，而是一个社会科学研究者，是一个有浓厚历史兴趣的社会科学研究者。站在今天的角度来看“中国”，我看到，学界现在的问题比较严重。国内社会科学的主流学科主要是叙述汉族情况的，可是，我们还有一个学科是民族学，它关心的是少数民族情况，民族学家们都不研究汉族，在他们的眼里好像汉族就不是民族了。所以，我们的社会科学基本上分两类：一类把“核心圈”的汉族说成中国的一切的学科，从个案和统计分析到政策思想或理论，这些学科都只关心“核心圈”意义上的中国，没有看到即使是“核心圈”，其民族属性在历史上也有变化；另一类则叫民族学的或者民族问题研究，它又只关心周边的问题，一样没有看到变化和关系。然而，跟核心圈一样，中国的周边也不是一成不变的。现在的东部沿海，被人们理解成中国政治经济格局的核心，但历史上，这个地带跟所谓“民族地区”一样，也是核心地带跟“外国”打交道的一个中间范围，且具有自身的许多区域生活、权力和思想特点。比如福建，在大家的印象中算是东部沿海的“核心地区”，但在唐朝以前则跟“中原”离得很远，其基本气质不同于华夏，现在则叫作“东部”；上海更是这样。提出“三圈说”，一面是为了从民族学角度应对视汉族为中国唯一内容的主流社会科学，一面是为了从社会科学角度应对民族学“西部化”问题（我认为严格说来民族学是普遍适用的“文化学”，但在国内则成为只研究少数民族、缺乏文化意识的学科）。

“三圈”中最核心的层次是“中间圈”。“中间圈”这个概念，理论上说是为了突破“国家与地方”“中心与边缘”之类有问题的二分框架而提出的。这类框架在历史和社会科学研究中得到广泛运用，它的观念基础是那种国家为一成不变的固定体系的“社会科学”。我先在东南沿海地区后在西南山区做研究，发现这些地带都是被当作“地方”“边缘”来表述的。在既有的论述里，这些地带被形容成一系列“地方”、一条边界线。我在行走于东西部的过程中，浏览一些史书，发现这些地带古今均为“中外之间”的重要环节。“中间圈”指的就是“中间环节”。这些“中间环节”固然有区分“中外”的作用，但它们更通常是作为交流的通道存在的。也就是因此，考古学和历史学的研究者才可能大谈东南的“海上丝绸之路”和西南的“南方丝绸之路”。另外，这些地带，历史上也都存在过一些我们今天称之为“独立王国”的政体。新石器时代和上古就不必说了，就是在被视为“大一统”形成之后的不同阶段，也有许多例子。但是，由于这些地带的“王国”必须处理其与其他王国之间的关系，也必须处理作为其内在政治心理组成部分的“大一统观念”之间的关系，因此，并没有成为永续的“王国”。这大大不同于欧洲那些独立王国和民族国家的经验。这些“王国”有着权力和权威意义上的“中间性”，尤其是西南地区的土司，其权力和权威是低于“绝对王权国家”的，具有某种介于地方社会和国家之间的中间属性。我说的“中间圈”一面是指作为交流渠道的“边疆”，另一面恰恰指的是半独立的、跟不同意义上的“中央朝廷”有礼尚往来关系的政治实体。

对存在于中间圈的地方进行人类学研究，我们仍旧要遵循人类学的一般原理。我上面谈到的以“年”为中心构成的复合社会体制，在中间圈也必然是普遍存在的，一旦有人，就会有社会生活，而一旦我们想理解社会生活，我们就要找到一套方法。然而，相较而论，由于中间圈总是跟疆界和跨越疆界的交流更为密切相关，在这方面表现出特殊的双重性，因此，在这些地带展开研究，研究者兴许更容易把握文化的复合本质，并由此比专注于研究其他地带的学者更易于看到社会共同体的“我群”与“他群”的对立统一性。

您曾经有关于“历史人类学”概念的探讨，您是基于什么样的思考或学术背景来探讨的？历史人类学是否是说人类学研究者一定要回到历史的范畴中进行研究？

这个问题回答起来有些难。关于历史人类学我以前写过不少东西，这里就说说两三点相关的看法吧。

人类学在不少人眼里是研究文化的。什么是文化呢？仔细想，文化指的就是某种历史。容易理解的是，如果没有历史的话，那就不会有文化。但是，西方人类学研究的主要对象是部落社会，这些社会没有文字。是不是可以说，因为没有文字就没有历史？什么叫历史呢？我们的理解是，它是用文字写的。而西方人类学家惯于研究的那些社会，只有口述的“传统”。文化人类学家是研究文化的，他们相信文化等同于历史，但历史该是什么，则莫衷一是。他们有一个共识——即使是没有文字的社会，也是会通过口述传统来“记载”历史的。因此，关键的问题不是有没有文字，而是作为文化的历史到底是一个实在的过程，还是创造历史的人对过程的理解和解释？历史人类学的一个重要方面就是从这一问题的思考得来的，它要回答的问题是，历史到底应该是作客观理解还是主观理解？

人类学家在另一个理解里是研究社会的。社会跟文化并没有太大区别，你去了藏区，说它是一个社会，可是这个社会之所以能被看见，就在于它的历史有一个过程，而且人们对这历史有相近的理解与解释，他们围绕这个相近的理解和解释生活，成为一个社会共同体，这种理解与解释使得这个社会获得凝聚力。可以说，人对自己的过去的“持续回归”，是社会诞生的条件。

所以，研究文化也好，研究社会也好，都要面对历史，历史人类学是社会人类学和文化人类学的必然产物，人类学意味着历史。

不过，还是要强调，人类学意义上的历史跟我们一般理解的历史不大一样。大多数人以为，历史就是有文字记载的东西。这个观点在人类学里并不成立。文字史之外，有些历史是你脑子里想的，有些是人用嘴巴讲的。历史学家会说，这些心里想的和嘴上讲的最多是“记忆”和“野史”，主要原因是，它们没有文字记录。但是，在人类学里，这些则都是对过去的某种感觉或感悟，是历史的感觉或感悟。而文字记录的历史，一样也是对人的历史感觉和感悟的表达，原因十分简单，文字不等于历史，只不过是可用于表达历史感觉和感悟的符号。

这也就是说，历史人类学不是人类学的一个分支学科，而是一些人类学家对于其学科到底是什么的理解，在他们的理解中，我们所研究的文化和社会，都跟广义的对过去的感觉、感悟和“运用”有关。

我觉得，要理解历史人类学，就先要理解这个方面。

第二个方面则牵涉人类学家与他们的“被研究者”之间的知识关系。举个人的具体经验说，我过去主要研究汉人，汉人的方志学很发达，族谱很发达，每个家族每个地方都记载自己的历史，对各自的历史和文化很重视。在你我现在参与研究的嘉绒文化中，情形是否也是这样？我不清楚。我原来对藏人的历史可能有些错误的认识，以为藏文明中的文字比较重视神圣性的表达，而不重视历史性。后来经过与藏学家才让太教授的接触和交流得知，不同教派的喇嘛也写过历史书。看来，我们汉藏还是有个相似之处，这就是，我们对自己的家系、地方的来历都感兴趣。我们调查汉藏地区，必然关注地方的风俗习惯、象征、语言、故事、仪式等。要意识到，这些东西不是我们初次发现的，历史上早已有人记载，甚至有非常系统的记载。我在自己的田野工作里发现，这类记载既十分系统，又深刻影响了民间的文化实践。人们的文化实践并不是没有根据的，相反，他们根据一些文本来实践一些被我们看成文化或社会的东西，而这些文本是历史上的一些作者对当地的风俗习惯进行直接或间接的考察而写出来的。我想，藏区的情况也差不多。我们知道，大多数嘉绒地区的寺庙遭到过破坏，它们现在的建筑是20世纪80年代恢复重建的。人们根据什么来重建寺院？根据之一是老人的回忆，但人们总是会将这些回忆和他们所能找到的文本（包括图片）相核对，再规划其寺院。这些例子说明，在有文字的民族里做田野工作，应当看到文字与文化围绕着历史形成的密切关系。

要理解历史人类学还要理解第三方面，这牵涉“文明社会的人类学”这一说。19世纪的许多人类学家是根据文献和古物来进行综合研究的。20世纪初，出现了对第一手材料的重视，这使人类学家更多走向没有文字的社会的研究。直在20世纪40年代，多数人类学家都满足于研究无文明的或者是无文字的社会（叫“原始社会”)。40年代起，一些人类学家开始进入有文明的社会，此后，不少人开始思考如何处理文字与文化的关系。美国的人类学家雷德菲尔德一再强调，要从部落社会研究过渡到文明社会研究，他认为，人类学家进入文明社会或有文字的社会时，会面对一个严重的挑战，这就是，不只是人类学家自身懂得哲学、历史和文学，被研究者也一样。这样一来，作为人类学家，研究中国也好，研究另外一个有文字的社会也好，除了研究当地老百姓的日常生活，还要与当地的哲学、历史和文学进行对话。我觉得雷德菲尔德说的这点，也是历史人类学的含义之一。这个含义是本质性的，构成了对人类学家到底是干什么的一个本质性的重新解释。

历史人类学家做了很多开创性的工作，现在历史人类学跟一般的历史学是不一样的。一般说来，历史人类学家不只研究“作为真相的历史”，他们研究三种历史。第一种是作为过程的历史；第二种是被研究者理解和实践中的历史，这可以被叫作“历史感”；第三种研究是针对我们自己，是针对我们叙述历史的方式进行的反思性的研究。

对人类学与藏学研究相结合的讨论

> 现在一些国内的藏学研究者认为，国外的藏学研究方式方法比较丰富，特别是以人类学的视野来研究藏学的成果越来越多，从国外的藏学研究情况来看，大部分藏学家都有人类学学习的经历或人类学学术背景，而且他们的研究成果在国际学术领域反响很大。因此，国内藏学研究人员的学科背景逐步转向人类学理论的学习，以此反向推动藏学研究的发展。这对于藏学研究和藏学的发展将有益。因此，我想请教您人类学与藏学相结合的可行性和它的意义是什么？您觉得这对中国的藏学研究和人类学的发展有什么意义？

首先要强调的是，我不是藏学家，我是研究人类学的，我带着人类学的理想粗略涉及藏文明的问题，但必须重申，我并非藏学家，也不可能成为藏学家。从一个不合格的爱好者的角度看，我对“藏学”这个词的理解是，它跟“汉学”大致对等。

什么是汉学呢？这个我稍微懂得多一点点。在国内，“汉学”可能指汉代儒学，以及汉代之后根据汉代的原理来研究儒学的学问。国内的“汉学”有漫长的研究史，这需要专家才能说清楚。在国外，什么叫“汉学”呢？它大抵指近代以来对中国古代文明的历史、语言文字和思想的研究。也就是说，它曾经主要指国外学者对以汉文明为中心的“中国文明”展开的文史哲类的研究。“汉学”这个称呼后来变成“中国学”，结合了社会科学的理论和方法，有了变化。比如说，在传统“汉学”基础上，它还用社会学、政治学、人类学的方法来研究中国。经典汉学主要是历史、语言文字、思想等内容，有大量考证性的内容。我觉得“中国学”的出现，是因为1945年之后美国学界出现了“区域研究”的潮流，是这股潮流使中国成为一个“被研究区域”。所谓“区域研究”即“Area Studies”，指的是把世界分成几个学术区域，在每个学术区域展开跨学科综合研究。比如说，中国被定义为一个学术区域，对中国的研究各学科都在共同做，而不是某一个学科自己做。

我想，最近几十年，藏学也应该有了这样的变化。历史上藏学肯定有“本土”的系统，从外部看，最早的经典藏学研究是对藏文明的历史、语言文字、哲学、艺术等的研究，随着藏文明成为一个区域研究的对象，藏学也出现了社会科学化，一些社会科学理论和方法被运用到藏学的研究，这跟汉学转变为中国学的情况大致是一样的。由于有这样的变化，所以，在国际学术界活跃的藏学家，有的老派一点，主要从事文史哲类的研究，有的则新派一点，侧重社会科学风格的研究。

你谈到许多藏学家结合了人类学。那么，什么是人类学？这门学科范围很广，有两大部门，一个是研究人的体质特征的（体质人类学），另外一个是研究文化特征的（文化人类学），后者又分很多（民族、考古、语言等）方向。文化特征研究里面最重要的一个是社会研究，而社会研究里最突出的是亲属制度研究。亲属制度就是以血缘或者地缘、姻缘关系构成的“自然关系”，这些包括了家族亲属和族外亲属在内，可以被称为“自然社会关系秩序”或“自然社会”。亲属制度的研究之外，有政治关系研究。在有些社会，政治是自然的，但在另一些社会，政治则是更加人为的，它已经不依赖血缘和地缘的纽带，而产生了“政治文明”。“政治文明”指的就是摆脱了亲属和姻缘的关系。但是，在有些社会，政治是跟血缘、地缘的因素融合在一起的。还有一个方向是研究人们之间的交际的，特别是物质上的交际。这被称为经济人类学。比如，有人送来一盒茶，我们互相之间就有了交际，下一次也会继续交换类似的“礼物”。交际似乎没有产出，它似乎纯粹是消费，但是，礼物交换之类交际所产出的东西往往远比物质性的东西还要有价值，它产出的是一种魔力，你和我之间关系之“情”上的魔力，这既有精神内涵也有物质内涵。人类学里还有很多人研究宗教宇宙观、神话、仪式之类，概括地说，这些就是关于非人世界与人的关系的研究，我们以前叫宗教人类学，但是我以为，它的内涵更广泛。人类学界出现不少新东西，五花八门。我个人的研究多半属于社会人类学范畴，我没有从事过体质测量之类研究，不主张花很多时间去证明这个种族、民族跟那个种族、民族体质上有什么区别，我认为这种以区分为己任的人类学很危险，它可能导致学界用伪科学方法证明不利于人类共同生存的“事实”。我还是研究社会和文化的。这些年，我费了不少心思试图对西学中的种种文化和社会定义做出不同解释，我产生了一种看法，认为，最好是用“广义人文关系”来界定文化或社会人类学家所关注的现象，这些“关系”包括人人、人物、人神。在我看来，人类学就是用民族志、比较、历史和概括的方法探究这些关系的在地形态、相似与差异、流变与复兴的学问，也是借这些关系来思考哲学问题的学问。

藏学是那样，人类学是这样，我想，这两者之间的确是可以碰撞和结合的。在社会科学的区域研究里，人类学有着重要的地位。倘若你要划出藏文明学术区域，那么，你就不可能不牵扯到人类学。这是一般理由。然而，必须指出，将人类学与藏学相联系，还有特殊理由。人类学对研究者的要求很高，对被研究者的要求很低。这门学科的优点就在这里。有的学科对被研究者的要求很高，人类学相反，对被研究者几乎不加选择。举个例子吧，你研究社会学，那一般对被研究者就要求高很多。你要搞个问卷调查来问几个问题，你的被研究者不合格就乱了。比如被研究者正在喝酒，然后我就问某某人怎么样，他就“胡扯”，扯的都不是他平时的观点。问卷处理不了“发酒疯”的人的观点。但是，人类学家对这种入迷状态很感兴趣，他们会试图从这种“非正常”中理解“正常”。人类学家对自己要求很高还有其他意思。比如说，马林诺夫斯基曾说，做人类学，你要能讲“土著语言”，你不能不懂得被研究者的语言，因为如果不懂，你就理解不了他们对生活和世界是怎么看的。从这点看，我就不是一个藏学人类学研究者。按说我在藏区混过多年，从2003年开始，已经过了十几年的时间，但我没有学会藏语，所以我一篇藏学学术论文都不敢写，因为，背后有这个沉重的压力。之所以说人类学对研究者要求很高，还有许多其他方面的解释，我们不能一一涉及，但语言这点就够了。

但是，上面这些都是在国际范围说的，国内是另外一种情况。为什么藏学和人类学结合还很重要？有另外一个理由是跟国内的状况有关的。国内从事藏学研究的人固然是有汉族、蒙古族、土族等别的“民族”，但是更重要的是藏族研究藏学。自己的民族研究自己也是有点问题，就像我是汉族研究汉族，因为我跟自己的文化是没有距离的，没有距离我就看不清楚它的某些东西，人类学还要关注这个问题。你既要去学别人的语言，但是又要知道你跟它必须保持距离，这是有助于你对它的认识的，人类学重视这个。可是国内相反，国内每个民族都研究自己的民族。所谓民族学，除了一些抽象民族政治理论之外，就是每个民族都在研究自己的民族，这兴许有好处，却存在着一定问题，要思考它，我们可以借鉴人类学。人类学特别要求研究者要虚心跟别人学习，而且它很重视文化之间的距离对于认识自我与他者之间关系的重要性。所以，我是研究汉族的汉族，人类学家会告诉我，你的条件是你跟你的文化保持距离才会认识得好，你必须把自己当成他者，或者把被研究者当成他者。我经常更愿意说我是一个怪人，这样为了保持自己这种他者的地位，我回家去调研，实际上我们这种人读书多了以后到家乡，人家都对我们不习惯了，说这些人都疯掉了，关心这些问题很奇怪。可是，这在人类学内部是很自然的，我们要保持或创造这种距离。我觉得，人类学和藏学合作，也有这方面的好处。

当然，除了这类“技巧”上的理由外，还有更实质性的，即藏文明本身对于人类文明有着极其重要的意义。对于这一点，我确信无疑。我虽然并不能够说清楚藏文明的实质内涵是什么，我没有那个本事，但我能感觉到，藏文明的内容和形成方式对于全人类都有着极其重要的启迪。在藏区行走，我总觉得，在藏文明中生活的人们实践着一种做人做事，看待人生、社会和世界的特殊“宇宙论”，这一“宇宙论”对很多人来说充满着“魔幻”，但却触及人类状况的最本质层次。认识这个层次，对于我们认识文明的历史、现状和未来，都特别重要。另外，藏文明的形成，似乎也预示着某些具有普遍意义的东西。这个文明向四周吸收了很多文化因素，但却始终保持着自身的整体特征，即使再“现代化”，这些特征依旧会继续存在。藏文明构成含有的这种文化逻辑，突出地表现了文明在我他之间的必然状况，对于我们认识人类的文明处境有极其重要的意义。我们虽然跟别人很像，但我们也跟别人很不一样，我们虽然是自己，但我们也是别人，我们总是位于我者与他者之间，这就是我们的身份认同（identity）。我感觉到藏文明有很多值得理论化的地方。什么叫“理论化”？这里不是说西方意义上的理论化，西方的理论化是带有神学意义的，我们的理论化是说你们的文明成为一种有普遍启发的系统。将藏文明的内容和构成形式结合起来理解，我相信可以提出一种具有普遍启发的思想。

我热切期待未来有更多年轻的求道者从这个角度来理解、解释、叙述藏文明，我愿意将这类理解、解释、叙述称作“藏学人类学”。

要做藏学人类学，除了要综合不同方法，还要对藏文明中人人、人物、人神这些广义人文关系加以历史和史地的考察。此外，研究者还有必要认识到，藏文明对于我们处理当代世界的问题有着深刻启发。我认为，当代世界的一个问题就是大家都信奉一个教条叫 equality（平等），见到不平等的时候就受不了，而事实表明，这种“受不了”无助于我们解决不平等的问题，但大家还是很受不了，很多人已经接受了 equality 这个思想，可是这种接受却制造出更多的 inequality，而且无力解决它。我觉得藏文明很不同，它突出表现某种特别的阶序性、等级性（hierarchical），而且它使人们虔诚地讲求阶序性、等级性，让它给人带来一些生活的意义。这样的意义感是来自藏族人对阶序、等级的区分的忠实，这就是互相之间的尊重。当然，这不意味着藏人就因此而放弃追求平等，我觉得藏人没有放弃，他们既然追求区分，也有追求平等的联系。当然，那个意义上的平等概念跟我们今天西方的平等概念是不一样的。我的感觉是，在藏族文明里面，在这方面似乎也隐含着一个重大的社会理论。什么叫社会理论？社会理论今天都受到了一种“污染”，就是用 justice、equality、freedom、liberty 这些来解释，而这些东西是无助于我们更有效地处理关系的。比如说，学生和老师之间，学生跟老师谈平等，他就学不到什么东西的，一篇文章都不写，没完没了地跟老师争论，这怎么办？如果说学生真的很厉害，最后老师还是会承认他们的，这没什么，在知识上还是有等级的，我想藏族也会认这个：因年龄、知识的高低等而形成的等级；与此同时，在一定的境界，它们可以大致平等共处。

有人把青藏高原说成世界的第三极，对我来说，这个有好多启发。

需要提到，我们这个时代，无论是在汉地还是在藏区，都出现了将汉学和藏学运用到民族精神世界的“文化自觉”事业中去的潮流，这些潮流使汉学和藏学都被融入了不同于美国式“区域研究”的领域。国内今日的汉学和藏学，有了“经学”的内涵，正在创造我们这里所谓“汉学人类学”和“藏学人类学”这类社会科学化的人文学无法概括的知识-思想门类。对这些，我乐观其成。但我还是相信，我们处在一个接近理想的过程之中，还是要朴实地从经验入手，慢慢培育我们的性情，不要从一开始就形成人人谈思想的风气。

一些研究藏学的人类学家把从事藏学领域人类学研究的学者称为“藏学人类学”或“藏学人类学家”，这样的称呼符合学科的说法吗？怎样理解交叉学科的互动关系？

我不知道别人会怎么叫。像“汉学人类学”这个概念，多数学者已经放弃，因为这个称呼使人想到“汉学”这个与西方知识帝国主义相关的老派称呼。而我则坚持使用这个称呼。对我来说，“汉学人类学”这个称呼对人类学研究者是有要求的，它要求他们在从事研究时尊重被研究社会的文明遗产，尤其是其历史、文学、宗教、哲学遗产。我坚持用这个称呼，是出于一种选择。过去二三十年，人类学的“中国研究”，多半是由人类学家跑到中国（特别是汉人社区）来，在农民那里暂住一段时间，依据所谓“参与观察”，写出不同面目的“中国农民考察报告”。我认为这样是不对的。一方面，如一些前辈指出的，农民社会是文明的局部，而不是整体，人类学家进入文明社会，有必要认识其整体，这种对文明整体漠不关心的态度，有严重问题，它不自知地确认了只有支配的西方有文明的错误看法；另一方面，人类学是有思想追求的，倘若人类学家不关注所研究文明的思想，那么，他们的民族志叙述便是空洞的。用“藏学人类学”这个称呼的人也不多，在国外研究汉人的，一般叫 Chinese Anthropology，如果套用到人类学式的藏族研究，则一般会称 Tibetan Anthropology，不会有 Tibetological Anthropology。之所以提出“藏学人类学”这个概念，与坚持称“汉学人类学”有相似的考虑。“藏学人类学”这个概念对藏学和人类学研究者的调查研究和考证提出了新要求，它要求我们打通藏文明研究里的文史哲系统和实地民族志调查系统。

兴许我并没有足够的时间和能力来实现“藏学人类学”这个称呼要求我做的工作，但我可以期待这项要求能够促使汉族背景的新一代人类学家形成理解藏文明的合适态度，采取研究藏文明的合适“姿态”。而在未来几年，我也将期待从藏学家那里学到更多。不少藏学家给我留下的印象是，他们其实是藏文明的古典学家，他们追寻藏人精神世界的本原，试图在这个本原的基础上解释藏文明的构成原理和生命力。他们的研究在风格上与我和我带的学生很不同，但我们相互之间如果能密切互动、对话，那一定能够产生有意义的见解。

前不久您和您的学生在四川的嘉绒藏区做田野调研，嘉绒是一个地域性文化丰富的地区，您去后的最大收获是什么？

这次我们北大去嘉绒地区参与学术活动的人很少，如果我没有记错，自己这是第三次去。最大的收获可谓是对自己的挑战。那些优美而雄伟的山水，就是对我的世界认识局限性的再次挑战。而才让太教授给我的他最近写的一篇论文，叫《金川勒乌摩崖石刻的初步研究》，我拿来读，一开头，他就给我另一个挑战。文章开头提到，嘉绒原来由十八个王国组成，这很刺激。我曾经慕名到嘉绒的“四土地区”，原以为土司制度是这个区域的本原，而才让太教授叙述的历史则表明，这个地区与象雄文明一脉相承，且有自己的“王国”。我以前没有意识到，元以前这个地区的政治形态已如此成熟，我以为那边原来就是一个小小的部落社会，蒙古人打进来了，有势力的一些土司才把他们收罗在一起。原来那里的历史不是这样的，那些王国比土司还成熟，最后在元、明、清时期才“下降”为土司。很震撼！第二是苯教的重要性。以前我只知道藏文明“佛化”之前苯教十分兴盛，随着佛教传入，情形发生了变化，苯教虽持续作为文明因素存在于“藏传佛教”中，但自身并无经学系统，我没有想到，如此之多的苯教现象和经学依旧存在着、发展着。这次的印象是，“苯佛之辨”在嘉绒当地人中还是鲜明存在的，尽管此地的老百姓也与东南沿海地区的同类一样，采取一种生活化的态度来对宗教、教派之别实行“模糊化”。参观了一两座苯教寺院，我发现，其建筑规制与佛教并无明显不同，所不同的，似乎是细节上的，是符号和仪式行为细节上的。才让太老师和他的学生们似乎在告诉我，苯教并非无文字的原始宗教，而是有文字系统的宗教。我是外行，所以，这个观点对我来说还是如谜一般。如果说，佛教文明传入之前藏文明已经有过文字和经学系统，那么，它会是什么样的呢？我需要学习！还有，之前我对阿坝的印象是，它有三个板块，包括大草原、峡谷地带和理县一带的文化复合区。过去的民族学研究者似乎也是依据这个区分来书写民族志的。但是，我们这次决定把“藏学人类学”项目集中在嘉绒地区实施，这是出于什么理由呢？有次阿坝编译局特地召开一个座谈会，会上令人敬仰的阿旺老师对嘉绒研究主要的难题做了系统解释，我们未来的研究兴许必须带着这些问题意识进行。而与此同时，我们必须更明确地将嘉绒界定为一个“民族志学术区”，那样，我们的研究才可能深入。关于“民族志学术区”，几年前我围绕着中国东南和西南两个人类学发达地区做了一点阐释。这次到嘉绒来之后，我意识到，“区”的范围可以进一步缩小，把西南、“藏彝走廊”之类缩小到嘉绒，邀约各方神圣来此地常驻、对话，我们兴许能更深入理解藏学和人类学结合的理由，兴许能催化一些对其他民族志学术区有启迪的思想。

从国内的藏学研究情况来看，以往的大部分研究力量都集中在宗教、语言、文学、历史等传统研究领域。从事长时间实地田野调查，并应用人类学方法和理论进行民族志的研究人员极少，作为一名有志于藏学研究的人来讲，人类学的哪些书是必读的？

这个方面学界介绍得比较多。我原来也编过不少关于人类学经典导读之类的书。要强调的是，人类学这门人文学科，是社会科学诸领域中的一门基础学科，它从一个独特的侧面对“人”提出了广泛而具有启发性的观点。读懂这门学科，是读懂社会科学不可或缺的环节之一。我原来的主张是，应当从20世纪上半期入手，但后来渐渐意识到，这是不够的，在此之前，人类学已经得到奠基，那些奠基之作也很重要。我曾经列出约五十本现代派人类学经典著作，但是现在意识到，求学者需要先知道，这门学科，有我们一辈子都看不完的书。西方有的个别人类学家写的书，我们一辈子都很难仔细读完，比如说弗雷泽写过的书，列维-斯特劳斯写的书，就是这样，太多，个人没法读完。人类学跟藏学一样，经典浩繁，到西藏去读藏学文献，一辈子也只能读一小部分，人类学也是这样。

我们可以分三个阶段来看人类学的经典。第一个阶段是古典的，第二个是现代的，第三个是现代以后的（我不把这个叫后现代的）。

就我来说，19世纪风格的人类学家的书必须读，20世纪最伟大的人类学家的书也必须读。这里面最顶级的思想家人物有两个，即上面提到的弗雷泽和列维-斯特劳斯，他们的著作很多，读时要有选择。在他们之下的也很多，比如说马林诺夫斯基，他的文集如果编起来，大概也有十来本，还有阿尔弗雷德·拉德克里夫-布朗、埃文思-普里查德等人类学家的著作也是值得读的。美国的也很多。除了19世纪中后期到20世纪上半叶间出现的经典之外，20世纪60—80年代的过渡期出现的那些重要著作也很有必要深入了解。此外，还有当前的人类学的顶级成果，这些兴许包括历史人类学、人类学史及当下被广为讨论的本体论人类学等方面。将不同阶段的著作串联起来读明白之后再从事人类学研究的学者，并不多。我们要知道，这是做学者一辈子的事情，所以不要着急。当然，你要做藏学，便还有一大批藏学的必读书。读书是很漫长但也很快乐的生活。刚开始都不会知道它会很快乐，最后有点感觉就会很快乐，觉得会有很大的意义，你读了这些书都觉得很有价值。我们要认识这些书的奥妙，才会有快乐。

最后，我还想请教您，当今的人类学研究和藏学研究中，比较有意义的主题有什么？

这个方面我最无知，在藏学人类学里面，我相当于一个幻想家，我最多是在演奏一首“藏学人类学狂想曲”而已。每个人在说自己题目的时候，都带有各自的兴趣，我自己一样是如此。有几个问题是我特别想知道的，比如说，任何民族志研究都必须关注三对关系，即前面提到的人人、人物和人神之间的关系。当然，对这三对关系的区分，每个民族或社会共同体的做法都不一样。人到底跟物有什么关系、跟神有什么关系，每个民族和地区的理解是不一样的。关于这种区分和联系，我称之为“存在体”（beings），就是它们是“存在”的，而不一定叫 becoming，即“成为”。我认为这三个存在体之间，不同的文明对它们有什么样的区分、什么样的观念，值得我们关注。我想，藏学人类学在这方面也应该开展讨论。比如说，藏文明中这些区分和关系是怎么得到界定的？我觉得会是很有意思的一个问题。另外，就我个人来说，做一个藏族寺院的地缘崇拜体系（territorial cult system）研究也是很有意义的，这也是我曾经在汉人地区做的，我从藏区的地缘崇拜体系看到，这些是跟山水万物密切相关的，很可能启发我们对汉地相似体系的研究。还有，藏文明的人生观会给我们很多启发。比如，藏人似乎耗费了大量光阴追求从近处到远方去朝拜或修行。那么，对藏人来说，远处跟故乡有什么关系？藏人的人生跟远方有什么关系？似乎藏文明中成就卓著的大师们都留下了一些答案。稍稍浏览他们的传记，我的感受是，这些大师的人生有着特殊的地理学含义，不只是有宗教史含义；不少大师的传记实际上就是对一种特殊定义下的文明地理学的呈现，他们为了修行，把他心目中的整个世界都走了一遍，似乎只有这样，他们才能成为大师。对于这方面，我很好奇。当然，藏学人类学也有很多其他研究主题。比如说，有山水研究、地方神研究和神山圣湖的主题。山水是什么呢？它跟鸟类是一起的，为什么呢？因为鸟是在天地之间飞的，山和水，跟鸟是一样的，这些关系都特别具有神话的气质在里面。这些相关的研究价值很多，要去调查，然后在综合的基础上把它说清楚。接下来，1949 年以来的巨变研究也很有意义。这个巨变是跟土地改革（藏区称民主改革）有关联的，也是我们近代中国社会变迁的一个核心问题。要理解近代的中国社会，否则无法谈历史。这个巨变和现在中国社会的形成有深刻联系，我觉得，这个研究也不太够，值得去做。老前辈在阿坝等地的社会历史调查成果很多，是有一定的当时社会历史背景的，目的性太强之后，就不大有反映现实的。我认为我们还是需要关注如何反映现实这个问题的，这个方面，我觉得寺院社会经济的巨变也构成一个饶有兴味的研究主题。还有很多细节的问题，我们人类学中所说的祭祀（sacrifice）研究也很不错。藏文明的祭祀从松赞干布之前到今天，经历了不少变化，这些变化的本质内容是什么？值得研究。就我的印象，藏族的献祭似乎更重视礼器而非作为祭品的食物，这跟汉族很不同，似乎有其文化意义值得深挖，也有其特点值得与印欧、闪米特系统的体系加以比较。

说“边疆”

一

“边疆”由两个原与西文词汇一样有完整意义的字组成。其中，“边”指物体的外缘，及空间或时间的临界境况；“疆”，表示用弓来标志步以丈量土地，可引申出止境、边界、疆域等意义。

合二为一的“边疆”之所指，本与上古天下内部之“国”的定义有关，具体当指与近代国际关系近似的列国体系的疆界划分。[1]这个词当时已泛指我们当下理解的“边境之地”“靠近国界的领土”。[2]然而，“边疆”之意象，又运用于区分内服和外服。内服（一般指王畿）与外服（一般指诸藩），是比较而论的，二者内部都有更细致的区分，内还可以有内，外还可以有外。而且，内外之间存在离心和向心的双向运动，诸藩可以变化为“熟藩”，内服可以为外服所“化”，政治上，二者的角色甚至可以互换。另外，内外区分，从来不是简单的二元对立格局，而持续以四周环绕中心的、动态的地理－宇宙论指“五方格局”（东、西、南、北、中五个方位）为表现方式。故而，所谓“边疆”，意味着天下世界里中国与邻邦或藩属之间的疆界，但这些疆界，是多层次的“缓冲区”。[3]

---

〔1〕 徐传保：《先秦国际法之遗迹》，上海：中国科学公司，1931。

〔2〕 马大正：《中国边疆研究论稿》，哈尔滨：黑龙江教育出版社，2002，1—4页。

〔3〕 杨联陞：《从历史看中国的世界秩序》，载费正清编：《中国的世界秩序：传统中国的对外关系》，杜继东译，北京：中国社会科学出版社，2010，18—28页。

秦以后，中国历史经历了从统一到分裂再到统一的两度历史大循环："第一个大循环是从秦、汉的统一到魏、晋、南北朝的分裂，再到隋、唐的统一；第二个大循环是从隋、唐的统一到五代、宋、辽、金、西夏的分裂，再到元、明、清的统一。"[1] 在统一时期与分裂时期，"边疆"的意义有不同，统一时期，内服与外服观念趋向于占主流地位，而在分裂时期，同是源于上古的"国"的观念则成为核心。不过，无论是在哪个时期，内服、外服及"国"等概念总是同时并存，"华夏"与"夷狄"之间的交互往来、迁徙流动、混杂融合，既向来没有间断过，又向来没有彻底消除"夷夏"之分。[2]

二

古老的"边疆"一词，与外文 margins（边际）意思相通，其在政治地理上的特指，则又与近代 boundaries、frontiers、borders 三概念相近。因此，自清中后期以来，这个词常被用来翻译与之对应的那些外来概念。

"边疆"一词举一反三，用起来效率很高，但却明显可致使概念模糊化，以之传递 boundaries、frontiers、borders 三个外文词的意义，易于"以讹传讹"。在解译 boundaries 时，汉语中的"边界"是一个广为接受的妥当表达。然而，认为"边疆"具有 boundaries、frontiers、borders 诸含义，或者，如我们习惯做的那样，以之翻译后者，却存在用一个汉语的词"消化"那三个外文词之间本有区别的可能。

在国内一般文史与社会科学解译中，boundaries 与其他两个词的区分是易于确定的，这个词通常被译为"边界""界线""界限"；但

〔1〕 戴逸：《中国民族边疆史简论》，北京：民族出版社，2006，30 页。
〔2〕 费孝通：《论人类学与文化自觉》，121—151 页。

frontiers 与 borders 却通常没有得到清晰的分别表达，两个不同的词通常被译为一个单一的词——“边疆”。

三

20 世纪 80 年代，吉登斯（Anthony Giddens）为我们清晰区分了 frontiers 与 borders 的语义。这位杰出的当代社会学家替我们指出，“在政治地理学中，frontiers 一词有两种意思。一种意思是指两个或两个以上国家之间的具体界分，另一种意思是指一个国家之内有人定居地区与无人居住地区的界分”。[1] borders 不同于 frontiers，指的是用以分割和连接两个或两个以上国家的、地理上划出的界线，frontiers 则通常是指一个国家内部核心地区之外的偏远地带，它可以细分为“初次定居 frontiers”与“二次定居 frontiers”，前者指“一个国家向外拓殖到无人居住或为部落社区居住的地域”，后者指“一国之内，由于土地贫瘠或地形险恶而人居稀少的地方”[2]。然而，“在所有的用法中，frontiers 指一国之边缘地区中心政治权威分布稀薄的区域”；与此不同，“在 borders 区域居住的人群可能且时常显示出‘混合’的社会与政治特征，但这些有着混合特征的群体，却分别受一个或另一个国家的行政支配”[3]。

frontiers 指中心向外面过渡中形成的、中心所企及但却不能彻底抵达的远处，其合适的译法，当为“前沿”、“边陲”或“前线”，与汉语边疆、边缘或边地意义相通。而 borders 则不是指从中心向外拓展的“前沿”、“边陲”或“前线”，而是指将其所圈定的整个实体“镶围在内”的“边”，这个词既可是名词，指边、镶边、边界，又

〔1〕 Anthony Giddens, *The Nation-State and Violence*, Cambridge: Polity Press, 1985, p. 49.
〔2〕 *Ibid.*, pp. 49-50.
〔3〕 *Ibid.*, p. 50.

可是动词，指“沿……的边”“环绕……”“给……镶边”，或者指“与……接界”“在……的边上”，其中，“给……镶边”这个意思最生动——相比于 frontiers 这个具有由内而外推展含义的词而言，borders 确实有在两个以上政体之间的边界线给这些政体“镶边”的意思。

frontiers 与 borders 之间的区分除了上述几项之外，还有一个重要方面，即 frontiers 实指地域广大的地带或带状区域，在那里，自然地理面貌受到的人为干预较少，无论是定居人群还是流动人群，都较少受到国家政治中心的直接监管，保留有较强的自主性；borders 则通常是指一条区分内外的明确界限，而非区域，因此，倘若 borders 要获得接近于 frontiers 的意思，通常需要加上 lands，成为 borderlands 或“边区”。

在对含义有别的 frontiers 与 borders 加以语义辨析时，社会学家一般怀有将现代性界定为“后传统（post-traditional）时代”的目的；也正是出于这一考虑，吉登斯认为，这两个词所代表的两种“国界边缘”（border margins）形态，为两个不同历史时期的不同产物。frontiers 广泛存在于不同的传统国家，但 borders 则是民族国家出现之后的特定产物。前者多与帝国相关，具有常变性、扩张性、非主权性，后者则只存在于民族国家时代，具有稳定性、内敛性、主权性。尽管罗马帝国与古代中国都建立了边墙，但这些边墙并不具有现代 borders 的性质，而依旧属于中央权威管控之外的 frontiers，绝非现代国家主权的地理限度。相比而言，现代国家的 borders 虽可能与自然屏障对应，但自然屏障绝非 borders 的本质。一言以蔽之，“borders 除了是为了区分国家主权而划出的线条之外，什么都不是”[1]。

无疑，frontiers 与 borders，都是 boundaries；然而，boundaries 却不等同于 frontiers 或 borders。个中原因是，frontiers 与 borders 是

〔1〕 Anthony Giddens, *The Nation-State and Violence*, p. 51.

指有时代和政治地理特殊性的 boundaries。

如前面提到的，boundaries 一般译为“界线”（强调其区分的线条，有时加 lines，成 boundary-lines）或“界限”（强调界线涵括的事物的“限度”），常用以指事物的边缘、边线，不同事物之间的“区隔”，或两个地区之间划分边界的线。在社会研究中，boundaries 所指，伸缩性极强，小到区分个体之“人身”与其“外界”之间自然或人为区分的“面”[1]，大到大规模帝国的 frontiers，在二者之间，存在着各种变数，包括“镶嵌”人类居所空间的帐篷或围墙所构成的界线，由一批居所形成的“共同体”与其外界之间的界线，阶层或阶级的界线，地方和区域之间的界线，为行政而设的地理界线，市场或庙宇覆盖面之间的界线，族群之间的界线，凡此种种，不胜枚举。

总之，虽然我们习惯于将“边疆”对应于 boundaries、frontiers、borders 等词，但是后面这三个外文词之所指差异相当大，我们难以将之统一翻译为“边疆”，而需要给它们不同的对译词。大致上，boundaries 可译为界线、界限、边缘、边线、边界，frontiers 可译为前线、前沿、边陲、边疆，borders 则基本只可译为国界或边境。以我们此处关注的“边疆”而论，这三个单词分别应指边缘 / 界限、边疆 / 前沿与国界 / 边境，其对应性可表示如下：

boundaries≈边缘 / 边界

frontiers≈边疆 / 前沿

borders≈国界 / 边境

四

社会学家侧重考察边疆 / 前沿与国界 / 边境的区分，及二者之间

[1] 道格拉斯：《洁净与危险》，黄剑波、卢忱、柳博赟译，北京：民族出版社，2008，143 页。

的前后断裂；他们既认为，边疆/前沿与国界/边境，一个属于“传统社会”，一个属于“现代社会”，又认为，边疆/前沿向国界/边境的过渡，是“传统”向“现代”过渡的核心内容之一。倘若我们拓展历史视野，那么，则将能看到，所谓“传统社会”与“现代社会”，均属于以地缘关系为基础的国家，而所谓“边疆/前沿”与“国界/边境”，正是这两种以地缘关系为基础的国家的边缘/边界。

19世纪以来，接续某个启蒙运动流派的思想传统，不少人类学家将社会学家所谓的“传统社会”与“原始社会”加以对比，他们认为，史前人类社会，以人身关系为基础而形成，这类社会至今依旧存在，它们同那些以地域和财产为基础的“政治社会”或“国家”，有着鲜明的区分。[1]这些以人身关系为基础构成的非政治社会，有边缘/边界，包含内部的差序，也包含区分社会共同体内外的边缘/边界，但没有后来的边疆/前沿、国界/边境，因为，边疆/前沿、国界/边境是国家时代的边缘/边界，是“原始社会”之后出现的“政治社会”或“国家”的特性。

有保留地借用人类学的既有论述，以之丰富社会学的传统-现代二分法，可以对boundaries、frontiers及borders的历史做另一番叙述。这叙述的轮廓大体为：作为广义的“界线”，boundaries（边界/边缘）历史最为久远，范畴最为广泛，可把frontiers（边疆/前线）和borders（国界/边境）包括在内，其历史以万年计；frontiers（边疆/前线）具有空间伸缩的含义，其动态持恒绵延，是“传统政治社会”的边界，历史以千年计；borders（国界/边境）是近代的概念，是民族国家时代的政治地理范畴，属于“现代政治社会”的边界，历史以百年计。

从人类诞生之日起，就有了边缘/边界，这些线条存在于人人之

[1] 摩尔根：《古代社会》（上册），杨东莼等译，北京：商务印书馆，1981，6页。

间、人物之间、人神之间，是人类“把握世界”的基本方法。最早的人群，不是一些人类学家想象的平等社会，而很可能是平等与不平等杂糅的。[1]那些人群的活动规律，应和冬夏二分的季节区分，冬季人类形成规模相对大的共同体，共处一屋，夏季分散活动；冬季有相对固定的居所，夏季流动性极强。那时的“边界状况”，与人们的“生计方式”相应。可以猜想，在冬季，人们形成较大共同体，其边界需要加以相对明确的定义，而在夏季，人们成为“漫游者”。[2]当时的农牧业均未发育，与农耕习惯紧密相关的“疆”的感觉亦未出现，人们无须瓜分田地牧场，而只需仰赖自然的供给即可生活，因此，边缘/边界不固定，反倒是那些穿越界线/边界的行动最绵延持恒。

过去一万年来，人类给自己及其生活的这个世界设置了越来越多的边界，这些边界随之越来越多地获得了实质性力量。

人类驯化了动植物之后，个别狩猎-采集群体持续在边缘地区生存了下来，但多数社会共同体成为农民和牧民。农民和牧民赖以生存的产品不同，前者是种植于土地上、不能行走的植物，后者是活动在土地上、能够行走的动物。由是，农民和牧民对于栖居的要求不同，前者不同程度上应与其生活所仰赖的“农产品”一同定居，而后者，则“逐水草而居”，流动性较强。不过，相比于此前的群体，农牧时代的人，多数已有栖居者的本质，定居和居无定所的区分，不过是程度上的。这些栖居者一旦有了自己的家园，便要求圈定聚落的范围，为了“过日子”，而设置出空前清晰而有力的边界。这些边界包括在家、牧场/农园、“野地”之间存在的线条，也包括在聚落与聚落之间自然存在或人为制造的围墙，更包括从“漫游者”祖先那里继承的季

---

〔1〕 David Wengrow and David Graeber, “Farewell to the ‘Childhood of Man’: Ritual, Seasonality, and the Origins of Inequality,” in *Journal of the Royal Anthropological Institute*, 2015, Vol. 21, No. 3, pp. 597-619.

〔2〕 莫斯、伯夏：《论爱斯基摩人社会的季节性变化：社会形态学研究》，载莫［毛］斯：《社会学与人类学》，佘碧平译，上海：上海译文出版社，2003，323—396页。

节、时间、性别、年龄、生死、圣俗界线。

边缘/边界的隔离与区分作用在人获得生产自己吃的食物的能力之后得到强化。正是在发生于一万多年前的“农业革命”之后，边缘/边界获得了明确的政治含义，并于距今五千年前渗透到社会生活的方方面面，演化成区分内外的边疆/前沿。“城市革命”之后，以高度发达的农业为基础，城市脱颖而出，建立了自身与乡村的区分，此后，人类社会被植入了高度复杂的政治结构和生产-交换结构。[1]加之文字体系已渐趋完善，一面使扩大化了的共同体内部实现清晰的阶级分化，一面协助共同体拓展存在空间。由内部的阶级分化而实现的政治经济结构复杂化，使经历“城市革命”的共同体成为具有高度“凝聚力”的社会，这些强有力的社会与周边部落形成了清晰的文化差异，由于它们掌握了冶炼技术，发明了金属工具和武器，脱离了“石器时代”，成为有高度生产力和战斗力的“金属社会”。为了防御与扩张，这些社会开始创造边疆/前沿。

城市革命或文明“起源”的历史，是大社会（帝国）与小共同体之分形成的过程。在这一过程中，边疆/前沿出现，表达这一“大小不一格局”的易变性，即大社会对小共同体的威胁，小共同体的联合及其对大社会的挑战。

边疆/前沿出现于五千年前，与“青铜时代”安全危机意识的诞生、部分人类之侵略性的放大有关。

劳动力和商品的自由流动，被广泛认为是民族国家成长的几百年最主要的历史动力。然而，正是在人与物自由流动的年代，绝对化的国界/边境建立了根基。狭义的国界/边境是与民族国家的“全权式统治”相关联的。民族国家的“经典版”产生于欧洲，是罗马帝国瓦

---

〔1〕 Gordon Childe, “The Urban Revolution,” in *Town Planning Review*, 1950, Vol. 21, No. 1, pp. 3-17.

解之后，在教权与分化的王国王权得到紧密结合的过程中形成。[1]这种国家形态为轮流征服世界的近代欧洲帝国主义国家提供了有效的政治军事条件，其“先进性”又广为近代社会科学所论证，从而能够顺利地通过“文化传播”而得到被殖民、被征服社会的广泛接受。民族国家时代，政治空前集中于由掌握暴力武器的国家垄断而促成的国内绥靖与国际战争。长治久安成为国家的理想，为此，通过高度技术化的监控和高度历史化的民族归属感创造，消除内部分歧和风险，实现国内道德意识的一体化，通过军事的垄断，清除暴乱的可能性，成为国家的使命。国界/边境在这个时代的出现，既与此时世界性的“战国情景”紧密相关，又与民族国家追求内部安全的渴望互为因果。我们之所以可以把民族国家时代称为“世界性的战国时代”[2]，是因为，与古代中国的“战国时代”相近，民族国家视野下的世界体系是国家之间契约（牵扯到“平等”的概念）关系的体系，也是国家之间战争的体系，在这个时代，国界/边境成为近代以来最敏感的神经，因此，其穿越牵引整个世界的注意力，其形塑（社会性的、经济性的、政治性的、宗教性的）既耗费了人类最多的人力与物力，又是现代社会扩大再生产的主要手段。

五

一部人类史，也是一部 boundaries 向 frontiers、frontiers 向 borders 过渡的历史；在这部历史中，社会之间的界线分得越来越清晰，维持这条“群分”之线的力量越来越强，这些线越来越政治化、军事化、固定化，最终成为民族国家神圣性和安全感的源泉。

---

〔1〕 Anthony Giddens, *The Nation-State and Violence*, pp. 83-121.
〔2〕 费孝通：《论人类学与文化自觉》，167—175 页。

然而，疆界强化史却不能独自展开，而只可能与之共同汇入整体历史之河的另一条支流一并流淌。

疆界的强化史这条支流，似乎可以用“疆界力量的进化”来形容，含有几个清晰可辨的阶段；而另一条支流则相反，不同于“疆界力量的进化”，这条支流持续表现着其冲破阶段、将界限转化为通道的力量。

界线不只是为区分而设，而且也是为其自身的穿越而设。自从人类开始区分事物，他们便同时开始依赖区分而达致“会通”。最早的人类生活在人少物多的世界，他们凭借着对万物呈现于眼前的时间规律区分和界定季节和时间，借助着自然的“本能”划分男女老幼，依赖着对有限的生命与无限的永恒的感知划分世俗与神圣；与此同时，他们沿着其所划出的界线，开凿出条条通道，联结人文与自然，合成群体，使用日常和神异的力量，借助巫术与仪式，穿行于界线/边界内外，实现生活和信仰的通达，将人与万物的距离转化为人与万物的交流。

自人类开始生产他们的食品之后，人与自然世界之间便加入了一个“驯化”地带，如农园、牧场，都具有深刻的中介含义，它们模棱两可地位居主体与客体之间，使世界“三重化”为家、农园/牧场、“野”。家之外的农园/牧场，似乎是一条自然的界线，或者说，似乎是一条自然的边疆/前沿，一面表达着文野之别，一面沟通二者，“文质彬彬”，使“野”的“文明化”、人的“物化”和“神化”、神的“人格化”成为可能。

与相邻或遥远的社会共同体之间的关系亦是如此。随着“产权意识”的兴起，社会共同体之间的界线空前清晰化。然而，这些界线的出现未能改变一个命定的事实：社会共同体自身的延续，仰赖的是其与其他社会共同体的“交际”——倘若没有这种“交际”，那对于社会共同体的生存有着关键价值的生育，便无以为继。

边疆/前沿可以指史前部落和部落联盟之间的中间地带，严格而言，则与由农业的盈余而滋生的城市和国家紧密相关。

世纪之交，西方学界致力于相关研究的学者多倾向于认为，20世纪国界/边境对民族国家起过重要作用，但临近21世纪，由于经济、环境、政治和社会诸领域的问题已不再局限于民族国家的国界/边境之内，而与超越国界的流动性越来越相关，因此，国界/边境不再有此前的地位。[1]

这一将过去与现在二分的观点具有高度诱惑力，但它却是对历史的误断。

界线的流动性含义自古深刻。一个意味深长的案例是长城。如拉铁摩尔指出的，长城似乎是世上最绝对化的边界之一，长城内外存在气候、植被、农耕/游牧、种族、语言、宗教、政治以至种族群别，而中国的国家利益似乎也需要一个固定的边疆，以此来区分夷夏，但是，无论是汉人中的一些人（如商人），还是处在长城过渡带的"夷狄"，都仰赖边疆划分出来的内外生活着，如此一来，绝对固定的边疆"永远不能完全实现"，"交流既然不能完全切断，就必须使它们尽可能地有利于中国，而不是从中国吸走财富及实力"。[2]于是，"两种基本的势力在影响着这个边疆。汉族本身的经济、社会、文化的影响，像他们的政治力量一样，越过长城而发散到草原上去。在那一边，已经发展其本身独立潜力的草原，也开始发挥其影响力，对抗汉族的势力。在这两个基本势力的冲突的基础上，又产生次级势力，对基本势力的活动产生影响，并使其更复杂化"[3]。

与长城这条"边疆"一样，国界/边境向来既是区分的界线，又

---

〔1〕 Hasting Donnan and Thomas Wilson, *Borders: Frontiers of Identity, Nation, and State*, Oxford: Oxford University Press, 2010, pp. 154-155.

〔2〕 拉铁摩尔：《中国的亚洲内陆边疆》，304页。

〔3〕 同上书，305页。

是不同文明实体之间的过渡地带。

封闭与交流是任何历史阶段的双重特征，民族国家不是例外。我们有理由将民族国家的国界 / 边境视作绝对化的边界，但在民族国家时代，有严格疆域界定的社会实体，却时常以来自疆界之外的启迪来“升华”自身。国界 / 边境将民族国家圈成一个容纳公民的“容器”；作为“容器”，它给予社会一个固化的外壳。然而，民族国家的发达，正是基于跨越国界 / 边境的文明借鉴而得以实现的，与此同时，如近代欧洲历史经验所表明的，技术借鉴成功的民族国家，往往更易帝国化，而所谓帝国化，也就是从军事、政治经济、文明势力上，穿越自身“神圣领土”，或与他国结为同盟，或化他国为本国的边疆，由此转身，复兴前现代边疆 / 前沿的传统。[1]

与“边”字有关的三个范畴，指向社会共同体从交流走向封闭的历史方向，但这一方向存在着自我否定的潜力。

六

近代国族政治经济学世界观传入中国之前，正史“四裔传”[2]已有对“边疆”的系统记述，在这些记述里，“边疆”含义约等于西文的“frontiers”，系指王国区分内外的界线、分布在天下世界外围的山川、群体和“另类王国”，及边缘地区中心政治权威分布稀薄的区域。这一界线有一定的政治性和军事性，在某些时期相对固定，但其通常的特征却是变动不居，在若干重要时期，甚至彻底冲破藩篱，衍化为“四裔”与中心政治权威的族性关系倒置。作为对中心 / 边缘关系倒置

〔1〕 Marcel Mauss, *Techniques, Technology and Civilisation*, pp. 35-40.
〔2〕 王文光、仇学琴：《〈史记〉“四裔传”与秦汉时期的边疆民族史研究》，载《思想战线》2008年第2期，25—29页。

的反应，历史上多次出现“夷夏之辨”论争，而近代以来，这类论争则以“危险的边疆”（如帝制时期的“长城以外”及鸦片战争之后的沿海）这一新意象得到新演绎。

现代中国疆域，范围基本形成于清代，但这一疆域不完全等同于清代的形态。在清代，“疆域”内除了二十二个省，尚有四方藩属，而诸土司区域（如甘青、西南），虽已改土归流，但其受“间接统治”的事实并未彻底改变，使清之“疆域”有别于民族国家时代的“领土”。此外，清中期以后直到20世纪中期，中国周边，内陆（如俄罗斯）帝国和海洋（东西洋）帝国兴起，“夺我藩属，割我土地，租我良港”[1]诸事相继发生，使清朝之原本疆域出现了变化。

20世纪上半叶，历史遗留问题尚未解决，而替代边疆的国界观念却已得到接受。自20世纪20年代起，大量“边疆”和“疆域”沿革论述兴起于言论领域，这些论述以国界概念回溯国家的边疆过去，以绝对化的内外界线来区分“中外”，承认“天下”是万国之一，接受在国界之外居住的人群之归属于他国的事实。但吊诡的是，诸多“边疆”和“疆域”沿革论述却又需依据史实而得出有关“边疆”的动态结论。这就致使20世纪上半叶的“边疆”论述具有双重含义。一方面，“政治上的边疆”成为国人用以区分内外的标准。“政治上的边疆”，指有清晰政治地理界定的国界，包含陆界和海界，实质等同于国与国之间标识和捍卫其领土主权之区别的“国防线”。这一“国防线”的概念，与历史上的“塞外”“域外”“关外”概念恢复了观念关系，成为前后相续的历史叙事。另一方面，“边疆”和“疆域”的论述，却又保留了“文化上的边疆”的关怀。“文化上的边疆，系指国内许多语言、风俗、信仰，以及生活方式不同的民族言，所以亦是民

[1] 顾颉刚、史念海：《中国疆域沿革史》，北京：商务印书馆，1999，222页。

族上的边疆”[1]，这类“边疆”，是指中国与外国毗邻之地区与“中国民族”的“我群”文化上有差异的“他群”。“政治上的边疆”与“文化上的边疆”出现在有关“边疆”的不同论述之内，作为这些言论的杂糅内容存在。

围绕着“边疆”的政治性与文化性问题，学界和政界长期存在分歧，一派主张为捍卫“政治上的边疆”而淡化“文化上的边疆”之与“我群”的差异，一派主张承认并捍卫这一差异。

20 世纪 30 年代末，围绕着要不要守护“文化上的边疆”这一问题，学界出现过具有范型含义的论战。吴文藻等主张，边疆地区民族、宗教、语言、文字、经济、文化各异，现代文化建设应“铲除各民族间相互猜忌的心理，而融洽其向来隔阂的感情，亟待在根本上，扶植边地人民，改善边民生活，启发边民知识，阐明‘中华民国境内各民族一律平等’的要旨，晓示‘中华民族完成一个民族国家’的真义”。而傅斯年等对这一观点则持反对态度，他们认为中国民族早已合成一体，中国境内现虽仍存在族群性文化差异，但不足以影响中国民族的整体性，要建设一个现代民族国家，首先要取消“边疆”“边人”“边地”“不开化”“民族”这些有悖国族统一政治目标的概念，“尽力发挥‘中华民族是一个’之大义，证明夷汉之为一家”。[2]

吴、傅两派之间的分歧，可以说是由论者对“边疆”到底应该是国界还是“前线”的问题回答不同造成的，傅斯年等持国界之说，倾向于为了“政治上的边疆”（区分领土主权之别的“国防线”）将“文化上的边疆”说成是历史上已消弭了的现象，吴文藻等持“前线”之说，倾向于承认“文化上的边疆”（介于中外之间的“民族”）持续在“当下”起作用的事实。

---

〔1〕 吴文藻：《论社会学中国化》，574—575 页。

〔2〕 王炳根：《吴文藻与民国时期“民族问题”论战》，载《观察与交流》第 153 期，北京：北京大学中国与世界研究中心，2015。

20世纪上半叶，在回溯中国疆域沿革史时，国内史地学者和社会科学研究者心存困惑和矛盾，他们生活在一个前沿/边陲正在固定化为国界的时代，此时，历史的叙述需照顾作为一个民族国家的中国在现实世界立足的需要，而他们研究的“过去”，却充满着种种变数。边疆研究依赖的观念资源多与国界有关，但研究者一经与边疆的历史事实接触，便会发现，边疆的历史事实是两面的，有些事实与社会之间的区分有关，有些则深刻地与社会之间的连接相关，甚至后者比前者事例更多。作为一个饶有兴味的例证，在其边政学论述中，吴文藻一面借重国界概念，言说国界内领土的固定性，一面将“中华民族之形成史”直接联系到边疆和海外“两路”上“迁徙混合的迹象，移殖屯垦的功绩”，称少数民族所在之地为“有形的边疆”“国防的最前线”，称华侨所在之地为“无形的边疆”“国防的最外围”〔1〕，呼吁社会科学研究者重视“御边理藩的积业，开拓疆域的成果”，及“中原农业文化与边疆畜牧文化冲突混合的历程”，重视另一路上海外华侨的“苦力建树”。〔2〕

要把握边疆形成后出现的观念与事实困境，就要理解边疆形成之前以更显然的方式存在的封闭与交流的辩证法；而要理解这一辩证法，就要纠正“以今鉴古”的“社会共同体”内外二分之社会科学认识习惯，“以古鉴今”，重新认识边疆的含义。

“边疆问题”的古今之变，核心进程是政治地理观念形态从三元结构向二元结构的转变。如拉策尔（Friedrich Ratzel）早在19世纪末即已指出的，在文明史的大部分时间里，国家如有机体〔3〕，其周边确实由“国界边缘”围绕，但在国家权威中心与邻国边缘区域之间，

〔1〕 吴文藻：《论社会学中国化》，578页。

〔2〕 同上书，581页。

〔3〕 拉策尔对政治地理的理解做出的主要贡献在于，提供了“边疆”的地理生物学动态论。他认为，国家是成长中的有机体，国界不过是其成长过程中的历史站点。国界的跨度表现民族的健康状态。

尚存在兼具界线两边国家社会和政治特征的“自主区”（autonomous zone），这个“自主区”的存在迫使我们承认，围绕任何一个国家权威中心，都存在核心、中间、外围三个圈子。[1]处在中间的“边疆”，是作为政治有机体的国家的动态面。政治化、军事化、固定化如习惯于区分传统与现代的社会学家所相信的，拉策尔的这一论断主要是在说明国界诞生之前的边疆情景。[2]在民族国家时代来临之后，情况发生了巨大变化。对欧洲中心的近代史观而言，以国界为绝对界线区分主权国家之间界线的民族国家政治地理观念，存在前提是带状分布的“自主区”萎缩为线性的、范围狭小的“国防线”，而“国防线”的诞生，必然导致多层次的界线化约为二元对立的内外区分格局。

国内“政治上的边疆”之说，正应和这一“历史潮流”而出现，而其“文化上的边疆”之说，则旨在保留拉策尔称为“自主区”的“有机边疆”。前者以近代欧洲民族和国家对权力的追求为追求，接受欧洲中心的世界史观，有用民族国家政治地理理想形态界定难以界定的历史的嫌疑，后者则坚持在“本土”历史的库存中寻求多层次界线绵续的资源，旨在以一种更新了的“夷夏之辨”，部分否定17世纪以后欲求得到世界化的欧洲历史标准。两者矛盾相处，但共同表现着现代中国“边疆问题”道路选择的左右为难状况。

然而，如上文勾勒的历史轮廓所表明的，无论是西方还是东方，政治地理界线绝对化的历史，内涵并不单纯，结局有悖初衷，即使是在民族国家政治地理观念“征服世界”之后，“边疆”的历史进程依然是在封闭与交流两种势力的交互推动下展开的。因此，我们似乎有理由认为，“政治上的边疆”与“文化上的边疆”两种说法，只不过

---

〔1〕关于拉策尔的民族学思想，见戴裔煊：《西方民族学史》，北京：社会科学文献出版社，2001，258—260页；关于其“边疆”理论，见袁剑：《近代西方“边疆”概念及其阐释路径：以拉策尔、寇松为例》，载于《北方民族大学学报》（哲学社会科学版）2015年第2期，38—42页。

〔2〕Anthony Giddens, *The Nation-State and Violence*, p. 49.

是这一历史进程的双重特征的话语表达。作为主张，两种说法没有一种完整反映历史进程的实际情形，它们因各自附着于内在于这一进程的一方势力而无以表达另一方。

七

“边疆”是中外学界共同关注的话题。近代以来，中外对同一话题的讨论，存在着某种不易廓清的分殊。这些分殊的出现，有复杂的历史背景，其中，“语义跨文化扭曲”是其组成部分。尽管中国既有概念“边疆”已被用来翻译包括borders在内的相应之词，但它的本来含义相对更接近于frontiers，而与borders之间存在鲜明区别。理解frontiers与borders之间的区别，就是理解政治地理历史进程本身，而这一进程的一个重要方面确如frontiers与borders两词的区分所意味的，是边界经由古代转化为边疆、边疆经由近代转化为国界的过程。与此同时，虽则borders已在近代史中成为政治地理的主导观念，然而，其所意味的政治化、军事化、固定化主权国家界线，并不全面反映近代政治地理的现实。如同传统社会，由民族国家组成的现代世界体系一面在国与国之间划出清晰界线以区分我他、求取内部绥靖、制造文化认同，一面冲破自设的界限以“走向世界”，实现自我更新、拓展生存空间。政治地理历史进程的内在矛盾，迫使我们承认，尽管borders不是frontiers，但borders表达或掩饰的事实与frontiers极其靠近。在一定意义上，这意味着，近代以来汉文“边疆”对boundaries、frontiers、borders进行的化讹，虽然含有对所对应的西文概念的曲解，但是却说明，后者施加的区分，具有扭曲事实的观念形态特性。“边疆”虽更接近于frontiers的含义，其所指远非borders，但正是这个与borders意义不同的词，更能说明borders时代（即民族国家时代）国界的两面性。

重新沉浸于边疆概念的复杂意境，对其双重性加以再度诠释，有着高度必要性。与汉文“边疆”一词最可对应的frontiers，其政治地理意味是，区分与联系、封闭与开放同时展开，是有机的政治实体“生活”的地理空间。在有关“三圈说”的相关论述中，我试图将“边疆”重新转述为“中间圈”[1]，试图以“中间圈”界定包括政治实体在内的社会共同体之间的边界，并以之形容作为内外关系纽带的边疆的地域化情景。我将重点放在“中间圈”，是为了表明，正是这个分布在周边的地带，界定着政治实体的范围，为它“镶边”，而这条“边”，又常是文化接触最为集中的地带。在边疆或中间地带，区分无法阻止接触，接触不会消减区分，相反，它含有制造区分的机制：一方面，来自不同文化的人之间的互动，引发符码与价值的叠合，但另一方面，由这一叠合而引发的文化相似或共通，却同时为文化区分的留存提供了基础。[2]

---

〔1〕 王铭铭：《中间圈——“藏彝走廊”与人类学的再构思》；王铭铭：《三圈说：另一种世界观，另一种社会科学》，载《西北民族研究》2013年第1期，82—99页。

〔2〕 Fredrik Barth, “Introduction,” in Fredrik Barth ed., *Ethnic Groups and Boundaries*, pp. 1-16.

关于“另外一些人类学家”

无论我们把我们这个行当称作人类学、民族学、社会学，还是民俗学，我们所做的工作都可谓是研究别人（那些书写自传体民族志的人除外），无论“别人”是近在身边的，是“乡巴佬”、“科层人”或“文化精英”，抑或是“边疆人”，或异域海外的“老外”。经由抵近这些与“我者”距离远近不同的“他者”，我们如科学家那样，追究所观察之物（社会或文化）的本相；与此同时，我们又如艺术家那样，进行着想象，我们面朝“对象”，以之为景物，“以自己深邃之感情为之素地……用特别之眼观之”。[1]

有同行说，我们这行之所为，乃是“写文化”[2]，意思大致是说，我们书写所考察的文化，但若是我们将自己的书写（民族志）说成完全客观，与主观的“深邃之感情”无关，那就是不切实际乃至虚伪了。还有人类学同行说，世间学问纷繁多样，但共享着“reach into otherness”[3]这一追求，意思大致是说，我们这行所做的工作，乃是拓展四肢五官所能抵达的范围，使心物之间的媒介充分展开，让我者有可能获得某种由自他者却又关涉己身的感受和见解。

以上引述的观点均源自西方，它们形成于学科在东方改革开放的

---

〔1〕王国维：《屈子文学之精神》，载其《人间词话》，131 页。

〔2〕James Clifford and George Marcus eds., *Writing Culture:The Poetics and Politics of Ethnography*, Berkeley: University of California Press,1986.

〔3〕George Stocking, Jr., “Afterword: A View from the Center,” in *Ethnos*, 1982, No. 47, No. 1-2, pp. 172-186.

春风沐浴下得以恢复重建之时。此间，在东方，在三十年的放弃后，我们再次热情拥抱了这门东渐的西学，而在西方，学科则出现了“文化自觉”[1]。我们应充分意识到，西方知识界的这种“文化自觉”往往不等于“文化自信”(“文化自觉”的意思本是文化上的“自知之明”)；相反，与“写文化”这个意象勾连在一起的“文化自觉”，给西方知识界带来的是某种“文化自卑”，这与其对书写和知识的感情失落有关。

曾几何时，多数西方人类学家还沉浸于硬科学般的实证主义，他们“追寻事实”，并借之赢得“文化自信”；而从20世纪70年代初期起，在伦敦、纽约、巴黎先后涌现了一系列著作，它们出自专业人士之手，把先贤寻获的“远方之见”说成是西方“殖民遭遇”“地缘政治”“法权－经济支配”“话语霸权”的产物。在这些著作问世后的三四十年时间，我们可爱的西方同行换着把戏，带着现实主义或超现实主义面目，重申着他们对“reach into otherness”这个不好翻译的短语所昭示的“表述危机”之觉知(在他们看来，“写”这个字，除了意味着书写，也还意味着授权，其通常情况是，将权力授予作者自己或其所在的“系统”)。

所谓“表述危机”并不复杂，它含有一种告诫：知识分子不要太自信，不能自居为真理代言人；文字阶级的书写，造下了话语；知识是力量，话语即使不是权力之化身，那至少也被它潜移默化着，知识者能减少点世俗的污染就不错了，谈何神圣。

在过去四十年里，西方同行煞费苦心，“日三省其身”，在“反帝”这条路上走得比他们先辈们远多了。

“反帝”给他们带来“文化自卑”。将知识与那些堪称“俗气”的“看不见的手”(如资本主义世界体系)关联起来思考，我们的西方同

〔1〕 费孝通：《论人类学与文化自觉》。

行中有不少人萌生了接近于“知识虚无主义”的心绪，而这一心绪，进而使这些同行中的一些佼佼者对“后传统时代”西方的文化霸权进行更深的“考古挖掘”。

近二十年来，一小撮促成人类学“本体论转向”的“杰出”同行便连“反帝”都还不满足，他们还将拳头伸向“封建”。这一小撮同行曾现身中南美洲、北极圈“边疆”、南太平洋的角落，在那些地方，他们从事了持久的田野工作。这些年来，基于其“远方之见”，他们撰写出一本本如同马林诺夫斯基《珊瑚岛田园的巫术》[1]那样的民族志。然而，他们书写的目的不是要标榜自信，而是要告知世人，最严重的帝国主义不是军事、政治、经济的帝国主义，而是将宇宙分为物质/外在性与精神/内在性的科学。在他们看来，正是科学的这种“认识型”，致使世界进入“人类中心主义”时代。对“本体论人类学家”而言，人类学若是还有其用途，那其作用必定只限于将“远处”那些不大会生产而更懂得仰赖天赐之物生活的人群（特别是狩猎-采集民、游牧民与农民）之思想记载成文，使知识恢复为良知，由此限制科学理性对生活世界的破坏。在这一小撮本体论人类学家中，确实有个“改良派”，他们围绕着法兰西学院摸索着一种可能：科学若是能改头换面，放弃其曾经信守的自然/文明二元对立现代迷信，便可以重新获得其权威性。然而，“本体论转向”不能阻止自身转化为“另类”。当它在法兰西学院转化为一种改良的“新科学”之时，在巴西，它变成了对启蒙之后的西方文明的批判，变成了“炸弹”[2]，而在剑桥和伦敦，它在成为偶像崇拜对象之同时，引发着众多含混不清的辩论，这些批判和辩论共同表明，“本体论转向”绝非“文化自信”使然，而是相反，是一种福柯在《知识考古学》[3]中透露的知识/权力

〔1〕 Bronislaw Malinowski, *Coral Gardens and Their Magic*, London: Allen & Unwin,1935.
〔2〕 Bruno Latour, “Perspectivism: ‘Type’ or ‘Bomb’?” in *Anthropology Today*, 2009, No. 2, pp. 1-2.
〔3〕 福柯：《知识考古学》，谢强、马月译，北京：生活·读书·新知三联书店，1998。

忧患意识的新表达。

西人的批判性思维，令人向往之处颇多；其中，经由“否思”而达成的自知之明，有着巨大魅力——必须指出，我们在国内“写文化”，与跨越国界在资本主义世界体系中寻找他者的西方人类学家一样，需要注意重新思考“话语”这个概念的意涵；而关于“科学”，我们也一样需要将之视作一种“广义人文关系”（即人人、人物、人神关系）[1]的成果来看待，谨防它变身为一种超越社会道德生境的无限权力。

然而，我们的西方同行喋喋不休，重复论证我他之别，话语似乎自信不足。

有人提醒，我他之别并不是生活的本相，但遗憾的是，对于想通过营造理论大厦在学科里攫取声望的人，它似乎始终充当着条件。于是，我们的西方同行持续刻画着种种另类的样貌，为了使另类更加多样化，学者必须保持我者的一元性，以便使对比成为可能。结果是，在理论上，致力于认识他者的知识我者共享一种误解：尽管在不同区域领受着外来观察者注目的他者各种各样，但外来观察者却似乎始终没有内部差异。

在我看来，这种在我他之间建立的一与多之关系，既是不公道的，又是不现实的。说它不公道，是因为，它以我为一，以他为多，因袭着以一统多的帝国幻象，将世界认识者这群人当作拥有一套总体方案和方法的高高在上的“我”，将他们认识或表述的世界当作如物之自然那样，在从云彩背后露出其眼睛的超越之神监督之下，鸦雀无声地等待着被“我”言说。说它不现实，是因为，这个在认识的主客之间建立的对照，就像一只为了蒙蔽自己而一头埋进沙里的鸵鸟，以

〔1〕王铭铭：《民族志：一种广义人文关系学的界定》，载《学术月刊》2015年第3期，129—140页。亦见本书第428—451页。

无视主客身份的高度可变性防范着挑战。

颠覆这种僵化的我他对立意象的事实显然存在。尽管作为认识主体的我者的主观要求是成为一者，但客观事实却是，我者的多样性与他者的多样性，若不是完全对等，那至少也是旗鼓相当——试想，学界自身的学派林立和观点分歧，恐怕要比被其认识或表述的他者之分化来得更严重；另外，显然，他者与自恃为一的作为知识主体的我者，一样是知识主体，并且他们一样持有成为一者的意图和条件。

不少西方同行将人类学的源头追溯到古希腊[1]，特别是追溯到希罗多德对文明的“异类”之描述。然而，如果希罗多德对于“异类”的描述堪称人类学之根，那么，相似的“根”便不只是一条，而有多条。欧亚诸文明中的旅行记和异域志广泛存在，其中不乏与希罗多德的异类描述异曲同工的其他书写（如中国，自古便有丰厚的旅行记和异域志），而即使是那些没有文字的“部落社会”，对于“异类”，起码也有神话传说。诸多西方的异类的“异类”观，为致力于表述他者的近世西方人类学之世界“播种”提供了土壤。也因此，当下世界范围内，在西方之外，也广泛存在着人类学。必须承认，西方他者持有的人类学，多半不是土生土长的，而是借鉴近世西学的学理和方法建立的（后者有着超凡的系统性和感染力），因此，其“本土形态”不仅有限，还引发着争议。然而，这点并不自动表明，人类学的认识主体（即“我者”）是一元化的。世界上的人类学家，除了欧美人，还有先进后殖民国家的白人，更有肤色不同的非洲人、印第安人、波斯人、南亚人、阿拉伯人、东亚人等及他们的混合型。更妙的是，这些从西方的“异类”中涌现出来的人类学家，越来越强烈地看到自己的人类学也一样是具有世界性的，并不局限于解释其所处的社会，而且潜在着形容整个世界的话语力量，因而应被承认为复数的世界人类学

---

〔1〕 如克拉克洪：《论人类学与古典学的关系》，吴银玲译，北京：北京大学出版社，2013。

(world anthropologies)[1]。

作为复数的世界人类学之一类，至20世纪20年代后期，国内学科也建立了自己的“格式”，由此，我们这个东亚大陆国度开始从西方人类学的他者转变为东方人类学的我者。然而，与其他种类的人类学主体一样，这个我者是内在分化的，歌谣学、社会学、民族学、民俗学、神话学、民族史等学门，围绕着国族之历史与未来展开百家争鸣，而它们的他者虽则多数处在国境之内且与西方的异类在分类上有重叠之处，但不同的我者关注着不同的他者，有的致力于研究乡民，有的致力于考察民族，有的通过回望古人从事民族史。到20世纪50年代，学科的“百家争鸣”时代隐退了，代之而起的，是统一安排的种种“工作”，其理想程序为，经由遵循唯一合法的“理论”实现同一个目标。在短时期内，这类工作确实形塑了认识者的集体人格。然而就其较长远的客观结果观之，这种人格却暴露了其可分性。“院系调整”之后，位于不同区域的民族院校培养出了被识别的各族的学术人才，这些人才接着又培养出各民族的接班人，其结果是，我们的学科——无论是歌谣学、人类学、社会学、民族学，还是民俗学——之知识主体，在所谓“人格”上变得超乎寻常地缤纷多彩。

这些从西学的他者（即“被研究者”）衍化而来的知识主体，到底会给复数的世界人类学带来什么？不好判断，因为，即使是他们有充分资质和自信，也不可能不受其所处情境的制约。然而，有一点却显然已无可置疑：他们给世界学术格局带来了一个微妙改变。

20世纪50年代末，列维-斯特劳斯忧伤地展望民族学（列氏后来改称之为“社会人类学”）的未来，他预测，民族学研究的各边缘群体在数量上会越变越少，而更坏的是，他们中那些相对强大者，各

[1] Eduardo Restrepo, Arturo Escobar, “Responses to ‘Other Anthropologies and Anthropology Otherwise’: Steps to A World Anthropologies Framework,” in *Critique of Anthropology*, 2006, Vol. 26. Iss. 4, pp. 483-488.

谋建立国族，为此，将民族学视作矮化其文明之手段。[1]六十年过去了，就我们看到的情况论之，列氏并没有算准"命"。西方民族学家曾在非西方各地见识到的文化多元性，随着更为畅通的文明交流渠道进入了西方，使西方成为文化多元性展演的舞台。更甚者，为了成为现代民族，西方的他者便要"找到传统"，为此，他们先后依赖了民族学知识和欧洲"东征"的文化遗产概念。非西方民族确实曾经拒斥西方民族学家，但在过去六十年，它们不仅培育出自己的民族学家、人类学家和有不同身份定义的文化学者，借助于他们获得"文化自觉"，而且还激励这些新兴的我者通过拓展世界视野颠倒我他关系，包括对西方在内的诸民族志区域进行考察。

我们致力于探究的他者，向来不是唯一的，这些不同群体分布在不同的民族志区域，如大洋洲、美洲、非洲、亚洲（对我而言，还有欧洲），有各自的生活方式和传统。纷繁的他者，为那些想给世界一个总体说法的研究者带来沉重心理负担，而雪上加霜的是，"写文化"的知识主体，也并非唯一，他们不是"孤独的田野英雄"。[2]去到一个民族志区域，他们不仅与在地的种种他者（这些有的已通过学习成为"我者"）打交道，还与游居于此的不同同类打交道，这些不同同类有的过往留下过自己的"形象的副本"，又依旧活跃于该民族志区域。众多作为知识主体的我者来自不同地方、民族、文明背景，有些来自域外，有些来自国内异地（包括其核心区位），有些则来自他者的所在地，而所有这些我者都曾沉浸于不同思想传统，他们对所在民族志区域的人文关系的认识或构想也随之有着程度不一的差异。民族志区域变得越来越复杂，不仅充斥生活世界的关系与不同变体，而

〔1〕列维－斯特劳斯：《人类学讲演集》，张毅声、张祖建、杨珊译，北京：中国人民大学出版社，2007，4—5页。

〔2〕Richard Fardon, "General Introduction," in Richard Fardon ed., *Localizing Strategies: Regional Traditions of Ethnographic Writing*, p. 136.

且，若不是挤满了背景不同、关系复杂的观察者，也会挤满他们的“幽灵”（民族志文本具有耐久性，因而成为“幽灵”的民族志作者也能持续在场）。无论是哪类关系，都有生有克，而无论如何，由于种种我者与种种他者得以在共同的民族志区域在场，其关系易于从我他衍化为你我，其在“写文化”意义上的产物，随之易于变得更加“你中有我，我中有你”。一个重要的表现是，身处共同的民族志区域，不同的知识主体意义上的我者要产生关系，会相互影响，他们的田野工作，既包括了不同认识和构想宇宙观的对话、交锋及互鉴，又包括了由自这些互动的相通性（虽则这总是局部的）。如传统的生活世界那样，种种我者与他者，得以由内而外、由外而内地交织杂处，要求文明的表达者搁置二元对立思维定式，更辩证而联系地看问题，使其认识与书写能尽量充分地体现我们的真实处境。

从关系主义角度看……

学科恢复重建四十年来，中国人类学诚然一直趋于繁荣。然而，它是否起到了真正的知识激发作用？是否取得了如此重要的突破，以至于我们有理由称之为“中国新人类学”（*cArgo: Revue Internationale d'Anthropologie Culturelle & Sociale* 的 *The New Chinese Anthropology* 特辑［Paris: de l'université Paris Descartes-Sorbonne Paris Cité, 2018］的标题）？对于我们的西方同事而言，它是否真的有如此大的创造性，以至于在西方社会科学主场工作的学人，也必须做好迎接它的准备，必须视之为对世界民族志学宝库的重要贡献？

在那些依托美式“四大分支神圣模式”来重建人类学的大学（如中山大学），体质、语言和考古人类学仍继续得到研究和教习。然而，在多数其他教学科研机构，人类学主要指对社会和文化的民族志研究。这个意义上的中国人类学，近几十年已有许多优秀的当代问题研究，涉及城市化、移民、医疗、环境问题、艺术、灾害、旅游、景观、遗产等。

虽则如此，本刊所辑文章的作者们并没有讨论上述新课题。与此相反，他们关注的是一组不那么新颖的课题[1]，包括历史（张亚辉）、文明（许卢峰和汲喆）、宗教（梁永佳）、民族（阿嘎佐诗）和海外社

〔1〕 他们的做法是有着充分理由的：大多数对新课题的研究，要么是为了跟随不断变化的西方——尤其是美国——学术时尚而从事的，要么是为了功利地完成国家社会科学“建设”或“挽救”项目而展开的，它们很少深入研究学科的认识论和政治性问题。

会（陈波）。对于那些更愿意追寻新时尚和“新出现的现实”的人而言，这些课题似乎过时了。但这一特辑的作者们认为，对学科的演进而言，重新思考这些老课题，意义更为根本。

这一特辑所收录的述评有个共同任务，即总结上述几个重要领域的近期成就，并着重认识它们的创新性。要知道，这些述评的作者们并不是中国人类学的局外人，他们不是在远处观望，也不耽于浪漫幻想；作为局中人，为了增强其所在学科的知识势力，他们必须有所批评，或者说有所自我批评。

从历史到文明

我们从人类学中的中国史研究说起。

张亚辉在他的述评中讲述了这些研究的发展过程。他在文章中谈道，一批专注于地方研究的历史学家最早开始将他们的学科与人类学结合。他们（如郑振满、陈春生、刘志伟、刘永华）几乎都来自南方的大学，专门研究传统（帝国）晚期的中国历史。他们与其国外同事们（如丁荷生［Kenneth Dean］、科大卫［David Faure］和萧凤霞［Helen Siu］）一道，采用了如“家族 / 宗族”“民间宗教 / 信仰 / 仪式”等人类学概念，以探讨乡民士绅化和士绅庶民化这两种“文明进程”。

自 20 世纪 90 年代初以来，越来越多的学者开始往返于历史学与人类学之间。前面提到的历史学家们继续基于文献（不少是田野工作中搜集而来的“民间文献”）展开地方研究，与此同时，另一批人类学家（包括我自己在内）则转向了历史民族志。在研究地方世界的社会生活、文化和行动主体时，他们发现中国各地的“地方性知识”是高度历史性的，而这一“历史性”是指“过去中的过去和现在中的过去”两种含义里的“先前性”。因此，他们不仅试图追溯前现代中国

“文明进程”的轨迹[1]，同时也密切关注着“文明”的核心矛盾——地方社群中“后传统”民族国家文化政治的拓殖，与当地“落后”民间传统的复兴，此二者之同时展开。

此外，在中国考古学和古代史研究中，也存在一定的人类学追求，沿着这一路径，越来越多的考古学家、历史学家和人类学家逐渐形成了一种对史前宇宙观以及它们从新石器晚期向早期“王朝”阶段转变的理解。

当今中国学界，几种历史人类学同时兴起，它们各有特色。虽则如此，“纵向”关系仍然被认为是这些不同路径的共同关怀。既有的历史人类学研究都集中关注社会文化要素在高等文化与“低等文化”之间自上而下或自下而上的循环（自上而下即“庶民化”，自下而上即“士绅化”），以及地方文化对中央政权的现代性“帝国”的回应，还有中国古代早期政治文化的变迁。

和西方的中国人类学研究一样，国内大多数研究围绕着中国的“核心”群体（民族学所定义的“汉族”）展开，并一致关注着这样一个事实，即这一“社会”被整体地纳入一个大型国家；尽管历经了种种历史变化，这个国家的文明观念和广义的权力合法性仍旧绵续着。[2]他们还十分敏锐地强调了文化“阶级关系”中的“纵向性”。

然而，由于其视野局限于我称之为“核心圈”的区域，大部分使用汉语的历史人类学者不可避免地遗忘了“其他中国”[3]——这些也就是所谓“民族地区”的非汉族群体。这些地区和群体是“多元一体”之中国的组成部分，通过与核心圈及边疆以外的族群之间的长期互动，在东亚大陆的历史中扮演了重要的角色。

---

〔1〕 Wang Mingming, *Empire and Local Worlds: A Chinese Model for Long-Term Historical Anthropology*, Walnut Creek, California: Left Coast Press, 2009.

〔2〕 Charlotte Bruckermann and Stephan Feuchtwang, *The Anthropology of China: China as Ethnographic and Theoretical Critique*, London: Imperial College Press, 2016, p. 268.

〔3〕 Ralph A. Litzinger, *Other Chinas: The Yao and the Politics of National Belonging*.

我们若是将这些互动归类为“横向关系”（即那些共在的地区、社群、“文化”和宗教之间的、跨越更广阔地理空间的互动）的一部分，那么，关于这些互动，我们还有很多研究工作需要做。

正如我所表明的，为了进行这类研究，马塞尔·莫斯所提出的“文明现象”[1]的观念至关重要，它可谓是对进化理论和国族观念的反动，因为它主张，社会现象是许多社会共有的，且或长或短地存在于这些社会的过去。[2]

许卢峰和汲喆的文章主要涉及中国人类学中的法国因素，在文章中，他们扼要叙述了社会学年鉴派在中国传播的历史，接着花了好几页的篇幅讨论中国人（包括我）对莫斯“文明”概念的运用。许卢峰和汲喆指出，中国的文明人类学（对此，承蒙他们述评了我的贡献）在知识上与法国学派紧密相连，它最初是基于葛兰言对中国历史的创新性研究[3]，但最终形成了一种更广泛的综合。它的概念基础仍然是葛兰言对中国的关系宇宙观与西方权力理论的比较，但它同时也从莫斯、梁启超、吴文藻、拉铁摩尔、费孝通以及许多中国民族学先驱的作品中得到了启迪。这个“文明人类学”根据历史和民族志的经验重构了“中国文化”的概念，使其成为一个更加复杂和动态的系统，可称之为“三圈”（核心圈、中间圈和外圈）。在这一综合中，中国文明被呈现为一个并没有那么多受限、内部多样化、与外部相关联的世界。

在这样一个被重新定义的文明整体中，中国被再现为一个动态的社会世界，不同的“核心区位”、民族和宗教，相互之间有着复杂关系。要认识这一“超社会”体系，仅对“纵向关系”加以考察是不够

〔1〕 Marcel Mauss, “Civilisations, Their Elements and Forms,” in *Techniques, Technology and Civilisation*, pp. 57-71.

〔2〕 王铭铭：《超社会体系：文明与中国》，46—47 页。

〔3〕 Marcel Granet, *Chinese Civilization.*

的，我们还应对“横向”的圈子和网络加以综合研究。[1]

宗教和民族问题

与各种关系视角得以在“文明”概念下综合的同时，中国人类学涌现了一大批关于宗教和民族的新研究。出于对片面的“纵向”叙事之不满，“汉学人类学”在晚近阶段产生了自我反思，但这一点并没有被从事宗教和民族研究的人类学家认真考虑，这或多或少是自然而然的，因为他们的研究通常早已超出了“华夏世界”的范围。这一点也不令人惊讶，尽管宗教和民族问题与莫斯的“文明现象”概念密切相关，但很少有中国人类学家从这个角度来考察它们。

那么，中国新出现的宗教和民族人类学是什么样的？在介绍历史和文明的两篇文章之后，第三篇和第四篇述评给我们提供了概述。

梁永佳在他的文章中对“宗教复兴”的几种新方向进行了全面的概述。虽然他并没有声称穷尽了既有路径，但是他的文章实已涵盖全部主题。如梁永佳所述，中国宗教人类学之所以成为一门被深入研究的学科，其背景由两个因素共同构成，这两个因素是，“后文革”时期的宗教复兴，及社会科学各学科的恢复。在 20 世纪 80 年代末至 90 年代初，几部民族志研究将宗教问题重新带回了中国人类学的视野。很快，“民间信仰”和制度化宗教的复兴催生了更多集中研究。这一问题最开始在更全面的民族志田野工作中得到考察，后来，广义上的宗教逐渐形成了一个独立的研究领域。

随着国际学术交流的发展，许多新的西方概念得到引进。与此同时，那些根据儒学传统展开工作的学者也发展了一些具有中国特色的方法。

---

〔1〕 王铭铭：《超社会体系：文明与中国》。

来自美国社会学的“市场理论”和儒学遗产中的“生态/平衡理论”就是中国学术“国际主义”和“本土主义”之间“兄弟之争”的一例。

其他宗教“人类学”也可以在“文化学”、民俗学和遗产研究领域看到。

梁永佳对这些方法给出了积极的评价，但他也对其中一种潜在的倾向保留意见。他尤其担忧在这些新研究中暴露的世俗主义倾向——对他来说，它们仍然是“研究其他任何事物而非宗教的人类学”。梁永佳认为，学术权力分配的官僚主义模式和“宗教”的政治敏感性可以部分解释中国宗教人类学的局限性。此外，他还提及了“‘宗教’一词的舶来性”，以做进一步解释。

梁永佳对“‘宗教’一词的舶来性”的重要反思令我印象深刻。他把这一批评和“生态/平衡理论”相联系，引出了一些从前现代东方语境中引用“礼”来代替“宗教”一词的论述。然而，梁永佳对“生态/平衡论”中的儒学因素也抱着批判的态度。为了在东西双方之间保持平衡，他提出，如果中国宗教人类学想要改善其两难状态，便需要进一步综合两者：“无论是英语世界的人类学还是中国古典经学，都无法独自帮助中国人类学家做出世界级的研究。”

阿嘎佐诗在她的文章中描述了中国“民族研究”（或译“民族学”）的概况。她认为中国的民族概念最早来源于日本对“西方民族”（nation）一词的翻译。20世纪上半叶，这一“猜想性的概念”引发了人类学家、社会学家、历史学家和政策研究者之间的热烈争辩。直到1949年后，辩论还在继续。新政权认为民族这一概念有益于“社会主义建设”，同时，为了杜绝西方帝国主义在东方的遗毒，它迅速废除了包括人类学在内的各类社会科学学科。然而，为了成为“社会主义大家庭”，新政权无意中在民族的概念里保留了大量人类学知识。结果，这一概念本身不仅对新的“多民族国家”制度的建设做出了很大的贡献，而且还为改革开放后的民族观和学科重建奠定了基础。

关于20世纪90年代以来的民族人类学新研究，阿嘎佐诗希望我们关注年轻一代人类学家对于结合中西双方经验与概念的尝试。

如其所述，随着国际学术交流的增多，越来越多的西方新民族理论和民族主义批判开始进入我们的视野。但是年轻一代中国人类学家并未满足于此，而是试图在他们的民族学环境对之加以“检验”。此时，前代人类学家费孝通在20世纪80年代末提出的“多元一体”理念又回到了我们的视线中。费孝通的“中间性”概念已经被重新定义为中心与边缘之间的相互关系和中间圈的不固定性（我的理解）。与此同时，在更多关注政策问题的学者中，“融合论”与“建构论”之间的论战也引发了大量的关注。

经过一个世纪的“汉化”，“民族”一词已经无法再译回它的原始西方语言里去，但吊诡的是，民族“认同”作为一个舶来的概念仍然在继续困扰着中国人类学家。

阿嘎佐诗清楚地表明，这个舶来的概念承载了许多源自西方的思考，并不像看起来的那样与中国紧密相关。然而，她又坚持认为，这个概念深深嵌入了学科史的构成之中，这门学科将民族当作一个“关键词”，并反过来为重塑中华民族的“多元统一”做出了巨大贡献。

“过去中的过去与现在中的过去”

讨论中国学者对文明和民族之研究的两篇文章，谈到了学科传统，认为这是使中国人类学得以恢复活力的条件之一。正如许卢峰和汲喆所指出的，当下中国人类学对文明的研究不仅与最近被西方重新注意到的莫斯跨社会关系理论相关，还与学界对20世纪早期的中国社会学与民族学的一种“递归”有联系。阿嘎佐诗在对中国民族研究的综述中，重述了关于民族与国家之间关系的一系列不断变化的观点，其中，民国时期的学科传统是其中一个重要部分。

很显然，中国人类学的新成就并不是凭空产生的，而是与既有遗产息息相关（需要强调的是，这些遗产是西方近代知识传统的转化版本，因此，它们以及它们的相关脉络不应该被视为“本土的”）。可是，这些遗产具体是哪些呢？它们从何种意义上可以被视作是开辟了先河的“过去”？

让我们简单地浏览一下这门学科在中国的历史变化。

众所周知，早在19世纪末，西方人类学就作为进化论的主要部分传入了中国，被严复、康有为、梁启超等帝国晚期的改革家们用以启蒙国人。随后，传播论的思想也为帝制末期的某些历史学家所采纳，这些历史学家力图在东西方之间的那个板块寻找东西方文明的共同发祥地。然而，作为一门学科或一个学科大类的人类学直到20世纪20年代末才成形。

中国人类学的“学科格式化”[1]始于民族主义在远东地区扎根的时期，并与国族营造工作紧密相关。

人类学史家乔治·史铎金指出，西方人类学不能被看作单一的整体[2]。他说：

> 在欧美学统中，“帝国营造”的人类学和“国族营造”的人类学有所区别。英国人类学研究的风格首先源自与海外帝国中黑皮肤的“他者”之间的来往。与此相对的是欧陆的许多地区，在19世纪文化民族主义运动的背景下，民族认同与内部他者的关系成为一个更重要的问题。而且，民族学（Völkerkunder）的

[1] Arif Dirlik ed., with Li Guannan and Yen Hsiao-pei, *Sociology and Anthropology in Twentieth-Century China: Between Universalism and Indigenism.*

[2] George Stocking, Jr., “Afterword: A View from the Center,” in *Ethnos*, 1982, Vol. 47, No. 1-2, pp. 172-186.

> 强大传统与民俗学（Volkskunde）的发展十分不同。前者或是对国内农民中的他者的研究，这些人构成了这个民族；或是对一个帝国中潜在的不同民族的研究。而后者则是对遥远的他者的研究，包括海外的和欧洲历史上的。[1]

近代中国人类学是由中国知识分子和政治家们设计的，旨在助力于用社会科学研究推进中国的现代化和国族化。他们从最初就是按照"国族营造人类学"的模式进行设计的。

中国人类学学科在两个主要的学术机构中形成：燕京大学社会学系（由吴文藻领导）和中央研究院民族学研究组（由蔡元培、凌纯声及其同事组成）。[2]燕大与中研院的人类学（又名"社会学"或"民族学"）都是为处理与"内部的他者"有关的问题而建立的，其中前者更关注"作为他者的农民"和他们的现代化，并且更多地依赖英美社会学和人类学；而后者试图帮助国民政府将非汉族纳入作为整体的中华"国家"，他们更倾向于采用欧陆民族学观点。

在民族志方面，燕京学派人类学家倾向于强调"社区研究法"，而中研院民族学家则提倡更大规模的历史民族志。

这两个学派都取得了重大的成果——燕京学派将罗伯特·派克的人文区位学、拉德克里夫－布朗的比较社会学和马林诺夫斯基的民族志方法相结合，开创了"社会人类学的中国时代"[3]；中研院利用欧陆民族学方法进行民族志和民族史研究，它对民族问题的相关研究做出了同样重要的贡献。[4]

---

〔1〕 George Stocking, Jr., "Afterword: A View from the Center," in *Ethnos*, 1982, Vol. 47, No. 1-2, p. 170.

〔2〕 黄应贵：《光复后台湾地区人类学研究的发展》，载《"中央研究院"民族学研究所集刊》1984年第55期，105—146页。

〔3〕 Maurice Freedman, "A Chinese Phase in Social Anthropology," *The Study of Chinese Society*, pp. 380-397.

〔4〕 王铭铭：《人类学讲义稿》，483—508页。

全面抗战期间（1937—1945 年），燕京大学和中研院都迁入西南偏远地区。两派人类学家在此处进行了集中的交流（包括辩论）。如果给他们更多的时间，也许他们会允许第三种综合双方对立观点的学派出现（这多少会类似于我们现在所知道的“历史人类学”）[1]。不幸的是，抗战结束后不久，解放战争爆发，分别站在对立两党阵营的学者们失去了进行这一整合的机会。

1949 年后，中研院的许多成员前往台湾，而燕京大学在 1952 年停止工作并废校，燕京学派的成员离开了他们原本的校园，加入了“社会主义重建”运动。他们的任务之一是通过民族志和社会经济史研究，确认现存的民族，并将其载入国务院的民族名录。如阿嘎佐诗所述，当时西式的人类学、民族学、社会学学科都被废除，苏联式的民族志学则开始被提倡。为了完成“民族识别”工作，“旧社会”的人类学家和社会学家们组建了新的研究团队。

随后，这些研究团队扩大并容纳了大量历史学家、经济学家、语言学家、地方史学家和先驱者们，快速训练出年轻一代的田野工作者。政府进一步委托他们完成记录各民族社会经济历史情况的任务，这些族群“落后”的社会结构将要被迅速“升级”到“社会主义阶段”[2]。

在反思战后世界人类学的情况时，列维-施特劳斯称之为一种悖论：

> 文化相对主义学说的发展源自对我们自身以外的文化的深刻尊敬。现在这一学说却似乎正是被它所维护的这些人视为是不可接受的，同时，那些醉心于单线进化论的民族学家们却从

---

〔1〕 陶云逵：《车里摆夷之生命环：陶云逵历史人类学文选》，杨清媚编，北京：生活·读书·新知三联书店，2017。

〔2〕 土地改革运动迅速改变了各民族的内部结构，而民族志的完成则要慢得多。研究团队历时近十年完成了第一组报告。1964 年时，完成了约 340 份研究报告和超过 10 部纪录片。在此基础上，还编纂了约 57 部各民族简史和记录。

单纯渴望分享工业化利益的人群中得到了意想不到的支持，这些人更愿意将自己视为暂时落后，而非根本上不同的。[1]

文化相对主义最早在20世纪30年代被介绍到中国，但从未被中国人类学先驱们完全接受。燕京学派和中研院的学者们对这一学说都有所了解，但他们置身于中国的现代化建设运动，均不认为这一“学说”有助于他们的工作（与此相反，他们选择了英美的普遍主义学说和他们自己版本的民族学）。

20世纪50年代，情况发生了巨大的变化。这一时期，民族学走上了列维－施特劳斯所担忧的方向（即成为“土著民族”用以使自身现代化的知识－话语系统）。为了改变中国“暂时落后”的状况，中国的社科学者被赋予了用历史和民族志证据来证实汉和非汉民间文化都曾长期处在“迷信”、“封建”和“浪费”的文化状态的任务。

从少数民族地区的“民主改革”开始（1956年）到70年代中期，中国人类学家自身被划为“落后文化”的载体。在该时期，民族志知识被视为“反动”，其研究基本成了“禁区”。

新的中国人类学在学科重建二十年后开始发展。[2]就其现有的成果看，其凭靠的思想基础，已经与既往的历史唯物主义有了一定不同。[3]

在中国，多数人类学家专注于研究汉人村落与少数民族地区中的“边缘小社区”，他们继续作为“国族营造人类学家”工作着。但新一代中国人类学家受到西方新功能主义、新结构主义和后现代主义的启

〔1〕 Claude Lévi-Strauss, “The Work of the Bureau of American Ethnology and Its Lessons,” in his *Structural Anthropology*, Vol. 2, p. 53.

〔2〕 如果说在改革开放的头二十年里，人类学充斥着对“基本”问题的讨论，如关于人类学的真正含义、如何与其他学科区分以及它能够对中国现代化做出的贡献等，那么，在过去的二十年里，它变得更具创造性。

〔3〕 二十年前，人类学家仍然在讨论路易斯·亨利·摩尔根的对与错，二十年后的今天，不再有人类学家提到进化的概念。

发，已经能够发现早期民族志文本中的“错失”。他们放弃了历史唯物主义版本的进化论，这种理论曾给“内部他者”文化带来过巨大改变。另外，他们尤其关注西方人类学的新潮流，有的也试图通过种种方式再次恢复所谓“民国学者”的实证主义社会学和历史民族志传统。

回顾“过去”是为了更好地延续，这与变化并不矛盾，而是恰恰相反，变化总是伴随着延续。

20 世纪 90 年代以来，中国人类学家掌握了对历史、文明、宗教和民族的新认识，并成功地在旧瓶（社区和民族的概念）中装入了新酒。现在，被学者们考察的农民社会既包括历史悠久的“纵向关系”系统，也包括在时间中动态变化的传统（古代或现代）；民族已经不再被描述为等待国家来归类的“孤立社会”，或是“落后文化”的集中载体，而是从新的角度得到考量。

除了复杂的历史和学术政治因素，中国的历史人类学家和“民族学家”之间仍然泾渭分明：前者的视野总体上局限于“汉学”，而后者则多数将中国看作由众多民族组成的世界。不同“民族志区域”[1]之间的对话对中国人类学的进一步发展至关重要。在我看来，这主要是因为不同知识亚传统之间存在竞争，如燕京学派的民族志社会学和“中研院”的历史民族学。但这并不是全部。

跨传统的转变并非不存在。

如今多数的历史人类学家来自南方，并且比多数其他社科学者更加历史化，但他们在其民族志研究中无意识地遵循着数十年前在北方发展起来的“社区研究法”；“民族学”最早在北方被重建，“圈”内的主要成员反而都直接或间接地师承燕京学派，而不是“中研院”的考古学、历史学、文献学和欧陆民族学训练，因此也很容易忽略民族

---

〔1〕 Richard Fardon, “General Introduction,” in Richard Fardon ed., *Localizing Strategies: Regional Traditions of Ethnographic Writing*, pp. 1-36.

叙事中的历史因素（20 世纪 50 年代的“民族史家”曾专攻此类研究，但他们现在已经被从“民族学家”中剔除了）。[1]

这一现象可以描述为不同知识亚传统之间一种特殊的“习俗”转化[2]，它不是基于对旧模型的批判性重新理解，也不等同于交流对话。

这里我不拟详细讲述每个领域的继承与发展。我相信，上文内容足以表明，在过去的二十年中，存在着一种避开“后革命”进步话语的倾向，这一倾向，与 1949 年前对社会和历史的非进化论、非革命论的社会学和民族学叙述是一致的。很明显，如果可以说这是一种学术的复兴，那么，也可以说，它是在知识界对教条化的历史唯物主义之悄然抵制中发生的。这点，上文也已经清楚地说明了。然而，我还需要强调的是，如果这种复兴被认为是必然的、不可避免的，那么，为了批判性地重新思考旧的亚传统，并选择性地将它发展为新对话的基础，这种复兴必须变得更加自觉。

纵向和横向

许卢峰和汲喆在其文章中指出，中国存在文明人类学这个新方向。容我重申，这个方向，与近期将民国社会学和民族学视角与莫斯跨社会体系思想相结合的努力息息相关。

我们的努力是要从“纵向”和“横向”来界定“超社会”关系复合体。如果说，在这方面，我们取得了某种成就，那么，这一成就便主要缘于对不同学术传统和视角所做的综合。

---

〔1〕造成的结果是，历史人类学家实际上对民族学中的历史主义知之甚少，在田野作业时更像社会学家，同时，“民族学家”对文化史也兴趣寥寥。

〔2〕燕京学派民族社会学在改革开放后数十年间的扩张导致了视角的单一化，这可以解释那种“无意识”的转化。

我们的观点很简单。它立足于整体主义，反对那种导致了非整体性乃至非关系性解释的“劳动分工”方法。在我们看来，非整体性或非关系性的解释一旦被应用在历史、宗教和民族研究的领域，就会导致对历史和现实的种种误读。因此，我们的观点不仅需要在不同的，甚至是对立的亚传统之间展开进一步对话，也需要进一步将本文所述的同时存在的当代视角相互关联起来。

让我根据中国历史人类学遇到的问题来阐述这一点。

如果说中国的历史人类学研究存在着问题，那么它们主要是来自将所选择的事实作为“物体”来考察的方法。在这些研究中，家谱、宗祠和地域性崇拜的寺庙都是被考察的核心现象。大多数中国历史人类学家都试图在论证中将这些“对象”和其他“对象”相联系（尤其是那些出现在社会经济和政治现象层面的事物）。然而，这种努力在某种意义上是失败的，它没有产出有足够人类学意味的成果。问题的根源在于，学者们作为“外来者”或是“知识精英”，对他们所看到的“对象”，甚少从内部视角加以关注，因而大抵忽视了所面对的事物——诸如族谱、祠堂、石碑和寺庙之类很大程度上属于社会生活中的“魔法”和“宗教”一类东西——的“灵验性”或宗教性。

在我看来，这体现了“本土人类学”的悖论：虽然它自称不同于研究异文化的人类学，但实际上它全然具备后者所被批评的旁观性。

和我们在此处讨论的内容更有关系的是，在所有这些“神圣的事物”中，“本土 / 民间的”历史视角显然也被铭刻其中。20 世纪初以来，中国学者对居于霸权地位的线性发展时间观习以为常，但这种“本土 / 民间的”的历史时间模式，与此很不同，值得我们加以重点研究。

如果这种猜想是正确的，那么它的意思就很明确了：在我们从历史与宗教相结合的角度来思考这些模式之前，中国历史人类学的创造力将会持续受限。

反过来说也同样成立。宗教复兴和“民族问题”已经成为当今中国的两个热点问题，但当代问题不等于“非历史”问题，恰恰相反，当代问题的根源总是深植于过去的文明复合整体。

让我们根据莫斯的观点来讨论这个问题，从这个角度出发，宗教和民族可以被置于更广阔的历史“文明现象”的范畴来考察。

纵观整个20世纪，“汉学人类学”一直有一种从中国性出发来理解中国或中华文明的倾向。这一文明本身无疑是存在的。在前现代时期，中国或中华文明是高度系统性的，它的“影响范围”远远超出了帝国的疆域，但这并不意味着没有反向的文化传播，其他文明在历史上也同样是扩张性的。各种各样的文明都在我们现在所说的“中国”里找到了它们的位置。佛教、伊斯兰教、天主教和新教等“大传统”都来自“中华世界”以外，但它们都传入了中国，造成了种种影响，其中之一，就是其所导致的汉民族和少数民族地域与族群的重组。在中国，宗教似乎成了一个介于“中心”与“边缘”、官方与民间之间的中间层。民族与地域的重组同时具备“整合”与“分裂”的功能——这并不总是“制衡”的。随着“中央”与宗教之间、统治阶级和民族之间关系的不断变化，情势也不断地复杂化（需要说明的是，中国历史上有几个时期，“中国”的统治者实际上来自汉族以外的民族，包括几个大型帝国时期，如北魏、元、清）。

在前现代时期，中国不仅滋养出了自己的“宗教”，也接纳了种种外来的“世界宗教”。至于民族，我们不应该轻易否认它的现代性，但同时也必须承认，在现在被称为“中国”的这个国家，“民族”的情况也与宗教相似。宗教与民族之间具有“横向的”关系，这是在广阔的地理空间中形成的。然而，它们也是“纵向的”，宗教间和民族间的等级秩序是模式化的，这不同于政权间与王朝间的关系。在关于等级关系的研究中，历史人类学的“士绅化”和“庶民化”视角如果能够被纳入帝国、宗教和民族之间的复杂关系之中，它会变得更具启迪和新意。[1]

内外之间

为了更加诚实地面对其反思性研究，中国人类学家需要完成一个更进一步的任务：用区域和文明的视角来代替“国族营造人类学”。这个跨界的任务意味着要从关于更遥远的他者的人类学中获得更进一步的灵感，以此重塑对民族人类学的“自观”。但是，反过来说，这是否意味着现有的知识传统将无可避免地走向衰落或灭绝？更具体地说，“帝国营造人类学”，是否应该成为我们重塑中国人类学的全部基础？

为了回答上述问题，让我们根据陈波的论述来重新思考新近出现的“中国的海外民族志”。

令人振奋的是，在近十年间，不仅有更多关于中国境内地区的民族志专著出版，而且关于海外文化的人类学著作也越来越多了。如陈波所概括的，新“海外民族志”中的一部分是中国人类学视野“自然”延伸乃至超越“中间圈”的结果，而另一部分则源自对人类学的霸权风气——“一种从外部观察文化的科学”[2]——的追随。在这两个方面，中国人类学家都进一步吸收了史铎金所说的“国际人类学”内在统一的核心因素[3]—— “reach into otherness”。

---

〔1〕 近期，关于中间圈问题已经有了一些重要的研究（如舒瑜：《微“盐”大义：云南诺邓盐业的历史人类学考察》，北京：世界图书出版公司，2010；郑少雄：《汉藏之间的康定土司：清末民初末代明正土司人生史》，北京：生活·读书·新知三联书店，2016；王铭铭、舒瑜编：《文化复合性：西南地区的仪式、人物与交换》，北京：北京联合出版公司，2015），其中，一个古老的文明以及其中的区域性、等级性、宗教－宇宙观、民族多样性和对外关系都已经被重新建构为一个“体系”，它在现代世界的命运已经成为一个核心问题。

〔2〕 Claude Lévi-Strauss, “The Work of the Bureau of American Ethnology and its Lessons,” in *Structural Anthropology*, Vol. 2, p. 55.

〔3〕 George Stocking, Jr., “Afterword: A View from the Center,” in *Ethnos*, 1982, Vol. 47, No. 1-2, p. 171.

然而，这种新变化令陈波感到忧虑。他有力地说明，多数中国海外民族志并非建立在真正的参与式观察上，也没有对广义上的当地人际关系的整体理解。更糟的是，虽然这些专著都用中文写作，但除了少数例外（如罗杨所著《他邦的文明：柬埔寨吴哥的知识、王权与宗教生活》一书[1]），它们都是西方海外人类学的低级翻版，既不是可靠的民族志研究，也没有独特的看法。[2]

中国海外民族志从某种程度上来看是很新的。然而，正如陈波所指出的，它们实际上已经早有先例。早在帝制时期，中国就已经有了关于外国社会的记录，到了20世纪初，一些人类学先驱（例如吴泽霖、李安宅）在发展他们的“国族营造人类学”的同时，也开始着手探索在先进西方国家和遥远的“原始人”社会进行民族志研究的可能性。

陈波复述了我对古代中国他者观的人类学相关性看法[3]，我应对此稍加陈述。

从公元前630年起，中国的书籍开始按照四部系统分类。四部传由唐代名臣魏征发明，包括经、史、子、集。当然，这几种类别都不包括“人类学”这一子类，它是很久之后才由西方发明的词，代指一种研究文化的科学，包括民族志记述、民族学比较、社会理论或人文理论。然而，我们很容易在中国古典文献中看到这种“人类学性质”的表述。许多古代中国的叙述和概念都贴近现在被归为“人类学”的内容，并在古代中国知识分子间流传。也许甚至可以这样说，从中国出现书写系统以来，它就具备“描述他者”的方法和功能。很大程

---

〔1〕 罗杨：《他邦的文明：柬埔寨吴哥的知识、王权与宗教生活》，北京：北京联合出版公司，2016。

〔2〕 矛盾的是，中国关于海外社会的民族志与西方的又十分不同，因为它们被“束缚”在一种关于他者的古典概念下，认为他者是天然卓越、神圣且文明的，因而几乎不讨论原始人所经历的厄运。

〔3〕 Wang Mingming, *The West as the Other: A Genealogy of Chinese Occidentalism*.

度上讲，特别是那些来自古代占星家和地理学家的作品（例如《山海经》）、道家或佛教的异域“神游”（例如屈原的神山之旅、庄子和列子在天地之间的“神游”和法显的佛国朝圣）的文本都可以被解读为一种从知识上走近他者的方式。

与诸多现代人类学叙事相同，古代中国对他者的表述充满本原和原初的“浪漫”。如果我们可以将古希腊思想视为人类学的一个来源[1]，那么我们也能将中国古代对他者的表述当作人类学的另一个来源。

尽管如此，我们并不认为这些表述与现代人类学是相同的。

两者之间的区别之一是，一部分文本（如《山海经》）将这种原始状态视为神话中人与非人之间的结合；另一些则将原始状态定义为天然卓越、神圣且文明的（如神山、南天门和印度）。这两种叙述都没有将单一的“野蛮”概念放在叙事表达的核心位置。

古今传统之间还存在其他的区别。其中之一是：现代人类学高度依赖二元论[2]，而古代中国“民族志记述”则并不在自我与他者、“国家”与帝国之间划出清晰的界限。

在最高的层面，这些记录的产生反映了天下之大。天下的世界秩序是一个多层次、等级化的地理-宇宙结构，而且是一个动态的关系系统。它是一种与国家完全不同的生活方式，并不立足于内外二元之分，而是发展为一种用于处理各个层级之间复杂关系的技术和智慧。[3] 由于古代的“民族学记述”是构成天下这一整体世界的必需部分，它们本身就是对自我与他者之间相互关系的一种表达。

关系的概念可以是一种大规模、复杂的“超社会体系”的地

---

〔1〕 Clyde Kluckhohn, *Anthropology and the Classics*, Providence: Brown University Press, 1961.

〔2〕 Johannes Fabian, *Time and the Other: How Anthropology Makes Its Object*, New York: Columbia University Press, 1983.

〔3〕 我们可以在这个系统中发现某种民族中心性，例如古代的五服宇宙-地理观，它是同心圆状的，有一个位于中心位置的核心，熟悉的他者位于中间，而“陌生”的他者在外圈。但是，中心性在知识上和政治上是可变的，尤其是当中心被边缘化而中间圈、外圈被“中心化”时。

理–宇宙结构原则，但同时也可以是微观的，出现在地方社群中，甚至是个别人之间。它不仅仅可以跨越阶层[1]，也可以跨越人、物和神灵之间的界限[2]。

当今中国的新海外民族志遵循着现代西方的二元论方法，将世界分为文化与自然、内部与外部、自我与他者、中国与外国，通过这种方式，所有的社会和文化变得“自成一体”。这些研究看似新颖，但正是这些新研究包含着为“想象的共同体”[3]增加动力的可能性。在与“国族营造人类学”背道而驰的同时，它们实际上也冒着与关系性的感觉和图景相冲突的风险，这些感觉和图景不仅深植于中国传统文明，也与我们对当代人类学问题的重新考量有关——其中一个问题就是，所谓的“排斥”他者，在更广义上是民族学所谓的“融合”他者。

对于当今中国人类学的错位问题，一种解决方法是重新进入“古典的”视角。如果这种方案听上去过于“复古”，那么，一种更合适的选择是考量现代的民族学传统。

在20世纪初，中国民族学对汉族与少数民族之间的关系投入了很多关注。作为“国族营造人类学家”，中国民族学家不遗余力地与西方汉学家和民族学家争辩，后者认为中国边疆地区居住的边缘族群是“外族”。其间，他们在某种程度上过度强调了中华民族的边界。尽管如此，在这一过程中，他们也提出了一种关于自我与他者的关系性视角。在很大程度上，他们所创造的民族史是对于他者“参与”自我的有效论据。从相反的方向来说，民族学的先驱们也发展了他们独

---

〔1〕 Marilyn Strathern, *The Relation: Issues in Complexity and Scale*, Cambridge: Prickly Pear Press, 1995.

〔2〕 王铭铭：《民族志：一种广义人文关系学的界定》，载《学术月刊》2015年第3期，129—140页。亦见本书第428—451页。

〔3〕 Benedict Anderson, *Imagined Communities: Reflections on the Origin and Spread of Nationalism*.

特的“同化”路径，以此考察中华文明成为其他文化“内部”成分的方式。

中国人类学不应该被民族研究的常规做法限制。但这不是说我们就不能从它们那里汲取新的灵感。如果关系民族学能够被地理－宇宙和“本体论”视角的生命力激活，它将会成为创造力的重要源泉。

在将来，新一代的中国人类学家将作为他们自己的“世界人类学”[1]的创造者，继续扩展他们的“走近他者”。由此，他们将会使他们的民族学区域更加多样化。传统的地缘政治学以核心和中间圈划分农民和民族中的他者，摆脱了这一限制后，他们可以在狩猎－采集社会、撒哈拉以南非洲人、美拉尼西亚人、欧洲人、美国人和其他亚洲人中进行田野调查。在每一个民族学区域，他们不仅会遇到“当地人”，也会遇到其他来自本土社会和其他大陆的人类学家。他们可以和这些同行建立社会和知识的关联。让他者理解自己的观点将会成为这种关联的先决条件。但是，为了让这种关系建立在一个更长久的基础上，他们也有义务向人类学共同体贡献自己的观念和范式。观点的交换能够令人获益良多，因此，他们会越来越需要在自己的经验和观点以及各种关系的图景之间往返，他们的先行者发展出了从文明到民族的人类学，后者正是在其中建立和重建的。

用区域和文明的观点来取代“国族营造人类学”不等于要简单地切断现有的传统，而且“帝国营造人类学”——它对他者的深入探索无疑对人类学思想产生了积极的作用——也不应该被看作是对当代中国人类学所遇到的问题的现成解决方案。在这两种人类学之间还有一个中间的层次，在此处，可以用历史的角度重新思考人类学的认识论和方法论问题。

---

〔1〕 Arturo Escobar and Gustavo Lins Ribeiro eds., *World Anthropologies: Disciplinary Transformations within Systems of Power*.

对“纵向”和“横向”视角的综合要求民族志作者从“较小的社会区域”的民族志“扩大”到区域和文明意义上的跨文化世界。然而，我们通过扩大我们的民族志区域而获得的对跨文化实体——本质上是关联的——的理解不应该被认为与我们在“小型社会区域”的民族志无关。将文明人类学缩小到常规的民族志区域总是有可能，甚至是必要的，那种想象的“孤立”由此可以向它们原有的复杂关系开放。通过对更大规模的“超社区”和“超社会”体系的关注，我们可以更清楚地看到这一点。

结论

作为暴力时代的产物，人类学之现代形态，要么是“使人类的一大部分屈从于另一部分”这一历史进程的结果[1]，要么是将“民族精神”或文化的自我意识转化为国家间互相孤立、歧视和敌对关系之运动的产物[2]。从20世纪初开始，出于对学科两种“命运”的反思，几代西方人类学家奋力寻找出路。尽管堪称完美的成果尚不存在，但西方人类学业已被广泛认同为一种基本合理的追求。在不少同人看来，这是一门致力于文化翻译的科学，一门关于其他“科学”的科学，一门对文明加以自我批判的学问。

然而，西方人类学家无法确保他们的非西方追随者采纳他们安排的路线，以规避他们自己曾经制造的裂隙和陷阱。

为了能够从文明的繁荣中获益，中国人类学家首先成了国族营造者，接着他们经历了学科数十年的式微，现如今，他们则在“国族营造”和“帝国营造”的人类学之间举棋不定。

---

〔1〕 Claude Lévi-Strauss, “The Work of the Bureau of American Ethnology and its Lessons,” in *Structural Anthropology*, Vol. 2, pp. 54-55.

〔2〕 Marcel Mauss, “The Nation,” in *Techniques, Technology and Civilisation*, pp. 42-43.

然而，中国人类学仍然成功地保持着一定的创造性。这一创造性来之不易。人类学的“双重人格”源自上述的认识论悖论，这使中国人类学家展开其工作举步维艰。更有甚者，中国的学术工作处于特殊的政治本体论环境，这给中国的人类学家带来了沉重的压力。学科重建后仅仅几年，文化人类学就担负过传播“异化”（如无意义和空虚的感受）思想的罪名。也就是在二十多年前，人类学的话语也曾被怀疑带有某种“自由化倾向”。幸运的是，在过去的二十年里，中国人类学获得了一段平稳发展——或者说，过度发展——的愉快时光。但即使是在这段时间，人类学在国家层面的处境也没有彻底改善。中国人类学家在东西人类学传统之间的“神游”中发现，不断更新的人类学知识令他们目不暇接，包括来自西方的，及来自中国历史上数量惊人的前人之学。给他们增加了更多困难的是，他们在进行研究时，必须使他们的课题和写作适应于不断变化的政策。近二十年间，国家的基本政策从经济主义转身而出，迈向“和谐社会”和“新时代社会主义”。每一个政治“概念”都是一种政治要求，而且每一种要求都转而引出社会科学资源再分配的新方式，而无论这些新方式为何，实用主义始终是其特征。结果是：中国社会科学越来越依附于此类要求。在这种环境里，学术很容易成为新科层制的组成部分，其与宣传之间的界线不易划清。

全世界人类学家都关注传统，而我们必须特别关注它们在中国反复变化的“命运”。曾几何时，传统全都被视为“落后”的标志而被轻率地铲除；但现在“文化”又迅速成为广受欢迎的政治事物。中国人类学家不再在“文化正在消失”的处境下工作，正相反，他们生活在新“文明”中，“文化类型和内容”的数量如 GDP 一样增长着。因此，许多中国人类学家感受到了使学术策略尽快适应政治文化的迫切需求，其方法是将“国族营造人类学”升级为文化遗产研究。

人类学存在的处境无论何时大多是不理想的，更不用说中国人类学的艰难生涯了。但同样真实的是，环境从来不是思维主体的知识根基，也无法阻止它们进入其他时空。

在其中一个时空里，我们回望孔子关于学习的说法："志于道，据于德，依于仁，游于艺。"（《论语·述而第七》）

我们不应将关于"道"的古典哲学矮化为人文科学的一种方法，而应按照孔子本人的做法，在宇宙论和社会论的意义上，将"道"置于文明的文野之间。若是这样做，我们便会有所收获。因为，正是在文野之间，关系的概念得以生发。在文野之间，我们可以引申出一种见解，用它来表达人、物、神及其集合体之间相互关联的"道德"和"灵力"。我们还可以依顺这一见解，赋予不同传统——包括人类学诸传统和由作为思考主体的人类学家工作的情景构成的"传统"——之间的相互交流以相对确然的道德价值。

第二编

从社会到文明

反思“社会”的人间主义定义

社会是由人构成的（虽然它通常表现为一种超人的存在），而人从来都生活在实在和想象的世界之中。这是一个不争的事实。但吊诡的是，在既已被广泛接受了的“一般思想”里，它却几乎“不为人知”。在常识化的理解中，社会是一个纯粹人间的、排“它”（物、神、他人）的实体。

只要翻开威廉姆斯（Raymond Williams）[1]写的那本著名的《关键词：文化与社会的词汇》，找到与“社会”直接相关的词条（社会、社会学），对这一吊诡，便能有所觉知。

威廉姆斯认为，社会有具体的含义也有抽象的含义，而社会科学所接受的社会定义，是由这两个含义综合而成的。在具体的方面，它指制度与关系，在抽象的方面，它指制度与关系的抽象形态。社会这个词有比社会科学更久远的历史，在英语里，是在14世纪出现的，而这之前，古拉丁和法文已有后来说的“社会”。14世纪之前，这些词的含义都跟“伙伴”（companion）是一个意思，指情谊。16世纪中叶，英文中出现了含义更广的社会概念，有了指“众人之集合及意见

〔1〕威廉姆斯（1921—1988）是英国著名马克思主义文化理论家。他是威尔士铁路工人后代，少年时即支持共产主义思想，十四岁参加英国的共产主义运动。在剑桥大学三一学院就学时，与英国共产党领袖霍布斯鲍姆（Eric Hobsbawm）同时加入英国共产党。“二战”爆发，他没有拿到学位就前去参战。之后，在学术上取得了很高成就，并于1974年被剑桥大学邀请，担任戏剧学教授。它的著述很多，如《文化与社会》（1958）、《长期革命》（1961）、《城市与乡村》（1973）等，都是有深度的学术之作。

之一致”的意思。到了17、18世纪，社会这一概念变成了与别人相处的法则，不再局限于指伙伴情谊，而超越于此，指有利于人的法则和制度，如“the good of humane society”[1]。在同一过程中，社会概念的内涵也相对于另外一个概念演变，和它相互对照和相互关联，使得社会获得了社会学意义上的含义——这就是我们今天称作“国家”的这个词，英文里面就是state。它在13世纪还是指状态、身份地位、领主所拥有的土地，因而，当时又有estate这种与贵族制相联系的名词，指国王授予某个贵族的土地。到了16世纪，欧洲国王的权威已被视作等同于国家的主权；在这一阶段，state这个词用以形容国王的尊严和权力，意思与统治者一样。17世纪，欧洲又出现了一类政治人物，他们喜欢在政治上表达意见，被称为“政治人物”，用的也是一个与state相联系的词——statist。在此过程中，社会相对于权力机构、等级和君权存在，指公民的结合体，而这种结合体到17世纪变得很重要。此时，相对于作为权力组织、支配形式、王者的集合体的国家，社会被用以指民间社会、公民社会、公民团体，指为同一目的而结合起来的自由人。[2]直到19世纪，这一相对于国家的那种社会的定义才在社会科学中得到清晰定义。孔德提出系统的社会学论述，他用社会概念来指相对于国家的市民；斯宾塞则用它来指群体聚合结构。到了20世纪初，才有两位社会学家为社会赋予后来被广为引用的含义，他们就是涂尔干和韦伯。涂尔干的社会定义基本上是孔德和斯宾塞定义的结合，他既考虑到市民的结合，又考虑到凝聚力。韦伯则更注重权威形态，强调权威形态对社会凝聚和团体管理起的关键作用。广义上的社会学更像孔德、斯宾塞、涂尔干和韦伯等人的那种有

---

〔1〕威廉姆斯［威廉斯］:《关键词：文化与社会的词汇》，刘建基译，北京：生活·读书·新知三联书店，2005，446—452页。

〔2〕同上书，448—449页。

哲学高度的社会学。[1]

从威廉姆斯的词义变迁史梳理可以看出，在近代欧洲，无论是一般运用的社会概念，还是社会科学家运用的社会概念，讲的多数是人间事物，如朋友关系、市民团体、世俗化国家、权威组织，而没有牵涉神圣界和自然界。个中原因可以从以下两个“史实”中来寻找：

1.“社会”概念获得越来越高的地位之时，欧洲民族主义观念勃兴，在这一观念的主导下，不同民族要求摆脱天主教会的“大一统”，建立以自己的“社会”为基础的民族国家；16—17世纪，应和这一潮流，出现了自下而上的宗教改革，这一影响深远的“运动”，带来了符合资本主义民族国家（世俗化国家）之需要的观念，其中就包括了摆脱教会的人间主义的“社会”观念。

2. 欧洲最早出现疏离于农村的工业，作为一种膨胀迅速的力量，工业不仅侵入各民族国家内部的各个角落，还侵入世界其他地区，致使自然万物都降服在它面前，成为掌控高度发达的工业技术体系的人类的“资源”。

欧洲思想不是铁板一块，在同一时代，它也存在着其他观念，这些其他观念，作为欧洲现代性的内在组成部分，反思着近代欧洲的文明进程。[2]

然而，作为来自“另一个境界”的符号，与民族国家和工业主义紧密相关的人间主义社会观念，却变成了一种理想，被欧洲以外的

---

〔1〕威廉姆斯［威廉斯］:《关键词：文化与社会的词汇》，453—454页。

〔2〕涂尔干的《宗教生活的基本形式》（渠东、汲喆译，上海：上海人民出版社，1999，50页），可谓是对现代性中的“纯世俗主义”的某种社会学反思；而托马斯（Keith Thomas）所著《人类与自然世界：1500—1800年间英国观念的变化》（宋丽丽译，南京：译林出版社，2009）一书记载的近代欧洲知识人（以英国知识人为例）在博物学、生物学、民族志阐述中表现的“亲近自然”态度，则表明将人分离于自然的人间主义态度，仅是现代性的一方面，而非全部。而近期拉图尔（Bruno Latour）从知识论和本体论对现代性展开的研究，则进一步说明了欧洲这一点（拉图尔：《我们从未现代过：对称性人类学论集》，刘鹏、安涅思译，苏州：苏州大学出版社，2010）。

“民族”追随着。

近代西方的社会概念，随着社会学传到东亚。19世纪70年代，日本学者开始翻译社会学，将之称作“世态学”“交际学”，这两个名称都没有“合”或“合群”的意味，更接近14世纪英文的“伙伴”的意思。19世纪80年代，他们开始翻译斯宾塞的《社会学原理》，从汉字里找到了“社会”两个字来替代“世态”和“交际”。1886年到1893年，日本开始开设社会学课程，之后，又于1898年建立自己的社会学研究会。[1]

日文对“社会”的翻译，完整保留了西文的“伙伴”“世态”“交际”等含义，而汉文的翻译，开始时相对注重这个词带有的凝聚力含义。1897年底到1898年初，严复在没有参照日文译法的情况下翻译斯宾塞的《社会学研究》，将社会学译为“群学”，并主张通过“群学”来改弦更张。社会被解析为一种具有强大凝聚力的“团体格局”（“群”），对严复而言，这一“格局”对于中国的自强和革新有着重要的意义。1898年6月，也就是在严复完成“群学”翻译的五个月后，在日本的神户，维新派创办《东亚报》，从第1到第11册，连载刊登了斯宾塞的《社会学新义》，此时，汉文开始接受日文翻译，有了明确的“社会学”名称。[2]

“社会”这两个字的出现跟中日两国对于西方强国的模仿，先后形成了关系。先是日本人展开维新运动，模仿西欧，缔造强国；后是19世纪90年代末期，“甲午战争”之后，中国人为了求索强国之道，将社会之说理解为“群学”和“原强之学”。

近代东亚诸国之“合群”是以“强国”为目标的，其接受“社会”概念的时段，正是在欧洲社会科学出现之后不久，因而具有浓厚

〔1〕 姚纯安：《社会学在近代中国的进程：1895—1919》，北京：生活·读书·新知三联书店，2006，47—48页。

〔2〕 同上书，63—69页。

的“摩登性”。然而，当年中日学人为了翻译“社会”却需从汉字中选取意思相符的字，将之凑成一词，“社”与“会”，最终成为被长期运用的字，而这两个字在古时的意味，与近代西文恐还是不同。在古人那里，“社”指土地（“地主”）之神，因而由“示”（神）和“土”合成，在另一些情况下，又指“基层行政地理单位”，如“二十五家为社”。而古制上，作为“神”的“社”是通过“基层组织”中的民众“各树其土所宜之木”来显现的，具有以物为神的含义。“会”一般解释为“合也”。“社”与“会”的结合，一面意味着人的聚合与会合，但古人并没有将人与物加以二分，因而，“社会”不但指人之相聚会合，而且指物之相聚会合（如以适宜于本地自然环境的树木为象征的“村社”之“会合”）。[1]

在英语有“社会”一词之前，中国已有人将“社”与“会”并置结合。如元朝周密所著《武林旧事》之卷三，其中一节题目就是“社会”，具体记载如下：

> 二月八日为桐川张王生辰，霍山行宫朝拜极盛，百戏竞集，如绯绿社杂剧、齐云社蹴球、遏云社唱赚、同文社要词、角抵社相扑、清音社清乐、锦标社射弩、锦体社花绣、英略社使棒、雄辩社小说、翠锦社行院、绘革社影戏、净发社梳剃、律华社吟叫、云机社撮弄。而七宝、灊马二会为最：玉山宝带，尺璧寸珠，璀璨夺目，而天骥龙媒，绒鞯宝辔，竞赏神骏。好奇者至剪毛为花草人物。厨行果局，穷极肴核之珍。有所谓意思作者，悉以通草罗帛雕饰，为楼台故事之类，饰以珠翠，极其精致，一盘至直数万，然皆浮靡无用之物，不过资一玩耳。奇禽则红鹦白雀，水族则银蟹金龟，高丽、华山之奇松，交广、海峤之异卉，不可缕数，

〔1〕 陈宝良：《中国的社与会》，杭州：浙江人民出版社，1996，1—6 页。

莫非动心骇目之观也。若三月三日殿司真武会，三月二十八日东岳生辰，社会之盛，大率类此，不暇赘陈。[1]

《武林旧事》是作者结合目睹耳闻的“第一手资料”与旧书记述写成的志书。此书详细描述了临安的典礼山川、风俗市肆、经纪、四时节物、教坊乐部等城市地理、礼仪、经济、市民生活等情况。从这段关于“社会”的文字可以看出，对周密来说，“社会”是指“会”的活动，这一活动，一年一度，举行于为区域之神（如“张王”和“东岳”）所建造的公庙，时间为神诞之日。活动的内容，一方面是人戏的竞相表现，所谓“百戏竞集”，而“百戏”包括了现代所称的“文体表演活动”，是由一些市民自愿性文体社团举办的；另一方面显然来自城中相关之社的“不可缕数”的珍宝、奇禽、水族、贵木、异卉之汇集，这些宝物，在神诞之日汇集于庙前，它们构成“动心骇目之观”，起到了在区域之神的诞辰之日显耀地方活力的作用。所谓“社会”，因此就是“迎神赛会”，就是以区域之神为号召，汇集来自不同地方的人的表演与物（宝物）的展示，使之出现相互的“竞赛”，以造就节庆的热闹氛围。

19世纪末期，当中日两国学者（这些学者不可能对神道与里社全然无知）致力于以“社会”翻译society之时，他们一定能鉴别其用的古字与所解析的新词之间的差异，一定也能理解，古时之“社会”与物化的神和神化的物相关的“集体认同”有关。[2]然而，在转化了的意义中，“社会”的这层意义已然淡化，从而被异化为某种来自异域（西方）的“团结就是力量”的观念，而这一观念里的“团结”，几乎纯粹是指“人间关系”意义上的“克己文化”（等于“民族”）了。

---

〔1〕周密：《武林旧事》，北京：中华书局，2007，75页。

〔2〕社会学奠基人涂尔干在其《宗教生活的基本形式》一书中，部分地对“社会”作某种对前现代教会的“克己复礼”回归之解释：“集体成员不仅以同样的方式来思考神圣世界及其与凡俗世界的关系问题，而且还把这些共同观念转变成为共同的实践，从而构成了社会，即人们所谓的教会。”（涂尔干：《宗教生活的基本形式》，50页）

“道德生境”与文明

我主张将民族志研究视野拓展到世界各地，使之涵盖近、中、远“三圈”；不过，在机会允许的范围内，我所做的工作，绝大多数局限于“近处”。对我这样一个研究者，自远处而来的涂尔干之学，有何启发？

年鉴派之汉学

涂尔干之学令我特别欣赏的方面之一，是这个学派的“汉学”。

我一直教“社会人类学与中国研究”这门课，教书过程中我总是强调，在中国社会研究领域，涂尔干的启发至为关键。

涂尔干（及他的主要继承人）述及“中国社会”的部分总是轻描淡写，但追随他的葛兰言，则是一位严格意义上的中国学家。在具体研究上，葛兰言师从汉学家沙畹（Édouard Chavannes），在思想和诠释方法上，他则深受涂尔干有关宗教和分类的论述及涂尔干的外甥兼继承人莫斯有关宗教史和民族学的论述的影响。[1] 葛兰言融汇汉学和社会学，使之成为一种中国学新方法，用之以考察古史，取得了丰硕成果。对于我们认识中国的关系主义文明，葛兰言的著述特别有启发。[2]

---

〔1〕 杨堃：《葛兰言研究导论》，载其《社会学与民俗学》，成都：四川民族出版社，1997，107—141页。

〔2〕 王铭铭：《葛兰言（Marcel Granet）何故少有追随者？》，载《民族学刊》2010年第1期，5—11页。

葛兰言的旨趣是东西方比较，但他接受社会学整体主义观点，对于直接比较，他采取谨慎态度，认为作为专注于一种文明的学者，其所能做好的，至多是对文明领域内部的制度衍化阶段加以比较。葛兰言的作品涉及西方文明的只有只言片语，他把西方文明研究留给专做西方文明研究的好朋友老谢和耐（Louis Gernet，又译热尔奈，汉学家小谢和耐［Jacques Gernet］的父亲）来做。二者一个研究东方，一个研究西方（古希腊），其采取的视角相似。葛兰言和老谢和耐视野开阔，对于道德、法律、制度、文艺、宗教等论题深有挖掘，从古希腊和古中国之人类学研究入手，为文明比较做了基础铺垫。

对社会学来说，葛兰言的方法学建树，表现为其从中国古史引申出社会理论的努力；对汉学来说，他的贡献，则在于为中国文明研究导入社会学概念并使之得以“检验”。

现在谈西方经典社会理论，国内研究社会思想的同人会费最多精力阐述其中那些具有普遍含义的观点，特别是其关于现代性的观点；这未尝没有理由，但我却相信，研究这些观点触及“东方”文明时碰撞出的“火花”，也别有刺激。我们不能误以为诸如葛兰言汉学社会学/人类学一类的学术与“大理论”无关，我们应充分意识到，即使这些不简单等同于“大理论”，要真切把握“大理论”，这些具体研究也是必要的过渡。对“中国社会”研究者而言，社会学式的汉学研究，其意义并不亚于近代中国学术先驱们开拓的历史主义人文学（无论它是史语研究还是其他），二者的出发点不同，但都涉及综合和比较，它们的汇通有很大前景。

神堂与“道德环境”

受“民族志志业”感召，心境和行为总是会有经验主义偏向；而使我“反观自身”的则是涂尔干的为学风范：他一面在表明民族志的重大社会学意义，一面告诫我们，比经验民族志自身更重大的是，我们需赋予事实以对科学认识和社会形成都合宜的解释。

对涂尔干的这一看法，我有一种发自具体关切的理解。

从20世纪80年代开始，我在国内几个地区行走，先是在东南，后来到西南，接着又蜻蜓点水，跑了西藏和西北。在不同地区穿行，我被纷繁多样的人文关系景观吸引，相信对这些景观展开民族志调查研究，我们会有巨大收获。但与此同时，我却注意到，这些不同地方在过去的数十年里有过一个共同的历史遭际，也意识到若是没有总体把握这个“遭际”，我们对于个别地方的描述，意义都将有限。

这个共同历史遭际是什么？它与一个特殊年代紧密相关。

20世纪50年代，继之前在局部区域的实验之后，东西部相继实行土地改革和民主改革，这些“改革”的本质追求是建立平等主义的现代社会。在实行“改革”过程中，工作队在全国各地碰到一类重要空间和与之连带的地产。“改革”实施之前，不同地区都普遍分布着神堂（宗教学意义上广义的temples），而神堂各有公有财产。这些神堂和公共财产，原本是不同共同体归向的“中心”。如我在一项对福建村社的研究中看到的，它们起到平衡共同体的公私关系的作用，可谓是社会的中间环节。[1]不过，对于这些“旧事物”，当时实施的处置办法不如人意。作为“旧事物”，这些神堂被当作再无意义的“文化残存”被驱除、破坏，它们附属的地方性公产则被肢解，部分列入政府直接管理的田地，部分分田到户。

为了做到这些，归属神堂的公有土地被定义为“剥削阶级”的“私有土地”，随之，学界依据安排，撰述了众多延伸此解释的报告。

这些著述构成“社会历史叙述”，其关于民族地区者，尤为如此。

若是按照一般民族志的类型划分，那么，所谓“民族地区”如同

〔1〕王铭铭：《溪村家族：社区史、仪式与地方政治》。

世界民族志区域一样，有着狩猎－采集社会、部落世系社会、乡民社会诸类。同时，在历史长河中，这些不同类的社会不仅相互之间要打交道，而且它们共同面对与“天下国家”和分治时期的王权国家打交道的“必然性”。“民族地区”的不同社会在其他社会和这些社会之上的体系打交道的过程中保持着各自特征。然而，“社会历史叙述”却需要用一个泛化的分析框架打破它们的类型和关系格局，阶级分析成为必需品。从一定意义上，哲学叙述的阶级分析是有其理由的，因为，置身于更大体系的诸民族实体的确不是世外桃源。不过，这些文本的叙事逻辑却构成某种“解释误区”，这些“解释误区”导致了“现实误区”的出现。[1]具体而言，那时出现的“社会历史”调查报告，都存在曲解神堂和公产的社会属性的倾向。这些文本对充满复杂性的现象加以“简单化”，共同用某种物质主义进步论观点否定神堂的“现代价值”。这样做的意图在于，以穿插于诸共同体的阶级不平等关系图景，“覆盖”诸共同体的本来面目，使之破碎化，从而使革新的必要性得到证明。

然而，历史很奇妙，总是以出人意料的形式展开。从20世纪80年代起，早在遗产保护运动和国学热出现之前很久，种种神堂便“逆潮流而动”，在各地的地方社会（包括东部的区域和西部的“民族”）复兴了。

怎么理解这种复兴？

既有的“社会历史叙述”因错误预测了“旧社会的未来”而满足不了要求，这就使我们面对着借助其他解释框架的必要性。

我自己的解释，可谓是涂尔干式的。

神堂重建，不但是“历史记忆”之类的“社会事实”，它更意味

〔1〕伍婷婷：《变革社会中的人生与学术——围绕李绍明的中国人类学史个案研究》，中央民族大学博士论文，2009。

着社会重建。在民间，此类形式的社会重建不仅先于政策，而且也先于知识界，它从福建到西藏、新疆，不只是表现为所谓“民间信仰”的复兴，而且也在杨庆堃先生曾定义的“制度化宗教”（道教、佛教、儒教、伊斯兰教、基督宗教等）里展开。[1]固然，由于所复兴的具有鲜明的“民间性”特征，它们不可能完全等同于涂尔干定义的“社会”。然而，这些现象一样也表现出其集体意识特征，一样也是作为某种“抽象社会”，在一个优先层次上处理着道德、政治和“市场”的关系，一样从形塑人人、人物、人神关系体制，起到使个人得以实现自我的“反思”和“节制”的作用。这些关系体制，可谓是某种“社会超结构”，它起码是集体意识或集体良知，它的宗教特性，则又是一种为地方和区域中的个体所共享的“精神力量”。这意味着，对于这类事物的回归，我们不仅不要有紧张心理，而且要更直面现实。

这个意义上的“社会”，本质内涵是“道德环境”（moral milieu）。

“道德环境”一说，得自涂尔干《宗教生活的基本形式》。这本书拓展了宗教概念的边界。涂尔干不同于当年的英国学界泰斗，如爱德华·泰勒、弗雷泽或罗伯森－史密斯，后者认为，只有某些文明民族才会产生宗教。涂尔干不这么看，他指出，世界上不存在没有宗教和文明的民族，因为世界上不存在没有社会的人群。如果说《宗教生活的基本形式》这本书有巨大的人类学贡献的话，那就是开启了人类学家承认每个社会都必然有其自身的“宗教”的传统，否定了那些将宗教看成人类文明进步史的一个“错误阶段”的看法。对涂尔干来说，宗教就是作为“道德环境”的社会，它“像是个集体生活的学校，个体在这里学会了理想化……产生了把自己提升到经验世界之上的需

〔1〕 杨庆堃：《中国社会中的宗教：宗教的现代社会功能与其历史因素之研究》，范丽珠等译，上海：上海人民出版社，2007。

要，同时又赋予了他们构想另一世界的手段”。[1]从这个观点看，神堂的重建，正是我们对“道德环境”的持续需求的表现。

涂尔干的相关思想曾通过拉德克里夫－布朗间接影响到吴文藻的社区论、林耀华和弗里德曼的宗族论，也通过弗里德曼和他的同代人再影响到一代“汉人民间宗教”研究者。[2]在这一思想的影响下，对于“中国社会”展开的实地研究，出现在20世纪50年代以前的中国，又在此后的一段时间，出现在海外。

这些似乎都是过时的成果了。然而，我深深感到，在当下重新领悟它们，还是能够发现许多与现实相关的论点。比如，前面关于神堂和公产的观察，其实与有关家族等“社会组织”的观察是相互关联的，在这类“社会组织”领域，一样的历史也用相近的方式展开。

晚年回归于涂尔干整体主义的列维－斯特劳斯曾说：

> 人类学教给我们的第一课是，每种风俗、每个信仰，无论其跟我们自己的风俗、自己的信仰相比较之后多令人震惊或多不理性，都是某个系统的组成部分。这个系统在漫长的历史中获得其内在平衡。人类学研究使我们认识到，若是我们消灭了其中一个小因素，那么，我们便要冒破坏这个系统的所有其他因素的风险。[3]

在社会震荡空前剧烈的中国展开实地考察，列维－斯特劳斯所述之“人类学第一课”（我认为他是从涂尔干的整体主义引申出这一观点的），让人感觉特别深重。

几十年前我们做的那些革新性工作，含有跟涂尔干所不愿意看到

---

〔1〕涂尔干：《宗教生活的基本形式》，557页。
〔2〕王铭铭：《社会人类学与中国研究》。
〔3〕Claude Lévi-Strauss, *Anthropology Confronts the Problems of the Modern World*, p. 44.

的、毁坏“道德环境”的行动特别接近的内容。

最近学界不少人抱怨国内“失范问题”的普遍化，如果所抱怨者皆属实，那么，我这里提到那一历史的吊诡，可谓正是问题出现的因由。倘若我们当年没有舍涂尔干思想于不顾（尽管早在1925年许德珩先生已翻译了涂尔干的著作，但此后直到渠敬东、汲喆等系统翻译、梳理、理解社会学年鉴派的工作展开之前，理论界几乎将所有注意力集中于其他类型的社会思想），倘若我们能早些认识到，成熟的涂尔干社会学含有大量接续传统的因素（尤其是在诸多有关现代社会分工和“心理问题”的著述发表后数年问世的、有关“道德事实”和“神圣社会”的论述），那么，我们的遗憾兴许就不会有这么多了。

国族与文明

在中国的东西部行走，思考那一共同历史遭际，我从涂尔干之学——尤其是其关于“道德环境”的诠释——里得到了启发。

必须承认，就我们的一般印象看，年鉴派的主体论述是“社会有机体”；在这些论述中，为了叙述的方便和理论的“自圆其说”，也为了使“社会”成为自洽体系，那些“嵌入”社会有机体内部、“超出社会范围的现象”，曾被排除在外。这就使年鉴派一般定义下的“社会”概念，难以充分表达在具体历史和民族志情景中广泛存在的“文明杂糅现象”。[1]比如，以上我们从“社会”概念入手理解中国东西部的神堂，一方面，这是有依据的，因为如我们指出的，这些归属于不同“宗教”的神圣，都是“道德环境”之网的核心节点；但另一方面，这一解释却并不充分，因为，深入这些神堂内部，同时考察其外围，我们会发现，它们典型表现着诸“宗教”之大小传统内在的“多元一体”特

〔1〕 王铭铭：《超社会体系：文明与中国》。

征。种种事实表明，如果说这些神堂是“社会有机体”的“集体表象”，那么，它们不仅内部杂糅，而且难以与所在“社会有机体”一一对应。

令人欣喜的是，我们对年鉴派的“一般印象”，并没有全面反映这个学派的丰富内涵，更没有全面反映它的历史变化。

尤其值得我们关注的是，“一战”爆发之际，涂尔干已对“社会”概念做了边界拓展工作。这项工作在1913年涂尔干和莫斯合写的一篇短至四页的小文章（原刊《社会学年鉴》第12卷）中得以陈述，而该文针对的，即为“超社会（国族）事实”如何在社会学中得到解释这个问题。

这篇文章让我受益匪浅。

文章的写作之年，对于年鉴学派而言是个转折。

1912年《宗教生活的基本形式》出版以后，涂尔干的社会学系统基本完善了，至此，涂尔干也从遭受非议变得广受政府和社会各界的承认，他声名鹊起，四处讲学。这在来日中文版《涂尔干文集》得以出版后就可以看得更清楚了。然而，“一战”爆发之前的这一年，涂尔干似乎看清了一个社会学未曾专门研究的新问题，这就是国族的文明自负和集权-暴力倾向。这个问题让涂尔干感到不能止步不前，停留于年鉴派取得的成就。他空前关注“超国族事实”。

我们对涂尔干的“一般印象”形成于1913年之后许多年，我们之所以没有意识到涂尔干之学内部的丰富性，兴许是因为我们眼中只有宏篇大论的涂尔干。这篇少见的短文自从发表后直到2006年都没有人认真看过，更没有人认真讨论过，直到2006年，才由巴黎国立文献学校一个考古学家收录和翻译。编者把莫斯、涂尔干、于贝尔关于技术和文明方面的著作收录在一起，将书交由英国涂尔干出版社出版〔1〕，引起一定关注。〔2〕这本书我很看重，在教学和科研中多次用到了

〔1〕 Marcel Mauss, *Techniques, Technology and Civilisation.*

〔2〕 作为一部“语录”，这本书也有一些缺陷。因为编者是考古学家，就侧重收录了莫斯关于物质文化研究方面的言论，对其大量的比较宗教学的研究和述评没有充分照应。

它。2009年，我在“人类学原著选读”这门课里读了一个学期，后续则安排同学们翻译成中文，再经罗杨博士校订之后得以出版。[1]

涂尔干和莫斯合写的短文，题为《关于“文明”概念的札记》。[2]在涂尔干逝世百年之际，我重读该文，加深了对它的重要性的认识。这篇言简意赅的短文，表露了年鉴派导师在欧战前的思绪，这些思绪与我试图领悟的“文明杂糅现象”有着密切关系。

那么，《关于“文明”概念的札记》具体在说什么呢？

开头大概是说，到1913年，年鉴学派的社会学家们都是以社会现象为对象来展开研究的。他们以为在国族这种最高形式的社会有机体之上，不再存在别的有机体了。但是经过一段时间的探索，他们发现，有很多社会现象是超出了国族政治地理单位的。这些现象主要是由人类学（当时叫民族学，不过后来莫斯也被叫作社会人类学家）和史前史这些行里的学者在收集物质文化素材时看到的。这些素材被陈列在各国的博物馆，特别在德国、美国、法国、瑞典史前史和民族学博物馆。作为展品，它们呈现出比较广泛的地理分布，表明文化没有受到国族疆域的限制。

超出国族范围的现象，还包括多民族的语言大家庭。比如，法文也是拉丁文的一部分。

另外，还有制度性因素，这些也比较多。比如，英国人研究的澳大利亚土著，他们的图腾制度和相关的巫术宗教有着比较广泛的分布，在美洲也如此，它们不限定在特定社会内部，同样的制度由不同的社会所共享。

《关于“文明”概念的札记》第一段，一方面说明了传统社会学是对有限的政治地理单位的研究，另一方面则指出存在很多超出这个

---

〔1〕 莫斯等：《论技术、技艺与文明》。

〔2〕 涂尔干、莫斯：《关于“文明”概念的札记》，载莫斯等：《论技术、技艺与文明》，36—40页。

范围的现象。

接着，在第二段中，涂尔干和莫斯指出，这些现象并非出于偶然，也并非没有系统，在其背后有着系统的时间性和空间性。文明在时间上的历史古老性，自不必赘述，在空间方面，涂尔干和莫斯做了这样的陈述：文明有着广大的空间延展，其因素并不相互独立，它们通常相互联系，一种现象通常都隐含着其他现象，并表达其他现象的存在。文明现象并不局限于一个确定的政治有机体内部，但依然能够在其时空坐落上找到定位。这种现象在涂尔干和莫斯看来有两个方面值得注意，一是他们前面不断强调的，它们是社会之间的一种鲜明共性的表现，是这个社会和另一个社会或者多个社会共享的特征的表现；二是，这些现象并没有传播到全世界，而是有一定的区域性。所以它并不是普遍性的，虽然是超过社会的，但是并不能用“普世性”这个词来概括。对于这些具有双重特征的系统，社会学在此之前没有给过概念，涂尔干和莫斯在1913年所写的这篇短文里则提出，应把它定义为复数的“文明”。

在涂尔干和莫斯之前，孔德也时常用“文明”一词。“文明”在孔德那里同样也是指超社会现象，特别是全人类共有的人性基质与前景。涂尔干和莫斯曾认为，孔德的社会学存在一个问题，即没有将目光落到实处，它因过度重视人类一体历史进程的总体性，而缺乏考虑每个社会的特殊形态，尤其没有特别关注国族的政治重要性。在涂尔干和莫斯看来，社会学应将重点集中于集体大人格。孔德社会学注重用进化思想研究全人类的历史进程。固然，这种社会学为年鉴派考察在社会之上存在的现象做了基础铺垫。不过，涂尔干和莫斯强调，事实上的文明不同于孔德畅想的理想上的文明，它不是人类历史进程的“总成绩”，而是以多种多样的形式存在于地球上的、介于社会和世界之间的社会事实体系。

以前研究过文明的人，一定会把涂尔干和莫斯笔下的文明跟欧亚大陆宗教的各大传统联系在一起。涂尔干和莫斯笔下的文明，首要方面也是欧亚大陆诸宗教传统。但是，他们的视野并不局限于宗教，而涵括了诸如介于人与自然之间的技术、制度、口承传统等体系，与此同时，也不局限于欧亚大陆的超社会体系；在这些之外，他们还看到，南半球也存在着类似现象、类似体系。

对涂尔干和莫斯而言，文明普遍适用于世界诸文化区域，在社会学意义上，指不同的社会共享的某些超越社会有机体时间（国族史）和空间（国族疆界）范围的现象。

那么，文明的“社会内涵”又该作何解？

涂尔干和莫斯坚持其“道德环境”的主张，认为不仅社会是一个道德环境，文明也是一种道德环境，只不过与社会不同，文明是不同社会所共享的道德环境。这种道德环境可能会分为两个类型的内容，一个类型相对固定，它存在于国族疆域内部，成为国族的独特构造，其中包括政治制度和法权制度；另一类则频繁游动于国族之间，包括神话、传说、货币、商品、艺术品、技术、工具、语言、词汇、科学知识、文学形式和理念等，流动是其特征。可是为什么一些现象扩散得比较广，而另一些文明因素达到一定限度就停止传播了？是什么东西决定了文明因素不同的传播范围？涂尔干和莫斯指出，这些问题有待未来进行更多研究。

涂尔干和莫斯在文章的最后部分谈了他们对文明研究的展望。他们承认，对于文明现象，德国的民族学家研究得最多，但是他们研究文明时用了一套非社会学的办法，局限于考察某些文明因素是如何起源传播的过程，并没有赋予起源和传播一定的“道德含义”。

涂尔干和莫斯在文章的最后，号召社会学家积极地介入文明研究，他们明确将文明界定为特殊集体生活的表达。为什么说是“特殊”呢？他们认为，这种集体生活的基础是由多个相关联、互动的社会-政治实体构成的，是一种“族际”以至“国际”的“生命力”。

他们强调，应从社会学的角度研究不同团体之间的集体互动（社会和社会之间的互动）的事实。

对于年鉴派的一般理解是，他们对文明是什么是不加解释的，他们认为最清晰的研究单位就是社会了。那么，为什么1913年他们转向了“超社会的文明现象”？有关背景，一方面我觉得跟渠敬东2014年那篇文章[1]中谈到的涂尔干学派面对极端个人主义问题有关，另一方面我认为到1913年他们已面对着另一个问题，即集权国家的出现，对此，最近翻译并发表的涂尔干“一战”期间作品也说得很清楚。[2]

如渠敬东所说，涂尔干所处的时代，“大革命既首次全面践行了现代政治的最高构想，也让民主带来了‘暴政’，旧制度再次复辟。大革命之后，法国社会处于危难之中，极端个人主义盛行，怀疑情绪高涨，到处都是抽象的观念和成见；家庭纽带解体，经济竞争激烈而残酷，赤贫阶层大面积出现；在政治上，民众充满着暴戾之气，而上层政权因派系林立，合法性丧失，经常瞬间性地倾覆和更迭，而紧接着全社会又再次掀起要求革命的浪潮”。[3]“失范”加剧，人们权且屈从了强力统治，以求共存，但他们却没有得到强力统治的呼应，这就使“休战协议”极具临时性，使人的热情只能靠他们所遵从的权威来遏止，但当权威丧失，那么剩下的只会是强者统治的法律，在这个状态下，战争（如“一战”）都成为人们无法避免的“病症”。[4]涂尔干针对这些问题展开社会学叙述，其提出的学说，是在断裂时代艰辛构筑起来的一座跨越历史鸿沟的桥梁。这点已在涂尔干为了形塑年鉴

---

〔1〕渠敬东：《职业伦理与公民道德——涂尔干对国家与社会之关系的新构建》，载《社会学研究》2014年第4期，110—131页。

〔2〕涂尔干：《德意志高于一切——德国的心态与战争》，载渠敬东主编：《涂尔干：社会与国家》，北京：商务印书馆，2014，147—192页。

〔3〕渠敬东：《职业伦理与公民道德——涂尔干对国家与社会之关系的新构建》，载《社会学研究》2014年第4期，110—131页。

〔4〕渠敬东：《涂尔干的遗产：现代社会及其可能性》，载《社会学研究》1999年第1期，31—51页。

派而书写的经典之作中得以表现。他和莫斯在1913年这个特殊时刻写作的《关于“文明”概念的札记》，可谓是对这些经典之作提出的“社会”概念在其涉及的领域（文明）的延伸，它写于集权国家文明自恋与暴力主义的氛围之下，旨在为“民族”寻找其和平存在的方向。

《关于“文明”概念的札记》表露了年鉴派导师战前形成的一条新思路。在此，涂尔干和莫斯艰难地将社会学与国族主义撇清关系，艰难地说明着战前年鉴派“社会中心”的社会学如何可以为理解诸国族的文明关联性、理解区域性的“国际生命力”做出贡献，他们得出的结论，与国内社会学和民族学界有关多元与一体之间关系的论述存在不少可融通之处。

写作这篇文章时涂尔干和莫斯的心境是复杂的。临战之际，涂尔干面对国族的“道德环境”压力必须维持其长期坚持的“非国际主义”社会学观。“一战”期间，年鉴派年轻一代的精英应征入伍，其时，涂尔干用一种特殊的爱国主义鼓励他们参战。然而，战争期间，他不少杰出徒弟惨死沙场，有潜力成为他的传人的独子亦不能幸免于难，这给涂尔干带来极大伤痛，这位伟人终于在无尽的痛苦中患病，最后于1917年11月15日逝世。直到第一次世界大战之后数年，“尘埃落定”，莫斯才获得机会对国族和文明现象进行广泛研究，他把自我意识视为国族的关键特征，批判了现代国族的“种族－文化自我膨胀”，在1920年写下的《国族》（原文在成文三十多年后才刊载于《社会学年鉴》第三系列，1953年第3卷，7—68页）一文中说道：

> 国族对自己的文明、习俗、工业技术以及精美的艺术充满信心。它崇拜自己的文学、艺术、科学、技术、道德以及自身的传统，总之，崇拜它自身的特质。几乎每一个国族都存在自己是世界第一的幻象，它教授国民文学，就像别国没有文学一样；它教授科学，似乎科学是它独自获得的成就；它教授技艺，

> 仿佛这些技艺全是由它发明的；它教授历史和道德，如同它们是世上最好、最美的。这里好像存在一种天然的自满，部分原因在于无知和政治上的诡辩，而且通常也出于教育的需要。每一个国族都类似于我们传统和民间传说中的村庄，相信自己比邻近的村庄优越，总是与那些持相反观点的“疯子”进行斗争，即使是小一些的国族也不例外。他们公开嘲笑外地人，就像《德·普尔索先生》里巴黎人嘲笑利穆赞人一样。国族继承了古老的氏族、部落、教区和省份所带有的偏见，因为国族是与它们相对应的社会单元，并和它们一样具有某种集体性格。[1]

莫斯进而讨论了“国际主义”的价值，延伸“文明”一词的含义，讴歌了文明的交流和借鉴。

涂尔干和莫斯在《关于“文明”概念的札记》一文中，坚持用其既有概念来澄清文明的含义，至于这方面研究存在什么意义，他们言辞有些令人费解。为什么会这样？吴文藻在阐述其边政学主张时[2]得出一个接近于葛兰言在相近时期得出的结论[3]，说欧洲长期以来最发达的是政邦哲学，东方对这种政邦则比较淡漠，因为我们在政邦之外下有家族、上有天下。欧洲人以政邦为中心，他们想象政邦之外的文明现象就比较困难。这兴许解释了涂尔干和莫斯的修辞困难。我注意到，尤其是当他们论及文明有栖居和游动两方面内涵时，说得不是很“通畅”，过于强调法权系统的国族性，而没能看到他们罗列的很多流动因素也是存在于国族之内的，而很多“栖居”的因素同样也是流动的（比如说，中国现在的法律，也借用了很多国外的东西），“文明杂糅现象”的广泛存在正根源于文化的“居与游”双重性。

---

〔1〕 莫斯等:《论技术、技艺与文明》，42—43页。
〔2〕 吴文藻:《论社会学中国化》，414—415页。
〔3〕 葛兰言:《中国文明》，杨英译，北京：中国人民大学出版社，2012。

虽则如此，《关于“文明”概念的札记》，仍给予我难得的启发。

将这篇短文与吴文藻等前辈的边政学论述比照着看，并将我们得出的认识与1919年梁启超在《欧游心影录》[1]中做出的判断联系起来，那么，我们将可能得出更多富有意义的理解。此类理解，同我们以上论及的“具体事项”表面上并不直接相干。我前面谈到一些与中国相关的事，包括年鉴派汉学，及我在中国东西部行走时观察到的20世纪50年代至今的神堂压抑与复兴。这些似乎与欧战无关。然而，必须指出，如果说葛兰言式的年鉴派汉学，从中国文明的“他者理解”部分消解了年鉴派自身的政邦哲学困境，那么，我们在中国“田野”现实中依旧能观察到的那个“历史遭际”，则叙述了一种文明断裂的“现代根由”。我的感想是，在“漫长的20世纪”，一代代“革命者”过度焦虑于在中国“嫁接”政邦哲学，他们对现代性的选择，深深地扎根于对作为“道德环境”的社会和文明的双重否弃之土壤，这就使其“文明计划”充满着“反文明”的气质，使这些计划具有空前巨大的破坏力。试想，假如我们能够早点认识涂尔干在《宗教生活的基本形式》中得出的论断之重要性，早些知道他和他的继承人在“一战”前成文的《关于“文明”概念的札记》所做的社会学视野拓展，那么，兴许这种破坏力便可能得到有效限制。不幸的是，在“漫长的20世纪”过去之后，我们才幡然醒悟，我们已经几近彻底告别了这一机会。

20世纪30年代，回首往昔，莫斯说：

> 我科学生涯中的大悲剧并不是四年半的战争中断了我的工作，亦非疾病而徒耗光阴（1921—1922），更非我因为涂尔干和于贝尔英年早逝而感到的极度绝望（1917、1927）；在既往痛苦

---

〔1〕 梁启超：《欧游心影录》，北京：商务印书馆，2014。

年月里，我失去了最好的学生和朋友，此乃莫大之悲剧。人们会说，这是法国科学界这一脉之损失；而于我而言，堪称一场灭顶之灾。或者，我一度能最好地付出自己者，已随他们而逝。[1]

“一战”后，在莫斯的引领下，年鉴派在许多方面重新（尤其是莫斯本人在法律与宗教社会学、家系与亲属制度、思维与宇宙论、文明、理论与方法学方面所做的综合提升工作）获得巨大成功，也正是在莫斯的引领下，葛兰言背对西方“政邦哲学”，面向“极东”，基于中国宇宙论界定了他的“汉学社会学”，并在其范畴内，提出了另一种文明论[2]；然而，莫斯表露的那一“伤痕”，并没有随着时间的流逝而减轻——在东方如此，在西方亦是如此。

学派

涂尔干给我们留下了许多教诲，也给我们留下了许多难题。要理解这些启迪，解开这些难题，办法近在咫尺——涂尔干身体力行的“学派原则”，便是其中之首要者。

如其外甥兼继承人莫斯所言：

涂尔干智识宏远，影响甚巨……他是一位真正的学者……最吸引我和我们之中其他人的，是他思想中的笛卡尔哲学，以唯实论和理性主义者的态度追求事实，以及他理解和把握这些事实的能力……[3]

---

〔1〕莫斯：《莫斯学术自述》，罗杨译，赵丙祥校，载王铭铭主编：《中国人类学评论》第15辑，北京：世界图书出版公司，2010，68页。

〔2〕葛兰言：《中国文明》。

〔3〕莫斯：《莫斯学术自述》，载王铭铭主编：《中国人类学评论》第15辑，67页。

涂尔干严谨、博学，具有远大抱负和高尚良知，他犹如一块磁铁，把包括莫斯和其他新一代社会学家——于贝尔、布格勒（Célestin Bouglé）、保罗·福孔奈（Paul Fauconnet）、莫里斯·哈布瓦赫（Maurice Halbwachs）、弗朗索瓦·西米昂（François Simiand）、赫兹（Robert Hertz）和乔治·戴维（George Davy）等——吸引到身边，形成一个有师承关系的“集团”。

这个“集团”有一个共识，即“得出坚实可靠结论的惟一途径，就是学者们相互检验彼此的工作，毫不留情地相互批评，每个部分的争论都要以事实为依据”。[1]它以接近于“社会”的关系制度来定义自身的学术事业，相信任何科学均为集体努力之结果，参与其中的个体相互参与于现实世界，他们把从中观察的事实和得出的思想带到一个共同的空间，让这些事实和思想得以频繁互动，从而使科学诞生于“集团”的社会活动之中，形成认识。

围绕涂尔干形成的“集团”，是“一个彼此竞争但又各有所长的学术团队”，其成员在一种相互信任的氛围内，致力于深究社会学核心问题。这个学术团队围绕着1898年涂尔干创立的《社会学年鉴》形成。《社会学年鉴》既非某种特殊方法的传播工具，亦非排斥其他学派（如经济学、宗教史学、法理学）的平台，其追求组织思想、收集事实，成为社会学各路专家最新的知识储藏库。

《社会学年鉴》构成一种“研究工作坊”，它依赖团队成员们付出的自我牺牲而存在。如莫斯所言：

> 实验室缺少领袖，就一无是处，但它也需要高素质的成员，亦即朋友，无论长幼，需要可以从事的假设，以及各种思想和

---

〔1〕莫斯：《莫斯学术自述》，载王铭铭主编：《中国人类学评论》第15辑，67页。

> 广泛的知识；但最重要的是，它需要其成员把自己所有的这些都奉献给一项共同的积累，加入这个团队中待的时间更长的成员的工作，又要帮助新来成员开始他们的研究，就像自己当年进来时加入别人的工作一样。[1]

“涂尔干集团”作为学派，充满活力，其成果之辉煌，远不是其他靠个人单打独斗的大师所可企及的，再引之言，“如果我们不是作为一个团队共同工作，法国社会学不可能取得自1893—1914年二十年间的进步。我们不是盲目地围绕着一个导师或哲人而聚拢起来的某个学科的学派”。[2]

涂尔干之学有赖于莫斯等晚辈的支持而奠定基础，在其学术领袖逝世之后，更有赖于幸免于难的晚辈们的深挖与拓展而得以发扬光大。以莫斯为例，在涂尔干辞世后，他不仅担负起涂尔干的工作，而且“几乎处处捍卫社会学，经常作为它的代表去搞‘外交’”。[3]

倘若这样的学派能持续存在，相似的学派——包括有不同主张的学派——能够涌现，那么，光大前辈的遗产、理解以至解决他们留下的难题，便有可能。

然而，时过境迁，涂尔干提出的社会学方法，及对个人-实利主义的批判，由于不少“后学”的出现而被多数西方同行看淡了。[4]

“东方”又如何？

---

〔1〕莫斯：《莫斯学术自述》，载王铭铭主编：《中国人类学评论》第15辑，67页。

〔2〕同上，67页。

〔3〕同上，75—76页。

〔4〕这给社会人类学带来新问题。若是舍这种方法而不顾，那么“社会人类学”的“社会”二字还有没有意义（我注意到，近期不少英国同行已悄然将“社会”替代为“存在”）？而如此一来，这门学科是否会加盟于那个新个人-实利主义的潮流，发挥促使人们采取忽视“他者”的“自我主义”姿态处理人际、群际、国际关系？“纠缠”这些问题的学者，是存在的，但他们已被大大边缘化了。

在中国这个被期待存在着解决诸如“世界性的战国时代”出现的危机的思想方案的国度，倘若有类似学派，那么，其所可能做出的贡献将不可小视。当下中国呼唤学派的声音不绝于耳。然而，与当年的年鉴派相比，我们的学术状况却并不使人乐观。我们不乏学问深邃的前辈和同人，但我们的学术事业却并不完善。多重原因共同导出单个事实：我们虽有不少基于人际关系形成的“圈子”，但这些圈子却往往不是“彼此竞争但又各有所长的学术团队”，更缺乏知识分子集团的气质。

不是说我们这个文明缺乏培育学派的土壤。我们的先人有过他们的学派，否则不可能有“百家争鸣”。远的不说，就说几十年前，在战时的西南，也有过“战国策”和“史语所”之类“集团”。就广义社会学而论，此间，在云南呈贡县魁星阁，围绕着费孝通先生，就曾形成过一个“学术工作坊”。这个“工作坊”也有着某种不言明的师徒关系，它凝聚的一小群杰出学术青年（包括张之毅、史国衡、田汝康、李有义、胡庆钧、谷苞、许烺光等），他们奔着费先生的感召力而来，被费先生手把手教示着，成为在学术史上留下深刻烙印的大学者。费先生与所有大师一样，有着难得的学识和素养。他组织“魁阁”的学术活动也围绕着收集大量的事实而展开，但为了对事实加以解释，这些活动则严格依照现代风格组织，如同年鉴派那样，“相互检验彼此的工作，毫不留情地相互批评”。“魁阁”社会学工作站所推出的成果具有广泛的影响力和深远的意义。〔1〕遗憾的是，这个“集团”存在时间很短，由于战乱和政治变局的影响，由于“士人精神”的沦落〔2〕，它此后的发展又遇到巨大障碍。恐怕可以说，当下它仍面临着如何得以复兴的问题。而在“学派”的出现仍有待时日之同时，涂尔

〔1〕 潘乃谷、王铭铭编：《重归“魁阁”》。
〔2〕 费孝通、吴晗等：《皇权与绅权》。

干敏锐洞察到的那些问题，已带着新的面目再度出现，使我们的知识事业难上加难。[1]

〔1〕 除了个体-实利主义的扩张之外，如涂尔干说的，“随着这种生活［族际生活］的不断扩大……它逐渐变成了规模更大的整体的一部分。这个新的整体没有明确的疆界，它可以永无止境地发展”（涂尔干：《宗教生活的基本形式》，582页）。历史上，在共同体之上形成社会体，基于社会体之上还形成文明体；作为“生命形式”，作为“共同体的共同体”的社会和作为“社会体的社会体”的文明都有着扩张的潜能；与此同时，由于孔德理想中的那种单数文明既已被证明无以“覆盖”涂尔干和莫斯界定的复数文明，这个世界仍然是多样的，充满着与国族相关的“文化战争”。

社会中的社会

——读涂尔干、莫斯《关于"文明"概念的札记》

一

1913 年，社会学年鉴派导师涂尔干和莫斯合写了一篇短文，题为《关于"文明"概念的札记》，发表在《社会学年鉴》第 12 卷，排版后只占四个多页面（46—50 页）。[1] 在建立学派过程中，涂尔干没有脱离过莫斯这个博学却因过于活跃而难以集中心神写作的外甥兼助手，不过他极少与莫斯联名发表文章。《关于"文明"概念的札记》这篇短文，是涂尔干和莫斯合写的极少数文章之一（如我们所知，另一篇是 1903 年发表的《原始分类》[2]），更是年鉴派最早一篇以定义"文明"为主旨的作品。

在英语学术界，这篇短文连同涂尔干逝世之后莫斯发表的大量有关文明的著述一道，沉寂了近一个世纪。幸而，本世纪初，巴黎国立文献学校（École nationale des chartes，Paris）考古学家施朗格（Nathan Schlanger）教授重新发现了它们，并悉心加以搜集、整理、翻译，于 2006 年出版了《论技术、技艺与文明》一书英文版。[3]

《论技术、技艺与文明》收录了莫斯、涂尔干等在文明和技术方

[1] 该文又收录于 Marcel Mauss, *Œuvres 2: Représentations Collectives et Diversité des Civilisations*, Paris: Les Éditions de Minuit, 1974, pp. 451-455。

[2] 涂尔干、莫斯：《原始分类》，汲喆译，渠东校，上海：上海人民出版社，2000。

[3] Marcel Mauss, *Techniques, Technology and Civilisation*.

面的叙述，以物质性为主线加以梳理。

该书出版后几年，我正在开展两个方面的工作：其一，以社会人类学为方式，勾勒作为文明体的中国（作为多区域和多民族的国家的中国）的形象；其二，以民族志区域结盟为途径（在与美国文化人类学家及若干欧洲互惠人类学家互动多年之后，我与若干大洋洲人类学家、非洲人类学家之类同行来往甚密，致力于从包括南岛、非洲等主要民族志区域，比较和联想“大规模社会体系”的面貌），求索超越社会边界的大规模体系之构成和表现形式。此间，《论技术、技艺与文明》一书，深深吸引了我。2009年，我将之列为“人类学原著选读”课程的首要书目，并安排部分选课同学分工翻译，后又请罗杨博士校订，于次年推出中文版。[1]

此书收录了涂尔干、莫斯这篇《关于“文明”概念的札记》[2]。此前，我已在多个讲座中运用了此文的观点，在《超社会体系：文明与中国》一书中，更述及莫斯文明论述的意义，但至今未能细品涂尔干和莫斯留下的这份弥足珍贵的遗物。

一百年前涂尔干逝世，其故去的直接原因是疾病（中风），但“间接原因”则是欧洲国族之间的战争所导致的悲剧。在涂尔干逝世一百周年纪念活动召开之际，我想到了这几页文字，读之，深感言简意赅、意味深长，故写出如下“札记的札记”（引及原文时，考虑到修订的译文为未发表译稿，此处只注出其英文版页码），以表对逝者的高山仰止之情。

二

文章开头，涂尔干和莫斯坦言年鉴派所遵从的核心原则：

---

〔1〕莫斯等：《论技术、技艺与文明》，蒙养山人译，罗杨审校，北京：世界图书出版公司，2010。

〔2〕英文版为 William Jeffrey 所译，见该版46—50页，中文版为张帆所译，见该版36—40页；我交杂查阅这两个版本，引用时，对译文做了大量修订。

> 进入社会现象内部并针对这些现象本身进行研究……注意避免将这些现象悬置在空谈之中，我们总是将社会现象与一个特定的基础相联系，这一基础就是人类群体总是占据地理学上可以表达的特定空间板块。[1]

年鉴派致力于对社会现象的内里和空间形貌加以双重把握，其运用的方法，有特殊政治地理学限定。有关于此，涂尔干和莫斯说：

> 在所有这些人类群体中，政治社会组成的群体看来是最大——这是一个内部涵括其他的群体，因而最终涵括了所有社会活动的形式的群体，如部落、民族、国族、城市以及现代国家等。乍一看来，集体生活只能在轮廓固定、边界清晰的政治有机体中发展。因此国族生活看起来便是群体生活的最高形式，而社会学无法知晓一个更高层次的社会现象。[2]

然而，涂尔干和莫斯承认，他们忘记将视野限定在政治地理边界清晰的社会，这使他们未能穷尽所有社会现象；为了对社会现象——特别是社会的内聚力（cohesion）——加以重点把握，为了刻画完整的社会有机体意象，他们搁置了一类重要事实——在政治有机体之外，"依然存在某些没有清晰边界的社会现象，这些现象超越了政治边界并且有一个难以确认的空间延展"。[3]

《关于"文明"概念的札记》文章极其短小，但显然是基于对大量既有相关研究成果的梳理而写就的；基于观察及对既有文献的解读，涂尔干和莫斯列举了"没有清晰边界的社会现象"主要类型，包

---

〔1〕 Marcel Mauss, *Techniques, Technology and Civilisation*, pp. 35-36.

〔2〕 *Ibid.*, p. 36.

〔3〕 *Ibid.*

括如下：

1. 民族志和史前史及展示其研究成果的博物馆（特别是美国和德国的民族志博物馆，以及法国和瑞典的史前史博物馆）中所表现的，器物和工艺风格的地理分布和历史系列。这些事物的各自位置是在博物馆的分类系统中得以确立的，分类系统依据逻辑思维，但逻辑思维所衍生出的空间和时间网络（如艺术形式图谱和器物谱系）往往超出“社会”所界定的范围，其特征文化因素在不同社会群体之间传播。技术和审美是具有高度社会性的现象，但这些现象“不那么严格地归属于确定的社会有机体”，“它们在空间上超越了单一国族的领土范围，在时间上超出了单一社会存在的历史时段。它们的存在方式在某种程度上是超国族（supra-national）的”。[1]

2. 语言领域也存在大量超社会（国族）现象。其中，不同民族的语言之间的相近因素，使不同社会组成相互关联着的或者有着共同起源的“多民族大家庭”（families of peoples），如印欧语系这个“大家庭”。

3. 在制度领域，同样也能看到社会或群体之间相通的现象。比如，同样的图腾制度和相关的巫术和宗教，存在于阿尔冈昆和易洛魁民族，同样的政治组织形式（如酋长制），存在于波利尼西亚的不同群体，同样的家庭制发生于所有讲印欧语的民族。

三

涂尔干和莫斯接着说，在以上领域看到的超国族（社会）现象，并不出于偶然，也并非毫无规律可循。在超越社会有机体边界的诸现象背后，存在着某种系统，这些系统有特殊的时间性，其历史绵长，

---

〔1〕 Marcel Mauss, *Techniques, Technology and Civilisation*, p. 36.

也有空间性，其分布超越政治地理空间。尤其是空间性，如其所言：

> ……有此种程度之延展性的现象并不是相互独立的，它们通常相互联系地处在一个整合体系中。一种现象通常隐含着其他现象并表达其他现象的存在。婚姻等级（matrimonial classes）这整套信仰和实践类型的特征，可以在整个澳大利亚土著人中找到。制陶业的缺失是波利尼西亚工业体系的鲜明特征。某种形制的扁斧属于典型的美拉尼西亚式。所有讲印欧语的族群都有一个共通的思想和制度基础。前述现象都不是简单孤立的，而是复杂的整合体系，这个体系并不局限于一个确定的政治有机体内部，但依然能够有其在时空坐落上的定位。〔1〕

“超社会现象”有着双重性，一方面，这些现象表现了某种存在于社会之间的鲜明共性；另一方面，这种共性并不等同于世界一体性，而是有着其独特存在模式的系统。

具有这种双重性的现象所构成的系统，在社会学里没有获得过恰当的定义，在很大程度上，这既已构成对年鉴派的挑战。为了直面挑战，涂尔干和莫斯主张赋予上述“事实系统”一个特定的名称，并提出“最合适的名称应该是‘文明’这个词”。〔2〕

“文明”一词曾以单数形式出现，指人类史上不可逆转的思想进步。

如涂尔干和莫斯表明的，作为超国族的文明，早就得到过孔德的注意。“孔德并不在意某一个具体的社会、国族或者国家，他研究的是文明的普遍历程”，但他在论述文明时，侧重将其视作全人类共通的“人性环境”（human milieu）。孔德“将对于国族特征的考虑置之

〔1〕 Marcel Mauss, *Techniques, Technology and Civilisation*, p. 37.
〔2〕 *Ibid.*

一旁，只有当国族特征能够帮助他追溯人类进程的连续阶段时……才会对其感兴趣”。[1]

对于孔德的功德，年鉴派导师——自称出自孔德一派——从未忘怀，但对于这位“祖师爷”表露的对国族漠不关心的态度，他们一向心存疑虑——他们认为，在这种态度基础之上建立的方法，在处理事实时极其抽象：

> [孔德社会学]对观察者能够最充分最直接观察到的具体事实弃之不顾，而这些具体事实其实就是社会有机体，它们是历史过程中形成的集体大人格（great collective personalities）。[2]

对于年鉴派社会学家来说，社会学研究的出发点，就是在历史过程中形成的“集体大人格”。如年鉴派在2013年之前一个阶段所致力于实践的，“社会学家需以这些为出发点，对之加以描述，将之分门别类，加以分析，并努力解释构成这些有机体者为何种因素”。[3]

在提出其文明定义之前，涂尔干已在相关讲稿中描绘了“人性环境”超越“国家目标”而成为理想的继承。[4]不过，涂尔干并没有将理想当成现实，他尽力对孔德建立的那种有关普遍人类境遇或整体人性的科学加以限定，试图使之起到使社会学家的思想世界对国族之外的社会事实开放的作用。如涂尔干和莫斯承认的，正是因为获得了这种视野上的开放，他们才可能发现“超国族现象”的存在。

在涂尔干和莫斯的用法中，“文明”这个词在极多数情况下以复数形式出现，指介于社会与世界之间的“事实系统”。这类系统具有

---

[1] Marcel Mauss, *Techniques, Technology and Civilisation*, p. 37.
[2] *Ibid.*
[3] *Ibid.*, p. 38.
[4] 涂尔干：《职业伦理与公民道德》，渠东、付德根译，上海：上海人民出版社，2006，58—59页。

普遍性和特殊性的双重特质，就社会属性而言，可谓既富有民族性又富有超民族性的系统。如其所言：

> 毫无疑问，每一个文明在本质上都比较易于变得更加富有民族性，并且易于沾染不同民族或者不同国家的某些鲜明特征。但是，构成一个文明的最本质元素并不由一个国家或者民族所独有。这些文明元素是超越疆界的，它们有的是通过某些特定中心自身的扩张力量而得到传播的，有的是作为不同社会之间关系的结果而得到扩散的，在后一种情况下，文明元素成为不同社会的共同产物。[1]

那么，这个意义上的“文明”，到底指哪些存在过的“系统”呢？基督教显然是一个，“这一文明虽然有着不同的中心，但是依然被所有基督教群体共同修饰着”，地中海沿岸地区也存在着一个文明系统，“它对于所有地中海沿岸的人来讲都是共通的”。[2]可以想见，对于涂尔干和莫斯而言，文明可以与宗教大传统相联系，但宗教大传统并不等于所有文明，文明还可以是诸如地中海沿岸地区这样的“区域”，其共性并不一定由共同信仰所规定，而由其他制度性和物质性的社会现象所定义。

可见，涂尔干和莫斯界定下的“文明”，包括宗教大传统而不局限于它，同时也包括欧亚大陆的超社会体系而不局限于它。与其他学者不同，他们并不认为，以欧亚为核心的北半球是文明的唯一分布带。欧亚这个曾对人类的发明、创造和思想做过巨大贡献的板块，确实分布着数个覆盖不同群体、社会、国族的文明，但在欧亚之外，还

---

〔1〕 Marcel Mauss, *Techniques, Technology and Civilisation*, p. 37.
〔2〕 *Ibid.*

存在着民族学侧重研究的其他文明，如西北美洲文明，它“对于拥有不同语言和风俗习惯的特林基特人、钦西安人以及海达人来讲，都是共通的”[1]（值得注意的是，如我在《超社会体系：文明与中国》中述及的，早在1889年，波亚士在《民族学研究的目的》一文中，已提出“原始文明”之说，并指出，这些文明有过漫长的历史，也有着高度系统化的行为规则[2]）。

这也就意味着，现实地说，“并不存在一个单一的人类文明，而总是存在一个多元文明，主导并围绕着具体到某一民族的群体生活”。[3]换言之，如同社会一样，文明现象普遍存在，但未曾有过“世界文明”。

直面文明现象，使社会学面向一片崭新的科学园地，这片园地本身就是整个世界，但作为事实，它本身并不是完全整合的世界，还不可能成为包含诸社会的世界社会，而是四处分布着不同文明系统的地球家园。

涂尔干和莫斯与欧亚中心的文明论诀别了。对他们而言，正是单数的文明概念带来欧亚中心的文明叙述（如我们所易于看到的，这些叙述时下依旧以不同变相得到浮现）；为了使自身成为真正具有普遍意义的科学，社会学有必要规避这些叙述所带有的演绎主义倾向，使视野真正覆盖整个世界，将南半球和北半球、民族学和社会学通融起来。

四

在描述超社会现象时，《关于“文明”概念的札记》引用了不少物质文化研究的成果（这点得到了《论技术、技艺与文明》一书编者

---

〔1〕 Marcel Mauss, *Techniques, Technology and Civilisation*, p. 37.
〔2〕 王铭铭：《超社会体系：文明与中国》，3—4页。
〔3〕 Marcel Mauss, *Techniques, Technology and Civilisation*, p. 38.

的重视），但涂尔干和莫斯并不认为不加分析的物质文化研究（如传播论下的研究，及那些见物不见人，见人不见神的“现象主义学者”）能够充分呈现文明系统的本质内容；他们坚信，只有当文明被赋予社会学含义之后，文明系统的本质才可能得到揭示。

如同社会（或“国家”）一样，文明有道德含义。一个文明主要指“一种道德环境（moral milieu），其中存在着一定数量的国族，每种国族的文化都是这个道德环境的一个特殊形式”。[1]

“道德环境”中的“环境”二字，不是对 milieu 一词的充分翻译。法文的 milieu 既有环境、氛围的意思，也有中心、中间的意思。说起来，“moral milieu”如“social milieu”一样，指广泛分布于广大时空坐落中、形成“环境”或“氛围”的中间境界。这种中间境界有巨大的潜移默化之力，且有着非人为的“天性”，因此，似乎也可以与社会的“生育制度”（fertility）相联系，理解为某种“母体”。

涂尔干和莫斯定义下的作为“道德环境”的文明，既是针对国族而言的，又是针对整体世界而言的，它不同于此前的相关界定。

《关于“文明”概念的札记》一文指出，在国族这种曾被年鉴派社会学家认为定位社会有机体的最高形式之上，存在规模更加宏大、界线更加模糊的实体，这些实体虽与孔德的普遍人性社会学、涂尔干的社会有机体社会学不同，却与之密切相关。

与其用单数“文明”来形容人类历史的共同进程（在涂尔干和莫斯看来，这种进程恰是从国族内部的“大人格”中引申出来的），还不如用同个概念的复数形式来形容这些介于世界和国族之间的实体。复数的文明实体，“拥有个性，并且是社会体的一种未被认识到的生命形式展开的场所”。[2]

---

〔1〕 Marcel Mauss, *Techniques, Technology and Civilisation*, p. 37.

〔2〕 *Ibid.*, p. 38.

介于国族（社会）与世界之间的文明，包含着大量值得研究的现象。这些现象有两类，其中一类虽也在历史上与其他社会有机体相关，但倾向于"栖居"在国族疆域内部，成为国族的独特构造，是国家社会学关注的主要对象，而另一类则总是"游动"在国族之间，是文明或国际社会学关注的主要对象。这两类现象之间的主要差异在于，前者比较不适于国际化，后者的原本气质就是国际化的，也更适于国际化。"并非所有社会事实本质上都适于成为国际化的"，政治和法律制度以及社会形态现象，身居于社会有机体的核心，不适于国际化。相反，"包括神话、传说、货币、贸易、艺术品、技艺、工具、语言、词汇、科学知识、文学形式和理念等现象，则都是流动的、相互借用的，文明的流动和借用使历史复杂多样、变动不居，远比单一社会意义上所带来的更多"。[1]

文明扩散的不均衡和国际化程度的差异是由什么决定的？这是社会学尚未深究的问题。对于可能的答案，涂尔干和莫斯假设道："这种差异不仅仅简单来源于社会事实的内在本质，而且来源于社会赖以存在的不同环境。"[2]也就是说，不同的文明现象或文明实体有不同程度的国际化，既可能因为这些现象和实体的内在本质使之不适于国际化，又可能因为它们受到了情景的规定（"相同的群体生活形式在不同的环境下，有的适宜于国际化，有的不适宜"）。

涂尔干和莫斯还指出，还存在大量既有国际化本质又局限于特定国族的文明现象。比如，"基督教文明本质上是国际化的，但是也存在某些局限于特定国族的宗教"。又如，"某些语言扩散至广阔的领域，但是某些语言只被特定国族使用，正如主要的欧洲族群所使用的语言"。[3]

---

〔1〕 Marcel Mauss, *Techniques, Technology and Civilisation*, p. 38.

〔2〕 *Ibid.*

〔3〕 *Ibid.*

对于这些丰富的文明现象，德语系的民族学家尤其做过不少研究。然而，这些研究局限于“对于文明源头、文明借用、文明传播路线的求索”[1]，并使人产生一种严重的误解，即误以为对于文明的解释，只存在于对文化源流、文化区域等的研究领域，更严重的是，使某些民族学的领地捍卫者（涂尔干和莫斯特别提到施密特［Wilhelm Schmidt，1868—1954，德奥天主教士兼人类学家，著有大量文化史作品，追溯一神教的起源］），“刻意将文明研究抽离于社会学领域，试图将之保留给其他领域，特别是民族志学”。[2]《关于“文明”概念的札记》一文指出，关涉文明的“所有这些问题都具有恰当的社会学意义”。这并不是说民族学的文化史研究毫无意义，而不过是说，民族学的文化史研究探寻出了不同文明区域的基本轮廓，追溯到了不同文明的大致源头，在这个基础上，文化史的工作若是得到进一步有效推进，那么，“我们便有可能开展有社会学抱负的另一些研究”。[3]

对于年鉴派导师来说，文明的“有社会学抱负的另一些研究”，就是那些涉及作为超国族“道德环境”，及与之相关的文明因素扩散条件（与不同社会的集体价值有关的不同文明扩散事实）的研究。这些研究，此前社会学还未系统展开，社会学家在有批判地吸收民族学研究成果的基础上，急需把文明研究纳入他们的视野，这是因为，文明不只是既有民族学研究所呈现的文化在地理空间上的分布和历史源流上的线索情况，更是一种没有过时的社会生活形式。用涂尔干和莫斯自己的话说：

> 任何文明都不过是一种特殊集体生活的表达，而这种集体生活的基础是由多个相关联、相互动的政治实体构成的。国际

[1] Marcel Mauss, *Techniques, Technology and Civilisation*, p. 38.
[2] *Ibid.*, pp. 37-38.
[3] *Ibid.*, p. 39.

生活（international life）不过是社会生活的一种高级形式……理解文明的真正方式是探寻原因导致的结果，也就是说，探究文明如何作为各种秩序的集体互动的产物产生。[1]

五

如施朗格所概括的，《关于“文明”概念的札记》一文先指出，“界线清晰且自然而然的人类群体即为社会（尤其是政治社会）”，后“承认了超社会现象的存在并指出这些现象有其社会学意义上的重要性”。随之，涂尔干和莫斯从反面着手，“论述其他学科（例如民族志和史前史）及研究传统对于超社会现象的讨论——尤其追溯了德国的地理和文化史学科，由此表明，要对文明展开研究，就有必要接受他们这一版本的社会学方法”。[2]

要理解涂尔干和莫斯缘何在1913年有些许突然地号召社会学家介入文明研究，以下几点值得考虑：

1. 年鉴派的社会学研究是在大革命之后极端个人主义盛行导致的社会“失范状态”下展开的，到20世纪最初十年，成果蔚为壮观，形成一套“重建社会和政治的完整方案”。[3]《关于“文明”概念的札记》一文表明，在完善这套方案的过程中，年鉴派也意识到了其所面对的一个新挑战：欧洲出现了与极端个人主义相反的问题，特别是在德国，国族转变为极端国家主义的载体，这不仅使个人成为国家的牺牲品正当化，而且还威胁国际生活的道德环境。该文发表之后不久，

---

〔1〕 Marcel Mauss, *Techniques, Technology and Civilisation*, p. 39.

〔2〕 *Ibid.*, p. 35.

〔3〕 渠敬东：《职业伦理与公民道德——涂尔干对国家与社会之关系的新构建》，载《社会学研究》2014年第4期，110—131页。

"一战"爆发。年鉴派导师涂尔干本人，在战争期间写下了有关德国心态与战争的论著[1]，从集体心理学角度考察高度组织化暴力的缘起。年鉴派的文明论述，出现于这段风云变幻的时期，是在回应极端国家主义的无限制扩张中写下的探索性作品。

2.《关于"文明"概念的札记》展望了一种世界性的文明研究，本质上，这项研究旨在以社会学方式把握超社会系统的历史和现实面貌；它之所以迟迟到来，乃因涂尔干和莫斯身处欧洲文明之政邦（国族）传统之中，易于滞留于政邦内部事务的考察之中。

有关于这一政邦传统，吴文藻曾以东方为参照加以比较理解，他说：

> 自柏拉图、亚里士多德以来之西方政治哲学史，一部政邦哲学之发达史也；自萧[费]希特、黑格尔以来之政论史，一部国家至尊论之发达史也；自19世纪马志尼、密[穆]勒以来之政治运动史，一部民族国家主义运动之发达史也。至于我国，则自先秦以来之政治哲学史，一部圣哲人生哲学之发达史也；自黄黎[梨]洲以来之政论史，一部汉族中心论之发达史也；近五十年来之政治运动史，一部民族主义运动之发达史也。彼此所根本不同者，则西方往者大都以国家为人类中之最高团体，国家与社会，视为同等；我国则久以国家为家族并重之团体，国家之意识圈外，尚有天下。[2]

年鉴派社会学的形成，借鉴了古史上和民族志上的"其他传统"。不过，出于对一统神权统治沦落之后欧洲近代政治现实的尊重，涂尔干认为，诸社会若是能"眼光向内"，"不去扩张或扩展自己的界线，

---

〔1〕涂尔干：《德意志高于一切——德国的心态与战争》，载渠敬东主编：《涂尔干：社会与国家》，147—191页。

〔2〕吴文藻：《论社会学中国化》，414页。

而是坚守自己的家园，最大限度地为其成员创造一种更高水准的道德生活”[1]，那么，其内在“道德环境”与“人性环境”之间的裂缝就有机会被抹平。

也出于这一对欧洲近代现实的尊重，涂尔干和莫斯将文明现象分为国族化的“栖居”和国际化的“游动”两类，将前者限定在包括政治和法律在内的国族独特构造领域，将后者限定在流动频繁的国际化的物质、制度和精神文化领域，舍不得更紧密地联系二者。

3. 其实，并不存在仅靠固定法权制度（文明的“栖居”面）就能存在的社会，也不存在仅靠“游动”就能成为文明的系统，因为每个社会、每个文明，都具有双重性（这点在年鉴派“一战”后的著述中得到了更系统的论述）。

涂尔干和莫斯之所以强调文明的“游动”特质，有其可以理解的特殊关切。在涂尔干和莫斯的定义中，文明是复数的，是社会与世界之间的中间环节，而这个中间环节之所以重要，一方面是因为欧洲出现了极端国家主义所带来的战争威胁，另一方面则是因为普世“人性环境”观念（即孔德的单一文明观念）既已出现转化成普世个人主义观念的苗头，而作为国族“道德环境”的社会观念，如果不能实现视野拓展，就难以充分应对“人性环境”观念出现的预料之外的后果。

4. 对于涂尔干和莫斯来说，作为事实系统，文明是超社会的物质和精神流动/交换的实体，作为社会学概念，文明则是超国族的“道德环境”。这种超社会的“道德环境”到底为何？《关于“文明”概念的札记》一文并没有给出明确答案。不过，涂尔干在《职业伦理与公民道德》一书中论及，国家道德与人类道德之间存在着可调和之处[2]，这意味着中庸方案是可能提出的；而莫斯于“一战”之后不久

〔1〕 涂尔干：《职业伦理与公民道德》，60页。
〔2〕 如涂尔干：《职业伦理与公民道德》，59—61页。

发表的对于国族传统的发明之批判，则将这一方案放置在了社会学的核心地位。[1]

《关于“文明”概念的札记》展望的文明之社会学研究，首先是经验性的，确实是对“包括神话、传说、货币、贸易、艺术品、技艺、工具、语言、词汇、科学知识、文学形式和理念等”频繁流动的现象及其形成的“区域”及这些文明区域与相对稳定的政治和法律制度以及社会形态现象之间不同关系形态的研究。但在涂尔干和莫斯看来，这些经验性的研究要获得系统性，有赖于对文明在总体社会学框架下的特殊意义的把握，而反过来说，这种把握却又不能脱离经验事实——相反，它必须基于对后者的切近而得以实现。因而，对涂尔干和莫斯来说，“探究文明如何作为各种秩序的集体互动的产物产生”，是经验性的和观念性的社会学的使命。

5. 若以上理解合宜，则莫斯于1926年建立的法兰西民族学研究院所做的工作[2]，及20世纪30年代晚期拉德克里夫-布朗基于年鉴派社会学思想在牛津大学建立的社会人类学，都可以被视为“一战”前夕发表的《关于“文明”概念的札记》一文所设想的“知识工程”的实现。而如果说文明之社会学研究旨在“探究文明如何作为各种秩序的集体互动的产物产生”，那么“二战”后列维-斯特劳斯建立的结构人类学和神话学，与“社会学主义”主张虽有分歧，但他那些众多的、在文明批判的名义下展开的跨群体交换关系体系研究，可以说是年鉴派导师预见的成就。

涂尔干和莫斯在回答文明体的社会性是否可以对等于社会体的社会性这个问题时留有余地，但最终他们依然坚持用从社会体的社会性

---

〔1〕 Marcel Mauss, “The Nation,” in his *Techniques, Technology and Civilisation*, pp. 41-49.
〔2〕 杨堃：《社会学与民俗学》，142—159页。

之研究中得出的结论来阐发“超级社会（hyper-social）体系”的社会学价值（社会学导师们在拓展社会学知识边界上如此“坚持原则”，有其理由和背景——如上所述，他们热望欧洲诸国族在家园内部培植更高水准的道德生活，以此促成“国际道德环境”的生成）。

那么，从相反于社会体的方向——即文明体的超社会方向——来理解社会体并对它做出适应于处理文明问题的重新界定，是否同样可能和重要？从两位相继引领年鉴派社会学的前辈所说的“作为各种秩序的集体互动的产物”的文明体来理解社会有机体，并提出某种社会内在复合生成原理，若是有可能（虽然这对多数社会学家而言依旧是疑问），那么，对“一战”前既已萌生的不满足于社会有机体之解释与创造的社会学而言，是否尤为重要？

尽管对此类问题两位前辈并没有给出提示，但对我而言，其提出却实属必然。这除了是涂尔干、莫斯关于文明是“各种秩序的集体互动的产物”这一论述的自然延伸之外，还与我们置身于其中的社会之特殊“道德环境”有关。

如吴文藻指出的，中国“所短者，乃应世之政邦哲学也，正当之国家观念也，强有力之政治组织也”[1]；在这一国度，传统上（而非未来上），“国”没有成为最强有力的政治组织，天下和家两种境界，似乎从“基层”和“顶层”包裹着国，只有当被多数历史行动者视为“乱世”的时代来临，国才暂时变为政体的“顶层”。我并不确定，我们社会中的“国”是否有必要如吴文藻暗示的那样从欧陆的另一端取政邦哲学之经，但我能理解到，位于东亚的局部性世界（“天下”）兼容着种种不同秩序（orders），并且这个多秩序的局部性世界之特征时常规定着前者的形态。在这样的文明里存在的“社会”，固然也是一种“道德系统”，但这个系统具有如“超级社会”体系一样的秩序多

〔1〕吴文藻：《论社会学中国化》，415页。

重性，它们之间既层次分明，又相互穿插杂糅。

这种秩序多重的体系很难被强加于以秩序和人格一体化为理想的欧洲国族社会体上；要理解个中原因，梁启超在“一战”结束不久后进行的欧游途中写下的一段话尤具启发意义：

> 从前欧洲人对于“天下”的观念，不如中国人之明了，罗马人的理想，确是要把全欧打成一丸——他的事业也做到八九分，忽然被北方蛮族侵入，打得个稀烂，便永远成了列国分立的局面；中间虽也曾经过好几次的统一运动，或是想拿教皇当个中心，建设神权的统一政府，或是拿什么日耳曼皇帝的名号充当共主。究竟那时候的欧洲，正在分化时代，未到汇合时代，所以种种运动，总归失败。十四五世纪以后，现代列国的基础，完全成立，国家主义，日渐发达。到十八九世纪间，正是这主义旭日中天的时候，忽然有位混世魔王拿破仑，要学我们秦始皇，唱“六王毕四海一”那出大戏，分明是与时势逆行，还有个不失败的吗？失败过后，这回维廉第二还要来再做这个梦，那更可怜了。就此看来，我们中国古代统一的方法，在欧洲断断不能学步……[1]

然而，适当的比较和“互惠理解”却能使我们认识到，后者的“列国”社会传统虽根深蒂固，但这些社会的实际状态，兴许在事实存在上也与“天下”同样复杂，同样多重。

与世界上其他地区的社会相比，欧洲诸社会除了身处作为其传统的基督宗教文明（如涂尔干和莫斯在文章中承认的，这一文明通常也是内在分化的）和区域性文明（如地中海文明）之外，也置身于自石

---

〔1〕 梁启超：《欧游心影录·新大陆游记》，北京：东方出版社，2006，187 页。

器时代起就持续作为生活世界的要素的“小传统”（如家产制和巫术）之中，与此同时，还承担着与扩张着的其他“大传统”（如其他宗教系统）打交道的任务（尽管在18—19世纪的大部分阶段，欧洲自视为世界唯一的“大传统”），更有必要借鉴游动于边界线内外的其他文明因素（如其他文明在技术上的发明创造）以维持其社会的生命力。这一事实表明，这些社会体不仅需处理极端个人主义和极端国家主义带来的问题，而且还需要处理跨文明关系[1]；更不用说，到了20世纪初，一种返璞归真的潮流澎湃涌动，如梁启超所言，此刻，在欧洲生活的人们空前深刻意识到，“人类集团的扩张向上心，又出于天性之自然，不能夭遏。把国家当作人类最高团体，这种理论，在今日蒸蒸日进的社会，究竟不能叫人满意”。[2]

文明之间的关系无疑有诸多相辅相成的方面，这些使不同文明“相生”，但“相生”并不是文明之间关系的所有事实——如涂尔干在“一战”前既已指出的，“国际竞争并没有结束，在某种程度上，甚至‘文明’国家相互关系的基础依然是战争”。[3]涂尔干和莫斯若是在世，会反对人们将文明“相克”归结为文明的“私心”，也会将社会学界定为旨在以“相生”关系替代“相克”关系的事业，但他们却不会反对我们将“相克”和“相生”都理解为关系。文明现象中，相生相克关系通常同时存在；有现实关怀的社会学，必定重视相克关系的本质性来源，而有道德理想的社会学，则必定更关注增添相生关系在现实中所占的份额。

必须感恩故去的西儒涂尔干和莫斯，是他们在社会与世界之间开拓的文明空间，为我们做如此求索建造了一个思想场地。

---

〔1〕 Wang Mingming, “Some Turns in A ‘Journey to the West’: Cosmological Proliferation in An Anthropology of Eurasia,” (Radcliffe-Brown Lecture in Social Anthropology, read March 29, 2017) in *Journal of the British Academy*, No. 5, 2017, pp. 201-250. 中文版见本书504—571页。

〔2〕 梁启超：《欧游心影录·新大陆游记》，187—188页。

〔3〕 涂尔干：《职业伦理与公民道德》，59页。

第三编

东西方文明论

在国族与世界之间

——莫斯对文明与文明研究的构想

在社会科学中，“文明”这个词，与“国族”“世界”概念交杂出现；在大多数用法中，被当作只有附着于后两者之一才能产生意义的符号，若不是指那些生活在国族实体中的人们引以为骄傲的物质、社会、精神成就，便是指引导着人之共同进步成长的“命运”。

在人文学科中，文明的独立概念身份有时被承认，其代指的复杂现象得到较多论述；而相比之下，在社会科学诸学科中，文明现象得到的关注则不多。社会科学家更注重研究“事实”；为了研究“事实”，他们假定，“人类生活必须要通过一组空间结构来加以组织，而这些空间结构便是共同界定世界政治地图的主权领土”[1]，文明不是这样的结构，不能成为合适的科学研究方法论单元。社会科学诸学科形成于国族主义的全盛时代，在这个时代，欧洲也最终确立了其对世界其他地区的主宰地位，社会科学担负起为国族服务与证实西方文明优势的双重使命。为此，它们不仅必须务实，必须迎合部门化国家的职能运行需要，而且还必须科学，有助于论证欧洲文明有引领人类未来的作用。为了起到后一种作用，社会科学以普遍主义为方式超越国族，将来自哲学、生物学、物理学等领域的原理，加诸从研究中得来的“资料”之上，化富有地方特殊性的“事实”为欧洲中心的“大历史”（规律）的“证据”。20世纪下半叶，这种“大历史”遭到批

〔1〕 华勒斯坦等：《开放社会科学》，刘锋译，北京：生活·读书·新知三联书店，1997，28页。

判[1]。然而，对“大历史”的批判，依赖于将“大历史”负面化（即揭示“大历史”压抑其他历史的作用），而这种负面化，不仅没有消解世界（或全球）概念的支配性，反而促使它的“存在感”日渐升高。

具有国族主义和世界主义双重性格的社会科学，难以想象在疆界明晰的民族国家与一元化的世界之外还有哪些系统和过程值得研究。例外并非没有。法国史学家布罗代尔（Fernand Braudel）1987 出版的史学论著《文明史纲》[2]，及美国区域战略研究家亨廷顿部分受布氏启发而于 1996 年出版的国际政治学论著《文明的冲突与世界秩序的重建》[3]，便堪称此类。不过，两部著作都以“世界”为旨趣，论述文明不过是为了理解“世界”：前者侧重从诸文明的区域性扩张塑造世界史的总体形象，而且并不以文明为普遍存在的、社会与世界之间的实体，认为确认文明的首要标准是城市；后者侧重从世界秩序重建之可能分析世界性“无政府主义状态”的文明根源，其意义上的文明有着接近于国族的暴力内容，而如亨廷顿本人声明的，其文明论述并不带有社会科学的整体关怀。

经国族观念形态过滤的文明概念是存在的，这些为不同国族否定其他社会共同体的文明成就提供了“理由”；也存在经世界观念形态过滤的文明概念，这些则为某些以“文明使者”自居的国家“引领”或“覆盖”其他社会共同体的“文化”贡献了思路和手段。

对文明概念与国族主义和帝国主义这一关系避而不谈的学科，依据社会科学与国族与世界的对分格局（dichotomy），反复制造着它们的解释和理论主张。在这些解释和理论主张中，文明万变不离其宗，在复数的情形下，指国族文化，在单数的情形下，指发源地和中心都

---

〔1〕 如福柯：《词与物：人文科学考古学》。

〔2〕 布罗代尔：《文明史纲》，肖昶、冯棠、张文英、王明毅译，桂林：广西师范大学出版社，2003。

〔3〕 亨廷顿：《文明的冲突与世界秩序的重建》，周琪等译，北京：新华出版社，2002。

位于西方的“世界社会”。与此有别，竭力守护“科学良知”的学科，对国族主义和帝国主义的“世界体系”深怀戒心，在条件允许的情况下，它们对这些观念及其帮助促成的实体加以严厉批判。不过，这些学科的专家因带有对文明概念的不光彩历史的深刻记忆，多半一谈文明而色变。但回避并不是办法；它使作为“虚体”的文明，以新的变相，重新臣服于国族与世界这两个“权力集装箱”了。

以人类学为例，就其一般情形而论，一百年前，这门学科尚与社会学等学科一道，致力于用文明照亮“蒙昧”“野蛮”“半文明”在物质文化、社会结构和知识领域上的“黑暗”；在过去一百年来，它转而从不同角度揭露自身所处文明的“不文明性”。否定己身文明并没有让人类学家承认其他“文化”为文明；相反，无论是从他者反观自我，还是从自我进入他者，绝大多数人类学家将“文明”一词拒之于千里之外。结果是，人类学家书写的文本，内容和风格变幻无穷，但人类学家赖以区分欧洲文明与没有文明的“他者”的传统没有得到改变。人类学家要么以民族志为手法对一切社会共同体加以国族式的界定（在这一界定下，再原始的共同体也会被想象为与国族一般地“主权化”），要么反之，以历史和比较为方法，将这些共同体视作一体化中的世界之“地方性组成部分”。

作为同时指向国族化（近期往往被定义为“现代化”）和世界化（近期往往被定义为“全球化”）的一把双刃剑，人类学（特别是西方人类学）不断在“没有文明（未开化）的民族”中复制着国族意象和世界图式。

一个实例是20世纪80年代这门学科内部的一场争论。经过战后数十年的沉寂，内在于美国文化人类学的争鸣重新喧嚣起来；两位亦敌亦友的著名人类学萨林斯和沃尔夫站在“文化主义”和“世界主义”两个阵营前，共同发动了一场“思想战”。二者共享一种信念，即近代以来的自我与他者关系应作为人类学的核心论题得到充分讨论，但正是由于有这个共同信念，二者在立场上相互背离了。萨氏奋力深入“土著宇宙论”占主导地位的人文世界，视之为有力量持续将西方文明纳入己身的体系；沃氏受资本主义、年鉴派史学、世界体系理论等的影响，雄心勃勃，将人类学返回到“家园”，将之重新界定为一种世界史，并以之为方法，考察古代多区域的世界在近代转变为单一化的“世界性阶级制度”的历程。无论是萨林斯还是沃尔夫，都生活和工作在美利坚合众国这个“超国族”联邦体制下，他们也都致力于研究超文化、超民族、超社会的“过程”。然而，前者志在维持文化分立格局，故而将这些“过程”形容为“跨文化政治”[1]，后者志在证实来自西方的“世界体系”有化多元文化为一体的政治经济力量，故而将这些“过程”纳入既已成为历史的“旧世界政治地理”中叙述。[2]

萨林斯－沃尔夫争论，爆发于社会科学学科建立一百多年之后，必定因受之前产生过的相关思想（如传播主义、马克思主义及结构主义）之启迪而能触及国族与世界之间的“第三类现象”（如萨林斯的“跨文化政治”和沃尔夫的“旧世界的政治地理”这些约等于“文明”的系统）。然而，与人类学之外的其他理论主张的对立一样，争论双方为了使各自观点更“理论化”，而降低了其分别看到的“第三类现象”在其理论系统中本该有的地位。

此类问题的重复出现，与一个事实相关：作为西方的“局内人”，争论双方都谙熟其所从事的社会科学诸传统，也都凭靠着他们对这些传统的选择展开研究和讨论；但是，各自忙着适应社会科学“习惯法”中的一般游戏规则，他们要么赋予这些传统以可被其他人接受的“注疏”，要么搁置其中那些不适应时代的内容；而无论他们如何做，

---

〔1〕 萨林斯：《整体即部分：秩序与变迁的跨文化政治》，刘永华译，载王铭铭主编：《中国人类学评论》第9辑，127—139页。

〔2〕 沃尔夫：《欧洲与没有历史的人民》，33—87页。

结果只有一个——二者都与他们的社会科学同代人一样，没有把两次世界大战之间在极端国家主义制造的危机下提出的文明论述放在自己的叙述框架内。

第一次世界大战前夕，若干不同于自由乐观主义文明论的图景早已现身。乱世使人们的思想更为深刻，随着战争的爆发，这些图景的轮廓也更加清晰起来。一代学者通过艰难的努力向人们指出，得到重新界定的文明，有可能使研究者开辟一个新的知识和思想空间，在这个空间中，人文科学——在这里，“人文科学”主要指有别于社会科学分析主义的整体主义“人类学”——可以与国族化和世界化的“理论”保持距离，获得自身的品格。

从一个角度看，马克斯·韦伯20世纪初设计和实施、“一战”后加以拓展的宗教社会学研究，实为这一领域的重要成就。“一战”后不少德国社会学家和民族学家依旧接续传统，以德式文化概念排斥法式文明概念〔1〕，视后者为与价值和理想无关的实用性技术知识。以“经济的国族主义者”自称的马克斯·韦伯，却别出心裁，将文化与文明加以概念融合，用以考察历史比国族和世界体系久远的宗教文明，包括新教、儒教、道教、印度教、佛教、古犹太教等〔2〕。为了廓清近代西方的文明特征，韦伯必须建立“类型”，这些“类型”有其边界，但作为有悠久历史的“传统”，它们并不与国族疆界重叠。韦伯用“文明”来形容这些宗教，深刻地指出，这些宗教并不是“民族文化”，作为“世界宗教”，它们的地理分布范围远远超出“民族”的

---

〔1〕 布罗代尔：《文明史纲》，25页。

〔2〕 韦伯：《中国的宗教 宗教与世界》（韦伯作品集V），康乐、简惠美译，桂林：广西师范大学出版社，2004。韦伯：《宗教社会学》（韦伯作品集VIII），康乐、简惠美译，桂林：广西师范大学出版社，2005。韦伯：《印度的宗教》（韦伯作品集X），康乐、简惠美译，桂林：广西师范大学出版社，2005。韦伯：《新教伦理与资本主义精神》（韦伯作品集VII），康乐、简美惠译，桂林：广西师范大学出版社，2007。韦伯：《古犹太教》（韦伯作品集XI），康乐、简惠美译，桂林：广西师范大学出版社，2007。

地理范围；作为“类型”，其内涵虽与“资本主义精神”形成鲜明反差，却可谓是不同的“理性”。

与韦伯同时，现代社会学的另一个支柱爱弥儿·涂尔干，开始了其对作为超社会“道德环境”（moral milieu）的研究。这些研究先是与韦伯一样，指向宗教，接着部分转向国家的社会学界定。在集权国家（当时的德国）凌驾于社会之上而危及个人及邻国的状况下，涂尔干努力重建社会的优先地位。涂尔干相信，社会若是能“最大限度地为其成员创造一种更高水准的道德生活”[1]，那么，它便可能在国家道德与人类道德之间的宽阔鸿沟之间搭上一座沟通的桥梁。出于这一信念，涂尔干不断拓展他领导的社会学年鉴派的概念和学科边界，最终在介于国族与世界之间的诸领域内重新发现了有益于协调“爱国”与“博爱”的历史文明。

而涂尔干的外甥兼传人马塞尔·莫斯，则早已通过广泛接触和融通欧洲东方学（梵文）和民族学的学术积淀，对这类历史文明的研究做了充分知识和思想准备。

莫斯比韦伯更早关注到作为文明类型的宗教。19世纪末期，莫斯负责《社会学年鉴》中关于宗教社会学的部分，1901年他成为宗教史教授，之后，更集中地述评了大量相关文献。莫斯述及的文献，与韦伯涉及的一样丰厚而有风范，主题也与之有着大量相通之处[2]。不过，二者之间还是存在一个重要区别：韦伯将关注点更集中地放在欧亚大陆及周边的诸文明中心，尤其是美索不达米亚、埃及、以色列、希腊、罗马帝国、中华帝国的“农业文明”[3]，而莫斯则在关注欧亚大陆世界宗教之同时，将宗教文明研究的视野拓展到了原始部落，他还基于古典人类学式的普遍主义重新定义了“文明”，从这个概念入手，

〔1〕 涂尔干：《职业伦理与公民道德》，60页。

〔2〕 Marcel Mauss, *Œuvres 2: Représentations Collectives et Diversité des Civilisations*.

〔3〕 Max Weber, *The Agrarian Sociology of Ancient Civilizations*, trans. R. I. Frank, London: Verso, 2013.

对社会学自身展开了历史和地理的“换位思考”。

韦伯社会学中的文明，是由浩繁的宗教史著述堆起来的，在缺乏明确的概念身份之同时却富有实质内容；与之不同，莫斯的文明，则是在言简意赅的定义下出现的，它没有厚重的论著支撑，但价值却不可低估。

莫斯和涂尔干1913年合作发表的《关于“文明”概念的札记》[1]，梳理了分布广泛的“文明现象”。有鉴于此，该文对法兰西启蒙社会思想传统中的“人性世界化”主张（特别是孔德之主张）和自身建立的国族中心的社会学展开了双重反思，进而展望了一种置身于国族与世界之间的社会科学（特别是社会学和民族学或社会人类学）。这种社会科学既与西方启蒙人性论的“世界化”保持着距离，又重视认知国族之上的更大社会系统。涂尔干和莫斯指出，这些系统可以“文明”来定义，而文明既内在于物质生活，又形成自身的道德境界，成为群体与群体、社会与社会、国族与国族在物质和精神互动过程中产生的关系及关系伦理（即作为超社会之道德生境的文明）。

在涂尔干和莫斯的重新界定下，文明成为一种空间分布范围广阔、包括多个社会的“社会”，它们具有“超社会”属性，但却是多样的，不等于“世界社会”。

涂尔干辞世后，莫斯对个人之间和不同级序的社会共同体之间的关系和关系伦理展开了更为系统的研究。他于1920年写下《国族》[2]一文，于1930年发表《诸文明：其要素与形式》[3]，在两篇文章中直接切入作为国族与世界之间的“中间状态”的文明这一命题。在这两

---

〔1〕原刊《社会学年鉴》1913年第12卷，见涂尔干、莫斯：《关于“文明”概念的札记》，载莫斯等：《论技术、技艺与文明》，36—40页。

〔2〕原刊《社会学年鉴》第三系列1953年第3卷，见莫斯：《国族》，载莫斯等：《论技术、技艺与文明》，42—49页。

〔3〕原刊国际综合科学基金会中心编、巴黎文艺复兴出版社1930年版《文明、语词和思想》，见莫斯：《诸文明：其要素与形式》，载莫斯等：《论技术、技艺与文明》，58—74页。

篇文章里，莫斯更为系统地阐发了其与涂尔干合作的“札记”所陈述的主张，通过对总体人文科学的综合构思，拓展了社会学年鉴派的视野，为文明的特质、形式和区域分布之研究，做了有具体设想和现实意义的展望。

两次世界大战之间，欧洲出现众多文明论述[1]；在这些论述中，社会学年鉴派（特别是莫斯）在“一战”前后提出的看法，长期遭到忽视，却显然有着突出的重要性。如卡森迪（Bruno Karsenti）指出的，“法国涂尔干式科学社会学的基础，并不真的是某一不模糊的理论的确然建树，它不是被宗教崇拜般地应用着的信仰。涂尔干式社会学关切的是如何构思出问题意识，如何为一组问题的澄清开拓一个概念空间，使之成为综合研究领域，以便社会的客体化能成为一个不断更新的课题，而不是被确然规定为某种信念”[2]。莫斯文明论述，是社会学年鉴派经涂尔干《宗教生活的基本形式》这一转向进入关系社会学和比较民族学这一“二次转向”的首要途径。通过“二次转向”，社会学年鉴派逐渐使与国族藕断丝连的“家园式社会”获得某种国际主义性格，同时，使之保持着与世界主义之间的差异。莫斯将文明实体化，在国族与世界之外识别出了一个有深远历史脉络的新领域，通过界定“超社会”文明现象，重新界定了人文科学研究单元的边界，为我们消解国族-世界二元对立观，对社会科学研究的持续影响做出了先驱性贡献。

在1914—1945年期间，西方世界“所宣称的道德进步的真相仿佛被戳穿了”[3]。正是在这个背景下，莫斯集中关注了文明现象。随着“二战”的结束，“西方世界又重新鼓起了勇气”，乱世期间由刻骨

〔1〕 Adam Kuper, *Culture: The Anthropologists' Account*. Cambridge, Massachusetts: Harvard University Press, 1999, pp. 23-46.

〔2〕 Bruno Karsenti, “The Maussian Shift: A Second Foundation for Sociology in France,” Wendy James and N. J. Allen eds., *Marcel Mauss: A Centenary Tribute*, Oxford: Berghahn Books, 1998, p. 71.

〔3〕 华勒斯坦等：《开放社会科学》，55页。

铭心的悲剧生发的富有良知的思想，很快被淡忘。莫斯的思想不是例外。他的许多著作是在战后被广为传播的，但被征引的却不是其有关文明的论述，而主要还是那些相比之下更为符合社会科学的国族与世界图景的作品。在英文学术界，直到21世纪到来之后，他关于文明的著述才慢慢得到一些学界同人的关注〔1〕。

在过去的十余年间，我多次返回莫斯的论著，在这些论著中我领略了“超社会体系”研究的前景〔2〕。在涂尔干逝世百年之际，我曾撰专文〔3〕读解涂尔干和莫斯《关于“文明”概念的札记》，在详述莫斯原作内容的基础上，将之与相近时期出现于中国思想界的相关思考相联想和比较。〔4〕在本文中，为了考察莫斯文明论述对于社会科学“改革”的总体意义，我将从莫斯的学术人生入手，更为系统地考察这位社会学和社会人类学家（莫斯更常称之为“民族学家”）的文明图景。对莫斯和涂尔干合写的“札记”的理解性既有分析，为本文做了铺垫；但在此，我将从这个入口进入莫斯文明论述的其他两个文本，由内而外地复原其形象。莫斯的文明人文科学，担当着学术和现实的双重使命，既是对文明研究的构想，又是对有深远历史的文明的前景的展望。我深信，在莫斯学术人生的背景下考察他的文明论述，既有助于我们更好地理解这些论述与莫斯所处的时代的关系，又有助于我们把握这些有时代印记的论述与我们的时代之间的关联，并在此基础上，展望社会科学超越国族意象与世界图式之限制的未来。

“文明”一词的词源可以追溯到拉丁文 civilis（公民的、市民的）

---

〔1〕如 Nathan Schlanger, “Introduction. Technological Commitments: Marcel Mauss and the Study of Techniques in the French Social Sciences,” in Marcel Mauss, *Techniques, Technology and Civilisation*, pp. 1-30. David Wengrow, *What Makes Civilization? The Ancient Near East and the Future of the West*, Oxford: Oxford University Press, 2010.

〔2〕王铭铭：《超社会体系：文明与中国》。

〔3〕王铭铭：《社会中的社会——读涂尔干、莫斯〈关于“文明”概念的札记〉》，载《西北民族研究》2018年第1期，51—60页。亦见本书第250—267页。

〔4〕必须指出，在东西方之间做这样的跨越，有助于互惠地理解双方。

和 civis（公民、市民），此词在启蒙思想中常被用来指进步，此后，在法国、德国、英国获得不同含义（其中德国浪漫主义思想家用精神文化反衬物质文明的做法，给“文明”一词平添了难以清除的贬义色彩）。无疑，若要充分领悟这个词，便要对创造和重新创造它的诸社会进行历史研究。然而，已有不少学者从事这方面工作[1]，其取得的成果在富有启发之同时，也广泛存在社会史本质化、概念虚无化的倾向，它们易于带给我们一种误解，使我们以为，概念自身毫无意义，有意义的是，内容被清空的概念所标志的社会史时代性。接受埃利亚斯（Norbert Elias）的看法[2]，我相信，既然诸如“文明”这样的概念有其社会史基础，它便不妨被继续沿用，作为有历史事实相关性的“符号”来理解。接触社会学年鉴派的文明论述，使我意识到，“文明”一词承受着欧洲近代史的深重历史负担，作为“能指”，有着相当大的随意性，因而，当莫斯用它来形容其从历史和现实中看到的相关现象之时，他的学术若不是因为“敏感”而被忽略不计，便极易引起争议。不过，倘若我们关注的正是莫斯揭示的现象本身，而非单纯的观念史，那么，这类争议便可以暂时搁置了。

马塞尔·莫斯

莫斯逝世后，他的代表作被汇成《社会学与人类学》（*Sociologie et Anthropologie*）一册[3]，于当年出版。这本书囊括了莫斯所著结构相对完整的论文，涉及巫术、古式社会的交换、心理学与社会学的结合、死亡观念、人的概念、身体技术、社会形态学等领域。著名人类

---

〔1〕 埃利亚斯：《文明的进程：文明的社会起源和心理起源的研究》。威廉姆斯［威廉斯］：《关键词：文化与社会的词汇》。George Stocking, Jr., *Victorian Anthropology*.

〔2〕 Norbert Elias, *Reflections on a Life*, Cambridge: Polity Press, 1994.

〔3〕 Marcel Mauss, *Sociologie et Anthropologie*, Paris: PUF, 1950.

学家列维－斯特劳斯应邀为此书撰写了长篇《莫斯著作导读》[1]。列氏称颂了莫斯在社会学和人类学领域的建树，也批评了莫斯过度着迷于"土著观念"（他认为，包括其神话、巫术和宗教在内的"表象"，都是被研究民族的"有意识模式"，不能作为科学认识方法加以运用，而有待有能力把握"无意识模式"的外来学者加以解析），最后，他微妙地用语言学式心灵结构观点替换了莫斯有关交换价值的社会学主张。[2]

列氏行文中提到莫斯的许多作品，但对其文明著述，却几乎只字未提。

莫斯所著《国族》一文，直到莫斯过世后几年（1953）才整理发表，而其与涂尔干合写的《关于"文明"概念的札记》和《诸文明：其要素与形式》（以下或简作《诸文明》）虽早已发表，但前一篇篇幅很小，作为札记，不符合学术论著的一般规范，后一篇仅是作为附录出现在会议论文集里，更像是某种"长篇附注"。

列氏没有提到这些，有情可原：写一篇《导读》，不等于编纂一部年谱，只需选择人物著述中那些相对完整的原创之作加以评介；而莫斯的三篇文明著述，都属于述评性质的，并不符合这个标准。

不过，在我看来，这一具有排他性的选择所导致的遗憾，却极其严重。[3]莫斯一生持续关注文明这一论题，而其所写的三篇相关文章，意义极其重大，也是我们理解莫斯思想的重要线索（以其最著名的《礼物：古式社会中交换的形式与理由》[后或简作《礼物》] 为例，

〔1〕 见 Claude Lévi-Strauss, *Introduction to the Work of Marcel Mauss*, trans. Felicity Baker, London: Routledge and Kegan Paul, 1987.

〔2〕 古德利尔：《礼物之谜》，王毅译，上海：上海人民出版社，2007。

〔3〕 列维－斯特劳斯向来将文明与权力支配相联系，并因此对欧亚大陆所有文明采取负面看法；他将注意力更多集中在"原始文化"的研究，并致力于从这些研究提出有助于"文明人"产生自我意识的看法。尽管他的科学理性观在新结构主义者那里遭到了批判，但他对文明的批判态度，却得到了长期继承（王铭铭：《人类学讲义稿》，233—238 页）。

此论著发表于1925年，时间正好在《国族》与《诸文明》发表的年代之间，可谓是在这两篇文章的问题意识之界定下写就的）。

莫斯的文明图景，基本轮廓早已形成。1901年莫斯就任高等研究实践学院讲座教授，这个教职是为“未开化［不文明］民族的宗教之历史研究”而设的。在就职演讲里，莫斯挑战了这个概念，他说：

> 不存在未开化民族，只存在来自不同文明的民族。所谓“自然”人的假设已确然被否定。[1]

这句话虽短，但透露了一个重要信息：从其从学之日起，莫斯便反感19世纪西方学界广泛流传的“野蛮”与“文明”之分，他不相信“未开化民族”因“缺乏文明”而依旧生存在“自然人”状态，他认为，现代人和原始人之间的差异，不过是社会规模的大小，从社会内部的复杂性及宗教行为和思想观之，古人和今人前后相续，都是社会人，没有本质上的区别。莫斯主张将古今“文化”都称为“文明”，这与其说是旨在克服“文明”与“野蛮”之类概念含有的西方中心主义因素，毋宁说是为了表明所谓“原始民族”一样有复杂社会组织、礼仪制度、道德意识。用杨堃的话说，“莫斯认为……原始的落后的人们与文明的民族并无本质上的差别。他认为可以把初民的心理与文明人的心理互相比较，初民的信仰与仪式无论怎样的奇特，都确实已包含着文明人的理性，而他们在技术上的精巧也足以惊人”[2]。

在社会学年鉴派，如此使用“文明”一词并不是反常的做法（在涂尔干的《宗教生活的基本形式》中，即时常能够遇见“原始文明”

〔1〕 Marcel Fournier, *Marcel Mauss*, Paris: Fayard, 1994, p. 90.
〔2〕 杨堃：《社会学与民俗学》，155页。

概念）。但莫斯所说的“只存在来自不同文明的民族”一语，虽稍显随意，却意味深长。在莫斯看来，文明与社会性同时出现于人成为人的阶段，但最早的共同体有赖分布范围比他们广阔的文明之滋养，因而，与其说有了人就有了社会，毋宁说有了人就有了文明。社会共同体既然来源于文明这类分布更广的“文化”体系，那么，相对而论，文明不仅在时间上先于社会学年鉴派曾致力于专门研究的社会，而且在空间覆盖面上也大于后者。

《关于“文明”概念的札记》一文出现在“一战”爆发之前不久，是莫斯与涂尔干合作的两个少见的文本之一（另一个是《原始分类》，1903 年发表）。那个阶段，莫斯除了跟随印度学家莱维（Sylvain Lévi）学习梵文和宗教史，也从舅舅涂尔干学习哲学和社会学。年轻的莫斯已博览群书，学有所成（1896 年，他到巴黎学习比较宗教与梵文，1901 年成为高等研究实践学院宗教史教授），也活跃地参加着各种社会、政治和经济活动（他受圣西门的影响，成为活跃的社会主义者，提出司法社会主义主张），但他一直以学徒的身份配合涂尔干工作。《关于“文明”概念的札记》一文第一作者的署名虽是涂尔干，但它很可能主要出自莫斯之手。而《国族》《诸文明》则出现在涂尔干逝世之后、两次世界大战之间。“一战”导致涂尔干失去了他的儿子和众多优秀的徒弟，他痛不欲生，于 1917 年 11 月病逝。此后，莫斯成为年鉴派的第二代领袖，他既要捍卫涂尔干的事业，使之获得抗衡种种质疑的力量，又要引领同人和学生，使这项事业的生命力得以绵续。为了这些目的，莫斯必须在继承与发扬之间找到良好的平衡。《国族》与《诸文明》两篇文章，就是在这个情景下写就的。

对于文明的关注，贯穿着莫斯学术人生的核心阶段。然而，莫斯并没有言必文明，他的文明论述，是其主题繁复的众多探索性研究的自然结晶。

1983 年杜蒙在其所著之《论个体主义：对现代意识形态的人类学

观点》收录了《马塞尔·莫斯：生成中的科学》[1]一文，刻画了莫斯的学术形象。[2]杜蒙把莫斯的人生分为三个阶段，它们分别是1895—1914年的第一个阶段，1914—1930年的第二个阶段，及1930—1950年的第三个阶段。在第一个阶段，莫斯是涂尔干的工作助手；在第二个阶段，他作为涂尔干事业的继承人继续工作，也发表了自己的观点；在第三个阶段，他的心思摇摆在涂尔干的号召和自己独创的事业之间[3]。

在莫斯人生的第一个阶段，他的舅舅兼导师涂尔干，在回应亚当·斯密、斯宾塞的经济个体主义中创立了"社会学主义"，他比较原始机械团结（人人相同）与现代有机团结，提出在社会断裂时代以世俗伦理代宗教的主张。莫斯在涂尔干团队里负责宗教社会学方面的工作，除了协助涂尔干整理素材之外，还著有《论祈祷》[4]（直至1909年才完成120页）、《献祭的性质与功能》[5]（与于贝尔合著，1898年发表）、《巫术的一般理论》[6]（与于贝尔合著，1904年发表）、《论爱斯基摩人社会的季节性变化：社会形态学研究》[7]（与学生伯夏[Henri Beuchat]合著，1904—1905年发表）等论文，并与涂尔干合写《原始分类》（1903年发表），为涂尔干写作《宗教生活的基本形式》提供材料，促成了社会学年鉴派的"宗教学转向"。

---

[1] 见杜[迪]蒙：《论个体主义：对现代意识形态的人类学观点》，谷方译，上海：上海人民出版社，2003，155—173页。

[2] 1994年，卡森迪和福尼耶（Marcel Fournier）同时出版了两部有关莫斯的著作，分别考察了莫斯的学术观念（Bruno Karsenti, *Marcel Mauss: Le Fait Social Total*, Paris: PUF, 1994）和人生历程（Marcel Fournier, *Marcel Mauss*），也为我们全面理解莫斯提供了重要参考。

[3] 相近分期又见Keith Hart, "Marcel Mauss: In Pursuit of the Whole. A Review Essay," in *Comparative Studies in Society and History*, 2007, Vol. 49, No. 2, pp. 473-485。

[4] 见莫斯：《论祈祷》，蒙养山人译，夏希原校，北京：北京大学出版社，2013。

[5] 见莫斯、于贝尔：《巫术的一般理论 献祭的性质与功能》，171—293页。

[6] 同上书，3—169页。

[7] 见莫斯、伯夏：《论爱斯基摩人社会的季节性变化：社会形态学研究》，载莫[毛]斯：《社会学与人类学》，323—396页。

莫斯于1908年参选法兰西学院教授职位，但没有当选。“一战”爆发后，莫斯出于爱国主动应征入伍。1917年涂尔干去世，莫斯从军中回到学界，此后继续在高等研究实践学院担任宗教学教授。这个阶段，作为学术组织者，莫斯耗费大量精力为《社会学年鉴》审阅大量稿件，并写了数以百计的述评。他也参与大量社会主义政治活动，创办《社会主义运动》(*Mouvement Socialiste*)杂志，为左翼报纸写稿。此外，除了教书和政治活动之外，莫斯也费不少心血对国族主义、社会主义、革命进行社会学研究。此间，他写出了著名的《礼物》(1925年发表)，引用上百篇文献、提供数百个脚注，呈现一种比涂尔干笔下的内在整齐划一的社会远为复杂的“集体”。在《礼物》中，莫斯指出，在生活中，人与人、群体与群体相互迭复、穿插、交融，难分彼此，正是由借助有灵性的物品展开的交流而形成的难分彼此之感，才是社会的根基。《礼物》的发表，开启了莫斯所引领的时代的到来，也正是在这篇论文发表之后，在莫斯的推动下，民族学研究所(Institut d'Ethnologie)得以建立。在这个新学术空间，莫斯、列维-布留尔(Lucien Lévy-Bruhl)、瑞伟(Paul Rivet)等组成了一个领导团体，促成了大量影响深远的研究。

1930年，莫斯当选法兰西学院教席，获聘社会学首席教授，而此时，他的合作者于贝尔不幸过世，莫斯不得已带着悲伤独自支撑年鉴派。在这个阶段的前期(1940年之前)，莫斯著述颇丰，20世纪30年代发表论著包括《人》《身体技艺》等，进一步诠释其“交融”社会观，并对技艺和技术学展开大量研究[1]。不幸的是，第二次世界大战给莫斯带来比“一战”更残酷的考验；莫斯的同人和学生遭受纳粹迫害，他本人更是受到巨大精神打击，不断失去记忆力，最终甚至丧

〔1〕 Nathan Schlanger, "The Study of Techniques as An Ideological Challenge: Technology, Nation, and Humanity in the Work of Marcel Mauss," in Wendy James and N. J. Allen eds., *Marcel Mauss: A Centenary Tribute*, pp. 192-212.

失思考能力，于1950年2月辞世。

在《莫斯著作导读》中，带着科学理性旨趣，列维－斯特劳斯从莫斯对社会学、心理学、生理学的综合入手，考察莫斯学术的基本理念。他指出，莫斯不仅先于美国文化人类学派对心理分析学和社会学加以综合，而且所进行的综合在创造性上比后者更胜一筹。接着，列氏解释了《礼物》一书的交换概念，对莫斯有关交换的社会、心理、"物质"动力的论述加以关注，认为对莫斯来说，关键的是礼物带有的马纳（mana）这种力量在推使流动，而莫斯早在《巫术的一般理论》中界定了马纳这种力量，并以此奉献给涂尔干的《宗教生活的基本形式》，成为该书论点的重要依据。最后，列维－斯特劳斯悄然将马纳的神秘力量与自己的心灵结构思想联系起来，承认莫斯对结构人类学开启了一扇窗户，又表明了坚守涂尔干社会学志业的莫斯在心灵结构论述方面的止步不前。列氏带着自己的科学理性对莫斯众多模糊的现象学式叙述加以概述，通过逻辑化，使这些叙述变得更接近结构理论的原理。这就使列氏笔下的莫斯，失去了其原有的特征。

莫斯与涂尔干一样，都出身于犹太教家族，但涂尔干一向不愿公开谈论其家族背景，而莫斯却不同，他在活跃于世俗社会政治活动之同时，对其犹太教家族背景从不讳言。甥舅之间之所以有这一差异，乃因莫斯与涂尔干对启蒙有不同态度。涂尔干刻意避免其家族背景，为的是更旗帜鲜明地表现自己与启蒙传统的继承关系；而莫斯没有这样做，是因为对他而言，启蒙并没有重要到使他彻底放弃与宗教的关系。由于存在着这一差异，相比于涂尔干，莫斯从犹太教学术的"论题式"风格中继承更多，而没有形成对归属于不同存在领域的现象进行理论化解释的习惯。[1]

---

〔1〕 William Pickering, "Mauss's Jewish Background: A Biographical Essay," in Wendy James and N. J. Allen eds., *Marcel Mauss: A Centenary Tribute*, pp. 43-62.

青年莫斯从涂尔干的社会学志业中得到滋养，对这项志业更有着莫大贡献，他为涂尔干著述《社会分工论》[1]（1893年发表）做了资料准备，为其《宗教生活的基本形式》做了先行研究，也耗费大量心血维护年鉴派的学术平台《社会学年鉴》。与此同时，从他学术人生的第一个阶段开始，莫斯对社会学的核心概念“社会”已有自己的理解。莫斯对于社会理论的独特贡献，是其提出的“总体社会事实”概念，这个概念是基于涂尔干的“双重人”（homo duplex）看法提出的，但莫斯并不满足于用自己广泛涉猎的民族志、文字学和文化史文献来复制这个意象。对涂尔干来说，人的存在是双重的，含有个人性和社会性，社会性大抵外在于个体性，个人是在接受社会的印记中得到社会化的。在其著述中，莫斯却以“总体的人”（l'homme total）叙述一种个人－社会不分的人文现象，他认为，个人在其人生的时间流动中持续活动，由此得以表达为一种社会存在，最终使社会存在的命运完全由个人所承担，个人与社会难解难分。对莫斯来说，人的存在的确是双重的，但这种双重性不是在“人”（persons）之外的，而是在“人”之内的，且可以说与生俱来。[2]

“总体的人”不仅将个体与社会联系起来，还把人存在的身体性和心灵性方面联结起来，一个事实便构成一个个体－社会、身－心合一的系统。因而，要把握“社会”，一方面要把握社会的种种形态，个人史的不同瞬间，社会性在生理－心理、圣－俗、生－死、无意识－有意识诸现象中的表达方式；另一方面也要看到，唯有从个体意识和心态中方能把握制度化现象的本质。这也就意味着，任何合理的解释，都需要结合从历史或比较分析得来的客观性看法和从个人意识

[1] 见涂尔干：《社会分工论》，渠敬东译，北京：生活·读书·新知三联书店，2000。

[2] Bruno Karsenti, “The Maussian Shift: A Second Foundation for Sociology in France,” in Wendy James and N. J. Allen eds., *Marcel Mauss: A Centenary Tribute*, p. 79. Bruno Karsenti, *Marcel Mauss: Le Fait Social Total*.

里得来的主观性看法。[1]

之所以说莫斯完成了社会学年鉴派的一次重要转向，不仅是因为他对“社会”的界定冲破了个体与集体、世俗与神圣、身体与心性的界线，从而成就一种唯心和唯物之间的社会学[2]，而且还因为他笔下的“社会”已不再是局限于特定地理空间、有共同生存状态和个人经验的实体。在莫斯笔下，社会实体依旧重要，但更重要的是联系着穿插在界线之间、赋予人与社会内涵的各种貌似外在于人但却构成人的本质的因素。

在其与于贝尔合作发表的《献祭的性质与功能》中，莫斯处理着让祭祀者走出自我的仪式（献祭），认为，献祭仪式中的事物，一方面身处祭祀者之外，一方面又与之渐趋贴近，在由远到近、由近到远的关系过程（仪式）中，使人与其他存在体（神明与万物）发生关系，从关系中获得力量和生活确定性。在其与伯夏合作发表的《论爱斯基摩人社会的季节性变化：社会形态学研究》中，莫斯对涂尔干意义上的“双重人”在年度周期中的分化与合成进行了解释，以爱斯基摩人为典型，一个集体的“时间”如果有神圣与世俗之分，那么其合成形态即为两种时间同构的“年”，而“年”则是由自然的季节与社会密度有别的季节相应“杂糅”而成的。社会的个体－集体、家居－共居、巫术－宗教、私有－共有双重性，不是仅靠内发的“规则”规定的，而是在更广泛的地理、气候、生态、生计等“外在”因素构成的氛围中形成的。在其《礼物》中，莫斯考察了带有莫名的力量的物，如此在促成和维持人与人、群体与群体之间“结盟”关系中起到关键作用。

从这三本堪称经典的著作看，在莫斯看来，倘若没有介于“内外”的“中间之物”，那么社会的形成便不可思议。这些“中间之物”，在祭祀中包括了祭品、祭司等，在物质性的社会形态生成中包

---

〔1〕 Claude Lévi-Strauss, *Introduction to the Work of Marcel Mauss*, pp. 27-28.

〔2〕 杨堃：《社会学与民俗学》，26—43 页。

括了季节形态，地理形态，食品的时空分布，身体性的与非身体性的技术如狩猎、礼仪、建筑等；在“礼物交换”中，为沟通不同“人”的有灵力之物。作为媒介，“中间之物”如同语言，所起的作用主要是交流，它们从“外延”赋予社会实体其内涵，也在沟通人与“非人事物”中将诸特定时空范围的社会实体联结起来。[1]

莫斯的三篇文明论述，发表于其人生史的不同阶段，在这些阶段，莫斯面对的问题和挑战有所不同，但他的学术工作，有着其贯穿始终的特征。一方面，他一贯坚守涂尔干社会学的基本主张，在涂尔干辞世后更承担着使这一主张与同时代的其他主张的争论中焕发生机的任务。比如，“一战”后，伯格森（Henri Bergson）提出以道德约制给现代世界带来罪恶的技术的主张，这一主张对公众产生巨大吸引力，而其中潜含着将涂尔干曾经致力于界定的良知偏狭化的危险。在回应类似偏激主张的过程中，莫斯耗费大量精力对技术系统进行了比较民族学研究，指出技术自身有着浓度极高的社会含量，是作为道德系统的社会的基础之一。[2]另一方面，莫斯尚需赋予涂尔干社会学的核心概念更为经验化而开放化的内涵。在莫斯笔下，社会既更密切地与个人生活相联系，成为易于观察和理解的“事实”，又从边界清晰的“有机体”意象中脱身，成为大小不一的多重关系“圈子”；这些“圈子”穿插于社会实体内外，杂糅着种种因素，在每个现象中都缩影般地实际存在着。无论是个体的“人”，还是适应于种种“生态”而生成的技艺、巫术、艺术、象征、产品、信仰、神话、历法等，所有的现象，无论是个别的，还是交织成体系的，在莫斯笔下都成为社会的，它们相互之间密切关联，其各自的内里，也有着社会的关系本质，个别或局部总是承载着体系或整体的关系和关系的“语法”。作

---

〔1〕 王铭铭：《超社会体系：文明与中国》，101—109 页。

〔2〕 施朗格：《导论 技术之承载：马塞尔·莫斯和法国社会科学的技艺研究》，载于莫斯等：《论技术、技艺与文明》，1—31 页。

为社会性的“超社会现象”的文明，一样有着这种关系特征，其存在表明，没有一个社会是封闭的，而“开放社会”的力量源泉，正是持续推动社会相互交换的关系体系。这些体系的运行的动力，固然可以追溯到心灵与物性的“深层结构”，但一方面，语言不足以表达这一“结构”，另一方面，即使我们可以为这一“结构”赋以语言学概括，也应侧重关系现象的丰富性和伦理内涵。

从文明到社会，再从社会到文明

1919年10月，小莫斯一岁的梁启超完成了几个月的欧洲观察，回到巴黎，住在郊外白鲁威（Bellevue），起笔写作《欧游心影录》。在书中，梁启超对法国大革命之后思潮的变迁作如下评论：

> 当法国大革命后唯心派哲学浪漫派文学全盛之时，好像二十来岁一个活泼青年，思想新解放，生气横溢，视天下事像是几着可了，而且不免驰骛于空华幻想，离人生的实际却远了。然而他这种自由研究的精神，和尊重个性的信仰，自然会引出第二个时代来，就是所谓的科学万能自然派文学的全盛时代。这个时代，由理想入到实际，一到实际，觉得从前什么善咧美咧，都是我们梦里虚构的境界，社会现象，却和他正相反，丑秽惨恶，万方同慨。一面从前的理想和信条，已经破坏得七零八落，于是全社会都陷入怀疑的深渊，现出一种惊惶沉闷凄惨的景象。就像三十前后的人，出了学校，入了社会，初为人夫，初为人父，觉得前途满目荆棘，从前的理想和希望，丢掉了一大半。19世纪末叶欧洲的人心，就是这样。[1]

---

〔1〕 梁启超：《欧游心影录·新大陆游记》，27页。

19世纪末的欧洲，社会裂隙横生，这个阶段，“由理想到实际”，怀疑主义和个人主义盛行，“失范”涌现，然而，思想界并没有丧失其理想。以涂尔干为例，他生活在梁启超所说的“科学万能自然派文学的全盛时代”末期，面对人心之“丑秽惨恶”，致力于创制一套“重建社会和政治的完整方案”[1]。身在涂尔干左右，莫斯为这套“方案”的制订默默奉献着。20世纪初，涂尔干“方案”接近完善，但欧洲却出现了与个人主义相反的问题。此时，国族意识悄然与极端国家主义结合，不仅要求牺牲个人，成就国家，而且还威胁着欧洲国际关系的既有格局。

几乎将所有注意力投入于研究社会内部机理的年鉴派，能为化解极端国家主义带来的国际关系危机做出何种贡献？涂尔干依旧相信，“如果每个国家拥有自己的目标，不去扩张或扩展自己的界线，而是坚守自己的家园，最大程度地为其成员创造一种更高水准的道德生活”[2]，那么，国际生活就会往好的方向发展。但时间越接近战争，他越深刻地意识到，在国与国之间争端愈演愈烈的时代，有必要将“家园社会”的道德生活与“世界性的爱国主义”联系起来，发现国家生活之外的更高的力量，找到与特定政治群体的特殊条件及这一群体的命运无直接关系的更高尚生活目标。[3]

在对内在于“家园”、外延于世界的伦理境界的求索中，涂尔干和莫斯合写了那篇题为《关于“文明”概念的札记》的文章。

在有关“公民道德”的论述中，涂尔干坚持了其过去的看法，认为古代社会局限于“特殊地域与民族条件”，这种状况在近代得到改变，超越特殊社会共同体的社会（或者说，道德的普遍意识）随之出

---

[1] 渠敬东：《职业伦理与公民道德——涂尔干对国家与社会之关系的新构建》，载《社会学研究》2014年4期，110—131页。

[2] 涂尔干：《职业伦理与公民道德》，60页。

[3] 同上书，58页。

现了。据此，涂尔干对爱国心态的古今之变做了区分，认为古人的爱国主义局限于对王权国家的向往，只有到近代，“爱国”一词才与越来越普遍化的“博爱”（世界主义的“爱国主义”）联系起来。[1]与莫斯合写《关于“文明”概念的札记》时，涂尔干调整了看法。面对这“爱国”与“博爱”的巨大矛盾，涂尔干有志于贯通古今，这也得益于莫斯的工作。莫斯长期致力于为“国际主义”寻找古代根基，这为涂尔干融通不同“等级”的道德境界提供了助益。在《关于“文明”概念的札记》一文中，涂尔干和莫斯将超出社会的德性重新定义为“文明”，并赋予它物质性、制度性和精神性的丰富内涵。他们还将“文明”视作自古有之、广泛存在的系统，指出如果社会学对这些体系不加研究，那么其研究视野便将继续被局限于国族疆界之内，缺乏解释力和价值。

涂尔干和莫斯回顾了年鉴派社会学的既有特征，他们承认，这门科学为了避免空谈社会，而主张研究社会现象的内里。社会学总是将社会现象与人类群体占据的特定地理空间相联系，如此一来，它的视野便限定在边界清晰的部落、民族、国家、城市范围之内，其论及的最大“政治社会”，不过就是国族。年鉴派曾长期坚信，国族生活是群体生活的最高形式，在它之上，不存在更高层次的社会体系。[2]为了对包括国族在内的社会实体加以深究，年鉴派侧重研究社会结合（social cohesion）；为了刻画完整的社会有机体意象，他们搁置了政治有机体之外存在的众多没有清晰边界的现象。如此一来，他们便未能意识到，社会结合观念潜藏着一种不容乐观的可能，即转化为极端国家主义的存在依据，为不同国族证实自身的纯粹性提供着思想条件。涂尔干和莫斯深知，要使社会学在新的条件下持续发挥其正面作用，

〔1〕 涂尔干：《职业伦理与公民道德》，57—59页。
〔2〕 涂尔干、莫斯：《关于“文明”概念的札记》，载莫斯等：《论技术、技艺与文明》，36页。

便有必要拓展其研究视野，使其包容流动于国族疆界之间的“文明现象”。

在涂尔干和莫斯的定义下，“文明现象”是指“没有清晰边界的社会现象”，这些现象广泛存在于物质文化、语言及制度领域。民族志、史前史、博物馆学一向重视的物质文化领域，被展示在器物和工艺风格的地理分布和历史系列上。超出“社会”所界定的范围的“文明现象”在语言领域也广泛存在。不同民族的语言之间有诸多相近因素，这些使不同社会组成相互关联着的诸如印欧语系之类的“多民族大家庭”。在制度领域，“文明现象”一样穿插在社会或群体之间。即使是在部落社会，有不少制度也是超社会地存在着的，这些包括北美印第安人中广泛流传的图腾制度、波利尼西亚人中广泛分布的酋长制、印欧语族中广泛存在的家庭制。

然而“文明现象”不是偶然存在的，并非没有规律可循；这些现象背后，存在着某种体系，它们有其时间性，历史绵长，也有空间性，其分布超越政治地理空间，通常都相互联系地共同存在，而由于这些现象有深厚的杂糅性质，个别现象往往会包含其他现象并表达其他现象的存在。“文明现象”背后的体系，超出“政治社会”的范围，有着自己在时空坐落上的定位。[1]这些现象流动于社会之间，有着鲜明的共性，但这些共性构成的形态，却并不等同于世界性的“唯一文明”，而依旧是有着其特定分布范围和独特存在模式的区域。涂尔干和莫斯认为，“文明现象”构成某种介于社会与世界之间的“事实系统”，为了便于在经验上和理念上加以把握，可以将这些“事实系统”定义为复数的“文明”。

超社会（超国族）的文明，曾是孔德社会学的主要旨趣。孔德特别关注超越特定社会、国族或国家的普遍历程，并将所谓“普遍历

[1] 涂尔干、莫斯：《关于“文明”概念的札记》，载莫斯等：《论技术、技艺与文明》，37—38页。

程”称作“文明”。这个“文明”是单数的，指的是人类的人性（道德）未来。孔德并不是没有研究社会和国族；只不过，他研究这些现实实体，目的是将它们的特征排列成一个系列，用以追溯理想成为现实的“历史”。

年鉴派深受孔德的影响，但不以孔德文明论为“信仰”。涂尔干认为，孔德的理想追求过高，其过度关注诸社会迈向未来文明的“命运”，因之对观察者能够最充分、最直接观察到的具体事实弃之不顾。涂尔干主张，社会学在展望未来之前，首先必须对可见的事实加以重点研究，而要展开这些研究，便应认识到，它们构成了作为人类生活基本特质的社会有机体。为了使社会学成为现实的科学，涂尔干坚持认为，应以社会有机体为社会学研究的出发点，对之加以描述，将之分门别类，加以分析，并努力解释构成这些有机体者为何种因素[1]。涂尔干也一向关注超越“国家目标”的人性理想。[2]不过，从《关于“文明”概念的札记》一文看，对于孔德那种将理想混同于现实的社会学，涂尔干始终是持质疑态度的。不同于孔德致力于求证的单数“文明”，涂尔干曾更强调研究具体社会，且相信社会有机体的最高形式是国族，而不是世界。“一战”前，他与莫斯一道，进入了文明研究领域，但他理解的文明，依然不是单数的，而与社会一样，是复数的。在《关于“文明”概念的札记》中，涂尔干和莫斯明确主张，有关普遍人类境遇或整体人性的科学，必须得到限定，即使“文明”仍旧是一个有用于形容国族之上的体系和进程的词，社会学家也不能将之等同于理想化的世界社会，而应当关注到，这些体系和进程有着现实性和多样性。

在涂尔干和莫斯的用法中，“文明”这个词指介于社会与世界之

---

〔1〕涂尔干、莫斯：《关于“文明”概念的札记》，载莫斯等：《论技术、技艺与文明》，38页。
〔2〕涂尔干：《职业伦理与公民道德》，58—59页。

间的“事实系统”，“文明元素是超越国界的，它们或者通过某些特定中心自身的扩张力量而得到传播，作为不同社会之间建立关系的结果……”[1]，其构成的系统具有普遍性和特殊性的双重特质，就社会属性而言，可谓是既富有民族性又富有超民族性的系统。除了物质文化、语言及制度意义上的“文明现象”之外，作为“事实系统”的文明，还包括宗教。以基督宗教为例，这一文明虽然有着不同的中心，但是显然有着共同特征。此外，也存在诸如地中海沿岸地区这样的文明系统，其特征在于有共通的生活传统。也就是说，文明可以与宗教大传统相联系，但宗教大传统并不等于所有文明，文明还可以指由众多其他现象构成的区域系统。文明更不等同于那种将欧洲的历史哲学想象视作人性未来的进程，“并不存在一个单一的人类文明，而总是存在多元文明，主导并围绕着具体到某一民族的群体生活”[2]。

换句话说，文明广泛分布于世界各地，不只欧亚大陆有之；欧亚大陆之外是民族学家侧重研究的地区，这些广大的区域（即使是原始人的住地）一样拥有超越社会疆界的不同物质文化、语言、制度、风俗习惯、宗教，而这些也可谓是文明。分布在世界各地的超社会现象之所以可以称作文明，除了其超社会性这一理由外，更重要的理由是，这些系统一样有着深刻的道德含义。如同社会（或“国家”）一样，一个文明主要指“一种道德环境”，其中内在着一定数量的社会共同体（包括国族），每种社会共同体的文化都是道德生境的一个特殊形式。

世界不同区域有着不同的文明系统，要研究文明，社会学家有赖于借助长期致力于研究不同区域的民族学家和历史学家所做的知

〔1〕 涂尔干、莫斯：《关于“文明”概念的札记》，载莫斯等：《论技术、技艺与文明》，38页。
〔2〕 同上，39页。

识上的积累。然而，民族学家和历史学家在探寻不同的文明区域过程中，目光局限于源流，这就使其文明研究有待社会学家来加以补充。涂尔干和莫斯认为，基于民族学和历史学的“初步工作”，社会学家有可能开展有自身抱负的研究。有社会学抱负的文明研究的旨趣如下：

> 任何文明都不过是一种特殊集体生活的表达形式，这种群体生活的基础是由多个相关联、相互动的政治实体构成的。国际化不过是一种高级的社会生活，社会学应该接受这一点。正是因为相信对于文明的解释，只需要找到文明源自哪里、从哪里借用、通过什么方式进行传播，才会出现在这些质疑中排除社会学的声音；事实上，理解文明的真正方式是探寻文明产生的原因，也就是说，文明是多样秩序下群体互动的产物。[1]

如果说文明构成道德生境，那么，不同于社会的道德生境，它是高于国族（社会有机体的最高形式）的，涉及社会与社会、国与国之间关系的伦理。这些关系伦理有些已相对成为定式，成为国族的独特构造，而另一类则反之，总是“游动”在国族之间。社会学研究应当包含国家社会学与国际社会学两大方向，区分比较不适于国际化的文明因素（如政治和法律制度以及社会形态现象，这些身居于社会有机体的核心，不适于国际化）和比较适于国际化的文明因素（如神话、传说、货币、贸易、艺术品、技艺、工具、语言、词汇、科学知识、文学形式和理念等现象，这些都是流动的、相互借用的，更易于国际化）。不同社会有机体存在于不同环境，而社会有机体所含有的社会事实又有内在特征，因此，文明扩散也会出现不均衡状态。对于这些

〔1〕 涂尔干、莫斯：《关于“文明”概念的札记》，载莫斯等：《论技术、技艺与文明》，39—40页。

不均衡状态，社会学家应给予更多关注。

《关于“文明”概念的札记》篇幅很小，却可谓是一篇纲领性文献。这篇文献，直接出自社会学导师的自省，针对的是古典社会学（如孔德社会学）的普遍人性幻象和近代社会学（特别是涂尔干式社会学自身）的国族主义倾向，关注的现象则主要是处于社会与世界之间的文明。其所界定的文明，既与启蒙以后盛行的不可数文明概念有着鲜明差异，又与随后出现的可数文化概念有着重要区分。

启蒙运动期间，在法国和英国（特别是苏格兰）思想界，作为名词的“文明”，通常用以描述动词“文明化”的结果，指人类种群从“质”向“文”进步的过程；而这个过程，往往被启蒙哲学家们与个人从婴儿期向成人期转变的成长历程相联系。在这样的用法中，“文明”一词是对反于“蒙昧”“粗野”“野蛮”之类词而获得其含义的，它表达着对进步和启蒙的追求，说到底，它的本质含义是人文状况的“改善”。孔德宣示了启蒙的文明概念，从德性的进步来解释文明，而涂尔干和莫斯则将“文明”现实化，使之“降低一格”，指不同社会（国族）共享的技术、美学、语言、制度、习俗、信仰等成就构成的区域体系。

在这一具有深刻内省含义的新文明图景中，历史和社会科学所知的诸社会共同体，并不存在“文野之别”，所有社会共同体都是“文明的”，其内部规则纹理复杂、对外关系线条繁复，就历史的先后顺序看，甚至可以认为，这个意义上的“文明”先于“民族”出现，是相关“民族”的共同摇篮。

年鉴派在“一战”前提出的“文明”新概念，与18世纪既已出现的可数文明含义也不同。可数“文明”几乎与不可数“文明”同时出现，这个意义上的“文明”，大抵与“文化”同义，指一个社会共同体的生活方式和这一方式背后的意义体系，不含有人文状况“改善”的意思。基于这种否定偏见的文明观，卢梭对“文明”与

"文化"做了区分，提出，"文明"应指与理性和社会动力有关的事项，这些事项不发自人的天性，是后天的、人为的；而"文化"则不同，它指某种通过向人类的原初"前话语""前理性"天性复归而取得的"整体人性"。在卢梭的用法中，"文明"大抵指"整体人性"沦落的过程，而"文化"则指人类复合天性的本来面目。如列维－斯特劳斯指出的，在卢梭看来，假使社会的出现引起了从自然到文明、从情感到知识、从兽性到人性的"三重过渡"，那么就必须同时承认，在原始状态下，人类既已具备一种克服这三大障碍的禀赋，这种禀赋是一种"恻隐之心"，一开始就内在着对立统一，"既是自然的又是文化的，既是情感的又是理智的，既是动物性的又是人性的"[1]。卢梭之后，德国的赫尔德（Johann Gottfried Herder）等对"文化"加以阐发，视之为复数的、自然有机体、前理性的"大众精神"（Volksgeist），将之区别于有意识的、理性的、有意的"表演"。在德语学界的用法里，"文化"的可数性与其同"民族"的差异性对应，成为社会共同体自然有之的"共同精神"，具有民间性、表现性和多样性三大特征。[2]赫尔德的"文化"意象影响过涂尔干。不过，就《关于"文明"概念的札记》一文看，"一战"前，涂尔干和莫斯已提出不同的定义。涂尔干和莫斯定义下的"文明"，有着与德式的"文化"相通的含义，不过，却并不指内在于民族的"大众精神"。这个意义上的"文明"，与"社会"（或"民族"）是不对称的，"文明"虽在社会中，但大于社会，指不同社会共有的"文化"。

涂尔干和莫斯笔下的"文明"，也与古典人类学的进化论和传播论形成了微妙差异。这个概念不再指原始向古代、古代向政治文明演进的历程（古典进化论派人类学将文明定义为原始社会之后出现的非

〔1〕列维－斯特劳斯：《结构人类学》（2），506页。
〔2〕Isaiah Berlin, *Three Critics of the Enlightenment: Vico, Hamann, Herder*, London: Pimlico, 2000, pp. 168-241.

血缘性的、宗教性的、军事化的、公民化的社会形态），而是指在最远古时期既已形成、经过一系列分化运动而保持了其价值和意义的大规模“超社会体系”。在提出其“文明”概念时，涂尔干和莫斯显然受到传播论的影响，尤其是采用了文明多中心观和区域观，但他们并不把文明视作逐渐衰败为近代“粗俗文化”的退化过程，而始终保持着对于文明的生命力的信仰。

国族与文明

莫斯在其《学术自述》[1]中，回顾了自己的学术历程，他说，自己发表的作品有些零散，这除了可以从他的个性里找原因，还可以从他的学术观中得到解释。他并不非常相信科学的系统，也从不相信需要表达全部事实。他的工作与法兰西学派不能分离，他相信，“唯有合作之力，方能避免因追求原创性而带来的孤离与自负”。他把大量精力奉献给了《社会学年鉴》的编辑出版工作，为它写了大量涉及理论、宗教史、氏族、亲属制度等领域的述评，也身体力行，如亲人般对待年鉴派团队成员，实践了年鉴派主张的“合作”和“团结”。莫斯的理论性作品旨在从不同角度为社会学代言，因而并不完整，但自有其整体关怀。他提出部落社会是一种复杂结构，致力于对仪式和宗教之类的“表象”加以最深入的研究。涂尔干辞世后，莫斯更多与心理学家和生理学家们对话，也更多在历史学家、语文学家中活动，这些对于推广社会学意识、引进其他学科的问题意识，都起到关键作用。

---

〔1〕 1930年莫斯候选法兰西学院院士，这篇“自述”（L'œuvre de Mauss par lui-même）即为此而写，直到1979年才问世，载于《法国社会学评论》1979年第20卷，见 Marcel Mauss, "An Intellectual Self-Portrait," in Wendy James and A. J. Allen eds., *Marcel Mauss: A Centenary Tribute*, pp. 29-42。莫斯：《莫斯学术自述》，《中国人类学评论》第15辑，66—77页。

在《学术自述》文末，莫斯说了如下一小段话：

> 几乎所有这些［即“一战”后莫斯对社会主义、布尔什维克、民族主义和国家主义的解析］都属于一项主要关于“国族”（现代政治的第一原则）的研究，初稿已基本完成。这项研究甚至不会被《社会学年鉴之工作》所出版——这也是我欲求的努力，即将作为纯粹科学的社会学与甚至是完全无偏私的（政治的）理论分离开。〔1〕

莫斯写作《学术自述》之时，涂尔干已逝世十多年，而“一战”阴影尚未消散。在该文中，莫斯感叹道：

> 我科学生涯中的大悲剧并不是四年半的战争中断了我的工作，亦非疾病而徒耗光阴（1921—1922），更非我因为涂尔干和于贝尔英年早逝而感到的极度绝望（1917、1927）；在既往痛苦年月里，我失去了最好的学生和朋友，此乃莫大之悲剧。人们会说，这是法国科学界这一脉之损失；而于我而言，堪称一场灭顶之灾。或者，我一度能最好地付出自己者，已随他们而逝。战后我在教学方面重新获得成功，以及民族学研究所的创建与成功（当然大部分归功于我），再次证明我能够在这个方向上有所作为，但这能偿还我之所失吗？〔2〕

欧洲经过“一战”的创痛，惊魂未定，和约是签订了，但各民族情感上的仇恨越结越深，永久和平，不能保证。与此同时，如莫斯所

〔1〕 莫斯：《莫斯学术自述》，载莫斯等：《论技术、技艺与文明》，77 页。
〔2〕 同上，68 页。

说，战争导致的文化损失，并不是短时间可以补救的。为避免悲剧重现而追溯其根源，构成了“一战”后莫斯学术的主线。这条主线，正是莫斯在《学术自述》一文最后提到的关于“国族”的研究。这可谓是年鉴派社会学文明叙述的政治表达。不过，为了保持其“作为纯粹科学的社会学”之面目，并使之“完全无偏私”，莫斯竭力使这些研究保持实证社会学本色。

《国族》一文早在1920年便写就，但直到莫斯过世后三年（1953年）才部分发表在《社会学年鉴》第三系列第3卷上。文章篇幅很长，计占61个页面。施朗格在编辑过程中摘录了其中的两个重要段落（选自原文37—41页及49—54页）〔1〕，它们集中体现了莫斯对“国族文明”的见解。

《国族》一文针对的，是法国后革命时代出现的自由主义国族论，这种国族论宣扬自由、平等和忠诚。1870年法兰西第三共和国建立之后，在保守派的重新定义下，它变本加厉，成为一个对大众有政治煽情作用的概念，指在民族认同、领土归属、亲属关系、社区、习俗、生活方式等方面都得到表现的国民共同情感。当时的社会科学诸学科，也深受这种国族论的影响，社会学和民族学不是例外。第一次世界大战，《凡尔赛条约》的签订，及十月革命，一系列重大历史事件从不同角度显露国族观念的巨大影响，这些都让莫斯深感，作为知识分子，他有必要廓清问题，揭示其由来。

与莫斯写作《国族》一文几乎同时，来自东方的梁启超在巴黎郊外写下了《欧游心影录》。在书中梁启超指出，极端化的国族概念导致了19世纪达到全盛的欧洲国家主义，而全盛的国家主义，导致了“一战”。梁启超用春秋战国来比拟欧洲的列国并立，指出，“一战”后出现的国际联盟，接近于秦始皇统一中国之前“霸政时代”的“方

〔1〕见莫斯：《国族》，载莫斯等：《论技术、技艺与文明》，42—49页。

国集团的政治”。[1]他认为，相比欧洲，有“修身齐家治国平天下”政治传统的中国，向来没有将国家当作人类最高团体，而欧洲没有天下观念，难以有“世界主义国家”的前景。在欧洲文明传统里，国家主义，似乎是难以避免的。

梁启超从东方出发，背靠天下格局的思想传统，举重若轻，叙述他对欧洲国际战争与联盟现象的看法。[2]身在这些现象之中的莫斯，作为局内人，在审视欧洲问题时没有梁启超那么轻松。他胸怀国际主义，但面对强势的国族主义，他却必须为自己的理想找到被接受的依据；他怀念对于欧洲一体化有过贡献的神权格局，但生活在大革命开启的时代，他却必须防止自己成为中世纪“大一统”的宣扬者。莫斯最终选择了视国家与国际为相互前提的存在，同时，他将部分希望寄托在史前史、民族学和历史学的研究上，相信这些学问的综合，有助于他回到“原始文明”（即他认为的新石器时代）那里，去找寻国族关系伦理的人性基础。

莫斯毕竟是个有勇气的大学者。在其写下的大量笔记中，他用词严厉，批判了现代国族信念，引入其关于文明的看法（在这个看法里，文明基本等同于有传统基础的国际性），否定了那些视国族为独立实体的论点，陈述了他有关国际主义的看法。

关于国族主义，莫斯指出：

> 国族对自己的文明、习俗、工业技术以及精美的艺术充满信心。它崇拜自己的文学、艺术、科学、技术、道德以及自身的传统，总之，崇拜它自身的特质。几乎每一个国族都存在自己是世界第一的幻象，它教授国民文学，就像别国没有文学一

[1] 梁启超：《欧游心影录·新大陆游记》，186—187页。
[2] 同上书，188—190页。

样；它教授科学，似乎科学是它独自获得的成就；它教授技艺，仿佛这些技艺全是由它发明的；它教授历史和道德，如同它们是世上最好、最美的。这里好像存在一种天然的自满，部分原因在于无知和政治上的诡辩，而且通常也出于教育的需要。每一个国族都类似于我们传统和民间传说中的村庄，相信自己比邻近的村庄优越，总是与那些持相反观点的"疯子"进行斗争，即使是小一些的国族也不例外。[1]

莫斯接着具体列举了国族主义在思想和文学、艺术、科学技术、法律和经济以及传统诸领域的表现。

在文学方面，早在18世纪，赫尔德已以文艺评论为方式在文化史研究中宣扬了"民族精神"概念。稍后，这种文化民族主义思想遭到过世界主义思潮的冲击，但19世纪中后期到20世纪初，这种无视人类共通价值的思想，重新成为文人墨客渲染国族传统时借助的概念框架。

在艺术方面，以国族为范畴的"传统"，成为艺术家追随的对象。[2]比较中世纪和文艺复兴时期，莫斯指出，近代艺术可以说今不如昔。在近代之前，虽存在交流上的困难，但欧洲的教堂和大学都是统一的，这种思想和知识空间的统一性，使艺术、科学和思想的进步比近代远为"符合逻辑"。近代以来，艺术活动则似乎都是为了国族间的相互隔绝、偏见、仇恨而展开的。[3]

在工业技术方面，制造国族传统也成为生产目标。在欧洲工业领域盗用和冲突时常出现。在17—18世纪，瓷器工业的制造秘密曾被

〔1〕 莫斯：《国族》，载莫斯等：《论技术、技艺与文明》，42—43页。
〔2〕 莫斯观察到，为了与所谓"传统"保持一致，文学家进行无数的模仿、引用、摘录、用典，"把文学冻结成乏味的国族形式"。而艺术家则从节奏、规范和习惯限定了舞蹈和哑剧的形式，使艺术学权威和音乐学院之类人物和机构有可能以守护"传统"而阻碍创新（莫斯：《国族》，载莫斯等：《论技术、技艺与文明》，43页）。
〔3〕 莫斯：《国族》，载莫斯等：《论技术、技艺与文明》，43页。

欧洲一些国家如同保守军事机密那样被守护，而这些秘密事实上却是从东方传入西方的。到了20世纪，德国人一面窃取别国工业秘密，一面将这些秘密据为己有，严加监护。诸如此类的举动，推使国族成为其知识产权的所有者。[1]

在政治和法律方面，将流动的文明因素视为国族的产物，为领土要求提供了借口。[2]

法律领域的国族主义，往往也为经济生活中的无节制土地开发、剥削提供借口，而这些借口也往往被解释为国族的“基本权利”。

在所谓“传统”方面，回到大众，回到民间，回到或真实或想象的国族起源，成为主要追求。基于大众、民间、起源而创造传统的运动，发生于欧洲各地。如，在苏格兰，不少人从民间故事中寻找文学的民族根源。又如，在德国，有浪漫主义者将诸如格林童话之类的民间故事视作德国文化传统的奠基之作，不少诗歌和音乐，都以传统的民间起源为题材而被创造着。浪漫主义的德国，得到了芬兰、斯拉夫的追随；与此同时，塞尔维亚、克罗地亚、捷克建立了以国族为单位的文学传统，俄国则有意识地在音乐领域保留民俗性。大众、民间、起源，这些观念也深深影响了民族学博物馆，这些文化展示空间为了回归国族艺术而刻意保持艺术形式的连续性。

莫斯尖锐地指出，“尽管实际上是国族在制造传统，但有人就是要反其道而行之，试图以传统为基础重构国族”[3]。吊诡的是，在一些欧洲国家，出现了以“支配性文明”来解释一个民族对另外一个民族

---

〔1〕 知识产权所保护的对象，多数是“不受惩罚地从别国掠夺”的，但到20世纪初，版权观念被各国承认，工业技术的知识产权如此，文学、艺术的知识产权亦然（莫斯：《国族》，载莫斯等：《论技术、技艺与文明》，44页）。

〔2〕 在此，莫斯举了一个几乎“称得上滑稽的例子”：在凡尔赛和会上，有人居然将一些被错误研究的民俗要素拿出来作为证据，要求别国承认这些要素存在的地方应该成为自己国家的领土（莫斯：《国族》，载莫斯等：《论技术、技艺与文明》，44页）。

〔3〕 莫斯：《国族》，载莫斯等：《论技术、技艺与文明》，44页。

实施统治的“合法性”。“支配性文明”概念在泛德意志主义者和泛斯拉夫主义者所使用的外交、民俗或帝国主义术语中出现，用以解释混合社会中的“主导文明”与“非主导文明”之间的关系，意在赋予支配性群体公开宣称是这个国家独有的文明的权利。以这个概念为名义，哈布斯堡皇室对斯拉夫人和匈牙利人进行了统治，在其授权之下，西西雷沙尼亚的德国人和特兰西瓦尼亚的匈牙利人对斯拉夫人和拉丁人实行暴政。而“一战”爆发的重要原因和动机，则出自塞尔维亚争端中不计代价地维护“支配性文明”这一“错误权利”的举动。莫斯指出，“事实上，如果一个民族处在阻碍另一个民族物质和精神全面发展的位置上，就不再构成它对这个民族进行统治的权力了”〔1〕。《凡尔赛和约》的签订表明，侵略性国族主义的“支配性文明”概念寿命不会太长。

那么，被国族据为己有的文明，本来面目到底如何？

任何社会共同体都是在处理不同类型的关系中生成和再生成的，国族主义的共同体观念和文明的相关观念不是例外。这些关系可以定义为内外、上下、左右、前后，分别以之代指共同体与共同体之间的横向关系，共同体内部的阶序或等级关系，共同体内部的血缘、地缘和派系关系及共同体的历史先后关系。〔2〕从诸关系形态生发而来的国族，无疑有着它的历史和现实基础。然而，国族化运动却导致动态的历史和模糊的边界静态化和清晰化。

首先，如莫斯指出的，即使是在国族化运动中，国族现实上还是依赖密切的内外交换关系生存和发展的，但在政治地理的观念和实践上，它却在内外之间划出了一条截然二分的界线，使之能够被用来在否定交换中凸显国族的自强与伟大。

---

〔1〕 莫斯：《国族》，载莫斯等：《论技术、技艺与文明》，45页。
〔2〕 王铭铭：《人类学讲义稿》，375—382页。

其次，国家与社会是国族必须处理的首要上下关系；在这个领域，国族化使人们以上下分离的眼光看待这对关系，要么将国家视作高于一切，要么将社会视作“非国家的自然实体”。两种极端的关系观念貌似对立，但实质却相辅相成（专制主义与民粹主义的关系便是如此），其共同错误在于否定社会作为融通上下的系统的含义。与此同时，国族为了成就自身，还需要消除共同体内部的阶序（如古代的阶序制度）和“分枝”（如血缘、地缘和派系关系）差异，将社会统合为一种“集体大人格”。

在国族化运动中被创造出来的大众、民间、起源传统，正是为了社会统合而被招魂的。与此相关，为了成就国族，历史叙述者必须借助国族内外割裂的看法，基于孤立的国族意象，重新构想历史，使“过去”成为主权国家“自古而然”的“传统”。吊诡的是，国族历史时间性（即“前后关系”），既有着这一追根溯源、回归“黄金时代”的特征，又有着另一个特征——现代分离于传统的破裂时间性特征。

莫斯的《国族》一文之写作，针对的是国族这种新创关系体的集体自恋心理：“国族兴起的时候……社会沉浸在文明之中而不自知。”[1]展开文明叙述，莫斯担当的首要使命在于，揭示社会共同体生成的前提条件不是疆界的划分，而是内外之间交错的关系。在莫斯看来，国族之所以可能自立和自强，乃因其善于借鉴其他社会共同体的发明创造。借鉴是社会和国际生活的常态。然而，使一个社会精确区别于另一个社会的，却往往相反——否认借鉴。国族便是通过否认借鉴来定义自身。

为了揭示国族的集体自恋心理，莫斯将矛头直指其悖论（对借鉴的依赖和对借鉴的否认），并重点阐述了社会之间的物品流动（即贸易）的文明价值。他指出，不同社会的各种物品及其成就在各社会之

---

〔1〕 莫斯：《国族》，载莫斯等：《论技术、技艺与文明》，45页。

间循环流动的历史，就是“文明的历史”。古代社会之间贸易的频率低些，但并非不存在，更非没有意义，它一旦发生，就举行得更严肃、更庄严。与极端国族主义者描绘的情况不同，国族化运动风起云涌之时，不同国族之间不仅没有停止国与国之间的交流，而且还在精神上和物质上从自我封闭中解脱。随着对交换的限制被解除，交换的数量、机会和强度都增加了。[1]

社会之间的贸易不是与社会内部的关系体制无关的。莫斯运用了拉丁语“贸易”（commercium）一词，并指出，这个词更为准确地反映了经济联系不能脱离其他各种类型和规模的交换和互惠往来的事实。他认为，作为有“总体社会事实”含义的贸易，有社会内部的贸易与社会之间贸易之分。除了社会之间的贸易，服务和物品在氏族、部落、省份、阶级、职业、家庭和个人之间的交换，是社会内部的贸易，为社会内部生活之常态。这类贸易发生于“上下、左右”之间，传统诸群体和个体之间的界线，将社会联结成为网络体系，同时维持着社会中身份、区域和派系的差异。

贸易是文明史的主要动力；这部文明史也是由“前后关系”构成的，但它与人们国族意象中的历史不同。文明的历史，不以国族自身的本土文化之源为起点，而可以在远方看到自己的背影。就贸易而论，不应将它想象为近代欧洲国族的独特创造，更不应该将社会的开放性视作欧洲国族对于世界的贡献。莫斯说：“我知道没有社会如此低级、原始或者难以理解的古老，以至于孤立于其他社会而没有任何贸易关系。”[2]即使是被认为最原始的澳大利亚土著，都有远距离的贸易活动，他们用石头或贝壳作为货币，以至促成部落之间流通。在澳

[1] 莫斯将国族时代诸社会在事实上的特征形容为半偶族式的关系，他说：“今天的社会所处的位置，跟实行外婚的半偶族相似，这种早期的社会形式只具有最原始的政治和家庭组织，彼此混融但又相互对立。”（莫斯：《国族》，载莫斯等：《论技术、技艺与文明》，47页）

[2] 莫斯：《国族》，载莫斯等：《论技术、技艺与文明》，47页。

大利亚一些地方，部落民早已有某种类型的市场。哥伦布到达美洲之前，印第安人已经有以护身符、陶器和纺织物为主要物品的长距离贸易。美拉尼西亚人是伟大的航海者和贸易者，且拥有自己的货币。我们不应该设想自己所处的欧亚大陆才是文明的摇篮，莫斯认为，远在欧洲、美洲、大洋洲各地的“原始人”，因为有了自己的贸易体系，而早已有了自己的文明。欧洲的新石器时代，常常被人们形容为“史前”或“原始社会”，但早在那个时代，人们不仅有了不同形式的通货（如琥珀和水晶），而且有了广阔的地理视野的贸易网络，这些网络把欧洲联系到世界其他地区。

与国族历史时间性的回归和破裂双重特征不同，文明史的时间性可谓是一种“无时间的时间”，或者说一种与人类同时出现的、与他者相依靠的心境的持续再现。贸易如此，技术的借鉴与传播亦然。在莫斯看来，借鉴和传播是作为人的本质的社会与生俱来的生命力，“是一种［社会］追求自身利益的事”。16 世纪之后，大规模贸易和早期资本主义得到发展；正是在这一期间，极端保护主义出现。这似乎表明国族化正在取得胜利。然而，也就是同一个时期，工业文明获得了更高的国际性（超社会性），至此，有关人的交流本质的结论再次得到了证明：如莫斯指出的，“……对技术借鉴以及由此增进的人类福利的重要性给予再高的评价也不为过。人类工业的历史确切地说就是文明的历史，反之亦然。工业技术的发明与传播一直是，而且将来也还是促成社会进步的基本进程，也就是说，是越来越广大土地上越来越多的人更加幸福的基础”；“人类的共同遗产不仅在于土地和资本本身，更在于使它们产生成果的技艺，正是这种成果创造的财富使人性成为可能，而且这是一种国际性的文明化了的人性”〔1〕。

在《国族》一文中，莫斯对借鉴和贸易表现出高度兴趣，他不仅

〔1〕 莫斯：《国族》，载莫斯等：《论技术、技艺与文明》，48—49 页。

将这两方面的现象定义为文明史的核心内容，而且从生成原理上解释了它们的作用。借鉴和贸易都属于交换性质的；社会共同体生成于社会内部的交换，文明则生成于社会共同体之间的交换，交换是社会和文明生成的条件。共同体为了精确界定自身的边界，往往表现出一种反交换姿态，尤其是近代国族社会更是如此。莫斯提出，有必要对交换与反交换（具体为借鉴与反借鉴）的可变关系展开社会学、历史社会学和心理社会学的研究。[1]不过，保持着对国族化运动的警惕，他明确表示，自己努力做的，是在承认可谓“交流与封闭”的社会辩证法之同时，重点考察社会交流性和开放性（必须表明，在《国族》一文的叙述中，莫斯对中世纪神权政体、某些教派的世界主义，都相当肯定；对原始部落的开放性，他也给予浓墨重彩的刻画）的历史与前景。可以认为，正是出于这个思考，交换才成为莫斯学术工作的重点。

完成《国族》一文五年后，莫斯发表了《礼物》，这部杰作基于民族志和历史学的相关成果，对有“原型”性质的交换做了总体研究。莫斯尤其关注礼物交换的双重特性，即互惠性（通过礼物的给予、接受和回报形成的“团结”）和支配性（通过给予礼物而给予礼物接受者一种负债感）。他笔下的礼物交换包括非竞争性、竞争性两类，前者通过礼物的赠予与回馈，使个体与个体、群体与群体之间形成相互依赖和负债的关系，后者通过炫耀性的礼物赠予实现人们对于权威者的承认。在两种不同的礼物交换中，互惠性和支配性都并存，交换的结果都生成“上下关系”。在《礼物》中，莫斯还重申了他与于贝尔之前对献祭的看法，认为献给神的礼物也将人与神明、物的精灵、祖先联系在一个交换圈子里，在这个圈子里，献祭者在付出部分人格和所属之物之同时也得到了回报。

---

〔1〕 莫斯：《国族》，载莫斯等：《论技术、技艺与文明》，46页。

在莫斯的叙述中，礼物交换从不是单纯互惠性的，它带有浓厚的等级性。然而，莫斯并没有因为等级性的存在，而否定交换对于社会与文明（社会与社会的关系伦理）形成的重大作用。在该作的结语处，莫斯说：

> 只要社会、社会中的次群体及至社会中的个体，能够使他们的关系稳定下来，知道给予、接受和回报，社会就能进步。要做交易，首先就得懂得放下长矛。进而人们便可以成功地交换人和物，不仅是从氏族到氏族的交换，而且还有从部落到部落、从部族到部族，尤其是从个体到个体的交换。做到了这一步以后，人们便知道要互相创造并相互满足对方的利益，并且最终领悟到利益不是靠武器来维护的。从而，各个氏族、部落和民族便学会了——这也是我们所谓的文明世界中的各个阶层、各个国家和每个个人将来都应该懂得的道理——对立却不能互相残杀、给予却不必牺牲自己。这便是他们的智慧与团结的永恒秘诀之一。[1]

文明的要素、形式与区域

莫斯 1929 年应著名历史学家吕西安·费弗尔（Lucien Febvre）之邀，参与后者组织的一次有关文明概念的跨学科专题研讨会。为此，他写了《诸文明：其要素与形式》一文。[2]此文依据的资料，来自《社会学年鉴》第二系列第 3 卷《文明的概念》一文里的一个篇幅较长的方法论注释、《社会学年鉴》第一系列第 5、第 6 和第 7 卷刊登的有关文明概念的述评，及《社会学年鉴》第一和第二系列里发表的

---

〔1〕 莫斯：《礼物：古式社会中交换的形式与理由》，209 页。
〔2〕 莫斯：《诸文明：其要素与形式》，载莫斯等：《论技术、技艺与文明》，58—74 页。

有关考古学、文明历史学、民族学著作的评论。在文章中，莫斯将自己和涂尔干有关文明的论述与当时的文化圈和文明史论著联系起来，阐述了社会学年鉴派文明研究的内容与追求，强调了文明的社会本质，尤其是文明与社会之间的融合和汇聚关系。

开篇莫斯即表明年鉴派的学术立场。无论是德奥系民族学派，还是美国文化人类学派，都致力于通过研究社会的相互关联来反对进化论。年鉴派则以涂尔干的“基质”（substrates）观点出发，保留了进化论的若干因素，因而遭到质疑。但如莫斯指出的，年鉴派的进化观有其特殊性；其人类史，不否认变化，但认为变化之外还有积淀，后期“进步”总能在历史前期找到依据，这不同于一般进化论意象中的破裂式时间性（阶段史）。另外，年鉴派除了十分尊重德奥系民族学家和美国文化人类学家之外，也与他们一样，关注不同社会之间的联系。在莫斯看来，“所有这些学派的冲突都是徒劳的智力较量，抑或是哲学的或理论的主导地位的争夺而已。真正伟大的民族学家对问题和方法的选择都比较折中”[1]，年鉴派就是一种折中的做法。年鉴派最关注的现象，是社会的内在关系，但这没有妨碍他们承认民族学家和文化人类学家跨社会研究之启迪。

当时的民族学和文化人类学各派，似乎都把德国民族学大师巴斯蒂安（Adolf Bastian）提出的“三主题论”当作基础。巴斯蒂安主张，民族学研究应包括基本观念（the Elementargedanke，即原生的“基本思想”，集体意识自主和独特的创造，或“文化特质”）、地理范围（the Geographische Provinz，即不同社会共享的文明事实，相关联的语言，种族团体）及游移现象（Wanderung，即文明的移动、传播和变迁，要素的借用、迁移、承载，不同人群的混合等）这三大主题。[2]

---

〔1〕 莫斯：《诸文明：其要素与形式》，载莫斯等：《论技术、技艺与文明》，59 页。
〔2〕 同上，59—60 页。

莫斯所倡导的文明研究，既带有社会学对社会性的关切，又关涉巴斯蒂安所界定的“三主题”；他力求以其“折中”，来检验怎样才能对文明进行分析性和综合性的研究。

莫斯解释了自己对文明为何的看法。在他看来，文明也是社会现象，但不是所有社会现象都是文明现象。社会现象是指社会所专有的，使其与其他社会相区分从而与众不同的现象。这些可包括：（1）使社会与社会相区分的方言、宪法、宗教或审美习俗、时尚等；（2）特殊文化特征（如围墙中的中国、种姓制度下的婆罗门）；（3）特殊民族传承关系（如耶路撒冷人和犹地亚人之间的关系，犹太人和其他希伯来人的关系，希伯来人和他们的后裔犹太人与其他闪米特人的关系等）。社会现象使自身与众不同而将己身与其他相分离，这些不是文明，而只能说构成了“社会”。所谓“文明”，形成于长短不一的历史时期，在数量大小不一的社会群体内普遍存在。文明也是社会现象，但与有社会边界的社会现象（这类现象不宜于传播）不同，它们的界线相对模糊。[1]

文明现象包括艺术和技艺的借鉴。民族志研究表明，某些美术的因素、音乐或者模仿艺术易于传播，物品、财富、货物、服务易于传播，崇拜偶像易于传播，巫术、占卜术、歌谣、童话易于随其实践者的活动传播，形形色色的原始和现代货币之“载体”易于传播，甚至那些与“秘密”相关的现象——如秘密社团和神秘的人和事——都易于流传。此外，即便是那些被误认为社会特殊现象的制度、社会组织的原则，也易于被借用，比如，被误认为罗马特色的共和制（res publica），其实起源于爱奥尼亚，在经由希腊的哲学表达之后传至罗马，接着扩散到欧洲其他地方，最终重现在国家宪法里，这类现象也

〔1〕 莫斯：《诸文明：其要素与形式》，载莫斯等：《论技术、技艺与文明》，60页。

是文明现象[1]。

文明现象本质上是族际化和国际化的，超出一族一国的，无论在定义或者本质上都比部落、氏族、小王国或者酋邦分布的人群更广，比国族的覆盖面更大，比特定社会的政治地理学疆界宽广得多，覆盖了比国家更广的区域。文明现象的族际性和国际性之形成途径，包括不同社会通过长期接触固定中介及世系关系的传承。[2]

相比于社会，文明现象总是覆盖更为绵长的历史时间。社会是在文明的基础上生成其独特性、异质性和个性特色的。社会学、地理学和历史学要对文明加以研究，有待对文明与社会的前后关系顺序加以探究，与此同时，对在这一关系的顺序里出现的社会对不同文明因素的保存、丧失方式加以比较。[3]

为了揭示国族主义传统观的内在矛盾，莫斯继续《国族》一文的努力，强调了文明与借鉴、贸易、共享、一致性这些事实的密切关系，他甚至认为，文明史就是借鉴和贸易的历史。然而，这并不意味着莫斯眼中的文明缺乏特征和形式——莫斯甚至认为，特征和形式的存在时常导致文明冲突。在莫斯看来，文明除了有借用、共享、一致性的特征，还有接触的终止、共享的否定、一致性的限制等特征。文明也有排他性，因而也会形成自己的界线。这些界线的存在，为文明成为整合体系提供了条件。

作为整合体系的文明，是由大量重要的文明现象合成的，是不同社会共同组成的超社会的社会。文明或形成于社会之间共享的、使它们彼此息息相通的特征基础之上，或形成于相联系的诸社会经历长时间接触而获得的共同生活基础之上。无论基于何种基础生成，这些“超社会体系”都有其形式和区域分布范围。文明的形式是指，“在一

---

〔1〕 莫斯：《诸文明：其要素与形式》，载莫斯等：《论技术、技艺与文明》，61 页。
〔2〕 同上，62 页。
〔3〕 同上，62—63 页。

定程度上普遍存在于创建并维持着这种文明的特定社会群体的思想、实践及产物等具体方面的总和（the Σ）"；"文明的区域是指被视为此文明标志性特征的普遍现象得以完全传播的地理范围（几乎此领域的所有社会）……也指由共享构成这一文明遗产的象征、实践和产物的社会所占据的全部地域"[1]。有其形式和区域分布范围的文明，普遍存在，欧亚大陆有中国文明、印度教文明、天主教文明、伊斯兰教文明等，诸如太平洋沿岸及岛屿地区也存在"超社会体系"，在那个海阔天空的地理空间，无论是食品、用具、建筑，还是语言和种族，在表现出极大的多样性之同时，也存在一致特征。

诸文明之所以都有其区域分布范围，是它们有各自不同的多样形式，而这种形式只能在特定文明分布的区域而非其他区域传播。也就是说，文明像社会一样，拥有自己的边界和精神。文明区域的界定依赖于它的形式；反过来说，文明形式的界定是基于其延伸的区域上实现的。

相比于之前的相关作品，《诸文明：其要素与形式》一文，更侧重探讨文明的具体研究。在文章中，莫斯不断强调社会学与民族学传播论者结合的重要性。在述及文明的区域与形式时，他承认，民族学传播论者已对文明的这两方面加以重视。莫斯定义的文明区域在德奥系民族学有关文化圈（Kulturkreise）的论述中得到了讨论。此类论述也旨在对文明加以区域化把握，它们选择个别工具、社会组织形式等，将之作为"典型现象"，从其地理分布的线索，追溯这些事物和制度的传播历史。对这种方法，莫斯的态度是两面的：一方面，他承认这一方法对于民族学博物馆陈列工作给予了重要启迪；另一方面，他批评这种方法会导致研究上的以偏概全错误，指出在这种方法下，民族学家所选择并加以集中研究的个别事物和组织，都不见得有代表

[1] 莫斯：《诸文明：其要素与形式》，载莫斯等：《论技术、技艺与文明》，64页。

性，而且他们从未澄清其选择的所谓“文明中的主导性特征”与其他特征之间到底有什么关系。[1] 莫斯坚持认为，诸文明都是建立在大量的特征之基础上的，而不是只拥有一种特征。文化圈方法的失败之处，在于它只见树木不见森林。[2]

文明形式也在文化或文明形态学中得到了重视。但莫斯指出，运用这种形态学的研究者若不是像如民族学家弗洛贝纽斯（Leo Frobenius）那样，错误地将杂糅的文明“还原”为某种原生的单一文化，便是像历史学家斯宾格勒（Oswald Spengler）那样，因过度依赖历史哲学，而易于以道德为基准，将文明和国家分为强大与弱小、有机与松散之类对立的类型，从而将文明研究倒退到了过时的“文化宿命论”或“历史使命论”的叙述之中。[3]

要对文明区域进行合理的描述和界定，便要充分把握文明区域，要对那些将文明要素（或文明现象）关联起来的系统进行历史的和整体的把握。文化圈方法和形态学方法都有其可圈可点的优点，但二者单独运用时却都各自存在严重问题：文化圈方法缺乏形态学的整体考量，形态学方法缺乏谱系学的内涵。文化圈研究“不根据其自身历史而是根据假设的文明史来重构民族的历史”，最终总是会面对臆想历史的风险；而形态学研究借助的主要是文化或社会的概念，是脱离语言学和考古学而独自展开的，它们最终会成为其他学科的“不太可靠的附注”[4]。

莫斯相信，文明研究对人文科学总体至关重要，但文明的人文科学尚待建立。文明的人文科学之基础，必须是多学科的。多学科协作，有助于我们识别不同文明的风貌，并对这些风貌进行解析，更有

---

〔1〕 莫斯：《诸文明：其要素与形式》，载莫斯等：《论技术、技艺与文明》，65—66 页。
〔2〕 同上，65—66 页。
〔3〕 同上，66—67 页。
〔4〕 同上，67 页。

助于我们避免局限于单一的主导性特征，全面地将所有的特征综合起来，考察文明的风貌。这些风貌是由一组文明特质构成的独特形式，这种独特形式又可以说是文明的类型。要了解这些类型的核心和边缘关系，确定其起源地，便要绘制特殊现象的分布地图，追踪不同模式和制度渗透的途径及其传播方式，识别相关的地点、界限、边界、时期等；而要理解这些类型之传播所抵达的边界，则要追溯传播的命定方向的由来。传播是文明的首要特征，但文明从不是没有限制地传播着，它们虽不是由政治、道德和国家意义上的要素构成的，却类似国家，有其特定的地理空间限度。那么，这种地理空间限度的来由为何？社会学对集体意识的解析，显然有助于我们解答这个问题。在莫斯看来，文明现象本质上也是社会现象，而社会现象都是集体意识的产物。正是集体意识的作用，使人们在一个包含多项可能性的系列中做出选择，这类选择有利于某些文明因素的传入，却不利于其他因素的传播。也就是说，集体表征、实践和产物，只能在可能和愿意采纳与借用它们的地方传播。文明的人文科学，在其研究中，不应只关注文化圈和形态，还应关注这些圈子和形态形成的社会逻辑；而要对这些社会逻辑加以深究，便有必要关注与一致性现象相反的现象，这些包括历史中未借用的、拒绝借用的现象。[1]正是对这些现象的研究，有助于我们解释文明传播的阻力和边界。

至此，莫斯富有创意地将自己对文明、文明形式、文明区域的理解，与巴斯蒂安“三主题”联系起来了。显而易见，莫斯并没有僵化于“三主题”的区分。巴斯蒂安的“基本观念”显然对于他理解社会和文明的形式起到了关键作用，他有将普遍存在的社会视作“基本观念”的倾向，但在叙述文明的概念和特质时，不断在这个“基本观念”与“游移现象”之间寻找联系点，其关于借用和拒绝借用的

〔1〕 莫斯：《诸文明：其要素与形式》，载莫斯等：《论技术、技艺与文明》，68—69 页。

考察，便集中表现了他的“折中”。莫斯对于文明区域的论述，与巴斯蒂安界定的“地理范围”几乎完全对应，但也更侧重区域形成的双重动力——交流与封闭。这与他对于“基本观念”和“游移现象”的“折中”有着密切关系。

《诸文明：其要素与形式》一文经以上学术色彩较浓的解释之后，进入了其与“文明”一词的普通（流行）含义的互动上来。在这个环节，莫斯借助流行观念表明，文明有三重含义。首先，文明确实有些像“心态”，但它属于影响力超出国族疆界的“心态”。比如，当人们说到“法国文明”时，意味着的东西总是比“法国心态”广一些，它们超出了法国的疆界而延续到了佛兰德斯或是说德语的卢森堡。同理，“德国文明”也是这样，不先于德国，至今仍是波罗的海国家占支配地位的文化。古希腊文明、希腊文明（我们不明白为什么它的伟大不被人赏识）、拜占庭文明（和希腊文明一样没得到足够的承认），其物品和思想都远距离传播过，影响范围涉及众多非希腊民族。[1]

其次，在普通用法上，文明也可以用来指一个群体已取得心态、习俗、艺术和科学等方面的成功；这个用法也符合莫斯本人对文明的看法，因为它含有视文明为传播事实的意思。一个群体在文明上取得的成就，总会自发传播到另一些中去，使文明介于国家（无论是单一民族还是复合民族国家）的内外之间。例如，东方帝国的文明，一般指拜占庭取得的文明成就，有“拜占庭文明”中心，也有其外延。又如，“中国文明”既主要是在中国疆域内建立的，但在境外也有广泛影响，因而，将中国境外的相关事实描述为中国事实也是正确的；在欧洲文明化之前，但凡中国文字、经典、戏剧、音乐、艺术、礼仪以及生活方式所到之处都可以称为中国文明的事实。中国文明的地理覆盖面，更包括了东南亚和东北亚的其他国家。再如，印度文明是由婆

〔1〕 莫斯：《诸文明：其要素与形式》，载莫斯等：《论技术、技艺与文明》，70 页。

罗门教和佛教两部分组成的，这些广泛影响了东南亚和东亚，梵语中的“地狱”（nâraka）一词，在距印度千里的印度尼西亚，甚至是巴布亚－新几内亚等地也使用着。而且，印度教和佛教近代以来也开始在欧洲传播。[1]

再者，莫斯指出，既然文明是传播的，那么，混合和汇聚便可谓是文明最突出的特征。

为了表明其对文明混合和汇聚的赞赏，莫斯充满激情地描绘了吴哥象征的“巫术的熔炉”：

> 吴哥城巴扬寺有名的雕带（frieze）和无数的雕塑扬名在外，无数的人像、动物和物体，四层阁楼、各种装饰以及天上的、象征的、世俗的和航海的人物。是什么让这些伟大的场景四处传播？毋容置疑，整个场景都呈现出印－高棉的风格。这是一个已经合成的受精卵，像它的奇异一般壮丽！另外，其中一种雕带是佛教的，另一种代表印度史诗而非早期梵文，但也不是毗湿奴和湿婆教。法国学者对于后两者的解释已经开始被人接受。正是雕带的最广泛运用代表着一个迄今为止都无法解决的难题。由数千名士兵组成的庞大军队列队而过，祭司、酋长和王子们都是印度教信徒或表现为印度教风格。这被认为，但又不确定是否代表罗摩衍那战争。中尉、军队、部分装备、武器、行军、服饰、头饰，一切都来自一个遥远的、未知的文明。这些雕像（没理由相信它们被粗略地描绘，它们甚至已经程式化而承载着艺术和真实的符号）代表着一个种族，它和现在种族或任何已知的纯粹种族之间几乎不存在相似性。最后一系列代表着日常生活和工艺，它们中的一些已经包含了印度支

[1] 莫斯：《诸文明：其要素与形式》，载莫斯等：《论技术、技艺与文明》，70—71页。

那的因素。因此，印度支那早在公元一千年末时就已经成为一个“巫术的熔炉”，即种族和文明的大熔炉。[1]

在莫斯看来，吴哥这个例子既表明文明的第二特征（传播），又显示了“文明”一词的第三层含义，即文明是道德和宗教事实。“一战”前，社会学年鉴派已在涂尔干的领导下，论证了宗教作为社会内聚力核心源泉的“事实”，所谓“道德”，与这类“事实”息息相关。进入“超社会体系”，莫斯更重视通过将这类“事实”升华为某种超越社会的“道德”，为不同社会共同体绵续其共存共生历史寻求伦理基础。[2]为此，莫斯特别重视考察作为文明进程的宗教对于跨社会道德形成的作用。他持续研读宗教史和宗教社会学的成果，并在《社会学年鉴》上发表了大量的述评。莫斯社会和文明概念有心物双重性。在莫斯自己的计划中，除了物质文化研究外，还有对不同文明精神世界的研究，因此，在其散落的评论中，我们看到不少比较宗教学的内容，如亚伯拉罕传说，欧洲民俗，非洲，闪米特，班图，印度，闪米特在非洲，日耳曼，凯尔特，迁徙，以色列，《旧约》，中国人的丧礼，琐罗亚斯德教，蒙藏神话与佛教，中国人的“魔鬼学”，古希腊、罗马宗教等。[3]在《诸文明：其要素与形式》一文中，基于其既有宗教史研究，莫斯指出，宗教就是文明。他说，佛教是一种文明，因为它在历史上将印度支那、中国、日本和韩国的道德和审美生活和谐融合在一起，甚至还将西藏人、布里亚特人等民族的政治生活纳入一个体系；伊斯兰也是一种文明，因为它能够很好地将一切都包含进忠诚，“从一个细微的手势到内心最深处”，从伊斯兰王权和领域概念到伊斯兰政治国家；同样，天主教也曾是一种文明，在欧洲中

---

〔1〕 莫斯：《诸文明：其要素与形式》，载莫斯等：《论技术、技艺与文明》，71 页。
〔2〕 同上，71—72 页。
〔3〕 Marcel Mauss, *Œuvres 2: Représentations Collectives et Diversité des Civilisations*.

世纪，教堂和大学只使用拉丁语，其思想领域充满着“普遍的”共同观念。[1]

结语

20世纪70年代以来，社会科学出现了大量对国族和世界体系的批判性研究，它们似乎已经澄清了当年困扰着莫斯的那些问题。然而，莫斯半个世纪前围绕这些展开的思考，听起来仍十分陌生。将我们的陌生感归咎于莫斯理论的“过时”，必定是轻率的。莫斯在社会人类学上的建树（尤其是其在《礼物》一书中陈述的交换概念），人们十分熟知，但他有关文明的这些思考，却迟迟没有得到关注。而在莫斯过世后，他生前致力于解决的那些问题，依旧存在着，更急切需要得到清醒认识。出于对历史和现实的尊重，莫斯将文明界定为介于社会与世界之间的体系，努力跳脱出来，在法权（国族）和非整体性的经济体系（世界体系）之外思考问题，而他的晚辈们却在形形色色新鲜概念的掩盖下，继续扮演着这些体系的维护者。习惯于将文明这个标签贴在国族化或世界化身上，他们不能理解缘何莫斯用它来指介于二者之间的现象、特征、形态和区域。

莫斯在人生不同阶段所写的三篇直接相关于文明的文章，篇幅长短不一，形式各有不同，在内容上却有着突出的连贯性，其所表达的认识和主张，也近于完整。这些认识和主张，不代表莫斯思想的整体面貌——“莫斯的思想极其丰富，无法完整地表述其中哪一个”[2]，但可谓是其整体思想的某种缩影。

在澄清文明概念时，莫斯的工作目标极其明确——它指向一组近

---

〔1〕 莫斯：《诸文明：其要素与形式》，载莫斯等：《论技术、技艺与文明》，71—72页。
〔2〕 杜［迪］蒙：《论个体主义：对现代意识形态的人类学观点》，160页。

代以来对人类生活影响至深的观念。这组观念是由那些形塑国族与世界这个对子的众多概念构成的；让莫斯的工作难度倍增的是，它们跟他致力于重新定义的文明概念，总是纠缠在一起，即使分离了，也藕断丝连。在构思他的文明思想时，莫斯必须一面借助这组观念来阐述自己的看法，一面想办法逃出这组观念构成的思想牢笼。

有关于这些观念，莫斯在其《诸文明：其要素与形式》一文最后部分，做了如下评论：

> 哲学家和公众将文明理解为“文化”或者说德国意义上的“文化”；它是各种手段：在世界上崛起、对财富和舒适有更高的标准、更强的力量和更多的技术、让人成为市民或国家公民、建立秩序和组织、[施加]礼仪和礼貌、使自己有别于他者、培养和品味艺术。
>
> 语言学家则从两种意义上使用“文明”一词，其出发点和前者也很相似。一方面，他们讲“语言文明”——拉丁语、英语、德语等，现在的捷克语、塞尔维亚语等——视文明为一种教育和传播传统、技术及科学的手段，还有传播大量古老文字的手段。另一方面，他们将“文明的”语言与土语、方言以及小群体和副族、未开化民族的语言，或者在优秀语言水平之下的农村语言，即那些没被广泛传播因此不文雅的语言（这只是个可能的但未经证实的推论）对比起来。对于语言学家来讲，语言的价值、可以传播的性质、传播的力量和能力与所传播的观念和语言的特质是息息相关的……
>
> ……政治家、哲学家、公众，甚至连时事评论员都在谈“文明”。在民族主义时期，“文明”总是“他们的”文化，属于他们自己的民族。因为他们总是都忽略了其他民族的文明。在理性主义、普遍主义及世界主义时期，文明就像伟大的宗教一般，既是

理想的又是现实的，既是理性的又是自然的，既是原因同时又是结果，逐渐在从未被真正怀疑的过程中慢慢涌现出来。[1]

缘何人们在谈论文明时都运用以上三种（文化、语言、政治话语）“双重标准”，既将文明的功德归于“我者”，又要表明属于“我者”的文明是具有世界性的？莫斯认为，原因如下：

……所有这些文明的涵义符合了人们在过去一个半世纪所梦想的政治的理想状态。除了作为神话和集体表征外，这个完美的本质从未存在过。这种同时兼具的普遍主义和民族主义信仰，事实上是西欧和美国的国际主义与民族主义的独特特征。有的人会将“文明”视为一个完美的国家形态，就如费希特的“闭合状态”（the closed state），它是自治的、自足的，其文明和文明的语言延伸至这个国家的政治边界。有的国家已经实现了这个理想，但是有的却还在蓄意追求，比如美国。其他的作者和演讲家则认为人类文明是抽象的、未来的。“进步中的”人类在哲学和政治学里都是司空见惯的话题。最终，有人将两种概念整合在了一起：和大写的“文明”相比，国家的阶层、国族，及各种相关文明都只是历史上的一个阶段。这种文明自然总是西方的文明。它被拔高到既是人类的普遍理想，也是人类进步的理性基础；在乐观主义的帮助下，它成为人类幸福的条件。19世纪混合着这两种思想，将“西方的”文明变成了“唯一的”文明。每个国家和每个阶级都在做同样的事情，这也为无数的借口提供了材料。尽管如此，我们可以认为生活中的那些新奇

〔1〕 莫斯：《诸文明：其要素与形式》，载莫斯等：《论技术、技艺与文明》，72页。

事物已经按它们的既定秩序创造了一些新的东西。[1]

今天的人们之所以尚未熟知莫斯的文明图景，乃因他们中有些依旧沉浸在18世纪以来人们所梦想的“政治的理想状态”，有些依旧继承作为神话和集体表征的“国族文明”，有些采取救赎主义态度，视有限的“国族文明”为历史负担；他们仍堂吉诃德般地以近代世界这两个方面中的一个来斗争另一个。

当然，莫斯揭示的问题，远比学界的观念困境更现实。这些问题广泛存在于社会和政治生活中，影响着文明生活的现实状况。不能或拒绝看到文明“山外有山”，或者只看到自己的文明给予世界的“优惠”，而不能或拒绝看到其他社会、其他文明存在的必要性和对自身社会的贡献，是问题中最突出者。

一个世纪前，这个问题已引致其他问题（如促发“一战”的极端国家主义，又如“一战”后“一族一国”观念在欧洲得到的进一步实现）。在很大程度上，对文明研究的构想，目标正在于通过人文科学的重新整合，以现实状况的改善，复原文明的历史性和社会性之原貌。

莫斯勇于承认，他书写的文明，一样带有启蒙后的流行观念之两可性，是身处国族（社会）与世界之间的存在。与这些流行观念不同的是，他的文明不是在国族与世界之间的对立中生成的；相反，它是二者之间折中的产物。这种折中，可以在流行观念的两可性中找到根据，但却有着自身的诉求。通过文明论述，对社会科学研究对象（涂尔干的“事实”或莫斯的“现象”）的综合性质加以认识，从人文科学对学科格式化了的社会科学加以重新整合，是这种诉求的主要内容。19世纪以来，社会科学的国族主义与世界主义的对立，由来于国族“集体大人格”与普遍主义“宗教”的对立，而对立双方各以其

〔1〕 莫斯：《诸文明：其要素与形式》，载莫斯等：《论技术、技艺与文明》，72—73页。

“理想状态”界定文明，这就使社会科学诸学科摇摆于国族化与世界化/全球化之间，自身在本质上虽也属于“文明现象”，却无法知晓文明的存在。莫斯澄清文明概念，为的是对社会科学的这种“不自知”做出反应。

如我在上文中努力复原的，莫斯文明图景大体有以下几个特征：

1. 包括国族在内的任何社会，在历史上都有自己的物质和精神文化创造，生活于其中的人为其创造而自豪，并生发对其所处的社会的认同。然而，任何社会都不只需要在“我者”之间的共处中生成、绵续和发展，它们还需要置身于“他者”当中，汲取周遭共同体提供的养分。“我者”与“他者”在创造上的相互借用、影响和共享关系，共同构成社会与社会之间的“社会”；这个意义上的“社会”，便是“文明”。

2. 这类“社会之上的社会”，不仅在欧亚大陆存在，而且也在其他地区普遍存在，“原始人”的世界亦是如此。这意味着，现代性再怎么脱离传统性，也不能脱离过去与现在相续的社会性。

3. 莫斯深信，如同社会，文明包含物质性和精神性因素，也包含制度和组织因素；而这些因素有着超越社会界限的“本能”，富有流动性。不能否认，有些因素有较高“惰性”，易于成为社会构成的核心因素；不过，即使是这些“惰性”因素，也往往会进入流通领域，成为互动关系的载体和产物，在机遇到来之时，会得到传播，得到借鉴。

4. 社会不是一切的整合体，在社会整合体之上，还形成若干规模较大的“文明体”，其存在有相应的区域性和历史性。首先，文明有区域性，文明的事实总是在空间上延展，它们也比每个特定社会的政治地理学疆界宽广得多，它们覆盖了比国家更广的区域。文明的区域即“文明标志性特征的普遍现象得以完全传播的地理范围”，及“共享构成这一文明遗产的象征、实践和产物的社会所占据的全部地域”[1]。其次，“和其他社会现象一样，文明也有历史的基础。但由于这个历史不是单一国家的历史，又因为它总是覆盖绵长的时间，所以可以推断出这些事实能证明接触应该同时是历史的和地理的。基于它们，总可能推断出相当数量的直接或间接的接触，甚至在某些情况下还能在一定程度上追溯谱系”[2]。

5. 所谓“文明”，在民族学上指不同群体和社会之间借用、共享、相通的特征，而在社会学上则指与文明因素的分布相适应而形成的“社会中的社会”。然而，作为被界定的现象，文明在历史和现实中不过是同一组现象，综合民族学和社会学，引入历史学、考古学和哲学的方法和见解，对这组现象加以认识，可以看出，这组现象有分布上的地理范围（并非全球化的），在特定地理范围内，它有着自身的特征，这些特征的主次格局造就了文明形式。19 世纪中叶起，社会科学围绕国族建设的需要形成了明确分工，这就使诸学科难以符合文明研究的需要。从这个意义上讲，莫斯主张从人文科学的综合入手考察文明，也意味着主张社会科学通过超越国族界线，进入文明所代指的那个中间领域，从而改变自身的状况。

6. 作为“超社会的社会”，文明也意指某一类“道德环境”。我们固然可以将文明有层次地分为物质（包括技术）、制度和组织、精神诸方面，但应当认识到，所有这些层次或方面，都贯穿着某种对社会性的界定；这些界定，为诸文明体系内部所有意义上的共处提供了解释和要求，这些解释和要求构成作为超社会道德生境，为社会与社会相处提供了关系伦理。在欧亚大陆，这些关系伦理可表达为世界宗教，在欧亚之外，可表达在神话、巫术、区域崇拜等领域。不过，必须指出，对莫斯而言，作为承载超社会关系伦理的文明，实非局限于

〔1〕 莫斯：《诸文明：其要素与形式》，载莫斯等：《论技术、技艺与文明》，64 页。
〔2〕 同上，62 页。

广义的“宗教”，而可在物质、制度和组织、精神诸方面找到自身的显现。

7. 文明之间并不相互隔绝，相反，在历史与当下的现实中，文明区域之间的互动频繁而密集，无论是在社会的层次，还是在超社会的层次，“跨文明互动”发生于技术、故事和观念、贸易、思想、语言、知识、宗教诸领域；其结果是，“神话、传统、货币、贸易、艺术品、技艺、工具、语言、词汇、科学知识、文化形式和理念——所有这些都是流动的、相互借用的”[1]。

我们不厌其烦地重申，莫斯的文明图景，映衬出在国族与世界之间做非此即彼选择的社会科学之天然缺陷，展示了人文科学文明研究的可能途径，阐明了此类研究对于社会科学真正贴近“事实”的潜在贡献。如果说《关于“文明”概念的札记》为社会学开启了文明研究方向，《诸文明：其要素与形式》为文明的特征、形式和区域之研究做了具体构想，那么，《国族》一文及其他两篇文章，则阐述了这个方向的研究的重要意义。

然而，展现在我们面前的这幅文明图景，也有其深刻的现实针对性；如果说“一战”前莫斯和涂尔干论述文明概念，针对的是极端国家主义，那么，“一战”后莫斯对文明论述的拓展，针对的则是欧洲的国族独立运动与国家关系问题。

梁启超当年已敏锐地指出，这些问题实质为某种国际生活的“隐患”，具体表现为：

> 当战争中，大家总希望平和以后万事复原。还有一种所谓永远平和的理想，多少人想望不尽。如今战事停了，兵是撤了，和约是签了，元气恢复，却是遥遥无期。永远的平和，更没有一个

[1] 涂尔干、莫斯：《关于“文明”概念的札记》，载莫斯等：《论技术、技艺与文明》，39页。

人能彀保险。试就国际上情形而论，各民族情感上的仇恨愈结愈深。德国虽然目前是一败涂地，但是他们民族种种优点，确为全世界公认。说他就从此沉沦下去，决无是理。现在改为共和，全国结合益加巩固，在四面楚歌之中不能不拼命的辟出一条生路。将来怎样的变迁进发，没有人知道。所以法国人提心吊胆，好像复仇战祸刻刻临头。不然，何必求英美定特别盟约，靠他做保镖呢？因战事结果，欧洲东南一带，产出许多新建的小国。从前巴尔干小国分立实为世界乱源；如今却把巴尔干的形势更加放大了。各小国相互间的利害太复杂，时时刻刻可以反目，又实力未充，不能不各求外援，强国就可以操纵其间。此等现象为过去战祸之媒，战后不惟没法矫正，反有些变本加厉。从民族自决主义上看来，虽然是一种进步，但就欧洲自身国际关系情况而论，恐怕不算吉祥善事哩。各国对于俄国过激派，一面憎之如蛇，一面畏之如虎。协约国联军帮着非过激派四面兜截，把维也纳会议后神圣同盟各国对付法国革命党那篇文章照样抄一遍，过激派的命运能有多久虽不敢知，然而非过激派的首领不能统治全俄是稍有常识的人都能判断的。协约国这种心理、这种举动，不但于收拾俄局丝毫无效，恐怕不免替欧洲更种一乱源罢。国际联盟一事，当去冬今春之交，气象如火如荼，我们对于他的前途，实抱无限希望。后来经过和会上几个月的蜕变，几乎割裂得不成片段。就中威尔逊的根本精神，原欲废止秘密外交，打破欧洲合纵连横的系统，其实此事何尝做得到。不惟做不到，美国自身先已和别人合纵起来了。而且就法国方面看来，分明有个国际联盟做平和保障，却兀自信心不过，必要从盟友里头拉出两个来保自己的镖。即此一端，那国际联盟的效力也就可以想见了。[1]

〔1〕 梁启超：《欧游心影录·新大陆游记》，8—10页。

法德交恶、“一族一国”观念致使的小国林立、苏维埃与保守派的对立、国际联盟的内在缺陷，导致欧洲未来“令人惊心动魄”的不确定性。此类矛盾，在莫斯展开文明论述之时悄然激化着。莫斯在冲突与互惠、国族与国际、国家主义与自由主义、分立与结盟种种对分之间展开他的中庸主义论述。从这些论述看，引起他担忧的问题，与来自远东的梁启超所提到的基本一致。

不幸的是，莫斯借助文明论述表露的那些带有预见性的判断，从其完成《诸文明：其要素与形式》一文后，便渐渐一个一个地成为现实了。

莫斯经历“二战”并因此丧失学术研究能力（自 1939 年，他便几乎完全停止了书写）。因过早辞世，他没有机会观察到，“二战”后，“一族一国”观念随着联合国的建立而传播到世界各地，使多数殖民化国家和“部落”独立为国家[1]，多数古老帝国自我“贬低”为国族，几乎只剩“超级大国”采取联邦或邦联形式保持其“超国族格局”；生前他已致力于在“过激派”与“非过激派”之间寻找“第三条道路”，但他的努力在矛盾愈演愈烈的 20 世纪下半叶，却没有真正得到后人的理解和接续；他对结盟展开的思考，本可为“有限国际联盟”提供不可多得的参考，但现实政治生活的世界格局并没有沿着这条路行进。20 世纪 90 年代以来，尽管所谓“文明冲突”格局现出了身影[2]，但国族化与世界化这个对分，持续使这个格局更加复杂化，它们两相结合，制造着各种问题。

然而，正是所有这一切遗憾，使莫斯思想持续保持着其新意。

与他的其他作品一样，莫斯的三篇关于文明的文章并没有穷尽其所知，也并不系统，一些地方甚至稍嫌凌乱和模糊，但这些论述开创

〔1〕 Clifford Geertz ed., *Old Societies and New States*, New York: Free Press, 1963.

〔2〕 见亨廷顿：《文明的冲突与世界秩序的重建》。

了一系列建树极高的学术研究；其中，莫斯的学生们完成的古希腊、古中国、印欧文明研究，都堪称杰出。在列维－斯特劳斯的引领下，法国社会人类学领域在战后出现了一条向“未开化民族的宗教”回归的路线，坚持这条路线的学者，出于对现代/文明世界与非现代/未开化世界二元对立观的警惕，大多放弃了莫斯的文明概念，但却持续得到莫斯思想的启迪，并由此而长期关注联系不同社会共同体的关系领域。在历史学领域，区域中心的世界体系之研究，也得到了大幅度发展，到20世纪80年代出现了文明史的转向。[1]

莫斯的社会学和民族学思想，是基于其对英联邦和北美民族志成果的创造性借鉴形成的；之后，这一思想又与德国民族学和历史学产生相当密切的对话关系。20世纪学科史研究表明，尽管出自法语，莫斯思想可谓是对“英语人类学”的某种礼物回馈，直到当下，仍旧对后者起到激发思想的作用。[2]

莫斯如此超前，他不仅早一般学人半个多世纪反思了国族“传统的发明”[3]，而且，几乎是在所有方面，他都为后人提供了源源不断的启迪。莫斯之所以能做到这些，与他对于所处时代的“自觉”有着密切关系。

莫斯生活的“大时代”，正是19世纪中后期到“二战”结束这个时段。此间，社会科学的学科系统建立在三条明确的分界线基础之上，这些包括：（1）在现代/文明世界的研究（历史学和以探讨普遍规律为宗旨的社会科学）与非现代世界的研究（人类学和东方学）之间存在的分界线；（2）贯穿现代世界研究的过去（历史学）与现在（注重研究普遍规律的社会科学）之间存在的分界线；（3）在以探寻

---

〔1〕 见布罗代尔：《文明史纲》。

〔2〕 Wendy James, “‘One of us’: Marcel Mauss and ‘English’ anthropology,” in Wendy James and N. J. Allen eds., *Marcel Mauss: A Centenary Tribute*, pp. 3-27.

〔3〕 Eric Hobsbawm and Terence Ranger eds., *The Invention of Tradition*, Cambridge: Cambridge University Press, 1983.

普遍规律为宗旨的社会科学内部，对市场的研究（经济学）、对国家的研究（政治学）与对市民社会的研究（社会学）之间的分界线[1]。不少学者相信，是到了“二战”后，这些分界线才在美国主导的区域研究中渐渐得到消除。[2]而事实上，莫斯在“一战”前后，针对极端国家主义发表的言论，及通过这些展望的文明研究，早已为社会科学研究者穿越这些分界线提供了思想条件。

关注文明现象，莫斯穿梭在古今之间，为了廓清文明的要素与形式，他对历史学、社会科学、人类学、东方学进行了广泛的综合，破除了其过去－现在的二分历史观；从礼物交换切入“总体社会事实”，莫斯瓦解了非整体主义的经济学、政治学和社会学的边界。莫斯对社会科学的“社会”给予了重新界定，使之在趋近于网络状的关系体之同时，渐渐脱离与国族对应、直接面对“世界”的僵化共同体意象。这也就必然使莫斯有可能在文明研究中预见了区域研究所意味的所有含义，并超出于这些。

如果说区域研究意味着社会科学应与历史学更紧密地结盟，对于文化、历史、语言等方面具有一定一致性的地区展开综合研究，那么，莫斯展望的文明研究早就是区域研究了。

莫斯倾向于用文明来界定超社会、超国族的“地区”（他并不否认这些“地区”有的与帝国的疆域有着对应关系）；当下赋予地区以文明的界定，难以被理喻，更谈不上被接受，原因兴许在于，学者们依旧没有从其先辈在科学与人文、理性与情感之间划出的清晰分界线的制约中解脱出来。

对于科学认识而言，保持认识者与被认识者之间的距离，兴许是有必要的（莫斯的传人和批评者、结构人类学大师列维－斯特劳斯即

---

〔1〕 华勒斯坦等：《开放社会科学》，39—40 页。
〔2〕 同上书，40—52 页。

如此主张）；但是距离的持续存在所导致的后果，却在社会科学家的“意料之外”。由于距离的存在，由于地区不再是文明，区域研究中的区域，成为没有自己的理性、缺乏灵性和精神的“对象”，它们等待被科学主体来加以研究，而这些主体为了研究，或者说，为了在一个等待秩序化的世界代表理性、灵性和精神，必须与情感和道德判断保持足够的距离。在主客二分的世界格局之下，区域研究悄然恢复着西学的“唯一文明”身份。

人类学再次成为实例。20世纪80年代，受后现代主义和后结构主义思潮的影响，一批美国人类学家试图代表西方人类学对自身的历史进行全面清算，并有基于此，展望这门学科的未来。[1]他们有的用跨文化对话来描绘田野工作的本质，为了使自身的“表述”获得良知，而致力于使人类学叙述成为“多重声音”的描述；有的用世界化的阶级秩序来揭示传统人类学与其被研究者的关系，试图使这门学科更有意识地规避知识的支配性；有的用艺术来界定学术，将民族志重新想象为发挥“土著智慧”、部分解决西方理性之困境的方法。这批学者正是在区域研究时代到来之后成长起来的，但他们却在追寻知识良知的同时，将本来已转移到“地方性知识”[2]的工作重点重新回置到对世界性的知识论结构关系的反思与扭转的进程中，在“尊重他者”的同时，否定“他者”在世界化时代持续存在的可能性和必要性。

这种做法不是没有得到学界内部的批判性回应，但遗憾的是，即使是对它们的回应，也几乎命定地复制了被批判者的思维结构。比如，在英国人类学界，针对美国式的后现代人类学，出现了一种区域主义的“声音”，这个“声音”重申了民族志的“地方化策略”主

---

〔1〕James Clifford and George Marcus eds., *Writing Culture: The Poetics and Politics of Ethnography*.

〔2〕Clifford Geertz, *Local Knowledge: Further Essays in Interpretive Anthropology*, New York: Basic Books, 1983.

张。[1]在发出这种声音的学者看来，民族志不仅是跨文化的对话过程及其描绘，而且相互也是民族志作者与其他民族志作者之间关系的表现。这类关系确实包含民族志作者与其被研究地区之间的自我与他者关系在内，但“他者”（被研究地区）是多样的，民族志作者在不同区域面对不同“他者”，不能一以概之。民族志与民族志之间的对话，可以理解为特定学术区内不同观点的交锋，也可以理解为从不同学术区提出的观点之间的对话，这些对话（以至交锋），对于人类学概念的提出、否定、再提出有着关键作用。

在推进“地方化策略”的过程中，向来坚守经验主义传统的英国人类学家提出了“民族志区域”（ethnographic regions）的概念，以之描述人类学知识的地理分布。他们还依照被研究社会生活方式之突出特征，将澳大利亚和北极圈边缘、非洲与美拉尼西亚、亚洲分别纳入狩猎－采集社会、分支裂变社会和大小传统并存的文明社会这些“大类”中。

所谓“民族志区域”意味着，人类学家都是区域研究专长不同的学者，其理论认识与其所在区域长期形成的“范式”密切相关，而这些“范式”，也可以说是人类学家话语共同体的基本内容，是人类学家学术交往的圈子。这个概念也意味着，构成诸人类学理论的诸观念，来自不同区域。比如，关于人与自然关系和跨越式现代化的看法，多半来自狩猎－采集社会，关于交换的看法多半来自美拉尼西亚，关于分与合关系的看法多半来自非洲，关于等级及整体与局部关系的看法，多半来自欧亚大陆。

这批英国人类学家早已放弃“文明”一词，坚信这个词浓缩地代表着19世纪先辈们所犯的所有错误。于是，同时否定自己的和“他者”的文明，这批学者一面将不同“民族志区域”解释成“人类学理

---

〔1〕 Richard Fardon ed., *Localizing Strategies: Regional Traditions of Ethnographic Writing.*

论”的来源地，一面将解释局限于人类学家的人文与概念圈子（“范式”）。然而，这些“范式”是否也是在民族志所在的“对象区域”土壤中成长起来的？在表明“‘他者’（被研究地区）是多样的”这个观点时，这批人类学家已承认，被研究地区必然有莫斯描绘的那些特征和形式。然而，“民族志区域”的提出者不敢直面“文明”一词，因此，他们并没有给予“民族志区域”某种真正经验的界定。其结果是，其先辈在研究者与被研究者之间划出过于截然二分的界线，照样让这些有建树的人类学家在尊重“他者”中保持着西学的“唯一文明”身份。

莫斯早已指出，混合国族主义与世界主义两种思想，19 世纪西方误以为自己将变成世界的“唯一文明”。否定被研究区域的文明属性，也包括否定西方是一种文明，因而，似乎不存在这种“唯一文明”的意思。然而，区域研究那种否定地区文明属性的做法，却必然导致这类研究的倡导方凌驾于被研究区域的结局，这一结局，可谓是西方中心的“唯一文明”的一种变体。

在亨廷顿“文明冲突论”（1998）这个例外中，诸文明似乎恢复了它们原有的身份，其灵性、精神、情感和道德判断上的含义得到重新确认。[1]然而，作为西方区域战略问题专家，亨廷顿依旧以西方的“唯一文明”的实现来畅想世界秩序的未来，因而，也依旧将其他正在复兴的文明视作对于这一秩序的威胁（“冲突”就是指这种威胁）。

莫斯用文明来界定区域，致力于指出，被我们研究的地区，存在着文明所带有的所有含义，包括诸地区的创造、自豪感、自我认同、

〔1〕 亨廷顿也得出了文明是实体的结论。他得出这个结论，不是偶然的。亨廷顿受到了布罗代尔的文明史论述的深刻影响，而这一论述，与涂尔干、莫斯早在 1913 年就发表的《关于“文明”概念的札记》有着直接关系。亨廷顿在《文明的冲突与世界秩序的重建》一书第二章，罗列了大量对他有启发的前辈文明研究者的名字，包括经典社会理论家如韦伯和涂尔干，世界史学家如汤恩比、布罗代尔和华勒斯坦，也提及了涂尔干和莫斯的《关于“文明”概念的札记》一文（亨廷顿：《文明的冲突与世界秩序的重建》，25 页）。

处理与“他者”关系的“为人之道”、借鉴与拒绝借鉴的辩证法、传统的守护与复兴，及所有这些构成的超社会的道德生境。要理解诸文明，先要理解其区域存在的伦理理由，避免一味“推己及人”，以“我者”的文明推衍其他文明的“社会心理”。

在预见了区域研究之同时，莫斯也预见了20世纪后期学界所谓的“全球化”现象，并且对它保持着警惕。在他看来，唯一文明，除了较为进步外，不一定就带来好处和幸福，而我们也并不能确定，这种文明是否真的在诞生。尽管文明之间的互动越来越频繁而密集，但文明唯一化并未成为现实，迄今为止，文明一直是多元的。我们的时代也持续在矛盾中行进，“国家没有消失，有的甚至还没建立，但一个国际性的事实和观念是新兴资本主义正在崛起”；“我们不知道发展会不会将文明的一些要素——我们已经在化学和航空领域里看到了的改变——变为国家暴力因素，或者可能更坏的民族虚荣”[1]。随着国家和文明的继续存在，它们所共享的特征的数量也会增加，每个特征似乎正在和其他特征越来越相似，而科技的传播正在使不同文明共享类似的生产生活方式。然而，矛盾的是，科技文明的发源地却也正在从原始艺术之类的领域引入创新的动力。这些矛盾现象的存在表明，文明的历史会走向方向未知的道路。

对莫斯而言，如果说存在某些可欲的“唯一文明”版本，那么，其中一种便是所有文明成果构成的“共同储备”（common fund，又译“共同基金”）这个意义上的“唯一文明”。文明的“共同储备”不是标准化、同一化的：一方面，它意味着“如果承载它们的民族不珍视和发展它们，这些文明便什么也不是”；另一方面，它也意味着“文明的优秀特质都将成为越来越多社会群体的共同财产”[2]。

---

〔1〕 莫斯：《诸文明：其要素与形式》，载莫斯等：《论技术、技艺与文明》，73页。
〔2〕 同上，74页。

不是说莫斯没有给我们留下进一步思考的余地。在他那段使吴哥文明杂糅景象跃然纸上的描述中，我们看到，一个规模算不上大的典型王权社会，不是凭靠集体大人格的内在一体化（社会的整合与个体化），而是凭靠方式各异的兼容并蓄，创造了自身文明的形态，使自身社会成为既环节丛生又浑然一体的系统。可以说，就事实而论，没有一个社会、没有一个国族不是内在地跨文明的，更不用说诸文明了。莫斯列举的那些文明区域，固然有着自身的特征、形式及边界，但它们的共同气质在于生机勃勃，因而，即便它们的一些因素在历史上频繁遭到急于区别于其他的社会之排拒，它们也已生根于彼此之中，使一个文明总是含有另一些文明的因素。[1]莫斯本来可以得出这个结论，但由于生活在政邦哲学高度发达的文明中，在这个可能的结论面前，他徘徊了。

〔1〕王铭铭：《超社会体系：文明与中国》，418—426 页。Wang Mingming, "Some Turns in a 'Journey to the West': Cosmological Proliferation in an Anthropology of Eurasia," in *Journal of the British Academy*, 2017, No. 5, pp. 201-250. 中文版见本书 504—571 页。

升平之境

——从《意大利游记》看康有为欧亚文明论

近期我考察了法国社会学年鉴派（下文亦称“法兰西学派”）文明叙述在“一战”前夕的缘起，及在两次世界大战之间成长为人文科学的历程。[1]在本文中，我拟自西返东，回望“学科格式化”（20世纪20年代中后期）[2]之前中土知识人对同一主题（“文明”）的论述。我将集中审视康有为的相关看法。众所周知，康有为是世变阶段“先时之人物”[3]，著述浩如烟海，自身构成一个宏大的思想世界。为了避免“力不从心”可能导致的问题，我将运用本学科（社会人类学）惯用的个案研究法，在这个思想世界中划出一个如村社一般的方法学“分立单元”（isolate）[4]，将其众多作品中的一个——《意大利游记》——视作“窥视”其内里的窗口。

《意大利游记》完成于1904年末（本文据光绪三十二年［1906］上海广智书局版《欧洲十一国游记·第一编·意大利游记》本，以下

---

〔1〕王铭铭：《超社会体系：文明与中国》，3—70页。王铭铭：《社会中的社会——读涂尔干、莫斯〈关于“文明”概念的札记〉》，载《西北民族研究》2018年第1期，51—60页（亦见本书250—267页）。王铭铭：《在国族与世界之间：莫斯对文明与文明研究的构想》，载《社会》2018年第4期，1—53页（亦见本书270—334页）。Xu Lufeng and Ji Zhe, “Pour une réévaluation de l'histoire et de la civilisation. Les sources françaises de l'anthropologie chinoise,” in *cArgo: Revue Internationale d'Anthropologie Culturelle & Sociale*, Vol. 8, 2018, pp. 37-54.

〔2〕Wang Mingming, “The West in the East: Chinese Anthropologies in the Making, ” in *Japanese Review of Cultural Anthropology*, Vol. 18, Iss. 2, 2017, pp. 91-123. 中文版见本书2—42页。

〔3〕梁启超：《论中国学术思想变迁之大势》，上海：上海世纪出版集团、上海古籍出版社，2006，105—108页。

〔4〕如费孝通：《江村经济》。

简称《意大利游记》)。该书为游记，所述主要内容为康氏游意大利时的行旅和所见、所闻、所读、所想，叙述按行程时间顺序编排，如同日记，并非学术专著。不过，康氏在文本中也收录了不少带论说文特点的附文[1]，这些附文篇幅不大，但学术含量厚重，系统呈现了康氏文明论的要义。

康有为思想与事迹，已得到近代史家、思想史家、哲学家的专门研究。我学业上无缘于这些领域；我是一个对华文异域志传统有浓厚兴趣的社会人类学研究者，之所以关注康氏的《意大利游记》，乃因这一文本关涉我所从事的专业长期存在的问题。

在人类学学科领域工作，我见识到了有着巨大支配力的西方中心主义（这一“主义”的面目变幻莫测，时常带着其他“主义”的面孔出现，产生影响的方式极其微妙），持续感到有责任立足于“我者”知识土壤，畅想其既有的“他者看法”（perspectives of the Other）之当下价值。为此，我追溯了华文异域志传统的源流[2]，从而得知，康氏相关著述有着突出的重要性。

康氏在海外游历中进入的是人类学研究者常引以为豪的“他者之境”；康氏之创作旨趣，超越了“我者”局限，文体富有异域志色彩，相当接近人类学的异域叙述，而这并非他之新创，更非由模仿而来（当时，人类学尚未在华立足），而是他通过因袭古人积淀的传统而“扬弃”来的。

华文异域志出现得很早，其对象区域与近代欧美人类学同等广泛而多样，早已涉及西方这个方位（如西王母之境）。到了中古，“中西通道”得以更多地开辟，欧亚大陆东西两方之间的交流互鉴得

[1] 这些包括《尼罗帝宫（附论罗马宫室不如中国秦汉时）》《附论中国不保存古物，不如罗马》《罗马四百余寺至精丽者无如保罗庙》《元老院旧址（附论议院之制必发生于西不发生于中）》《罗马沿革得失》《意大利沿革》《意大利国民政治》《罗马之教（附论耶教出于佛）》《旧说罗马之辨证》《罗马与中国之比较，罗马不如中国者五》《论五海三洲之文明源土》，共计十一篇。

[2] 见王铭铭：《西方作为他者：论中国“西方学”的谱系与意义》。

以增进，作为异域志对象之一部分的西方（西域、大秦、印度、西洋等），得到了更多表述。而到19世纪中期之后，面对物质、制度、精神诸方面之“欧化”挑战，先贤并没有舍弃异域志传统，而反倒是使它变得更加生机勃勃。此期间，涌现了大批借出使、留学、流放、移民等机会而展开的“世界活动”，其足迹，遍及世界各地，能在文字上留下痕迹者，只是部分，但这些部分却充分表现了近代中国人对于西方文明的浓厚兴趣。不同于深受后一个阶段套用西学格式规范制约的我辈，当年那些“世界活动”的主体，眼光已足够开放，但脑海里却依旧流动着古老意象，他们言辞里有不少新概念，但身在古今之间，他们依旧运用着有别于近代“科学”的语汇，这些既使他们幸免于主观/客观、社会/世界的观念/政治心理分裂病症，又给予他们机会体认西方社会思想界若干重要局部致力于寻获的中间环节。

巨变时代，康有为保持上述“认识姿态”，身体力行，游历世界各地，基于观察和思考，写出了大量海外游记。这些著述的问世表明，异域话语，不是西方人的专利。当西方观察其他者之时，它也作为其他文明的他者被观察着。对西方异域话语的知识/权力实质的反复揭示[1]，不仅无助于克服西方中心主义，而且还有可能在不知不觉中制造出一种以反西方主义为表现形式的西方中心主义。学者若是真的有意祛除西方中心主义的幽灵，那么，他们亟待做的工作便应当是呈现不同文明的他者看法。

《意大利游记》成书于戊戌变法失败（1898年9月21日）后康氏人生史的“海外流亡”阶段（1898—1913年）；其间康有为考察了许

〔1〕 Talal Asad ed., *Anthropology and the Colonial Encounter*. Johannes Fabian, *Time and the Other: How Anthropology Makes Its Object*. Edward Said, *Orientalism: Western Representations of the Orient*. 华勒斯坦等：《开放社会科学》。

多欧洲国家[1]，有机会对其中一些近代化成败经验加以判断[2]，他还行至不少古老文明所在地[3]，对文明之历史运势加以比较分析。“南海圣人”以其“我者”为出发点，承载文明理想，以自主而开放的心态进入一个诸文明同生共存的世界，以“文化自觉”[4]为立场，写下大批著作，记录了其作为上下内外关系的承载者周行天下、贯通古今之所得。《意大利游记》为这些著作中最为系统而有价值的文本之一。

用“学科格式”来界定异域志的学者，想必会以康有为在考察和书写中表现的随意性为由，贬低其著在学术史上的地位。然而，必须指出，正是这些兴发于随遇而安中的字句，比众多索然无味的“民族志”（即一向被认定为人类学研究基础层次的 ethnography）更真实而精彩。在我看来，康氏《意大利游记》堪称另一种“深描”（thick description）[5]。在“田野工作”中，康有为观察细致入微，在描述其“田野发现”时追求如实。如此一来，其作品便充满了民族志学所重视的“细节”。与此同时，他保守其所来自的古老文明带给他的关切、意象及愿景，而这些帮助他定位了自己的旅行之出发点，使他在行走中有更强的好奇心，康氏最终在书写中表现了高度的思想关怀，融通了主客两面，完成了一部富有意味的志书。

上述“意味”，不仅缘于一种他者看法，而且缘于一种文明洞见。在其意大利之旅（其欧洲十一国游的一部分）中，康有为经海道进入“五海三洲”文明圈（见后文讨论），登陆意大利，在那里，他深入罗马帝国文明，由此展望欧亚，在距离遥远的不同世界之间摸索，进而

---

〔1〕张启祯、张启礽编：《康有为在海外·美洲辑——补南海康先生年谱（1898—1913）》，北京：商务印书馆，2018，42—58 页。

〔2〕章永乐：《万国竞争：康有为与维也纳体系的衰变》，北京：商务印书馆，2017。

〔3〕钟叔河：《走向世界：近代中国知识分子考察西方的历史》。张治：《康有为海外游记研究》，载《南京师范大学文学院学报》2007 年第 1 期，42—53 页。

〔4〕费孝通：《论人类学与文化自觉》。

〔5〕Clifford Geertz, “Thick Description: Toward An Interpretive Theory of Culture, ” in his *The Interpretation of Cultures: Selected Essays*, New York: Basic Books, 1973, pp. 3-30.

返身近世，对东西方文明之异同进行了有现实关怀的比较和联想，通过这一比较和联想，抵近了法兰西学派文明研究阶段（该阶段开始于康有为完成《意大利游记》九年之后，标志为1913年涂尔干与其门徒莫斯合撰《关于“文明”概念的札记》一文[1]），所谨慎踏入的思想领域。

为了说明康氏“文明构想”具体如何生成，有何内容和含义，下文我将先以康有为学术和政治生涯的轮廓为背景，考察康氏有关“国际性”的看法与法兰西学派导师涂尔干之同题社会学叙述之异同；接着，我将勾勒康氏“西游”的行旅线路，并对其路途中的思想活动加以说明；之后，我将用更多笔墨，复原《意大利游记》正文和附文所记载的康氏有关升平一统（帝国）、文明、中西之异、文明关联互动等的见解；最后，我将在总结康氏文明论述的要点基础上，将之与西学中的同类论述相比照，在一致与差异的认识中，理解其有别于其他的含义，并阐明我对其历史遭际和当代价值的看法。

在其叙述中，康有为塑造了某种有关文明的看法，这一看法与涂尔干和莫斯对文明的构想相通之处颇多。其中突出者，为康氏将事实意义上的文明放置在其界定的“三世”[2]之中的中间环节考察，视其为超越“据乱”通向“太平”的过渡阶段（“升平”）。这一看法，与涂、莫二氏对介于国族与世界之间的中间环节（如宗教、交换系统与物质文化）的看法异曲同工。

然而，与从结构观点看待文明的涂尔干不同，康氏观点更为历史，其呈现的文明更富有动态感。对他而言，如果说文明之动态亦有其“结构”，那么，这个“结构”便是时间线条性的，可以理解为

---

〔1〕 Nathan Schlanger, “Introduction. Technological Commitments: Marcel Mauss and the Study of Techniques in the French Social Sciences, ” in Marcel Mauss, *Techniques, Technology and Civilisation*, pp. 1-29.

〔2〕 萧公权：《康有为思想研究》，汪荣祖译，北京：中国人民大学出版社，2014，277—403页。

"据乱"与"升平"的"钟摆",而非法兰西学派所关注的绵延不断的"社会"和"超社会"。

往复于东西方之间,康氏的确是一位"全球秩序的思考者"[1],但他并没有因此而像今日众多"全球化""全球史"研究者那样,好不容易从国族化社会科学的"噩梦"中醒来,便掉进另一个梦境;他没有混淆大同理想与非大同现实,相反,他将自己提出的世界大同理论悬置在"乌托邦"这一层次上,在游历和书写中,务实地将精力集中于考察家、国、天下三层次中的后两个层次(国与天下)之实际关系,对不同文明处理这一关系的不同方式展开了比较和联想。

在《意大利游记》的跨文明比较部分,康有为表达了其对西方"分国"政制(即"民族国家")的负面看法,及对中土一统传统——即"文明-国家"传统[2]——的正面评价。这些看法和评价的儒家内容,一度让"后康有为时代"的儒者深感欣慰[3],而非儒者也一度站在共和进步主义和唯物主义的立场对之表达遗憾[4]。不应否定,在思想史和哲学中,做这类立场性解读有其必要性。然而,我们不能因为要展开立场性解读而无视事实:康有为的心境,本比身在"后康有为时代"的我辈杂糅,因而也更有可能同时展开师从祖先与借力外人的工作。[5]可以认为,正是康氏的这一"杂糅"心境,使他与其身后众多致力于用"完美的类型"来对历史和思想进行分类的学人构成反差。如果说解读必须基于理解,那么,理解康氏看法之有别于后人的特征,便是我们应做的首要工作。而我深信,通过做这项工作,我辈将有可能在历史比较中认清自身的知识处境。另外,必须表明,任何意义上的思想史与哲学立场性解读,都无须

[1] 章永乐:《作为全球秩序思考者的康有为》,《读书》2017年第12期,103—113页。

[2] 甘阳:《文明·国家·大学》(增订本),北京:生活·读书·新知三联书店,2018,1—18页。

[3] 钱穆:《读康有为〈欧洲十一国游记〉》,载《思想与时代》第41期,1947,26—30页。

[4] 钟叔河:《走向世界:近代中国知识分子考察西方的历史》,408—436页。

[5] 王铭铭:《超社会体系:文明与中国》,418—426页。

身为人类学研究者的我之重复（即使这种重复可以带来新的辨析），毕竟我的旨趣并不在此。如同在其他场合，在此处，我的“问题意识”生发于对华文异域志传统的相关看法，而鉴于康氏在书写海外游记时尤其关注欧亚文明问题，而这实为以考察欧亚以外或欧亚“内部边疆”之“原始社会”为己任的人类学研究者所真正关注的问题，我将对康氏文本中的相关讨论进行重点考察。这项考察肯定也可以被定义为一种“解读”，但我试图完成的，既非立场识别，又非考据，而是理解，或者说，是“对解释的解释”。

比较地看康有为

梁启超在《南海康先生传》中对时势与人物之间关系加以分析，区分出“应时之人物”与“先时之人物”，以前者指代时势所造之英雄，以后者指代“社会之原动力”。梁启超认为，乃师符合“先时之人物”富有理想、热诚、胆气的“德性三端”，其“精神事业，以为社会原动力之所自始”，因而“为中国先时之一人物”。[1]

康氏在学问的“修养时代”，重史志，通程朱陆王之学，而鉴于“性理之学，不徒在躯壳界，而比探本于灵魂界”[2]，于是“潜心佛典，深有所悟”[3]。之后康有为在游历中“见西人殖民政治之完整，属地如此，本国之更进可知”，“因思其所以致此者，必有道德学问以为之本原，乃悉购江南制造局及西教会所译出之书尽读之”[4]。康有为最终兼收了中、印、西三大知识-宗教传统。鉴于“中国人功德缺失，团体涣散……与从而统一之，非择一举国人所同戴者而诚服者，则不足

〔1〕 梁启超：《梁启超传记五种》，天津：百花文艺出版社，2009，283页。
〔2〕 同上书，284页。
〔3〕 同上书，285页。
〔4〕 同上。

以结合其感情，而光大其本性”[1]，康有为主张从“孔教”入手，建立一种与佛耶对等的精神事业，以之兼容古代佛家的平等主义思想和近代西方的进化主义观点。他赋予儒学救世宗教内涵[2]，主张“大同之统”，以《春秋》为孔教精神之典范，依其据乱世、升平世、太平世之说，将“国别主义”界定为文明的初中级阶段。康有为“自成一家之哲学”[3]，以“仁”的观念重新解释了博爱思想，以世界为先，家国次之，采取接近社会进化论的观点。[4]

在温习了法兰西学派的部分文明论述之后返回康氏思想世界，我深感，东西方20世纪初之两种“思想转向”，相互间隐约有着某种“缘分”。19世纪出生之伟人既多，而涂、康这两位深刻影响了东西方近现代思想和政治生活的时代枢纽人物，竟是严格意义上的同龄人！康有为生于1858年3月19日，涂尔干生于同年4月15日，前者仅比后者大二十七天。二人分别出生于儒学世家和犹太教家庭，生长在欧亚大陆之“极西”和“极东”。两位人物的生活遭际必然有所不同，然而，由于身处同一个时代，二者之心态和思想存在诸多可供联想和比较的方面。

涂尔干生活在法国大革命之后的时代。这场影响世界的革命，虽给涂氏留下了“文化欢腾”印象[5]，甚至让他觉得它潜在着创造传统

〔1〕 梁启超：《梁启超传记五种》，290页。

〔2〕 唐文明：《敷教在宽：康有为孔教思想申论》，北京：中国人民大学出版社，2012。干春松：《保教立国：康有为的现代方略》，北京：生活·读书·新知三联书店，2015。

〔3〕 梁启超：《梁启超传记五种》，293页。

〔4〕 史铎金指出，19世纪的进化论中，达尔文的生物进化论主张复原人类的自然属性，而内容有异的文明进化论则绝大多数基于人类心智一致性看法展开历史思考（George Stocking Jr., *Victorian Anthropology*）。康有为思想或暗合这两种进化论的主张，但有着更鲜明的启蒙进步论特征，更兼有地理学的文化区域内容。另外，在界定社会进化进程的方向时，康氏一方面明显不以欧洲为进步的标志，另一方面时常采取古代中国的治乱史观对历史中的进步与倒退进行解释。

〔5〕 Mike Gane, “Introduction: Émile Durkheim, Marcel Mauss and the Sociological Project, ” in *The Radical Sociology of Durkheim and Mauss*, Mike Gane ed., London: Routledge, 1992, pp. 1-10.

之力[1]，但其带来的历史断裂，其与君主制相互轮替造成的动荡，其所制造的社会失范问题，都让涂尔干对革命前的社会（如行会和教会制度）颇为向往。他萌生了基于历史启迪在传统与现代的中间地带重建伦理道德的设想。[2]在出版《宗教生活的基本形式》这部集中表达其有关社会和文明构成的观点的杰作之前，为了在法兰西社会的断裂中重造秩序，涂尔干写了大批社会学著作论述“有机团结”的可能性。[3]这些论著对于社会秩序与集体表象加以如此重点强调，以至于后世甚至会误以为涂尔干的思想等同于国族主义。然而，必须看到，即使年鉴派导师曾鉴于“乱”而侧重通过国族社会凝聚力之构成原理求索“治”的可能，到20世纪初，欧洲大地的战争阴云也改变了他的心境。

“一战”爆发之后不久，涂尔干即于1915年发表了《谁想要战争？——从外交文献看“一战”的起源》[4]，开启了年鉴派带有国际政治关切的讨论。在该文中，涂尔干指出，“一战”爆发前，欧洲各地出现了若干新情势。一方面，帝国政体正在做最后挣扎，集中表现为奥匈帝国的动荡。另一方面，若干强势民族国家得以成熟并展开激烈国际竞赛，与此同时，巴尔干半岛诸民族的政治意识也得到了空前发展，清晰的民族自觉正在广阔的地区迅速强化。涂尔干预见，类似因素正在将欧洲推向一个不同的未来，将决定欧洲版图的重构，因而导致了强烈的不安和焦虑，而这些不安和焦虑，为战争的爆发做了铺垫。[5]雪上加霜的是，此时，个别欧洲国家（德国）正“想要战争”，

---

〔1〕见涂尔干:《宗教生活的基本形式》。
〔2〕见涂尔干:《职业伦理与公民道德》。
〔3〕见涂尔干:《社会分工论》。
〔4〕涂尔干、丹尼斯:《谁想要战争？——从外交文献看“一战”的起源》，载渠敬东主编:《涂尔干：社会与国家》，193—254页。
〔5〕涂尔干、丹尼斯:《谁想要战争？——从外交文献看“一战”的起源》，载渠敬东主编:《涂尔干：社会与国家》，195页。

于是这些情况成为某种好战的“国家意志”表达自身的条件。在同年发表的《德意志高于一切——德国的心态与战争》[1]一文中，涂尔干指出，“想要战争”的德国之行为，来自于一种心态，这种心态在19世纪早已得以理论化，并成为制度转型的纲领。在这种心态下，国家高于国际法，本身等同于一种局部性帝国权力，压制着周边小国，而更糟的是，由于国家将自强视作其存在的唯一目的，它便可以将道德转化为权力支配的手段，可以不择手段，将公民的职责定义为服从。随着这种特定心态的成形，国际关系的规则被打破，德意志国家摆脱了作为超国族道德生境的文明之制约，制造“泛德意志神话”，借助种族、历史和传说，制造和扩散一种正在“病态膨胀”的精神状态。

20世纪初欧洲出现的一般问题，仍可以溯源到由各国内部国家与公民之间形成的不和谐上下关系，但此时与国族主义关系密切的族与族、国与国之间内外关系之不和谐，却是使一般社会问题空前严重化了，其所导致的矛盾超出了社会内部上下关系之不和谐。

涂尔干意识到，孔德以来，欧洲思想界对世界性“唯一文明”（这与康有为的“大同”概念所指相近）的宣扬存在着严重问题，而他自己倡导的社会学，在克服了“唯一文明”带来的问题之同时，未能充分与国族主义相区分。他转而在历史中寻求解决问题的方案。在莫斯的紧密配合下，他指出，唯有认识到社会体和文明体在历史时间上先在于“政治社会”（后来考古学意义上的“文明”），在现实状态上优先于国族，国家才能处理好政治经济的上下内外关系（我的概括），确保其自身生命的绵续与更新。[2]

在涂尔干的引领下，“一战”前夕，法兰西学派出现了文明研究

〔1〕涂尔干：《德意志高于一切——德国的心态与战争》，载渠敬东主编：《涂尔干：社会与国家》，147—191页。

〔2〕Marcel Mauss, *Techniques, Technology and Civilisation*, pp. 35-40.

转向，两次世界大战之间，这个转向催生了超社会体系论。

对于涂尔干以矛盾态度视之的大革命，多次游历过法国的康有为也有不少了解，他1905年所写《法兰西游记》通过与英、德比较给予法国大革命截然负面的判断。康有为认为，大革命前，法国是欧洲霸主，而当时英国不过是海岛小国。英国的革新，不出自暴力革命，而出自工业革命。随着国力增强，它才在海外从法国人手里夺得了印度、加拿大、亚丁。而此间的法国却致力于借政治（自由）革命创造历史，结果造成近一个世纪的"内讧"，到拿破仑时，则穷兵黩武，非但没有给法国带来什么实际益处，反倒使法国大大落后于英国。德国本来经济实力比法国弱得多，但后来确立王权以"合散漫之小群"，经过二十年沉默奋斗，其工商实力已跃居法国之上。因而，"比英言之，则法革命之祸，与英安乐之福，宜其绝殊；比德言之，则法人自由散漫之失，与德国以主权国权督率之得，又可作证"〔1〕。

康有为20世纪初游历西方，"主要是要推展君主立宪，以及看看西方各国的情况"，而"此行结果大大地改变了他的社会思想"，"他不再注重社会的完美和人们的快乐，而重视如何把中国从20世纪列强的压力下解救出来"〔2〕，他萌生了强烈的物质救国思想，并将之与其在政制上的思考相联系。此间，康氏愈加排斥共和主义的"自由革命"，对社会学家涂尔干的祖国法兰西，他印象不佳。他认为，"法人虽立民主……其世家名士，诩诩自喜，持一国之论，而执一国之政，超然不与平民齐，挟其夙昔之雄风，故多发狂之论，行事不贴贴，而又党多相持不下，无能实行久远者，故多背绳越轨，不适时势人性之宜"〔3〕。

涂尔干是近世法兰西的"局内人"，注定会倾向于从大革命创造

〔1〕 康有为：《康有为全集》（卷八），姜义华、张荣华编校，北京：中国人民大学出版社，2007，167页。
〔2〕 萧公权：《康有为思想研究》，348页。
〔3〕 康有为：《康有为全集》（卷八），144—145页。

的传统内部思考问题，谋求改良。作为“局外人”，康有为本应有条件在另外一个方位思考问题，旁观这一历史事件。然而，至20世纪初，那场革命广为传播的历史意象，开始深深影响康氏的东方“局内”，“他者”转化为“我者”之后，这种“局内人”的条件已渐趋消失。维新失败后，国人中新生代政治家与知识人多热衷于效仿法国共和革命，以为它能带来真正的进步，而在康有为看来，它必定带来“尘上血迷，民敝国虚”的严重后果。〔1〕由是，康有为的思考，有了不少与涂尔干思想暗合的方面。无论是其物质救国思想，还是其有关君主与共和的主张〔2〕，都存在着这样或那样的内在矛盾，但在对待历史断裂这点上，康氏却一贯保持着高度警惕。与涂尔干一样，他观察着历史断裂带来的危险，主张在绵续中求更新，更选择立足于己身所在之文明传统，回应被“西儒”涂尔干定义为“失范”〔3〕的社会合力危机问题。

梁启超说，乃师重个人和世界的精神与理想，缺国家主义。〔4〕这个评价并不公允。但康氏确实没有像他的晚辈（如梁启超）那样摇摆于天下的世界性与国家性定义之间。〔5〕康氏致力于在国族时代维系天朝，心绪错综复杂〔6〕，其“大同”思想有两面性，一面意味着针对现实问题的激进改革，一面意味着“与当时的现实斗争完全脱节和无关的乌托邦”〔7〕。但正是出于“大同”理想，康有为比涂尔干更早地清楚看到“国”潜在的帝国本性——“国既立，国义遂生，人人自私其国而攻夺人之国，不至尽夺人之国而不止也。或以大国吞小，或以强国

〔1〕康有为：《康有为全集》（卷八），168页。

〔2〕曾亦：《共和与君主：康有为晚期政治思想研究》，上海：上海人民出版社，2010。

〔3〕渠敬东：《缺席与断裂：有关失范的社会学研究》，上海：上海人民出版社，1999。

〔4〕梁启超：《梁启超传记五种》，290页。

〔5〕罗志田：《天下与世界：清末士人关于人类社会认知的转变——侧重梁启超的观念》，载《中国社会科学》2007年第5期，191—204页。

〔6〕汪荣祖：《康有为论》，北京：中华书局，2006。

〔7〕李泽厚：《中国近代思想史论》，北京：生活·读书·新知三联书店，2008，91页。

削弱，或连诸大国而已。然因相持之故累千百年，其战争之祸以毒生民者，合大地数千年计之，遂不可数，不可议”[1]。而由于他相信大规模政制为文明进化的一个中间环节，尤其对天朝之存续与光大有启迪，康氏对涂尔干从邻国德意志之自强之势中看到的“病态膨胀”，并没有给予充分重视（“一战”后康有为在著述中不再坚持认为德国是最好的模式），他也没能以德法之外的“第三者立场”，不带偏倚地考察两个对现代性有不同理解和创造的近代欧洲国家之间的分歧。[2]对他而言，19 世纪末 20 世纪初德国的强大，除了有物质文明上的原因，还有政制上的原因。康氏“物质救国论”是为了增强国势而提出的，而其在联合“小国寡民”创造合邦政制方面的主张，既是对兴国之道的求索，与涂尔干对德国扩张心态的分析不同，又从反思“国”得出相关国际政治主张，与涂氏结论有不谋而合之处。将德国主权国权主导下融合“小群”与上古中国的情况相比较，康有为认为，这种重王权的政制有助于建立一种替代危害世界秩序的列强“大国协调”体系的制度。[3]在康有为看来，这种政制是“据乱世”的跨国联盟（古有春秋晋楚弭兵，19 世纪有维也纳会议、俄法同盟等），其形态为新式公国，包含若干国家，而设统一的军队与法律维持联邦的统一，是“升平世”出现的前提。康有为没有确切阐明，这种有联邦政制因素的体制必须基于作为道德生境的社会基础才可形成，但他也强调只有当这种政制与民权的张扬同时出现，“升平”才成为可能。在将德式政制与“三代”相联系的过程中，出于其大同理想[4]，康有为也表现出了与涂尔干接近的态度，对古今超社会（国族）、大区域政制-文明一体化（如帝国）给予了重视。

---

〔1〕 康有为：《大同书》，汤志钧导读，上海：上海古籍出版社，2005，55 页。

〔2〕 Louis Dumont, *German Ideology: From France to Germany and Back*.

〔3〕 见章永乐：《作为全球秩序思考者的康有为》，《读书》2017 年第 12 期，103—113 页。

〔4〕 萧公权：《康有为思想研究》，348—403 页。

康氏的“中国政策”，重君权的绵续。为避免“作为天下”的中国陷入分裂局面，“授外国以渔人之利”，康氏既不赞同“驱除鞑虏、恢复中华”的大汉族主义，又不赞同当时的分省独立和联邦之说，而主张通过维新，立宪法，改官制，定权限，鼓励地方自治，发展工商，倡导孔教，经营西北，借重华侨，来维系既有的一统局面。[1]正是从这一“中国政策”的立场出发，他努力通过广读西书、周游列国，致力于鉴知既有文明与政制的得失。

在两个世界之间摸索

在长达十六年的海外流亡阶段[2]，康有为在离开日本后，游居美洲、英国。1901年起，康氏居于印度大吉岭，完成了《大同书》[3]。1904年3月，他离开印度，远赴欧洲，完成其欧洲十一国游。到结束该次旅行时，康有为已“汗漫四海，东自日本、美洲，南自安南、暹罗、柔佛、吉德、霹雳、吉冷、爪哇、缅甸、哲孟雄、印度、锡兰，西自阿剌伯、埃及、意大利、瑞士、澳地利、匈牙利、丹墨、瑞典、荷兰、比利时、德意志、法兰西、英吉利，环周而复至”[4]。

“将尽大地万国之山川，国土、政教、艺俗、文物，而尽揽掬之、采别之、掇吸之”[5]，这一愿望自古有之，不过，古人的行走范围受到交通条件的极大限制。康有为说，张骞通西域、玄奘西游，都受山海阻隔，而费去澶漫岁月；即使是在地理大发现之后，由于“大地之无涯，人力之短薄”，有毅力探游天下者如哥伦布之类，“足迹所探游

---

〔1〕梁启超：《梁启超传记五种》，304—305页。

〔2〕在其海外流亡阶段，身为流亡变法领袖，康有为得到众多海外华人的大力支持，建立了“保皇会”（维新会），以公司运营党派，图谋“保救皇帝”、推行君宪。

〔3〕萧公权：《康有为思想研究》，280页。

〔4〕康有为：《欧洲十一国游记·序》，上海：广智书局，1906，2页。

〔5〕同上，1页。

者，亦有限矣”；他自己能周游列国，与其生于“促交通之神具”（汽船、汽车、电线）发达年代有关。然而，生在他那个时代的中国人有四五万万，“才哲如林”，绝大多数却不像他能得到那种机会去“巧纵其足迹、目力、心思，使遍大地”[1]。康氏感言，他做这番环球旅行，是天意在暗中起作用，他说：

天其或哀中国之病，而思有以药而寿之耶？其将令其揽万国之华实，考其性质色味，别其良楛，察其宜否，制以为方，采以为药，使中国服食之而不误于医耶？则必择一耐苦不死之神农，使之遍尝百草，而后神方大药可成，而沈疴乃可起耶？[2]

“今日众生受苦最深者，中国也”[3]，以“行大同，救天下”为己任的康有为在借重发达的近代交通“神具”踏上西行之路时，也深知担负着沉重的“天责之大任”，应作“天纵之远游”，“遍尝百草”，找寻“治病”之药方。

据《欧洲十一国游记》之《海程道经记》，康氏先“放南洋至印度海”，再“过亚丁至红海”，经苏伊士运河进入地中海，最后从布林迪西（“巴连的诗”）登陆欧洲。一路上，他不仅对所经过的不同景致给予讴歌，而且还采用古代中国的异域志文体，记下了他对亚非不同种族和生活方式的认识。[4]对于沿途目睹的海岸炮垒，康有为特别关注，见识到英帝国海洋霸权景观的这些军事设施，他心向往之。[5]对于苏伊士运河在文明交流方面的贡献，他不仅给予集中说明，而且还将之与欧洲和古代中国的运河相比较。对于沿途远望而见的阿拉伯世

〔1〕 康有为：《欧洲十一国游记·序》，1—3页。
〔2〕 同上，3页。
〔3〕 梁启超：《梁启超传记五种》，304页。
〔4〕 康有为：《欧洲十一国游记·海程道经记》，1—2页。
〔5〕 同上，3页。

界，康有为叹其“山势之雄拔……人才之盛，宜其文明之发，为欧洲师也”。[1]对于路经的埃及都城开罗之种族－文化多样性，康有为也给予了描述。其有关英国炮垒、苏伊士运河、阿拉伯世界、埃及等的论述，虽只是点到为止，却巧妙表达了康有为对海洋帝国时代古今文明局势之变的看法。

五月二日半夜，康有为抵达意大利布林迪西，次日一早即转乘汽车，前往那不勒斯（“奈波里”）。自此算起，到当月十四日离开米兰（“美兰”），经阿尔卑斯山入瑞士，康有为在意大利国土游历十二天，先后到访那不勒斯、庞贝、维苏威火山、罗马、佛罗伦萨、威尼斯、米兰等地，在罗马逗留最久。

《意大利游记》按照行程先后顺序，记述康有为对所到地方的地理、历史、风物、名胜古迹、习俗等的印象，及由这些印象引发的思考。在书中，康有为结合间接知识和直接知识，夹叙了他对中西文明的认识。

在西方寻找解救“中国之病”的药方，并没有使康氏将西方当成铁板一块，无视西方的内部差异。康氏深知，不仅欧美之间存在不同，欧洲内部也存在不同。进步的英国和德国的经验，固然值得中国学习，但不是所有进步的西方国家都值得学习。比如，自由革命的发源地法国，虽算是进步，但因有违文明的绵续法则，而不能被视作模范。另外，也不是所有欧洲国家的进步程度都一样。比如，在英国和德国相继实现工业化之时，一些曾经辉煌的古老文明国家如希腊，却还挣扎着寻求国家的独立，这些国家的落后，似乎就是其他国家先进的代价。就意大利而言，在不同类别的欧洲国家中，它在20世纪初的情况即与英国和德国完全不同，而与古老文明国家希腊比较相似。

在《先泊巴连的诗往奈波里道中》一节中，康有为透露了自己对

〔1〕 康有为：《欧洲十一国游记·海程道经记》，4页。

意大利的总体印象。在从布林迪西前往那不勒斯的路途中，沿途乡野胜景给康有为留下了美好的印象。[1]然而，康有为一路上也眼见“意人至贫，多诈，而盗贼尤多”之事实，在游历中，有“乞儿数十，追随里许”之经历，他写道：

> 未游欧洲者，想其地若皆琼楼玉宇，视其人若皆神仙才贤，岂知其垢秽不治，诈盗遍野若此哉！故谓百闻不如一见也。吾昔尝游欧美至英伦，已觉所见远不若平日读书时之梦想神游，为之失望。今来意甫登岸，而更爽然。[2]

康有为话中有话。清末“新青年”中盛行西方主义，这种“主义”生发于天下遭受西方世界体系的压抑过程中，在康有为看来，潜在着将西方他者之当下视作中国我者之未来前景的倾向。在这一倾向的推使下，多数国人未亲身考察西方，而用“人间仙境”这个意象来想象西方，从而得出西方只有“琼楼玉宇、神仙才贤”的看法。进入西方，康有为看到，那个区域有比中国江浙地区还好的乡村，建筑却不是“琼楼玉宇”，古代是有过圣贤，但他却看到了许多穷人、盗贼、乞丐。在康有为的印象中，北欧各国民生皆胜于中国，而意大利则不同，这个古老国家除了比中国少一些茅屋多一些楼房之外，生活水平与近世中国相类。那里的田园整齐，出产丰硕的葡萄，其他果树也不少，看起来比北方丰裕，与江、浙、粤三省差不多，而中意两国民众的贫富状况也差不多。

对意大利与中国现实生活的相似方面之观察，并没有自动使康有为相信，对于这个国家的考察，无助于中国的改进。相反，康有为认

〔1〕 康有为：《欧洲十一国游记·意大利游记》，4页。
〔2〕 同上，3页。

为，“他国则新旧贫富皆不相类”，“吾国求进化政治之序，亦可比拟意大利，采其变法之次序而酌行之”[1]。

康有为从自己的角度解释了意大利落后的原因，他说：

> 意久裂于封建，乱于兵燹。虽在欧洲，而北欧各国道路宫室田野之精美，乃迥不若。自为风气，旧邦殊甚。盖自咸丰十一年立国，在我生之四年矣。此四十年中，虽经贤君相励意经营，而以贫小之国，支持海陆二军，与各大国颉颃，已极勉强。工商业虽日加奖励，而未能骤与诸大争。则贫困者，旧国固有之情，如中土然，固不能一蹴几也。能令国盛强，农工商业亦日进，已为善治矣。足食，足兵，民又能信，三者兼致，谈何容易。孔子固言，必世而后仁。意大利之新立国也，其治未至，何足怪哉。[2]

也就是说，意大利的落后，首要原因在于罗马帝国采取“封建”制度而造成分裂。到了咸丰十一年（1861），意大利才得以“立国”，“立国”后，其经济并不发达，而还要支撑海陆二军，故与盛强之国差距甚大。

对于“中国政策”，在“封建式”的联邦制与大一统之间，康有为选择后者，如其在《奈波里》中所言，他相信，“我国由统一而求分立，以自削敝，则必至分剖以底绝灭矣”[3]。他也用这个观点来判断意大利历史中的是非，对于近代意大利开国名相加富尔（“嘉富洱”）“最为敬慕”，在那不勒斯游公园时，在加富尔铜像前，他赋诗加以讴歌，称加富尔为“我生最想慕之英雄”，将之与诸葛亮相比，说加富

---

〔1〕 康有为：《欧洲十一国游记·意大利游记》，5页。
〔2〕 同上，3页。
〔3〕 同上，7页。

尔“少日躬耕类南阳，壮能择主同诸葛。君臣鱼水亦复同，明良千古难遇合”[1]。在诗中，康有为还称颂加富尔力排“革命民主论”，以尊王为道，将分裂为十一邦的意大利统一为一个国家的功业。[2]

康有为是带着政治思想上的追求而赴欧的，但这并没有妨碍他继承中国的志书传统，采取整全的观点，对所过之处的山水、物产、民情、国情、历史加以关注，在事后写成游记之前，往往先在游历之地慨然赋诗，这些诗往往带有整全的观点，记述康有为眼中的地方形象。对于意大利的乡村和市井生活，康有为兴致盎然，在游记中也对其在所到之处看到的情况给予详细记述。

出于关注民生，在附文《意大利国民政治》中，康有为概述了意大利地方政府设置、交通、经济、能源、饮食、机器制造、农业、矿业、特产（尤其是文石和丝绸）、织造、市舶、屋价、国税、备兵、银行、货币等的面貌，还在与其他欧洲国家和中国的比较中，给予了评价。[3]

在意大利，相比于平凡人的日常生活，引起康有为更多注意的是遗址、博物馆和画廊之类保存着历史信息的场所。康有为有言道：“欲知大地进化者，不可不考西欧之进化。欲知西欧进化者，不可不考罗马之旧迹。”[4]他的意大利之行，侧重点放在考察罗马帝国遗留下来的古迹上。他的主要目的地是罗马，在罗马也停留得最久。在前往罗马的路上，他顺访了那不勒斯、庞贝、维苏威火山，在离开罗马去往瑞士和德国的路上，他则又顺访了佛罗伦萨、威尼斯、米兰等地。无论是在罗马，还是在顺访的地方，康有为对于古迹都流连忘返。对于古迹的兴趣，甚至使他对于湮灭城池的灾难有些辩证看法，说，若

---

〔1〕 康有为：《欧洲十一国游记·意大利游记》，8—9页。
〔2〕 同上，9页。
〔3〕 同上，118—127页。
〔4〕 同上，11页。

是没有那场奇灾大祸，便不会有庞贝之“考古巨观”。在庞贝，他感叹道，“微火山，吾安得见罗马古民？微秦政，吾安得有万里长城？天下之得失，固有反正两例而各相成者”[1]。而对于罗马人保存文物的做法，康有为更是大加赞赏，专门撰写《附论：中国不保存古物，不如罗马》，表明看法。

在康有为看来，在文物保存方面，中国远比意大利逊色，这主要缘于两大原因：其一，古代帝王有破旧立新的传统，一旦要推翻前朝，就要烧毁其宫殿。[2]这个传统影响了民间。比如，在广东，曾有巨富营造“皆极精丽”的居宅园林和街区，可是，一旦这些巨富家业沦落，很快就光景不再，他们营造的建筑迅即被替代。工艺也是这样，一旦衰落，后人便不能再传其法，古代有“宋偃师之演剧木人，公输、墨翟之天上斗鸢，张衡之地动仪，诸葛之木牛流马，北齐祖暅之之轮船，隋炀之图书馆能开门掩门、开帐垂帐之金人，宇文恺之行城，元顺帝之钟表”一系列精美工艺，遗憾的是，这些后世都见不到了。[3]“不知崇敬英雄，不知保存古物，则真野蛮人之行，而我国人乃不幸有之。则虽有千万文明之具，而为二者之扫除，亦可耗然尽矣。虽有文史流传，而无实形指睹”[4]。其二，中国宫殿等建筑之不能垂久远，还有另外一个原因，就是中国人不习惯用石头来营造阴宅和宝塔之外的建筑，而自古用木为多，而“木者易火烧”，“一星之火，数百年之古殿巍构，付之虚无”，“令我国一无文明实据，令我国大失光明，皆木构之义误之”[5]。鉴于销毁历史遗迹和营造难以持久的建筑，

---

〔1〕 康有为:《欧洲十一国游记·意大利游记》，11 页。

〔2〕 如康有为所说：“阿房之宫，烧于项羽，大火三月。未央、建章之宫，烧于赤眉之乱。仙掌金人，为魏明帝移于邺，已而入于河北。齐高氏之营，高二十六丈者，周武帝则毁之。陈后主结绮临春之宫，高数十丈，咸饰珠宝，隋灭陈则毁之。”（康有为:《欧洲十一国游记·意大利游记》，54 页）

〔3〕 康有为:《欧洲十一国游记·意大利游记》，54—55 页。

〔4〕 同上，55 页。

〔5〕 同上，56 页。

对于文明的绵续都只有负面作用，康有为疾呼，“为国人文明计”，国人应学会保存古物，也应采用以石建筑的做法。

康氏既是众所周知的进步主义者，又是一位“富于保守性质之人”，“爱质最重，恋旧最切”，有金石学、藏书、文物搜藏诸方面的爱好。他“笃于故旧，厚于乡情”，更敦促学界保存国粹，他自己从事的学术，也以历史为根柢。[1]有这样的性情和思想倾向，康氏对中国在古物保存上与意大利的差距深感遗憾。在《意大利游记》的《古迹杂述》里，他说，罗马给他留下的印象是“古迹至多”：“其纪功之牌坊华表，瑰伟高峻，树立大道中，崇十余丈，刻镂精美者，不可胜数也。有牌坊刻人物、楼阁、舟车，凡廿五层，精甚。其喷水池无数，地中及四旁刻人马狮像。铁管引水，自人马狮口中喷出，坌溢大池，环以石阑。其刻人物皆精妙绝伦，处处皆有，式式不同，皆千数百年古物。”[2]他感想油然而生，又将中国这方面的缺陷与埃及、希腊、印度相比较，得出这是中国人最不如人的方面，感叹说：“吁嗟，印、埃、雅、罗之能存古物兮，中国乃扫荡而尽乎。甚哉，吾民负文化之名。”[3]

康氏欣赏意大利人保存古物的习惯，称颂其为“文明”，除了因为他有保守、好古之心，还因为，得以良好保存的古物为他认识罗马帝国兴衰史提供了实物证据。

文明、野蛮与罗马

在《意大利游记》中，康有为频繁使用“文明”一词，随意之处，还用这个词来形容待人之道意义上的绅士风度和风俗习惯上的雅俗之

---

〔1〕 梁启超：《梁启超传记五种》，306页。
〔2〕 康有为：《欧洲十一国游记·意大利游记》，99页。
〔3〕 同上，100页。

辨。类似用法虽不算“学术”，但是其所表露之关切，事关文野形质辩证，有其严肃性，这在论述相对严谨之处，得以更为集中地表现。

不少学者将文明分为物质性和非物质性或精神性两个方面 / 层次，并用这个惯用的框架来分析康有为对文明的看法，认为他倾向将西方当作物质上高于中国、非物质上（精神 / 道德上）低于中国的文明。〔1〕这固然反映了康有为的部分心态。不过，必须指出，康氏的文明概念远比今人想象的复杂，他考虑的方面 / 层次不止物质、非物质两面，比起此二者，他其实更关注政制。如上文提及的，康氏并没有流俗地将西方看成单一实体，他十分关注西方的内部分化与差异。在他看来，在物质文明上，意大利就既不如英国和德国，也不如中国。在精神文明方面，中西也不可以完全分清，相互之间有不少共同之处，所以也不能认为，是西方文明导致了意大利物质文明的落后。对康有为而言，意大利之所以落后于他国，主要在于罗马一统的衰落，及近世意大利相较于英国、德国的“据乱”。

从大的方面看，在康有为那里，“文明”可指人类从“野蛮”升入“教化”的进程。这是融通儒家文明教化思想和启蒙思想后得出的看法，有别于稍晚时期法兰西学派的定义。

为了理解社会与文明的普遍事实，涂尔干回归“原始”，在“他者”那里寻找“社会生活的基本形式”，以供欧人鉴知近代得失，克服文明的环节式分枝裂变问题（即分无助于“合”的问题）。为此，涂尔干不仅拓展了社会概念的边界，否定了“野蛮人”缺乏道德境界的进化论看法〔2〕，而且也拓展了文明概念的边界，使之成为可用以形容自原始时代就有的历史悠久、地理空间分布广泛的“超社会体系”（如民族志和史前史发现的由交换和结盟支撑着的大规模区域关联网

〔1〕萧公权：《康有为思想研究》，348—403 页。
〔2〕见涂尔干：《宗教生活的基本形式》。

络）。[1]如此一来，在法兰西学派中，“文明”早已不指城邑出现后由国家、文字、公共设施、财产权、阶级分化制度等构成的系统，而指社会实体置身其中的区域性“道德生境”[2]。

不同于涂尔干，康有为没有对文明做如此理解。他不是不关注民族志和史前史。而从其《大同书》观之，康氏对于世间众生，采取佛教式看法，他自称能够与“大地之生番野人、草木介鱼、昆虫鸟兽”感同身受。[3]这两点足以使康氏对人之初的“自然境界”有其认识。然而，他追溯的历史、眺望的未来，却带有相当强烈的进化论色彩；他相信，较高文明是由较低文化演进而来的，而文明与野蛮有截然区分。这使康有为与同时代西方人类学家有了区别——后者自20世纪之初，便多数开始用种种民族志素材表明，“野蛮人”的德性并不低于“文明人”。[4]然而，又很难说康有为是个严格意义上的社会进化论者，因为，在这方面，康氏的具体叙述，其实多半有古代经史意味。他引据《公羊》三世说，主张以“太平世”为历史目的论来拷问“历史的未来”，他一面以据乱、升平、太平来理解历史进程的线条，一面保持着循环式的治乱史观，试图以之鉴知太平世到来之前，“升平”退化到“据乱”的潜在可能。如果说“据乱”就是“野蛮”，那么，它便既可以指进化史的一个“史前”阶段，也可以指文明未开的年代，又可以指文明退化的事实。

杂糅着对进步的“治”的祈求，防备着退化和衰败，康有为对文明展开了大大不同于19世纪末西方原始主义的叙述。康有为的文明

---

〔1〕王铭铭：《社会中的社会——读涂尔干、莫斯〈关于“文明”概念的札记〉》，载《西北民族研究》2018年第1期。亦见本书250—267页。

〔2〕Marcel Mauss, *Techniques, Technology and Civilisation*, pp. 57-74.

〔3〕康有为：《大同书》，4页。

〔4〕Franz Boas, “The Aims of Ethnology, ” in *A Franz Boas Reader: The Shaping of American Anthropology, 1883-1911*, George Stocking, Jr ed., Chicago: University of Chicago Press, 1974, pp. 61-71. 路威：《文明与野蛮》，吕叔湘译，北京：生活·读书·新知三联书店，1984。

叙述，出发点是一种主张：他认为，作为中国文明的传人，国人担负着继承和光大这一文明的责任。康氏一面担忧西化心态会使中国“国亡种灭”、文明衰败，一面重视理解西方文明的内涵，希望其获得的有关西方的知识将有助于中国与西方“其进化耶则相与共进，退化则相与共退”。以此观之，康氏之所以揭露西方文明的缺点，并不是他有意拒绝西方文明，他企图做的，主要是引导国人放弃将西方他者当作“超人”的做法。他深知，迄今为止，所有的人类文明都不完美，各自都既有优点，也有缺憾，妥当的文明认识，应建立在对社会、国家、文明之类存在方式的不完美性之认识基础上。康有为认为，有了这种认识还不够，知识人还应抵近与其他文明苦乐与共的境界，要充分认识到，这个境界的内涵就像“电之无所不通”“气之无不相周”那样，不受政制疆界局限。[1]

康有为对“国亡种灭”的焦虑，杂糅着他对“后原始文明”的历史命运之焦虑，形成某种后人不易理解的心态。当下以世界公民身份自居的中西知识人，兴许会将这一心态与国族的“文明自负”[2]相联系。然而，康有为却从来没有将文明视作是个别国家或民族所独享的，他“实际看重的是中西文明中那些适用于全人类，能够为实现其大同而服务的因素”[3]，也正是出于这个原因，康氏虽心存“国亡种灭”的深重担忧，却没有像他的后世们那样，将文明“国族化”。

在不少地方，康氏与涂氏一样，用“文明”来指有共同历史根基和“道德生境”的诸“文化圈”，这些不仅包括埃及、印度、古希腊、罗马，而且包括巴比伦、阿拉伯、波斯，甚至美洲。康氏对18—19世纪的考古学和历史学研究成果相当关注，也善于运用它们来陈述他

〔1〕 康有为：《大同书》，4页。

〔2〕 Marcel Mauss, *Techniques, Technology and Civilisation*, pp. 41-48.

〔3〕 谢冰青：《从康有为〈欧洲十一国游记〉中的意大利形象看康有为对中国文明的态度》，载《文艺生活》2012年第5期，17—18页。

的观察，以论证他的主张。在文明的地理空间分布广度上，康有为的看法，接近于涂尔干的主张，在解释文明的源起、成长与影响时，他总是将文明所在的更广阔地理区域联系起来，从诸如环地中海地区、南亚、两河流域、东亚之类大区域对不同文明的滋养入手，分析文明生成与成长的历史，考察文明影响的“超社会/超王国/超国族”人文地理广度。

与涂尔干一样，康有为也以“文明”同时指现象和价值。对涂氏而言，文明价值为事实所包含，缘于社会内外关联之现象本身。[1]康有为的文明价值多与其所关切的国土、政教、艺俗、文物整体相连。他不认为这一整体存在于原始人那里，也不认为它普遍存在于任何有国家的社会，而是相信，它只有在武功完成之后文治教化弭平帝国的“野性”并惠及广大区域之后才可能形成。按其“三世说”，这个意义上的文明，是把“据乱世”挽回到小康的“升平世”的正面势力。“据乱世”，“内其国外其夏”，文明此时尚未成为“国”的内在特征；“升平世”，“内诸夏外夷狄”，通过以人文化成天下，虽未抵达“天下远近大小若一”的境界，却大大减少了内部种族-文化差异，同时与“夷狄”形成区分。康有为承认，文明是“进化之定理”的一个环节。人先从“性如猛兽”“部落相争”阶段进入割据为王的阶段，再随着交通和教化的拓展，进入众多小酋邦合为一国的阶段，其中经历的历史，充满战争血腥，在上古中国如是，在埃及、希腊、叙利亚、巴比伦、罗马、印度、波斯“亦莫不皆然”[2]。尽管其文明论述有文野二分论之嫌（儒家正是在认识到康氏思想这一缺乏“文质彬彬”属性的特征，才将之视作非儒主张看待的），康氏并不相信“野”会自动随着“文”的兴起而消退。总结诸文明形成的历史，将之与非洲、美洲无

---

〔1〕 Marcel Mauss, *Techniques, Technology and Civilisation*, pp. 35-40.

〔2〕 康有为：《大同书》，56页。

文字“诸蛮”相联系，康有为认为，“愈文明则战祸愈烈”[1]，还认为，之所以如此，乃因“有国竞争”。而吊诡的是，“国”又是“人道团体之始”，即使它带来问题，也是“必不得已”。因而，对文明的是非，不能给予绝对判断，而只能从相对的、比较的态度加以审视。作为有用于描述历史事实的概念，文明不带价值上的追求，也可以用来指与“战祸愈烈”相关的转变。但作为价值，康有为显然倾向于沿用古代中国“文明”的原意来指相对可追求的“文明以止”(《易经》，尤其是王弼注中所谓“止物，不以威武而以文明”）之类的做法，其对反的做法，为在他人不服情况下以威武制之。[2]

康有为于五月六日到达罗马，当日即畅游圣彼得大教堂，七、八日游斗兽场、奥古斯都宫、尼罗王国等，九日游梵蒂冈、圣保罗大教堂、博物院，十日又游几所宫殿名胜，十一日探访元老院故址等，十二日参观恺撒墓，十三日参观议会、大学等。所到之处，康有为都细察古迹、文物、美术，对之赞叹有加。这些“遗产”除了给康有为美感上的愉悦之外，还构成一条时间隧道，由此，他“返回历史现场”，考察文明之进退。

康氏热爱古物，但并不因此而热爱其承载的历史之所有一切。对于罗马古迹所反映的罗马帝国之暴力支配特征，康有为站在“仁”的立场给予了负面评价。比如，五月七日，他参观了斗兽场，在《罗马最巨之斗兽场》中记述了他对这座巨大建筑物的印象。康有为说，由罗马帝国第九帝斐士巴顺（即韦斯帕芗）建于西元1世纪的斗兽场，“此场容八万人，宏伟崇壮，地球史著名者……崇垣屹嵘，比今北京城尤峻”[3]。该建筑固然“巍构伟然，望之惊人”，但承载的历史，却

---

〔1〕 康有为:《大同书》，68页。

〔2〕 黄兴涛:《晚清民初现代“文明”和“文化”概念的形成及其历史实践》，载《近代史研究》2006年第6期，1—34页。

〔3〕 康有为:《欧洲十一国游记·意大利游记》，37页。

极其血腥：斐士巴顺“为中兴英主，改革制度，更新兵制，破灭犹太，死者五十万人。乃课犹太人以重税，以筑此剧场……亦谓为犹太人之血场可也”[1]。而斗兽场外观是剧场，功用却在“时选壮士或囚犯与猛虎巨牛相斗，或帝者亲自为之”。一个著名的例子是尼罗斗兽，他参与“手刺百狮，又亲与勇士格”，至“人血迸流，骨肉狼藉”，观众“则相视抚掌大笑，以为欢乐”。“斗兽国俗”固然壮观，但其“不仁若是”[2]，让康有为大为震惊。

康有为并没有因为反感罗马的暴力剧场（斗兽场确实是基于古希腊剧场模式建造的、展示斗士勇气的场所）而全然否定暴力在文明营造上的作用；在他看来，倘若“英主”能够通过军事征服而营造一个疆域宏大的帝国，且在成功之后，借鉴先进文明，施以教化，创造一个“仁”的格局，那便值得称颂。恺撒大帝至屋大维之间，出现的局面就可谓如此。在记录游罗马皇宫（奥古士多宫）的感受的文字中（《奥古士多宫》一节），康有为对恺撒大帝的功业加以叙述，他说：

> 恺撒与绷标（庞培）为罗马民政一统时大将。其破高卢、日耳曼诸蛮，攻都府八百余，定种族，破敌兵三百万，杀百万，虏百万。又平定埃及、亚非利加、萨拉斯，而归除绷标。其武功文治，罗马之一统所赖以开。又深通希腊之哲学，其所作战史最有名。又编定罗马法典，则为史学、法律学名家。又登议院为雄辩家。创图书馆，为今日欧洲之先导。开亚尔频山（英语作亚尔伯，不正，今从瑞士德法语）之路。其功业才学，博大兼赅，无不绝伦者。欧洲古今帝王中，虽前之亚力山大，后之拿破仑，尚非其比。[3]

---

〔1〕 康有为：《欧洲十一国游记·意大利游记》，38页。
〔2〕 同上，38页。
〔3〕 同上，40—41页。

武功与文治紧密结合，使罗马之一统暂时成为可能，而这个一统局面，便可谓西方赖以进入“升平”阶段的“文明”。

不过，罗马文明对希腊哲学有着巨大依赖性，而一旦这种依赖性得以与议会制相结合，便可能起瓦解一统的作用。到屋大维时，罗马时局便危机四伏。当时恺撒已为共和派（康氏称之为“民主党”）所杀，而共和派则又出现内乱，“当是时，罗马士大夫皆讲希腊哲学”，崇尚清谈。所幸者，屋大维“刚毅严冷，不信哲学，无所畏仰”，“才气机敏”，最终，带着“恺撒之风”，“破除民主政体，限制地方民权，削元老会”。屋大维“既平恩德尼、列比铎，遂定罗马千年专制之帝政”，获得“奥古士多”（奥古斯都）尊号。相比于恺撒，屋大维只有武功而无文治，固然算不上合格的文明君主，但大一统是“升平”的条件，因而，在康有为看来，他起着维系罗马一统的作用，完全符合“奥古斯都”这个称号。〔1〕

公元前1世纪奥古斯都开创的帝国，疆域东自幼发拉底河，西至大西洋，北自丹牛波河（多瑙河）至英吉利海峡，南暨尼罗河及撒哈拉大沙漠，是跨越亚非两洲空前的大国。帝国开创后需要守成，于是奥古斯都“内定制度，创设卫兵以自护，立常备之海陆军四十万。分罗马为十四区，而置警察，盗贼衰息。大开道路，而行邮政，以急报告，至少者日行三百里。虽在远乡僻壤，而马车、人力车皆通，故消息灵便，治化易举。以地理学为儿童教科书。天下商业物产，皆运送罗马，乃分之于各地，工商大兴焉。凡此，皆为今日欧洲政治之先河也”〔2〕。对外，他对亚非各地的治理权也进行了分配。

在康有为看来，罗马大一统之建成，顺进化规律而自然天成。“夫人民之性，有物则必争，平等则必争；至于国土，尤争之甚者。

---

〔1〕 康有为：《欧洲十一国游记·意大利游记》，41页。
〔2〕 同上，42页。

故自种族而并成部落，自部落而合成国家，自国家而合成一统之大国，皆经无量数之血战，仅乃成之。故自分而求合者，人情之自然，亦物理之自然也”[1]。孔子倡“大一统”之说，孟子发“定于一”之论，都是因为他们目睹暴力战争导致的悲剧，并竭力救世。罗马大一统帝国，也有一样的作用，它有助于“定保守境内……不复事征伐开拓疆土”[2]，以升平替代据乱，使罗马文明成其欧洲正统。这个“正统”的一方面是罗马语言、文字和历史成为欧洲的人文学术基础，另一方面是罗马的“遗宫颓殿，丹青器物”，这些文物持久不衰，“至今犹存，尤足动人之观感”[3]。

经由语言、文字、历史及文物传承的罗马“声灵”，“赫奕于世界”，使康有为联想到古代中国的天下。康有为说，假如世界性的罗马帝国持续“发扬其光辉于天下”，那必定会使近代“文明政学皆僻于一隅”的中国蒙羞。然而，罗马的一统却早已毁于自身的内部势力竞争上。近代以来不少理论家相信，“人道必以竞争乃能长进”，而康有为则看到，竞争——尤其是民族之间的竞争——既可以推动进化，也可以导致退化。参观君士坦丁宫时，康氏联想到罗马帝国好景不长的一统局面。如其所言，公元3世纪，戴克里先（“地克里生”）创四帝共治制度，将帝国分裂成东西两个罗马帝国，分别在两个帝国设立一名奥古斯都和恺撒，一共四位君主。戴克里先尸骨未寒，其部下之子君士坦丁便剿灭政敌，重新统一罗马，将势力拓展到西亚，定都“东都”（君士坦丁堡）。君士坦丁“以平定分裂之天下，而首创宏丽之新都”，为此，“毁希腊亚细亚古迹，移之以为新罗马”，同时，“公认耶苏教”，可谓有雄才大略。然而，此前既有的分国而治“兆端既误”，“君士但丁之三子，复三分天下，各领其一。又互相战伐，至赛

〔1〕 康有为：《欧洲十一国游记·意大利游记》，45页。
〔2〕 同上，42页。
〔3〕 同上，43页。

奥德西亚（狄奥多西），乃统一之。一年，复分国与二子。于是罗马永分东西焉”。从公元3世纪末到395年东西罗马分立，中间一百多年，只有君士坦丁大帝统一罗马十三年而已，其他时期，“分裂战争，兵甲相仍，而罗马遂永灭，而欧洲遂堕于封建战争千年黑暗之世”。康氏说，到20世纪来临之时，欧洲各国“尚自分裂争战无已”[1]。

康有为认为，一统是人类文明进步的必然产物，其主要特征是“合”；与之相反，小国林立虽也可能促进竞争和进步，但其本质是与“合”之文明相反的，其主要特征为“分”，而“分”是部落和野蛮性质的。罗马帝国之所以形成不久便易于瓦解，根本即在于这个帝国政体成长的环境本来也同时适于小国分治。

游元老院旧址时，康有为认识到，即使是在恺撒时期，“一切政权皆在元老院”[2]，至屋大维时，元老院扩充人数，权望渐轻，但不久，元老院也能废除像尼禄这样的暴君。罗马大一统局面的形成，表面上看像是恺撒之类“英主”的功劳，其实，元老院拥有“一切政权”，其存在关系到大一统局面的存亡。公元283年，戴克里先全行帝政，废元老院，此后，“是元老院数百年之事权乃尽”，而罗马随之“由分而渐亡”[3]。罗马帝政上半期，可谓“君民共主”，君权极不稳定，“而元老院为久远之权，百变而不改，得以居中坐镇之也”，“论罗马之美政，能久保其大一统之国者，则实元老院为之”[4]。

在康有为看来，元老院的原型，本起源于适宜分国而治的欧洲地理形态。在《元老院旧址》游记中，康有为收录了《附论议院之制必发生于西不发生于中》一文，在文中他考察了“民主议院”制度的起源。他说，“欧洲在地中海、波罗的海之中，港岛槎枒，山岭错杂，其

[1] 康有为：《欧洲十一国游记·意大利游记》，44—45页。
[2] 同上，80页。
[3] 同上，81页。
[4] 同上，81—82页。

险易守。故易于分国，而难于统一，乃欧洲之特形也”[1]。元老院根据的“民主制度”产生于希腊，希腊并非大国，而是“蕞尔之地”，“不足当中国之一省，而已分为十二国，千年莫能一之”。这个小而难以一体化的小国，“四面临海，舟船四达”，善于从四周汲取文明养分以缔造己身文明。希腊尚未开化之时，“南若埃及、腓尼西亚，东若巴比伦、叙利亚，皆文明久启，商市互通。地既不远，希腊人士得以游学探险，虚往实归，采各国之所长以文其国。民以通商而富，士以游学而智。智民富族既多，莫肯相下，故其势必出于公举贤而众议之”[2]。康有为说自己曾路经希腊，看到它“群岛延回，峰峦秀耸，日有海波相激”，认为“生其间者，民必秀出”，考察其地理处境，则进一步认识到，这个小国善于集各国之长，培育“富族智士”，这些是梭伦改革的前提。[3]

罗马帝国借鉴希腊的“民立议院”传统以维系其一统，乃因其所在核心区域，一样是易于分化的“蕞尔之地”，“其为王虽世也，仅同酋长。故其为治，亦同部落，诸族分权而治，无名义以相统”[4]。

假如康有为读过涂尔干的《社会分工论》，那他一定会用其中的“环节社会”概念来界定欧洲文明的本质特征，他也一定会主张欧洲社会是环节式的，即每个环节都有自己的器官，各自界线分明、功能完整，内部以人与人之间的相似性而非“个性”为条件共处，相互之间缺乏有机联系，不构成有机团结的条件。康氏并没有读过涂尔干的著作，然其对罗马帝国的刻画，却与后者所谓的“环节社会”意象极其相近。康有为将罗马王权轻、议会重的情形与华南乡族分治传统相比拟。[5]

---

〔1〕 康有为:《欧洲十一国游记·意大利游记》，82页。
〔2〕 同上，82—83页。
〔3〕 梭伦“以富人四级立会议之法”，开“民立议院”(康有为:《欧洲十一国游记·意大利游记》，83页)。
〔4〕 康有为:《欧洲十一国游记·意大利游记》，83页。
〔5〕 同上，83—84页。

康有为眼中的“文明”，既然是“升平”克服“据乱”的成果，那就是超越了“环节社会”的“超社会体系”，其典范为亚洲和非洲的古文明，如印度、波斯、埃及、巴比伦、亚述、阿拉伯之类，而非欧洲：

> 若印度则七千里平陆，文明已数千年，在佛时虽分立多国，而皆有王，人民繁重，君权极尊，国体久成，非同部落。若波斯则自周时已为一统之大国，帝体尤严。埃及、巴比伦，亚西里亚，更自上古已为广土众民之王国。至阿剌伯起立更后，不独染于旧制，亦其教理已非合群平等之义，益无可言。凡此古旧文明之国，则必广土众民，而后能产出文明。[1]

相比之下，“欧洲数千年时之有国会者，则以地中海形势使然。以其海港汊沍纷歧，易于据险而分立国土故也。分立故多小国寡民，而王权不尊，而后民会乃能发生焉”[2]。

基于这一看法，康有为形容日耳曼帝国说，它“土番、部落杂沓，政体不一”，如同“今吾粤僻处各乡械斗”，如同“苗、瑶、黎、獞各种，分据山洞，各立酋长”，如同“云南、贵州各土司，千年战争，皆自小部落并吞为大部落”，即使到“欧洲中世封建之时”，日耳曼帝王“仅以虚名拥位”，大受“国会豪族”钳制，如同“他地野番之部落，会议盖多，但无从得文明以立国”[3]。

康有为之所以在承认希腊罗马文明成就的前提下，否认其“得文明以立国”的可能，不是他对欧洲心存偏见，而在于通过欧洲这个案例，他更加深切地认识到“国害”的严重性，及通过“合国”而抵

〔1〕 康有为：《欧洲十一国游记·意大利游记》，87页。
〔2〕 同上，87页。
〔3〕 同上，84—85页。

近“大同”理想的重要性。康氏从亚非诸古文明之宏大与欧洲“小国寡民”、帝统飘摇的比较中得出的看法，确实含有某种主观倾向，而其将希腊罗马王权与华南乡族、西南土司相比拟的做法，也一样含有将欧洲文明“矮化”为“野蛮”的倾向。然而，这类主观倾向并不表明源自文化偏见；相反，如康有为一开始便澄清的，他的欧游有为治疗近世中国的病症找寻药方的目的。只不过相较于那些将西方一概视作“良方”出产地的西化论者而言，康氏远为谨慎，在“其揽万国之华实”时，他还要“考其性质色味，别其良楛，察其宜否”[1]，甄别经验与教训。从《大同书》关于文明与战争关系的考察看，对于迄至20世纪初人类经历的历史，康有为的总评价是负面的；在他看来，无论是野蛮时代的部落，还是文明时代的帝国，本质都既产生于战乱，又激发着战乱，同是人类之“苦”的根源。因而，野蛮与文明之别，仅是程度上的。由于前者重分，后者重合，主张大同的康有为倾向于后者。

在《大同书》中，康有为感叹说，“统欧洲自罗马以还，大战八百余，小战勿论，其膏涂原野”，直到19世纪末20世纪初，依旧如此：“近年俄大举攻突，英、法大战俄而救之。意各国内攻，遂图统一，联法破奥，战祸十一年而后成。其后奥、普联击丹麦，大破之。普、奥各以三十万人大战，普大破奥；而奥又以八万人破意。德兵八十五万破法兵三十二万于师丹，焚其全城，围巴黎百日。俄攻突，大战三年。”[2]追根溯源，康有为认为，欧洲之所以频发战乱，与其缺乏部落与部落、国家与国家之间的有机联系有至为深刻的关系。有这个问题的欧洲，历史上所抵达的境界，至多是“合国”抵近大同的初级阶段。

---

〔1〕 康有为:《欧洲十一国游记·序》，3页。
〔2〕 康有为:《大同书》，67页。

康有为将“合国”分为三个阶段，“联合之据乱世之制”“联合之升平世之制”“联合之太平世之制”，其政体类型分别是“各国平等联盟之体”“联邦受统治于公政府之体”“去国而世界合一体”。三个阶段的最高级形态是天下为公的太平世之制，这是个未来理想。而古今存在过的中间阶段（“升平世之制”），其主要范例，一个是古代中国的三代及春秋，及近代的德国联邦。这两个范例中，都有“各联邦自理内治而大政统一于大政府之体”。而“合国”的初级阶段，“主权既各在其国，既各有其私利，并无一强力者制之，忽寻忽寒，今日弭兵而明日开衅，最不可恃者也”。例子如古代春秋晋楚之盟、希腊各国之盟，及近代欧洲维也纳之盟等。[1]在康有为看来，罗马帝国表面上看是抵达了“升平世”，但却频繁摇摆于据乱世与升平世之间，最终命运还是据乱世。

对康有为而言，“文明”一词应指“一统久安之世”，那些“只见乱杀”的时期（如中国的三国、十六国、五代），只能叫“文明扫地”，“中国号有文明，皆进于汉唐宋一统久安之世。即今西欧学艺之长进日新，亦在百年来弭兵息战之时”[2]。

在罗马，康有为游历了包括彼得大教堂、梵蒂冈（教皇宫）、保罗大教堂（保罗庙）在内的天主教圣地，留下了不少关于天主教的记述与评论。对于教堂，康氏的观察细致，评论独到。比如，在彼得大教堂，康有为关注到欧洲在教堂大殿两侧埋葬教皇和王者的做法，描述道：

> 殿左右皆以文石为之，两旁皆刻石像。多置历代教皇之棺，高下不一，有在丈许高者。去年死之新教皇，亦瘞于此。全殿

〔1〕 康有为：《大同书》，70—72页。
〔2〕 康有为：《欧洲十一国游记·意大利游记》，46页。

藏棺百数，教皇棺六十四。各国惟王者乃能藏棺于是。木棺外皆有石椁，凡两三重，故无恶气。棺上皆刻死者像，或坐或卧，此欧洲之通例。[1]

接着，他对这一做法做了评论[2]，在评论中，他说，基督教（耶教）二元论存在内在矛盾。这个宗教与婆罗门教一样，有灵肉二分观念，认为人死亡之后，肉身即消亡，留下的只有永生的灵魂。这个观念不同于儒教，儒教虽也可能有二元观念，但“甚重形体”，因此，在这个传统之中，人们重视“形体”的保护。然而，正是在不重“形体”的基督教传统中，对尸体的珍惜，甚至还超过儒教，不像后者那样，“送形而往葬之中野”，而居然在神堂内部存放教皇、帝王棺木。既然基督教“生则重形，死则重魂”，那缘何还会有这种“死则不事魂而藏其形”的习俗？康有为猜测，这个习俗可能来自欧洲民间长期留存的“鬼”的观念。在正规的基督教，存在的只有神，但在欧洲民间，却广泛存在对鬼的恐惧，人们相信，在被判入天堂地狱之前，死者会变成幽魂，“盈塞虚空，无所归宿”。尚未完全化作灵魂的鬼，是灵肉之间的某种“模糊实体”。是不是这种两可状态引起恐惧？康有为未加考证。但是，他表明，在“重魂”的基督教传统中，居然存在将“无数臭腐皮囊”长留“清闷庄严之神殿”的做法，这是令人费解、值得追问的问题。

康有为并没有直接用“文明”一词来定义宗教，但他对于天主教在罗马帝国分化以后起到的统一欧洲的作用十分重视，在所附《罗马之教（附论耶教出于佛）》一文中说：“意国自罗马帝君士但丁许行耶苏教后百年，而西罗马灭。阿道塞统意大利，为西四百七十六年，于

---

〔1〕 康有为：《欧洲十一国游记·意大利游记》，30页。
〔2〕 同上，30—31页。

是入中世黑暗之时，而耶教大盛，至称教皇。至西八百年，教皇为罗马皇帝，意大利境，或为自由都市，分立为诸小国，乱离相继。而教皇实以师代君，而统一欧洲，为大地上绝新之局……故罗马之都，实为欧洲二千年首都，虽君士但丁，亦其子孙耳。若回之麦加，印之舍卫，其为帝都教地，尚在其次也”[1]。

在西罗马衰落后，天主教能替代帝制，保持欧洲统一，乃因这个宗教有着严密的大小教区体系和教皇及“法老（主教）”选举制度，“其大教区有大教正统之，小教区有小教正统之，皆有会议，并有赏罚之权”。在微观层次，罗马天主教堂内的告解室（认罪亭），也起到“合国”的作用。有关于此，康有为在《号称宇内第一之彼得庙》中说：

> 殿近墙处，皆有小木亭。内分三间，以立三人，盖所谓“认罪亭”也。凡十一亭，为十一国人认罪处。盖教皇所统凡十一国人，人各入其国亭。盖教皇之在“黑暗世界”，视各国君王如诸侯，而自为天子，故有此包含众国之宏规也。[2]

“罗马之教”中教皇长期保有“欧洲共主”的地位，这到路德新教之后，则出现根本动摇。在《意大利游记》中，康有为提到了这一转变，并将之与路德新教通过允许僧侣婚配减少教堂淫案的做法相联系。[3]

在《德国游记》中，康有为进一步分析了路德新教导致的转变，比较了新旧两教对欧洲统一与进步的不同作用。结束意大利之行后，康有为五月十六日从瑞士进入德国，开始其德国之游。在《德国游

---

〔1〕 康有为：《欧洲十一国游记·意大利游记》，129页。
〔2〕 同上，31页。
〔3〕 同上，31—32页。

记》中，他叙述了“日耳曼三杰”之一路德（其他二杰为“哲理之杰第一”康德和“功业之杰第一”俾斯麦）的功业。在康有为看来，路德建立的新教，对欧洲各国造成了广泛的影响，从根本上动摇了旧教一统欧洲的局面，使欧洲进入“分国”和宗教战乱阶段。从一个角度看，这个转变可以说是从“升平”退为“据乱”，其造成的结局距文明甚远。然而，从另一个角度看，就欧洲内部的情况看，这个转变却不是没有正面意义的。新的“据乱”其实含有另一种“升平”的因素。“分国”使欧洲出现众多独立政治实体，这些实体“众小竞争”，推动了进步。与此同时，为了在均势之中处理国与国之间关系，此间欧洲也形成了“万国公法”。路德宗教改革破坏了“一统”，使欧洲归于“封建”，但也促进了立宪、竞争、改良、平等、社会治理，甚至有助于欧洲国家势力的海外拓展。[1]

然而，康有为并不认为，给欧洲的新文明建设带来巨大益处的路德宗教改革，就是治疗近代“中国之病”的良方。他认为，相比于“分国”之下的欧洲人，中国人长期生活在一统之世，面对的国家远比近代欧洲小国规模大，尚未实现内部运行机制的精密化，留有极大的自由，在营业、建屋、经商、习工、开学、为医等方面，都无须如欧洲国家那样以官府许可为前提，并且税负也远低于欧洲列国。中国百姓与官府关系的松散，固然导致“民气散漫，民质拖沓”，使国人有必要向欧人学习，形成“整齐严肃之兵气”，但毫无必要放弃有利于升平的“合国”天下制度。[2]在《意大利游记》中，康有为说，从孔子三世之道来考察，路德新教虽推动了欧洲的进步，但总的看，“吾昔者视欧美过高，以为可渐至大同，由今按之，则升平尚未至也”[3]。欧洲“至今未能尽其升平之世”，这是因为“今欧洲新理，多皆国争之具”，

〔1〕 章永乐：《万国竞争：康有为与维也纳体系的衰变》，68—70页。
〔2〕 同上书，74页。
〔3〕 康有为：《欧洲十一国游记·意大利游记》，65页。

“一二妄人，好持新说，以炫其博，迷于一时之权利，而妄攻道德”。这些都使欧洲“去孔子大道远矣”。而在当时的中国，不少人“辄敢攻及孔子，以为媚外之倡”。康有为担忧这些“媚外”言论，会“使己国数千年文明尽倒”，退化为“国争”“险诈”的据乱状态。[1]

中西文明之异

在《西方作为他者：论中国“西方学”的谱系与意义》一书中，我阐明，近现代中国的“西方论”，是在欧洲势力推进到东亚这个大背景下，基于之前的意象生成的。此时之“西方”，与欧洲这个“他界”最直接相关，但其表征却与之前相继出现的“西王母”“西域”“佛国”“西洋”等古代地理－宇宙论异域定位藕断丝连。古代地理－宇宙论异域定位，含有丰富的他者观念。这些他者观念，有的确实有圈层等级（核心圈、中间圈、外圈）色彩和“中国中心主义”世界秩序论内涵[2]，但其对我者/我方与他者/他方的理解，则并不单一，既有朝贡式的，又有朝圣式的。朝贡式的理解，以我者位居“中央”，既高于他者，又有必要涵盖后者；朝圣式的理解则反之，视他界为高于我界者。故而，我又称前者为“帝国之眼”，后者为“他者为上”。如果说朝贡式是从“来朝”理解内外关系，那么也可以说，朝圣式是由“往复”于内外来实现我者之超越。两种样式的他者叙述，自上古就出现了，在秦汉之后，二者长期交杂，势力此消彼长，大致而言：在盛世，朝贡式势强，朝圣式势弱；在乱世，朝贡式势弱，朝圣式势强。

康有为出生之前半个世纪，朝贡式依旧保持着强势；那时，自负的欧洲王国之使华，尚被理解为“来朝”，而天朝依旧在宫苑格局中，

[1] 康有为：《欧洲十一国游记·意大利游记》，65页。
[2] 见费正清编：《中国的世界秩序：传统中国的对外关系》。

展现着其世界中心地位。[1]康有为出生在一个巨变年代，其时，朝贡式在外力的挤压下开始走弱，士人中开始萌生物质、制度、精神各门类的西方主义意识，至19世纪80年代康有为汇通中西印、游历大江南北之后，这一意识获得了某种“朝圣式”特征。

然而，无论是“朝贡式”，还是“朝圣式”，若单独运用，都不能充分表达康有为游欧时的心境。清末国人实已知晓天下不过是万国之一，而康氏周游列国，并非以“征”为名义，而发生在其流亡海外阶段，无论是其处境还是其心境，都有别于同时期从西方帝国主义宗主国或其属地出发前往他界的旅行者。[2]当时的中国处在“逆境”，而不是“顺境”，在海外，康氏自担“保皇”使命，内心还是自觉或不自觉地保持着“朝贡式”的认识姿态，满怀热情地努力尽揽万国山川、政教、风俗民情、文物遗产。在标注他的旅行记之完稿日期时，康氏似乎也“我者为上”，没有采用西式纪年，而运用其与梁启超发明之孔子纪年，以之替代王朝纪年，但容许在具体叙事时以旧历和王朝纪年来标注时间，之后再加注出格里高利纪年。然而，与此同时，一方面，他必须以有具体限定的“朝圣式”表明，其所游历之国，并非过去的“诸番”“岛夷”，而是“大地之中”的“文明之国”，其所努力“尽揽掬而采别掇吸之”者，为十多个因在“政教、艺俗、文物”诸方面都有成就而“都丽郁美”的国度；另一方面，他深知，孔子历也是按照西式“累积性时间”[3]来设计的，模仿的是“耶稣生后某某年”的做法，而若没有将“光绪某某年”解译为西元某某年，人们将无以清楚得知其时间定位。这种混杂性，可以说是“朝贡式”包糅着“朝圣式”，但又不尽然，因为康有为并没有将欧洲浪漫化为存有“不死

---

〔1〕 Marshall Sahlins, “Cosmologies of Capitalism: The Trans-Pacific Sector of the ‘World System’,” in *Proceedings of the British Academy*, Vol. 74, 1988, pp. 1-51.

〔2〕 Mary L. Pratt, *Imperial Eyes: Travel Writing and Transculturation*, London: Routledge, 1992.

〔3〕 Anthony Aveni, *Empires of Time: Calendars, Clocks, and Cultures*, New York: Kodansha International, 1989, pp. 119-163.

之药”的西王母之山或佛教西天，而是不断重申，其周游列国的使命在于对诸文明进行“淘其粗恶而荐其英华”。有这些复杂心境，康有为采取一种拟科学姿态，借之展开跨文明比较。

康氏的跨文明比较多为横向，广泛涉及欧洲文明整体与印度、埃及、美索不达米亚、中国之间的差异，然其主要关注点是中西之异，尤其是古希腊与古罗马之间的差异，及近世王权国家（如英国、德国）与共和国家（法国）之间的差异。而康氏并不满足于横向比较，而总是将之与纵向比较结合起来，将差异与文明进程的阶段性联系起来，得出价值判断。总体而论，这个来自阶段性文明进程观点的价值判断，总旨趣为大同，而内涵为推动天下迈向/返回大同的升平。如前所述，对康氏而论，无论是武功，还是文治，抑或其杂糅形态，只要有益于克服文明内部的裂变分支，在康氏看来都是有助于升平的、正面的、有德性的、可欲的，反之则不然。文野之别既是如此，则相比于近海小邦，欧亚大陆核心地带的大规模古文明帝国相对优越；相比于一统不足的英法，德国相对优越。在《意大利游记》中，康氏更重视考察中西之异，其结论是，相比于一统时间较短的罗马帝国，一统绵续久远的中国远为优越。

借游历罗马之机，康有为集中思考了中西一统的不同历史气运。结束罗马之行时，他写下《罗马沿革得失》一文，叙述了他对罗马文明兴衰的看法。康有为说，罗马帝国与秦帝国的建立时间相仿，但与中国不同的是，它的兴起没有三代之盛的背景。三代文明既已蔚为大观之时，开创罗马帝国的意大利之地，“盖野番部落云耳”〔1〕。孔子时，此地曾“废王而改为共和政体”，因袭“部落之俗”，实行“团体政治”，不行“君主政治”。〔2〕而此阶段意大利虽还没有文明大国，但

〔1〕 康有为：《欧洲十一国游记·意大利游记》，100页。
〔2〕 同上，100—101页。

罗马人占据要冲之地，渐渐扩张并“征服诸蛮”。那时，希腊数岛已文明化，但欧陆尚处于未开化状态，“皆同野番”。在中国秦汉之时，罗马才出现一批大将，将意大利势力扩张到地中海沿岸，“兼吞众邦，遂成一统之大国”。而罗马一统大国建立之初数百年，罗马人征战不断，“有同匈奴、蒙古之欲焉”。通过征伐劫掠，罗马“积金如山”，“其开国之原”，“盖夷狄之行也，去文明远矣”。直到罗马灭了希腊之后，才输入雅典的文学、政法、美术，改良其法律和文艺。希腊本来就融合了埃及、巴比伦、亚西里亚［亚述］建筑雕刻的优点，学到雅典文明的罗马人，如法炮制，使其王宫、公室、神庙、浴堂、技场、园囿都“极天下之壮丽”〔1〕。而这些大规模建筑的营造，都是由劫掠来的财富支撑的，因而康有为认为，罗马的希腊化，同秦政之仿六国宫室，北魏、金、元之“改用华风”是一样的。

罗马一统之运绵续数百年。其间，它“所灭之国，粗收权利，而以宏大之律网罗之”，为此而制定了精妙的法律。为了统治广大的疆域，罗马人在行政上采取了犹如元帝国那样的“强干弱枝之计、控制通易之方”，在经济上强制被征服地区朝贡，为此，大开通道，“凡得一国，必造大道焉，令各属地皆与京师通”〔2〕。此外，帝国还推行驿传之法、创立国家银行和财政制度。近代欧洲各国都采取“重都府、通道路、速邮传、立银行”四大政，与罗马帝国当年“法律大行于欧洲”有直接关系。康有为认为，这“四大政”是帝国的主要文明遗产，与之相比，中国在这些方面有严重缺憾。〔3〕

罗马立国是通过征服他国实现的，这点与中国的秦是一样的；立国后，罗马经受了日耳曼之扰及统一与分裂的摇摆，这也与相应时段中国的情况相近。所不同者，欧洲缺乏中国隋唐这个“二次一统”阶

〔1〕 康有为：《欧洲十一国游记·意大利游记》，101—102 页。
〔2〕 同上，102—103 页。
〔3〕 同上，103—104 页。

段："惟隋唐混一华夏，而欧土无一英雄如周武帝、隋高祖、唐太宗者，遂使欧洲之不幸为千年争战之黑暗世界"；相比之下，"我国幸而一统千年，得以久安"[1]。欧洲之所以在罗马帝国衰落之后陷入分裂，中国之所以在欧洲千年战争之时分而复合，原因可诉诸地理环境的差异："我国地形以山环合，欧西地形以海回旋。山环则必结合而定一，海回则必畸零而分峙。"[2]与此同时，有无种族-文化的"差序格局"亦能解释中西差异。在中国，"《禹贡》以五服分地治之亲疏，《春秋》以己国、诸夏、夷狄分三等"，这些多层次的等级种族-文化划分，使得三代至秦，有处理国与国之间、夷夏之间关系的制度，"皆有己国以与他国相对待，又有诸夏以与夷狄相等差，故内其国而外诸夏，内诸夏而外夷狄"[3]。康有为认为这些细致的划分乃"理之自然"，有人伦亲疏之依据。相形之下，罗马则缺乏这类系统，而是粗略"以意大利为己国，而后次第平列邦"[4]，在统治者与被统治者之间划出一条二分界线，使罗马缺乏中国曾经广泛实施的中间型制度。罗马"以其有内国、外国之分，故日事征伐，以辟土为事"，"我国自汉后，以禹域为内国，此外皆夷狄，无诸夏之一义矣。夷狄则部落散漫，粗羁縻之，无足与较，亦无可畏忌。于是专事内治，而不事征讨"[5]。内外二分体制与多层次圈层等级体制，一个使罗马强大，一个使中国保守疆域。这无疑表明，相比而论，前者有着更有效推进帝国疆域扩张的功用。然而，它也同时表明，这种空间扩张是以帝国无长治久安为代价的。

"罗马虽承埃及、巴比伦、亚西里亚、腓尼基、巴勒斯坦、希腊诸文明国之汇流，以一统大国名于西土，今欧人艳称之，然以之与我汉世

---

〔1〕 康有为：《欧洲十一国游记·意大利游记》，106页。
〔2〕 同上。
〔3〕 同上。
〔4〕 同上。
〔5〕 同上，107页。

相较，有远不逮者”[1]。在附文《罗马与中国汉世之比较，罗马不如中国者五》中，康有为阐述了其对罗马与汉朝的差距之看法。他认为，相比于汉朝，罗马贵族与平民之间的不平等远为严重，百姓的社会流动自由远为有限，暴力事件（“乱杀”）不仅频发于豪族与平民之间，而且充斥在统治者的政治生活中，“统观罗马一统之业八百年中，当国有位号之人以百数，能保全者不及十主”[2]，家族伦理治理方面，制度虽与中国同，但“其淫乱之俗，则不及我国远甚”，“废后、杀子、弑母，不可殚数”[3]。导致罗马出现此类问题的主要原因是，罗马“立国无纪”[4]。在康有为看来，武功可以催生帝国，但文治才是文明的追求。遗憾的是，正是在文治这方面，罗马远不如汉朝。个中原因与罗马的政权构成有关。

罗马帝国的统治者圈子，至多推及拉丁人，更长期将罗马一城之外各国百姓视为平民，视征服地域为藩属地，“遣都护治之”，这些“都护”出身贵族，行为纵恣贪暴，不愿对其治下人民进行文明治化。因此，在帝国疆域内，未能移风易俗。个别“团体”如日耳曼在习得罗马法律、风俗之后，则可能渐渐借之谋取独立政权。故而，“其将相吏士之所自出，文人学士之所发生，政事礼俗之所盛行，图书戏乐之所开发，繁华盛大之会集，实只有罗马一城之内，并不能远及于意大利之封域焉”[5]，而夫意大利之方域，仅比中国的省域，并且出了罗马城，则“尚杂蛮族未开化者无数”[6]。“罗马之哲学、诗歌，虽有中兴者，然仅罗马一都市民耳，不能遍及意大利。其余并吞之属地，则概以羁縻待之，如今西藏、回疆之人，既不与政权，亦不加教学。”[7]

---

〔1〕 康有为:《欧洲十一国游记·意大利游记》，142页。
〔2〕 同上，146页。
〔3〕 同上，147页。
〔4〕 同上，145页。
〔5〕 同上，143页。
〔6〕 同上。
〔7〕 同上，53页。

与之不同，中国汉时将帝国所在的核心范围（“禹域百郡”）视作“内国”，到汉之中盛阶段，实现治化平等，所属郡国设立学校，在县乡选举三老，文治得以广泛传递。即使是偏远的犍为（四川乐山），地方文人也能著书立说，汉代诸四方郡国，涌现了一大批扬名天下、在经学和文学上都有高度建树的学者，对于汉朝整体的文明升华做出了杰出贡献。此外，朝廷还设立科举制度，“郡国皆岁举孝廉茂才，或访问贤良”，“故学术遍于全国之乡野”。这种“彬彬极文明礼乐之世”，“则以今欧美之盛，尚有逊之”[1]。

罗马帝国的“内国”，只有意大利一国，而汉朝的“内国”，是它的十倍，其文明之化，“亦过于罗马十倍”。康有为说，从罗马人的政俗看，罗马人虽自称据有文明，但却与“野蛮之本”藕断丝连。在文明上罗马与汉朝之所以有巨大差距，是因为虽则其立国所赖之武功为意大利“自产”（原生于其部落团体根基），但文治却多为“借贷”（引进借鉴）而来，而汉朝则不同。

康有为说：

> 罗马起于小蛮夷，日以争杀为事，立国千年，仅得意大利之半岛，虽有议会，绝无文明，及西历前一百四十六年，当汉武世，平定希腊，乃以希腊之文学技艺，行之国中；然仅及罗马一城而止，未及于意大利也。其后有之，渐推广于全国，则甚微矣。故罗马实为武功之国，不得为文学之国。文明本非其自产，乃借贷于希腊而稍用之，此与北魏、辽、金、元之入中国相同。岂与汉世上承夏、商、周之盛，儒墨诸子，皆本国所发生，百郡人士，生来已习，濡浴已深，无烦假借。[2]

〔1〕康有为：《欧洲十一国游记·意大利游记》，143—144 页。
〔2〕同上，147—148 页。

与19世纪西方进步主义文明比较一样，康有为在中西之间所做的对比，不仅源于观察，而且还出自态度，因而，不免存在着明显的自相矛盾。在其有关进化和三世的论述中，康氏将中西之开化，与通过暴力实现相对和平的历史进步联系起来，认为二者的早期一统均成于"大国吞小"这一"国"之暴力性演化的自然程序。然而，在比较罗马与汉朝时，康氏的观点产生了转变，他更多借助其从上古中国文明概念改造而来的文治论对比中西。

康有为一方面将罗马与汉朝同等看待，视二者为处于"升平世"的文明体系，另一方面则认为真正达到升平的唯有汉朝。康氏看法的自相矛盾，源于其观念世界之现实与理想的杂糅。他有时采取拟科学（拟生物进化论）的竞争理论理解现实（如历史上普遍存在的以暴易暴和武力征服），有时则将其在历史中看到的某一情形（如汉朝以非武力方式治理社会、实现一统的情形）视作理想。

然而，康有为并没有就此彻底否定罗马帝国的文明成就。相反，他明确承认，罗马文明确有其优于中国的因素，如前文所言，其中一个，是其通过保存文物留住历史的传统。

在《尼罗帝宫（附论罗马宫室不如中国秦汉时）》一节中，康有为说，游罗马之前，他间接了解到罗马文明以其"建筑妙丽"而闻名，这曾使他"倾仰甚至"。可是，"亲至罗马而遍观之"，康有为"乃见其土木之恶劣"，感叹"以王宫之伟壮，以尼罗之穷奢，而其拙蠢若此"[1]。这使他想起了汉武帝时的建章宫，这个宫殿不仅规模远比尼罗帝宫宏大，而且在营造上遵循着术数、方位、山水法则，又配以上林苑，它"连绵四百余里，离宫别馆，三十六所"[2]。康有为还想起了《汉书》记载的秦之骊山陵，此地虽为陵墓，但透过它，他能看到

〔1〕 康有为：《欧洲十一国游记·意大利游记》，50—51页。
〔2〕 同上，51页。

“吾国秦皇汉武时，宫室文明之程度，过于罗马”[1]。

比较罗马与汉朝，康有为说，清末国人多数耳闻而非亲游罗马，误以为近代欧美之盛美，乃“出之罗马”，对罗马“尊仰之”，此为“大谬”。即使从宫苑的“伟壮”角度看，罗马也远远不及汉朝。

然而，这并不意味着，有壮丽的过去，就有壮丽的现在。汉朝的宫苑的确胜于罗马，但这些宫苑毁坏得如此严重，以至于后世连其痕迹都难以辨认。究其原因，康有为认为，除了其他原因，一个突出者为，中国传统建筑多用木构，而罗马多用石构，“吾国人虽有保存旧物之心，而木构……不久必付之于一烬”，难以“垂长远”。[2]

建筑缺乏耐久性，有碍国人通过其遗存返回古代，以其为立足点进入近代。与此同时，生活在一个不以“团体民政”为社会基础的国度，人们又不易共享文明果实，这也潜在着使近代中国难以有团体政治。“罗马……故为团体民政。是故虽限于贵族自私一城，而其图书馆、博物院、戏场、浴场、公园、女学、恤贫院，皆与其城中之一族人共之。而今者欧人师之，乃推而遍与人民。”[3]也就是说，作为罗马帝国的根基团体政治，为其在一城之内完成的文明创造得以在团体内共享，到了近代，这种团体内文明共享，又得以在欧洲分立诸国内部发扬光大，以“分”为方式，促进了欧洲文明教化。相比之下，中国有其突出优势的文治方面（“汉世百郡千县，并设学校，皆有文学掌故；博士弟子，诵经习礼，大学生至三万人，而边人皆得论秀入官，执政典兵；至今英、德、法、美，每一大学，学生无过万人者，合各国比之，尚不及我汉世”[4]），往往也暗藏不如人之处，“我国虽号文明，所有宏丽之观，皆帝王自私之，否则士夫一家自私之，则

〔1〕 康有为：《欧洲十一国游记·意大利游记》，52页。
〔2〕 同上，56页。
〔3〕 同上，148页。
〔4〕 同上，53页。

与民同者乃反少焉”，这一因素起作用之后，便“亦让欧人先我百数十年”[1]。

如前所述，康有为发明了孔子纪元，这一纪年法，仿效西元以耶稣诞生为纪年起点的做法，以孔子诞生之年为元年（孔子生于周灵王廿一年，鲁襄公廿二年，即公元前551年），标注历史的累积过程。孔子纪年法在19世纪80年代就得以构想[2]，最早在光绪二十一年（1895）康梁所办《强学报》施以公用，目的在于通过放弃帝王年号纪年推动维新。事后，梁启超1901年在《清议报》发表文章，解释发明这一新创纪年法的用意。他说，“吾中国向以帝王称号为纪，一帝王死，辄易其符号。此为最野蛮之法（秦汉之前，各国各以其君主分纪之，尤为野蛮之野蛮）”，之所以说“野蛮”，乃因此纪年法“于考史者最不便”[3]。康有为于是主张加以废弃。当时，国内对于废弃帝王年号纪年之后，中国应采纳何种历法，存在着广泛争议，有人主张耶稣降生纪年，有人主张黄帝纪年，也有人“倡以尧纪元，以夏禹纪元，以秦一统纪元者”[4]。康梁认为，“泰东史与耶稣教关系甚浅，用之种种不合，且以中国民族固守国粹之性质，欲强使改用耶稣纪年，终属空言耳”，而黄帝纪元等有助于“唤起国民同胞之思想，增长团结力”，但这些纪元依据的年代“无真确之年代可据”，有鉴于此，他们主张，“惟以孔子纪年之一法，为最合于中国”[5]，具体原因如下：

> 孔子为泰东教主，中国第一之人物，此全国所公认也。而中国史之繁密而可纪者，皆在于孔子以后，故援耶教、回教之例，以孔子纪，似可为至当不易之公典。司马迁作《史记》，既

[1] 康有为：《欧洲十一国游记·意大利游记》，148页。
[2] 萧公权：《康有为思想研究》，293—295页。
[3] 梁启超：《新史学》，夏晓虹、陆胤校，北京：商务印书馆，2014，75页。
[4] 同上书，76页。
[5] 同上。

颇用之，但皆云孔子卒后若干年，是亦与耶稣教会初以耶稣死年为纪，不谋而合。今法其生不法其死，定以孔子生年为纪，此吾党之微意也。[1]

康梁相信，“耶教”纪年法因有超越个别朝代加以历史时间累积的特点，而在文明程度上高于中国旧史的“君主分纪”，值得借鉴。然而，他们也相信，绝弃中国既有传统，并不是办法。鉴于孔子纪年法既有助于保存东方传统，又有其实据，更有助于避免人们将这一传统简单等同于近世欧洲的国族传统，康梁选择了它。如梁启超解释的，选择孔子纪年法，也是为了表明“孔子为泰东教主”。

仿效西法重建东方传统，是康有为创制孔子纪年法的本质追求。这一追求一方面是“他者为上”的，但另一方面却并非如此。康有为的复杂心境，在其对宗教的叙述中得到了更为集中的表现。

出于对绵续至近代依旧能启迪民智的罗马旧影及对与之相关的“团体格局”的欣赏，康有为在驻足罗马之时，总是为其宗教所吸引。在《罗马之教（附论耶教出于佛）》中，康氏称，其在罗马时，“意人乘德法之战，削教皇之大权”，以至于“教皇遂如东周君之仅拥虚位”[2]，然而，当时罗马一城，“长衣缁徒，盈塞市里，寺庙相望，僧官尊崇，余风未殄，神道设教之盛，尚绝异于他域焉”。[3]

古今罗马的宗教盛况，让康有为赞叹，但并没有使他对欧洲文明加以特殊化。在《罗马四百余寺之至精丽者无如保罗庙》一节，他采取了一种接近普遍主义的态度否定了中国无宗教的说法。他承认，春秋以前，“民之信奉杂鬼神者太多”，“孔子恶神权之太昌而大扫除之，故于当时一切神鬼皆罢弃，惟留天地山川社稷五祀数者，以临鉴

〔1〕 梁启超：《新史学》，76页。
〔2〕 康有为：《欧洲十一国游记·意大利游记》，129页。
〔3〕 同上，129页。

斯民”[1]。尽管孔子排斥神权，但他却绝不是没有创造出自己的宗教。他“虽不专发一神教”，但“仍留山川社稷五祀者，俾诸侯大夫小民，切近而有所畏，亦不得已之事也”[2]。在康有为看来，“孔子实为改制之教主，立三统三世之法，包含神人，一切莫不覆帱，至今莫能外之”[3]。以三世之法为教理的孔子之教，与时变通，但并不是苏格拉底那样的哲学（康氏认为，将孔子视作哲学，为朱子之过）。康有为指出，通向宗教的道路不止“神道”，“夫教之为道多矣，有以神道为教者，有以人道为教者，有合人神为教者”，其共同之处在于“使人去恶而为善而已”[4]。孔子之教，确有与罗马之教的“神道”不同之处，但正是这个不同之处，构成了孔子之教的首要特点和优势。“孔子敷教在宽，不尚迷信，故听人自由，压制最少”[5]，他创设的“宗教”可谓“人道”，追求“公”字所意味的一切，因而，“教之弱亦因之”。然而，“人道教”却是文明进步的表现，“治古民用神道，渐进则用人道”，“故孔子之为教主，已加进一层矣”[6]。

除了孔子之教外，古代中国也有严格意义上的“宗教者”，如张道陵，他“尊天尚仁，又有符咒之术，道术全备，殆与耶同”，后来道教的张角，则“几成教皇”。但这一神道教，一直没能像孔教和佛教那样获得主流地位，这是因为，“孔子与佛，皆哲学至精极博，道至圆满，而耶苏与张道陵，则不待是。耶苏与张道陵所生同时，惟张道陵不幸不生于欧洲，故其道不光也”[7]。对康有为而言，孔教或“人道教”，含有一种尊重人情自然的教理，对于克服纷争与虚伪，有着

---

〔1〕 康有为:《欧洲十一国游记·意大利游记》，67 页。
〔2〕 同上，67 页。
〔3〕 同上，67—68 页。
〔4〕 同上，66 页。
〔5〕 同上，68 页。
〔6〕 同上。
〔7〕 同上，133—134 页。

重要的作用，“如此粗浊乱世，乃正宜以《春秋》治之”[1]。

佛、“五海三洲”与文明互动

《意大利游记》在旅行记部分之后收录的附论之一《旧说罗马之辨证》，在文体上尤其接近古代异域志。在该文中，康有为勾勒出汉时罗马帝国治下藩属王国、城郭、邮亭等构成的控制网络，概述了罗马物产、人种、习俗的一般特征，介绍了罗马剧场、城邑、王宫、斗兽剧场、会议国事、王权、贸易、货币等。接着，康有为还考察了中西之间的交通路线及文明交流状况。康有为说，罗马与汉朝一个居于欧亚大陆极西，一个居于极东，但相互之间民间往来古已有之，而各自帝王也早已谋划互通。汉时，罗马“既有骆驼之队商以通波斯，罗马筑石道自埃及达幼发拉的河，又有商艘百二十往来于印度，凡玻璃、纸、磁、织染、金银工雕刻品，皆通商之品也”[2]。然而，罗马与汉朝之交通，却也常常受阻，个中原因是安息商人“争利垄断”。甘英出使西国，计划渡海之时，安息商人背后作梗，散布谣言说，“海中有思慕之物，往者莫不悲怀”，“甘英愚怯，辜负班超凿空之盛意”，在其西行路上止步了，这使汉朝误了与罗马交接的机会。康有为评论说：“至今中西亘数千年不通文明，不得交易，则甘英之大罪也。”[3]

康有为花费了不少篇幅比较中西之异，与此同时，他也尤其重视追寻二者之间相通的历史轨迹。除了在《旧说罗马之辨证》中表露的对中西交通和贸易的关注之外，康有为对中西精神领域的互通实质也极其关注。在《罗马之教（附论耶教出于佛）》一文中，康有为提出了“耶教出于佛”的看法。

---

〔1〕 康有为：《欧洲十一国游记·意大利游记》，68页。
〔2〕 同上，139页。
〔3〕 同上，141—142页。

比较佛耶，康有为承认，“佛兼爱众生，而耶氏以鸟兽为天之生以供人食，其道狭小，不如佛矣，他日必以此见攻。然其境诣虽浅，而推行更广大者，则以切于爱人而勇于传道”[1]。然而，他却相信，耶教“言灵魂，言爱人，言异术，言忏悔，言赎罪，言地狱、天堂，直指本心，无一不与佛同”，而“考印度九十六道之盛，远在希腊开创之先”，很可能通过希腊与印度之间的波斯“中间地带”之舟车商贾大通，传入希腊。[2]

今之学者必定将康有为对宗教传播的解释视作缺乏史实依据的大胆猜想，但康有为述及此事时所关注的与其说是史实，毋宁说是其乐观其成的区域文明关联。在康有为看来，历史上中西之间在精神领域并没有完全隔绝，通过印度这个中间者，二者有过某种相通方面。佛教进入中国之时，“儒教”已成完善系统，因而，佛教之地位长期比不上“儒教”，但作为三教（儒释道）的一个重要方面，它持续对中国人产生着重要影响。尽管“耶教”长期被视为西方宗教，但这个宗教之整体，却也是从印度引进到西方的。康有为认为，与中国不同的是，古希腊罗马文明都是自外而内输入（即所谓“借贷”）的，因此，输入而转化为“耶”的“佛”，在漫长的中世纪和近代早期，在文明中持续起着主导作用。

除了印度，康有为认为，中西之间还有另外一个中间领域，这就是中印之外的另外一个古老“文明源土”。在《论五海三洲之文明源土》一文中，他依据书本知识提供的间接经验，考察了这一“文明源土”的面貌。

至完成《意大利游记》时，康有为“自日本、缅、暹、南洋、印度及欧美十余国，足迹皆遍”。那时，他尚未到“突厥、波斯之境”。

---

〔1〕 康有为:《欧洲十一国游记·意大利游记》，132 页。
〔2〕 同上，131 页。

“然经埃及、阿剌伯及希腊而望之，据所阅历及旧史所传，溯今欧洲盛强所自生，以与我国相比较，则有大可感动惊骇者”。令他“惊骇”者，为五海三洲，这个地域的地理构成如下：

> 埃及以尼罗河流而先发文明，巴比伦、亚西里亚以凭幼发拉的河、底格里河[底格里斯河]而继开文化，巴比伦之都则临波斯湾海口，亚力山大之市则临地中海，君士但丁则临地中海、黑海之峡。此一片土，南北数千里间，界域于地中海、黑海、里海、红海、波斯海五海之中，连络于欧罗巴、亚细亚、亚非利加三洲之脉，山海交错而耸荡，岛屿绣错以分峙，水道通贯而便易，又有沙漠纵午而交横，无所不备……[1]

在这个广阔的地理范围，文明与中国一样早发，甚至更加古老，但其情形迥异。早在尧舜之前，巴比伦和亚述（“亚西里亚”）“迭相为王，实为一国”[2]，埃及则属于另一个系统。巴比伦、亚述、埃及三者之间关系，宛若炎黄相嬗、共工蚩尤争霸作乱，但关系的整体形态不同。在波斯并吞埃及、巴比伦之前，其所在文明地理板块不存在合一的基础。中土夏时，下埃及分为数小国，上埃及隶属于阿拉伯游牧人四百年，在商代时达到最盛，到拉墨塞王时，凭其武功，“震于小亚细亚，劈地至于幼发拉的河”[3]，但没有实现区域统一。其后，亚述人并吞诸国，甚至“割及埃及”，到商末周初，“千年之顷，两国因互为吞并而有交通”[4]。故巴比伦城、尼尼微城、启罗城（开罗）三都，建筑精美雄伟，宗教上有同源关系，“文化混合”程度高，但终究没

[1] 康有为：《欧洲十一国游记·意大利游记》，149页。
[2] 同上，150页。
[3] 同上。
[4] 同上。

有实现合一。究其原因，五海三洲这个广阔区域，文明有两个源头。三代之前，中国也可能有两个文明源头，一个是尧舜与三代构成的接近于巴比伦、亚述体系的文明系统，另一个则是三苗。三苗“左洞庭，右彭蠡，凭据江南，已为大国。自蚩尤与黄帝为敌，至舜、禹未能定之”，在炎黄之前千年以上就形成了自己的“国统”和“刑法政治”，有“与华夏划分江河而居”之势。[1]然而，由于三苗文明易于在古国衰落后退化，且由于华夏善于“采择灌输”，其与华夏合为一体成为历史必然。与此不同，在五海三洲区域，埃及与两河长期以分立格局并立，前者虽可比三苗，但体制和势力远比三苗稳定。

五海三洲之地得到一统，功劳应归于波斯。波斯为马太六百二十五附属小国之一，但在孔子时代突然兴起，三十年内，灭马太、亚述、埃及，臣服腓尼基、巴勒斯坦，甚至兵临希腊。“波斯之立国，以武事而兼以文艺，与罗马同”，它“日辟百里”，“既合并诸文明国之一统，又东商印度，西侵希腊”[2]。波斯征战二百年，创造了辉煌的文明功业，实现了文明“灌输”和“互进”。然而，五海三洲之地文明二元格局之底色并没有因此消退。在此时期，二元对立格局依旧，罗马与希腊虽接受了波斯文明的不少内容，但“罗马人与波斯世仇，争战累千年，而波斯又曾为希腊所灭，故盛传希腊之文明，而不甚称波斯”[3]。到中国的战国时期，马其顿王灭了波斯，己身文明杂糅了波斯和希腊文化，基于此，建立“西方第二期之一统大国”。但是，从长远的历史观点看，波斯与希腊二元对立格局，并没有随之消失。[4]

重现于希腊与波斯二元分立格局的五海三洲环节分支结构，也重现于欧洲。希腊文明形成之时，欧洲大陆尚如近代的美洲和澳洲一

---

〔1〕 康有为:《欧洲十一国游记·意大利游记》，150—151 页。
〔2〕 同上，151 页。
〔3〕 同上，152 页。
〔4〕 同上。

样，等待着开辟，而此时，罗马“忽出于地中海之中心东南”，通过征战，统一了希腊、迦太基、亚美尼亚等，以至埃及之旧国；在西北方向，则开辟了西班牙、高卢、日耳曼、不列颠之类“荒地”，“泱泱大风，又汇无量数之文明源泉而成大湖大海”〔1〕。然而，罗马一统之外，暗藏着日耳曼之类新文明勃兴之契机，到了近世，则继之有西班牙、葡萄牙“寻海之新事业出焉”。“惟欧罗巴之文明，则罗马之子，希腊之孙”〔2〕，自称其谱系，随之近代海外拓展，则又产出“旁出之孙枝”的美洲新文明。这个新文明，到了19世纪后期，“倒流于印度、日本，而波撼于我国”〔3〕。

欧罗巴文明之源，可以追溯到“五海三洲之片土”，而这个地理区域，不但有欧罗巴文明，而且也培育了阿拉伯一脉的传统。这个传统在穆罕默德（“摩诃末”）创立王权－祭司（君师）合一的制度之后，得以发扬光大；此后，其势力“西并西班牙，东吞印度，南控北非，北尽里海，中据君士但丁，交通中国，而开阿剌伯文明之业，恢恢乎二万里之大国，跨大海大陆而成新治教之大国，盖兼印度、波斯、罗马、中国之文明而尽有之”〔4〕。在康有为看来，伊斯兰世界这种新式政教组织，集大地古今文明之大成者，其构成有兼容并蓄的特征。然而，正是这一集大成的文明系统，在成形之后不久，便出现了内部分化，“其后突厥、波斯分为二国二教，则波澜盖盛于斯土”〔5〕。

五海三洲之片土，居于欧亚大陆之中线，本起沟通东西方、大化文明的作用。比起中国，康氏认为，此区域文明“通汇”特征远为突出，它“无一之不汇输，既有江海以通舟船，又有骆驼以通队商，于

〔1〕 康有为:《欧洲十一国游记·意大利游记》，153页。
〔2〕 同上，154页。
〔3〕 同上。
〔4〕 同上。
〔5〕 同上。

是无不通汇”[1]。然而，正是在五海三洲这个整体看来“无不通汇”的地理板块，一统局面却总是在确立后便瞬间瓦解。这不仅妨碍了这一“片土”曾经多次出现的一统局面之稳定，而且还有严重的封闭主义潜能，一旦这一潜能被激发，便有可能妨碍欧亚大陆的文明交流。到了近代，突厥、波斯都成为“比之万国，最为闭塞守旧之地”，康有为认为，这不能归咎于某一具体政教组织，而只能说与五海三洲区域内在的环节分支本质紧密相关。

中国离五海三洲十分遥远，“吾国西启西域，经头痛身热之坂，风苦鬼难之地，尚不能达里海而逾须弥；北开鲜卑、黠戛斯、薛延陀，则须度万里之瀚海焉；东南界海，浩杳无际”，受“沙漠崇山苦寒之大陆”及“大洋浩杳之小岛”隔绝，难以与这个异域之地直接联系。然而，“五海三洲之片土，东西推广，皆在近邻，浩浩无穷”，到了近代，它“必复为文明所走集”，是否会成为“大地之公都会”，尚未可知，而其影响必将至为深刻。[2]

出于以上考虑，康有为自 19 世纪 90 年代便对奥斯曼帝国的近代处境给予了高度关注。他认为，突厥（土耳其）与中国人“同种同类”，其所建立的帝国之近代经历，将会影响中国。15 世纪，其势力侵入欧洲，曾使后者在其科技进步关键时期的几个世纪，为应对奥斯曼帝国疲于奔命。但是，此间欧洲各国不断变革强大，突厥则因麻痹大意而渐渐遭受欧洲列强的攻势。结果是，一统局面陷入瓦解，帝国内部民族自立国家，外部承受强国重压。在危急形势下，突厥谋求改革，但 19 世纪末时局动荡，与大清一样，它物质文明低下，国力积弱。1908 年，康有为在游览了一系列曾受奥斯曼帝国统治的欧洲国家（罗马尼亚、保加利亚、塞尔维亚等）之后，前往土耳其考察，碰

〔1〕 康有为:《欧洲十一国游记·意大利游记》，153 页。
〔2〕 同上，153—155 页。

巧赶上青年土耳其党人发动兵变之后建立立宪君主制的盛况。康有为惊叹本次立宪成功之迅速，并将之与之前的立宪相联系，在《突厥游记》稿本中赞赏了青年土耳其党人。与此同时，土耳其的立宪运动也引起了康有为的担忧，他认为，土耳其民众误解了立宪，以为立宪等于无限自由，无法无天。这种心态的出现，乃因青年土耳其党人与欧东、亚西、俄罗斯、波斯各国青年受法国共和革命思想影响过大，这种思想导致封建领主政治权力被剥夺，但却没有清除"封建寺僧"和朝廷的特权，因而总是为压迫和暴乱的轮替提供条件。[1]对康有为来说，奥斯曼帝国的近代处境，是五海三洲地区在近代"复为文明所走集"的表现，其衰落，不仅缘于这个处境，还与这个地区内在的环节分支传统有直接关系。

结论

康有为之欧游启动于《大同书》完成之后不久。在《大同书》中，康氏回到其在《实理公法》《康子内外篇》等著述中阐述的哲学思想中，进一步汇通中印西思想（尤其是其中的大同思想、众生平等观、空想社会主义、进化论等），追究了人类之"苦"的根源，批判了有史以来存在过的众多不合理制度，勾勒出了太平理想的轮廓。完成《大同书》后，康有为对现实愈加关注，撰述大量时评。游历近代欧洲强国（如德国、法国、英国），他考察了所到之处物质文明的政制和教化基础；游历有辉煌往昔的意大利，康有为去了"历史的现场"，领略古罗马一统时的遗迹，追究其兴替分合因由。

不受实证主义民族志研究规范约束，康有为无须久居一地，践行"田野工作法"，而是畅游四方，他也无须固守科学论述的语法，而能

〔1〕 章永乐：《万国竞争：康有为与维也纳体系的衰变》，120—138页。

畅言感悟，他的内心世界里，更没有学科格式化后人类学研究者一般会有的纠结。

关于“纠结”，法兰西学派20世纪中期的大师列维－斯特劳斯曾说：

> 一个人类学家的两种不同态度，也就是在自己社会是批评者，在其他社会是拥护随俗者，这样的态度背后还有另外一个矛盾，使他觉得更难以找到脱逃之路、解决之方。如果他希望对自己社会的改进有所贡献的话，他就必须谴责所有一切他所努力反对的社会条件，不论那些社会条件是存在于哪一个社会里面，这样做的话，他也就放弃了他的客观性和超然性。反过来说，基于道德上立场一致的考虑和基于科学精确性的考虑所加在他身上的限制而必须有的超脱立场（detachment）使他不能批判自己的社会，理由是他为了要取得有关所有社会的知识，他就避免对任何一个社会做评断。在自己的社会要参与改革运动就使他不能了解其他的社会，但对全人类社会都具普遍性了解的渴望欲求得到满足却又［意味着］不能不放弃一切进行改革的可能性。〔1〕

康有为是帝制末期的改革家，他对自己所处的社会有批评，他意识到“国人之思想，束缚已久”，因而用力于“解二千年来人心束缚”。〔2〕但在对自己社会展开自我批评时，他并没有自动变身为另一个社会的“拥护随俗者”。当意识到媚外心态正在中土蔓延之时，他更加相信，超越我者与他者，有其必要性。而在致力于通过西方文明

---

〔1〕 列维－斯特劳斯：《忧郁的热带》，502—503页。
〔2〕 梁启超：《论中国学术思想变迁之大势》，105页。

的亲身考察引导国人走出“西方迷信”之时，他也未曾放弃改良自己社会的愿望。康有为并不习惯用文字游戏来玩味知识的相对性与普遍性之类抽象问题，也许是这点，使他更易于克服纠结，用其“史”的意识，贯通我他文明。

由《意大利游记》观之，康氏定义的“文明”，大抵有以下两种主要含义：

1. 它暗含人类脱苦趋乐的大同进程，实为不可数名词；

2. 它具体指通过武功和文治实现的超越原生性共同体和社会分立局面的一统体系，这些体系形态各异，具有鲜明的多样性，因而，若是将这个意义上的“文明”翻译为西文，那这个词便应是可数形式的。

不可数文明（前一种含义）之所指，为人类文野之别中“文”的这一面之生成，及其所导致的提升，亦即人类共同迈向太平世的过程。康有为的大同是某种乌托邦构想，其具体内容大致为：“一个在民主政府领导下的世界国，一个没有亲属、民族或阶级分别的社会，一个没有资本主义弊病而以机器发达来谋最大利益的经济。”〔1〕大同的实现，须经政治、社会、经济及民族诸方面的转变，在政治上，其目标为世界性“公议政府”之建立，手段为破除国界、还权于民；在社会上，为无阶级、男女平等自由的社会之建立；在经济上，为农、工、商“公”有；在民族上，为“全地人中，颜色同一，状貌同一，长短同一，灵明同一”之“人种大同”〔2〕。不可数的文明用以指大同这个理想，也用以指迈向这一理想的进程。

康有为深知，大同理想古已有之，但它从未真的实现过。也就是说，倘若作为理想的大同可谓“绝对文明”，那么，迄今为止人类实

〔1〕 萧公权：《康有为思想研究》，310页。
〔2〕 同上书，296—324页。

现过的，仅止于“相对文明”，而所谓“相对文明”，实可指人类在通过不同路经趋近“绝对文明”过程中所取得的有限成就。

康有为笔下的文明，明显有乌托邦和现实的两面（康氏对未来的畅想和对现实的剖析，深受英国启蒙思想家如培根、霍布斯等和法国科学社会主义者如圣西门、傅立叶等的影响）；这两面，如同其《大同书》中的未来和现实一样，相互分离，但在叙述其旅途中的见闻和思索时，他除了论述第二种含义上的文明之外，还触及了这个意义上的文明因所处地理环境和历史情势之不同，而与太平世“绝对文明”构成的不同差距，由此，他以具体历史关联了理想和现实、普遍性和差异性、客观性和主观性。

康有为把地中海视作一组文明的透视点，在船至海中时，举目望去，“望古思今，临波而歌之”，写下《地中海歌》；在歌中，他称，全球只有地中海区域这个“万里大海在地中”的奇迹。[1] 在法国史学家布罗代尔 1949 年完成其有关地中海区域社会经济史的名著[2]之前四十五年，康有为已指出，以地中海为中心，形成了一个有其独特地理环境的政治经济区域体系。在他看来，在地中海周边滨海而居的“海人”谙熟操纵“海波”，习惯于通商，从而使“海商成商国”，而从他们中脱颖而出的英雄“虽起野蛮小部落”，但“凭藉海波驾楼舰，鞭笞四表一统廓”[3]，所缔造的帝国，更易于进行越洋征服。而通商和帝国营造，都可催生文明。

《地中海歌》中有“用能贩易文明母”一语，这表明，康有为与同时期提出交流为文明之本质之说的法兰西学派[4]看法相通。所不同的是，相比后者，在有关政制的主张上，康氏远为明确。在《意大利

〔1〕 康有为：《欧洲十一国游记·海程道经记》，12 页。
〔2〕 布罗代尔：《菲利普二世时代的地中海和地中海世界》，唐家龙、曾培耿等译，北京：商务印书馆，1996。
〔3〕 康有为：《欧洲十一国游记·海程道经记》，11 页。
〔4〕 Marcel Mauss, *Techniques, Technology and Civilisation*, pp. 57-74.

游记》中，康氏将更多文字献给了一统与分治的历史考辨和比较。考虑到罗马帝国曾维持数百年的一统，而天主教在罗马帝国衰落之后起着继之而统合欧洲的作用，康有为认为，二者都意味着升平，堪称“文明”。他将西方帝国和宗教同中土一统和孔子思想相比较，承认二者之间有相通之处，但也同时认为，由于地理环境和治化方式不同，二者之间也存在一些重要差异：相比而论，中土帝统在落入据乱（亦即在文明史中重现的“野蛮”）之后恢复得更快，就历史的总体看，其一统之绵延时间更长，而与此同时，孔子之教在与天主教的共同点之外，尚有处理夷夏关系的一套成熟方法，因而是一个更具大同内涵的“宗教”。换言之，在康有为的论述中，相比于西方，东方的历史遗产更接近他理想中的“绝对文明”，即人类共同迈向太平世的进程。

有学者指出，西方社会科学自其兴起之后，长期沉浸在“分国研究”之中，直到“二战”后才渐渐接受美国式超社会区域研究的做法。[1]而康有为在20世纪刚开始，便出于文明心理之自然，而有了区域研究的自觉。他将欧亚分为两个大区，在《意大利游记》中，夹叙了一种比较文明观。对康有为言，欧亚分为大陆地区与濒海地区（地中海沿岸地区）。濒海地区的地理环境适宜于海上贸易和征战，这些有助于一统格局的形成，因而也是文明的动力。然而，这类地理环境又存在地理单元相互隔离、界线分明的特点，因而也潜在着将升平推回据乱、将文明挤回野蛮的因素。欧洲“地形诡异吾地稀，宜其众国之竞峙而雄立”[2]。相比欧洲，欧亚东部大陆文明的核心地带是农耕地区，它离海洋较远，有不便通商的特点。中国群山环抱，欧洲以海回旋，前者有利于“结合而定一”，后者易于“畸零而分峙”，其结果

---

〔1〕 见华勒斯坦等：《开放社会科学》。
〔2〕 康有为：《欧洲十一国游记·海程道经记》，12页。

是，“马基顿、罗马之一统实年不过六七百；而战国、三国、六朝、五代之分裂，亦不过六七百年。我国数千年以合为正，以分为变；彼土数千年以分为正，以合为变”。[1]

这一将大陆地区（中国）视作中心、滨海地区（欧洲）视作边缘的做法，易于让今人斥为“我者中心主义”。其实，康有为的心境并非如此简单。一方面，他与欧洲启蒙思想家和社会进化论者一样，倾向于将我者抵达的境界“理论化”为他者的未来；另一方面，他也与同时期西学的革新者涂尔干及其门生一样，将有史以来之文明视作“相对文明”加以同等对待，追求通过比较和联想，推导出在其看来将会有助于人类自我认识的结论。以其对后一方面的论述观之，康氏欲求做的，也可以说有些接近马克斯·韦伯这位小他六岁的德国社会学家所实践的——求索其身处的文明在历史运势上有异于其他文明的特征。韦伯关注的那个特征，生发于一个阶段中欧洲的局部性变革（宗教-科学理性主义的“祛魅”、政府行政理性化等推动下“资本主义现代性”的出现）之中[2]，它使西方区别于东方、近世区别于古代[3]；康有为关注的那个特征，实质内容是那个使东方有别于西方的文治一统政制，这个政治历史远比韦伯考察的“新教伦理”深远，其理想形态更不同于后者。

在康有为笔下，欧亚诸文明均含分合因素，如同阴阳化生，中西之异主要在于前者“以合为正，以分为变”，后者“以分为正，以合为变”。基于这个有概念限定的对比，康有为界定了亚洲文明立国与“他地”非文明立国的差异：

亚洲之文明立国已久，则以大国众民，君权久尊而坚定，无

〔1〕 康有为：《欧洲十一国游记·意大利游记》，106页。
〔2〕 见韦伯：《新教伦理与资本主义精神》。
〔3〕 见韦伯：《中国的宗教 宗教与世界》。

从诞生国会。惟欧洲南北两海，山岭丛杂，港汊繁多。罗马昔者仅辟地中海之海边，未启欧北之地。至欧北既启，则无有能统一之者。以亚洲之大，过欧十倍，而蒙古能一之。而欧洲之小，反无英雄定于一，故至今小国林立，而意大利、日耳曼中自由之市，若喱呢士［威尼斯］、汉堡之类，时时存焉。[1]

康有为并不否认欧洲与中国各自内部存在区域差异，相反，他认为濒海 / 大陆之地理意象，可以运用于分析欧洲和中国的内部区域差异上。比如，相比于海岛国家英国，欧洲大陆国家德国地势更接近中国，因而有更多的一统之潜质[2]，相比于主导中国文明的华北大陆地区，华南沿海地区有着更鲜明的“小族分权”环节分支社会传统[3]。德国（大陆）相比于英国（岛国），华北（大陆）相比于华南（滨海地区），更接近一统升平的文明。

针对当时流行于共和派中的那种将中国无议会制之事实与“中国人智之不及”之判断相联系的看法，康有为指出，欧洲有议会制，是因“地势实限之也”（即使是近代议会制，也是凭靠英国“条顿部落军议之旧俗”，经千年覆盖大不列颠三岛，之后又传播到美国，之后，“其反动力则刺触于法，而大播于欧，遂为地球独一无二之新政体”），与其“以分为正”的传统有关，而亚洲则反之，在广阔的大陆地带生成文明，它长期实行君权一统，故“不能为中国先民责也”[4]。

在“后康有为时代”回望康有为，我们看到，在比较和选择上，他比我辈更为务实而不受拘束。他不接受刻板的中西观，相信，在西方内部存在着差异，文明形态在历史中也发生过数度变化，在进行比

---

〔1〕 康有为：《欧洲十一国游记·意大利游记》，89 页。
〔2〕 康有为：《康有为全集》（卷八），235—260 页。
〔3〕 康有为：《欧洲十一国游记·意大利游记》，83—84 页。
〔4〕 同上，89 页。

较之前，先应确定我们要考察的是西方的哪个部分、哪个时代。他不接受将中国割裂于世界的做法，相信，进行文明比较，应将中国视作内在于世界的文明体。他主张“读中国书，游外国地”，进行跨文明的互证和比较，认为中国传统有别于西方，但这一传统是一统主导的，是“合国”升平的成果，因而本身具有世界主义内涵，国人需要在克服媚外心态之同时致力于传承其既有的世界主义传统。康氏也反对西方从未有过一统的说法，他认为，近世中土之人从西方看到的“国竞”，只不过是西方文明传统（“以分为正，以合为变”）的一个方面，如同中国，西方也进入过一统升平时期，尽管受其地理格局影响，它相对更易于从升平退回据乱，但东西方可谓你中有我，我中有你。担忧国人会追随西方的不良潮流，康有为不时以“实地考察”所得为据，揭示当时一些流行西方观的谬误。[1]这兴许会让人误以为，对于越来越频繁的中西交流，他采取的是保守的态度。然而，事实上，在其游记与附文中，康有为却从未掩饰其对欧亚大陆东西两端文明交流的渴望，为了更好地理解这一交流的重要性，他甚至在欧亚划出一个广阔的中间区域，呼吁国人对这个地带加以关注。

康有为的文明叙述与法兰西学派导师涂尔干在同时期提出的观点，一东一西，分别悄然展开，但有着相当多的不约而同之处。

《意大利游记》成稿后数年，年鉴派导师涂尔干完善了他的社会理论，此后便先后对文明现象加以重点研究，将文明区别于启蒙主义“唯一文明”（即美好未来的“必然世界化”），拓展了文明的历史时间视野，用“文明”一词指存在于包括“史前”在内的任何时代的“超

---

〔1〕清末中国思想界，存在保守派和西化派的对立，康有为既非前者又非后者，而是少数致力于汇通中西之学的学者中之最突出者（他因而既让保守派谴责为“以夷变夏”，又被西化派批评为墨守成规的守旧者以至“反动派”）。康氏是少见的拒绝割裂世界化与中国化的知识人，他在宣扬孔子之学时并不是在主张“本土化”，而是注重认识其世界意义，他在强调学习西方时，实际主张的是以恰当、有利的方式使中国世界化，而非西化（萧公权：《康有为思想研究》，281—282页）。

社会体系”，由此，又将文明区别于有清晰边界、等同或近似于近代国族的社会实体，使文明得以恢复其“国际关系体”的本来面目。[1]

涂尔干将其建立的社会学传统与国际政治时势紧密联系起来，在爱国主义和世界主义的辩证中展开了社会学的新论述，提出了重新认识“健康的意志”的主张。涂尔干指出：

> 正常的健康的意志，尽管精力充沛、血气方刚，但会接受事物本性中固有的必然的依赖关系。人作为自然系统的一部分，得其支持，同时亦受其所限，并因之而必有所赖。既然不能改变自然系统的法则，那么就得服从它们；甚至当他运用这些法则来达到自己目的时，仍然要遵从它们。如果完全从这些限制和阻碍中解脱出来，他也就将自己置身于真空之中，也就是说，脱离了生命之境况。尽管原因和方式有所不同，然而，每个民族和个人都同样应受道德力之制约。没有一个国家能够强大到这种程度，即在违背民意的情况下实现永久的统治，并纯粹通过外在的强力来迫使臣民屈从自己的意志。没有一个国家能够伟大到如此程度，即它不会纳入到由他国汇聚而成的更大的体系中，换句话说，成为巨大的人类共同体的一部分，并且尊重它。就像无法逃离自然法王国一样，我们也不可能逃离普遍良知和舆论所建构的王国，因为它们是对那些僭越行为做出反击的力量。如果所有人群起而攻之，那么国家将无立锥之地。[2]

一样深受“空想社会主义”思想影响的康有为，完全能够如涂尔

〔1〕王铭铭：《在国族与世界之间：莫斯对文明与文明研究的构想》，载《社会》2018年第4期，1—53页。

〔2〕涂尔干：《德意志高于一切——德国的心态与战争》，载渠敬东主编：《涂尔干：社会与国家》，189页。

干那样想象到社会体与文明体之历史与现实优先性；其与涂尔干之间若存在某种差异，其中之要者，莫过于涂氏借助史前史、考古学和民族志的证据，拆除了19世纪英国社会思想家们在野蛮与文明之间树立起来的边墙，从而提出了一个适用于所有社会的理论，而康氏则依旧保留着启蒙进步论中的文野之别观点。如果说“康氏改质从文，实以夷变夏”，意在破除中土氏族-国家、家国传统，宣扬西方进化论[1]，那么，西方社会学家涂尔干之学，便可以说比康有为更接近儒家之“文质彬彬”的观点。另外，饶有兴味的是，如果说近代法国与德国“一般思想”有异，前者用“文明”压抑“野性”，而后者为了强化民族文化而倾向于保留以至发扬“野性”[2]，那么，康氏观点实比涂氏理论更接近近代法国的“一般思想”，而有别于德国的浪漫主义文化观（这不免使我们想到，这点与其对德国政制的向往存在着严重矛盾）。然而，涂尔干之所以要破除文野边界，却是因为他有自己的现代性主张——这位“西儒”致力于为共和制找到古老的“民间”文明基础。而康有为之所以要保留文野边界，甚至为此而舍弃古代“文质彬彬”的理想，兴许是因为他更倾向于在后世所称之“轴心文明”[3]基础上思索现代性——文明现代性——的另一种可能。因此，在《论语注》中康有为才说：“盖至孔子而肇制文明之法，垂之后世，乃为人道之始，为文明之王。盖孔子未生以前，乱世野蛮，不足为人道也。盖人道进化以文明为率，而孔子之道尤尚文明。”[4]

涂、康二氏之异，也许也与前者对19世纪进化论的扬弃及后者对同一思想主张之弊端不加追究的态度有关。然而，必须指出，有关文明，二者间的认识分殊并不是根本性的。与涂尔干一样，康有为将

---

〔1〕 曾亦：《共和与君主：康有为晚期政治思想研究》，2页。
〔2〕 见埃利亚斯：《文明的进程：文明的社会起源和心理起源的研究》。
〔3〕 Karl Jaspers, *Way to Wisdom: An Introduction to Philosophy*, New Haven: Yale University Press, 2003.
〔4〕 康有为：《康有为全集》（卷六），445页。

类似于启蒙主义的文明构想悬置在未来理想这个层次上，使之有别于事实上的文明进程，他在自己的文明史论中杂糅了传统中国的治乱史观[1]，以之衡量欧亚不同的升平程度。在他笔下，文明不像启蒙思想家想象的那样，直线前行，不可逆转，而总是会因深受其所在的大的地理和政治心理环境之约束而来回在乱与治之间摇摆。文明之间的差异，只不过是程度上的，要理解据乱与升平程度的不同，首先要理解地理和政治心理环境的差异（可以认为，在附文《论五海三洲之文明源土》中，康有为试图做的，正是将治乱史观普遍化）。涂尔干通过去除文野之别实现了文明研究的普世化，康有为通过在进步文明论中杂糅治乱史观实现了其一统文明主张的普世化，前者的气质是社会学的，后者是历史学的，两者用心揭示的问题，则只有一个，那就是，“国”之历史局限及其在刚到来的世纪对世界和平潜在的严重威胁。

涂尔干之所以在完善其社会理论之后不久，很快转向文明研究的构想，乃因当年邻国德意志“国家高于一切”的看法勃兴，法国国内学界也出现了不少借保守主义思想排斥国际主义的言论，涂尔干意识到，这些正在将欧洲推向战争的边缘。

康有为比涂尔干更早意识到“国”之历史局限及其在刚到来的世纪对世界和平潜在的严重威胁；但康氏不受社会科学规范约束，在陈述其主张时，他也比涂氏更直白——他更明确地将正在全球传播的国族政治模式视作一种扭曲（在他看来，欧洲国族潜在着为利益而相互结盟和海外扩张的倾向）和历史错误（在他看来，这种“部落化”的近代政制模式，无助于国与国的和平相处和共同繁荣）。而由《意大利游记》观之，康有为运用的文明概念，接近涂氏及其门生所提供的定义——在文本中频繁出现的“相对文明”，实亦包含着对国族主义文化论的严厉批判，及对跨越国族社会的文明体系的重视。

---

〔1〕 梁启超：《中国历史研究法》，上海：上海古籍出版社，1998，137—144页。

涂尔干与康有为，一个从共和制出发，在爱国主义与世界主义之间摸索，一个从君主制出发，找寻据乱与大同之间的中间环节，两位同龄人未曾谋面，其叙述方式各异，但有关国族、文明、世界诸问题，他们却得出了可比乃至相近的结论。这些结论，是二者不约而同的忧患意识的表达。涂尔干担忧，爱国主义与世界主义的不平衡，会导致社会（国族）内部的失序和社会（国族）之间关系的破裂与战争；康有为担忧，欧洲文明的“众国之竞峙”传统中那些推动国族自强的因素，正在成为东方的西方形象中所有的一切，而这一传统也正在成为不少国人的迷信，让他们误以为，放弃自己的文明传统，乃是走向未来的首要条件，其结果将是，欧亚的一个规模巨大的文明，可能会从升平世退回据乱世。

不幸的是，随着历史的推演，东西方两位现代思想导师不约而同的担忧，在一个阶段中，大部分成为现实。正当涂尔干在为文明的绵续重新构想人文科学之时，在东方，一统在一度往据乱方向摆动之后得以恢复，但在 20 世纪这个“新战国时代”，它却不再能保持其内在品格，这就使“国”消化了文明。[1]涂尔干完成了其文明人文科学的纲领性论述后不久，“一战”爆发，涂尔干对德意志意识形态展开了激烈批判，但他没能等到战争结束便在悲痛中病逝了，而即使他能熬过战乱，他所目睹的也不是他期望的结盟，而是“国竞”在欧洲的重演，及国族制度的世界化。

康有为于 1913 年回国，在东方，其所体验的不同于涂尔干领导的学派所经受的“牺牲”，而是共和制战胜君主制、新文化破除旧传统的转变。此前，他不仅已关注到欧洲国族的竞相扩张，看出“托于文明，其灭国皆不欲明言，其割地尤欲徐致”[2]，而且也关注到旨在超

---

〔1〕 如甘阳指出的，20 世纪中国人的主流看法是：“中国的巨大‘文明’是中国建立现代‘国家’的巨大包袱。”（甘阳：《文明·国家·大学》[增订本]，1 页）

〔2〕 康有为：《康有为全集》（卷五），325 页。

越“国竞”的盟约体系（如维也纳体系）之出现，更亲往奥匈帝国和奥斯曼帝国故地，考察这些一统政制的现代命运。[1] 20世纪刚来临，回国后，他先后加盟于袁世凯、黎元洪、张勋等“旧势力”之中，“一战”结束后，他继续带着天下理想思考新旧盟约体系的是非，最终他在北伐军进入江浙之时突然在北方辞世。

从某个角度看，相比于康有为，涂尔干是幸运的。在其传人的卓绝努力下，他的事业在“一战”后持续并得到发扬光大。基于其建立的基础，法兰西学派展开了系统的文明研究，他们中，有不少人致力于在“古式文明”中鉴知现代国族社会相互间关系的根基，这些广泛包括了“人之初”（“原始社会”）交换体制（莫斯、列维－斯特劳斯）、欧亚古代文明（如中国和印度）的关系（葛兰言）和阶序（杜蒙）社会－宇宙论传统，及“原始思维”之于现代科学思维的“异趣”（列维－布留尔）。在法兰西学派中，汉学家葛兰言，眼光向东，在中国上古史中发现了与罗马帝国支配政治模式有着鲜明差异的人伦式文明体制。[2] 葛氏对这一远东文明体制的叙述，不少方面堪与康有为的道德之说相通。如葛兰言指出的，中国文明来自乡野，而乡野给予它的养分，不是乡民的自我封闭心理和共同体制度，而是经由山川实现的跨社群“盟约”。“盟约”这个文明基质，使历史上的中国充满内在多样性和外在关联性，既规定了社会形态，又界定了王者作为上下（政治和宇宙观意义上的“上下”）内外（广义的自我与他者关系意义上的内外）关系德性典范的属性。

法兰西学派时而用社会学时而用民族学来界定“人文科学”，直到列维－斯特劳斯借用“社会人类学”一词来统称这个领域宽广的学术门类之后，情况才发生改变。如果可以说在涂尔干社会学思想基础上

---

〔1〕 章永乐：《万国竞争：康有为与维也纳体系的衰变》，108—140页。

〔2〕 Marcel Granet, *Chinese Civilization*.

建立民族学，成就了后来的“社会人类学”，那么也可以说，20世纪上半叶建立起来的法国社会人类学，是一个有其独到关怀的学统。它既不同于以英国为典型、以研究海外殖民地社会为主要任务的“帝国营造人类学”，又不同于以德国为典型、以研究本国一般传统为主要旨趣的“国族营造人类学”[1]。作为第三类，它的基本旨趣在于研究、理解和推进介于社会（含国族）与世界之间的文明形成。带着这个共同旨趣，法国社会人类学家，有的将交换－结盟的社会和思维形态视作世界上普遍存在的“结构”，有的将亚洲文明传统（如中国和印度）和“原始思维”视作他者，致力于借之反观西方社会生活和思想方式的问题，而无论采取何种学术路线，法国社会人类学家在其研究中都充分表现了对先在、优先于“政治社会”的社会和超社会纽带的重视。

“学科后发”的中国社会科学界，与法兰西学派立足于“第三方”对“帝国营造”和“国族营造”学术所提的替代性方案距离很远，其身陷社会与世界二元对立概念陷阱的程度很深。相比于法国社会人类学，在康有为逝世之后不久开始得到格式化的中国民族学和社会学，奠基人也有一大批是从法国学成归国的（如凌纯生、杨堃、李璜、卫惠林、杨成志、柯象峰等）[2]，但由于其产生的年代为“国难当头”之时，这些学科在华变换了身份，成为“国族营造”事业的一部分，其民族志和“微观社会学”（社区研究），分别关注多民族“帝国”诸族系和传统融为国族的历史，及这个国族在遭际“海洋帝国”工业势力冲击之时面临的“内发现代化”使命。[3]这些“在中国的西学”，也触及文明和文明关联现象，但却总是将这些现象归结为国族（即“中

〔1〕 George Stocking, Jr., “Afterword: A View from the Center” , in *Ethnos,* 1982, Vol. 47, No, 1-2, pp. 172-186.

〔2〕 Xu Lufeng and Ji Zhe, “Pour une réévaluation de l’histoire et de la civilisation. Les sources françaises de l’anthropologie chinoise,” 2018.

〔3〕 Wang Mingming, “The West in the East: Chinese Anthropologies in the Making, ” in *Japanese Review of Cultural Anthropology*, Vol. 18, Iss. 2, 2017, pp. 91-123. 亦见于本书 2—42 页。

国民族”）内诸族系相处的历史迹象。20世纪50年代以后，国人则转而将该类现象视作等同于古代国家建立后的社会结构与文化特征，将文明史改编为与社会实体之间的区域关联无关的阶段性社会形态。结果，倘若社会人类学也存在于中国，那么，这门学科的旨趣便既非“帝国营造”又非“文明复原”。尽管它时而也表现出对“帝国营造人类学”的向往（如民国和近期出现的若干对域外的“民族志研究”），对于法兰西学派所定义的介于社会与世界之间的中间现象（文明），它却向来缺乏兴趣，而是安于以历史和社会科学研究方式复制对社会与世界的非此即彼区分。一旦这成为习惯，那些在不同程度上趋近于文明现象的论述（如多民族国家和“中外交通史”论述），便不好被尊重为“思想”或“理论”，而那些带有最强烈社会与世界二分的论述（尤其是以国族为研究单元的中国史、社会学、政治学、政治哲学、经济学、历史学），则长期在人文科学领域占据支配地位。

“在中国的西学”之知识困境，并非独自出现。当康有为周游列国形成他的文明论时，包括严复、梁启超、杨度等在内的知识人，多数在不同程度上接受了欧洲“国竞”的结局。〔1〕这代知识精英可能“都只是把采取现代西方民族主义路线的‘民族国家’道路看成是救急之计，而并不认为是中国现代国家建构的长远之图”，他们因此也都精心地在历史中寻找文明－国家的“国性”。〔2〕文明的“国性赋予”，固然可以被理解为现代中国获得“国际身份”和“国际竞争力”的必要手段，但它所起的作用，却也可能是“预料之外”的。民族国家对文明的“异化”，便是“国性赋予”的“预料之外”作用之一。

康有为虽主张君宪“以日为师”，但在政制上将日本划归滨海边缘

〔1〕 罗志田：《天下与世界：清末士人关于人类社会认知的转变——侧重梁启超的观念》，载《中国社会科学》2007年第5期，191—204页。

〔2〕 甘阳：《文明·国家·大学》（增订本），3页。

文明圈，认为它与欧洲国家一样，有“分国”传统，实属今日所谓之“单一民族国家”一类。在他看来，近世日本学者著书立说时，之所以“多震惊欧美者”，乃在于日本是个与据欧亚大陆核心地带的一统中国不同的“小岛国”。[1]然而，事与愿违；康有为致力于通过周游天下，获得世界思想，惠予文明之重建，而东方的政治现实却出现了一个转向。自19世纪末起，新生代政治家便开始借用日本的单一民族国家模式，随后还将之加诸早进入过升平世的一统“合国”（多民族国家）文明体，给日后的上下内外关系种下了矛盾生长之苗。[2]

自20世纪初起，学术话语上的“后康有为时代”也悄然到来，此间，中国知识界中出现了“保守的”和“激进的”见解，保守的辜鸿铭等，激进的鲁迅、陈独秀、陈序经等，形成了对立两派，他们沿着他们共同画出的区分中西的清晰界线区分各自立场，从不同方向抨击以贯通中印西为己任的康有为。[3]无论是站在保守的立场上，还是站在激进的阵地上，20世纪前期众多的“后康有为主义者”，都共同将国族/社会割裂于世界，使内外关系的思考“退居二线”，而中西之分也成为立场之分的依据，越来越绝对化，以至于介于中西之间的那个宽广的地带，长期被思想家和社会科学研究者排除在外。

在康有为时代渐行渐远的今日，借助对《意大利游记》的“个案研究”，重访康氏的思想世界，让我们获益良多。

这个“个案”，承载着中国异域志传统，康氏在其中，对所经之“国”的山川草木、民情风俗、物质生活、政治、文物、艺术等加以详实记述，并将其对人、事、物的直接经验与间接经验相联系，在更广阔的视野下考察了一个区域分布广泛、历史悠久的文明之“性格”。

---

〔1〕 康有为：《欧洲十一国游记·意大利游记》，53页。

〔2〕 王柯：《民族主义与近代中日关系：“民族国家”、“边疆”与历史认识》，香港：香港中文大学出版社，2015。

〔3〕 萧公权：《康有为思想研究》，359—403页。

通过这个“个案”，我们窥见了20世纪初国中一位“先时之人物”的心境，我们认识到，身在世纪转折阶段，这位先贤忧心忡忡，担心历史从升平世退回据乱世。出于其忧心，他坚守着被其门生梁启超称为“中国史家之谬”的正统观，主张“天下不可一日无君也”“天无二日民无二王”〔1〕。而也正是带着这一正统观，他“读万卷书，行万里路”，找到了比较的方案。他发现，中西之异来自其共同的分合消长形态，这种形态使二者你中有我，我中有你，但同时也分立为“以合为正”与“以分为正”两种不同正统论。

这一结论是通过对比得出的，必然带有它自身的问题，比如，会与康氏自己在同一本著作中进行的其他更具体的比较有不连贯以至矛盾之处。但必须重申，这个不以国族意义上的中国为出发点的对比，带有鲜明的文明－国家旨趣，对于我们历史地理解中欧合国升平的不同命运，至今启迪仍极深刻。可以认为，正是由于欧洲文明“以分为正”，欧盟的道路才如此艰难曲折，也正是由于欧洲有这个“正统”，不少欧洲国家才会在欧盟建立后，持续摇摆于欧洲利益与各国利益之间，以至于诸如英国之类的国家，在入盟之后又选择脱欧。同样也可以认为，正是由于中土有“以合为正”的传统，才可能在接受“国”的意象之后，一面怀着文明的自卑感，向往着由“以分为正”传统生发而来的现代性，致力于通过变成他者成就现代，一面满怀文明－国家传统的悲壮，担负着由新兴“国族大厦”与旧有民族－区域“多元一体格局”〔2〕构成的沉重复合结构，度过了漫长的20世纪。

康有为既是“进步主义人士”，又是“富于保守性质之人”〔3〕，他在向往某些西方国家近代物质文明之同时，倾向于将西方古代文明进

〔1〕 梁启超：《新史学》，107—114页。

〔2〕 费孝通：《论人类学与文化自觉》，121—151页。施坚雅：《十九世纪中国的地区城市化》，载其主编：《中华帝国晚期的城市》，242—297页。

〔3〕 梁启超：《梁启超传记五种》，306—307页。

步的动因与东方道德传统（儒家）相汇通，主张发扬东方传统的文明优势，他畅想世界的共同前景，为了构想大同的可能，广泛综合了中西及中西之间的“中间圈”（如印度）文明理想的众多因素。康有为思想的两可属性，根源于其复合杂糅的文明观[1]，而这种观念正是涂尔干及其传人所求索的。

在1901年所著《印度游记》中，关于文明，康有为说了如下一段话：

> 夫物相杂谓之文，物愈杂则文愈甚。故文明者，知识至繁、文物至盛之谓……盖娶妇必择异姓而生乃繁，合群必通异域而文乃备。[2]

与涂尔干一样，康有为在通过比较鉴知差异之同时，也向往着不同文明通过相互借鉴焕发其生命力，因而，在上面那段话中，他显然已将半个世纪后才流行于人类学家中的联姻结盟观点——这一观点直到20世纪20年代之后才在莫斯、葛兰言、列维-斯特劳斯的相继努力下得以在法兰西学派中形成——运用于文明形成的理解上。康有为一面将欧亚分为大陆地区与濒海地区，一面构想着二者之间中间地带的研究，甚至对阻碍欧亚文明通道畅通的势力，给予了带有批判性的历史考察。他焦虑于亚洲历史的破裂，因而费了更多心思考察前一方面，使相关于它的叙述，压抑了他对后一方面问题的追问。可以想见，倘若他当时的焦虑感小一些，那么，他也许就有可能在他的“异域志”著述里减少文明的自我表白，呈现更多文明“相杂”的动态画面，为我们迈向国族与世界之间的中间环节，指出更为明确的方向。

---

〔1〕 萧公权：《康有为思想研究》，362页。
〔2〕 康有为：《康有为全集》（卷五），509页。

第四编

生活世界的广义人文关系界定

人类学家的凝视与环顾（答问）

王老师，您好，谢谢接受访谈。我们知道，您本科的时候在厦大读的是考古学，在研究生时期方向是中国民族史，后来在博士期间，您选择了人类学这个专业。请问您最终为什么会选择人类学呢？

这是偶然的，那时候国内博士点很少，不像今天这么多，为了求学，我就到国外去了。正好也得到中英友好奖学金的资助，得以到英国。当时也想过读考古学，但最后我还是选择了人类学，主要也是因为当时我对人类学产生了兴趣。

您对人类学什么方面比较感兴趣呢？

其实看的人类学比较少，主要也就是林惠祥、李亦园、费孝通这些人的书，从这些书里感觉到人类学更接近现实，研究的事情可以看得见。林惠祥先生关于迷信的研究，跟我个人在福建的经历很相关，李亦园先生的一些论著，让我对西方人类学整体产生了比较大的兴趣，而费孝通先生的《乡土中国》那时也重版了，我也受到了这本书关于中国社会研究方面论述的影响。

您之前受到的考古学和民族史的训练，后来有没有融入您的人类学的研究？

人当然会被其所学潜移默化，比如说，我的博士论文虽是在国外写的，却又有一些历史的色彩，这可能是本科和硕士期间带来的。而之后随着年纪渐长，我觉得古代史越来越重要，引用考古学和民族史方面的内容也越来越多。

您从英国回来之后，做了很多西方人类学的译介工作。但是您似乎一直有一个观点，认为我们应该有以中国为中心的人类学，或者说，应该在中国经验的基础上生成与西方理论对话的范式。不知道这么理解是否准确？

在西方的人类学领域中，每个国家都有自身的特点。国内介绍西方人类学时，经常把它们混合在一起，但事实上，每个人类学家都有他的国籍、“学籍”、师承，他的观点绝对不是凭空而来的，而是有一定自己的立场、根据。西方人类学也存在着国别之分。如果要真正地了解西方人类学，就需要了解英国与法国的关系与矛盾，以及美国人类学特点的由来，等等。与此同时，也需要了解我们中国的人类学传统到底是什么样子，又有何种渊源。比如说，我们的人类学与考古学、民族史，以至于历史学的关系都比较密切，这比较特殊。即使是更侧重于介入现实问题研究的人类学家，对于历史也十分重视，费孝通先生关于乡土中国和乡绅的研究，便是例子。中国人类学的这一特殊性，不易被西方同行理解，但我觉得，我们还是要有我们自己的做法，这样也比较有奔头，不然总是停留在模仿别人上，那不太可行。

我们可以看到，现在世界范围的人类学领域中，重要的理论范式大多是从非洲、南美、西太平洋经验出发的，或者从东南亚、南亚的经验出发的，但是好像没有从中国经验出发提炼的比较重要的理论范式。您觉得中国的人类学研究有这样的前途吗?

这跟上一个问题是很相关的。我之所以觉得上面说的特点值得去概括、整理，正是因为它们在世界上也有价值。现存的有名理论，都是从你刚才说的地区经验出发的，来自中国的理论相对来说地位不高。然而，如果我们把中国的这些特点认真整理的话，有可能会提出一种或者几种适用范围超过中国疆域的理论。

从经验研究看，您最初做东南研究，后来研究方向转向了西南，这中间的过渡是怎么发生的?

这不是必然的或偶然的，没有经过规划。1999 年，因为和云南的少英教授等同行合作，我带了几个学生去做研究，我自己也去了很多次，在这个过程中，慢慢就产生了一些兴趣，更加觉得应该多看一些民族方面的书籍，于是读了费老关于“藏彝走廊”和中华民族的理论的论述，产生了浓厚兴趣。2003 年起，我去了四川做研究，觉得四川也很有意思，特别是少数民族地区，加上结识了不少西南的民族学家，受到他们的启发和“恩惠”，这样就逐渐开始了在西南地区的研究。可能还有另一个原因，即在西南我看到了和东南相似的东西，比如说，文明和所谓的地方文化之间复杂的历史关系，或者说，帝国和当地这些所谓民间宗教的关系，西南和东南是相似的。并且，我很吃惊地发现，西南的文献并没有比东南的少，尽管我们都说，少数民族地区好像是原始社会，没有那么开化，但实际上汉文的文献记载很多。对西南地区的流动性和区分之同时存在，我也很感兴趣，这一点和东南也很相近。我们知道，东南地区的乡土社会色彩是很浓厚的，大家都很地方主义，但与此同时，这个地方又有一千多年的海外贸易和移民的历史，东南这个地方是有两面性的，一面是比较封闭，一面是比较开放。在西南，我也看到了这样的一个双重性。通常对于熟悉的东西，人们会比较有感情，我也不例外，这些相似的特点，加深了我对西南的感情。并且我觉得，这两个东西联系起来，可能还有一定的理论含义在其中。这种双重性在以往的人类学研究中也有论述，但是它的方向不在这个地方。比如说结构人类学，它也讲“自我”“他者”，但是并不是讲我说的“居与游”的双重性，对“游”这方面的论述特别不够。举个例子，像列维－斯特劳斯，我很喜欢他的东西，但是他的理论中“游”的这方面，主要是指人的心灵的，特别是神话，而不是实体性的。他指出，在神话里面，我们可以看到不同地区的神话有相似、重复、变异，但并没有指出人和物也具有流动和栖居的双重性。我研究的是更可见的事物，即从日常生活到宗教的“游”，你可能会说，宗教跟神话是很相近，但因为宗教有它的建筑、经典、信众、仪式，所以相对于神话是比较可见的。总之，我在中国的研究里面，尤其是关于西南地区的研究中，更加感觉到“游”这个层次是实质性的，不是一个所谓宇宙论上的“游”。关于西南地区的研究，我大概有这么些印象和想法。

能否这样概括您的想法，即我们现在往往会认为，在汉人地区就是做社区研究，在民族地区就是做民族研究，这中间似乎有一个“东”与“西”这样的分界，而您认为，这个分界是应该被打破的？

是这样的。原因也比较简单，在《史记》里，已经可以看到帝国事务里东西方位之间的密切关系，而如果我们看文献比较集中的宋以来的历史，那么东南和西南的关联便更清晰了。从唐中叶，特别是宋以来的这段历史，在文献中有更清楚的记载。有学者认为，方志这一事物，本身与帝国是密切相关的，有方志的地方，就有上下关系。在有方志的历史当中，两个地区都跟中原，或者跟朝廷，有密切关系，受到同一种文明，也就是帝国的这套文明体系的影响，所以就会有相似性。这种看法主要来源于历史学的启发。我们这行的民族学研究者，对历史往往采取跳跃的想法，所看的历史跨越性太大，直接从上古跳到今天。受历史学的影响，我觉得还是要看“今天”之前那几个比较接近的阶段。如果从这个角度来说，可能在某些朝代，西南地区跟中央帝国是有距离的，但在多数的、有系统的汉文文献记载的时代，它是作为一个部分存在的。之所以要把东南和西南放在一起看，其中也有文化上的原因，跟过去讲的夷夏观有关系。在宋元明清，帝国的主人有不同的族性，当“夏”成为主人，它跟这些地区的关系可能有“夏”的特点，当“夷”成为主人，其与这些地区的关系也会有所变化，有其不同于“夏”的特点。具体来说，宋朝受到北边所谓游牧民族的很大压力，无以顾及西南，它跟西南地区的政治关系比较疏远，而跟东南比较接近。元朝基本上是一个征服性的帝国，它的部队可以直接进驻很多地方，欧亚大陆的所有地区都不是例外，这样，东南、西南就都直接受到“统治”，但是，因为它帝国太大，朝廷没办法实行直接统治，于是就采取了比较间接的土司制度，包括对福建、对云南都有这个特点。明朝是个华夏朝廷，注重文明统治（教化），在这个阶段，无论在东南还是西南都能看到所谓“正统”的传播。到了清朝，中央朝廷和西南、东南地区的关系，或许可以说部分地回到元朝的状况，但是也继承了明朝的一些特点。

您之后在西南做“藏彝走廊”的研究时，提出了“三圈说”，之后，则有人提出批评，认为“三圈说”带有汉族中心主义的色彩。您怎么看待这样的评论？

“三圈说”的确是有这个嫌疑，因为我根据的“天下”理论是汉人的，我自己也是汉人，我的人类学立场不可能全然避免汉人世界观的制约。但是，我一直试图避免汉族中心主义，在意识到自己是汉人学者的同时，也试图避免汉人学者可能会犯的一些问题、毛病。比如，我从来没有说“三圈说”中的核心圈是文明最精彩的地方，我反倒经常说，中间圈和外圈才时常是我们古人缔造的文明的源泉。我也经常说，今日的中国人类学，要基于“三圈”的定义来形成一个向“他者”学习的态度。设想一下，假如没有“自我”的这一相对化的文化定位，是不可能向他者学习“他者”的。所以我认为，批评不能完全站在空中。需要说明的还有，“三圈说”具体针对的是中心与边缘二分的边疆思想、边疆理论。在世界上，似乎有一些国家、社会，其周边有一些界线与他人区分开来，而我认为在中国，这实际上是三分的，是三个圈层。中间的那条线是很宽厚的，而不是稀薄的，有很多内容，可以说集中反映了核心圈和外圈的特点。为什么？因为这三个圈子，没有一个圈子不是双重的。比如说核心圈，它主要是以汉人为主，以赋税为主，以直接的政治统治为主，但是这并不意味着它没有封建。核心圈是封建式的，采取土司制度，外圈更是如此，它既有它的特点——王权，同时又有跟王权理论不同的政治理论——关于文明的关系的理论。我在所谓“中间圈”更清楚看到的是双重性，特别是从土司制度之中。我想我的回应是这样的。没有一个人可以避开自己所谓的“文化土壤”，因为那是一种伪装，你装成别人是没有意义的。另一方面，我们要在方法上，学会暂时地装成被研究者。这样做的条件，是你首先要有一个“我”，才会有“他”。关于这点，没有一个人类学家例外。

那么，您怎么看待类似新清史这样对汉族中心主义构成挑战的学说呢？

关于这点，我是两面派。一方面，我认为新清史很带劲。我们国内的社会科学研究者们，绝大多数是写汉字的。20世纪初以来，亚洲民族觉醒，中国的华夏意识越来越强。这使我们忘记了，也就是在不久之前，东亚大陆这个板块存在过一个大帝国叫清朝。清朝首先是由入关的满族人统治的，它用的治理方法不同于明朝，更具有多元主义的和封建主义的色彩，尽管采纳了汉族思想传统，但也用了很多别的宗教和政治模式，比如藏传佛教。新清史很刺激地告诉我们，解释中国的历史，不能单从“华夏”展开。提出“三圈说”之前，在关于天下的论述里，我已部分采纳了新清史的观点，尤其是在一个讲座里介绍了新清史的一些研究。然而，最近的新清史，好像有一些过度时髦的迹象，有的时候也引起了我的担忧。假如历史学家和人类学家都变成了新清史的研究者，我觉得好像也是个遗憾，因为我们需要更多的人来研究别的内容。其中有一个让人担忧的方面是，甚至连对清史没有任何训练的人，都可能会用新清史来标榜自己，比如说，有不少人本来可能只受了民族志或者是社会学的训练，但是为了时尚，就加入了新清史的研究中。在美国会有这样的倾向，我们国内也有。其次，新清史不是历史的所有一切，在清以前还有明，明以前还有元，元以前还有宋辽金，宋辽金以前还有更多。如果我们能对所谓中国史，或者说，对东亚大陆这个板块的历史进程形成一个总的认识，并在这个基础上去做断代的研究也许更好。我的感觉是这样。比如说“清”，它虽然有一种特殊的封建，但是这种封建在中国的上古历史中，以至于帝制的早期都曾出现过，它可能和周、汉的制度比较接近。所以，“新清史”的特殊性到底有多大，这个问题也需要加以思考。

您后来倡导的“藏彝走廊”的研究里面，提到了关于“走廊”的研究。在那个研究中，您试图突破传统的“分族写志”

路数。最近比较流行的“一路一带”似乎和您提出的观点很相似。

我想是的。

当时您提出“走廊研究”的时候，是有一种什么样的关怀呢？

“走廊研究”，首先是从费孝通先生那里学来的，是他对20世纪50年代“分族写志”的做法进行反思后提出的。费孝通先生阐述关于“走廊”的看法的时候，隐含着对流动与隔离的双重性的认识，但并没有赋予清晰的理论解释。比如，他曾在《武陵行》这篇文章里谈到这个，武陵这么一个偏僻的地方，实际上在历史上有很强的流动性，这一流动性若是在经济改革时期加以复兴，则其未来会有很大潜力。出于偶然，我的研究集中在东南、西南，最近也开始读关于西北的著述，这三个地方恰恰也是三条“丝绸之路”。在这些“路”上，一方面流动性极大，另一方面所谓的地方主义，即人与人之间的区隔也超乎想象地强烈。我的直接和间接经验让我更理解费先生走廊之说的意义，我做的研究多数也可以说是关于走廊地带的民族志。我没有想到“一路一带”这个提法，它不是我所能想的，它是国家的政策。但是，这个政策之所以能够出现，是因为它承认了一个事实，即很多地方的国内问题，是与更大的领域联系在一起的，反过来说，国际领域的事情，也常有“国内性”。事实上，我自己的兴趣在于对流动进行深入研究，这使我们发现，流动越大的地方，群体与文化间区分也可能愈加明显，并不是说，流动了以后区分就减少了。这点兴许需要引起政策制定者的进一步关注吧。我很乐于看到政策对事实的关注，但是任何这一类的“凝视”，都需要有进一步的“凝视”来丰富或修正。

可能有一点我们还没有太充分关注的，就是流动不等于趋同，人类可能流动越来越频繁，但却也可能在这个过程中刻意地创造出相互之间的区分和隔阂，欧亚大陆的文明互动研究，可以证明这一点，城市社会学研究，则早已发现了这一点，城市是最具有流动性的地方，但是城市里的隔阂，这种“分”，其实比城市以外还要明显。所以，怎么处理在“通”和被“通”的地带上，各民族的一定程度的自我认同和“通”之间的关系，我认为是很值得关注的。

现在，很多人都纷纷在开展“一路一带”的研究，您对这个研究有什么建议呢？

从我刚才谈的辩证角度来说，交流和包容肯定是我们这个时代必须接受的价值观，自我封闭、排斥他人，以至于仇恨其他文化，都不应该被接受。与此同时，我们也应该知道，这种宽容，这种对他者的接受、尊重，它的概念前提是对他方的相对自主性的尊重。我上面谈道，历史证明，作为过程的“通”，不一定以“通”为结果，有可能反而会导致“区分”。费孝通先生的老师之一史禄国先生的“族群性”概念，含有的内容，事实上是可以这么理解的。我曾经畅想，古代中国不是一个国族，它原来的气质是“天下”，未来中国对于世界会有其“天下性”的贡献。但是我深知，这个说法也可能有其问题，“天下时代”已经过去，从19世纪末开始，我们就被迫接受“国族”的思想。那么，怎样在“国族”和“天下”之间，有一个更好的、更深思熟虑的思考，我觉得也是这些研究应该重视的。当然，这些研究都很复杂，有很多经验的事实需要去整理，有很多未来需要去展望。以前因为社会科学局限于以“国族”为单位进行研究，就没有机会多看一些关于后来提出的“一路一带”的材料，没有机会多去想想里面的理论问题。当我们的思想还不清晰的时候，现实已经进入另一个时代，这常常是社会科学的遗憾，因为这一“科学”是跟着现实后面走的。

您在《西方作为他者：论中国“西方学”的谱系与意义》（后或简作《西方作为他者》）那本书里面，曾针对萨义德的“东方学”提出一种“西方学”，即一种超越国族单位的对西方世界的想象。您怎么看待今天说到的“东方学”“西方学”，还有现在比较流行的一个词，“世界主义”（cosmopolitanism）它们之间的关系，或者说，狭隘的、自我中心主义的世界想象与世界主义之间的关系？

那本书表面上是针对萨义德《东方学》这本书来写的，实质上是想践行一个基于中国的、对人类学的重新实践。但是这个表面的东西不是没有意义的。萨义德用很精彩的语言表达了西方对于东方浪漫主义的和不浪漫的、非浪漫主义的理解，他认为，这两种理解背后有一种共同的东西，就是西方人想掌握东方。这个观点是很有建树的。很多所谓跨文化的知识，一旦跟帝国结合的话，就会产生这样的一个结果。萨义德的《东方学》很有启发，但需要看到，西方的东方论述，往往有东方的结局，举一个例子，我们会经常用所谓“文化大全”来规定自己应该是什么样的，这便是用西方的东方学论述来看我们自己。这种以“他者之间”界定我身的做法又是什么？萨义德可以简单说，那是“颠倒的东方学”，但我认为，没有那么简单。另外，这类论述似乎还起一些坏作用，比如，通过反复论述其对西方的批判，“逆反地”增强着西方世界观的支配性，它总是在提醒人们，西方存在那种“魔兽”力量，结果，它的批判话语，反倒可能增强了其所批判的话语的支配力。关于中国，我想你刚才说的很好，应该基于一个非国族的想象来看中国。这些年来，受到诸如萨林斯这样学者的影响，我意识到，没有一种文化不是包含着别人的因素的，每种文化都包含着别的文化的因素，不仅是西方人会有把东方包含在自己内部的做法，在弱小的民族那里，其实也有这种做法。关于这点，萨林斯已经进行了精彩的论证。那么，就更不用说中国这个历史悠久漫长、国土辽阔的“文明体”在这方面的容纳能力，它的容纳能力一定比那些小规模的社会要大得多，不然就不可能存在。《西方作为他者》这本书，我花了不少心思去看上古，想知道我们的“神话”和历史如何表明，我们对别的文化、别的地方、别的境界的依赖性，即使到了帝国诞生，也就是秦汉的时候，这也不例外，因为没有一个帝国可以覆盖全世界。到了佛教的阶段就更是如此。因为中国和印度有一个最大的不同是，我们对生死没有那么大的区分。我们总用生命的“生”来理解一切的“性”，没有一个很好的“死亡哲学”，这样我们就很需要依赖印度进行所谓的“解脱”。这本书还谈了中国的朝贡体系如何也具有这样的依赖性。这些都被作为一个历史背景，用来阐述近代以来我们的西方观是怎么样的。我想，我们有过很多“他者”，到近代以来才变成只有一个“他者”。这有一点不幸的含义在里边，因为世界那么大，周边都是“他人”，“他人”之外还有别的东西，比如神灵，神灵也不是我们亲属制度内部的，再比如物质世界的那些万物，我们都曾经把它当成类似于今天想象的西方来看待，以至尊重。这是我想通过这本书来说的。

对于最近西方人类学流行的 cosmopolitanism，我不是十分理解，兴许它就是不少人最近谈的“world anthropology”吧。我对其中关于作为生活世界的民族志地点的相关论述，及对于本体论的相关论述，留下的印象比较好，但西方人类学界最近有些论文直接跳跃在巴布亚新几内亚和海德格尔哲学之间，给人留下显摆和故作姿态的不好印象。不过，兴许我自己企图做的，也可以说是要把我们所有的调查点视作如同世界那样的“单元”来研究，这是否是 world anthropology，我还需要思考。

您曾经提过“历史人类学”的概念，用以综合人类学与历史学的研究。您的意思是不是说，在中国这样一个历史悠久的文明古国从事研究，人类学研究者一定需要回到历史中，才能更好地进行研究？关于“历史人类学”，您有什么具体的想法？

我想，时下多数的西方人类学家是无历史或者反历史的，因为对于他们而言，就像列维-斯特劳斯指出的，所谓的历史是一个很不好的过程，过去不断在被我们今天否定，历史虽然是一个时间性的存在，但是事实上是对时间绵延的一种最大的破坏。相对于西方人类学，我们的人类学在这方面不大一样，在重视历史之变的同时，它有一种别样的“好古悠思”，不希望“古”随着时间的流逝而消逝。我们需要意识到，西方人类学教给我们的东西也不是毫无价值的，它的无历史或反历史是有价值的。什么价值呢？就是我们对历史能够看得更透，能知道历史里面变动的结构性或文化性的逻辑。如何看待历史里面的这些变动？我想有两个方面是显而易见的，一个方面是，这些变动像人类学家理解的那样，是一种“热社会”的特点，是对最初的境界、自然境界的一种破坏；另一方面，它也像西方人类学家告诉我们的那样，历史本质上也是无历史的，因为它并没有那么大的力量可以改变人的本性。我觉得这种非历史的观点，是我们从西方人类学可以学到的。但是这不意味着我们不能去研究历史，特别是你的现实本身就自生于这种历史之中，假如你是一个现实主义者，你就必然会去关注历史是怎么样的，不可能对历史没有知觉。西方人类学虽然有这些优点，它的伟大之处也在于此，但是它也可能犯一个很严重的错误，就是不承认西方以外的民族有过自己的历史和书写。在它的文本里边，经常抹杀被研究者的思想能力、写作能力，以及历史反思的能力。所谓的民族志，很大程度上指的就是对这些能力的否定。从我自己的经验出发，我感觉做人类学特别难的地方，就是当我看到某些风俗的时候，我会以为我是第一个观察者，但是再去翻阅文献的时候，就发现别人早就已经记载过了。我想，世界上没有一个民族志写作者，会比我们有更深的危机感，因为他们可以视而不见，但是我们不能这样。除了材料的问题，我觉得还有个问题，就是我们看到的到底跟记载的有什么不同，这种不同需要引起我们重视。比如说，我研究的泉州某个仪式，书上也有记载，但是我看到的与清代的记载隔了一两百年，这中间有没有变化？这就需要投入很多时间去追问，这个阶段是怎么样，那个阶段是怎么样，并且要把这些不同连起来解释，即这前后的关系和差异的形成到底是怎么回事。总的来说我的意思是，我们应该学习无历史的人类学，同时也要看到它可能潜含的一种危险。而我们在国内做人类学，如果重视历史的话，或许能够通过克服这种危险，来找到一种自己的研究道路。这条道路不能太孤立，还是要看到我前面说的第一点，即无历史的人类学的优点。要把这两点结合在一起。有人认为是对主观历史研究和客观历史研究的综合，我觉得这大概符合我想说的，即要把对历史过程的客观理解和存在于历史实践者、历史创造者心灵中的那些历史的观念综合起来，这也就是列维－斯特劳斯所谓的“神话”。这两者之间怎么结合，同时又兼顾我们在田野中看到的，刚才说的那个现象，即很多文化事项早已被人记载过，这么多东西怎么被连在一块儿，是需要不少努力的一件工作。我觉得有意义，因为前人研究并不多。

几年前，您曾提过“跨社会体系”这个概念，这几年，您更多用到的是“文明人类学”。这个“文明人类学”的概念，您是基于什么样的思考提出来的？“文明”的研究，是不是应该构成对传统的民族志研究的一种超越？

我的确提到“跨社会体系”的概念，但是很快，我更多地谈“超社会体系”。“跨”和“超”是不一样的，因为“跨”是横向的，“超”有一半是纵向的。何为“超社会体系”呢？就是说，在社会之上还有社会，只不过这种社会已经不再能用既有的社会科学的“社会”概念去理解了。在法国的社会学里面，这种社会之上的社会被称为“文明”。莫斯在论述这个东西的时候，十分关注所谓物质文明和精神文明的纽带作用，比如他会谈到技术、工具、艺术品、建筑风格，谈到这些物质文明形式的超社会传播，神话、语言、概念、知识、理想这些精神文明也会传播。这两种传播，会导致一个社会之上的社会，叫作“文明”，这是一种“hyper-social”的实体，是一种超级社会性的意境。莫斯认为这个层次形成得很早，在没有国家的时代就有了，特别是新石器时代。我觉得这个论点很有启发。法国社会学提出这个论点是在“一战”之后，主要针对他们自己原来过度热衷表述的“国族社会学”。也就是说，在国族出现并产生如此巨大的冲突之后，有一批西方人认为，还是要看到国族之间曾经或者现在依然存在的这些纽带，这些纽带是社会性的。这一点同我刚才说的，所有对中国这个实体的反思性论述是相互呼应的。因为中国这个实体在之前的时代恰恰不是一个国族，而更像是一个文明的实体，但它到了近代，必须用国族来定义自己。可能我看中国和莫斯看欧洲是一回事，因为莫斯他们说文明的时候，无非是想从众多的民族志材料中，归纳出一些让他可以反观欧洲的结论，欧洲也处于在文明体和国族之间摇摆的状态。对我来说，这些事不具有任何政治的含义，而是涉及我们怎么样观看我们的时代，发现它的困境，了解我们通常的社会科学言论为什么会让人觉得跟历史有些不符。你刚才问，“超社会体系”和“文明”好像是我先后谈论的问题，但事实上，我谈文明还要更早一些，主要是对埃利亚斯的介绍，以及大小传统理论的讨论。我想，后面我试图理解和解释的这些“超社会体系”理论，都比我原来看的那些东西更有启发，因为无论埃利亚斯还是雷德菲尔德都是在看上下关系，看一个社会领域的上下关系，上面叫作“文明”，下面叫作“小传统”。涂尔干学派的这些论述，是直接针对社会科学的基本概念而来的，具有更广阔的空间横向超越和时间的纵向关注，对我们思考自己的处境很有帮助。固然，从早先对文明上下关系的阅读，我得到的关于大小传统关系的理解，不能说不能与涂尔干学派的文明论产生关联。在一定意义上，二者若是加以综合，那么，关于欧亚大陆的文明人类学研究，便会有新的面貌。对于这一前景，我最近比较重视。

以前人类学的民族志，主要都是村落民族志，是对一个具体社区的研究。您讲到的文明人类学，在具体研究方法的层面，要怎么操作呢？

我之所以曾批评村落民族志的做法不是因为反对从事这类研究，而是为了把它做得更好。我反对简单的村落民族志，先后有两个理由。第一个理由是，就我所研究的村庄而言，村落民族志那一套隔离的方法使我们没办法看到：上下内外的频繁互动对这个村落内部结构的根本性影响。第二个理由是，没有一个社会共同体是生活在真空的，它四周都环绕着各种各样的带引号的“环境”，这其中一个“环境”就是所谓的“超社会体系”，或者“文明”，这点跟刚才谈到的“上下内外”关系是一致的，第二个环境就是自然。所谓“自然”，其实也不是完全的自然，它有好几个层次，有的自然已经被驯化了，有的没有，不同民族对自然也有不同的观点。很少有非西方的民族认为有一个单纯的“自然”，在他们看来，自然也被另外一些东西环绕，比如鬼神。研究不同文明的关系，是为了把村庄的地方性研究跟周边的关系梳理得更清楚。我们刚才提到，文明可以有物质的、精神的，刚才谈到周边的万物、周边的神圣的存在，都是文明的内涵。假如民族志不考虑这些的话，它研究的地方就是空的。我想，文明人类学会对村庄民族志有新的要求。以往观点认为，社区基本上等于村庄，是一方土地、一方人和他们的社会。如果从“文明理论说”来看，就不能这么简单地圈定了。格尔兹曾说，“人类学家在村庄中研究，但不研究村庄”，这个提法很有启发。固然他最后将这种研究归结为一种对于文化“理想型”的论述，我不见得同意。我更重视种种关系的观察。

您最近的新作《民族志——一种广义人文关系学的界定》，我看了之后觉得启发很大。里面谈到，跟神灵的、跟周边环境的这些关系都应该被纳入我们对自我与他者的理解过程中。读这篇文章的感觉是，您似乎觉得人类学应该回归humanity，即人文学里面，而不是我们平时认为的社会科学。在西方，有一些国家把人类学划为humanity，也有些国家把它视为social science。您觉得在中国的知识体系里，人类学应该是什么样的定位？

我不可能逃避自己作为一个社会科学研究者的定位，因为自己受的就是这样的训练，尽管此前也受过人文的训练。我写这篇文章的目的，是想在社会科学内部增加一点人文学的色彩，用这一点来拓展它对“社会”这两个字的界定，拓展它的视野。所谓“广义人文关系”，我分成三个方面，人人、人神、人物。如果是高超的社会科学家，像马克思、韦伯、涂尔干等，他们都会认识到，人人关系是不能摆脱其他关系的，但是一般性的社会科学研究者就会认为，“社会”指的就是人和人的关系。我说的“广义人文关系”，指的就是一种广义的社会。当然，这种“广义的社会”还能不能称为社会，这是一个有争议的问题。比如说，人和物的关系，基本上只能定义为人与世界的关系，而不能定义为一种社会的关系，因为物不在社会之中。当然，也有人认为，物是在社会之中的，关于这方面的论述，也会有两派。我想，我会进一步去论述，为什么广义人文关系等于社会的拓展。社会的拓展，肯定不是在社会科学之外的，因为我们没有资格去做那样的想象。它之所以可能有意义，恰恰是在社会科学内部，在社会科学之外，比如当你成为教徒的时候，这些关系可能都变得很自然。

从这里出发，您觉得人类学在中国知识界，能起到什么样的作用？

20 世纪前期，人类学在中国知识界是一个很关键的门类，当时它被中央研究院蔡元培领导下的凌纯声等人理解为民族学，在燕京大学被理解为社会学。但是在那个时代，这两者都有今天所说的人类学的内涵，它的内容也多数是与人类学相关的。那个时候，人类学对中国知识界有很大作用。我认为，今天依然如此，并且这种作用，即使在今天以前，也就是新中国头三十年，也只是短暂地断过。例如说，少数民族的识别和民主改革，都不能摆脱这门学科的方法，必须到处去调研，才可能提出一些方案。我想人类学有几个方面，对我们中国知识界是特别有用处的，也就是我最近经常讲的三个概念。一个是人类学的经验主义。经验主义的意思是，没有直接看到就尽量不要去言说，当然人类学做得有点矫枉过正，好像是说先验性间接经验就没有意义。第二是我经常谈的整体主义，我们看一种事物都是把它和别的事物联系起来的。第三，我们这门学科尽管并非所有人都是相对主义者，但是总保持着一种相对主义的感觉，这种感觉是从事我们这个学科的条件。假如你看到一些和习惯不一样的东西就不能接受，甚至排斥，那么就做不了人类学的研究。我认为这三点对我们中国知识界都很重要，因为我们中国知识界向来存在不经验、不整体、不相对的惯性。

您未来几年有什么样的研究计划或打算？

一般来说，我是跟着感觉走的。关于文明的人类学论述方面，这些年我发表了文章，我设想，可以在这个基础上，多往欧亚大陆民族志方向走。我也可能会在民族志方法上做一点“进修”。在这个过程中，我想还是可能会涉及前面谈到的“超社会”之类内容，这些东西跟我想象的民族志是有关系的。所谓“三圈”的定义，事实上是一个务实的、有关中国人类学视野的提法，我认为，中国人类学不应该只局限于文化自我的研究，因为研究其他人也是研究自己，我们毕竟是人类的一员，而“三圈”除了意味着中国人类学应该有对汉族、少数民族和外国人的研究之外，更重要的是为民族志研究提供一个跨文明的“凝视点”与“环顾面”，至于我能在这个方面做些什么，我还不确定。

民族志

——一种广义人文关系学的界定

一

蔡元培先生[1]早已告诉我们，作为“记录的民族学”，民族志原文由两个部分组成—— ethno（s）与 graphy（法文 graphie），它们均来自希腊文；其中，graphy 源于希腊文的 graphein，意思是“记录”（它的意思与汉文方志的“志”字相通，指的是有系统的记录）；ethnos 则是指“民族”（需指出，因古希腊人并未给予种族与民族清晰的区分，当时用 ethnos 来指代的，恐为“混杂”之物，可兼指种族、民族及相关的文化，因而，中文对英文 ethnography 或欧陆 ethnographie 的译名有“人种志”“民族志”“田野［文化］志”）。

二

作为一种人文科学研究方法，民族志名号中的“民族”，用的是古字，但这个古字，却是近代再创造的，它“复出”于欧洲近代经历的政治文化变迁过程。

在近代欧洲，民族（或国族，也就是 ethnos 用来指代的 nation）被认定为现代社会的最高级团体及集体精神的最高表现，“不论民族

〔1〕 蔡元培：《说民族学》，载其《蔡元培民族学论著》，1—11 页。

的强弱，国家的大小，无不以‘民族’为全体人民情感上所共同要求的‘道德一体’”[1]。

民族志名词中的 ethnos 带有近代国族的“一体”诉求，既有民族实体的含义，又有民族精神的含义。

然而，事实上，多数民族志却主要是指对相异于这种“民族”的“另类人群”的考察和描述，其焦点在欧洲之外地区的“异类”及欧洲内部的“俗民”。

德式的民族学和民俗学，典型地表现了民族志对于“异类”及“俗民”的双重关注。一如蔡元培所言，德文“多数民族”作 Volker，“学”作 Kunde，“记录”作 Beschreiben，“比较”作 Vergleichen，相互组合成民族学、民族志、比较民族志等词，“但是德文 Völkerkunde 的少数作 Volkskunde，乃从英文 Folklore 出来。英文这一个名词，是 1846 年学者 W. J. Thomas 所创作，用以代通用的 Popular antiquities 的名词，是民俗学的意义。后来渐渐为各国所采用，并无改变；唯有德国人照本国字义改为 Völkerkunde，也唯有德国人用他的民族学多数作为考察各民族文化的学问的总名（英文 Folklore 一字，并无多数字），而又可加以记录，比较等词语”。[2]

“异类”（Volker）和“俗民”（Velks），均指未有古希腊－罗马的“政治文明”的人群，其精神被认为缺乏有机整体性；作为民族学和民俗学对象，这些群体处在一种缺乏“道德一体境界”的状态。有的规模小而缺少自觉的政治结合，流于“自然组合”，而被称为“自然民族”；有的虽有自己的团体组织，却与其他“民族”杂处在界线模糊的文化流体中。

“民族”带来了民族志的吊诡：一方面，民族志记录的对象群体，

---

[1] 吴文藻：《吴文藻人类学社会学研究文集》，209 页。
[2] 蔡元培：《说民族学》，载其《蔡元培民族学论著》，3 页。

带有民族志书写者所在社会的印记，它们若不是与世隔绝，那也必须像国族一样拥有自己的文化或民族的物质和精神的一体性；另一方面，直到20世纪20年代，研究者对实际对象群体的界定，一直无法被圈定在个别“民族”内，民族志“有以地方为范围的”，“有以一或数民族为范围的”，“有以一器物为范围的”，“有以一事件为范围的”，也“有以一洲的普遍文化为范围的”。[1]这一情形得到涂尔干和莫斯的描绘，他们说，学者最直觉的想法是，“群体生活只能在界限清晰的政治有机体中发展”，但民族志却将注意力引向另外一个方向：“有些社会现象不那么严格地归属于确定的社会有机体。”[2]

三

“民族志”字面上的意义，始终未能充分体现其方法学的丰富内涵，个中问题来自歧义杂处的“民族”一词。

“民族”这个词被译为汉文后，给我们带来的问题有过之而无不及。自19世纪末20世纪初以来，国内之“民族”既指“国族”（具体说，如“中国民族”或“中华民族”）又指“少数民族”。与欧洲的情形不同，这两种“民族”并不以内外为界，不是德式的Volker和Velks之分；相反，二者共处于一个正在现代化的国家，其凝聚为一个“道德一体”的进程，不表现为黑格尔式精神国家的世界化，而表现为境内“文化边缘”或“边疆”的“中央化”。20世纪前期，国内民族学尚比较关注西式民族学中的Volker和Velks之文化意义，而自50年代起，其关注点已从沉浸于境内其他族群生活世界的民族志转向以社会形态和阶段为中心的研究[3]，这种研究在近期则以传统向现代、

[1] 蔡元培：《说民族学》，载其《蔡元培民族学论著》，4页。
[2] 莫斯等：《论技术、技艺与文明》，36—37页。
[3] 王铭铭：《学科国家化：反思中国人类学》，载其《西学“中国化”的历史困境》，32—71页。

民族向世界的“进步”为主要路径。

相比之下，在西方，“民族”虽更早引起另一种解析，但民族志的 ethnos 含有的疏离于“国族”之外的文化内涵[1]，却得到了比国族式民族的“传记”远为成效卓著的发挥。

就既存民族志的实际内容看，民族志考察的对象类型，范围比固定化的“民族”远为宽泛而多变。20 世纪列维－斯特劳斯即认为，民族志的对象是指广义上的“社会共同体”，而非“民族”。就 20 世纪的研究状况看，它们可以包括“民族”之下的家庭、游群、社区、部落，也可以包括超出“民族”范围的宏观区域。从列氏自己的著述看，其涉猎的范围如蔡元培概括的一样繁复，“有以一地方为范围的”（如巴西丛林村社），“有以一或数民族为范围的”（如波洛洛族），“有以一器物为范围的”（如亚美工艺中的裂分表现），“有以一事件为范围的”（如其缅甸佛寺之旅），也“有以一洲的普遍文化为范围的”（如美洲神话与欧亚大陆宗教）。[2]

列氏还说，所谓“社会共同体”，不仅是客体，而且还与作为认识主体的民族志研究者个人学力之所能及之范围对应。虽不乏具备跨社群和跨地区研究能力的民族志研究者，但多数民族志研究者为了研究之方便及认识之深化，倾向于选择少数可把握的社会共同体为研究场所，他们生活于其中，对所在社群之生活加以参与观察。从而，典型的民族志研究是关于一些社会共同体的论著：它们尽可能小到使作者通过个人的观察便能搜集到他的大部分的材料[3]。

---

〔1〕 被誉为民族志最高成就的《努尔人》（埃文思－普里查德：《努尔人：对尼罗河畔一个人群的生活方式和政治制度的描述》，褚建芳、阎书昌、赵旭东译，北京：华夏出版社，2002）实可谓是对非国族“道德一体”社会描述，而即使是在诸如《尼加拉》（格尔兹：《尼加拉：十九世纪巴厘剧场国家》）之类的“国家民族志”中，研究者也是借“另类”国家（剧场国家）来反观近代国家（实质权力国家）。

〔2〕 见列维－斯特劳斯：《忧郁的热带》。

〔3〕 列维－斯特劳斯：《人类学在社会科学中的地位及其教学问题》，载其《结构人类学》（1），367—404 页。

如此说来，“民族志”一词的“民族”实际上便不再指民族（尤其是近代定义中的民族），而是观察者主动选择的方法论单元。[1]

可以像沃尔夫那样，将民族志方法论单元的个人化选择归结为一种“称不上是解释”的惰性行为[2]，但这种选择在人类学史中的频繁出现至少表明，对于民族志中的ethnos，我们还应作认识主体的界定。并且，有必要强调指出，除了其灵活可变之所指及其含有的特殊方法限定之外，ethnos还有一种特殊的“弦外之音”：其所指的“社会共同体”远在近代社会（尤其是其繁华都市）之外，其在黑格尔意义上的“缺憾”（如前所说，这些社会共同体被视为不具有“道德一体”属性），既可被理解为“缺憾”，又可被理解为文化（文明）的相对质朴尊贵。民族志方法出现后的历史时期，获得的成就主要是对部落与乡民社会的记录；在这些社会共同体中，人们多为不同于现代文化精英的“凡人”“俗民”“大众”“常人”（因而，ethnos常被学者用来区分这些人与包括学者在内的精神贵族），其生活方式与文化，属于遗留于现代世界的“民间古旧事物”，与民族志作者所在的“此处”（现

[1] 可以想见，出于列氏所述之原因，在将民族志方法运用于中国这样一个规模巨大的社会之研究中时，以吴文藻先生为首的一派学者，才不赞同另一派学者所坚持的以“民族”为研究对象的意见，放弃“民族”二字，转而以“社区”代之，主张以乡村社会村落一级的单元为典范性的研究对象，并认为，“社区研究法”（即“微型社会学［micro-sociology］”）能胜任于部落、乡村、都市社会的研究（吴文藻：《现代社区实地研究的意义和功用》，载其《吴文藻人类学社会学研究文集》，144—150页）。吴先生这派学者所谓之“社区”，一方面是“指一地人民的实际生活”，包括人民、人民所居住的地域及人民的生活方式与文化三个要素，意思大抵接近“民族”，但另一方面，“社区”又指一种脚踏实地的实地研究方法，是学者通过与被研究者直接接触而了解社会组织的“不二法门”（吴文藻：《现代社区实地研究的意义和功用》，出处同前，149页），其含义的对象与方法双关性，与ethnos一词无异。

[2] 20实际上半叶出现的现代派人类学典范文本（如马林诺夫斯基的特罗布里恩德岛人［the Trobrianders］民族志、拉德克里夫-布朗的安达曼岛人［the Andaman Islanders］民族志及埃文思-普里查德民族志中的努尔人［the Nuer］民族志）在克服“民族”一词的自相矛盾中付出了民族学的代价——它们择其一而忘其二，聚焦于“单一社群”的深入考察和技术，而舍弃经典民族学的另一个值得珍惜的方面，即对边界模糊的文化复合体的记述。如沃尔夫揭示的：“虽然人类学曾一度关注文化特征是如何传遍世界的，却也将它的对象划分成彼此分立的个案：每个社会都有自身独特的文化，它们被想像成一个整合的、封闭的系统，与其他同样封闭的系统相对立。”（沃尔夫：《欧洲与没有历史的人民》，8页）

代复杂文明）存在着鲜明差异，属于历史和地理意义上的“彼处”。也因此，“民族志”一词中的前缀 ethnos，不单纯指被研究的社会共同体“对象群”，它还通常指作为被研究对象的“人民”的生活方式和文化的特殊性，这种生活方式与文化所显示的，因与国族式的“道德一体”相去甚远而产生了模棱两可的意义。

四

ethnos 在这个层次上的含义，与非现代社会共同体对“人”所作的非现代性定义有关。对于这类“人”的概念，“民族学的牛顿”[1]莫斯曾做过博物学式的展示。在 1938 年成文的《一种人的精神范畴：人的概念，“我”的概念》一文中[2]，莫斯提供了一幅人类精神诸范畴的社会史图画，他以普埃布洛人、美洲西北部印第安人、澳大利亚人的民族志中出现的不同部落对于“人”“人物”“角色”的概念为例，说明部落社会“人”的概念之特征。接着，经过对印度和中国相关历史和民族志素材的过渡性介绍，莫斯将视线引向西方世界个人观念的发生史，使他自己的这篇文章读起来有些像“精神范畴的进步史”。如他在“结论”中说的，他的比较民族志意在表明，人的精神范畴经历了从物我混融及神圣存在向形而上的道德和思想主体演化的历程。[3]

---

〔1〕列维－斯特劳斯说：“民族学在里弗斯身上获得了它的伽利略，而莫斯便是它的牛顿。因此，我们只有心存一个希望，那就是，在这个比一度使巴斯卡尔恐惧的死寂无声的无亘宇宙更为麻木不仁的世界上，那些依然活跃的极少数所谓二元组织——它们可比不上安享庇护的行星——能够在下一轮宣告解体的丧钟响起之前，盼来属于它们的爱恩斯坦。”（列维－斯特劳斯：《结构人类学》[1]，171 页）

〔2〕莫斯：《一种人的精神范畴：人的概念，“我”的概念》，载其《社会学与人类学》，271—297 页。

〔3〕同上，297 页。

莫斯——谨慎保留着进化论的合理因素的莫斯——通过这一“精神范畴的进步史”为我们指出，严格意义上的“个人”只存在于近代西方，与基督教、文艺复兴、启蒙运动、科学有着密切关系。

莫斯引用的民族志，多出自于其同道对部落社会的研究；而这些研究一经他的过滤，便成为一个富有比较价值的谱系，这一谱系说明，民族志叙述下的社会共同体，与民族志作者所处的近代西方社会之间，既存在鲜明差异，相互之间又似曾相识。在部落社会，“人”是部落的组成部分，部落内分为分支，图腾群体拥有一套用以命名个体的人名，得到这些人名的人被认为是之前用过这些名字的人的“转世”，人们通过先祖图腾和神话叙事联系起来，由此形成某种“族谱”，拥有名字的人在仪式集会中应表现出被曾拥有同一名字的前辈的灵魂“上身”的情景，仪式通常含有舞蹈的内容，这种舞蹈一般是人们在成年礼中学习到的。部落社会的“人”，不在己与他人、非人之间设立明确界线，不构成“独立人格”，更不属于自觉的精神实体。这种“人”的观念与近代西方的同类概念存在差异。在拉丁世界确立的“法律人”（它规定着人、物、行为之间的关系）概念的基础上，经过基督教的“道德人”观点，再到清晰的“我”的概念，近代西方最终由哲学家赋予了“我”特殊地位：“康德已经把个人意识、人的神圣性作为实践理性的条件。而费希特则进而把它当作‘我’的范畴，当作意识、科学、纯粹理性的条件……从这个时代开始，思想革命发生了，我们每个人都有自己的‘我’。”[1]然而，与“原始”部落社会之间形成鲜明差异的近代西方，并不能够无视部落社会的存在。一方面，近代西方的“我”的自觉，正是在与部落社会的“人我不分”状态相近的古拉丁状态中逐渐演化而来的；另一方面，正是针对部落社会的“人的观念”的民族志，使认识者

---

〔1〕 莫斯：《一种人的精神范畴：人的概念，“我”的概念》，载其《社会学与人类学》，296页。

更为清晰地观察到“人的思想是怎样‘向前发展的’”[1]。

在论述问题时，莫斯辩证而隐晦，但在一个观点上，他却又明确主张：只有在近代西方，个人才获得了社会与道德的重要性；在其他社会，这种“个人”的概念基本上是不存在的，它没有获得社会和道德的重要性，而是附属于社会与道德。

五

取径于对不同民族志素材的综合，莫斯达致一种“观己为人之道”的比较；对于这一比较，后世人类学研究者做了进一步说明。杜蒙以印度种姓制度与近代基督教下的西方个人主义的对比，来说明非西方与西方等级主义与平均主义的差异。[2]在回顾近代西方“观己为人之道”形成历程时，利奇则指出，此阶段一种泛化的人类观念越来越占支配地位，它要么主张人的一体性应来自同等的个体的共处，要么主张一体性应来自社会凝聚。而这些主张同属“平均主义观念”，其实质内容是“个人视己身为道德的终极神圣源泉”，“不承认任何外在于己身的道德权威”。[3]在美拉尼西亚土著人民族志上卓有建树的玛丽莲·斯特雷森（Marilyn Strathern），则从“个体”和“非个体”的对比，诠释了莫斯对比的含义。在其名著《礼物的性别》一书中，斯特雷森说，“美拉尼西亚的人，不是独特的实体……他们内在地包含着泛化的社会性”，他们的“人”，“被建构成生产他们的关系的多元复合场所”。[4]

---

〔1〕莫斯：《一种人的精神范畴：人的概念，“我”的概念》，载其《社会学与人类学》，297页。
〔2〕见杜［迪］蒙：《论个体主义：对现代意识形态的人类学观点》。
〔3〕Edmund Leach, *Social Anthropology*, p. 79.
〔4〕Marilyn Strathern, *The Gender of the Gift: Problems with Women and Problems with Society in Melanesia*, p. 13.

人类学家是“做民族志的人”，通过“做民族志”，他们不仅试图把握所研究社会共同体的存在方式，而且试图洞察其“观己为人之道”，民族志中的ethnos，面上指的是社会共同体的结构形态，深层则指这类形形色色的“观己为人之道”。

民族志中呈现的“观己为人之道”不是现代性的，与发源于近代西方并由此传播开来的个人主义相异，借杜蒙的话来说，其构成中个人只存在于世外，借利奇的话来说，其总体特征是“承认外在于己身的道德权威”，借斯特雷森的话来说，其“人的构成方式”是“关系的多元复合整体”。[1]

若ethnos的深层含义指在人类学家论述的社会共同体中普遍存在的作为社会性之载体的“己”，那这种所谓的“社会性”又有哪些内涵?

卷入个体与整体关系辨析的后世人类学家如杜蒙、利奇和斯特雷森，目光局限于社会的“人间面向”，他们简单将莫斯论述的“观己为人之道”解释为不同文化中的“我”与“他人”关系的整体性，而没有看到，莫斯关于“人”“我”之类范畴的比较民族学研究，除了其哲学和心理学的关怀之外，还包含一种认识论的求索，它隐含着一种对于笛卡尔之后为欧洲知识分子广泛信奉的物-我、自然-人、世界-思想、世俗-神圣二元论思想方法的反思性继承。

仅就其关于部落社会的“观己为人之道”的论述而论，在莫斯的笔下，那些“原始部落人”的“己”，若无法与其亲属伙伴在一起，又无法融入神话世界和图腾祖先，便将无以为人。对于“原始部落人”而言，“社会性”不仅指人人关系，而且指作为这对关系之源泉的其他关系，尤其是：（1）通过神话叙述和仪式与神界形成的关系；（2）通

〔1〕有这两个总体特征，ethnos之所指，便接近于费孝通先生以“乡土中国”为例阐明的“差序格局”（费孝通：《乡土中国》，25—34页）。在费先生看来，在近代西方以外的社会共同体中，不存在作为团体成员存在的个人，所存在的是“己”。“己”不能理解为“个人”，因为它是由与之形成“差序格局”的种种关系构成的，其源泉是亲属制度，但历史存在弥散于社会的诸层次中，使大社会的构成也带有浓厚的差序格局色彩。

过图腾制度与自然世界形成的关系。而在发表《一种人的精神范畴：人的概念，“我”的概念》一文之前，莫斯已发表了《献祭的性质与功能》《礼物》《论爱斯基摩人社会的季节性变化》等著述，在其被引用最为广泛的《礼物》一书中表明了理解人人关系的中介（物和灵力）的重要性，《献祭的性质与功能》和《论爱斯基摩人社会的季节性变化》，则侧重从“原始人”个体－集体、世俗－神圣的季节性界定审视社会构成的“自然（物质）原理”。[1]这些著作形成一套比较民族学体系，它们单独发表时各有偏向，但结合起来则形成一种对社会性的全面论述；在这些论述中，“社会性”绝非只是“人间关系”，在任何地方，它都涉及生活与思想的所有方面，与人神之间、人物之间关系紧密勾连，融成整体。

六

莫斯的主张可谓是一种广义人文关系学论点，这个观点至20世纪20年代中期（《礼物》初刊之时）已完善。也正是在那个时间段，身处大西洋两岸的英美人类学家，通过各自的努力提出了对ethnos的重新界定。无论是身在英国的马林诺夫斯基，还是身在美国的波亚士，都以“文化”来理解ethnos，且都主张文化的“三分法”。如吴文藻早已提到的[2]，马林诺夫斯基综合里弗斯（W. H. R. Rivers）与塞利格曼（Charles Seligman），对“文化”做出了“物质底层”、“社会组织”与“精神方面”的区分，而波亚士将德式民族学与其自身研究经验相结合，提出根据人类生活的复杂性，文化可作三个方面的描述：（1）人类对周围自然的适应；（2）一社会中个人间的相互关系；

〔1〕 王铭铭：《莫斯民族学的“社会论”》，载《西北民族研究》2013年第3期，117—122页。
〔2〕 吴文藻：《论文化表格》，载其《吴文藻人类学社会学研究文集》，190—253页。

（3）人类的主观行为。[1]吴文藻将马、波二氏的论说重新归纳为文化的物质、社会、精神“三个基本因子”之说，并借助马氏的论述及自身在中西文明比较方面的认识，对民族志提出了自己的看法。

另外，在同一阶段的前前后后，民族志书写者和比较民族学研究者已用不同的方式对英美所谓的“文化科学”做了门类化的阐述。诸如英国的《人类学上的笔记与问题》、德国和法国各自的《民族学问题格》（其法国版本实脱胎于莫斯的《叙述民族学讲义》）都已编订[2]，而经19世纪中后期的早期实践到20世纪初期的“自觉行动”，大量民族志文本问世。此后，专题化研究和综合比较，均出现繁盛局面。

对这些门类化、专题化和综合比较方面的阐述加以重新组合，可以得到一个与人文关系分类大致相符的人类学论述轮廓，进而表明，莫斯的关系论有着深厚的基础。

三对关系中，人人关系一向是民族志的重点，对其论述，广泛分布在社会人类学的主要分支领域，包括亲属制度研究、政治人类学与经济人类学。

民族志的亲属制度描述一向为两个问题所纠缠：（1）社会共同体中人们相互间血缘、姻缘、辈分称呼到底反映的是其相互关系的事实，还是其相互关系的理想？（2）亲属制度到底是人人之间时间上的前后继承关系重要，还是空间上的两性“内外”关系重要？在民族志中，不同形式的亲属关系长期作为社会共同体中“己”与“他人”

---

〔1〕马氏与波氏都曾受德语系民族学的深刻影响，二者共同以文化而非社会性来解释 ethnos，与他们的这些背景有关。不过，二者在文化的用法上也存在两项明显差异：（1）相比波亚士，马林诺夫斯基更受涂尔干学派的社会理论的影响，因之，其“文化”，指的是与社会相适应的复合体系；而波亚士则几乎将文化界定为人与自然之间的中间环节。（2）相比马林诺夫斯基，波亚士因更注重作为人与自然关系的中间环节，而更易于在理论上走向作为适应不同环境从而形成各自不同的观念和行为体系的“相对文化”。

〔2〕凌纯声曾依据欧洲诸国的主要民族志工作手册写出他的《民族学实地调查方法》一文。见凌纯声、林耀华等：《20世纪中国人类学民族学研究方法与方法论》，北京：民族出版社，2004，1—42页。

之间关系的“原初形式”出现，甚至是在民族志对政治的叙述中，这类形式也在一段相当长的时期被当作政治的社会基础加以解析。

成熟于20世纪50年代的政治人类学，开启了若干人人关系研究的新层次，社会共同体中的冲突与和解、结构关系中的支配与权威认可、人人之间“不平等关系”中话语与象征的作用、民族认同的“原生性根源”与国家创造等论题，将人人关系研究导向普遍复杂的社会情景。

与这种普遍复杂性的发现同时，经济人类学家从平均主义经济（如狩猎－采集社会）和互惠交换的论证转向生产关系与交换的等级性诠释；他们对于资本主义生产与交换方式的批判性研究则又为我们指出，对反于 ethnos 所指的那种杂糅状态的现代“商品”与“市场”，存在前提是本来难解难分的人人关系突然消解，“人情”脱离了人赖以相互交流的媒介物，这不仅造就了自由的人力和物品流动，而且为致力于重新赋予社会道德秩序的思想开拓了空前广阔的空间。

述及人人关系时，民族志书写者把祖先和神灵牵扯进来，这是因为，在他们沉浸于其中的多数人群中，人与“神明”之间并无绝对的界线。对于“神”，民族志书写者采取广义的理解，不称之为“唯一的上帝”，而以复数的 gods、deities、cults，以至于更中立的 divinities 加以描述。

早期人类学家相信，包括“蛮族”在内，全人类都属于世界的观察者，于是，他们将人神关系视作一种认识关系，属于人认识“己”的前世与来世及世界与“己”的异同的产物。

后来，多数人类学家持有怀疑论主张，他们并不相信认识者有能力看透“他者之心”，为了更为务实地观察被观察者，他们转而主张在人的宗教性行为（尤其是仪式）中寻找人神关系的线索。仪式中生死、人神关系的拟制，如何起到强化关系结构的作用，仪式中神性和象征如何起到规范个体生活、使之社会化的作用，成为人神关系论述的重要问题。

人类学诞生于基督宗教世界，宗教人类学家专注于这个世界的外部，其考察的人神关系，多与基督宗教的定义不同。在基督教中，人在神面前是平等的，但条件是，存在一个唯一的、与他们不平等的神，上帝是人的“绝对他者”，人给神献礼致敬，不能考虑条件，教徒必须是信徒，他们要“真的信仰神”。受 ethnos 概念潜移默化的影响，民族志书写者在种种另类人群中考察人神关系平等、神非“绝对他者”、有条件的献礼（牺牲）、非信仰类宗教表达方式的存在可能。这些对于另类神、祭祀、象征符号与行为的深究，也反过来丰富了西方信仰－仪式世界的论述。

数千年来，大部分人类已生活在能够分化、改造、生产物的社会中，他们赋予事物的社会秩序的力量渐次增强。在这个历史基础上，由民族志理解人物关系的时候，学者多侧重考察人与自然之间关系的人间属性，尤其是人如何赋予万物可以把握的“秩序”、物品的生产与交换，这就使人物关系的民族志，长期关注宇宙观（人对物的世界的、富有人间价值的看法）、技术学（协助人化自然物为文化物的知识与物质性技术的体系）、“物的社会（人化）生活”（物作为流动于社会共同体内外与之间的交流媒介）。

然而，所有这些都不能否定一个事实：在人为之物之外还存在着众多非人为之物，人与这些非人为之物也有漫长的交往历史。倘若我们将狩猎－采集人代表的数十万年的“非农”历史计算在人类史之内，那么，可以认为，在人类史的大部分时间，人并未制造物，他们就本嵌入在物的自然世界之中，行为和思想都要与物的自然世界相通，否则无法生活。对于那些基本不改造和制造物的社会共同体的研究，是否能够为我们提供一种根本不同的世界观？

农业产生于人对部分生物的驯化，工业产生于人的“驯化”视野从生物拓展到包括无生物在内的万物。就其主观之外的后果而论，数千年来人类走过了一条既越来越远离其与万物的交织，又越来越无法摆脱自己创造之物对自己的控制的“拜物”的历史道路。在狩猎－采集、农耕－牧业、工业这人类“进步史”的三大阶段，人物关系发生了根本变化，人从嵌入于自然到改变自然，从改变自然到“制造生态”，能力不断“提升”，对人类生命的源泉（物的自然世界）的破坏力不断增强。期间，人间世界的生活与思想也发生了一系列变化，生活从物我不分的“自然状态”转入适应自然规律地生产（农业）及征服部分生物（牧业）的状态，再从适应与部分征服自然的状态，转入广泛征服的状态，思想从狩猎－采集人的“自然主义”转入农业－工业社会的“功利－道德”混杂状态（既存的所有“文明社会”，都兼有利己主义与利他主义的两面）。

民族志之所以可能，既是因为历史对于物质世界的“驯化”没有彻底消灭人类对于自己的过去的记忆，又是因为出于难以解释的原因，存在过的“阶段”依旧以“社会形态”或“生活因素”等方式与我们所在的“阶段”并存着（在人间世界的“角落”存在着狩猎－采集人，而都市人依旧用“打猎”来形容自己的奔波；在更广阔的地带，农耕与牧业依旧是人们的主业）。[1] 在万物越来越被当作人造福于自己的“资源”的时代，对那些处理人与物之间关系的诸传统智慧的民族志记述，变得愈加重要。

七

莫斯的“基本教诲”是：“他告诉我们有许多这事或那事值得观察，处处都有有价值的思想和行为方式等待我们去研究……”[2] 民族志就是对于特定社会共同体生活地点及其周边的“这事或那事”的

〔1〕 Tim Ingold, *The Perception of the Environment: Essays in Livelihood, Dwelling and Skill*, London: Routledge, 2000.

〔2〕 杜［迪］蒙：《论个体主义：对现代意识形态的人类学观点》，157 页。

考察，而这些事之所以有价值，是因为它们含有关系。民族志中的ethnos正意味着这些关系，它们可以被分门别类地加以繁复论述，也可以被简化为人人、人神、人物关系。唯有在民族志的实地考察中，从所考察地的关系实践和认知入手，全面和深入地“进入”这些关系，并对它们的复杂性加以认识和再认识，研究者方有可能得出符合实际且富有含义和价值的见解。

民族志诸事实既都由“己”与广义的“它”之间关系构成，ethnos的含义便可被重新理解为有别于“民族”的事物。

若我们说的“己”是指“世内存在者”，那么，以上所述之广义人文关系（“己它关系”）便可理解为“己”与“世界”之间的纽带。如哲学家海德格尔所说：“世界本身不是一种世内存在者。但世界对世内存在者起决定性的规定作用，从而唯当‘有’世界，世内存在者才能来照面，才能显现为就它的存在得到揭示的存在者。”[1]Ethnos要表明的，正是这个道理：由于“己”的含义是由与“它们”（他人、物、神）构成的“世界”赋予的，其存在只有当“己”与“它”形成关系方为可能。这个意义上的“世界”是泛指的，而不是特指的，其存在的空间单元没有特定的规模定义。

民族志的ethnos既然是指这么一个泛指的“己它关系体”，并构成海德格尔所谓的“世界”，那么，它的内涵便可加以“广阔”或“狭小”地“注解”，不应局限于“民族”。

在对众多民族志构成的诸人文关系的世界做广泛陈述之后，对于一个“狭小”场合内这些关系的存在形式，其世界的构成，可再做某种“注解”。

我们的例子是位于中国东南沿海山区的溪村。这个陈氏家族单姓

---

〔1〕海德格尔：《存在与时间》（修订本），陈嘉映、王庆节译，北京：生活·读书·新知三联书店，2014，85页。

村位于两条河流交汇处的南岸，村民有500余户，3500余人，他们分片居住。20世纪80年代末至90年代初我到该地考察时，村里已建立一座政府办公楼，它隔着稻田和聚落，与祠堂和村庙相望，象征“在地化国家”，其设置目的不仅在于管理和协调，而且在于“化农民为公民”，使村落中人渐渐随着法制和文明的建设而变成直面国家的对等个人（公民）。[1]然而，村里的人人关系仍旧依照传统维持，村人不乏有“私”，他们有自我认同与利益诉求，但却十分看重他人。他们用“私人”与“公家”这个概念对子来指代“己”与“他人”的对照。近代以来，“私”与“公”已被我们理解为个人与国家，但在村民当中，它们的含义则比此复杂。这些词首先被用以描述“小家”和“大家”之分，也就是接近核心家庭的单元与包含它在内的扩大家庭之间的区分；不止于此，它接着用以形容扩大家庭与其所在的家族房支的对照；再接着，用以形容房支与整个家族的对照；最后，用以形容整个家族与其外部的世界（包括等次分明的区域、国家与更大空间）的对照。

和“己”与“他人”之间的这种多层次“公私”之分相应，存在着若干小家公用的“公厅”，十二个由共有“公厅”的“大家”组成“房份”（即房支）的“祖堂”，及全家族村庄共同建设、维护和祭祀的祠堂。各小家和大家，都有自己的祖坟，但家族又共同拥有三个共同祖先墓地。通过厅、堂和大小祖坟，“己”与活着的“他人”和亡故的祖先形成亲属关系。

下葬于家族墓地，名字被镌刻在祖先牌位、在族谱里被记载的，有男性祖先（“公”），也有他们的配偶（“妈”）。同样，活着的族人之关系，既依据男系的血缘关系来计算，形成“堂亲”，又依据母系的姻缘关系来计算，形成“亲戚”（这个“戚”字意思大概等同于“外

---

〔1〕 关于隐匿在这栋建筑背后的社区史，见王铭铭：《溪村家族：社区史、仪式与地方政治》。

戚”)。男女的通婚关系是在一个由近疏不等的三圈格局里展开的，其核心圈由数个村庄构成，其中间圈覆盖数个乡镇，其外圈则分布在数个县市中。这些圈子是礼物交换的领域，既是共同参与仪式事件的领域，又是社会互助的资源空间。通婚关系的圈子，尤其是它们中的核心和中间范围，与村民与外界物质上互通有无的范围基本对应，又基本上与地方戏剧、宗教专门人士的来源范围相对应。[1]

“堂亲”“亲戚”之外的关系，有教育、职业和官僚制上的关系，也有“朋友”关系。亲属关系之外的关系，主要包括纵向（向社会等级的较上层）流动与横向（向外地）流动的人员。

人们不仅和与他们共居于此世的其他人打交道，而且也与那些已离开此世、去往彼世的其他人打交道。这些“另一个世界”的人，离“这个世界”并不遥远；生前，他们与家族里的人们形成亲缘关系，如果不是因灾难或意外事件而变成“无主孤魂”，便会在死后被尊为祖先，奉祀于中厅与祠堂，依旧作为家族成员来对待；而那些并不属于陈氏家族、闻名遐迩的贤能和英雄，死后则重生，成为“神佛”，其中一些被“天公”委派来“保境安民”，在此情况下，他们便被尊为地方的镇守之神（境主）。另外，村庄周边，被想象为鬼怪丛生之处，鬼也是亡故之人变成的，但由于他们没有家庭来认领，未能得到安身之所，于是有潜在骚扰人间秩序的可能。

“人”与祖先、神明、鬼怪之间存在着“阶级区分”，贯穿于人神之间的等级是天、神明、祖先、人、鬼，与古代的天地、君、亲、人及陌生人之分相应。不过，“阶级区分”并不带来隔离；相反，区分为交流提供了前提。活人或“世内存在者”以“供奉”“赡养”“施舍”来对待天－神、祖先与鬼。这些概念的来源，与帝制时代的朝贡、生育制度中长辈与晚辈之间相互的“养”的关系、汉化佛教的

〔1〕 王铭铭：《溪村家族：社区史、仪式与地方政治》，50—59页。

“施报”的制度有关，因而，也杂糅着等级制的意味。“供奉”和“赡养”都被当地人等同于“敬”，是指地位低者（世内存在者）通过贡献礼物对于地位高者表示敬意；而“施舍”则是指地位高者（在这情况下，还是指世内存在者）通过给予礼物对于地位低者表示必要的“安抚”。无论是“敬”还是“安抚”，都不是没有关系期待，通过这些行为上的表示，人们期待与广义的“神”（天、神佛、祖先、鬼）维持良好的关系，并从“神”那里得到作为回馈的护佑与平安。

“私”与“公”这个对子，也常用“主”与“客”这个对子来表示。在面对“公”时，“私”是“主”，“公”是“客”；合适的处理关系的举动被称为“待客之道”。年度节庆与人生过渡礼仪为人们表现其“待客之道”提供了机会。溪村传统年度周期的基本格局是由正月的朝圣与“分火”仪式、七月的村神诞辰庆典、七月的“普度”（鬼节）、八月的祖坟祭祀及过年的祠堂祭祀界定的。节庆是时间的节点，在这些节点上，集体生活最为集中，而所谓集体生活被理解为村人敬神请人的举动。在这些分配给神佛、祖先、鬼的时间节点上，人们“供奉”“赡养”“施舍”的食物远远超过一家数人的消耗能力，宴客成为必要，而此时的“客”，一面是只象征性地使用供品的广义的“神”，另一面则是来自本村、本村通婚圈的各层次的人员。除了年度节庆之外，溪村牵涉人的出生、成年、结婚、生病、亡故等人生过渡阶段的事，也都被化为公共生活。处理这些事件之妥善与否，以“人情”这个概念来评判。“人情”是可以“得”和“欠”的，在这些过渡阶段给予“客人”充分的待遇，自己便得了“人情”；而如果从别人那里“得”了“人情”（到别人那里做客），那就等同于“欠”别人“人情”（意味着要适时归还“人情”）。用以表示“人情”的，既有宴会的规模大小、丰盛与否，又有包含金钱的“红包”（为喜事而送）和白包（为丧事而送）。

人人关系与人神关系展开的地方，是由几类物质性的“存在者”

构成的。这个地方，不是没有内涵的“空间”，其内涵之首要者，是土地。这片土地由600亩农田和上千亩丘陵地构成，在其上，还生活着除了人之外的其他生物。分布在这片土地上的，有水稻、竹子和草木林，它们构成一个自内而外的次序，水稻居于村中，竹子圈定由聚落组合和稻田构成的村落的边界，草木林在狭义的村落之外，地处丘陵。这既是一个物的秩序，又是一个文野有别的秩序；其中，由建筑构成的聚落，可谓是“文”，草木林所处的丘陵，可谓是“野”，而农耕之地处在文野之间。溪村也活跃着不少动物：在家居周边活跃着鸡鸭和猪，在家族房支的公厅拴着耕地用的牛，这些用以农耕的牛，也有规律地出现在草木林和稻田中，在草木林中放养，在稻田中牵犁。尽管人们极少谈论古老的五行哲学，但他们的生活正是在这个哲学概括的金、木、水、火、土之相生相克关系体系中展开的。没有土地及来自天上和河流的水，植物（木）便不能生长，植物不能生长，则动物（包括人、家禽、家畜）便没有养料，要在一块有限的土地上养育如此之多种类的生物，若缺乏了一定技术水平的工具（金和木的结合），便是不可思议的，而缺乏火，金属工具便无法锻造，“生物”也无法化成熟食。从“相生相克”的道理来理解人的生活，使我们认识到，人正是通过某些物对另一些物的“克”（销毁）来达致对一些物的生产和再生产，从而维系自身生命的。在溪村，人们生活中之物，不全是来自于本地的；其中，木与土在本地有丰厚的存在，但金、水、火则并非如此。溪村的金属农具多是在县城购得，水更是广阔的天地关系之产物，而火虽然易于在本地点燃，但在传统“体制”上，它的“种”必须来自村神的“老家”。[1]

---

〔1〕一年一度，农历正月时，溪村人迎着村神塑像前往其祖庙或四方的大型道教或佛教寺院，这类仪式被定义为“朝圣”，实际内容主要有：（1）通过迎神出行维系地方神庙与更大地区的区域神庙之间的关系；（2）通过进香求取全村的“火种”（求来的“火种”被存放于村庙，由专人守护到正月十五，此时，再通过隆重仪式被分配到各家各户）。

如费孝通在《江村经济》一书中提到的，中国乡村一般有三种历法，第一种是适用于农耕的历法，它告知人们什么时候该下苗、什么时候该收割等，往往与二十四节气联系紧密；第二种是节庆历法，它告知人们重要的公共社会活动该有什么节奏；第三种是择日用的历书，用于择吉。[1]农耕也是溪村人的传统生计，因而，以上所述的地方之人物关系构成，也是通过农耕的历法来协调的。同样，溪村的公共生活，也与节庆历法紧密相关——如前所述，当地最重要的公共活动，正是由天-神、祖先、鬼的“出没规律”而得到规定的。溪村人在必要时也到其他地方寻求算命先生的帮助，尤其是在遇到人生的重大关节点时，会求助于他们的指点。而这些所谓“算命先生”握有他们自己的历法，得到求助者的生辰八字之后，便将之与历法加以比照推算，为当事人指出何时做何事对他/她而言是吉利的或不吉利的。吉利或不吉利，是根据有特定生辰八字的求助者与包括天象的、地理的、神性的存在物在内的宇宙万物在不同时间点与求助者可能存在的具体相顺应或相冲突的关系来判定的。这种择吉历书，以一个饶有兴味的方式，表现人们对于“己”与广义的“它”之间关系的关注。

海德格尔将世界定义为“天、地、人、神之纯一性的居有着的映射游戏（Spiegel-Spiel）”，他指出，“这种游戏出于转让过程的合抱起来的支持而使四方之中的每一方都与其他每一方相互依赖”，在其中，“四方中没有哪一方会固执于它自己的游离开来的独特性。而毋宁说，四方中的每一方都在它们的转让之内，为进入某个本己而失去本己”。[2]通过溪村的个案，我们“注解”了莫斯关于作为社会性的关系论述，借之，我们又以一个被概括了的民族志实例“注解”了作为ethnos内涵的“己”与广义的“它”的关系；这个“注解”表明，海

〔1〕 Fei Hsiao-Tung, *Peasant Life in China*, pp. 144-153.

〔2〕 海德格尔：《演讲与论文集》，孙周兴译，北京：生活·读书·新知三联书店，2005，188页。

德格尔对于“世界”的论述，与我们对于民族志中 ethnos 一语之含义的理解不谋而合，二者之间的不同似乎仅在于：我们的论证是从经验式的论证出发的，而海德格尔采取的是哲学本体论论证。

八

在民族志的世界：（1）所谓的“他者”是多元的，分布在不同地区，拥有不同的“世界智慧”；（2）从这些被研究人群自身的立场看，诸类“他者”其实与“我者”[1]一样，本质上都是与种种“其他”关联在一起的“已”；（3）由于在民族志书写者暂时栖居的风格各异的田野地点中，传统上并不存在西式的社会科学人类中心主义观点，这些地方的“它”既包含人，又包含物和神，人的存在，正是在与种种“它”的关联中成为可能的。

之所以对复杂难辨的关系加以分类，主要是为了认识与表达的便利。在实际的生活情景中，三对关系浑然一体。研究其中的一对关系，都须同时研究其他两对，尤其是研究人人关系，须同时研究人神关系与人物关系。

这同样意味着，可以通过观察其中一对关系，或者可以通过观察纷繁复杂的人文世界的一件个别事物，窥知其他关系、其他事物。

关系及关系的整体化，不是一成不变的，而是随时间和空间、历史和地方的不同而不同。社会之间的差异表现为关系的整体化的形态

---

〔1〕 20 世纪 80 年代，出现了对民族志的反思之作（如 Johannes Fabian, *Time and the Other: How Anthropology Makes its Object*; James Clifford and George Marcus eds., *Writing Culture: The Poetics and Politics of Ethnography*），它们将知识的辨析运用于批判，将非西方社会共同体一并形容成人类学家的“他者”，指认民族志制造了丧失自身主体、成为客体的另类。其中含义是，一个多世纪以来，西方一直是人文世界的唯一“我者”或唯一“观察者”，非西方诸民族的文明是多样的，但在这个唯一认识者面前，则变成了由一个个同等的“个体”加起来的“他者”。

差异：有些社会共同体以人人关系来统合人神与人物关系，有些以人神关系来统合人人与人物关系，有些则以人物关系来统合人人与人神关系，使社会构成方式出现人中心、神中心与物中心之别。

以人人、人神、人物关系为序来阐明人文关系的类别与情状，同样是出于研究和表述之便。被我们表述的社会共同体，完全可能采取以上不同的排序。而民族志书写者自己也不例外，他们对于关系之序列存在着分歧：社会学派倾向于将人人关系排在人神关系与人物关系之前，宗教学派倾向于将人神关系排在人人关系与人物关系之前，唯物论者和环境论者倾向于将人物关系排在人人关系与人神关系之前。〔1〕此外，还存在着形形色色的综合，如宇宙论派倾向于对人神关系与人物关系加以泛灵论的综合。〔2〕

不同“中心论”既表达诸 ethnos 世界存在内部分支、层次、板块之间互惠性（平行）与等级性（上下）关系的交织形态，也表达作为“世内存在者”的“己”与“世外存在者”的“另一些世界”之间互惠性与等级性关系的交织形态。其中，互惠性与等级性关系都是普遍存在的，但其交织形态则有差异。

有新生代人类学家不无绝望地说，“他者（alterity），如果你喜欢这么叫，是对不可能的他者表述的挑战”，因为，在他者中，“物同时是人，人同时是神，神同时是圣饼，双胞胎同时是鸟”，这些混杂的事物，充满自相矛盾，让民族志作者迷惑，而他们谈不上有什么能力对真实进行表达。〔3〕

---

〔1〕 吴文藻认为，文化的物质因子（即我们所说的人物关系）是最可触摸的，而社会因子（即我们所说的人人关系）虽不如物质因子明显可见，但也比精神因子（即我们所说的人神关系）更为具体、易于入手研究。不过，总的来说，吴文藻认为民族志的文化论比所有思想流派都有优点，这是因为，这一文化论对文化三因子平等看待。见吴文藻：《论文化表格》。

〔2〕 Eduardo Viveiros de Castro, “Cosmological Deixis and Amerindian Perspectivism, ” in *Journal of the Royal Anthropological Institute*, Vol. 4, No. 3, 1998, pp. 469-488.

〔3〕 Martin Holbraad, *Truth in Motion: The Recursive Anthropology of Cuban Divination*, Chicago: University of Chicago Press, 2012, p. xvi.

人文关系，是这样的混杂和自相矛盾的放大，它们对于试图表述它们的任何书写者的挑战更大。然而，我们不能说，他者与我者之间存有截然差异。的确，对于人文关系的论述是从对 ethnos 这种指代另类（非现代性）的“观己为人之道”的理解中生成的。然而，一百多年来民族志研究者之所以“舍近求远”，到远方去求索不同的 ethnos，原因除了与个人气质和近代世界格局有关，更重要的是，远处的 ethnos 具有比近处的社会更接近人类生活之本原的现象。民族志舍近求远得来的有关人文关系的论述，同样说明企图与他者分离的我者的本体与认识。对“己”与“它”的关系及其浑然一体性的认识，主要来自“他者”社会共同体，但这些社会共同体与“我者”之间存在着深刻的相通性（不存在没有这一关系和浑然一体性的社会）。“物同时是人，人同时是神，神同时是圣饼，双胞胎同时是鸟”这样的话既然可以说出来，我者的本体与认识便不会离他者多遥远。在养育出民族志的西方，人、神、物或物、神、人的交互关系，也没有随着从一切独立出来而容纳一切之整体性的“自我”之出席而退位。

九

一如列维－斯特劳斯所表白的，作为民族志书写者的人类学家，总是心存困惑：“如果他希望对自己社会的改进有所贡献的话，他就必须谴责所有一切他所努力反对的社会条件，不论那些社会条件是存在于哪一个社会里面，这样做的话，他也就放弃了他的客观性和超然性。反过来说，基于道德上立场一致的考虑和基于科学精确性的考虑所加在他身上的限制而必须有的超脱立场（detachment）使他不能批判自己的社会，理由是他为了要取得有关所有社会的知识，他就避免对任何一个社会作评断。”[1]然而，由自我与他者之分、使命与天职之分导致的困惑，不应影响民族志求索。人类学家依旧来回穿梭于ethnos与它的对立面（近代西方文明），努力从对比和联想中提出见解，他们不相信，ethnos所代表的“彼”与生活世界和认识中的“此”无关——不应忘记，近代欧洲的“此”从ethnos的“彼”中获得了自我认同的丰富源泉；而其培育的人，也并非个人，虽有人类学家所说的那一“个体主义”形象，生活却依旧是围绕内在差异化、人格外在化、非个人的多元复合场所的“人”展开的。

通过“己”与“世界”的关系认识“他者”，也是通过民族志的双向回归实现“自我”的觉知：人并不孤独的，我们除了与他人相处，还与万物与神性生活在一起，因而，“惟从世界中结合自身者，终成一物”[2]。

---

〔1〕 列维-斯特劳斯：《忧郁的热带》，502—503页。
〔2〕 海德格尔：《演讲与论文集》，188、192页。

谈《山海经》的广义人文关系体系

一

《山海经》这本书，现在市场上卖的都是很厚的一本，实际上只有31000字，书分成《山经》和《海经》，共18卷。

这本书的历史跟许多古书一样复杂。

它跟很多的经典一样，上古时期曾经以某种方式存在过。秦始皇焚书坑儒、项羽大烧咸阳，使很多古书被毁。但其实秦始皇和项羽没有烧掉所有的书。到了汉代时，在我们可以称之为“皇家图书馆”的机构，以及在民间，其实还藏着不少。《山海经》这本书正是在西汉时古文经学家刘歆（秀）这个人在故纸堆里发现的。据说，这本书的《山经》部分（《五藏山经》）是传世的，刘歆给加上了《海经》部分，成了《山海经》。他统合《山经》和《海经》，用一种宇宙观图式梳理了这部古书，使之系统化。

根据刘歆的观点，《山海经》是大禹治水的时候产生的。大禹跟他的“总理”伯益有一个分工，大禹做的工作主要是“导水”，或者说是疏通河道，这些水道都和山有关；而伯益所做的工作，主要是探索性旅行，他到各地探问山水情势，了解我们所说的“山水社会”。有学者认为，《山海经》的“经”字指的不是六经的“经”，而是经历的“经”，是伯益这个人行走的结晶，记录着他行走过的山水故事。而且，伯益的行走似乎担当着一个使命，就是现代人说的“分类”。

这个非常有意思，因为“客观的”分类被认为跟近代西方有关，而事实上，如人类学家列维－斯特劳斯指出的，世界各地的人民很早就对世界进行着分类，我们中国人也不例外，古史时代伯益进行的工作，就包括了分类。

伯益对于万物、异类、精灵似乎特别关注，搜集了很多材料，用他自己的“类别”来记载这些存在形式，特别是异物——奇怪的、怪异的异物。

不过，不是所有人都相信刘歆的说法。大抵说来，自从朱熹提出《山海经》是模仿《天问》而写的之后，对《山海经》的年代和知识来源，就一直存在各种各样的讨论。比如说，在现代学术中，顾颉刚认为《山海经》远远早于《禹贡》，而另一些人则认为它晚于《禹贡》；又比如说，不少学者相信，《山海经》的知识是中国的，而卫聚贤和蒙文通等却认为，《山海经》记载的是西来的知识，是墨子的一个印度弟子记录下来的中印之间的山川情势。

二

《山海经》的研究史本身饶有兴味。毕竟我不是这行的人，很难具体知道有没有人专门写书来论述它。但翻阅相关学术史文献，比如，民俗学家陈连山的《〈山海经〉学术史考论》[1]，大体能够得知，近现代《山海经》研究史有若干“学派”。

其中一派跟西方近代启蒙运动之后知识的活动有关系。启蒙运动奠定的是一种自然主义的世界观，为了“论证”这种宇宙观，从18世纪开始，就有不少欧洲学者向东方和原始世界去寻求非神性中心主义的知识资源。似乎是在这个大氛围下，《山海经》在19世纪初就已

---

〔1〕 陈连山：《〈山海经〉学术史考论》，北京：北京大学出版社，2012。

经被翻译成法文了，之后渐渐又有一些其他西文版本。估计对西方近代学者来说，《山海经》有着破除上帝创造世界的神话的作用。

国内也有不少研究，有的在全国性层面对《山海经》做学科性论述，如地理学史、民族学史和神话学史的论述，这几方面的讨论特别重要，其旨趣是从文本里面发现这些学科的中国之根。也有很多身处地方的学者在从事《山海经》研究。名望远播的袁珂先生，是神话学家，但兴许因身处四川，袁珂解释的《山海经》看起来跟四川及其周边的山川情势关系比较密切。另外还有别的地方的学者，把《山海经》当成对地方山川情势的记述，如有山东出身的学者，认为《山海经》讲的故事都是山东的。而我十多年前在大理跟一些文史专家座谈时发现，他们把大理说成是中国的中心，认为《山海经》记载的就是"我们的苍山洱海"。这些各种各样的研究史上的故事，非常多，各有"理由"，值得辨析。

作为人类学研究者，我个人对顾颉刚先生的话比较有兴趣。顾颉刚先生在其《中国上古史研究讲义》[1]中把《尧典》界定为"儒者的谎言"，把《山海经》界定为"民众的谎言"，他一辈子在研究不同的"谎言"及其相互之间的联系。这没有时间多说，不过，有一点还是应该强调一下，如顾颉刚先生说的，《山海经》记载的，更多是"民众的谎言"（"民众对于宇宙的想象"），这些"谎言"的历史，汇合了许多"史前史"和"古史传说时代"的知识，感觉上其历史比其他"谎言"要古老得多。

三

以下谈的，涉及《山海经》的内容，不过不是内容的所有方面，

---

〔1〕 顾颉刚：《中国上古史研究讲义》，北京：中华书局，2002，21—30页。

而只是一个方面，这就是我称之为“广义人文关系体系”的方面。

《山海经》共18卷，记载了一百多个叫作“国”的地方，有的人把“国”解读为“国家”，其实不太准确，“国”就是一些方位（当然，其中有些有自己的王或者酋长，称它为“国家”，那可能也没大错）。这些“国”里，总计有3000多个地名、400多种植物、100多种金属的矿物、400多座山、300多条水道、200多个神话人物和300多种怪兽。

《山海经》的记述文字简略，但内容生动。大体说来，其记述的存在体有物、神、人三类。

第一类是物，这些存在体固然是外在于人的，但它们却与人的存在形成关系。

第二类存在是所谓“神”。我们知道，《山海经》被认为是志怪的书，有许多我们后来称之为神仙鬼怪之类的存在体。

第三类更为现实的，是有人的存在体。历史学家会把这些称为“历史人物”，比如说三皇五帝到三代的王，有些这类“历史人物”被《山海经》纳入“神谱”中记载。不过，《山海经》当然还有其著名的关于我们称之为“民族”的记述，据说，书里的100多个国里面，住着许许多多“人”，蔡元培先生曾经在《说民族学》[1]一文中把这些“人”看成“民族”的早期形式。

《山海经》对这三个类别的存在体做了区分，但在具体描绘它们时，也强调了其相互之间的关系。

无论《山海经》的作者是一个人还是很多人，它记载的物都既“风情万种”，又都与人有关。

过去学界前辈受到西方人类学的启发，用万物有灵论、图腾论和巫术论对上古时期中国人的“一般思想”进行解释，这些不全没有道

〔1〕 蔡元培：《说民族学》，载《蔡元培民族学论著》，1—11页。

理，但我更关心这些“思想”里的人物关系。

对于一些关系性的词，未来有必要做细致研究，这里只能点到为止，比如，其中有些词涉及物“养人”的方面，另一些涉及物“已病”的方面。《山海经》还没有系统的物人生克理论，感觉这个文本比较倾向于物的化育和利人特性，比较接近于原始的物人亲缘关系思想，主要强调物质性的存在体滋养人类、终止（已）病患的作用。

我觉得这个非常有意思，其含义是，世界上的物跟人是有关的。

这种人物相关论，有时含有所谓“物占”的内容。所谓“物占”，也就是将非人之物（如动物）在特定时间的特定表现看作与人的关怀相关的征兆。在这方面，通过“物占”，对水旱之灾和兵灾进行预测，似乎蛮重要。比如，《北山经》记述说，“有蛇一首两身，名曰肥遗，见则其国大旱”，而《南山经》有句话说，“有鸟焉，其状如枭，人面四目而有耳，其名曰颙，其鸣自号也，见则天下大旱”，《东山经》则说，“有兽焉，其状如牛而虎文，其音如钦，其名曰軨軨，其鸣自叫，见则天下大水”。

袁珂先生在《中国神话通论》“神话与仙话”[1]一段中指出，自《山海经》时代开始，“升仙”的企图就存在于我们祖先思想中了。袁先生将“仙话”与“神话”做了有意思的区分，认为“神话”讲的是大无畏的牺牲精神，是社会性的；“仙话”则是“个人主义和利己主义的”。他还将“仙话”与后来的道教相联系，揭示了“中国心灵”中成仙之梦的实质。

“升仙”是什么？我的理解，其意思大体就是通过吸收特殊之物的精华、使人己身成为不死之物，以挑战死亡。如袁先生所言，这是一种挑战死亡的努力，但其努力方向与“神话”有所不同，后者是通过“自我牺牲”，“升仙”则相反，是通过人在物质性质上的“升华”

〔1〕 袁珂：《中国神话通论》，成都：巴蜀书社，1993，16—22页。

而实现的“不朽”。我看，若是善加研究，《山海经》体现的这一方面的内容，一定也不少。

另外，《山海经》虽然记载了我们称之为“神”的东西，不过，必须指出，这类存在体不像西方宗教里面的那种“神”，它们往往混合了人的形象和物的形象，如《大荒东经》有“神话”说，有一种“神”叫“禺虢”，存在于“东海之渚中”，“人面，鸟身，珥两黄蛇”。如蔡元培先生所说，《山海经》“所记神状，有龙身人面，人面牛身，与四足一臂，八足二首”〔1〕。这些“神”没有很清晰的神的形象，自身是关系体，融合了人、物的气质。

又，《山海经》记载了伟大的历史人物和平常的“民族”，这些“人”也跟“神”一样的，带有混合性，身份上如此，实体上也如此。也就是说，这些“人”，无论他是伟大的酋长，还是一般的人民，同神界和物界是紧密相连、融合为一体的，正是这种“杂糅”，成为了“人”这种存在体的本质。如，《海内经》述曰：

伯虑国、离耳国、雕题国、北朐国皆在郁水南。郁水出湘陵南海。一曰相虑。

枭阳国在北朐之西。其为人人面长唇，黑身有毛，反踵，见人笑亦笑，左手操管。

兕在舜葬东，湘水南。其状如牛，苍黑，一角。

苍梧之山，帝舜葬于阳，帝丹朱葬于阴。

泛林方三百里，在狌狌东。

狌狌知人名，其为兽如豕而人面，在舜葬西。

狌狌西北有犀牛，其状如牛而黑。

夏后启之臣曰孟涂，是司神于巴人。请讼于孟涂之所，其

〔1〕 蔡元培：《说民族学》，载《蔡元培民族学论著》，2页。

衣有血者乃执之。是请生，居山上，在丹山西。丹山在丹阳南，丹阳居属也。

我们可以找到许多例子来解释以上所说的三大类存在体之间的关系意味，不过时间有限，我们把这项工作留待以后进行，在这里，我们只是稍加提及。

我最近写了些关于“广义人文关系”的文章。什么是“广义人文关系”？我的意思是说，过去社会学和社会人类学研究的关系，基本上可以说是“狭义人文关系”，尤其是人人关系。过去的关系研究，也涉及物和神，但由于学者受“狭义人文关系”思想的局限，总是把这些非人存在体描绘成人人关系的体现。要拓展我们的学科界限，我们就要开放这些关系。所谓“广义人文关系体系”，指的是人和物的关系、人和神的关系、人和人的关系，指的是这三种关系之间的不可分割性，以及其决定性的多样性。在我看来，如果有什么“社会”，那么，它一定是这三种关系的混合。当然，不同社会对这三种关系会有不同的定义和处理。我觉得，《山海经》代表了一种定义和处理方式。

《山海经》是将山水定义和处理为社会、将社会定义和处理为山水的“世界的智慧”。

在《山海经》的任何一个方位，方位中还有方位，正是在层层叠叠的方位里，物、神、人相处在“国中”，这些存在体之间没有清晰的等级关系，没有上帝高于人、人高于万物之类的基督教等级关系，存在体之间的关系虽然纵横交错、上下交织，但其实质是平等的，甚至是含有所谓“齐物”的特点的。

《山海经》产生以上印象后，我想到了近期西方流行的“印美宇宙论视角”（Ameri-Indian Cosmological Perspectivism）。这种观点认为，在西方的自然主义诞生之前，特别是在西方之外的其他世界，宇宙观的特点是万物有灵，在这种万物有灵论之下，没有一个人像近代的西方科学家那样，对自然和文化进行两分，也没有一个人认为，自然决定了文化，而是相反的，世界上存在的是文化，这是普遍的、一致的精神世界，这种精神世界贯穿于每个人、每个物、每个神当中；倒过来，自然反而是多样的。这位巴西人类学家称，这种万物有灵论，实质是自然多元主义。[1]

我从《山海经》中看到的物、神、人，确有自然多元主义的特征，因为其中记述的存在体以差异性为特征，也就是我们前面说的“风情万种”。然而，这种自然多元主义背后，并不存在一个贯穿包括人在内的万物的“灵”。在《山海经》的某些地方，“灵”是存在的，但这种“灵”自身也是多样的，不像那位巴西人类学家想象的那样，没有区别。《山海经》的不少地方记载巫师贯通上下、祭司担纲祭祀的情景。巫师和祭司之间，在作用上是有相同之处的，他们都起到上通下达、协调内外的作用，所不同的是，按传统说法，巫师所通的“上”和“外”是“自然”，而祭司所通的，则是“神性”，然而，其实“自然”和“神性”之别并不是《山海经》的使命。这种“特殊性”出于何处？我觉得，它跟我们古人的“自然”观念的双重性有关，我们古人的“自然”是并不单指近代西方自然主义出现之后所定义的物质性的自然。

可以认为，《山海经》最有意思的地方之一在于，它容纳着一种非二元主义的本体论，它拒绝承认身体性与内心性的二分、客观性与主观性的二分、自然与文化的二分，而这二分是西方现代“精神”的核心，尽管是“精神”，却总是以自然主义为理由存在的。

总之，在我的印象里，《山海经》代表一种自然 / 文化多元主义的“世界智慧”。

---

〔1〕 Eduardo Viveiros de Castro, “Cosmological Deixis and Amerindian Perspectivism, ” in *Journal of the Royal Anthropological Institute*, Vol. 4, No. 3, 1998, pp. 469-488.

四

所谓“自然 / 文化多元主义”智慧有其“格局”。

《山海经》有它的时空形式。

我们知道，刘歆，那个整理和编订《山海经》的古文经学家，在王莽时期曾被任命为一个叫“羲和”的官，在传说中指尧任命的分驻四方、观天象、制历法的“神人”，汉时的“羲和”不妨可以理解为“帝国首席天文学家”。他整理《山海经》，不是没有天文学上的考虑。《山海经》讲到山，在不少关键点上会说，那里存在着某一种人，这种人长得既像物又像人又像神，他（她）掌管着日月星辰。显然这本书是通过地理来界定人间和上界的关系的，特别是人跟天的关系。我们知道，《山海经》地理的时空形式是以五方为特征的，所谓“五方”，内容繁复，其一个方面是指中心方位的时间是由四方的季节流转界定的。西方学者往往误解五方，将它妖魔化为华夏族裔中心主义（sino-centric）的宇宙观表达。即使在某些特定阶段这种中心主义存在过，我们从《山海经》时空形式的五方界定也可以看出，在古人那里，“格局”是以周边为中心的，因为，中心的时间是由周边的四方赋予的。

无论如何，我想说的是，《山海经》记载山川时，实际多带有天文学的考虑，带有认识物、神、人在宇宙中的处境的旨趣。

《山海经》的“格局”跟这个旨趣有关。

明朝有一个爱注疏《山海经》的学者叫作杨慎，他写有一篇《〈山海经〉后叙》，非常有意思。他认为，《山海经》中的《海经》实际由两部分构成，《海经》是写八方的，除了东西南北，还有东南、西南、西北、东北几个方位，外面则还有《大荒经》。杨慎认为，正是外在于具有中心性的《山经》、《海经》和《大荒经》，是大禹治水之后所铸造的九鼎所呈现的核心图景。如人们所知，《山海经》本是图，杨慎甚至认为，《山海经》先是有图，后才有文的，他有一段话说，“神禹既锡玄圭以成水功，遂受舜禅以家天下，于是乎收九牧之金以铸鼎”。也就是说，大禹成就了治水大业之后，把九州各地领导所藏的金属收过来铸成九鼎。那么，九鼎的“装饰”是什么样的呢？杨慎说，“鼎之象，则取远方之图”。非常有意思！人们觉得，今天中国人非常闭塞，不开放，可我们的古人却完全不同，其铸造的“国之重器”，实际是“取远方之图”而成。其中内容又有哪些？正是《山海经》记载的那些物、神、人，包括“山之奇，水之奇，草之奇，木之奇，禽之奇，兽之奇”。九鼎之图依据的《山海经》，“说其形，著其生，别其性，分其类。其神奇殊汇，骇世惊听者，或见，或闻，或恒有，或时有，或不必有，皆一一书焉”。九鼎的世界图像与大禹所著的《禹贡》内容上有分工，“盖其经而可守者，具在《禹贡》；奇而不法者，则备在九鼎”。九鼎是早期中国主权的象征，然而这种主权的象征，却不是欧洲的王冠，而是远方的这些奇奇怪怪的东西。杨慎说，“九鼎既成，以观万国”，意思是说，九鼎是让人们看到天下无数的国家的“镜片”。这个主权的象征，内涵来自“异类”。

杨慎明确说：“则九鼎之图，谓之曰《山海图》，其文则谓之《山海经》。至秦而九鼎亡，独图与经存。”

而清朝有个叫毕沅的，也注过《山海经》，这位前辈也说，《海外经》《海内经》八方的记载和《大荒经》，都是禹鼎图。

关于《山海经》的内容，刘歆在《上〈山海经〉表》中说：

> 益与伯翳主驱禽兽，命山川，类草木，别水土，四岳佐之，以周四方，逮人迹之所希至，及舟舆之所罕到。内别五方之山，外分八方之海，纪其珍宝奇物，异方之所生，水土草木禽兽昆虫麟凤之所止，祯祥之所隐，及四海之外绝域之国，殊类之人。禹别九州，任土作贡，而益等类物善恶，著《山海经》，皆圣贤之遗事，古文之著明者也。

看来，《山海经》的“格局”，是用外面的八方和大荒中的物、神、人这些相互关联的存在体来界定中原的“神圣主权”。这种化“怪异之物”为王权象征的古代智慧，意味深长。

晋代的郭璞，在注《山海经》的时候，写了《〈山海经〉叙》，论述为什么对怪（怪物的怪）不应该感到怪。我们知道魏晋的时候，中国乱得很，那个时候郭璞是带着一种多元主义态度在看《山海经》的。郭璞说，“世之所谓异，未知其所以异”，意思是说，人们感觉到有些东西奇怪，但往往不知道为什么它们很奇怪；“世之所谓不异，未知其所以不异”，意思是说，有的时候人们觉得一些事物很熟悉，但却说不清它们为什么那么熟悉。

为什么我们有这种“无知”？郭璞解释说，“物不自异”，万物不是自己产生差异的，“待我而后异”，也就是说，物等待“我”出现后，才产生差异。那么，“异果在我，非物异也”，也就是说，如果这种奇怪的东西是“我”导致的话，不能说是物自己的差别。我们不必把九鼎所铸造的《海经》所叙述的那些奇奇怪怪的东西看成有什么可以奇怪的。

我觉得郭璞这些话针对的是保守的儒家，他认为，倘若人们局限于其所熟知的人间世界，就不能接受其他事物跟我们的关系了。在郭璞那个时代，由于人间主义的局限，人们以自己司空见惯的“怪事”为习惯来认识世界，郭璞认为，那种观念是有大问题的。“阳火出于冰水，阴鼠生于炎山”，明明是阳火，却是从冰水里冒出来的，明明是阴气的老鼠，却生于“火炎山”之上，当时，“俗之论者，莫之或怪”。然而，如郭璞说的，“及谈《山海经》所载，而咸怪之”。郭璞批评说，这种现象“是不怪所可怪者而怪所不可怪者”，本身是“有可怪”的奇怪现象。郭璞注《山海经》不为别的，正是为化怪为不怪，化不怪为怪。

郭璞的怪与非怪的辩证特别刺激，这里包含了《山海经》的智慧，这种智慧表明，那些被当成奇怪的存在体，本与“我”相关。换句话说，《山海经》没有什么奇怪的，它就在我们当中，“在‘我’的心当中”。

五

地理学、神话学、民族学等学科可以从《山海经》中寻找各自关注的记载，但有必要知道，这本古书与其说是某些学科的作品，毋宁说是一个综合文本，其丰富的地理、神话和民族的记述，贯彻着某种整体的宇宙论，这种宇宙论处理着人与置身不同地理位置的他人、他物及“神”之间的关系，界定着贯通天地的“中间环节”。我认为，《山海经》的宇宙论，能为我们重新认识自然 / 文化二元论带来的问题提供不可多得的裨益。

山与“社会的自然之源”

一

社会科学研究的观念局限中，问题最严重的，是用人间主义视角来定义“社会”。何为“人间主义”？就是国外所谓anthropocentrism，即“人类中心主义”，指的是将人之外的事物看成与人无关——或者至少是说无关宏旨——的那些看法。这些看法在社会科学里造成的后果是：社会科学家对社会研究得越多，作为社会构成因素的“非人存在体”或广义的“他者”（如社会学家笔下的神圣之物，及由非人物种和无生物构成的“自然世界”，或者是二者的复合体）越变越少；最后，如在过去一个世纪发生的那样，在通常的研究中，所谓“社会”，便只是指人间关系及其构成的“集体”了。

在一篇短文中[1]，我玩了一个“拆字游戏”，将我们用以翻译society的“社会”两字的合体重新分解，说“社”本来是指经由对“非人存在体”的认同而生成的“人间共同体”，而“会”则是指这些共同体在特定时间和空间的隆重出场（“赛会”）。这个“拆字游戏”必定粗陋，但我相信，即使粗陋，它也有助于我们展开一种广义社会学理解：如果我没有读错，那么，涂尔干在其《宗教生活的基本形

〔1〕 王铭铭：《反思“社会”的人间主义定义》，载《西北民族研究》2015年第2期，109—112页。亦见本书224—229页。

式》中耗费大量篇幅论证的道理便是，“社会”凭靠“圣化”成其自身，而使圣化成为可能的“圣者”总是由自“社会之外”，比如，由自成为图腾、佛、神的“他物”[1]。

二

“山与社会”这个主题，是基于这一广义社会学的理解提出的。我建议这次工作坊把通常被社会研究者——无论是社会学研究者还是社会人类学研究者——排除在外的山，当作入手点进入社会世界，致力于复原其超人间面目。

三

我不是第一次谈山这类物[2]，也不是第一次组织有关山的讨论[3]。作为社会人类学研究者，如大家一样，我将大部分精力投入到被人们与客体截然分开的主体研究中，对于亲属制度、交换、支配等关系类型倍加关注。这些年我之所以“分心”关注山这类事物，有理论上的考虑[4]，但这一考虑来自经验中之所见。

在田野工作中，我曾遭遇了一种“民间看法”，这种看法将这类被我们“科学地”排除在研究领域之外的事物与人间之事紧密关联了起来。

---

〔1〕见涂尔干：《宗教生活的基本形式》。

〔2〕之前论述，见王铭铭：《东亚文明中的山：对中国之山的几个印象》，载《西北民族研究》2013年第2期，69—72页；王铭铭：《山川意境及其人类学相关性》，载《民族学刊》2013年第3期，42—43页。

〔3〕2014年，我曾在四川安仁古镇召集过一次“山——人类学的视野”国际学术工作坊。

〔4〕特别是对近代认识方法所造成的对本来广泛存在于各文明中的“天人合一”世界智慧的破坏之反思性考虑。参见王铭铭：《环境问题与社会问题》，载其《没有后门的教室：人类学随笔录》，北京：中国人民大学出版社，2006，78—103页；王铭铭：《心与物游》，桂林：广西师范大学出版社，2006；Philippe Descola，*Beyond Nature and Culture*，Chicago：University of Chicago Press，2013。

在东南沿海一个村社，我听说作为传统“基层社会”核心公共象征之一的村神，是在一座山上成神的。为这个村神建立的神堂，大抵可谓是古代的“社”。如顾颉刚先生早就观察到的，古人之社颇朴实，本为土地的圣化形式，而在闽南民间（特别是顾先生于20世纪20年代造访的福建南部民间），人们广泛用大帝、圣贤、元帅、夫人、圣君等神明的传奇来渲染社的灵力。[1]我研究的那个村社的村神也是这样。顾先生描绘的现象，可以被理解为古代之社的神化。大而化之，可以说，所谓“社”，本是土地生命力的崇拜。古人有时用树有时用石来代表这种生命力或永恒结晶，他们不仅没有把自己创造的人文世界与当下所谓的“自然”“环境”这些系统分离出来，而且还将被我们理解为“外在”的自然之物视作人文关系系统的秩序构成因素。古人有这种倾向，因而他们祭祀的社，在被人格化的土地神或顾先生提到的那些“杂乱”的祀神替代之前，可以说是生活世界内外上下关系的中间环节，它们很关键，因为若脱离了这类中间环节，所谓“生活世界”便没了力量和秩序之源。历史上，儒士和朝廷，都曾推动过社的去神化运动。这些运动旨在恢复社的古代面目。然而，其依据的理由并不充分。神化并没有改变社的本质。以我研究过的那个村庄为例，作为村社之主的村神，可谓是神化的。每年正月，村民们依旧要做一个隆重的仪式，人们用神轿将村神送回他成神的山巅，让这个神通过回到其成神的“祖殿”，恢复元气。山上的“祖殿”有村神的“真身”偶像，据说它是其所有“分身”所由来的实体，村神一年一度从山下到山上，回到其“本尊”身边，虽应当算神化了的信仰的一种表现，但实也是旨在使社神回到滋养他的自然世界的仪式。可以认为，这一仪式的过程性内容是通过让“社神”返回作为神性之源的山（所谓“自然界”），重新获得其灵力。因而，有乡民解释说，只有经

[1] 顾颉刚：《史迹俗辨》，上海：上海文艺出版社，1997，169—176页。

过这一回归程序，再将村神迎回他所“镇守”之处（村社）时，才可能有灵力、神性和权威去“为人民服务”。与此同时，在那个山区村社，山上“朝圣”也是取火仪式，聚落各家户上元燃灯、生火做饭，火种都必须跟随村神去从山上取下来。这个仪式表明，村神与大自然的关联并没有断裂。

田野工作中的这一见闻，使我对景仰的“燕京学派”生发了某种怀疑。[1]这个学派在塑造其“社区研究法”时，关注到了社区与更大的区域构成的关系，但这一学派的成员在阐述这一关联性时，或局限于“形而下”的经济方面（如市镇网络），或反复论证人间社会组织的形态（如宗族），对于自然/人文关系的形质，不加追究。而从我自己的经验看，这方面却是我们研究的地方之所以成其为社区的首要理由。

四

从平面或横向看，每个社区都置身于一个由聚落-田园/牧场-山水三个圈层共同构成的生活世界，每个聚落中的人要获得生活，除了相互之间要形成关系，也要为维系人自身的生命而与他们的“异类”形成关系。

就农牧社区而论，为了维系人自身的生命，人借助其在聚落与山水之间创造的田园/牧场劳作。劳作既牵涉主体的活动和关系（如合作关系），又牵涉人与物的关系。这种与主客体双关的活动，不能简单地用现代的“生产”来形容，因为，它至少有一大半是非人为的。田园/牧场之丰饶，大大依赖于外在领域，这个领域，首先是人之外

[1] 王铭铭：《局部作为整体——从一个案例看社区研究的视野拓展》，载《社会学研究》2016年第4期，98—120页。亦见本书61—93页。

并与人相关的水和山。我认为，正是人与其广义“他者”的交换转化，而非纯人为的生产创造，构成了劳作的核心内涵。

水的重要性，比较容易理解。试想，若没有水，是否可以想象“生物”的“生”？水有此重要性，因而古人触及它时便说，“天地以成，群物以生，国家以平，品物以正”（《韩诗外传》卷三）。

山的重要性，时常是与水联系在一起的，比如，不少地方的人相信，“山有多高，水有多高”，意思是说，水是从山上来的（我曾在法国阿尔卑斯山地区、中国西南山区穿行，这些地方给我留下的印象是，东西方两地的山区村社，以山上流下的山泉为生命之源，因而，取水之处往往也成为村社的“公共空间”）。而与水相比，山还有其特殊形态。作为意象，一座山是一个不可分的存在体，这并不妨碍山与山逶迤绵延成“山脉”。汉字的“山”字，便用以形容“众山”，即由多个不可分的高耸存在体构成的山的“集体”。然而，作为一个不可分的存在体的山，自身却是由难以计数的其他存在体构成的。也就是说，山又是内在极其多元的。无论山涵括的存在体是有机还是无机的，在人们的意念上，它们都充满生机，与田野 / 牧场和人间世界之生机相映成趣，其相异无非是后者相对更为“人为”。

平面或横向分布的这些充满生机的存在体，既能为人所知，也有着它们的神秘性。这些生机盎然的存在体，常常引发各种“遐想”，被人们看成与人一样，有心灵、情感和模样，有相通的灵性，成为图腾、万物有灵思想的源泉，也常常引发着诗性的比拟。

这一“地理学”意义上的山，与聚落构成的平面或横向关系，可谓是“内外关系”，其中广度不一的过渡地段，恰是田园 / 牧场这一聚落与山水之间的领域。

与此同时，聚落与山也是垂直或纵向地关联着的，它们之间，形成一种上下关系。

宗教史家伊利亚德告诉我们，山是生活世界得以化成人文、获得秩序的原初条件，正是这种高于平地、位在天地之间的存在体，是最古老的“世界中心”，它构成一条贯通上下的纽带，如“天梯”那样，使“下”通过它得以与“上”联结，由此获得对生活而言至为关键的秩序和活力。也因此，如伊利亚德所言，所有建筑——尤其是神堂和宫殿——的原型，都模仿着山，通过“假扮”成山而成为“世界之轴”，扮演着联结上、中、下三界的角色。[1]

伊利亚德冲破了自然与文明的二元对立论，表明自然是人文世界文明的源泉，并不是像近期某些表面先进的理论告诉我们的那样，是“不文明的”。在我看来，伊氏对山的叙述有这样的含义，这便是，不存在今日学界所谓“文明缘何不上山”之类问题[2]，而只存在“文明如何下山”的问题——如我在那个山区村庄看到的那样，每年正月村民到远山“朝圣进香”的活动，便旨在为新一个年度周期世界秩序（无论这是人伦的，还是物伦或神伦的）的“复原”或“再造”从山上引到山下的村神的灵力和节日燃灯、日常享食的火种，这一灵力和火种被认为是文明之源，又必须缘于自然。

五

《说文解字・山部》解释说：“山，宣也。宣气散，生万物，有石而高。”这段话除了解释山在形态上的高耸状态之外，重点表明高出平地的山，是气宣发至四方、产生万物的区位。

这种将山与万物的生命力（气与生）相联系的看法，在古书上相当常见。如在《韩诗外传》这部联系地解释《诗经》的文献中，有一

---

〔1〕 Mircea Eliade, *Cosmos and History: The Myth of the Eternal Return*, New York: Harper & Row Publishers, Inc., 1959, p. 12.

〔2〕 James Scott, *The Art of Not Being Governed: An Anarchist History of Upland Southeast Asia*, New Haven: Yale University Press, 2009.

段解释“仁者何以乐于山”的文字，它表明，古人的山为“万民之所瞻仰”，在山上，“草木生焉，万物植焉，飞鸟集焉，走兽休焉，四方益取与焉”，因为产生万物，而亦有“产”的含义，被待之以“四方益取”之物的所在地。

将山与“产”字意味的力量联系起来的看法，在国内各民族中也广泛存在。例如，西南各地的羌藏民族，不少村社年复一年地举行祭山仪式，这些仪式展开的地点多在特定的神山（神山的确认，恐与其在形态或生态面貌上和生命力的突出关联有关）上，具体时间虽有区域差异，但共同依照各地的春秋两季之分确定，与万物的生命周期节奏（如春耕与秋收）对应，其旨趣在于祈求丰年。人们相信，聚落和田园 / 牧场的丰产（丰产是人 / 物不分的，也涵括了人自身的丰产），与山上万物的繁盛是相互关联着的，甚至可以说，山上万物是否繁盛“决定了”山下种植 / 养育之物是否会有丰厚的产出。因而，祭山年度周期的前段，内容往往与祈求丰年有关，后段内容则往往与“还愿”有关，而春秋祭山仪式的时间点之间相对漫长得多的动植物成长阶段，则往往有禁止在神山上割草、砍伐、放牧的规定（兴许是因为有这一传统规定，羌藏民族之神山的生物多样性往往比周边的非神山好得多）。

《韩诗外传》还解释说，“仁者乐山”除了因为山有“产”（“山者产也”）之形质，还因为山是个贯通上下的轴，它“出云道风，嵸乎天地之间”，以这个轴为条件，“天地以成，国家以宁”。

“宁”这个字的含义，大抵与近世伊利亚德所谓“秩序”一致，意味着高于聚落和田园 / 牧场的山，有着通过贯通上下，使下获得自上而下传递的德性。

可以认为，西南羌藏民族神山之所以成为神山，与其含有的这种能够保障人间之“宁”的高高在上之力也有关。

就《韩诗外传》的解释看，山作为生命的汇集处，与作为上下贯通的轴，的确一个以“多”为气质，另一个以“一”为特征。然而，实际上，这“多”与“一”，往往相互杂糅，产生出众多身心结合体。这些身心结合体，既与人有别，又与人相通，许多是人辞世之后变化而来的，与人在世时的身份之别对应，因而，也有王侯将相、巫师士人与一般人民之别。古人相信，山上的不同的身心结合体，是人间“财用”，有益于四方百姓的生命延续，它们又因被相信是奇形怪状，有身处云、风、雨所由来之处（山），所以也有灵力，构成人间聚落（包括《韩诗外传》中的“国家”）得以“宁”的秩序之源。这些身心结合体因是“财用”和秩序之源，作为与人有关的“异类”，它们深受敬畏，持续接受着礼赞。

《山海经》（该书分东、西、南、北、中五经记载的山之分布，一般认为，其南自蜀中，西南至吴越，西自华阴嶓冢以至昆仑积石，北自狐岐太行至王屋孟门诸山，东自泰岱姑射沿海诸境），记载了分布于众山中的众多身心结合体（这些身心结合体没有用近代有机与无机、动物与植物、人与自然、神与非神之类二分系统来分类，而具有物、人、神杂糅的特征），也记载了人们向众山献祭的仪式，这些仪式被称为“貍”或“瘞”，指的是在山上或山边掩埋动物、血祭牺牲或献祭吉玉的活动，这些活动的总旨趣在于，向生机盎然且高高在上的山示敬。[1]

而兴许正是为了防范“天地不交而万物不通”“上下不交而天下无邦”（《易经》）局面的出现，据《尚书·舜典》记载，舜时，贯通天地上下的朝山巡守制度得以确立。舜于正月一个吉日继尧之位，“在璇玑玉衡，以齐七政”，随后，“肆类于上帝，禋于六宗，望于山川，遍于群神”。当年二月，舜到泰山“巡守”，在那里举行焚柴燎火

〔1〕 森鹿三：《中国古代的山岳信仰》，载游琪、刘锡诚主编：《山岳与象征》，北京：商务印书馆，2004，1—11页。

仪式，按一定顺序祭祀诸山川。在泰山，舜接见了东方诸侯，还“协时月正日，同律度量衡”，举办了隆重的祭祀典礼。之后，舜于五月、八月、十一月朝拜南岳衡山、西岳华山、北岳恒山，在那些山岳举办了与他在岱宗泰山举办的相同礼仪。此后，舜“五载一巡守”。

因舜得以确立的五岳系统，可谓是正统化的神山系统，又可谓是聚落－田园/牧场－山川三圈层与地－山－天三层级结合体的“升级版”。这种立体的世界图式，中空外盈、内低外高。它的分布广泛，但并不等于所有模式。可以想见，与五岳代表的五方系统不同，欧亚另一些区域广泛分布的曼陀罗系统，大致可以说是一种对反的中盈外空、内高外低形式。而在华夏，五岳系统确立之后，正统“神山系统”，在各地均出现由自教化或模仿的微缩版，但这些微缩版的广泛存在并没有消灭既有的民间系统，后者（如我在东南沿海那个村社看到的）有的通过攀附正统系统得以绵续，有的借助其在“化外”之地的便利而得以系统保留。这些得以系统保留的“神山”，更为普遍存在的形式恐怕是平地－山区的二元对立，这本先于五岳、曼陀罗之类四方环绕中心模式存在的“底版”（以四方为外、中心为内的图式，可谓是二元对立的繁复化），之后作为“小传统”广泛分布着。

无论采取哪种形式，如果说不同形式的“神山系统”都构成古老的宇宙观，那么，也可以说这些宇宙观有一个共同特点，即都没有将“人间”与“非人间”割裂。

六

“人间”与“非人间”的叠合，构成一个立体的生活世界，这一立体的生活世界，被视为“栖居”于其中的人获得其生活的“条件”。

海德格尔在《“……人诗意地栖居……”》中说的如下一段话，堪称对这个“条件”的妥帖形容。海氏说：

> 惟在一味劳累的区域内，人才力求“劳绩”。人在那里为自己争取到丰富的“劳绩”。但同时，人也得以在此区域内，从此区域而来，通过此区域，去仰望天空。这种仰望向上直抵天空，而根基还留在大地上。这种仰望贯通天空与大地之间。这一“之间”（das Zwischen）被分配给人，构成人的栖居之所。我们现在把这种被分配的、也即被端呈的贯通——天空与大地的“之间”由此贯通而敞开——称为维度（die Dimension）。此维度的出现并非由于天空与大地的相互转向。而毋宁说，转向本身居于维度之中。维度亦非通常所见的空间的延展；因为一切空间因素作为被设置了空间的东西，本身就需要维度，也即需要它得以进入（eingelassen）其中的那个东西。[1]

海德格尔将“维度”定义为“本质乃是那个‘之间’——即直抵天空的向上与归于大地的向下——的被照亮的、从而可贯通的分配”[2]。这个“维度”是空间意义上的，也是符号意义上的，实指心物之间的汇合处，接近王国维《人间词话》中所说的“境界”，王氏所言，在文学中，“有造境，有写境……然二者颇难分别”[3]，“境界”位居于主客之间，同时可以被制造和被反映，在生活中，情况也相似。

哲学家海德格尔致力于贯通主客，他以自己的方式告诉人们，完整的人总是由“劳绩”和“仰望”合成的，缺一不可。这一点对于我们纠正一般社会科学缺乏“仰望”的错误特别重要。然而，海氏认为，在“劳绩”与“仰望”之间的那个层次，是作为“维度”的“之间”，这个“之间”，似乎必须是诗人或思想者的“境界”，也

〔1〕海德格尔：《演讲与论文集》，204页。
〔2〕同上书，205页。
〔3〕王国维：《人间词话》，1页。

就是说，其本质总是与“思”有关。这点似乎与我看到的情况有些不同。

如果说人的“劳绩”总是与其所居住的聚落、其所在其上劳作的田园/牧场相关联，那么，也可以说，其劳作之外的“仰望”，则往往目标朝天，而对其“之间”属性最有意味的引申，毋宁说是同时作为实在和意象的山。也就是说，倘若我们一定要将这与“维度”相联系，那么，这个“维度”便不仅是在符号化的意义领域这个方面发挥作用的，它与之关系密切，但却也是实实在在的“物”。这一物位在天地上下之间。“天地交而万物通也，上下交而其志同也”，这一物是万物流通生长、上下协和的纽带。

七

“山与社会”这个主题，易于让人联想到客体与主体、物质与精神、事实与价值、必然与自发、超越性与内在性、身体与心灵、物与人、普遍与特殊一系列二元对立“词形”，这些“词形”，都由自近世得以确立并流传的自然/文化二元对立宇宙论。然而，我们的旨趣并不在于用新的方式来延伸这一现代宇宙论；恰恰相反，我们拟要做的工作，旨在通过破除在这些二元对立“词形”浸染下形成的二元对立认识惯性，形成某种以关系为主轴、超越人间社会的社会认识。作为社会研究者，对“山与社会”，我们侧重要考察和叙述的还是“社会”。不过，这个意义上的“社会”，并不是狭义的，它实为聚落-田园/牧场-山水三圈层与土地-山水-天三层次的实在结合体，它贯穿于那些二元对立“词形”所形容的分化领域之间，既是“人间社会”，又是“非人间社会”，既是文化的，又是自然的。在这个广义“社会”概念要求下展开“山与社会”的研究，一样也是展开人人、人物、人神诸“广义人文关系”的研究[1]，而要展开这一研究，有一个事实-思想条件：由于人的形成离不开所谓“外在于人”的物和神（二者在许多场合里难以分割，相互表达），甚至可以说是由物和神（必须说明，众多宗教人类学研究表明，此处所谓“神”也是实在的，不仅作为意象实在于社会，而且由于其存在形式为将人、物、神熔于一炉的仪式，因而，也是作为社会实在存在着的）合成的，因而，理解人人关系，离不开理解人物、人神关系。倘若狭义的“社会”可以理解为“大我”意义上的人，那么，“山”所意味的，正是构成这个“大我”的那些关系的实在与意象，其存在既不仅仅是物质性意义上的，又不仅仅是“维度”意义上的，而是二者的杂糅或关联，即作为以上谈到的同时作为万物汇集处和作为内外上下贯通之轴的“山”。

这个意义上的“山”，与20世纪90年代以来本体论人类学家所述的“有我的自然”——即富有主体性的客体——视角[2]相通，但其与“人间”的关系，超出本体主义限定的范围（主体化的客体），除了表现为其所重视的“有我之境”（“以我观物，故物著我之色彩”）之外，时常也以“无我之境”（“以物观物，故不知何者为我”）[3]或其他的方式存在，以不同形式汇通“我”与“非我”，使“物我一理，才明彼，即晓此”（程颢语）的“合内外之道”成为可能。

道理很简单：社会之研究有待将那些看似“与我无关”的存在体——如山上实在的生物和无生物，或各种“生灵”——纳入其视野，也有待从那些古老的“无我之境”汲取思想的养分，对生命力超出“我”的世界之物质性和非物质性存在体，及遁入这个世界的“我”——如仙道、佛圣、遁世修行者、山民及他们的不为与有为之

〔1〕 王铭铭：《民族志：一种广义人文关系学的界定》，载《学术月刊》2015年第3期，129—140页。亦见本书428—451页。

〔2〕 Eduardo Viveiros de Castro, *Cosmological Perspectivism in Amazonia and Elsewhere*, Manchester: *Hau* Masterclass Series, 2012.

〔3〕 王国维：《人间词话》，2页。

事，给予充分关注。

可以认为，正是出于对这个道理的追随，在本次工作坊提交论文的三位学者，将她们从汉、羌、藏三个不同民族中从事田野调查的经验化作论文，呈现山的实在与意境对于她们所研究的区位的关键价值。罗杨对于闽南山区一个区位山上与山下关联的呈现，同时重视了物质性和非物质性的往复流动；卞思梅对于羌寨社区与神山之间关系的叙述，展现了自然 / 文化二元对立主义（即“自然主义”“理性主义”）成为主导观念形态的当下，羌人如何传承他们对“广义人文关系”的传统看法；而张帆则通过对一座山的历史民族志考察表明，时常被我们的观念形态排除在诸文明之外的山，如何构成一个文明的开放世界，即作为一个生命力比众多“大我”漫长，空间延展范围比“人间”宽广的世界，山如何成为朝廷、藏、汉不同文明共享的圣地，以一种近乎“无我”的方式，成为一个“世界主义”的“大我”。前两篇论文针对近代西方二元对立宇宙论“东渐”之后造成的物质文明与道德生境和精神、社会与“生态”的“双重脱嵌”[1]来展开对传统“世界智慧”的叙述，后一篇论文则集中考察山作为“多元一体格局”的形成场所，三篇论文关注点不同，却都从不同角度为我们阐明了通过山来领悟“超人间的社会”的可能性。

---

〔1〕 舒瑜：《山水的“命运”——鄂西南清江流域发展中的“双重脱嵌”》，载《社会发展研究》2015 年第 4 期，98—119 页。

当代民族志形态的形成

——从知识论的转向到新本体论的回归

“所有国家对民族志［ethnography］的理解都是一样的。它是［社会人类学］研究的初级阶段：观察和描写，田野工作（fieldwork）。”[1]然而，民族志并非一成不变；它得到过不同国家不同学者的不同定义，总体形貌又有过数度改变。与过去一样，当下民族志有着它的时代特征，而关于这一特征为何，身处其中的学者有各自的解释（如后文将重点解释的，当下，越来越多学者将这一特征形容为“本体论转向”[2]）。在本文中，我们选择先以这些特征的由来为线条（之所以说是“线条”，是因为我们在此既不可能对现存民族志成果做全面梳理，又不可能对所有民族志方法学著述做分门别类的概括，而只可能择其要者加以“过滤”），素描出当下民族志形态的历史样貌，再对这一形态进行我自己倾向的评论。

一种人文科学方法的出现

在欧亚大陆这个广阔的地理领域中，诸古代文明的板块（尤其是印欧［特别是欧洲］、闪米特－阿拉伯、华夏）上，相近于民族志的

〔1〕列维－斯特劳斯：《结构人类学》（1），376页。

〔2〕关于此一提法，见伦敦大学 Martin Holbraad、哥本哈根大学 Morten Axel Pedersen、里约联邦大学 Eduardo Viveiros de Castro 为 2013 年美国人类学会年会（芝加哥）一次相关圆桌讨论所写的召集书《本体论的政治：人类学立场》（*The Politics of Ontology: Anthropological Positions*，未刊稿）。

文类，早已在上古时期与博物志一道出现了；之后，这些文明板块涌现的旅行记（诸如与远征有关的记述及朝圣行纪之类的记述）、方国贡物志也带有后人说的民族志色彩。然而，民族志却特指一种人文科学方法，它的名号近代由古字结合而成，用以形容一种近代史上再创造的“认识”与“文类”。民族志既指研究的过程（田野工作），又指研究的成果（作为志书的民族志）。

作为人文科学方法的民族志，其具有相当科学性的早期实践，出现于19世纪中后期。

此前，启蒙运动给欧洲带来文明和进步的观念，接着，在德国出现文化论，法国出现关于进步的“科学研究”，英国出现诸多文明论述，圣经学者对《创世记》做出了新解释。与此同时，不少传教士对民族学问题产生兴趣，而民间古物之研究也演变为民俗学，接近体质人类学的论述也得以提出。在英国等欧洲国家的海外殖民地，出现了民族志类的记述，进化论思想得以系统论述与传播，在其思想背景之下，“蛮荒中人”与欧洲“文明人”之间到底属于祖/孙关系还是属于异/己关系，再度得到关注。[1]

对19世纪人类学（正是在这门学科下，民族志得以系统阐述），人们的主要批评是，那时的代表之作都是根据探险家、商人、传教士、移民等写的“业余民族志”和史料写就的，人类学家自己是书斋中的学者，不做民族志研究，也不写民族志。这些代表之作，如爱德华·泰勒《原始文化》[2]、弗雷泽的《金枝》，及摩尔根的《古代社会》，体现了古典人类学家的这些“性格特点”。然而，如有民族志的研究者指出的，19世纪还是存在着不少民族志研究：摩尔根19世纪40年代末50年代初对易洛魁人的研究，库兴（Frank Cushing）19世

---

〔1〕 George Stocking, Jr., *Victorian Anthropology*.

〔2〕 爱德华·泰勒：《原始文化：神话、哲学、宗教、语言、艺术和习俗发展之研究》，连树声译，桂林：广西师范大学出版社，2005。

纪 80 年代对祖尼人的探究，同时代波亚士对爱斯基摩狩猎 - 采集人的研究，19 世纪 90 年代斯宾塞对于澳大利亚土著的研究，及 19 世纪末 20 世纪初里弗斯对于托达人的研究。[1] 这些古典人类学家的民族志研究各有所长，如摩尔根擅长对社会组织、仪式、政治、社会变迁的观察，且是最早具有参与观察精神的人；库兴最早用土著语言展开调查，且重视土著宇宙论调查；波亚士的田野工作略显肤浅，但在搜集故事和文献方面，功夫极深；里弗斯对于亲属关系谱系研究法则形成了富有启发的经验。

“做民族志”似乎始终是人类学家的理想。19 世纪人类学兴起之初，一些人类学家已基于田野研究书写了一批重要的民族志；尽管爱德华·泰勒和弗雷泽没有机会做民族志，但在 19 世纪 70 年代，他们却积极为英国民族志调查手册的设计出谋划策（马林诺夫斯基正是带着这本手册去往特罗布里恩群岛的）[2]，也积极鼓励学生从事民族志田野工作。

到 20 世纪初期，民族志进入了一个新阶段，这个阶段与马林诺夫斯基这个名字紧密相连。马氏于 1914 年至 1918 年在西太平洋实践民族志田野工作，之后，他从 1922 年开始发表一系列民族志文本。从他的工作过程和撰述看，这位人类学家所做的民族志，综合了 19 世纪民族志的几乎所有优点。马氏有摩尔根的参与精神和对社会结构的兴趣，有库兴般的宇宙论研究素养，而马氏对波亚士那样的故事、文献整理专长及里弗斯（他相当直接地受此师长启发）那样的谱系学研究法，也充满兴趣。在田野工作中，马林诺夫斯基研习土著语言，

---

〔1〕 Roger Sanjek, “Ethnography, ” in Alan Barnard and Jonathan Spencer eds., *Encyclopedia of Social and Cultural Anthropology*, London: Routledge, 1998, pp. 193-198.

〔2〕 关于此手册的形成及英国经验主义民族志的历史状况，见埃文思 - 普里查德：《论社会人类学》，46—60 页。值得注意的是，20 世纪 30 年代，这本手册已得到中国民族学家的认识，凌纯声曾部分地根据它写出其《民族学实地调查方法》一文（原载于《民族学研究集刊》第 1 辑，1936，45—75 页；引自凌纯声、林耀华等：《20 世纪中国人类学民族学研究方法与方法论》，1—42 页）。

活跃于他们的生活之中，努力从土著的观点理解土著文化。这些工作行为，日后成为民族志田野工作的程式。对理论概括有浓厚兴趣的马氏，还赋予民族志撰述思想价值，他的民族志描述细致入微，但却总是充满着现实和思想关怀。[1]在其最著名的《西太平洋的航海者》[2]一书中，马林诺夫斯基借大量民族志细节论证了经济不能摆脱社会而独存的论点，这个观点既影响了许多同道，又影响了制度经济学奠基人之一波兰尼（Karl Polanyi），他的"嵌入"概念即主要来自马氏的民族志。[3]

马林诺夫斯基的田野工作与书写，一面有里弗斯的方法学铺垫[4]，一面还有在他之前早已进入其所研究地的前辈的"业余民族志"基础[5]；致力于创新的他，则又通过再综合、再思考，给予民族志方法学规则富有开创性意义的展示。此外，马氏还培养出大批学生，他们多数从事民族志学术工作，其中，后来开启了牛津大学民族志风气的埃文思-普里查德写出了《努尔人》，这是一部堪称 20 世纪民族志最高成就的著作。马氏的影响范围波及美国，使波亚士的文化人类学研究风格退居二线，更波及东亚、南亚、非洲与法国，对这些地区的社会科学研究之革新，起到过重要的推动作用。

从 19 世纪 50 年前后的美国人摩尔根，到 1920 年的波裔英国人

---

〔1〕吴文藻：《功能派社会人类学的由来与现状》，载其《吴文藻人类学社会学研究文集》，122—143 页。

〔2〕马林诺夫斯基［马凌诺斯基］：《西太平洋的航海者》，梁永佳、李绍明译，高丙中校，北京：华夏出版社，2002。

〔3〕波兰尼：《大转型：我们时代的政治与经济起源》，冯钢、刘阳译，杭州：浙江人民出版社，2007。

〔4〕马氏同样也承认 19 世纪前辈对人类学的重要贡献，他说："在民族学中，巴斯蒂安、泰勒、摩尔根、德国民族心理学派的早期努力，重新塑造了旅行家、传教士及其他人早先的粗糙信息，并向我们展示了使用更深刻概念与抛弃粗糙和误导的概念的重要性。"（《西太平洋的航海者》，6—7 页）

〔5〕George Stocking, Jr., "Maclay, Kubary, Malinowski: Archetypes From the Dreamtime of Anthropology, " in George Stocking, Jr. ed., *Colonial Situations: Essays on the Contextualization of Ethnographic Knowledge*, pp. 9-74.

马林诺夫斯基，经过七十年，现代民族志的传统得以建立。[1]

民族志的成熟与“20世纪”这个概念紧密相关。正是在两次世界大战期间（1914—1945年），民族志迅速成长；此间，有了田野工作法、文本构成、比较价值的系统论述，在这个基础上，民族志拓展了研究的地理区域覆盖面。在英国人类学界，学者长期坚持在大洋洲从事研究，在两次世界大战期间，他们拓展了“领地”，进入非洲、印度和中国研究领域；[2]在美国，若干著名大学与英国学界保持着关系，深受英国民族志工作风格的影响；美国人类学家开始从印第安人研究转向更广阔的地理范围，其中，包括了中南美洲、环太平洋地区、南亚等地；[3]在法国，在马林诺夫斯基民族志时代到来前后，带有浓厚民族学旨趣的年鉴派社会学家们，采纳从民族志研究得来的结论，并对之加以归纳、综合、比较，提出了影响深远的社会理论，随着时间推移，这些社会理论渐次回馈于民族志，使之得以长成丰满。[4]

战后，美苏“第一世界”地位居高不下，势力与观念形态之地理覆盖面随之推展。在美国，民族志在文化人类学之下工作，在苏联，则在民族学中工作，有各自的研究“地盘”；在其“地盘”的覆盖范围内，被研究民族已渐次建成“民族国家”（第三世界的“新国家”），

---

〔1〕马林诺夫斯基带来的转变具有革命性意义，因此，人们时常将其与之前人类学家的民族志做对照，认为他导致的学术变迁是根本性的、断裂式的。这就给人一种印象，似乎是马林诺夫斯基突然创造了这一传统；而事实上的历史，则不是由这样或那样的突变构成的。

〔2〕George Stocking, Jr., *After Tylor: British Social Anthropology, 1888-1951*, Madison: University of Wisconsin Press, 1995, pp. 367-426.

〔3〕在美国民族志的境外拓展中，雷德菲尔德提出的“文明人类学”起到了关键作用，这一人类学尤其关注中南美洲、中国、印度的文明上下关系研究（Clifford Wilcox, *Robert Redfield and the Development of American Anthropology*）。而更早一些，米德（Margate Mead）于20世纪20—30年代在南太平洋展开的部落社会的调查，与其导师波亚士坚持的美洲印第安人调查形成了鲜明对比，开拓了美国人类学的南太平洋视野，其研究在风格上更接近马林诺夫斯基。有关米德的民族志，见一部批评之作：Derek Freeman，*Margaret Mead and Samoa*，Cambridge，Massachusetts：Harvard University Press，1983。

〔4〕其中，涂尔干和莫斯的《原始分类》、涂尔干的《宗教生活的基本形式》、莫斯的《礼物：古式社会中交换的形式与理由》等书，即属此类，它们后来成为民族志研究者的思想源泉。

为了国族建设，培育出研究自己社会的民族志工作者[1]，而两个超级大国的民族志研究者，则主要还是在“他者”中研究。由于“冷战”，位于第三世界的众多田野调查地点，对外来学者关门，使身处“第二世界”的优秀人类学家丧失了致力于实地从事民族志研究的机会。但也就是有这一遗憾，英法人类学家获得了开拓民族志新视野的机会，他们有的通过民族志素材的综合比较提出新见解（如牛津大学和曼城学派人类学家的比较政治制度研究和“冲突理论”[2]，及法国列维－斯特劳斯的结构人类学[3]），有的对民族志的做法提出新的看法（如剑桥大学利奇提出的“过程理论”[4]）。与此同时，第一世界两个超级大国的“冷战”，激发了文化人类学与民族学之间的相互观望和刺激。在苏联社会科学研究者致力于批判地梳理“资产阶级民族学”的线索时，美国人类学界出现了受苏联民族学启发而致力于复兴进化人类学的重要努力，在这些努力中出现的“多线进化论”与“生态人类学”都实属重要创造。[5]

从本体论到知识论

到20世纪70年代，民族志身后已留下一个拉长了的背影。这一背影，是从帝国到“新战国”（指作为民族国家时代的20世纪上半叶），再从“新战国”到阵营对垒的世界格局转变；历史情境出现根

---

〔1〕 以中国为例，20世纪50年代，民族志方法被运用于国内少数民族“识别工作”和“民主改革工作”中。这一方法是从此前留学归国的社会学家和民族学家那里因袭而来的，既与马克思主义关于原始社会的论述及苏联的民族学有所结合，又带有中国古代史志的色彩。这些研究焦点放在作为新国家“内部他者”的少数民族，旨趣既在于重新拟制一个多民族国家的认同秩序，又在于赋予这一秩序“进步”的动力。

〔2〕 吴文藻：《英国功能派人类学今昔》，载其《吴文藻人类学社会学研究文集》，294—308页。

〔3〕 吴文藻：《战后西方民族学的变化》，载其《吴文藻人类学社会学研究文集》，309—321页。

〔4〕 吴文藻：《英国功能派人类学今昔》，载其《吴文藻人类学社会学研究文集》，294—308页。

〔5〕 吴文藻：《新进化论试析》，载其《吴文藻人类学社会学研究文集》，322—336页。

本变化，民族志的研究和书写方式不免随之产生改变。然而，这些方式的变化，似都未曾改变它自出现之初便已表明的主张：从具体地方入手，由外而内，进入“社会事实”的内里，并将之与外部环境（自然与历史地理环境）相联系。

为了建立社会科学客观方法，涂尔干曾将“社会事实”定义为“物”，并表明，这一定义意味着：

> 在着手研究时，要遵循这样一个原则：对事实的存在持完全不知的态度；事实所特有的各种属性，以及这些属性赖以存在的未知原因，不能通过哪怕是最认真的内省去发现。[1]

若说哲学上的“本体论”是指对存在者的本质和“真实”的要素的思索，那么，涂尔干对于作为“物”的“社会事实”的定义，便可被理解为一种对人的社会存在的“真实”的本体论认识。这一本体论认识可以理解为一种区分与融通的辩证，它先在作为认识者的“我”与被认识者的“物”之间划出一条界线，以“分离物我”，而后，又要求认识者暂时悬置“我”（尤其是“内省”的我），使之进入“对事实的存在持完全不知的态度”的“无我之境”，而沉浸于“物”（“社会事实”）中，对“物”所指的作为事实的“宇宙人生”，入乎其内，出乎其外，在物我之间，达成社会与知识的汇通。

涂尔干的这一论述是19世纪末才提出的，但之前的民族志研究者，却早已暗自实践着其所概括的研究取向[2]，而20世纪到来之后，

---

〔1〕 涂尔干［迪尔凯姆］：《社会学方法的准则》，狄玉明译，北京：商务印书馆，1995，7页。

〔2〕 在这方面，马林诺夫斯基堪称典范，在他的民族志里，“我”很少出现，存在的似乎只有“他们”（也就是被其观察和描写的“其他人”），而这被悬置的“我”，则通过穿行在我与“他们”之间的界线，以“无我”为形式表述着“有我”的内容。由此，特罗布里恩群岛的库拉圈既代表一种新鲜的事实，却又不荒诞，它“事实上是基本的人类活动或思想态度的形态”（《西太平洋的航海者》，445页）。

它更得到人类学界的广泛认同。

对于什么是“事实”，民族志书写者产生过不同看法，有的认为，它是可见的行为本身及规范行为的制度，有的认为，它犹如涂尔干所说的“集体表象”，是集体的宇宙论和人生论的观念体系；对于民族志试图复原的“事实”到底是一种决定性的秩序还是一种导致秩序生成的社会动态，他们也有不同看法，有的（如功能主义者与结构－功能主义者）把民族志反映的“现实”形容成如“桃花源”一样的“和谐社会”，有的（如冲突论者）则反之，认为人间的“乱”必定是“治”的前提。另外，不同民族志书写者也常产生有关被研究地方的地理与历史处境问题的不同看法：功能主义者、结构－功能主义者、文化论者，多视其民族志描绘的“世界”为与历史和外部地理场合有清晰界限的社会体或文化体；传播论者、过程论者和结构人类学家，倾向于在田野地点周围更广阔的地理空间寻找“社会事实”内涵的来源；而进化论者、政治经济学派人类学家则倾向于将民族志田野地点放在古今人类史的广阔时间视野下加以解释。

不同学者对于作为“物”的“社会事实”有不同的评判，且带着这些评判赋予作为民族志对象的“社会事实”各自的含义。然而，在视“社会事实”为“物”、以对之加以客观研究这一“方法的准则”上，他们之间没有异议。

至于民族志到底是科学还是人文这个问题，历史上的众多民族志书写者似乎也并不存在过多争议：无论是受涂尔干影响的社会人类学家，还是受波亚士影响的文化人类学家，多数倾向于兼容康德与赫尔德所代表的两种对立而同构的因素，并蓄科学与历史、自然与人文、规范与思想的不同立场。[1]在学科存在的大多数时间，他们中曾有不

〔1〕 George Stocking, Jr., “Introduction: The Basic Assumptions of Boasian Anthropology” , in George Stocking, Jr. ed., *A Franz Boas Reader: The Shaping of American Anthropology, 1883-1911*, pp. 1-20.

少人反复提及“科学”二字，用以表明民族志是一种不以答案而以问题为出发点的、不受学者生活中形成的观念形态为情感偏向而以审慎的归纳和推论为判断前提的“科学研究方法”。然而，在实际的调查研究过程中及撰述中，民族志书写者很少隐瞒从运用客观研究方法得出的结论所具有的道德的、政治经济学的以致世界观的和人生观的丰富含义。若这些含义因具有主观性而可被界定为与“科学”不同的人文思想，那么，那时的民族志便已可谓是一项不缺乏历史、人文、思想内涵的工作。正是这样一种既科学又人文的研究姿态，容许了一些具有反思性倾向的民族志书写者将自身的作为界定为人文主义的。埃文思-普里查德将民族志解释为一种接近于历史的人文学、一种以自己的语言翻译别人的文化的工作；[1]格尔兹将民族志定义为一种“浓厚的描述”[2]，认为描述充满研究者田野之所见的“细微末节”，有“科学”的所有特点，但并不局限于“科学性”，这些已被研究的文化的“精神”“世界观”，也含有作者的主观见地。

20世纪70年代，来自几个方向的挑战冲击着民族志的这些固有特点。

首先，在“冷战”尚未结束、后现代主义尚未流行的20世纪70年代，西方学界出现了对民族志与殖民主义之间密切关系的批判性研究[3]，这些研究深受马克思主义的影响，它们揭示了作为观念形态的现代民族志书写如何由其政治经济基础（近代殖民制度）所决定。

与此同时，一批致力于第三世界研究的欧洲学者提出依附理论[4]，以之解释“现代化”如何将第三世界化为发达国家的附属地带。

---

〔1〕 埃文思-普里查德：《人类学与历史》，载其《论社会人类学》，128—144页。

〔2〕 Clifford Geertz, “Thick Description: Toward an Interpretive Theory of Culture”, in his *The Interpretation of Cultures: Selected Essays*, pp. 3-32.

〔3〕 Talal Asad ed., *Anthropology and the Colonial Encounter*.

〔4〕 Samir Amin, *Le Développement Inégal. Essai sur les Formes Sociales du Capitalisme Périphérique*, Paris: Editions de Minuit, 1973.

至20世纪80年代初，马克思主义政治经济学已直接进入美国社会科学界，并渐渐在其中获得广泛接受；在它的影响下，新一代人类学家对帝国主义缔造的“现代世界”与在其支配下的“他者”之间关系加以批判性研究，这些研究引发了对于民族志描述的怀疑。批判性的政治经济学进而在“破”了20世纪前期的民族志三原则（经验论、整体论及相对论）的同时，“立”了将民族志撰述中的“他者”与资本主义市场经济相关联的近代世界史研究模式。〔1〕

接着，从20世纪70年代起，法国继结构主义之后出现新结构主义和后结构主义，其中，不少著述从知识论（epistemology）的不同角度介入现代性的研究。〔2〕解构主义，及与之相联系的其他法兰西思想，传到英语世界后，成为另外一些理论〔3〕，而这些理论，起着破除“现代派民族志”的“科学”体制与“结构”观念的作用。而在英语世界，在引进法兰西人文思想之同时，从苏联引进文艺理论，以促进社会思想革新，一时也成为潮流。随之，巴赫金的对话、狂欢、复调等源于文学研究的概念〔4〕，成为社会科学家赖以替代“科学民族志”的“社会”“文化”“结构”概念的东西。

若是后现代主义者玩味过涂尔干关于“表象”即“事实”的论点，那么，他们也许便能理解，他们展开的批判性论述，只不过是将“表象”概念施加在知识者身上，指出其为“社会事实”的本质。〔5〕然而，20世纪80年代出现的后现代主义，似乎对此不假思索。

---

〔1〕 参沃尔夫：《欧洲与没有历史的人民》。

〔2〕 此外，固然还有深有影响的“实践论”。见 Sherry Ortner, “Theory in Anthropology Since the Sixties,” *Comparative Studies in Society and History*, Vol. 26, No. 1, 1984, pp. 126-166。

〔3〕 Paul Rabinow and Hubert Dreyfus, *Michel Foucault, Beyond Structuralism and Hermeneutics*, Chicago: University of Chicago Press, 1983.

〔4〕 关于巴赫金的著述，见巴赫金：《巴赫金全集》，钱中文译，石家庄：河北教育出版社，1998。

〔5〕 如瓦格纳所言，民族志描绘的“文化”，无疑可谓是在民族志书写者与其“对象群”之间关系的社会关系中创造出来的（Roy Wagner, *The Invention of Culture*, Chicago: University of Chicago Press, 1981）。

后现代主义民族志论述得以确立的前提有两个。其中一个前提是，到20世纪70年代，人类学界的新一代学者，从马克思主义思想潮流和法兰西式的话语解构与知识－权力理论推导出一种将权力与知识、知识与观念形态相联系的观点，并将之施加在过往民族志研究的构成上，揭示这类研究与西方对非西方的支配之间存在的关系。这个前提进而与1978年出版的萨义德《东方学》[1]一书相结合，成为民族志批判者借以考察学术与政治关系的方法。另一个前提则是文学批评，借这种批评（其中显然也借重了前面提到的巴赫金的文艺理论），后现代主义者可以把民族志文本等同于小说来解读，通过这样的解读（尤其是通过揭示这类文本缺乏作者第一人称的特点），揭开民族志的“科学面具”[2]，指出“科学报告”与小说一样的虚构。

后现代主义民族志的批判性论述的确有着明确的新异之处；因反对被运用了一个多世纪的“客观方法”，这批人类学家认为，这一知识体系的建立，是为了支配其他社会，为了通过支配（殖民化与民族志的文化研究）形成以自我为中心的“世界秩序”，因此，它需要在文本形式上有所伪装（在文本中清楚作者的“我”字，便是伪装的手法）。有这样的主张，后现代主义者便既不能接受涂尔干关于作为“物”的“社会事实”的论述，也不能接受波亚士从康德与赫尔德哲学里综合引申出来的科学－人文研究态度；在他们眼里，无论是研究者还是被研究者，都是有主观意见、情绪和偏见的“人”。他们提出的观点，带有浓厚的知识论色彩。

---

〔1〕 Edward Said, *Orientalism: Western Representations of the Orient*.

〔2〕 为这些批评者所不能理解的是，诸如马林诺夫斯基之类现代人类学家使用“科学”一词时，关注的其实是“人文”的事。马氏就说过，现代科学使民族志研究显示出“土著生活”的关系制度与政治秩序，并使人们理解到，“野蛮人”也有着他们自己的“冒险事业和活动”，且“对艺术品同样不缺乏意义和美感”（《西太平洋的航海者》，7页）。这无异于说，“科学”就是对被研究者生活世界的整体性的把握。

所谓“知识论”，研究的是知识的本质，可以指作为集体表象的物我关系，也可以理解为研究者的“表象”。在知识论转向（亦即后现代主义出现）之前，民族志书写者能涉及知识的前一种含义，即被研究社会共同体的“社会知识”，但他们极少想到他们自己的民族志知识到底有什么本质，这些知识又到底是否反映“真相”。自20世纪80年代起，一代思考者一反他们前辈的“常态”，将精力集中于思考民族志知识（及它的文本表达方式）的本质到底是什么，而总是得出一个结论——这种知识的本质是权力，因而，不具有其所宣称的“客观性”。

区域、宇宙论、存在-世界

在现代主义（指自19世纪中叶起形成的民族志方法的总体取向）与后现代主义之间，存在着一条界线，它区分着两种处理“物”与“词”[1]关系的方法：在现代主义那里，叙述者的言辞与被其加以民族志描述的“对象物”之间不可避免地存在着距离，但民族志工作应旨在尽研究者之所能缩小这一距离（如通过学习马林诺夫斯基那样的榜样，采纳“土著概念”对“土著”的生活和观念世界进行解释）；在后现代主义那里，这一不可避免的距离，事出有因，是在“我者”的认识论背景（现代性以来的“词”与“物”的分离术）中形成的，因此，克服它带来的问题的唯一方法，是使民族志不同程度地“回归于我者”，对其词物分离术加以反复辨析和不断批判。

持后现代主义观点的论者并非只破不立的“破坏主义者”，在对词物分离术加以批判之后，其中一些也设计出若干具有建设性的民族志计划。

---

〔1〕 参见福柯：《词与物：人文科学考古学》。

这些建设性的后现代主义者以三个人为代表，他们是克利福德（James Clifford）、马尔库斯（George Marcus）及史蒂文·泰勒（Steven Tylor）。他们在大的主张（后现代主义民族志）上有一致意见，但提出的具体方案却不尽相同。紧随拉宾诺（Paul Rabinow）[1]，克利福德主张将民族志改造成跨文化对话过程的记录，认为，作为研究过程，民族志本就是代表“本文化”的研究者与代表“异文化”的被研究者之间对话的过程，因之，作为志书，民族志若不反映这个过程的本质内容，便不“真实”，若以“科学”来形容我们的调查研究，那就等同于将被研究者的主体性一笔勾销了，民族志应反映田野过程中的各样声音、各种故事，并使自身成为“寓言”。[2] 马尔库斯主张将民族志改造为基于“异文化”研究经验展开的文化自我批评，尤其是对近代西方世界体系的自我批评。[3] 史蒂文·泰勒则对后现代主义者自身尤其爱好的“表述”（representation）一词发难，认为这个概念等同于说明，还是有“事实”存在，而对书写者而言，民族志的对象世界除了不可知的一切之外，仅存一些书写者可以主动“召唤”（evocation）的观念，这些观念的总特征是，它们与“我者”的理性存在着巨大不同，将之“召唤”出来后，“我者”可达成对自身的理性的批判。[4]

这些主张并非毫无价值，至少它们能使学者在认清民族志“形势”（其与“我者”的生活与观念的关系）的情况下，富有“文化自觉”地

---

〔1〕 Paul Rabinow, *Reflections on Fieldwork in Morocco*, Berkeley: University of California Press, 1977.

〔2〕 James Clifford, “On Ethnographic Allegory, ” in James Clifford and George Marcus eds., *Writing Culture: The Poetics and Politics of Ethnography*, pp. 98-121.

〔3〕 George Marcus, “Contemporary Problems of Ethnography in the Modern World System,” in James Clifford and George Marcus eds., *Writing Culture: The Poetics and Politics of Ethnography*, pp. 165-193.

〔4〕 Steven Tyler, “Post-Modern Ethnography: From Document of the Occult to Occult Document,” in James Clifford and George Marcus eds., *Writing Culture: The Poetics and Politics of Ethnography*, pp. 122-140.

定位自身。[1]然而，在将民族志导向“我者”的“寓言”、“罪恶”和错误观念（如纯粹理性）的自我剖析过程中，它们存在着将民族志改造为漠视“其他人”的内省术；其最终的结局可能是，“词”替代了所有“物”，成为覆盖以致磨灭世界（“物”）的秩序，而这正是被后现代主义者们奉为圣贤的法兰西新旧结构主义者所不愿看到的。

后现代主义者自有一个悖论，一方面，持这一主张的批判者坚持一种知识论的泛权力主义观点，并时常以之批判作为现实的民族志文本；另一方面，为了赋予民族志的“我者”良知，他们在认识者与被认识者之间划出一道供自己穿越的绝对界线，这条界线，实有极端相对主义的色彩。[2]

将对反的“我者”与“他者”概念施加于民族志史的认识上，后现代主义将历史上存在过的研究描绘成各自铁板一块的“我者”与“他者”之间对话的过程，殊不知无论是“我者”还是“他者”，都不是纯一的，研究者们相互之间存在着经验与心态上的诸多差异，而被研究者更是分布于不同地区、有着不同的人文世界的“人”。而在认识实践中，现代主义民族志书写者向来不可能真的落实所谓的“我他二分法”。一如法尔顿指出的，回到民族志研究的历史现场便可以知悉，研究者从来没有二分的“自我”与“他者”关系圈定；相反，他们的研究和书写，首先是针对在不同区域生活的不同被研究群体展开的，为了对所去往地区进行深入研究，研究者除了要了解学科的一般性论述之外，还要费更多心思了解相关研究地区的既有民族志文献和它们的解释。这就使研究者既要与特定地区的人群发生关系，又要与研究同一地区的民族志作者发生关系。从民族志升华理论的工作，正是在两种关系的关系中进行的，它久而久之孕育出几个“民族志书写

〔1〕 Akhil Gupta and James Ferguson eds., *Anthropological Locations: Boundaries and Grounds of a Field Science*, Berkeley: University of California Press, 1997.

〔2〕 Ernest Gellner, *Postmodernism, Reason and Religion*, London: Routledge, 1993.

的区域传统”（regional traditions of ethnographic writing）。这些区域传统，有内部的关系机理，但相互之间也存在观念上的交流对话，在交流对话中曾涌现一些影响力超出其所研究的特定区域的概念或理论。一言以蔽之，“不同民族志叙述之间弥漫着明显的或隐晦的相互参照关系，这些参照关系既存在于学者所研究的地区内，也存在于不同地区之间”[1]。

法尔顿的这些观点，是在其主编的《地方化策略：民族志书写的诸区域传统》（以下简作《地方化策略》）一书[2]的长篇导言中表达的。这本1990年由苏格兰学术出版社和史密松学会联合出版的文集，收录十四篇来自不同民族志区域传统的论文[3]，这些论文的作者为我们绘制了一幅民族志的“世界地图”，展现了西方人类学中担纲主角的几个地区，包括“狩猎-采集区”（分处南北半球的爱斯基摩人和澳大利亚土著）、“亚撒哈拉非洲（苏丹、埃塞俄比亚、西非、中南非洲与曼城学派、东非）与美拉尼西亚区”及“亚洲区”（该书主要涉及中东、伊朗、阿富汗、巴基斯坦、印度、斯里兰卡、印度尼西亚、日本的民族志）。

《地方化策略》叙述的“区域”，不是美式“区域研究”（area studies）意义上的区域[4]；后者之设置，意在通过社会科学的学科综合促成区域知识的形成，前者则将视野严格限定于民族志内部，将区

---

[1] Richard Fardon, “General introduction, ” in Richard Fardon ed., *Localizing Strategies: Regional Traditions of Ethnographic Writing*, pp. 1-36.

[2] Richard Fardon ed., *Localizing Strategies: Regional Traditions of Ethnographic Writing.*

[3] 这些论文都曾于1987年1月提交于苏格兰圣安德鲁大学召开的一次会议，这个会议是为了回应1986年在大西洋彼岸问世的后现代主义人类学之作（即《写文化》[James Clifford and George Marcus eds., *Writing Culture*]和《作为文化批评的人类学》[George Marcus and Michael Fischer, *Anthropology as Cultural Critique: An Experimental Moment in the Human Sciences*]）而召开的。

[4] David Szanton, “The Origin, Nature and Challenges of Area Studies in the United States, ” in David Szanton ed., *The Politics of Knowledge: Area Studies and the Disciplines*, Berkeley: University of California Press, 2004, pp. 1-11.

域知识的形成视作民族志研究的前提。

这本书旨在阐述对人类学整体有过重要贡献，而且持续地得到学界的关注的几个区域。首先是对爱斯基摩和澳大利亚土著的民族志叙述，这些叙述告知人们狩猎－采集社会的简单生活，因而，曾引起关注人类史与社会生活的“基本形式”的学者之重视；其次是非洲和美拉尼西亚民族志区域，与狩猎－采集区一样，这些区域也位于世界的不同地方，但随着研究的深化、对话的密集，它们成为亲属制度、政治人类学和交换理论的来源地，为社会人类学的“自然法”、社会组织、无政府主义、社会人（相对于）理性经济人等理论的形成提供素材，自身也成为对理论争论反应最敏感的地区；亚洲区是个巨大的板块，在这个地区做研究，研究者面对着世界宗教和厚重的文献记载的压力，不能像从事部落社会的人类学家那样轻松地获得承认（得到承认的，主要是东方学家、历史学家、印度学家、汉学家），矛盾的是，在这个地区从事民族志研究的人类学家多数选择在村庄中研究，他们的主要辩论是，到底村庄研究能否代表“文明”的整体面貌。

为《地方化策略》贡献论文的，是十几位长期致力于各自区域民族志研究而在社会人类学一般理论上有显要建树的学者[1]，他们各自将其在不同地区从事研究的经历与这些地区的民族志历史遗产相联系，替我们指出，既往所有的人类学理论都是在区域民族志研究的基础上提出的，而这些研究地区的内部对话与对外交流，对于推进理论起到关键作用：我们不能想象，倘若没有狩猎－采集、非洲、美拉尼西亚、印度这些区域的实实在在民族志，生育制度、继嗣制、交换、等级人等概念，是否有可能会出现。

〔1〕这些学者包括研究狩猎－采集区的 David McKnight、David Riches，研究非洲的 Wendy James、Elizabeth Tonkin、Richard Werbner、David Parkin，研究美拉尼西亚的 Marilyn Strathern，研究中亚的 Michael Gilsenan、Brian Street，研究印度的 Richard Burghart，研究斯里兰卡的 Bruce Kapferer，研究印度尼西亚的 Mark Hobart，研究日本的 Brian Moerian。

《地方化策略》一书，运用一种地区特殊性与理论一般性的辩证法，这一辩证法的存在，让其作者们能够避开分离经验与理论的后现代主义陷阱。作为这本论文集的主编，法尔顿清楚地看到了“新批判”（后现代主义批判）依赖的泛权力主义前提[1]，但并未纠缠这一前提的是非，更未从其反思中引申出有益于丰富民族志内涵的主张。幸而，在《地方化策略》出版前后，萨林斯在一系列历史人类学与宇宙论研究的著述中，将矛头直指政治经济学与话语理论的泛权力主义倾向。萨林斯指出，后现代主义者的一个最大失误是，以自我批评为戏法重新扮演了进化论的故事：在欧洲文明进入世界其他地区之前，那里没有过历史；这一失误又使他们误以为，被研究者的文化在民族志研究者到来之前并没有存在。而事实上，即使是在西方势力扩张的年代，它带着的那些政治经济学和权力概念也没有成为普遍世界之实在的理论，原因是，与这一势力接触的“土著人”，仍旧以自己的宇宙论解释着世界，并将外来的白种人改造纳入自己的社会，使之成为被动的存在者。[2]

致力于重建文化理论的主流地位的萨林斯，以“文化”和“宇宙论”来与政治经济学和话语构造的近代世界史作斗争，这就使他的著述留给人们一种相对主义印象；然而有深厚结构理论（这是一种普遍主义学说）涵养的萨林斯，观点并不是相对主义的——正相反，他主张，通过民族志式的研究（萨林斯的研究是历史民族志类的）进入被研究者的世界（尤其是其心灵世界），能使我们获得具有普遍启发的认识，这些认识甚至有益于解释古希腊和基督教文明，而那些声称是普遍适用的泛权力主义理论，则不过是自古有之的、特殊的西方宇宙论的变相。[3]

---

〔1〕 Richard Fardon, “General Introduction, ” in Richard Fardon ed., *Localizing Strategies: Regional Traditions of Ethnographic Writing*, pp. 5-7.

〔2〕 参见萨林斯:《历史之岛》。

〔3〕 萨林斯:《甜蜜的悲哀：西方宇宙观的本土人类学探讨》，王铭铭、胡宗泽译，北京：生活·读书·新知三联书店，2000。

法尔顿等英国人类学家在回应后现代主义的主张时，致力于重新焕发民族志书写区域传统的活力，他们告诫我们，没有一项理论创新不与民族志研究者沉浸的特定区域有关；萨林斯这位美国人类学家在回应同一主张时，则致力于重新焕发民族志书写中的宇宙论传统〔1〕，他告诫我们，恰当的人类学诠释，只诞生于与"我者"自身所处的观念形态（宇宙观）处境疏离的"习惯"之中。可以将二者分别比拟成保守的英式经验主义和典型的美式文化主义，但必须认识到，正是这两种"再创造的传统"所表达的信念（这些信念也为那些并不这么表达的不少研究者所坚守），足以使民族志从知识论的压抑中脱身，在否定（本体论）之否定（知识论）中，将后现代主义时代之后的民族志带入一个新的阶段。

这个新的阶段起初并没有得到标识，十来年前，"本体论转向"这个新名词出现，之后，不少人借它来形容民族志所处的"现时代"。2008年曼城大学召集了一次题为"本体论不过是文化的代名词"的理论辩论会，这次辩论的记录，于2010年作为专辑发表于《人类学评论杂志》〔2〕，专辑主编在引言中追溯了"本体论转向"的由来，说这与2003年巴西人类学家维韦罗斯·德·卡斯特罗（Eduardo Viveiros de Castro）在曼城大学召开的社会人类学会年会餐后发言中提出的一个观点有关。维韦罗斯·德·卡斯特罗当时说，一贯影响人类学的那个基本价值是："[人类学家] 致力于创造人或人群的概念——我指的

〔1〕另一个美国人类学家戴木德（Frederick Damon）也从被研究者的角度定义了民族志的世界，通过库拉圈北部的研究，他表明，这个地区也构成一个"世界体系"，只不过此体系不同于彼体系，相比而言，它具有更为深刻的关系性（Frederick H. Damon, *From Muyuw to the Trobriands: Transformations Along the Northern Side of the Kula Ring*, Tucson: University of Arizona Press, 1990）。

〔2〕Michael Carrithers, Matei Candea, Karen Sykes, Martin Holbraad, and Soumhya Venkatesan, "Ontology is Just Another Word for Culture: Motion Tabled at the 2008 Meeting of the Group for Debates in Anthropological Theory, University of Manchester, " in *Critique of Anthropology*, Vol. 30, Iss. 2, 2010, pp. 152-200.

是本体论——自决。”迅即，维韦罗斯·德·卡斯特罗的这一宣言，在人类学界引起激烈反响。此后，“人类学中的本体论转向”为受维韦罗斯·德·卡斯特罗启迪的学者推行。在2007年出版的《由物而思》[1]中，何纳尔（Amiria Henare）等三位主编提出，民族志的本体论进路，不重视知识论的研究，认为这种研究主要关注被研究的人如何“表述”唯一的现实世界，它重视的是诸世界（multiple worlds）的存在。对他们而言，本体不同于文化，正是文化这个概念将世界定义为一个单一的现实，将世界观（文化）定义为多样的。本体论反对文化的这种观点，它承认现实（realities）与世界（worlds）的复数存在。[2]

从维韦罗斯·德·卡斯特罗自己的一篇讲话稿看，其所谓“本体人类学”的号召包括三项：

1. 致力于把实践定义为与理论不可分的领域，并在这一我们可称之为“知行合一”的领域中展开“概念”研究。

2. 基于对“知行合一”的世界民族志叙述，提出一种关于概念想象的人类学理论，以此为方法，创造出知识与知识的关系，以共同丰富诸人文世界的内涵。

3. 为提出这一理论，尽力从一个事实中引申出所有必要的含义，这个事实是：土著话语论述的事情绝非只与土著有关，这话语论述的是整个世界。[3]

维韦罗斯·德·卡斯特罗的这些号召（听起来十分接近马林诺夫斯基在近一个世纪前说的：“若我们怀着敬意去真正了解其他人［即使是野蛮人］，我们无疑会拓展自己的眼光”[4]）不是空谈，而是由其

---

〔1〕 Amiria Henare, Martin Holbraad, and Sari Wastell eds., *Thinking Through Things: Theorising Artefacts Ethnographically*, London: Routledge, 2007.

〔2〕 考虑到人类学中“文化”既已用来指多样的现实与世界，有的与会学者坚持认为，本体论不过是文化的代名词。

〔3〕 引自维韦罗斯·德·卡斯特罗2003年在社会人类学会年会上宣读的讲话稿，题为“AND”。

〔4〕 马林诺夫斯基［马凌诺斯基］:《西太平洋的航海者》，447页。

长期的亚马逊流域印第安人民族志支撑着。在民族志研究中，维韦罗斯·德·卡斯特罗极其重视萨满的贯通。在他看来，在萨满的存在方式中，“土著”用接近于泛灵论的观念看待他们的世界，将自然看作是多样的，将人看成是多样自然中的一个无文化区分的统一种类；而在其中，精神不是文化的，而普遍存在于自然世界。[1]这一多样自然-单一文化的存在-观察方式，全然与西方的唯一自然、多样文化观念相反，而维韦罗斯·德·卡斯特罗认为，这一美洲印第安人宇宙论，自身即为哲学概念，表达着一种别样的本体论。西方哲学的本体论，将自然与社会两分，并将二者之关系定位为自然性质的；与此不同，美洲印第安人本体论（宇宙论），贯通自然与社会，认为自然与社会之间的关系是社会性质的，这一本体论的泛灵论内涵（即其自然多元主义、文化一体主义的内涵），表达的便是自然与社会的社会贯通性。[2]

这一从“土著”的本体论（即“土著”的生活与观念中的“在”）直接引申概念的做法，不同于后现代主义阶段的泛权力主义和自我反思做法，而与早已为人类学家坚持的“土著宇宙论”研究主张相续。[3]这类民族志，对于贯通被研究者与研究者的本体论，给予了空前的关注；并且，其侧重点不是“作者的解释”，而是作者与“被书写者”之间关系所依赖的共同概念基础，因此，无论是相对于萨林斯

---

〔1〕 Eduardo Viveiros de Castro, “Cosmological Deixis and Amerindian Perspectivism, ” in *Journal of the Royal Anthropological Institute*, Vol. 4, No. 3, 1998, pp. 469-488.

〔2〕 尽管维韦罗斯·德·卡斯特罗指责列维-斯特劳斯为文化/自然二元论的实践者，但正是列维-斯特劳斯指出，包括维韦罗斯·德·卡斯特罗所研究的人群在内的“看来完全屈从于维持生计的民族”，“能够完全不受这种利益关系的影响而进行思考”，“他们被需要和愿望所驱使，去理解他们周围的世界、大自然和社会”，“为了达到这一目的，他们完全同哲学家一样，甚至在某些程度上同科学家一样，用理智的方法去思考”（引自列维-斯特劳斯：《神话与意义》，载叶舒宪编选：《结构主义神话学》，西安：陕西师范大学出版社，1988，69—108页）。

〔3〕 不应忘记，爱德华·泰勒于19世纪70年代出版的《原始文化：神话、哲学、宗教、语言、艺术和习俗发展之研究》一书（十一至十七章），主要讨论就是围绕“泛灵论”（万物有灵论）展开的。

的结构－历史论，还是相对于主张“召唤”的后现代主义者，都更具有现代主义的风格（尽管维韦罗斯·德·卡斯特罗刻意将自己与几乎所有现代主义人类学家区别开来）。“本体论转向”将民族志研究者的注意力引向被研究“世界”本身的生活之认识，引向这些“世界”的构成原理之求索，因而，有着促进民族志书写者与“土著”形成合乎情理的道德和政治关系的作用。[1]

维韦罗斯·德·卡斯特罗对民族志所做的本体论界定，是过去一二十年间旗帜最鲜明的主张。[2]然而，在地方化的深入民族志研究中贯穿本体论关注这一学风，不是他引领的那个“学派”所独有的特征。20世纪90年代以来，堪称“本体论民族志”的文本，既有与维韦罗斯·德·卡斯特罗相联系的贯通自然与社会的民族志[3]，有受亚马逊河谷民族志影响出现的狩猎－采集区宇宙论民族志[4]，又有致力于贯通民族志与现象哲学的“生活世界民族志”[5]，更有从既有人类学

---

〔1〕从某个角度看，“本体论转向”起到纠正民族志知识论反思的“事实虚无主义”偏向的作用；在“转向”之后，民族志取得的主要成就在于拓展了“社会”（它有时也可被理解为“民族精神”或“文化”，而其基本内涵是“关系性［relatedness］”）概念的边界，而沿着这一方向的努力，早在莫斯的论著中已出现（王铭铭：《莫斯民族学的“社会论”》，载《西北民族研究》2013年第3期，117—122页）。莫斯阐发了他从涂尔干那里继承的将经验和知识（尤其是作为“集体表象”的分类）放在作为“物”的“社会事实”中考察的观点（涂尔干：《宗教生活的基本形式》），并将之从僵硬的“团体格局”（费孝通：《乡土中国》，25—34页）囚牢中释放出来，使之回归于其来自的民族志世界，成为充满灵动、易于适应非“团体格局”社会的民族志与比较民族学概念。而莫斯的民族志世界，包含着广义的“它”（“它”物、“它”神及他）的意味。

〔2〕基于这一界定，2011年《豪：民族志理论杂志》（*Hau*：*Journal of Ethnographic Theory*）得以创刊，其宗旨在于直接在民族志中阐述理论。此外，“本体论转向”在其他诸多领域也产生了广泛影响（见 Benjamin Alberti, Severin Fowles, Martin Holbraad, Yvonne Marshall, and Christopher Witmore, "'Worlds Otherwise': Archaeology, Anthropology, and Ontological Difference," in *Current Anthropology*, Vol. 52, No. 6, 2011, pp. 896-912）。

〔3〕如，Philippe Descola, *Beyond Nature and Culture*, 2013。

〔4〕如，Rane Willerslev, *Soul Hunters: Hunting, Animism, and Personhood among the Siberian Yukaghirs*, Berkeley: University of California Press, 2007。此类民族志易于被英戈尔德（Tim Ingold）看待为“狩猎－采集人本体论”，即一种将人与动物之间关系视作“能动者间关系”的看法（Tim Ingold, *The Perception of the Environment: Essays in Livelihood, Dwelling and Skill*, pp. 40-60）。

〔5〕如，Michael Jackson, *Lifeworlds: Essays in Existential Anthropology*, Chicago: University of Chicago Press, 2013。

概念（如等级）中引申出的区域性民族志[1]。而我们还应当承认，致力于恢复“土著”活动和思考的“地方”的“世界”本质的学者，也早已有之[2]；这些学者通过将“地方”历史化和世界化，指出了被社区、群体、民族、社会、文化等概念“缩小了”的“世界”之难以化约的丰富。这些基于丰富经验素材的研究，呼应着早些时间出现的有关民族志区域书写传统与文化－宇宙观的论述，共同开创了一个“后知识论”的时代；在这个时代，回归于被研究者（即所谓“土著”）的生活与世界（复数的“诸世界”），成为理论或哲学背景不同的民族志书写者的共同事业。

结　论

在19世纪后半期的实践和论述基础上，20世纪上半叶，人类学家给民族志以体系化的方法学阐述，以“科学”为名（仅是“名”，其“实”含有诸多“人文”色彩），对研究实践加以规则上的界定；之后，民族志内涵得以丰富，研究得以深化，地理空间的覆盖面得以拓展。随着20世纪下半叶的来临，民族志出现了两度转变：首先，其所述“对象”在地理、历史上的上下文关系引起了关注；接着，批判知识论视野被引入，民族志先后得到诠释学的反思与后现代主义的批判。两次先后发生的转变，使民族志的本体论求索[3]退让于知识论的“考据”。然而，到了20世纪90年代后期，情况再次出现了变化，民族志

〔1〕如，Knut Rio and Olaf Smedal eds., *Hierarchy: Persistence and Transformation in Social Formations*, New York: Berghahn Books, 2001。

〔2〕如，Steven Feld and Keith Basso eds., *Senses of Place*, Santa Fe: School of American Research Press, 1996, pp. 53-90; Frederick Damon, *From Muyuw to the Trobriand: Transformations along the Northern Side of the Kula Ring*。

〔3〕有必要重申，“本体论”是相对于“知识论”而言的；后者辨析的主要是认识者的知识之本质，前者辨析的则主要是存在的本相与“真实”的要素。

走出知识论批判，回到了对知识形成的区域性的关注，并以新姿态重新进入宇宙论与本体论的经验研究领域。此后，民族志研究空前重视存在的关系性与世界的意义，因之，已被概括为“本体论转向”。

基于这一对民族志的历史形成的论述，我们可以得出以下三点认识：

1．20世纪70年代之前，民族志书写者侧重于理解被研究的“土著”（加引号是因为所谓“土著”，其实质并非“原始人”，而是指作为民族志认识之“物”的广义“对象”或广义的“其他人”，既包括“原始人”，也包括“乡民”“城里人”，以至“文明人”）的存在与价值，而这符合“本体论”一词的含义，亦即对存在之本相及现实之意义的研究，因此，可被称为民族志的本体论阶段。

2．之后的民族志研究者多侧重于处理外在于民族志“对象”的政治经济上下文关系及民族志“认识主体”与其制造的知识或文本之间的“权力”关系，做法颇类旨在求知“知识之本质”的哲学知识论，因此，可被称为民族志的知识论阶段。

3．20世纪90年代以来，民族志领域中，涌现出不少致力于在既有民族志书写的传统区域基础上进行进一步研究和思考，致力于以文化概念的复兴而回归被研究者世界观和社会观的学者，也涌现出致力于结合民族志与哲学思考而直接从“土著观点”的描述提出概念的学者，他们建立的风范，有其新意（尤其是转以“世界”概念替代“社会”概念），而可谓是民族志的新本体论阶段。

以本体论、知识论、新本体论来表示民族志三个不同阶段的不同特征，并不是说，各个阶段都只有一种民族志范式。本体论与知识论总是并存于每个阶段，并且可能是难解难分的（以“本体论转向”为例，这种论述主张回到本体论，但事实上，“回到本体论”的主张，却又是一种严格意义上的知识论主张，只不过，这一主张与后现代主义主张不同，后者几乎认为知识论是一切，却又放弃不了“在世界中解释世界”的本体论追求）；一个阶段被我们形容成“本体论的”或“知识论的”，原因只在于，在那个特定的阶段，“本体论”或“知识论”成为民族志两面中相对突出的一面。既然不应设想一个完全没有知识论的本体论阶段的存在，也不应设想一个完全没有本体论的知识论阶段的存在，那么，民族志的历史，便可谓是由本体与知识两个概念代表的两种并存做法之间关系结构的两次反转（alternations）构成的[1]，其本质内容为两种方法学势力消长的过程。

当下民族志从后现代主义知识论的反复自我反思中解脱了出来，回到重视民族志“世界”本体的传统，并赋予这一传统新的内涵。这一具有创新性的回归表明，被后现代主义者形容成“现代主义”的那套民族志认识方法，在经历了数十年的质疑之后，声名和活力得到了部分恢复，而这种恢复又意味着，所谓“现代主义”，早已蕴含着“后现代主义”的内涵，有穿越“我他”界线、自我批评及“召唤非现代性的宇宙论”的“自觉”。[2]用拉图尔的话说，现代主义民族志的本体论求索，与现代性对世界的二元主义区分之间的关系不是单一的：民族志书写者既可能通过[3]所谓的“纯化分类”（purification），扮演人－物、我－他、文化－自然、人－神之间疆界的勘定者或守护者，又可能通过“翻译式的穿梭（translation）”，扮演为分类鸿沟两边的对立类别牵线搭桥的角色。[4]哲学家兼人类学家盖尔纳说，世

[1] 关于结构的“反转”概念运用于历史时间形态研究上之可能，见王铭铭：《线条与结构，人物与境界》，载其《人生史与人类学》，北京：生活·读书·新知三联书店，2010，161—235页。

[2] 王铭铭：《他者的意义——论现代人类学的后现代性》，载其《王铭铭自选集》，桂林：广西师范大学出版社，2000，332—361页。

[3] Bruno Latour, *We Have Never Been Modern*, trans. Catherine Porter, Cambridge, Massachusetts: Harvard University Press, 1993.

[4] 以维韦罗斯·德·卡斯特罗为例，他的努力在于在“土著本体论”中发现贯通土著与人类学话语的概念，但在贯通之前，他也费大量笔墨对土著话语与人类学话语加以区分（Eduardo Viveiros de Castro, “The Relative Native, ” in *Hau: Journal of Ethnographic Theory*, Vol. 3, No. 3, 2013, pp. 473-502）。他的这一两面性，正源于现代认识－本体论的“纯化分类”与“翻译式穿梭”。

间的知识立场只有三种：（1）相信自身拥有真理的原教旨主义宗教；（2）发誓抛弃独特真理的观点而假装所有文化和话语都是“真的”的后现代主义相对论；（3）相信一个独特而科学的真理存在，但从未相信我们可以确然地占据这一真理的启蒙理性。[1]若盖尔纳的评论有什么启发，那么，这个启发便是：经过一个多世纪的跌宕起伏，民族志书写者们终于认清，原教旨主义宗教式的“科学”和后现代相对主义相对论式的“巫术”，都无助于我们理解我们的生活与知识的本相；“敢于求知”，民族志书写者除了遥望“真理”之外还能做的，是在拒绝伪装成通灵者似的“真理代言人”之同时，尽其所能谨慎地接近于它。

后现代之后，来自不同国家、不同“阵营”的研究者对民族志书写的区域传统的整理、对宇宙论的历史人类学“考据”、对作为“关系的土著”的被研究者与研究者的本体论的贯通，构成了民族志的新形态。以田野工作和书写为主业的民族志，是人类学研究的“初级阶段”，而正是在对这一“初级阶段”的内涵之界定、反思、再界定中，人类学走出它的“殖民”阴影，渐渐趋近于一门人文科学。它未能使我们克服长期面临的两难抉择，如涂尔干所言，这一两难是，“如果把人类高超的、特殊的能力与他们卑贱的存在方式联系起来，把理性和感觉联系起来，把精神和物质联系起来，去解释人类的这些能力，那么就等于否认了人类的绝无仅有的性质；而如果把人类高超的、特殊的能力归结为假定的超验实在，那么又无法通过观察使之得以确立”[2]。然而，它却已通过对经验、整体、相对的民族志观的再界定、再综合，及对区域知识、世界观及“土著哲学”的再辨析、再提升，创造着本体-知识兼合的“民族志理论”，接近着人文科学的那个“物”。

---

〔1〕 Ernest Gellner, *Postmodernism, Reason and Religion.*

〔2〕 涂尔干：《宗教生活的基本形式》，584页。

第五编

宇宙观与文明的差异与关联

“西游”中的几个转向
——欧亚人类学的宇宙观形塑

1935年秋，我们在此以本讲座为“供品”致以敬意的这位先贤游至东方，去了燕京大学。这是个西式教育机构，校园坐落在北京（那时的北平）城的西北郊外，设计和建筑却皆为东方园林式。在燕大期间，阿尔弗雷德·拉德克里夫－布朗为一部分中国社会科学的先驱开设了一系列讲座。这些讲座，内容被“社会学中国学派”的领袖吴文藻先生[1]以一种“中国方式”与罗伯特·派克的人文区位学（人类生态学）和马林诺夫斯基[2]的民族志学融为一体，转化为开启“社会人类学的中国时代”[3]的主要动力。此间，拉德克里夫－布朗对中国文明兴致盎然，来华之前，他阅读了马塞尔·葛兰言对中国宇宙观的社会学论述，由此而深信，古中国的阴阳与古希腊的“对立统一”两相对应，具有高度相似性，对于他致力于建立的“以社会为对象的科学”（the science of society）价值至高。[4]

---

〔1〕见吴文藻：《吴文藻人类学社会学研究文集》。

〔2〕Bronislaw Malinowski, *Magic, Science and Religion and Other Essays*, Glencoe: The Free Press, 1948.

〔3〕Maurice Freedman, “A Chinese Phase in Social Anthropology, ” *The Study of Chinese Society*, pp. 380-397.

〔4〕在燕大期间，拉德克里夫－布朗逐渐了解到，古老的祖先崇拜实践和阴阳宇宙论观念依然在中国人的社会生活中发挥着有效作用。而在此之前，在芝加哥大学工作期间，他就开始阅读葛兰言的《中国文明》（吴文藻：《布朗教授的思想背景及其在学术上的贡献》，载《社会学界》1936年第9期，3—44页）。此时，带着强烈的好奇心，他开始对葛兰言叙述的历史进行“现代化改造”，旨在使之适用于当代社会研究。为此，他还提出了相关研究计划。他频繁与几名中国学者交谈，从他们那里了解到古代中国的亲属制度及其在当代乡村宗族组织中的沿用情况（潘光旦：《家族制度与选择作用》，载《社会学界》［转下页］

在其“中国之行”完成八十年后，我心存感激，接受邀请，前来颂念这位“老师的老师”。可以说，比起社会人类学学科的大多数东方先驱者而言，我是个幸运得多的人。当那些聆听过拉德克里夫－布朗教诲的先贤还在承受政治斗争之苦时，我还只是个孩童，而到了他们获准返回高校和研究院所之时，我正朝着职业人类学家生涯稳步前行。接着，他们便一个接着一个，离开了我们的世界……

然而，来到这个遥远的“圣地”，不可避免地既是一种殊荣，又是一种考验。我的老师们亏欠他们的老师们恩情，我亏欠我的老师们恩情，加上在20世纪30年代和改革开放以来这两个阶段，老师们和我们这代从国际学术交流中受惠尤多，这样一来，我们共同欠下的“债”便堆成了一座山。这次讲座，可谓一种“延迟的回报”。在设想我该讲什么时，我费了心思。这样的讲座本应达到相当的学术高度，我因而需要具备相当的学术雄心。虽则如此，相比于我们欠下的“债”，我竭力带来的却必将如滴水之于涌泉，微乎其微。但我最后还是下了决心，打算尽我所能，知难而进，揭示“旧世界”诸宇宙观传统的历史与关系本质。

在我们这个时代，古老的宇宙观，亦即那些由来已久的“世界智慧”（wisdoms of the world），正在得到越来越多的讨论。它们被频繁从“沉睡”中唤醒，时而充当对霸权迷思展开彻底批判的参照，时而被化作文化或本体论的传奇，并由此被相对化。这令人不禁想到，先贤更重视考察诸传统内外的相异性、关联性和“相似性”，反倒是我辈，不知出于何由，而更多受到二元对立认识习惯的制约，多半停止

［接上页］1936年第9期，91—106页；林耀华：《从人类学的观点考察中国宗族乡村》，载《社会学界》1936年第9期，127—142页）。可惜的是，拉德克里夫－布朗的研究计划没有得到全面实施，1937年，全面抗日战争爆发了。参见 Alfred Radcliffe-Brown, “The Comparative Method in Social Anthropology, ” in A. Kuper ed., *The Social Anthropology of Radcliffe-Brown*, London: Routledge and Kegan Paul, 1977, pp. 53-72; George Stocking, Jr., *After Tylor: British Social Anthropology, 1888-1951*, p. 353。

关注这些现象了。如此一来，文明的异同与关联，也重新成为亟待社会人类学家思考的核心议题。为了阐明这一点，接下来我将对割裂自我与他者的二分法展开建设性批判。二分对立观既是“巫术”“原始宗教”“野性思维”“文明”等旧有民族志理论观点的核心内容，又是诸如“本体论人类学”等学术新潮的突出特征，因此，我不免要对这些旧有理论和学术新潮同时展开反思。

在西方人类学中，存有别具一格的尚古主义或无政府主义，出于这个原因，欧亚大陆的传统通常被置于民族志世界的边缘。这种做法本为某种中心 / 边缘关系的民族志政治，对其利弊，我们本可以多谈一些，但此处我不得已先将问题搁置，因为，这里我希望做的，不是立场的阐发，而是学术传统的扬弃。我想将精力集中于发扬拉德克里夫 - 布朗在比较方法上取得的成就。这位先贤一贯坚持，人类学研究者应在跨越大洲的社会逻辑和世界观联想基础上展开比较研究，这一主张，对我启发很大。[1]

本次讲座可以被形容为一次“西游”，它是由几个区域性的“探访”构成的，这些探访的方向，源自我选择的一批作品的指引，借助于这些作品，我将“由此及彼”，从西方出发，从西方转到南方，又从南方转回西方，再由西方转向东方，接着，我从包含东西方的北方（欧亚）南下，又回到北方及其“中间地带”。我将在不同世界之间摸索，追踪各个世界内外宇宙观传统的相互作用动态，从我在不同区域的观察和思考中引申出一个论点。经由对诸“民族志地区”[2]边界的

---

〔1〕尽管他将重点放在“原始社会”研究上，但拉德克里夫 - 布朗也将古代中国、希腊和罗马的宇宙观列为相关模型。参见 Alfred Radcliffe-Brown, “The Comparative Method in Social Anthropology”; “Religion and Society, ” in Adam Kuper ed., *The Social Anthropology of Radcliffe-Brown*, pp. 53-72, 103-130。

〔2〕Richard Fardon, “Localizing Strategies: The Regionalization of Ethnographic accounts, ” in Richard Fardon ed., *Localizing Strategies: Regional Traditions of Ethnographic Writing*, pp. 1-36.

跨越，我将在两类观点之间建立联系，其中一类，出自我对类型化对比的抵制；另一类，则缘于我对中西方相关视角的综合，具体为我致力于形塑的“中间圈”[1]、“互惠他性”[2]及“超社会体系”[3]等意象。我在其他作品中刻画过这些意象，定义过这些概念，我希望，随着本文论述的展开，它们的含义会逐步得到澄清。我将会指出，如果我们所研究的传统，主要内容的确是属于宇宙观性质的，那么，无论在东方还是西方，南方或是北方，这些传统都既有内部分化，又有相互之间的外部关联，简言之，它们可谓“内变外联”。

我的论述，内容富有浓厚的历史色彩，其“社会学性”并不强，对某些人而言，这甚至可能意味着我所做的工作脱离了拉德克里夫 - 布朗设想的社会人类学范畴（拉德克里夫 - 布朗坚持认为，社会人类学不是历史民族学，而是科学的比较社会学）。虽则如此，我依然相信，我的论述与拉德克里夫 - 布朗在东方传授给我们前辈的看法一脉相承。这一看法之明确形式，似乎仅在一篇中文版文献中可以得见，因而我们的西方同人多数并没有意识到它的存在；它的内容是，历史与当下、内部与外部之间关系在民族志情景中极为复杂，民族志学应直面这些复杂的关系。[4]以下叙述沿着几次方位转向（或许还有回归）的线索展开，其框架也是由这些转向和回归构成的。

---

〔1〕见王铭铭：《中间圈——“藏彝走廊”与人类学的再构思》。

〔2〕Wang Mingming, *The West as the Other: A Genealogy of Chinese Occidentalism.*

〔3〕王铭铭：《超社会体系：文明与中国》。

〔4〕王铭铭：《局部作为整体——从一个案例看社区研究的视野拓展》，载《社会学研究》2016年第4期，98—120页；亦见本书61—93页。拉德克里夫 - 布朗：《对于中国乡村生活社会学调查的建议》（吴文藻译，载《社会学界》1936年第9期，81—90页）一文，出自拉德克里夫 - 布朗在燕大所做的一次演讲（仅有中文版本），在文中，拉德克里夫 - 布朗强调，超越“共时性或单时性研究”有两种方法：（1）在民族志地点与其他地点之间建立关系，以及在这些地点和它们所属的更大地区之间建立关系；（2）认识上述关系在“纵向的”（历史的）脉络中发生的改变。

巫术在西方

在“西游”路上，我费了不短时间在灰黄色的陆地上面飞行，我一路想到唐玄奘，觉得这片灰黄色的陆地，便是曾给了前往印度朝觐的他带来巨大考验的广阔地带。幸而我是乘坐飞机而非徒步旅行，因而没有遭遇险阻，便顺利来到了目的地。我们的所在地，是绿意最浓的亚欧边地英格兰，请允许我从这里开始我的叙述。

在东方，英格兰——尤其是近现代英格兰，曾以不同方式为人熟知。在中国，帝制末期，英格兰起初被认为是“洋夷”的故乡，在人们眼里，来自英格兰的“洋夷”不是善类，他们肆意施展贸易和战争的“硬实力”，给天下的宇宙秩序带来了极大混乱。不过，随着时间的推移，“洋夷”的这一负面形象被淡忘了，在一个阶段里，英格兰形象在我们东方的西方主义话语中得以重塑。此时，英格兰“软实力”得到重视，对那时我国的知识人来说，这是诸如达尔文、赫胥黎之类“陌生人－圣贤”（即 stranger-sages，此类人物形态，在人类学界往往不怎么受重视，因为人类学家多数更关注王者的神圣性的“外生性”，也更倾向于将“神圣王权［divine kingship］”视作普遍使用的类别）的出生地。那时，无论是改良派还是革命派，都将来自英格兰的制度和思想视作从“大写历史”车轮碾压中拯救“天下”的办法。[1]而在后帝制时代的几十年时间里，恩格斯的《英国工人阶级状况》（1887）却又一次改变了西方在我们先辈眼中的形象。此间，英格兰变成了“悲惨世界”的同义词。然而，峰回路转，自 20 世纪 30 年代晚期之后，马克斯·韦伯的《新教伦理与资本主义精神》渐渐东传，随之，英格兰的正面形象渐渐回归了。韦伯的这本著作内容复杂，但在我们的先贤和同辈眼里，它

---

〔1〕 Wang Mingming, “All Under Heaven (Tianxia): Cosmological Perspectives and Political Ontologies in Pre-modern China, ” in *Hau: Journal of Ethnographic Theory*, Vol. 2, No. 1, 2012, pp. 337-383.

可以起到重新定义英格兰现代化“软实力”的作用，而实际上，这本书也确实数度启发了我们的改革主义思想家（如费孝通[1]）。

我前些年写了一本书来考察中国西方学的谱系，[2]我将这个谱系置于萨义德《东方学》的对立面，批判了“后殖民主义”对他性（alterity）之非西方视角的漠视（如我认为的，不同文明都有其各异的他者观念，而西方的人类学和东方学却自视为唯一有他者观念的知识系统）。我本来完全可以将上述近现代英格兰的东方形象添加到中国西方学的谱系中去，以充作对既有论述的佐证。不过，这里我关注的是我之与我的大多数东方先辈有别的看法。他们对英格兰的评价虽然有好有坏，但是却共同采取一种单线历史观去看待文化阶序中的英格兰。如同其他人的看法，我的看法也是建立在前辈的看法基础上的，但对于东方的西方论，我却还是有比别人更“偏激”的认识：我坚持认为，事实上的近现代英格兰史，不像东方的西方论者叙述的那样单一，它是在多种宇宙观传统相互竞争又彼此掺杂下展开的。

我的看法不是没有根据，为了说明这一点，让我引用英国历史学家基思·托马斯（Keith Thomas）有关近世英格兰巫术之表面衰退的巨著。[3]在此书中，托马斯引导我们关注“近代英国早期的心态气象”。他不仅揭示了旧传统与新传统（新社会逻辑和世界观）的此消彼长，而且表明，新社会逻辑和宇宙观的推行并不是一帆风顺的。托马斯指出，在新传统得到宣扬之同时，巫术心态和实践也得到回归，这使近世英国文明的运势变得极其复杂。在我看来，托马斯的历史叙事极为有趣，它以片段回放的方式，演示了巫术魔法和现代性之间的戏剧性互动。

---

〔1〕 费孝通：《新教教义与资本主义精神之关系》，载《西北民族研究》2016年第1期，5—24页。
〔2〕 Wang Mingming, *The West as the Other: A Genealogy of Chinese Occidentalism*.
〔3〕 Keith Thomas, *Religion and the Decline of Magic: Studies in Popular Beliefs in Sixteenth and Seventeenth Century England*, Harmondsworth: Penguin Books, 1973.

据托马斯说，传统上，英国人将“宗教”理解为“一种仪式化的生活方式，而非一系列教条”，这意味着，所谓“英国宗教”，其实很像罗伯森-史密斯（William Robertson-Smith）、涂尔干和拉德克里夫-布朗以来的人类学家所说的“原始宗教”[1]。西方我者（如英国“异教”）与非西方他者（如原始人的“原始宗教”）的“偶然相似”，在18—19世纪曾引起不少西方学者的重视，但由于当时提出的解释若不是进化论式的，便是传播主义的，它们后来便被舍弃不用了。我在后面会回过头来解释关注这一相似性会有什么意义，此刻，请允许我将注意力集中在这个事实上：中世纪晚期，英格兰平民几乎注意不到施行巫术与在教堂做礼拜之间的区别，而且他们还充分利用这种“混淆”，以迫使教会接受事实。结果，不仅教会活动退化了，而且巫术活动还被重新认定为是“宗教性的”。然而在新教改革期间，这种旧的宗教性被抛弃了，一种新的宗教性被注入英国社会，这种新的宗教性抬高了个人对上帝与科学自然主义的信仰之重要性。[2]随之，较之中世纪教会，改革后的英国圣公会也显得更加理性，更加敌视巫术，而且带有在个人与上帝之间缔造直接联系的意图。

中世纪晚期，为适应人们的社会和精神需求，教堂设置了不少承载灵验（efficacy）意涵的仪式表演程序，随着新教的势力扩张，这些程序被简约化了，而人们的社会和精神需求被重新归入由个人去满足的要求。新教有其新担当，它“表现了一种将巫术因素驱除出宗教的企图，它要消灭那种认为教会仪式本身能产生机械灵力的看法，要放弃通过祝圣和驱邪程式赋予物理实体超自然属性的做法”[3]。一言以蔽

[1] Edward Evans-Pritchard, “Religion and the Anthropologists, ” in *Social Anthropology and Other Essays*, New York: The Free Press of Glencoe, 1962, pp. 158-171. Edward Evans-Pritchard, *Theories of Primitive Religion*, Oxford: Oxford University Press, 1965.

[2] Keith Thomas, *Religion and the Decline of Magic: Studies in Popular Beliefs in Sixteenth and Seventeenth Century England*, p. 88.

[3] *Ibid*., p. 87.

之，新教为理性和科学铺平了道路，鼓励个人采取批判的思想方法，用“自然解释”（natural explanation）的规范取代有关奇迹的古老传说。然而，由新教带来的旧教会的分化或破裂，制造了一条裂隙，巫术借机在填补这条裂隙之中迎来了新一轮复兴。所以，正当新教与科学的宣扬者忙于从英国乡村土壤上“发明”现代性时，各种各样的巫术却也同时繁盛滋长，这给新教和科学的宣扬者们带来了沉重负担。

巫术的复兴之势，不只显现于乡村，在城市亦备受关注。令人叹为观止的是，正如托马斯坚称的那样，17 世纪“正是在伦敦，那些信奉预言和治疗神迹的宗派，获得了最大成功；正是在那儿，占星师们忙得最不可开交”，而且，因为伦敦这个大都会为每一种受欢迎的术士提供了庇护，在那里，这些术士相当活跃，但与此同时，他们也遭受着对其展开的“反巫术指控”。〔1〕

历史从来不是一条单向街。17 世纪的英格兰“土著”对“巫术和医学之间的区分”始终保持一种漠不关心的态度。由于巫术顽固不化，事实证明，以道德教化和物质自然间的对立为形式得以推行自然主义宇宙观，〔2〕传播得一点也不顺利。“魔法占领了科学留下的真空”〔3〕，而它在现代社会持续产生的影响，“比我们看到的更为广泛”〔4〕。

我认为，托马斯的《宗教与巫术的衰落》一书，为半个世纪前罗伯特·雷德菲尔德在非西方语境——墨西哥、印度以及中国——展望的文明人类学提供了一个很好的案例。我之所以这么看，是考虑到，中世纪、现代早期和“资本主义晚期”的英格兰历史，在很大程

〔1〕 Keith Thomas, *Religion and the Decline of Magic: Studies in Popular Beliefs in Sixteenth and Seventeenth Century England*, pp. 796-797.

〔2〕 Edmund Leach, *Social Anthropology*, p. 36.

〔3〕 Keith Thomas, *Religion and the Decline of Magic: Studies in Popular Beliefs in Sixteenth and Seventeenth Century England*, pp. 794-800.

〔4〕 *Ibid*, p. 799.

度上可以用雷德菲尔德发明的术语来描述，它是旧的与新的“大传统”——即雷氏所谓“原生”（primary）和“次生”（secondary）文明——相继改造“小传统”中的人和物的长时段进程。[1]当然，我同样能意识到，雷德菲尔德的文明理论需要做一两点调整，方能适用于解释英国情形。

据雷德菲尔德原本的定义，“原生”指内在于墨西哥之类乡民社会统一体（wholes）的古老文明，而“次生”指的是“个人主义力量”——西方的基督宗教和工业势力实体——从外部侵入上述统一体内部的现代化文明进程。在英格兰，内在（internal）与外在（external）文明的次序似乎颠倒了。英格兰的“原生”文明，似乎是在罗马人的作用下从外部植入内部的，这有时也引发来自内部的“小传统”之抵制，而“次生”则似乎生发于内部而向外扩散。如果这点属实，那么，英格兰的历史的确代表了一种不同的文明路径。另外，近代英格兰传统间的竞赛似乎以一种雷德菲尔德这个历史乐观主义者所没有料想到的方式结束了：正如托马斯指出的那样，在革除早先的宗教仪式体制中，新教理性其实留下了一道裂隙，而巫术则卷土重来，填补了这个空白，它们重新进入普通人的生活，对于那些依旧把仪式等同于巫术的平民而言，这也算令人满意了。

在这一点上，我虽则知道阿兰·麦克法兰（Alan Macfarlane）有过忠告，[2]但是仍旧希望把魔法在英国的历史运势，与人类学家萨

〔1〕 Robert Redfield, *The Little Community and Peasant Society and Culture*, Chicago: University of Chicago Press, 1973, pp. 40-59; Clifford M. Wilcox, *Robert Redfield and the Development of American Anthropology*, pp. 109-136.

〔2〕 在《英国个体主义的起源》中，麦克法兰告诫我们，要警惕将英格兰的转变与正在发展的第三世界的转变并列考察的做法。麦克法兰认为，英格兰的转变花费的时间要比我们想象的长好几个世纪，即便在西欧，它也属于一个特殊例子，其“特殊”之处在于，早在工业化之前的几个世纪，个体主义就已经在英国农民阶层中流行了。麦克法兰警告说，将非典型范例和有意为之的转型并列，可能会给第三世界带来更为严峻的创伤和困难。参见 Alan Macfarlane, *The Origins of English Individualism*, Oxford: Basil Blackwell, 1978, p. 202。

林斯提出的有关第三世界文化新机遇的看法联系起来思考。在观察到“文化并非正在消失”之后，萨林斯提出，非西方民族的文化斗争成功地颠覆了“被广为接受的西式传统－变迁、习俗－理性二元对立观”[1]。

萨林斯将其关注点放在现代世界体系的边远地区，重点考察这些地区出现的西方与“剩余区域”之间的“并置结构”（structure of conjuncture），他对发生在西方内部的相应事件鲜有关注。然而事实上，这些事件表明，施加于历史之上的目的论结构，在英格兰同样也出现了问题。这一问题，被托马斯具体定义为意料之外的巫术顽抗与复兴，这呼应了路易·杜蒙在试图探索近现代法、德不同的现代化道路中提出的看法。如杜蒙所言，在近现代西欧，“既存在现代技术或现代观念，它们可强加或带来新的存在方式，又存在适应某个人群或地区的旧有生存方式，它们也存活了下来，虽则多少受到新的存在方式或者新旧存在方式的结合体的削弱或重创，但多少还是有些生机”[2]。换句话说，使得**现代**文明进程复杂化的力量，并非来自外部，而是生发于内部，但其导致的结果——有时被社会学家解释为“轴心时期”传统在多元现代性局势下的复辟[3]——却与“其他世界”中**古代**传统的顽强绵续相似。[4]

总之，把托马斯笔下的近现代英格兰，与非西方语境下传统间互动的戏剧化表现相联系，我们可以得出这样的结论：“巫术信仰”的

---

〔1〕 Marshall Sahlins, *Culture in Practice: Selected Essays*, New York: Zone Books, 2000, p. 514.

〔2〕 Louis Dumont, *German Ideology: From France to Germany and Back*, p. 4.

〔3〕 Shmuel Noah Eisenstadt, *Comparative Civilizations and Multiple Modernities*, Leiden: Brill, 2003.

〔4〕 世界范围内“文化”的顽强存续，看来都很像“民间信仰”在中国的顽强存续，在中国，理学、传教、革命和改革这些相继出现的理性化和科学化运动，都依次在“意料之外”为“迷信”注入了新的活力。参见王铭铭:《溪村家族：社区史、仪式与地方政治》; Wang Mingming, *Empire and Local Worlds: A Chinese Model for Long-Term Historical Anthropology*。

顽强延续，不是英格兰的特殊现象，这一现象的存在，比我们想象的更为普遍。[1]

我中的他，他中的我

近世英格兰的“巫术”不同于“原始宗教”，或者说得更时髦一点，不同于亚马逊地区“印第安人视角主义本体论”[2]、古巴人占卜术，[3]或西伯利亚萨满“灵肉二分观”[4]。然而，这些持续存在的魔法实践中含有的所谓“迷信”成分，似承载着一种宇宙观，其内涵接近于通常所说的“泛灵论”。而“泛灵论”一词，往往令我想起中国官方话语里广泛用以界定“大众宗教”（popular religion）之精神状态的西式进化主义语汇。[5]其实，无论是“泛灵论”还是“迷信”，都指涉一种“普遍主义”，不是说此类观念的持有者自诩拥有放之四海而皆准的“真理”，而是说，正如托马斯指出的那样，这种世界观因无视那种人与非人（无论是神、有形的物或无形的力）的“自然主义”或“理性主义”区分，而显得比这些“主义”更倾向于追求贯通类别。

---

〔1〕欧洲大陆的历史情境和文化模式无疑不同于英格兰（Alan Macfarlane, *The Origins of English Individualism*, pp. 2-3），然而相似的“迷信存续”现象必然存在过，否则我们难以解释缘何古典人类学家的论述中广泛涵盖了几乎所有欧洲大陆的“文化遗存”；例如，阿诺德·范·热内普（Arnold Van Gennep）笔下法国的民俗，及德国大众文化学和民俗学研究者笔下的民族精神之地方根基（George Stocking, Jr., *Victorian Anthropology*, pp. 46-77, 186-237）。

〔2〕Eduardo Viveiros de Castro, “Cosmological Deixis and Amerindian Perspectivism, ” in *Journal of the Royal Anthropological Institute*, Vol. 4, No. 3, 1998, pp. 469-488.

〔3〕Martin Holbraad, *Truth in Motion: The Recursive Anthropology of Cuban Divination*.

〔4〕Rane Willerslev, *Soul Hunters: Hunting, Animism, and Personhood among the Siberian Yukaghirs*.

〔5〕Stephan Feuchtwang, “The Problem of Superstition in the PRC, ” in Gustavo Benavides and Martin W. Daly eds., *Religion and Political Power*, Albany: The State University of New York Press, 1989, pp. 43-69; Wang Mingming, “A Drama of the Concepts of Religion: Reflecting on Some of the Issues of ‘Faith’ in Contemporary China, ” *Working Paper Series*, No. 155, Singapore: Asia Research Institute, National University of Singapore, 2011.

托马斯提供的英国巫术案例，与近期关于当代西方猎巫运动民族志——如珍妮·拉封丹（Jean La Fontaine）的《讲述恶魔》[1]——一道揭示了一个事实，即我们东方的西方学有它的问题，它对西方强权入侵及其对"天朝"造成的不幸加以浓墨重彩的渲染，而对西方内部存在的类似于东方的其他现象（如"迷信"）却不加求解。同时，托马斯和拉封丹的这些论著，也挑战了人类学这门学科的既有"文化定位"（location of cultures）。埃文思－普里查德[2]在非洲语境下建立起来的巫术人类学（anthropology of witchcraft），不仅将"迷信"呈现为精神性和物体性的杂合，而且还使其"迷信"看上去似乎只存在于西方之外。

然而事实却表明，巫术的"神话现实"（mythical realities）并非如民族志中呈现的那样只是遥远的"地方性知识"，而是远为普遍地存在着的。巫术和巫术信仰在西方文明中并没有缺席或绝迹；相反，其生命形式——这些有时被描述为远方的"诸资本主义宇宙观"（cosmologies of capitalism）[3]——在殖民现代性的文明进程中存活了下来，在文明进程动力源的西方也显著存在，不仅在其现代早期如此，而且在现代性全盛期亦是如此。这点表明，19世纪人类学先辈虽犯有许多错误，但其对古老文明的现代"遗存"的认识，却至少是可取的，而相比之下，其后世由于信守我他之别的"原则"，反倒没有意识到，将我者置于他者之中理解，鉴知其相似性，会有许多有意义的发现。

拉封丹告诉我们，西方社会即便是在进入了人类历史上科学技术最发达、官僚制度最强大的时期，也同样有巫术和巫术信仰存在。一些对巫术的指控建基于某种撒旦教虐待（satanic abuse）迷思，在英

---

〔1〕 Jean La Fontaine, *Speak of the Devil: Tales of Satanic Abuse in Contemporary England*, Cambridge: Cambridge University Press, 1998.

〔2〕 Edward Evans-Pritchard, *Witchcraft, Oracles and Magic among the Azande*, Oxford: Clarendon Press, 1937.

〔3〕 Marshall Sahlins, "Cosmologies of Capitalism: The Trans-pacific Sector of the 'World System'," in *Proceedings of the British Academy*, LXXIV, 1988, pp. 1-51.

国的公共生活中持续扮演着重要角色。[1]到了20世纪末，对超自然现象的自然主义式信仰已经深深植根于英国社会。这个信仰明显也支持了独立知识分子对撒旦教虐待指控持怀疑态度（独立知识分子多半是怀疑主义者，对他们而言，此类指控显然因袭了近世基督教传统的某些因素）。然而，"变化的表象之下藏匿着一种连续性，这种连续性表明，猎巫运动有着极大韧性，也表明，新旧形式的猎巫运动之下潜藏的问题，对于猎巫者和巫师，都一直有它的重要性"[2]。

没有人否定，即便当代撒旦教虐待的传说可以指"巫术信仰"的某些表现，这些传说也不同于巫术本身；但要使魔法控告得以合法化，人们的确又需要有切实存在的"目标对象"为证。因此，正如拉封丹解释的那样，如果猎巫运动要进行下去，那么，至少对组织这些运动的人而言，必须有证据表明，巫术本身也持续存在着。在那些持怀疑立场、相信理性已经取得胜利的人看来，这不可能是事实。然而，如果我们把巫术联系到更宽泛的类别中去——例如，非操作型的"迷信活动"——我们就能找到大量诸如此类的"文化遗存"。[3]

当前，历史情境改变了，但社会条件和宇宙观的变化却尚未引起传统之间关系结构的"突破"。即使是那些致力于"破除迷信"的人，到头来也同样是"迷信分子"，因为他们对待科学就像对待道德－意识形态纲领那样，"信任"技术仿佛会创造奇迹，他们将政治主张塑造得犹如"信仰的混淆"（confusions of beliefs）那样富有魅惑力和巫术灵验性。

---

〔1〕 Jean La Fontaine, *Speak of the Devil: Tales of Satanic Abuse in Contemporary England*, pp. 177-192.

〔2〕 Jean La Fontaine, *Speak of the Devil: Tales of Satanic Abuse in Contemporary England*, p. 163.

〔3〕 如托马斯指出的，在如今的英格兰，"那些发觉精神病专家和精神分析师没能提供令人满意的替代品的人，依旧付费给占星师和算命师"，另外，"当下的内外科医生，也都忙于做非操作型的仪式实践"。参见 Keith Thomas, *Religion and the Decline of Magic: Studies in Popular Beliefs in Sixteenth and Seventeenth Century England*, p. 799。

现代性与传统的困境，兴许解释了为什么科学民族志学者布鲁诺·拉图尔将他的一本著作命名为《我们从未现代过：对称性人类学论集》[1]。可惜拉图尔没有把现代人的人类学研究范围扩展到现代巫术领域，否则他的书还会更有启发性。在这一点上，也许我们可以附加一则理论暗示。对于我们理解现代性如何置身于诸传统之中或如何身为众传统之一，诸如托马斯之类的历史学家和诸如拉封丹之类的人类学家做出的贡献，才堪称重要。通过揭示不同的宇宙观——即便是像现代和传统这样相互排斥的不同宇宙观——在历史中共存的命运，研究西方巫术的历史学家和人类学家为我们展现了“存在”的新含义，他们没有局限于用时髦的概念来形塑时髦的理解，而是实在地基于历史和现实的认识，提出有根本启发的结论。

“……那些在格雷斯影大街（Grays Inn Road）附近找不到奇迹、谜团、敬畏、新世界的意义和未经发觉的国度的人，在别的地方也别想发现这些秘密，在非洲的核心地带，一样不可能。”[2]亚瑟·玛臣（Arthur Machen）关于伦敦的这句名言可能有些夸张，但其传达的观念与我们方才谈到的问题有相关性。汉语里有句话用以批评那些不切实际的人——“舍近求远”，这个成语，似乎适用于我们形容人类学的某些部分。

不用说，对“远方之见”（the view from afar）[3]的追求自有其优点，恰是因为它有优点，我们才常常不愿从事返身本土的人类学研究（repatriated anthropology）。[4]然而，读了若干有关英国巫术的著述之后，我们会想，为了学科的文明自我认定，去牺牲考察人类学诞

〔1〕 Bruno Lartour, *We Have Never Been Modern*.

〔2〕 该引文见于阿克罗依（Peter Ackroyd）所著《伦敦：一部传记》一书。参见 Peter Ackroyd, *London: The Biography*, London: Vintage Books, 2001, p. 503.

〔3〕 Claude Lévi-Strauss, *The View from Afar*.

〔4〕 George E. Marcus and Michael M. J. Fischer, *Anthropology as Cultural Critique: An Experimental Moment in the Human Sciences*, pp. 111-136.

生地（西方）内部那些所谓“不必要的”传统的机会，是否真的不可惜？人类学家将他者分离于我者之外，将它放置在远处，本来意在将我们学科对生活、社会和世界的理解从“文明”的单一化进程中解放出来，结果却不幸以扭曲的方式告终；我们从我们的学科视野中“驱除了”我们身边对在世界中存在的人文理解，而这种理解，本是人类学家们及其关注的“宇宙观”的主要含义。难道不是这样？难道这不足以令人感到遗憾？

西方和其他地区的宇宙观

为了厘清问题，请允许我转入我们的法国同行菲利普·德斯科拉（Philippe Descola）所著的《超越自然与文化》[1]一书。之所以选择讨论这本书，是因为，出于我方才指出的原因，它遗憾地未能如作者所愿颠覆人类学中二分主义世界观的支配地位。

书中，德斯科拉提出了一种视野开阔的比较观点。也许因为他已转向了泛灵论的知识模式，作者将自己从先前的比较框架中解放出来，舍弃了自然主义在我们这门学科中的诸多衍生物。正如列维－斯特劳斯几十年前暗示的那样，[2]我们这门学科长期深受一个经典问题所扰：文化间的亲缘关系“是该解释为共同起源，还是该解释为统治着被比较的两地之社会组织和宗教信仰的结构性原则之偶然相似”[3]。德斯科拉所做的工作，不同于大部分此前的比较研究。那些既有研究，要么试图解释“单一性与多元性”之间棘手的关系，要么试图将单一性（西方）置于多元性（其余地方）之外。而德斯科拉只是将

---

〔1〕 Philippe Descola, *Beyond Nature and Culture,* Chicago: University of Chicago Press, 2013.

〔2〕 Claude Lévi-Strauss, “Do Dual Organizations Exist?” in *Structural Anthropology,* Vol. 1, London: Penguin Books, 1977, pp. 132-166.

〔3〕 Claude Lévi-Strauss, “Do Dual Organizations Exist?”, in *Structural Anthropology*, Vol. 1, p. 133.

“一者”置于所有他者之中，这样一来，现代欧洲人与物的分类图谱，便成了一个更大的类型目录的一部分。

德斯科拉从远方撷来并与近旁（自然主义）做比对的“多样本体论”其实主要有两个——泛灵论和图腾制度，用这位人类学家自己的话，这些可以描述为：

> 自然主义和泛灵论是无所不包的阶序图式，二者分居两极，相互对立。就二者之一而言，物质性（physicality）的普遍性覆盖了内在性（interiority）的所有可能性；就另一者而言，内在性的推广被用来削弱物质性差异所产生的影响。相形之下，图腾制度则是一种对称的图示，包含了内在性和物质性的双重延续，其逻辑的补充，只能由另一套对称图式来实现。[1]

有了上述分类，德斯科拉在论述野生状态与驯化状态的非自主性（社会）本质的一章中，为我们绘制了一幅诸本体论的地理分布图，这里他主要侧重于呈现那些奉行泛灵论和图腾制度的遥远国度，包括游牧空间、亚马逊的农园和森林、稻田、狩猎者的栖身地，等等。接下来他将这些遥远的领域与自然主义的现代栖居地做对比，认为后者的结构性缺陷自从启蒙运动以来便变得昭然若揭了。在这两个世界之间，德斯科拉加入了一条长长的边疆地带，这条边疆地带由流行着“类比主义”（analogism）本体论的中世纪欧洲、古代中国与墨西哥及当代非洲构成。

边疆本体论被定义为“一种身份识别模式，它将全部现存事物划分为众多本质、形式和质料，相互间凭细小差异区分并有时渐次排列，从而可使最初的对照系统重组为密集的类比网络，由此使诸实体

〔1〕 Philippe Descola, *Beyond Nature and Culture*, p. 9.

的固有特质相互联系并可彼此区分”，如德斯科拉接着论述的，这一模式“有关圆满的阐释学之梦，缘于一种不满足感”。[1]

基于上述，德斯科拉创造了某种三个世界的划分，这个划分接近于马塞尔·莫斯很久以前的构想。[2]对莫斯而论，这三个世界是原始时期、有史志之古代，以及现代；而在德斯科拉这里，它们则是“原始”（泛灵论或图腾制度）、类比主义和自然主义三阶段。三个世界的图景也与我所谓“三圈”[3]相近，它由同心圆结构建构而成，但按人类学的常规，德斯科拉的比较，以一种与“我者中心主义”（ethnocentrism）相对立的立场展开。

乍看起来，这种世界图景与日本杰出的民族学家梅棹忠夫（Umesao Tadao）的欧亚文明图式有几分相似，[4]二者都与诸如东西方这样的旧二元对立相对立，都将直接二分的二元对立图式转化为以四周环绕中心的同心圆模式，都以此编制欧亚大陆的文明版图。然而，二者间却存在一个显著差异。梅棹忠夫因急于在“二战”后的形势下将他的祖国“塞进”先进国家的行列，而将欧亚大陆的核心地带（印度、中国和阿拉伯世界）圈起来，使之与英、法、德、日这类“发达现代文明”形成对照。如此一来，西方和东方的界线被穿越了，但海洋国家的先进与大陆国家的落后，却取而代之，成为一种新的对立。

---

〔1〕 Philippe Descola, *Beyond Nature and Culture,* pp. 201-202.

〔2〕 Marcel Mauss, *The Gift: Forms and Functions of Exchange in Archaic Societies.*

〔3〕 王铭铭：《超社会体系：文明与中国》，136—164 页。

〔4〕 晚至 19 世纪末期，日本知识分子已经发明了他们自己的“东方学”和“西方学”。他们与西欧站在一边，习惯性地把中国和印度——尽管它们其实都位于日本的西边——看作“东方”，而把日本和西欧一道看作“西方”。因此在日本人的视野中，“东方学”是指日本对中国和印度的叙述，而“西方学”指代西方与现代文明的研究。在战后的几十年里，梅棹忠夫把旧的二元对立重塑为新的同心圆状的欧亚文明版图。他把“不可理喻”的东西对立模型替换为由两个区域组成的同心圆模型。在这个新的世界观之下，日本和西欧（英、法、德）组成一个发达文明的统一体，即一区，这个统一体包围着作为欧亚大陆腹地的二区（中国、印度、阿拉伯世界和俄罗斯）。发达的资本主义和资产阶级掌权构成一区国家的典型特征，而相反的情形——低发展水平和革命——常见于二区。参见 Tadao Umesao, *An Ecological View of History: Japanese Civilization in the World Context*, pp. 8-61。

相形之下，德斯科拉的模式没有这种先进主义色彩。德氏从其民族志地点所在的南方（也就是南半球）和其他一些民族志者[1]的北方（也就是北半球的北极圈边缘）调取了“原始本体论”的现成民族志资料，以二元对立的方式，将世界分为欧亚和新大陆地块的极权型类比主义和侵略型自然主义，以及从远方包围着它们的泛灵论和图腾制度两大“认识性”区域。较之梅棹忠夫的我者中心和现代主义的看法，德斯科拉的看法显得要“他者为上”和“尚古”得多。无论德氏的探索于何处结束，它都使得这位作者能够带着文化慈善心从颠覆现有中心/边缘等级秩序中发展出一种比较人类学。

作为一种旨在使现代自然主义“更适应非现代宇宙观，更有利于事实与价值的流动”[2]的努力，《超越自然与文化》一书以大量个案告诉我们，有关人生和世界之关系，世上存在着不同理解。此书不仅涉及“低级”土著和“高级”萨满不同的“本体论”，还述及了传教士、诗人、艺术家、科学家，甚至儒者的同类宇宙论。通过将远方置于中心，将近旁置于边缘，并识别出二者之间的中间环节，德斯科拉成功地相对化了西方现代的社会逻辑与世界观。

我们确有理由相信，德斯科拉“在当前人类学的演变方向上创造了一个根本不同的转变”[3]。然而这并没有打消我对于隐藏在他三分法背后的不言明的二分法所隐隐感到的不安。

在德斯科拉描绘的总体图景中，地球这一边的自然主义“模式”，主要由欧洲的思想者们构想而来，他们自现代性诞生之初起，就始终感到有必要在是否成为人这一问题上做抉择，并且始终要求用一种

---

〔1〕 Tim Ingold, *The Appropriation of Nature: Essays on Human Ecology and Social Relations*, Manchester: Manchester University Press, 1986. Morten A. Pedersen, “Totemism, Animism and North Asian Indigenous Ontologies,” in *Journal of the Royal Anthropological Institute*, Vol. 7, No. 3, 2001, pp. 411-427.

〔2〕 Marshall Sahlins, “Foreword,” in Philippe Descola, *Beyond Nature and Culture*, p. xii.

〔3〕 Marshall Sahlins, “Foreword,” *Ibid.*, p. xii.

自然主义图式来定位自己的生活；相比之下，地球另一边的“土著们”显得更为“世界主义”，他们生活在充满魅惑的社会形态中，这些社会形态跨越于内在性与物质性之间，而人们则享受着跨越边界，在泛灵论、图腾制度和类比主义之间漫游的自由，同时还居然保持着各自宇宙观的传统本真性。这幅反差明显的文化图景令人惊异，我认为它也许可以被称作“类型学的自我身份认定”（typological self-identification）。

德斯科拉的精神之旅，从地球上“非思”（unthinking）的一边出发，在那里，“世界的智慧”在当地人的本体论现实中存在着。德斯科拉既没有头脑简单，将他的旅程终结在西方（他的结论似乎关乎全人类），也没有墨守成规，将非自然主义的宇宙观都描绘成对欧洲而言全然陌生的看法（他似乎是说古老的西方人并没有与其他人多么不同）。然而，相信文化有“不可调和的特质”[1]，德斯科拉怀疑功能杂糅物（functional hybrids）存在的可能，他不止于此，还在自然主义周围划出一圈边界。最终，德斯科拉割裂了我他关联，将自然主义归结为现代性（西方）的产物。如此一来，他便无法承认，非西方本体论体系里，也可能含有自然主义因素（比如贯通物我的图腾主义，便含有物我一体观念）。另外，将自然主义等同于近代西方文明的独特创造，易于使人误以为物我关系只与宇宙观有关，自身不是存在主体。德斯科拉提出要重视“以自然为对象的人类学”（anthropology of nature），这让人误以为他要将人类学的视野拓展到物的领域，其实远非如此。由于他已将外物放在人类的思想内里，更由于他在诠释本体论时过于严重依赖我他二分法（这一方法曾由普理查德延伸至巫术人类学的形塑中，对此，德斯科拉似乎没有给予充分重视），因而，其所谓“自然”、已无物之形质，只是作为意象或概念存在，其

---

〔1〕 Philippe Descola, *Beyond Nature and Culture*, p. 392.

“以自然为对象的人类学”，也便无异于“以文化为对象的人类学”（anthropology of culture）了。

从内新几内亚到古希腊，再到中国：各类“多元一体格局”

此外，在我他二元对立土壤上生长起来的人类学，又不可避免会绕过这样一个事实：任何社会、文化或文明都是“多元一体格局”[1]。即便是在那些被某些学者鉴别为泛灵论和图腾制度主导的最遥远国度，宇宙观也远比我们想象的更多样，更有内在分殊。比方说，在内新几内亚欧克山地区（Mountain Ok）区区15000人当中，人类学家巴特发现，当地宇宙观的变异繁杂可以与“复杂社会”相比。[2] 欧克山人与德斯科拉研究的阿楚阿人（the Achuar）相似，其语言相互间亲缘关系很近，体形上没有可辨识的差异，衣着和住房极为相似，人们生活在一种“朴素经济体”中，生计依靠园艺、范围广阔的狩猎、森林和河床产物的采集，以及家猪饲养。然而他发现，在这个群体中，“宗教实践与信仰的差异，如同团体和社群间的差别那样巨大”[3]；内部文化反差可以从祖先信仰派别、入会仪式中的象征符号、对孕育的看法以及火的用法诸方面轻易察觉。在欧克山各社群之间，即便是宗教和宇宙观念赖以表达的主要方式都迥然不同。

如巴特关注到的，在回想个人记忆中的事件时，巴克塔人（Baktaman）借助今昔对比来巩固他们的幻象，他们说，“过去的日子更好，那时祖先们还活着，芋头和福利更好，而如今（1950年以来），

---

〔1〕 费孝通：《中华民族的多元一体格局》，载《北京大学学报》（哲学社会科学版）1989年第4期，3—21页。

〔2〕 Fredrik Barth, *Cosmological in the Making: A Generative Approach to Cultural Variation in Inner New Guinea*, Cambridge: Cambridge University Press, 1987.

〔3〕 *Ibid.*, pp. 2-3.

钢斧子取代了石头斧子（这些都是通过仪式交易从外部获得的），祖先的保佑也失效了”；特里夫人（Telefolmin）则从同一套关切和经历中得出某些更为宽泛而抽象的概念。更有甚者，比明－库舒人（Bimin-Kushusmin）“创立了一种不同的轮回循环图景”，这不同于巴克塔人的看法，后者“把人类的起源幻想成和始祖的某种协约，始祖是寻觅树木、开凿地洞、赐予芋头并创建了氏族组织的‘白色’有袋动物”。[1]因此，巴特指出，如果存在一种欧克山宇宙观，那么，这一宇宙观便是在诸多地方（村落和庙宇）分布着的“诸分支传统”（sub-traditions），这些分支传统不停地在公共表演和个人“巫术仪式”之间摇摆，赋予历史动感。[2]

将依旧处在“新石器时代”的欧克山人与在“文明社会”发现的例子做比较，巴特发现，尽管“文明社会”发达的文字使得口头陈述获得了一种新颖的持久性，但无文字的欧克山人却更多保留了多义（multivocal）、多价（multivalent）的神圣符号。[3]到底有文字的文明是否真的比“原始社会”少一些多价性符号，对此我们没有答案，但是，有一个我们却可以肯定，那就是，文字文明的神圣符号具有同等的多义性。如我将表明的，如同巴特笔下的欧克山人宇宙观，以文字知识为生的文明也可以被理解为可变性的文化史之积淀成果，它一样产出着并行的模式，创造着模式的混杂和分化。

要看文字文明的内变特征，我们先转向北方，到希腊和中国看看“轴心时代”的宇宙观范例。德斯科拉刻意对古希腊自然主义定义避

---

〔1〕 Fredrik Barth, *Cosmological in the Making: A Generative Approach to Cultural Variation in Inner New Guinea*, p. 49.

〔2〕 这也许接近缅甸高地在等级制和平等制理想类型间的钟摆。参见 Edmund Leach, *Political Systems of Highland Burma: A Study of Kachin Social Structure*, London: G. Bell & Son Ltd., 1954.

〔3〕 Fredrik Barth, *Cosmological in the Making: A Generative Approach to Cultural Variation in Inner New Guinea*, pp. 75-76.

而不谈。[1]然而当他述及西方宇宙观模式时，在多数地方采取一种做法，这种做法让我们想起几十年前法国神话学家让－皮埃尔·韦尔南做出的关于古典希腊宇宙观的论断。[2]

韦尔南推测，早在哲学宇宙观成熟起来之前，一种可以称作“几何学自然主义”（geomitric naturalism）的早期模型即已在希腊社会生命体中悄然衍生着。这种“几何学”是政治性的，其政治性体现在*meson*，或“中间”，这定义了共享和公共的领域（the *xunon*），它与私有和个人的领域形成对立。韦尔南认为，这种中心/边缘的几何形式来源于希腊人对本由“东方人”创制的宗教性世界图式的本土化，但它和东方王国塑造的宇宙观图式却截然两分。

韦尔南在观察的基础上做出了如下东西方对比：

> 在东方诸王国中，政治空间呈金字塔状，处于金字塔顶端的是君王，在其治下，一整套由强权、特权和功能组成的等级秩序自上而下，从塔端一直延伸到底部。与此构成对照，在城邦中，政治空间围绕一个中心点形成对称组织，形成了一套可逆关系的几何图式，这套图式由同样的人之间的平衡和互惠所支配。[3]

在复原古希腊的几何学时，韦尔南强调，这是一种带有宇宙观视野的政治空间文化。成熟于阿那克西曼德的哲学，古老的西方宇宙观将地球界定为静止的，以几何方式坐落在宇宙的中心，所有周围的星辰都可以视作同等地围绕这个中心运动的物体。对比之下，在所谓的“东

---

〔1〕 Philippe Descola, *Beyond Nature and Culture*, pp. 172-173.

〔2〕 Jean-Pierre Vernant, *Myth and Thought among the Greeks*, trans. J. Lloyd and Jeff Fort, New York: Zone Books, 2006, pp. 157-260.

〔3〕 *Ibid.*, p. 214.

方国度”，天文学是“算术式的”，而非“几何式的”。在那些国度，关于某些天文现象的准确知识得以发达，但这类知识并没有催生表述天上星辰运动的几何模型。[1]

韦尔南建立的对照，让我感到意味深长，它和德斯科拉建立的自然主义与类比主义之间的对比相当接近，尤其当后者把类比主义联系到路易·杜蒙的印度等级制[2]和葛兰言的中国关系主义[3]之时，我更觉察到了其看法与韦尔南的相似性。这两种古老宇宙观的理论化比较，共同定义了隐藏在“西方民主”和“东方专制”背后的极具历史深度的地理－宇宙模型。然而，对东方和西方任一方而言，这番对比其实意义都小得可怜。

不是说古希腊和古中国的“世界智慧”是相同的。如我能领会到的那样，欧亚大陆的两个“端点”之间存在一些重要的差异，典型的例子就是二者的不同“创世神话”，特别是克洛诺斯和盘古的神话。

安东尼·阿维尼（Anthony Aveni）[4]在论述克洛诺斯神话时借用了埃德蒙·利奇的看法[5]，把该神话看作在“工作与时日”和历书之间架设桥梁的宗教性钟摆，它的基础为“善神与恶神轮替的长篇谱系学名录，其中诸神在一个极为生动、高度拟人化的宇宙中代表不同的部分和权力”[6]。在这个神话中，时间的创造或时间秩序的起源被追溯到天父与地母的分离：“对于希腊人来说，克洛诺斯通过从卡厄斯（混沌）那同质对称（homogeneous symmetry）中划分出宇宙两极，创立了一种世界图式。当他把地与天分离，使得男性本原落入海中演

---

〔1〕 Jean-Pierre Vernant, *Myth and Thought among the Greeks*, pp. 198-199.

〔2〕 Louis Dumont, *Homo Hierarchicus: The Caste System and its Implications*.

〔3〕 Marcel Granet, *Chinese Civilization*; *Festival and Songs of Ancient China*. London: George Routledge and Sons Ltd., 1932.

〔4〕 Anthony Aveni, *Empires of Time: Calendars, Clocks, and Cultures*, New York: Kodansha International, 1989.

〔5〕 Edmund Leach, *Rethinking Anthropology*, London: Athlone Press, 1971, pp. 124-131.

〔6〕 Anthony Aveni, *Empires of Time: Calendars, Clocks, and Cultures*, p. 58.

化为自己的对立面（也就是以阿弗洛狄忒为形式的女性本原）之时，他创造了时间。”[1]

在中国的“创世”神话（如果我们可以如此称之）中，头上长角、身披长毛的巨人盘古是和克洛诺斯最为接近的。传说在天地最初只有混沌（我把“混沌”翻译成 con-fused complexity，我在 confused 一词中加了个分隔符“-”，是因为想避免人们将“混沌”混同于“混淆［confusion］”）。过了一万八千年，这混沌合成一枚宇宙之卵，盘古从这卵中出生，他开始为世界设置秩序。像克洛诺斯一样，他要把天地阴阳分开，为此，他手中挥动他那把巨斧。但与克洛诺斯不同的是，盘古没有在天与地之间来回穿行：他只是在天地间站定，撑起天，由此便把天与地分开来了。这项工作花费了一万八千年，每天天长十尺，地宽十尺，盘古也长高十尺。神话接下来讲道，一万八千年后，盘古自己变成了世间万物的起源。[2]

从这类不同神话可以得出某种东西方文明对比。在古希腊神话中，克洛诺斯虽是由天地两性结合而生，却成长为分割两性的力量，其运动则成为时间推移的动力。而在古中国那则可供比较的神话中，世界一开始就具有生的性质，这一性质无须被创造，盘古作为其产物，在其出生后要起着顶天立地的作用，但他没有使世界发生根本改变，作为世界之产物，他不过是通过化成万物而重新变回了世界本身。另外，古中国的其他神话，似乎还表明，阴阳始终存在而化育着万物，其区分并不是由某个神人或英雄来完成的，甚至可以认为，其区分并不重要，重要的是其结合本身所具有的生命赋予之力。如此说来，我们似乎有理由认为，克洛诺斯神话和盘古神话代表了两种不同类型的宇宙观：一种是分类式的，或者说“分析式的”；而另一种则

〔1〕 Anthony Aveni, *Empires of Time: Calendars, Clocks, and Cultures*, p. 63.
〔2〕 袁珂：《中国神话通论》，73—75 页。

是“整体主义式的”（holistic）。

然而这并不意味着在东西方之间没有“互惠可译性”（reciprocal translatability）[1]的存在或“相互转化”（transformation of each other）[2]的可能：如果没有其对立面卡厄斯或“混沌”，克洛诺斯的分类就会显得无足轻重，而盘古之形象虽是“整体主义”，但其形塑中也需依赖于对天与地、人与物之间差别的“既存感觉”。更重要的是，东西方的哲学宇宙观似乎均以内部分化为特色。

让我们回到古希腊“自然主义”的问题上来，依哲学家雷米·布拉格（Rémi Brague）的看法，这还不是古希腊宇宙观的全部。希腊的“轴心时代”见证了苏格拉底的“社会论”（sociologism）、柏拉图的宇宙论（cosmologism），此外还有原子论（atomism）、圣经传统（scriptures）和诺斯替主义（gnosticism）。[3]因此，除了由苏格拉底发明、柏拉图恢复的希腊之外，还另有三个希腊。古希腊的这四个模型也是几种“人类学”，因为它们都把世界与人类的知识和判断联系起来。

布拉格解释说：

> 从古希腊人对于作为宇宙（*kosmos*）的世界之概念中，涌现了一个人类学维度。我假定过，只有在把人从其内容中刨除之时，“世界”的概念才成为可能，这看上去似乎是一个悖论。事实上，古希腊人关于世界的思想，含有一种隐形的主体观念，它被拐弯抹角地投射到世界。在世界的建构中，人被彻底排除在一切能动的角色之外。但恰恰因为人没有予世界以“形塑”，其存在于世界不增一分，其缺席于世界不减一毫，所以他才能够以主

---

〔1〕 Claude Lévi-Strauss, *The Raw and the Cooked: Introduction to a Science of Mythology*, Vol. 1, trans. John and Doreen Weightman, New York: Harper Torchbooks, 1970.

〔2〕 Jack Goody, *The East in the West*, Cambridge: Cambridge University Press, 1996.

〔3〕 Rémi Brague, *The Wisdom of the World: The Human Experience of the Universe in Western Thought,* Chicago: University of Chicago Press, 2003.

体为面目出现在一个作为完整整体在他面前显现的世界面前。[1]

因此，在那四个模型中的每一个中，都既包含了世界固有的本体论价值，又包含了关于世界的知识带给人类的利益。这些构成人进入世界的两条道路，正是通过它们，四个模型贡献了不同视角，而这些视角包括如下：

> 在《蒂迈欧》篇中，柏拉图以非常积极的方式回应了世界的价值和益处这两个问题：这个世界就其状况而论最好不过了，关于世界的知识至为有趣，因为单是这知识本身就能使我们达致我们人性的完满。对伊壁鸠鲁而言，世界现有的样子并不坏，但却不具有比原子的其他组合方式更多的价值；理论上，关于世界的知识是可有可无的，但实际上这种知识却有其用处，因为它可以让我们心安。对那些号称归属于亚伯拉罕教的人而言，世界是好的，甚至可以说“非常好”，因为它是一个好上帝的作品；关于世界的知识也是有用的，因为它导向有关造物主的知识。在诺斯替主义者看来，世界是巨匠造物主之手的拙劣反常作品，它很坏。[2]

布拉格还告诉我们，晚些时候，这些多样的“物或人的概念”被亚伯拉罕教版本的世界观边缘化了；但是亚伯拉罕教的版本自身并不是一条通向后传统时代的途径——它恢复了“祭祀”中心的古老宇宙观，并借此得以留在了一个高处。而恰如亨利·于贝尔和马塞尔·莫斯所言，亚伯拉罕式视角本来在古典社会论的交换伦理轨道上持续处于一

---

〔1〕 Rémi Brague, *The Wisdom of the World: The Human Experience of the Universe in Western Thought*, pp. 24-25.

〔2〕 *Ibid.*, p. 70.

个“低位”，可见其“升华”是以某种内在于古希腊的阶序结构转化为条件的。[1]

如果可以把社会论和交换伦理视作自然主义的“社会中心模式”，那么，所有那些古希腊“人类学”模式也就可以被归结为自然主义和类比主义的不同表现形式。比方说，原子论可以被归结为自然主义最初的表述，而宇宙论可以被归结为与社会相关的宇宙样式。不管我们能以何种方式将这些联系到德斯科拉在《超越自然与文化》中津津乐道的类型比较，我们方才从解读上古宇宙观中得出的整体印象也为我们展现了一幅思想多元的画卷。我们若有机会对之细加审视，那么，我们将能表明，“轴心时代”的古希腊并不是有着相应的单一宇宙观传统——无论这一传统是类比主义的、自然主义的，抑或别的什么——的“社会”，而是一个世界，在这个世界中，各种传统共存，它们在历史时间中跨越空间相互作用，从而创造了城邦（*polis*）。古希腊文明的一些外形（shapes），并不缺乏与另外一些外形的关联，此情此景与人类学家在诸如欧克山之类“现生新石器社会”所观察到的情况并没有不同。我们不仅可以在欧亚大陆的西部，也可以在其东部，重建有内部分化的传统的文化史。

在一次访谈[2]中，德斯科拉就其四种模式的整体形貌给出了如下概述：

> （1）泛灵论，意味着形貌表现不一的各种人和非人共有一种相似的内在性（interiority），此以亚马逊流域地区的多元自然主义为范例；（2）自然主义，意味着人与非人都具有共通的

[1] Henri Hubert and Marcel Mauss, *Sacrifice: Its Nature and Function,* trans. W. D. Halls, Chicago: University of Chicago Press, 1981.

[2] Eduardo Kohn, “A Conversation with Philippe Descola, ” in *Tipit'ι: Journal of the Society for the Anthropology of Lowland South America*, Vol. 7, Iss. 2, 2009, pp. 135-150.

> 物质性，但唯独人具备内在性，其最佳范例为现代西方科学；（3）图腾主义，意味着特定圈子里的人和非人合二为一，因人和非人均兼具内在性和外在物质性特征，此模式发现于澳洲土著中；以及（4）类比主义，意味着人与非人均由碎片化的精华（fragmented essences）组成，这些精华间的关系可以投射到其他实体的以类似方式连接起来的精华之上，如人们所知，这种看法的范例来自印加古国。[1]

德斯科拉给这四种模式分派了分别存在的空间，而我的印象却是，它们大多能在古代中国找得到，尽管在大部分情况下，我们找到的多半是以结合的或分解的方式存在着的。

爱德华·泰勒在其巨著《原始文化》[2]中花费了七大章来阐释泛灵论。受他的影响，20 世纪早期，许多中国学者将“遗存”（survival）的概念引进他们自己的文化研究，由此在农民、少数民族（如东北边疆的赫哲族[3]）和古典文献[4]中发现了许多由泛灵论的习俗和信仰构成的大规模体系。但是作为范畴明确的类型，泛灵论其实难以在中国的古典哲学文献中找到合格的对应物。幸而，假如泛灵论和自然主义相结合，那么，我们就可以找到许多“中式”的案例。第一代道家所共有的本体论便属于此类。

比如，庄子似乎拒斥几乎所有形式的分类，他就说过：“是以圣人不由，而照之于天，亦因是也。是亦彼也，彼亦是也。”[5]如泛灵论者

---

〔1〕 Eduardo Kohn, “A Conversation with Philippe Descola, ” in *Tipit'ı: Journal of the Society for the Anthropology of Lowland South America*, Vol. 7, Iss. 2, 2009, p. 141.

〔2〕 Edward Burnett Tylor, *Primitive Culture: Researches into the Development of Mythology, Philosophy, Religion, Language, Art and Custom*, London: John Murray, 1871.

〔3〕 见凌纯声：《松花江下游的赫哲族》，上海：上海文艺出版社，1990。

〔4〕 江绍原：《发须爪：关于它们的迷信》，北京：中华书局，2007。

〔5〕 郭庆藩：《庄子集释》，北京：中华书局，1961，66 页。

一样，庄子并不把人（“彼”或“是”）和非人（“是”或“彼”）相互区分，他甚至常常叙述自己转化成飞鸟或梦蝶的故事；但他并不像他所讥讽的儒家那样，因重视社会逻辑，而往往用“文质彬彬”的“文明”视角来看待人与非人之间的中间同一性（孔子有言曰“质胜文则野，文胜质则史。文质彬彬，然后君子”[1]），相反，他是从“天”这一存在的终极层面去看问题的，对他而言，天或多或少是“无”而非“有”的“自然法”，既无法从物质层面也不可由精神层面去定义。

庄子对世界加以“去人格化”和“去分类化”，据此提出一种哲学，这种哲学无疑与泛灵论、视角主义的文化普同论（perspectival cultural universalism）或自然相对论[2]都不相同。道家哲学是在应对神灵崇拜无孔不入的“国情”中得到系统阐述的，它虽似乎包含了一种有关变体（metamorphosis）的本体论，但似乎与“内在性”的普遍主义观点大相径庭。更好地理解它需要一种情境化的途径：道之宇宙观有其“原始根基”，但却是从其与另一哲学的对峙中得到系统阐述的，而这“另一哲学”——儒家——同样关切“小传统”中盛行的神灵崇拜，但若不是要对古老的道家宇宙论做出某种社会论回应，它也一样不可能得到系统阐述。

孔子既不是在非人世界，也不是在人类社会，而是在自然与文化的中间地带培植他的“成仁”（being social）之理想的，他从“天地之文”与“人间（社会）秩序”的对应关系中得出了他的社会逻辑。[3]尽管他不像大部分图腾主义者[4]那样把人类的祖先明确追溯到非人，但他的确强调了亲属关系的政治效力，而对他而言，亲属

〔1〕杨伯峻：《论语译注》，北京：中华书局，1980，61页。

〔2〕Eduardo Viveiros de Castro, *Cosmological Perspectivism in Amazonia and Elsewhere*.

〔3〕冯友兰：《中国哲学史》，北京：商务印书馆，2011，56—89、398—419页。

〔4〕Eduardo Viveiros de Castro, *Cosmological Perspectivism in Amazonia and Elsewhere*, pp. 73-104; Tim Ingold, *The Perception of the Environment: Essays in Livelihood, Dwelling and Skill*, pp. 132-152.

关系不仅可以为人们在生者间创建妥善关系服务，而且还可以把活着的物我混合体（人）与其作为逝去的主客混合体（祖先）联系起来。

确如德斯科拉所言，在古代中国的宇宙观中，存在物的“性”并“不是由精神和物质之间动态的对立生成的”，然而，“性”这个术语并不仅仅意味着德氏所说的“在元素的状态和这些元素的合体所占的比例之间建立的区分”。[1] 如我将要解释的，即便我们坚持认为在中国的宇宙观中“发现”（discovering）了某些“类比主义”残余，也应该当心，切莫以偏概全。

王国维几乎是所有中国现代史学家的导师，20世纪初，他即已指出，在古典时期，在上述两家不同的哲学及它们的综合形态之外，在古典诗歌中还浮现了第三种传统，代表人物为思想家兼诗人屈原。屈原将儒家以社会为中心的世界意象类比于原野中之“它物”理想，从而跨越了儒道两家的分界线。王国维指出，“屈子南人而学北方之学者也”，“然就屈子文学之形式言之，则所负于南方学派者，抑又不少”。[2] 因而，不同于“敬鬼神而远之”[3] 的孔夫子，[4] 屈原的思想始终浸淫在各路精灵之中，“彼之丰富之想象力，实与庄、列为近。《天问》《远游》凿空之谈，求女、谬悠之语，庄语之不足，而继之以谐，于是思想之游戏，更为自由矣”[5]。我们不能把屈原之辞所表达的内容等同于“野性思维”，但他在辞作表达的精神游历中，同样把人与非人的碎片化精华之间的关系投射到了以相似方式联系起来的其他实体的精

---

〔1〕 Philippe Descola, *Beyond Nature and Culture*, p. 207.

〔2〕 王国维：《屈子文学之精神》，载其《人间词话》，132—133页。

〔3〕 杨伯峻：《论语译注》，61页。

〔4〕 这解释了缘何诸如钱穆之类的现代大儒不认为中国会和泛灵论有任何联系，他们大多数时候将泛灵论与西方挂钩，认为西方遍布着神灵信仰，而东方与此不同。参见钱穆：《灵魂与心》，桂林：广西师范大学出版社，2004。

〔5〕 王国维：《屈子文学之精神》，133页。

华，据说这种情况遍及中国古代文学和野史。由于屈原在儒道之间游走，他在自己的思维（及心，如我必须补充的）中做了一番妥善综合。他的辞中有“万物”——植物、动物、山川、星辰、祖先之灵，等等，它们就像人一样会交谈，[1]启发了屈原，并将他带出纷乱的人间，升至智慧之境。在屈原的辞中，万物表达了许多孔子般的社会逻辑焦虑，但它们却更具有泛灵论存在体的意味，构成了一个与人相关的非人系统，其中，人与物既相映成趣又事关德性。

内变外联模式的地 - 史鸟瞰

将文化和自然放在同一个社会体系，[2]我们能同时完成对社会论和环境论的批判，因为，这二者的共同谬误在于其自然主义的二元对立观。然而，这一批判，不见得能把社会从分立而自足的文化观念所施加的限制中解放出来。在对本体论进行分类时，德斯科拉依旧用“认同”和“关系”的分离方式来展开叙述，他认为，这些方式，要么是物我之间的同一，[3]要么是“从典型行为方式中可以鉴别出并可能部分被转化为社会规范的存在体与物体之间的外部连接”[4]。因而，我们在这一方式里看到的仍然是，以变化了的方式表达了的可分、不可分的个人与群体构成复合模式，作为所谓“本体论”的单元，这些个人与群体是得到相互关联了，但这种关联只是在“每一方在最小单

---

〔1〕 因而，屈原可以说和西方哲学家路德维希·维特根斯坦极为不同。按照维韦罗斯·德·卡斯特罗的解释，维特根斯坦不相信人与动物交流的可能性。而屈原则反之，他与美洲印第安人更为相似，对后者而言，“狮子，或者说美洲豹，不仅会说话，而且他们说的话对我们来说完全可以理解——他们‘谈论’的正是和我们同样的东西”。参见 Eduardo Viveiros de Castro, *Cosmological Perspectivism in Amazonia and Elsewhere*, p. 112。

〔2〕 Philippe Descola, *In the Society of Nature: A Native Ecology in Amazonia*, trans. N. Scott, Cambridge: Cambridge University Press, 1994.

〔3〕 Philippe Descola, *Beyond Nature and Culture*, p. 112.

〔4〕 *Ibid.*, p. 113.

位上与另一方相区别”[1]的意义上实现的。这些变相表达固然构成了物质性和内在性之混合的语法，但德斯科拉将之视作由文化决定的差异之寻常表现，如此一来，他便远离了所谓的“本体论现实”；而“本体论现实”常常是在文化的边界之间形成的。

如下我们复述萨林斯关于文化间认同和关系的辩证论，借之对本体论的分类主义观点给予批判：

> 神灵或敌人，祖先或姻亲，各种他者以各种方式存在于社会存在的必要条件之中。这些是力量和文化上好事物的源泉，虽则它们可能是危险的，但是这些来自远方的事物代表了一种依赖的困境，在其中所有人找到他们自己。所有人都必须在内外条件中建立自己的生存方式，无论这些条件是自然的还是社会的，它们不由人创造或控制，但却不可避免。人们若不是以一种唯一可能的方式，便要以某些方式，受到季节变迁、年度降雨，以及邻人习俗和行动的限制。从这些方面看，没有一个文化是自成一体的。而在应对专横的外部“压力”中形成的自觉性文化编造，多少属于正常程序——这也许是辩证的或分裂式的（schismogenic），但并非病态。[2]

由于没有一个社会是孤立存在的，“相似与差异、内容的汇聚与图示的分离之间的辩证关系是文化生产的正常模式”[3]。

萨林斯说，要“索取”文化关联的事实，我们只要重读那些已经明示了“文化从不像后现代主义所假装的那样有限而自足”的民族志

---

[1] Marilyn Strathern, *The Gender of the Gift: Problems with Women and Problems with Society in Melanesia*, pp. 13-14.

[2] Marshall Sahlins, *Culture in Praitice: Seleted Essays*, p. 489.

[3] Marshall Sahlins, “Two or Three Things that I Know about Culture, ” in *Journal of the Royal Anthropological Institute*, Vol. 5, No. 3, 1999, pp. 339-421.

文本就够了。然而我更关心“旧世界”诸传统中体现的相似与差异的辩证，于是选择为民族志事业增添一种来自欧亚大陆东部的政治宇宙观之地－史（geo-history）论点。

中国的地理－宇宙思想是被当作“编年时代”的产物而得到研究的。通常认为，这一时代开始于公元前8世纪，有着“中原”的“农耕文明”之类意象加诸的地理限定。[1]在现有多数解读中，这个文明被认为不同于游牧和采集－狩猎民族所在的“边疆”，当研究者呈现它时，很少会涉及“边缘人群”的本体论。如此一来，这个文明便被表述为不像猎人与猎物、人类与“野兽”、牧人与动物之间的认同与关系。人们相信，“农耕”世界的宇宙观是通过植物、土壤、水、飞鸟、蝴蝶、风和天空等得以构想的，它们产生的“关系生态学”被认为既不同于原始的分享与信任，又不同于游牧的权力本体论——统治与服从。[2]一般而言，它们被刻画为某种“与只是鼓励其作物生长，从不干预发芽和生长过程的农夫相似”[3]的东西。

“适应”这一概念，经过西方汉学家以及一些当代中国知识分子的反复叙述，[4]常见于对“农耕文明”的摹画中。但这个概念在

---

〔1〕 Marcel Granet, *Chinese Civilization*.

〔2〕 Tim Ingold, *The Perspection of the Environment: Essays in Livelihood, Dwelling and Skill*, pp. 61-76.

〔3〕 Marcel Gernet and Jean-Pierre Vernant, “Social History and the Evolution of Ideas in China and Greece from the Sixth to the Second Centuries B.C., ” in Jean-Pierre Vernant, *Myth and Society in Ancient Greece*, New York: Zone Books, 1990, p. 84.

〔4〕 过去几十年，对自然主义二分法的某种否定在东方成为了主流。费孝通先生在两篇相互关联的文章中就给出了这样一种否定。在《文化论中人与自然关系的再认识》一文中，费氏把古代中国天人（自然/文化）合一的视角与世界上“少数民族人民”的世界观并列，并把这二者视作西方二元论宇宙观的替代模式。参见费孝通：《论人类学与文化自觉》，225—234页。在费氏看来，来自西方的二元论宇宙观是所有工业强权和其造成的人祸的罪魁祸首。在另一篇题为《试谈扩展社会学的传统界限》的文章中，费氏提出，西方社会科学建立在破坏性的二元对立的宇宙观基础之上，已经不能再使我们获益。我们必须发明一种作为替代的模式，而东方天人合一哲学观，为构思这一模式并基于它营造一种新社会学，提供了重要启迪。参见费孝通：《费孝通论文化自觉》，呼和浩特：内蒙古人民出版社，2009，207—234页。费氏曾集中关注乡村工业化问题，其天人合一论述，出现得有些突然，而在他的批判中，人们也能找到几分“我者中心”的意味。然而，必须指出，他的这些思考让人明显感觉与最近西方人类学的宇宙观再思考很是一致。

东方纷繁复杂的诸宇宙观中实仅为冰山一角，哪怕我们只谈中国的“中原”。

梁启超早在1902年便从地理层面描绘了中国古典思想的历史，他表明，诸子百家思想深深根植于文化有别的诸区域。据梁氏，在中国内部，高层次的区域划分是南北之分，这大致对应于沿长江和黄河两线发达起来的两大文明系统。在不同的生态-地理情景下，南北文明各自建立了农业和政治系统，也各自营造了话语传统。在北方，农耕的环境更严峻，人民为了生计而彼此争斗，在如此紧张的条件下，人们建立了强有力的政权，而思想家们，无论他们是儒家还是法家，都更着眼于实务，更关注行动、等级和政权。相形之下，在南方，农耕活动在更肥沃的土地上于有利得多的环境展开，很容易获得大丰收，那里无须为生计而彼此争斗。由于斗争没那么严重，人类中心主义的本体论（特别是社会论）就没有那么发达了。在南方，思想家放眼宇宙，倾向于研究形上之学、无为之治、平等和自然秩序。梁氏在总结时说，对比而言，在北方，思想家们致力于使统治者和平民百姓敬畏上天，遵循天道；而在南方，思想家们则致力于在上天之下保持无为。〔1〕

除了北方（儒家和法家）和南方（道家）学派之外还有其他学派，譬如墨子首创的墨家哲学。墨子出生于南北方之间的古宋国，他得以综合儒道两大派，创立新学说。他汲取了儒家经世致用的观点，同时采纳了道家对形而上学和无为的主张。〔2〕

上述三大学派之下，又分出小学派，在不同宇宙观传统之间交流（包括辩论）频繁的时期，诸学派的分化随之更为显著。随交流而产生的往往不仅有综合，而且还有区分。每个学派（在当时是名副其实

〔1〕 梁启超：《新史学》，143—158页。
〔2〕 同上书，148页。

的“大传统”）都企图离开其本来的发源之地，以加入与其他重要学派间展开的更富“普遍意义”的对话。然而矛盾的是，恰恰是其与区域文化之间的联系，使得诸学派的自我认同具体可感。例如，北方的黄河谷地分为两大地区，即西部（黄河上游盆地）和东部（黄河下游盆地），东部通向大海，而西部位于群山环绕的农耕区，两个区域内儒家都很盛行。然而西部的儒士更关心世俗人事，而在东部分区，受到民间流行的方士宇宙观大传统的压力，儒士们不得不给有关“天”的思考留出更大空间。[1]

在梁启超叙述背后，“地理决定论”时隐时现，这令我辈中的许多其他人感到担忧。但梁氏对宇宙观形成的地区动态的勾勒，却给我留下至为深刻的印象。在我看来，梁启超优美地展现了前帝国时期（即所谓“轴心时代”）数百年间宇宙观的时空变化。如果我们有什么可以补充说明的话，那么，其中要者兴许唯有这一点：事实上，从持续的区域分隔与互动中产生的宇宙观变异，早在诸子百家时代之前（也就是所谓“前哲学时代”）就已经演绎着了。

可以想见，早在百家有了争鸣之前很久，在新石器时代晚期，生活在不同地区的人们便已开始把事物区分为耕地和荒野、家户和群山、天下（地）和天上（天），借此，他们构想了人与非人之间的同一、类同或区别，进而确立了他们的世界智慧（宇宙观）。后来他们似乎变得不满意于二分系统了，于是又将之提升为一种同心圆式的地理-宇宙模型。这个模型的内容，就是四方围绕中心，或者反过来说，中心朝向四方。这一后来被称作“五方”的复合模型，综合了互惠二元（内与外，自我与他者）与差序三分（上层、中层与下层，如天、地、人）两种结构，使内外上下关系的构造与思考得以更加系统

[1] 梁启超：《新史学》，150—151页。

化。[1]新石器时代晚期还没有“中国”，欧亚大陆东部，有的是“方国”，用中国考古学家苏秉琦的话说，这些“方国”缔造的文明犹如“满天星斗”，而可以想见，它们的分殊，与对“五方”的地域化转化关系至为密切。[2]

追随梁启超，对文化区进行三重划分，历史学家兼神话学家徐旭生早就将这些“方国”分为了三组。[3]据他的叙述，这些组群通过相互间的竞争共同创造了古史，在西、东、南三个方位，形成了三个大系统。

五方的地理－宇宙模型似乎为所有方国所共享，但在不同的“国”，它无疑会以不同的方式得到构想。从梁启超提出的论点延伸开去，似乎可以看到，黄河东部盆地的古王国倾向于用纵式（verticality）关联来组织他们的世界，更重视处理处于低处的人与处于高处的神明和上天之间的关系，而身处西部诸国的人们，则对中间领域（山川）更为重视，他们努力从中间环节贯通上下，力求在其间建立与祖先、非人和上天的联系。以商为例，据传这个王朝的建立者带来了东方和东北方某些古老“文化区”的传统，其主要内涵有时被形容为“祖先地景”（ancestral landscape）[4]，但基于这个传统建立的联结王权与至高天神的仪典活动，似乎更具有王者上下贯通的垂直纵向性特征。周的建立者则来自黄河一线之西，在从商王朝的封地之一上升为新的一统王朝的政治主体之后，它便将其先人的政治本体论升华

〔1〕以往学者以为，这一模型是“帝制时代”的产物，而最近大量天文考古学发现表明，这一模型早在新石器时代晚期已得到广泛运用，尤其多见于当时各类祭祀场所的空间布局，这类祭祀场所位于人类聚落之外的野地里，分布在高山和低地河滩之间的不同地带，而在这些场所附近出土的大量礼仪用玉器上，这种模型也得到了运用。参见冯时：《中国天文考古学》，北京：中国社会科学出版社，2007，124—175页。

〔2〕苏秉琦：《中国文明起源新探》，北京：生活·读书·新知三联书店，1999。

〔3〕徐旭生：《中国古史的传说时代》，桂林：广西师范大学出版社，2003。

〔4〕David N. Keightley, *The Ancestral Landscape: Time, Space, and Community in Late Shang China (ca. 1200-1045 B.C.)*, Berkeley: Institute of East Asian Studies, 2000.

为王朝的正统。相比此前，此时的五方格局获得了更明显的横向延展（horizontality）特征，它强调二元合一、结盟、封建、互惠，由此将之前的"向上"模式改编成一种更为"外向"的模式。[1]此外，在南方，可能还存在着政治性和宗教性都不那么强的第三种形式。如徐旭生描述的，这一南方系统是从逐鹿中原的诸北方系统中摆脱出来的，它由北而南迁徙扩张，带着的宇宙观模型，有其特色，但不免也会与所到之处的"本土模型"交杂而出现变异。

与更早的政治空间模型相比，"轴心时代"诸经典宇宙观都更为理论化，但它们终究可谓早先模型的变体。从梁启超、王国维等的叙述中，我们可以引申出一种大致区分：庄子的世界以外部为核心，越往外越高级；孔子的世界以中间为核心，视凭借文野贯通实现圣化为文明，而文明亦即更高级的"本体论"；屈原的世界也以外部为核心，但外部是作为"最内在的内部"，与日常的同样也是更低级的自我相对。

梁启超在叙述了其对上古传统的分化与关系的看法后，巧妙地揭示出一种历史性的宇宙观转化系列。在公元前2世纪和公元3世纪之间，各经典思想流派依次塑造和再塑造了帝统。在第一个帝国时期，法家势力使儒家黯然失色；在西汉，法家失去了统治地位，儒家重新赢得了主导权；到了东汉，儒家排除了几乎所有其余思想流派，在皇帝的直接支持下，成功地把所有学术争论转向了对经书的注解上。然而，东汉覆灭后不久，在三国两晋南北朝的"分裂"时期，南派道家重新回到了意识形态的舞台，此时作为"玄学"的道家，制造了存在很长一段时间的"政治虚无主义"。

东亚大陆的农耕核心区，内部已因有着以上所述的大量区域分化和传统分支而足够复杂了，可作为一个整体，它却还要与在更广阔的

〔1〕 Wang Mingming, *The West as the Other: A Genealogy of Chinese Occidentalism*, pp. 49-86.

地理范围里共存的其他区域相处。黄河西部河谷常遭受西北的“戎”与北方的“狄”的进攻，而东部则一方面与南部的淮河谷地相连，另一方面又需从其与居住在由中国东北与广阔的西伯利亚共同构成的那个宏大的语言－文化区域的人们持续进行商品与观念交换中获得文明养料。农耕核心区的南部，同样由其他“方”（在西文里，一般被翻译为 quarters，其实它的含义明显要多面得多，包含了地区、方位、季节、他性等意思）所环绕。汉藏语系与孟－高棉语系的民族居住在西南的高原山地间，讲马来－波利尼西亚诸语言的人们身处东南的岛屿、海岸与丘陵之上，他们一西一东，构成了另外两个“方”。在这些周边地带的北方和南方，有草原游牧民族和山地居民，有处于农耕、畜牧、采集、狩猎混合文化的人民，他们从不同的关系环境缔造出了不同的本体论。

许多华夏中心主义史学家把中原腹地和周边的古代圣王、古代王朝及经典思想家的文化成就视作唯一的文明动力。然而这些成就却是在更为广阔的地理－历史情境中取得的。处在这一地理－历史情境中的“蛮”“戎”“夷”“狄”，也在“外部”以他们自己的大规模“软实力”和“硬实力”体系开拓着自己的世界视野，其在“中国文明”中占据的地位因而不可忽视。

为了使其权威得到更广泛的接受，大一统时期有天下雄心的帝王，常会对其他文化采取包容主义政策。以汉武帝为例，其杂糅式权威常常让我想起我和王斯福（Stephan Feuchtwang）[1] 共同研究过的现代村庄里的杂糅式卡里斯玛领导权，这种领导权将传统和科层权威融进神异权威，使其具有高度魅惑力。汉武帝，这个史上最伟大的皇帝之一，也有这种杂糅的力量，他不仅用巧力将北方的儒家和法家学派融进他的“礼法”系统和官僚制度中，从梁国擁来了司

〔1〕 Stephan Feuchtwang and Wang Mingming, *Grassroots Charisma: Four Local Leaders in China.*

马相如式的诗意天下意象，[1]而且也竭尽全力，尽可能怀柔非汉宇宙观。

继史蒂夫·韦尔托韦茨（Steven Vertovec）之后，人类学家巴大维（David Parkin）于近期界定了“超级多样性”（superdiversity）的概念，他谈道，自20世纪90年代以来，新移民向世界大都会涌入，为这些城市带来了文化生活方式、宗教和语言上多层级重叠的相互渗透。[2]生活在两千多年前，武帝不能在“超级多样性”的现代戏剧中扮演角色。然而，在不同的时空点，这位古代帝王也是一个带有不同身份的人物。他一样在一连串相关联的活动中充当了节点，这个节点进而又与等级化网络中的一系列其他节点相连，从而为我们在人类学中定义成“梯度”（scale）的东西树立了一个绝佳范例。

葛兰言在其《中国文明》一书中说了一段对这点有许多说明意义的话：

> 相比创建一种帝国宗教，他（汉武帝）更愿意成为一种综合主义信仰的大祭司，更愿意浸染于华丽的仪典之中。他曾从东北方位召来方士学者和魔法师，从越国召来巫师，他还把后楚王者崇拜的金像带到自己的王宫，把从大宛王子那里得来的天马牵进自己的书房。他以东南蛮人的方式用鸡骨占卜，也用汉式的龟甲占卜。他既在平坦的小丘，也在高高的台地上祭祀。他在炼金术、招魂术和传统典籍上均有大量的投入。他下令谱写古典形式

〔1〕王铭铭：《人生史与人类学》，236—339页。

〔2〕巴大维认为：“超级多样性”并没有使全球大都会的社会变得个体化，而是创造了更多可分的个体（individual persons）和重新混杂了的言语社区，这些社区“已经不能再以相对封闭自足、界线分明的方式排列组合在一起了”。参见巴大维：《我们能否调和人类学中的普遍与特殊？》，见帕金［巴大维］著、王铭铭编：《身处当代世界的人类学》，北京：北京大学出版社，2017。

的颂歌，也命司马相如仿写据称是楚地专有的辞赋。[1]

武帝钟爱的天马，来路正是常对农耕世界构成威胁的游牧力量之所在方位。这指向在长城以外的那一大片外围地区，它由东北、北方蒙古草原、西北地区和青藏高原构成，是一条长条形的宽阔地带。[2]生活在这些区域的人群毫无疑问是多样的，但他们同样不仅从各自的地方文化也从其与“农耕”世界的互动中提升各自的军事、政治和文明上的竞争力。待时机成熟，他们便把自己的地方传统擢升到更高层次，扩大到更大规模。在一种得到提升了的层次上，他们从华夏世界借来文化，发明自己的统治艺术。他们从“危险的边疆”来，把大批汉人赶向南方，在“分裂与战争”时期[3]在北方建立自己的王国，并最终在所谓的“帝制时代晚期”建立了像元和清这样的大帝国。在这两个朝代，统治者除了因袭其祖籍地的传统之外，也大量借用华夏组织世界的方式，又汲取来自其他区域（如藏区）的文明要素（如藏传佛教），待之以礼，使之共同成为帝统文明整体的多元局部。

正当北方面临着来自马背上的夷狄的压力时，南方——汉武帝学来巫术和鸡骨卜的地方——却变得越来越重要。沿长江支流分布的省份于公元6世纪建立，这一广大地区之区域系统在南宋时期得到了巩固，那时南宋都城就位于东南方的城市杭州。再往南的福建、广东，则于唐中期完成了人口拓殖和文化传播。而从元代至清代，西南地区的云南、贵州渐渐被置于帝国的行政和文化治理体制之下。

---

〔1〕 Marcel Granet, *Chinese Civilization*, p. 123.

〔2〕 Owen Lattimore, *Inner Asian Frontiers of China*, Boston: Beacon Books, 1967.

〔3〕 虽然不少人习惯以古代、中世纪、现代的三段论来框定中国历史，我却接受历史学家冀朝鼎的看法，他将两千年的帝制时期理解为“统一”与“分裂”这两个长时段周期的循环。在他看来，公元前3世纪到公元3世纪，构成第一个和平统一的时段，从221年汉朝瓦解到6世纪末，构成一段分裂与战争时期，接下来的隋唐两代（581—907年），为第二个和平统一时期，再往后从10世纪早期到13世纪初，则是第二个战争与分裂时期，而后又是数世纪的统一与和平阶段。

与长城以北的国度相比，南方各地离帝国的都城更远。费子智（Charles Patrick FitzGerald）[1]做过的比较表明，“北方夷狄”国度“靠近首都（首都通常在北方），他们构成的敌对势力可以直击帝国心脏，实际上曾在华北造成过两次彻底征服”，而南部边疆则“没那么波澜壮阔”：“在南方从未崛起过足以威胁统治者的势力，甚至连长时间内阻止中央平缓的南进都做不到。”[2]然而正是在南方，中国文明开始直接接触来自另一个重要中心——印度——的文化影响。在中央地方行政体系还未部署之前，印度教和佛教在东南地区树立起神圣建筑。而在西南，地方土司长期以来与东南亚印度化王国有着密切联系。南方在华夏元素日益增多的同时变得越来越像个文明的交汇点，西南的大理[3]和东南的泉州[4]就是这样的例子。对这些地方来说，一方面有着以武帝时期的巫术和鸡骨卜等为标志的“小传统”，与此同时，还有来自北方的儒教、道教，来自东南亚的印度教和佛教，以及伊斯兰教、摩尼教和天主教等其他宗教。

文明间的互动不只限于华夏世界的南部边陲，在北方的帝国都城西安，[5]不同文明交相辉映，分外夺目。早在汉代，佛教就由西方和南方传入中土，并在南北朝时期创造了“中国历史上的佛教阶段”[6]。在唐以后的分裂时期（10—13世纪），尤其是在宋朝，迎来了儒学的复归。回归后的儒学靠古代经书和佛教重获新生，被称作“理学”，广泛流行于“中原”和南方地区。理学传统被发明不久，“心史”出

[1] Charles P. FitzGerald, *The Southern Expansion of the Chinese People*, New York: Praeger Publishers, Inc., 1972.

[2] *Ibid.*, p. xix.

[3] 梁永佳：《地域的等级：一个大理村镇的仪式与文化》，北京：社会科学文献出版社，2005。

[4] Wang Mingming, *Empire and Local Worlds: A Chinese Model for Long-Term Historical Anthropology*.

[5] 向达：《唐代长安与西域文明》，北平：哈佛燕京学社，1933。

[6] 梁启超：《论中国学术思想变迁之大势》，199—214页。

现在南宋郑思肖颇为悲情的书写中，[1]从南方汉人学士的立场，对北方“夷狄”入侵加以回应。据吴晗所论，[2]这种回应与汉化的摩尼教一起，隐藏在元末汉人民众反抗“夷狄”的运动中，最后促成了一个奉行理学的明朝之建立。

以上此番对古代中国的审视表明，诸宇宙观传统无论其大小，都是多样且交互影响的。“农耕文明”的概念即便能帮助展现“中国宇宙观”的大体图景，对宇宙观思想的各流派，它也只能算是语焉寥寥。这些宇宙观思想在历史上诸地方“子传统”的更迭变幻中产生，在与“外部”世界的关联中发展，对“外部”世界，时而敞开怀抱，时而紧闭大门。

这类更迭变幻的转化与关联，可以用结构－历史的框架来叙述。在很大程度上，我们从梁启超有关宇宙观大传统的地－史叙述以及后来充当同样角色的中心/边缘关系叙述中得出的理解，便是关系－结构的理解。这些“地－史学”，如果可以这样称呼它的话，毫无疑问是“客位视角”；但它们同样与“主位”息息相关。比如，它便与中心－四方的转换模型有着密切关系，而这一模型作为“意象”或“理想类型”，影响了历史更迭变幻的过程，并使得帝统成为了一系列被承认和被再现的关系，这便是葛兰言用“帝王人物崇拜”（religion of the imperial person）[3]一词来形容的东西。

“内在的野性”

至此我们已涉足东西方及南半球；在所到之处，我们都考察了宇宙观的多样性，我们还带着极高兴致，追踪了传统间互动的线索。在

〔1〕陈福康：《井中奇书考》，上海：上海文艺出版社，2001。

〔2〕吴晗：《明教与大明帝国》，载其《读史札记》，北京：生活·读书·新知三联书店，1956，235—270页。

〔3〕Marcel Granet, *Chinese Civilization*.

上文呈现的例子之间，有一个明显的相互不合之处。传统间互动的现代戏剧，是在两种相互竞争中的宇宙观之间上演的，这两种宇宙观可谓“纵向”垂直分布于高、低两个层面，其中，居于高处的新教传统是近世新出现的，居于低处的对立面，则是历史悠久的“迷信”，二者的对抗，在于理性与“巫术”的对抗。比较而言，我们描绘的那些在古希腊及史前、上古、中世时期之中国发生的互动，则与此不同，这些互动多数发生于“横向”水平分布的诸传统之间。

上述不合可能源自被比较的诸社会规模之大小不一，或是由于这些社会所属的时段有显著差别（我们广泛涉及了早期现代绝对主义王权国家或现代民族国家，以及古代文明和帝国）。不过，无论原因为何，有一点却可以肯定，那就是，雷德菲尔德创立的一对一模型不足以解释我们看到的情况。[1]

斯坦利·谭拜尔[2]指出，雷德菲尔德除了忽视知识和文本具有的指示性和合法性功能对于平民的影响之外，对大传统的多变性与累积性特质也认识不足。[3]先不论雷德菲尔德的模型是否是单一文化的民族（国家）概念在社会科学的延伸，我们只想补充一点，即大小传统不仅有历史变化，而且在“共时”（synchronically）层面上有诸多转化和分殊。

如果我们追随吴文藻[4]，相信中国应该与整个欧洲而非诸如英国

---

〔1〕为了让我们理解大传统在“乡民社会”中的重要性，雷德菲尔德不仅把视野拓展到历史和人文研究领域，而且还论述了在文明间进行比较的可能性。此外，为了区分大小传统，雷德菲尔德引用他的同事麦凯姆·马里奥特（McKim Marriot）的著述（McKim Marriott ed., *Village India: Studies in the Little Community*, Chicago: University of Chicago Press, 1955），由此，把讨论引向了传统间互动之研究的方向。他强调，无论是在传统社会还是在现代社会，文化都有高低之分，但文化元素却上下流动频繁，这些流动方式可为“普遍化”（universalization，即大传统接受并提升民间信仰和实践中的一些元素），也可为“地方化”（parochialization，即小传统将大传统改造成地方信仰和实践）。

〔2〕Stanley Tambiah, *Buddhism and the Spirit Cults in North-east Thailand*.

〔3〕*Ibid*., pp. 3-4.

〔4〕吴文藻：《吴文藻人类学社会学研究文集》，254—262 页。

之类的单个欧洲国家相比较，那么，我们便会发现，中欧两个文明聚合体之间存在着巨大相似性。[1]这两个聚合体都包括了几个主要的“子传统”，每个子传统都在与其他传统和子传统的关联中形成自身体系和特征，也都通过向其他传统借鉴文化元素，强化了自身的体系性和有别于其他传统的特色。法国、德国[2]和英国[3]现代个体主义大传统之间的相互借鉴和自我认同，多少可以与中国“中原”地区更古老的宇宙观互动相比较。此外，如果我们将欧洲国家与欧亚大陆东段的核心区域相比较，那么，我们也可以认为，与后者一样，前者都由某些中间和外圈之“方”所围绕，而这些“方”反过来又与“核心”形成了某种互动关系。与此同时，宇宙观的分化变异并不是“旧世界”独有的；相反，类似的现象遍及“远方”。

在人类学里，学者们通过把原始定义为较文明更为“本真”（authentic）和“原创”（original）的，实现了其将世界一分为二的目的；[4]而在哲学里，世界二分的说法调门更高，在这行里，“宇宙观”一词的“逻各斯”部分，被划归古典时期，延至“中世”，而原始世界观则至多被承认为“宇宙志”（cosmography，即对世界的描述）和“宇宙衍生神话”（cosmogony，即万物起源的故事）。[5]通过将现代性与魔法相联

---

〔1〕莫斯指出，“国族”建立自己的政治、法律系统，由此彼此相分，然而这类政权在形成中依旧严重依赖国族间和文明间的相互借鉴，其所借鉴的内容，包括了“神话、寓言、货币、商业、高雅艺术、技术、工具、语言、词汇、科学知识、文学形式和理想”（Marcel Mauss, *Techniques, Technology and Civilisation*, p. 38）。作为结果，“国族”全都在其内部兼备所有可获得的文明要素，而它也不能真的切断自身与所在文明聚合体之间的纽带。

〔2〕Louis Dumont, *German Ideology: From France to Germany and Back.*

〔3〕Alan Macfarlane, *The Origins of English Individualism.*

〔4〕欧亚大陆的哲学观念和“野性思维”所处的“民族志区域”不同，其具有的模式也不同：欧亚大陆古老的宇宙观被定为哲学，而“野性思维”的模式则唯有在被人类学破译之后才会获得哲学属性；欧亚大陆的宇宙观具有鲜明的政治性，而“土著模式”若不能与写民族志的人类学家联系在一起，便不可能获得政治性。民族志的这方面作用被认为是罗伊·瓦格纳的发现（Roy Wagner, *The Invention of Culture*）。而欧亚哲学与“野性思维”的上述区别给了“部落人类学”许多优势，也使得对有哲学性和政治性的文明展开的人类学研究被排挤到了学科“边缘”。

〔5〕Rémi Brague, *The Wisdom of the World: The Human Experience of the Universe in Western Thought*, pp. 2-4.

系，通过比较欧亚诸传统与“现生新石器时代”世界类似现象，我们已尝试将自我“混合”于他者。我们提出的观点并不新鲜，只不过是重申了很久以前弗朗兹·波亚士提出的有关原始与先进的看法。如波亚士所言，与所有“先进文明”一样，“原始文明”身后也有漫长的历史，而在所谓“部落社会”，人们同样遵照“传统规矩和法则”生活；[1]“原始”与“先进”除了有此类相通之处外，还有另一个重要的相似性，即那些被视为“文明社会”才有的传统多样性，同样也存在于“原始”社会。在重申波亚士的看法中，我们也对大小传统之间关系做了重新叙述，有鉴于此，我们可以从以上讲述的“故事”里得出有理论含义的看法。

在东方上，我们思考了顽强的“原始”生命力进入大传统的历史，指出古代中国不同区域王国的不同政治本体论传统，是在新石器时代晚期区域文化的土壤上孕育出来的；我们还对“文明”的整体样式进行了某种地 - 史鸟瞰，由此，彰明了发生在中心与四方之间、夷夏之间、“农耕地带”与“部落地带”之间的相互分化、依赖和持续反转，这些后来又都与扩散中的“世界宗教”相交织，使文明的历史变得更为复杂。

我们引据了大量“古典学术”，但所做的再思考却指向了那种认为史前世界观不是人文研究的主题的常见主张；同时，我们借此提醒了自己，不要在人类学学科得以建置的地方，抹去“原始”的痕迹。[2]

在南方：文明的限度

为了理解我们在“共命运”上面对的难题，现在我再做几次方向转换，以图穿越地球的南北界线。在学界，这两个方位通常意味

---

〔1〕 Franz Boas, “The Aims of Ethnology, ” in George Stocking, Jr. ed., *A Franz Boas Reader: The Shaping of American Anthropology, 1883-1911*, p. 68.

〔2〕 对我而言，“史前”状态要比想象的更富普遍性和全球性，我们在历史学和民族志中对它的“地方化”被证明是有问题的。

着差异。南半球，位在欧亚大陆之外，是民族志生活世界的核心区位，而广义的北方，也就是北半球，是欧亚大陆，是文字、世界宗教、哲学大传统和人类学自身的故乡，但二者之间不是没有相互吸引力。

庄子神秘的“逍遥游”有抵近南方的意思，这可以说与我们的讨论隐约有着难以言明的关联。这位思想家心游于大地之上，在其天地之间发现了一种有关幸福的本体论，[1]其中的“无名”“齐物”之思，得到不少后世哲学家的玩味。不过这里我们所关心的不是庄子哲学，让我们先将它搁置，以便把注意力集中在我们所关心的文本上——黑格尔的《历史哲学》和列维-斯特劳斯的《忧郁的热带》。

这两部来自西方的杰作可以说构成了一对地标。两位作者均为大思想家，他们分别生活在“欧洲与没有历史的人民”[2]互动的历史的不同时代，二者之所以可比，乃因他们都颂扬世界的“伟大分隔”。在两本书中，一本（黑格尔的《历史哲学》）谈到一种世界文明，并待之为精神解放事业。该书将全球进步描述为自由的实现，并将自由的实现叙述为一系列朝着历史自身的未来演进的文化序列。在这样的序列中，新世界（南方）被黑格尔定位在最低层次。在谈到自由的地理背景时，黑格尔详述了南方的“非历史性特质”，他还推测说，南方的未来命运将从外部被精神自由的欧洲殖民者，尤其是北美的新教徒决定。[3]在得到所谓“自由进步”的过程中，美洲又被分成了南北两个相互竞争的部分。黑格尔提出一个闻名遐迩的预言，他说，南北美洲的竞赛，将以南方成为历史的负担而告终。

---

〔1〕庄子说，那些“知效一官，行比一乡，德合一君，而征一国者”，固然有其幸福感，但还是有缺憾，真正的幸福是超越内外之辨、荣辱之分的，是“乘天地之正，而御六气之辩，以游无穷者”，其本体论境界是“至人无己，神人无功，圣人无名”。转引自郭庆藩：《庄子集释》，16—17页。

〔2〕Eric Wolf, *Europe and the People without History*.

〔3〕Friedrich Hegel, *The Philosophy of History*, New York: Dover Publication, 1956, pp. 96-120.

另一本书是列维－斯特劳斯的《忧郁的热带》，该书同样主要依据两个世界的形象反差来展开叙述。不同于黑格尔的《历史哲学》，这本书不但表达了作者对文明之北方的失望，还对历史的演进表示伤怀。列维－斯特劳斯致力于从新世界挖掘精神解放的资源，他以南方为原生模式，认为它作为一种宇宙秩序，较之次生模式（欧亚诸文明），不仅更接近人类的原创文化，而且在科学价值上论之也更为优越。

强烈的"伤感型悲观主义"（sentimental pessimism）使得列维－斯特劳斯没能给予文明必要的敬意，而正是在这样的文明中，他把文化叙述成了神话（正是这种文明使他能如此得心应手地表达自己），可吊诡的是，他最终还是发明了一种别样的文明人类学。黑格尔把非西方的亚欧诸文明视作向单一文明进步的必要步骤，而列维－斯特劳斯则不同，受卢梭启发，他认为所有文明都是次于"文化"的，文化作为自然与社会之间的心灵中介（列维－斯特劳斯的"文化"差不多等同于孔子的"成圣之道"[sagehood]），基于此，南半球土著持续形塑着他们的世界。列维－斯特劳斯写道：

> 它[人类学]表明那个基础无法在我们的文明里面找到：在所有已知的社会里面，我们的社会无疑的是离开那个基础最为遥远的一个。与此同时，经由理出大多数的人类社会所共有的特征，可以帮助我们提出一个范型，没有任何一个社会是那个范型的真实体现，不过那个范型指出我们的研究工作所该追随的方向。[1]

在《忧郁的热带》第一版发行之前，列维－斯特劳斯既已在欧亚大陆

〔1〕 列维－斯特劳斯：《忧郁的热带》，510—511页。

一些古老的地带游历过，他也在《忧郁的热带》中谈到了自己的印象。让我们跳过其对人口过密的印度和圣保罗那不容乐观的未来的叙述，跳过其对印第安部落世界的长篇大论，直接来到最后几章，在这里，可以找到列维-斯特劳斯对所有文明的一种人类学批判。

此处我们该摘录一大段列维-斯特劳斯本人的叙述：

> 人类为了免受死者的迫害，免受死后世界的恶意侵袭，免受巫术带来的焦虑，创发了三种大宗教。大致是每隔五百年左右，人类依次发展了佛教、基督教与伊斯兰教；令人惊异的一项事实是，每个不同阶段发展出来的宗教，不但不算是比前一阶段更往前进步，反而应该看做是往后倒退。佛教里面并没有死后世界的存在：全部佛教教义可归纳为是对生命的一项严格的批判，这种批判的严格程度人类再也无法达到，释迦将一切生物与事物都视为不具有任何意义——佛教是一种取消整个宇宙的学问，它同时也取消自己作为一种宗教的身份。基督教再次受恐惧所威胁，重建起死后世界，包括其中所含的希望、威胁还有最后的审判。伊斯兰教做的，只不过是把生前世界与死后世界结合起来：现世的与精神的合而为一。社会秩序取得了超自然秩序的尊严地位，政治变成神学。最后的结果是，精灵与鬼魅这些所有迷信都无法真正赋予生命的东西，全都以真实无比的老爷大人加以取代，这些老爷大人（masters）还更进一步地被容许独占死后世界的一切，使他们在原本就负担惨重的今生今世的担子上面又加添了来世的重担。[1]

---

〔1〕 列维-斯特劳斯：《忧郁的热带》，535—536页。

生与死的问题在列维－斯特劳斯看来与人类的社会束缚问题难解难分。佛教将自己与原始教派区别开来，但保留了前佛教时期平和的阴柔特质——某种“第三性别”，从而使得人类从“两性之争”中解放了出来。佛教承诺了向母亲胸怀的普遍之善回归，由此对人类的相互归属许诺了一种希望。然而“佛教的道德观在历史上所提出的解决方式，使我们要面对两个同样令人不安的选择：任何人如果觉得个人救赎必须建基于全人类的救赎的话，便会把自己封闭于修道院里面；任何对此问题提出否定答案（即认为个人救赎不必和全人类均得到救赎有关）的人则在唯我主义的美德中得到廉价的满足自得”[1]。伊斯兰教与此形成鲜明对比，它顺阳刚取向发展出一种封闭的实体和排外的趋势。佛教文明以对他性无限的普遍包容为核心；而在伊斯兰教中，对他者的排斥成为最显著的特征。[2]基督教差点就把前两个宗教综合进一种好文明之中——也就是综合进两个极端之间的一种后发调和，但是作为“成为两者之间的转型过渡者！基督教成为两者之间的中途点，基于其内部逻辑性，还有地理的与历史的因素，命定要朝着伊斯兰教的方向发展……”。[3]

列维－斯特劳斯既不相信那种被拉德克里夫－布朗界定为原始人与欧亚大陆人共有的宇宙观原理，[4]也不相信曾给埃文思－普里查德和玛丽·道格拉斯（Mary Douglas）[5]以希望的宗教（天主教）。在历史的废墟上，他展开了人类学沉思，想到不同文明对待他性的令人失望的做法，他得出了如下结论：佛教拥抱普遍的善，基督教热衷于对话，伊斯兰教注重兄弟情谊。在他的叙述临近末尾的一章中，列维－斯特

---

〔1〕 列维－斯特劳斯：《忧郁的热带》，541页。
〔2〕 同上书，535页。
〔3〕 同上书，535页。
〔4〕 Alfred Radcliffe-Brown, “The Comparative Method in Social Anthropology, ” in Adam Kuper ed., *The Social Anthropology of Radcliffe-Brown*, pp. 53-72.
〔5〕 Mary Douglas, *Edward Evans-Pritchard*, New York: Viking Press, 1980.

劳斯指出，诸世界宗教中，没有一个能够从历史中挽回文明间融合的机会——对他而言这正是作为人类“在一起”的理想方式。

到最后，剩下一位孤独的人类学家，他自己在几个世界间徘徊，叹息着，“每个世界都比包含于其中的世界更真实，但又比将之包含在内的世界更不真实一些”[1]，他宣布，他关于具体事物的超级科学，即那种“没有超验主体的康德主义”，有着别样价值。在他写作那本有关亲属制度基本结构的大作时，受到葛兰言汉学社会学的启发，他推进了自己关于联盟与交换的理论。然而，由于此刻他对历史已感到如此伤怀，列维－斯特劳斯把葛兰言对“极东”地区文明的描绘改造成了一种与之形成鲜明对比的“野性思维”结构，或许这实际上可以说便是“新石器时代性”（Neolithicity）[2]。“新石器时代性”并不似萨林斯[3]描绘的“原始丰裕社会”（original affluent society），而更像代表了文化与自然最初的“半分半合”状态。

黑格尔和列维－斯特劳斯都落脚在存在于北方与南方世界之间的历史命运之“伟大分隔”。对他们二者及对其他许多有意无意追随其步伐的哲学家和人类学家来说，彼处（欧亚以南）仍然停留在“原初阶段”，而在此处（欧亚），经历过了“金属时代”，文明继续朝着大发明创造的方向演进。在诸如此类的比较中，学者们并不否认后石器时代的文明同样是从一些早先新石器时代的遗产中“发明”出来的，但出于不同的目的，他们采取不同方式，要么将旧世界的史前基础描述为欧亚大陆获取文明的背景，要么将文明刻画成一段堕落的历史，甚至刻画成人之初的本原的失落。对待历史的矛盾态度使哲学家和人类学家绕过了一个历史真相：不止帝王从边地遥远的他者那里寻求

〔1〕列维－斯特劳斯：《忧郁的热带》，542页。
〔2〕Michael Rowlands, “Neolithicities: From Africa to Eurasia and Beyond, ” unpublished paper, the International Academic Workshop on Communication and Isolation, Quanzhou, May, 2014.
〔3〕Marshall Sahlins, *Stone Age Economics*, London: Routledge, 2003.

“点缀”[1]，有史以来的思想家，不少也是在做类似的事情。也就是说，文明，即便是经典大传统，原本也离不开“原初性”。[2]

北方诸文明及其相互关联

很显然，欧亚大陆令人类学家关注的部分，在宗教史上是以印欧（Indo-European）或闪米特（Semite）的名义为人所知的。从 18 世纪起，在宗教史中，印欧人和闪米特人，还有分布在东亚、北亚广大地区的早先被称作“图兰人”（Turanian，欧亚大陆东部“非雅利安”的狩猎者、游牧民和农民）的民族一道，组成了三大“方言”或“文明”系统，这些系统被认为是远古时期人类统一体刚开始分裂时形成的。[3]在西学里，这最终为诸多神话学和社会学理论模型的建立提供了地理基础。这些理论模型的几个例子为印欧的“三功能”模型，[4]闪米特的图腾制度与献祭，[5]中国的关系主义，[6]和草原地带的“游牧

[1] Mary W. Helms, *Craft and the Kingly Ideal: Art, Trade, and Power*, Austin: University of Texas Press, 1993; David Wengrow, *What Makes Civilization? The Ancient Near East and the Future of the West*. 考古证据表明，在“城市革命”（Gordon V. Childe, “The Urban Revolution,” in *The Town Planning Review*, Vol. 21, No. 1, 1950, pp. 3-17）之前，也就是在新石器时代晚期，与中原相隔甚远的“边缘地区”，某些地理－宇宙模式已经出现，在这些地区，玉器接替并超过石器，成为天地关联的中介（杨伯达：《巫玉之光：中国史前玉文化论考》，上海：上海古籍出版社，2005），正是从这些模式中，后来在“三代”升华出了一系列自然－社会道德模型。

[2] 孔子谈论起他的观点时，总会说它们始自周代，而周代理想的王之德性，又据称是从我们现在称之为石器时代晚期的圣王那里传下来的；老子和庄子谈到他们的思想时，总会将它们与政治尚未发端的年代相联系，似乎它们是文明未开的产物；屈原总是在高山深谷中游荡，找寻其梦中之“女”，仿佛没有人迹的大山比人类的社会世界更为真实。

[3] Friedrich Max Müller, *The Languages of the Seat of War in the East: With a Survey of the Three Families of Language, Semitic, Arian, and Turanian*, London: Williams and Norgate, 1855; *Comparative Mythology: An Essay*, Whitefish: Kessinger Publishing, 2010. 马克斯·穆勒（Friedrich Max Müller）推测，在国家时代（青铜时代）来临之际，这些地区已得到进一步分化，诸语种日益精练，而正是在这个过程中，“国家”诞生了。

[4] Georges Dumézil, *Archaic Roman Religion*, trans. P. Krapp, Chicago: University of Chicago Press, 1970.

[5] William Robertson Smith, *The Religion of the Semites: The Fundamental Institutions*, New York: The Meridian Books, 1957; Henri Hubert and Marcel Mauss, *Sacrifice: Its Nature and Function*.

[6] Marcel Granet, *Chinese Civilization*.

学”。[1]毫无疑问，这些文明中的每一个，都有其源流核心区，每个文明都是人、物、神意象的集合体，这些集合体的形质各有特色，这些特色使一个文明有别于其他文明，其中显著者甚至可以为比较研究树立范例。[2]然而，正如我们从来自欧亚大陆东部的例子中看到的那样，在时间的长河中，处于诸社会间的中间地带，不断发生着宇宙观传统之间的互动，此类横向的互动创造出了种种情景，但都表明，每种文明在自身的形塑时都牵连到其他文明。

从而，长城，这位于夷夏之间、由绵延的要塞构成的边防前线，并没使华夏免于与外部，尤其是来自西面、北面“蛮族”（“戎”和“狄”）的交锋。在东北、内蒙古、新疆和青藏高原，许多这样的“夷狄”从8世纪的过渡时期起就开始接纳佛教、摩尼教、伊斯兰教，甚或是基督教。一面将他们的“边缘传统”与“世界宗教”相融合，一面延续他们与“华夏”的互动，“夷狄”创造了自己的文明。而与此同时，华夏同样也通过置身于我者与他者传统的融合获得活力。从公元1世纪起，居住在“中原”的人们就要依靠印度来从佛教角度理解人类境况（死亡，或生命的未来）。[3]如荷兰籍汉学民族学家高延（J.

〔1〕 Gilles Deleuze and Félix Guattari, *Nomadology: The War Machine*, New York: Semiotext, 1986.

〔2〕 在《宗族、种姓与俱乐部》（Francis L. K. Hsu, *Clan, Caste, and Club*, Princeton: Van Nostrand, 1963）一书中，许烺光对比了中国文明、印度文明和美国（西方）文明，提出，它们是通向世界的三种不同方式，分别以情境中心或相互依赖（中国）、个人中心（美国）和超自然中心或单边依赖（印度）为显著标志。尽管许氏声称他的这项比较研究是对早先中美比较研究的延续，但显而易见，他的三元论似乎继承了晚清和民国早期的文化观，认为欧亚大陆是由东方、西方以及印度三个世界组成的。

〔3〕 伊懋可就注意到，印度人和中国人对人类境况有不同理解。他认为，印度人相信，从生命物（living beings）到苦痛的生命（lives of suffering），重生循环往复，构成“轮回”。而中国人相信，“大体上说，个体存在是得到亲属体系中上下传承与前后追溯的结构观念之强化，这种结构观念的内涵是，个体存在向后无限延伸到过去，向前无限延伸到未来，而个体在其中占据着独特地位。……对中国人来说，出生和生命都是积极的事物，轮回转生这样的观念没什么必要。直到佛教引进之前，他们都对救世神学一无所知”。参见 Mark Elvin, “Between the Earth and Heaven: Conceptions of the Self in China, ” in Michael Carrithers, Steven Collins and Steven Lukes eds., *The Category of the Person: Anthropology, Philosophy, History*, pp. 156-189。然而，如高延指出的那样，正是这种差异使得印度人的本体论对中国人的生死观形成了补充，参见 J. J. M. de Groot, *Buddhist Masses for the Dead at Amoy*.

J. M. de Groot）指出的那样，华夏将门户向印度敞开。[1]此外，从9世纪到13世纪，东南沿海的海上贸易带来了众多穆斯林，他们中有的还曾相继受汉人和蒙古人委托，成为了市舶主管。[2]

列维-斯特劳斯努力在相似性和差异性之间寻求平衡，他提出了一种有关转化（据我的理解，这指的是对应着时空交替的关系结构交替）的概念，他不仅将这一概念运用于神话研究，而且还将之应用于呈现不同的综合结构在区域之间的转变，特别是沿美洲-太平洋连续统分布的互惠式、"民族中心式"和阶序式社会-空间组织诸模式。[3]

这一对复杂结构的区域变化及其宇宙观结果的解释，来自列维-斯特劳斯对南方展开的"神话学"研究，但它对北方的人类学研究同样有用。[4]正如在南方那样，在北方，如莫斯早已指出的，每个社会一方面存在着仅限于它自身的社会现象，另一方面也存在一些超社会或文明的现象，这些现象"在几个社会中共存，或多或少彼此相互关联"[5]。用列维-斯特劳斯自己的话来说，没有一个社会系统是"单一的"，每个系统都"有时对外部影响开放，并迅速将其吸收；有时却又退回自身那里，似乎在给自己时间，来同化外来的文明贡献，并在它们身上打上自己的烙印"[6]。所有社会体系都是复杂的，都是不同模式的组合，每个体系都会产生自己的复合结构，以此标明其独特的身

---

〔1〕J. J. M. de Groot, *Buddhist Masses for the Dead at Amoy*.

〔2〕当东方与欧洲接触时，互动的历史依然持续展开。欧洲的启蒙运动依赖过来自中国的印刷术之类发明，而在之后，则以"延迟性回礼"为方式，返还给了中国以启蒙思想。雷诺·艾田蒲对这个互惠的双向过程的一方面加以描述，将中国推回到了其与远方"洋夷"的互动历史中，重新理解了近世东西方新出现的种种宇宙观。参见 René Étiembl, *L'Europe Chinoise*, Paris: Gallimard, 1988。

〔3〕Claude Lévi-Strauss, "Do Dual Organizations Exist?"

〔4〕列维-斯特劳斯对转化的神话学叙述与莫斯对文明的叙述很接近，后者指出，与"不适合旅行"的社会不同，文明"天然地能够旅行"；"几乎靠它们自己"，文明便能溢出给定的社会边界（往往是很难界定的），因此它们"具超级社会属性"。参见 Marcel Mauss, *Techniques, Technology and Civilisation*, p. 60.

〔5〕Marcel Mauss, *Techniques, Technology and Civilisation*, p. 61.

〔6〕Claude Lévi-Strauss, *Anthropology Confronts the Problems of the Modern World*, p. 122.

份；其独特程度会视情况减少或增加，从而和社会间、文明间互动的环境相吻合。[1]

“社会依赖相互借鉴而生，但却更多以否定借鉴而非接受借鉴来定义自身。”[2]文明往往与某种程度或好或坏的非联合型“文化自觉”相关联，考虑到这一点，我们切不可以为，欧亚大陆上实际的统一体或多元体可以用“混同”（con-fusions）——或者中国盘古神话中的“混沌”——概念来描述。这种“混同”正是列维－斯特劳斯的用意所在，尽管他秉持语言学的逻各斯中心主义，我们却不应忘记，在激进批判欧亚诸文明中，他调动了他的“联盟”概念，而“联盟”概念实际上预示着一套以“混合”为主要价值的主张！

毋庸置疑，任何聚焦于欧洲大陆文明间关系的复杂性的研究，都能使我们看到结构概念，能使我们看到的更多。正如列维－斯特劳斯揭示的那样，结构是抽象地定义的，是“一种思维体操，在其中，思想操练被带到了它的客观极限”[3]，并由此变得清晰可见。而呈现在我们面前的，则是一片波澜壮阔的转化，这些转化是在历史中实现的，发生在纵向垂直和横向水平两个层面上。我们述及的转化，似乎都发生在宇宙观之外，是诸传统在历史中的关系的结果。然而必须指出，事实上，这些转化往往既是历史的又是宇宙观的，时常牵涉到宇宙观“纵向”关系模式的“横向”关联。

关于宇宙观的“纵向层面”，前现代的印度和中国似乎构成了一对相互关联的案例。如果前现代的印度社会可以用“卡斯特”（即caste，或译“种姓”）来刻画，那么，它也就可以被看作一种更僵直

[1] “社会生活的基本形式”可以说是由社会和“超社会”的现象构成的，其中社会现象的“相对重要性随着时空变化而变化”，超社会现象的“规模则无法确定，实为先在的存在”。参见 Marcel Mauss, *Techniques, Technology and Civilisation*, pp. 60-61.

[2] Marcel Mauss, *Techniques, Technology and Civilisation*, p. 44.

[3] Claude Lévi-Strauss, *The Raw and the Cooked: Introduction to a Science of Mythology*, Vol. 1, p. 11.

的阶序，一个超越性整体，沿着纵向的上下之轴，涵盖了祭司、武士和生产者的各行动者和诸社会范畴；[1] 而如果说前现代中国的阶序可以被概念化为“差序格局”，那么，中国的方式就可以说倾向于包含不同次序的关系，是一种由同心圆状的互惠互联网络构成的等级体系。[2] 从宇宙地理学的角度来看，印度和中国都有四周围绕中心的模型。然而，这一模型似乎建立在不同的基础之上。印度版本（曼荼罗）的特点在于它原则上是垂直的，下上之间的联系正处在中心；而中国版本——“天下”的五方模型——虽与曼荼罗的“星系型政体”（galactic polity）[3] 相似，但在大多数情况下并非垂直分布，其天地间的上下纽带（五座圣山）位于中心以外，在中心转向外部的中间圈中，其方向感既向外又向上延伸，而非简单向上。因此相比于印度宇宙观模式，中国宇宙观模式可以说并没有那么像同心圆体（concentric），更像是“直径型的”（diametric）。

尽管如此，正如我们在上面看到的，中国的“差序格局”并非始终不变；相反，它在关系结构中随着时间的推移在诸地区之间发生着转化。而如谭拜尔指出的，置身印度文明圈，东南亚语境下“三重功能”——国王、僧侣和平民——之间的结构关系也存在着类似的转化变换。[4]

关系结构的变换动态，通常涉及来自“外部”的宇宙观。在这方面，东亚比东南亚提供的佐证似乎更为典型。如既已被广泛关注到的，生活在古代中国的人们经历了其对儒家式特殊主义同心圆型差序格局的幻想和幻灭，其间，正是从印度，也就是从横向跨越的文明

[1] Louis Dumont, *Homo Hierarchicus: The Caste System and its Implications.*

[2] Fei Xiaotong, *From the Soil, the Foundations of Chinese Society.*

[3] Stanley Tambiah, “A Reformulation of Geertz’s Conception of Theater State, ” in *Culture, Thought, and Social Action: An Anthropological Perspective*, Cambridge: Harvard University Press, 1985, pp. 169-211.

[4] Stanley Tambiah, *Buddhism and the Spirit Cults in North-east Thailand.*

交流中，他们借来了被列维－斯特劳斯称作“普遍善良”（universal kindness）的本体论。[1]

雷德菲尔德说，在研究“旧世界”诸文明时，人类学家已经“开始承担起研究大小传统的复合结构的责任，大传统与小传统过去曾相互作用，今天仍是如此”[2]。他这里提到的“复合结构”（composite structure）概念，大抵能够表达我们对印度和中国文明传统的看法。虽则如此，我们仍有一点要补充，就是在两个文明的交互面上发生的事情，超出了雷德菲尔德在文明之间勘定的边界。在这个交互面上，或者说，在各文明核心文化区的大小传统频繁互动的地方，也发生着“我者与他者的相互转化”（亦即文明意义上的“transformation of each other”所形成的你中有我、我中有你局面），而这导致了复合结构在横向层面上的扩展。

若是保留雷德菲尔德的“大小传统”之分，那么我们也可以借之将这些所谓的转化称作认同的“倒置”（inversions），但更重要的是，这个意义上的“倒置”所意味的转化，不局限于社会内部，相反，其所取得的成果与大规模区域体系的构造有着紧密关联。如一些同人指出的，此类构造有的将库拉圈世界[3]与印度和中国联系起来，形成一个广阔的聚合体，与欧亚大陆的西端形成对照，[4]有的则通过陆路和海路上物件和思想的流动将南亚和东南亚文明与非洲的“新石器时代世界”联系起来，在“城市革命”的青铜时代的青铜文明中心之外，

---

〔1〕 Wang Mingming, *The West as the Other: A Genealogy of Chinese Occidentalism*, pp. 117-152. 因此，毫不奇怪，中国人把观音——富有恻隐之心的英俊年轻男性菩萨，转变为了大慈大悲观世音菩萨这么一个抚慰人的母亲形象。参见 Daniel L. Overmyer, “Folk-Buddhist Religion: Creation and Eschatology in Medieval China, ” in *History of Religions*, Vol. 12, No. 1, 1972, pp. 42-70。

〔2〕 Robert Redfield, *The Little Community and Peasant Society and Culture.*

〔3〕 Frederick Damon, *From Muyu Muyuw to the Trobriands: Transformations Along the Northern Side of the Kula Ring.*

〔4〕 Frederick Damon, “Deep Historical Ecology: the Kula Ring as a Representative Moral System From the Indo-Pacific, ” in *World Archaeology*, Vol. 48, No. 4, 2016, pp. 544-562.

造就出另一个宏大的“文明实体”。[1]这种大规模区域体系的形塑过程，在过去几千年里悄然展开，通过隐藏的流动，使得北方（欧亚大陆）和南方（太平洋世界）的文明转化彼此相关。回过头去看“大小传统”差序，可以认为，这些塑造大规模区域体系的“横向转化”，在历史中，通常又是沿着“纵向”，通过（多少按阶级划分的）大小传统间的上下地位转化来实现的。

我在田野旅程中遇到许多事例，它们表明，虽然文明中的大传统作为超社会的关系模式存在，而能将社区、群体和“国家”联系到更高层面的“共同体”中去，这些大传统既具普遍化力量，又有限制性力量，有着形成狭隘的界限的倾向。作为结果，这些大传统的地理覆盖范围相比它们所涵盖的小传统，往往显得相对有限得多。相比之下，小传统尽管有其“社群性”、“特殊性”和“地方性”的特征，却也远为包容广泛，因此也具有更强大的生命力和绵延性。

长城内外诸区域里传统之大小差序的倒置现象，可以证实这一点。在欧亚大陆，小传统的历史起码可以追溯到新石器时代，[2]而它们依然存在于每个文明的表层之下，无处不在。在中国东南部的一个城市中，[3]“民间宗教”作为“小传统”在众多“大传统”内外存在着，这些“大传统”包括了儒教、官方的帝国崇拜、道教、佛教、伊斯兰教、摩尼教、基督教、今日主导的官方话语体系。从帝制晚期到

---

〔1〕 Michael Rowlands, “Neolithicities: From Africa to Eurasia and Beyond, ” unpublished paper. 如列维－斯特劳斯展示过的，另一个关系体分布于美洲和亚洲的诸社会之间：史前时期，一座长长的大陆桥连接了亚洲和美洲，在欧亚大陆东部的边缘，有一条大通路，借之，人与其创造物可以自由地从东南亚经由东亚漫长的海岸流动到北美。在其他方向，也能发现其他关系纽带，比如，从中国以西的中间地带，有联系非洲、南亚和东南亚岛屿的走廊。参见 Claude Lévi-Strauss，“Do Dual Organizations Exist?”

〔2〕 因此葛兰言坚持认为，早期帝制中国的祭祀典礼系统，是依赖于有编年史之前“土著社群在其季节性集会中形成的社会公约”而“创作”出来的。参见 Marcel Granet, *Festival and Songs of Ancient China*, p. 9。

〔3〕 Wang Mingming, *Empire and Local Worlds: A Chinese Model for Long-Term Historical Anthropology*.

现代政权时期，这些“小传统”将“大传统”接纳进了自身，后者中的一些（例如明朝官方组织的儒教祭祀典礼）是自上而下强加给地方的，而另一些（例如佛教）则是民间从世界其他地方“借鉴”而来的。通过上下内外关联，“小传统”将自上而下、自外而内传播的文明元素“内部化”，并使之（通常被描述为“大传统”）“弥散”在城市社区的生活世界。在乡村环境中，“民间宗教”越过广大区域，横向地将地方崇拜与周边四方的朝圣进香中心（“圣地”）勾连起来，通过倒置“文明”到“民间”（vernacular）的纵向阶序，在年复一年的节庆中重现四周围绕中心之古老“五方”模型，由此创造了某种地方中心的世界格局，将地方生活世界塑造成比“大传统”的覆盖面还要广阔的地理统一体。〔1〕这种“倒置”不仅在中国东南地区属实，在西南和西北的“边疆”，也属实。

在一部由十几个案例分析构成的文集中，我以前的一批学生考察了几种“文化复合”模式。〔2〕西南地区位于中国－东南亚－印度连续统之中，〔3〕可以称作一条或一系列“走廊”。在这条通道上，来自东、西、南、北的各“大传统”相互谋面；〔4〕用莫斯的话说，这条通道构成了诸文明流动路经的“边疆”，文明“要么靠自身的扩张力量从特定中心向外传播，要么是社会之间关系建立的结果”〔5〕。然而，这条通道或边界线并非无人区；相反，该地区还是数十种“边缘人群”的家园。这些群体所依附的文明可以说包括了所有已知的“大传统”，尤其是来自整个欧亚大陆的“轴心时代”宗教。然而，这些宗教都具

---

〔1〕王铭铭：《局部作为整体——从一个案例看社区研究的视野拓展》，载《社会学研究》2016年第4期，98—120页。亦见本书61—93页。

〔2〕见王铭铭、舒瑜编：《文化复合性：西南地区的仪式、人物与交换》。

〔3〕Eric Wolf, *Europe and the People without History*, pp. 44-50.

〔4〕在几个世纪里，该地区受到各种文明的影响，这些不光包括晚近的清朝、基督教和中国共产主义“大传统”（Stevan Harrell ed., *Cultural Encounters on China's Ethnic Frontiers*），还包括早一些传入的佛教和伊斯兰教。

〔5〕Marcel Mauss, *Techniques, Technology and Civilisation*, p. 37.

有强烈的地方特色，这些特色的核心为“史前民间宗教”，譬如苗族的巫术、彝族和纳西族的巫术文字、白族的大山崇拜[1]、西藏的苯教等。在西南地区，当地的仪式被证明是某种“综合文本”（synthetic texts），在它们中，不同的历史性、生命赋予神话、历法系统、身份和神判力汇集在一起；当地土司是“具有不同人格的人”，他们的生活是不同传统杂糅汇合的范例；城镇是“贸易港”，由此，货物、人员、图像和符号得以交叉流动。

在新疆这著名的东西方文明交叉口，一项了不起的民族学调查显示，“Qam”（据编著者所说，这是当地指代萨满教的语词）在维吾尔族穆斯林群体中被持续实践着。该调查涵盖了大量不同的主题，包括维吾尔人萨满概念下的灵魂、宇宙实体、人类和非人类、鬼魂、萨满技术和仪式的魔法应用，以及占卜。书中有一章还就维吾尔族宗教（伊斯兰教）专家对萨满教的解释提供了一组丰富数据。在相对正式的访谈中，这些专家倾向于表达其对“Qam”的共同敌意，他们说，泛灵论信仰和魔法实践与灵魂、魔鬼和撒旦力量等民间观念紧密相连，都是异端邪说。然而有趣的是，在相对不太正式的谈话中，他们则表达了不同的观点，其中一些人甚至引据《古兰经》的片段来佐证民间魔力和巫术灵验的观念。[2]

我曾在乌鲁木齐与完成这项调查的作者们交谈，得知这些民族学

---

〔1〕 在云南大理乡村白族人中，村庄的内部秩序往往是根据儒家式宗族模型组织起来的。乍看起来，自明代以来，大理就完全被儒家文明浸润了。然而，事实上，村社的这种儒家“内部秩序”往往被更大的仪式地理系统涵盖。这是一种地缘（本主）信仰体系，它将地方社区整合到由山间寺庙所代表的一个高一层次的区域神灵体系中去。参见梁永佳：《地域的等级：一个大理村镇的仪式与文化》。倘若我们采用雷德菲尔德的区分，我们就会把儒教看作中国西南民族地区的大传统，把白族的地缘崇拜和朝觐仪式看成大传统的对立面。诚然，后者确是由一系列“民间信仰”组成的。然而，由大理的文化区域观之，它们其实是更大的地理统一体的组成部分；在这个统一体中，“次生的”儒家文明在村庄里只是作为“原生的”白族文明的一部分被包括在内的。

〔2〕 阿地力·阿帕尔、迪木拉提·奥迈尔、刘明编著：《维吾尔族萨满文化遗存调查》，北京：民族出版社，2010，72—80 页。

家对历史有一种值得尊重的理解。在他们看来，他们在维吾尔族和其他民族中观察到的萨满教实践在世界宗教传入之前的“史前时期”就已经在新疆存在，而且被不同民族“真诚地共享着”。他们的一位同事，还出版了一本著作，基于考古学发现，考察了从新疆到内亚、中欧和西伯利亚广大地区的“原始宗教”，他指出，这一时下被当作小传统对待的宗教系统，明显是文明关联的根基。〔1〕

在前现代藏族人的世界，与相邻的华夏世界一样，宗教宇宙学的格局似乎包含了神秘性、社会逻辑性和合成性诸模式。用藏学人类学家杰弗里·塞缪尔（Geoffrey Samuel）的话说，藏传佛教至少包括两个取向：“萨满佛教”（Shamanic Buddhism）和“僧侣佛教”（Clerical Buddhism）。二者对世界和人类经验态度有根本不同：前者通过密宗仪式为社会性呼唤现实的另类模式，并致力于“觉悟”超越；而后者强调通过善行积累功德，这些善行包括做学术研究和经典分析，及清修戒律。〔2〕塞缪尔还表示，西藏宗教历史上的大多数人物并不认为这两个取向是相互排斥的。尽管西藏“大传统”中的主要人物似乎有时倾向于萨满式，有时倾向于僧侣式，但他们通常兼行两种模式，并由此将他们的宇宙观融合进像格鲁巴和宁玛巴这样不同的综合体之中。

佛教的综合模式或“复合结构”可以说形成了西藏的“大传统”，其上层依赖无所不在的寺院系统的传播和解释渠道得以确立。寺院系统不仅是藏传佛教各思想学派学说传播的场所，而且为大传统自身再生产成文化区域提供了交流纽带和线索。〔3〕

然而，除了佛教诸模式之外，藏区还有另一种分布广泛的文化体

---

〔1〕 刘学堂：《新疆史前宗教研究》，北京：民族出版社，2009。

〔2〕 Geoffrey Samuel, *Civilized Shamans: Buddhism in Tibetan Societies*, Washington: Smithsonian Institute of Press, 1993.

〔3〕 Wim van Spengen, *Tibetan Border Worlds: A Geohistorical Analysis of Trade and Traders*, London: Kegan Paul International, 2000, pp. 62-63.

系。这是另一种萨满性质的复合体——“民间宗教”[1]。“民间宗教”有显而易见的普及性，甚至喇嘛有时候都“像西伯利亚的萨满，或撒哈拉以南非洲的‘占卜者’或‘先知’”[2]，他们投身于调适人类和社会与宇宙之间的关系。石泰安（Rolf Alfred Stein）轮换使用“民间宗教”和“人的宗教”两个术语来指称这种体系。不同于“神的宗教”（佛教），“人的宗教”通过氏族中长者讲述的传说来保持其活力，这类传说“讲述时总是采用诗歌的风格，以隐喻、俗语和谚语的使用为特色”[3]。

这种萨满式的复合体在萨满教和民间语境中形成，是藏族及其邻近族群共有的“古老母体”，这使得藏文明的“自我”成为一种“我者中心”和“他者中心”交错的场所。石泰安认为，藏人共有的双重文化身份源于藏族对佛教的接受。正如他所说：

> 跟汉地的情况一样，西藏人把自己的地方想象成由其他地块组成的四方围绕的中心，位于“地球的肚脐”。同时西藏人也和汉地人不同，他们保持着一种惊人的谦逊，这种谦逊是从佛教信仰的支配中发源来的。他们总把自己看成生活在世界北方的野蛮人。……他们谈论“野蛮的鲜有人知的西藏小国”，把自己描述为（像“野性的”霍帕［Horpas］那样的）“红脸膛的食肉魔鬼”，许多时候称自己愚蠢、粗暴和迟钝，所有这些与佛教文明的影响有关，是相对佛教文明而言的。[4]

如果这些语词表达了西藏人的文明自我认同，那么，我们似乎也可以对之另做解释：通过承认“我们是野蛮人”，西藏人坦诚面对了自己

---

〔1〕 Geoffrey Samuel, *Civilized Shamans: Buddhism in Tibetan Societies*, pp. 19-22.

〔2〕 *Ibid*., p. 21.

〔3〕 Rolf Alfred Stein, *Tibetan Civilization,* trans. S. Driver, Stanford: Stanford University Press, 1972, p. 192.

〔4〕 *Ibid.,* p. 40.

的历史——石泰安还曾说，正是一个野性的“古老文明母体”使藏区成为一个与相邻族群联系在一起的广阔文化区域。石泰安说，许多藏族歌谣和传说都与格萨尔王（Gesar of Phrom）有关，而有学者甚至猜测，格萨尔王是“罗马恺撒大帝”的藏区版本；[1]而西藏原始的“野蛮状况”也经常被人们认为与统御北方的游牧民族（“土耳其人”和“鞑靼人”）混为一谈。[2]传说不等于历史真相，但隐含着某种文明真相，它们表明，“超社会体系”是先于社会、民族、文化存在的，对西藏人而言，“超社会体系”的原始形式，正是在萨满教或“人的宗教”不断自我重建的那片广阔空间中形成和发展的。随着时间的推移，在这片广阔空间里，“大小传统”持续发生着差序的反转，而在其中，被人们形容为“小传统”的系统，实为文明的原始形式，它持续维系着诸社会实体相互之间的关系。蒙古人和西藏人一样，最初也实践萨满教，但是自从13世纪早期建立自己的帝国起，他们便不仅将佛教僧侣收之麾下，使之服务其治理，而且还以一种高度宽容的态度来对待其他宗教和哲学。从佛教到基督教，从摩尼教到伊斯兰教，从儒教到道教，最终蒙古帝国兼收了大部分欧亚“大传统”，并将之转化成了在“人的宗教”沃土上生长出来的原始多元体的组成部分。

结　论

欧亚大陆及其附属岛屿既被直径模式分为两半，又被同心圆模式组合起来。在直径模式中，欧亚大陆包括两个部分，即西方与东方，欧洲与亚洲；而在同心圆式的想象中，这两个部分共同位于核心区，与南部和北部边缘形成对照。欧亚大陆的诸社会和文明，尤其是那些

---

〔1〕 Rolf Alfred Stein, *Tibetan Civilization*, p. 39.
〔2〕 *Ibid.*, p. 41.

有书面记录的，长期以来被人类学家借助同心圆模型与居于外圈的“不开化”的“野蛮人”进行比较，后者被想象成生活在相对“落后”的世界、有着各不相同的宇宙观的人。欧亚大陆的这些社会和文明，也总是被人们依照直径模式加以比较；其中，那些被认为“更文明的”（如古希腊以来的西方），被赞颂为拥有暗藏着科学和民主以及政治经济效力神具的宝库，另一些则相反（如古中国以来的东方），它们被铭记，乃因它们剥夺了自身传统的“本真性”，而让历史带来不幸。

在“西游”中我遵循了传统的方位概念，但与此同时，我却为了重新定位而跨越了方位的边界。我叙述的起点是我此行的目的地，也就是作为现代西方之组成部分的英格兰。在这个方位，我浏览了有关巫术的史志和有关猎巫指控的民族志，我看到，可被定义为“小传统”的那种东西，在西方的核心地带持续存在着。人们对这个事实并非毫无了解，但对它在理论上所意味的一切，却总是漠不关心。与此同时，将西方视作铁板一块，也常常让我们忘记，被打上西方烙印的个人主义，其实也存在着内部分化和外部关联。诸如巫术之类的西方“小传统”，及现代文明大传统的国族－地域特殊性分述，与“全球现代性”和“边缘文化”之间互动的命运相关联，本身富有说明价值：对我而言，它们透露了东方的西方学话语和西方的人类学话语中共有的他者化（othering）吊诡。

我将关注点转向民族志世界，遭遇了“文化对照法”，该方法以某种变相，在新近出现的某些出名的宇宙观比较论著中重新获得了主导权。如我借对德斯科拉的近作加以的批评所揭示的那样，这种方法即使被用来将我们对生命、社会和世界的理解从单一化的“文明”定义中解放出来，它也易于让我们误以为，其他形质的宇宙观停留在“我们之外”，处于不变状态，唯有“此一”（this）或“我们的”宇宙观才拥有一种超群能力去“创造历史”，而无论这一未来是光明的还是晦暗的，它都将我们带向它。

随着西行之路的展开，我接着纵容了自己，使自己的心神逍遥在南方、西方和东方之间；经由“推己及人”，我发现，社会中诸“传统”间的内部分化，在现代西方上演的传统间戏剧性互动中看得到，在南方，也就是在所谓“现生新石器社会”中，及在东西方“轴心时代”地区文化与哲学中，也同样清晰可见。我借助巴特的民族志审视了内新几内亚诸分支传统，借助了布拉格的哲学论著追溯了古希腊四种宇宙观模型的历史，还借助了梁启超的“新史学”辨析了古中国思想传统之“三国鼎立”状态。通过上述跨越，我努力展示南北半球文明共有的“多元一体格局”。在做这项工作时，我穿梭于相反的方向之间，重新思考了“野蛮”和“文明”的区别，意识到这二者的区别之所以常常被重申，系因它可用于维持民族志和哲学之间的学科界线。

继续我的“游历”，我迎接着一种来自东方的地－史看法的启发，由梁启超及其追随者的叙述，我展望了“内部与外部”“封闭与交流”之间辩证关系认识之前景。那种地－史看法告诉我，在东方兴起的诸多宇宙观思想都是从“中原”及周边不同地区萌芽的，得到了这些不同地区的不同地方文化的滋养。这些思想传统彼此关系紧密，它们后来还与华夏以外（亦即长城以外和长江以南）的思想传统相融合，从而重获生机，在“不变的变”中绵续两千年，直到帝制结束前，一直持续对社会生活有重要影响。

宇宙观不仅是被我广泛地定义为人与众他者（其他人、物和神灵）之间“人文关系”[1]的模型，而且也是这些模型之间关系的模型。要从人类学角度探讨宇宙观的模型组合，有必要重访南北之间、东西之间的关系场所，重点研究不同“民族志区域”宇宙观的互动性和合成性特征。

---

〔1〕王铭铭：《民族志：一种广义人文关系学的界定》，载《学术月刊》2015 年第 3 期，129—140 页（又见本书 428—451 页）。当然，这可以理解为“人类想象力不受约束的创造”，它超越了“创造者们受约束的现实生活经验”，参见 Edmund Leach, *Social Anthropology*, p. 213。

但是，重温黑格尔的乐观世界史、列维－斯特劳斯对欧亚“世界宗教”的“悲哀”反思，及不计其数的民族志对这两种历史观的重复引申，我们终于意识到，正如拉德克里夫－布朗早就提议的，我们尚需在北方（欧亚文明）和南方（“诸原始文化”）的宇宙观“原则”之间建立联系，否则便无以获得“普遍认识”。[1]

在南方，也就是在海那边的世界，“无论是单独的个体或单个群体，在进入其与另一个个体或另一个群体的关系中时，这一关系得以维系，在其中，关系的每一方与另一方的差异，都不可化约”[2]。对广义的“社会自我”和他性之间关系转化的研究，以如此别样的方式展开，以至于令人感到，相比于生活在北半球文明中的人，生活在南半球社会中的那些“原始人”，锻造着更为复杂的人格。然而我却指出，如果说此类复数的人格便是“本体论”，那么，它们并不与我们在北方发现的对应物相反。在北方，在欧亚大陆，人们确实已远离了思维的“初始状态”，远离了“神话作用于人的思维，使之意识不到现实”[3]的情形，但我们在西方和欧亚大陆东端发现的那些“有意识模式”，却一样地脱胎于其对我他关系的形塑，脱胎于其对所谓本体论的“内在性”与“物质性”之含有区分的杂糅（differentiated blendings）。拉德克里夫－布朗很久以前既已指出，[4]从我们习惯性地从民族志视野中刨除的哲学和宗教大传统中，[5]其实可以找到和“原

---

〔1〕 Alfred Radcliffe-Brown, “The Comparative Method in Social Anthropology,” in Adam Kuper ed., *The Social Anthropology of Radcliffe-Brown*, pp. 53-72.

〔2〕 Marilyn Strathern, *The Gender of the Gift: Problems with Women and Problems with Society in Melanesia*, p. 14.

〔3〕 Claude Lévi-Strauss, *The Raw and the Cooked: Introduction to a Science of Mythology,* Vol. 1, p. 12.

〔4〕 Alfred Radcliffe-Brown, “The Comparative Method in Social Anthropology”; “Religion and Society,” in Adam Kuper ed., *The Social Anthropology of Radcliffe-Brown*, pp. 53-72, 103-130.

〔5〕 因此，有人认为，我们应该严肃对待土著人“猪即是人，人即是猪，身体即是概念”之类的说法。这种论调让我想起另一种北半球的“混融”观念。比如，南宋时，理学家程颐就曾表达了与民族志里的土著观念相似的看法。当被问到如何通过他者理解自身时，程颐给了一个有意思的回答，大意是：“外物与自身在理这个层面相通，你明白了这个，就理解了那个，这便是内在与外在合而为一的道理。”程颐还补充道：“物我一理。”参见王铭铭：《心与物游》，171—172 页。

始人”相似的社会逻辑与世界观“原则”。

此外，边远地带的考古发现表明，欧亚“文明”与所谓“泛灵论本体论”之间的联系有着悠久历史，这些发现不仅见诸环太平洋地带，[1]见诸从欧亚大陆到非洲“原始世界”的连接网络中，[2]也见诸欧亚核心地带诸文明的接触地带。我在上文最后回到了北半球，步入了中国东南、西南、西北以及青藏高原，在那些接触地带，在现场之上，鸟瞰了传统间互动的情景。

在这些接触地带，或者说“中间地带”或“走廊”，[3]诸文明集合体——无论是印欧的、闪米特的，还是图兰的“超社会体系”或“世界宗教”——之间，神话、寓言、艺术、文字、文学形式、理念、货币、商业、技能和技术的交通或交换都在持续发生，[4]构成了诸传统共存关联的景观。这一景观不同于雷德菲尔德[5]及其同僚所构想的，它的文明传递，方式不独为“纵向”垂直，而是通过纵向互动实现着横向关联，或者通过横向互动实现着纵向扩散，从而表现为“纵横交错”一语所意味的一切。应看到，当雷德菲尔德触及“次生文明”（如对于中南美洲而言的天主教）之时，他面对的正是自外而内横向传递的文明在所到之处升居为“大传统”的现象。若要充分解释这一现象，他同样需要这种“纵横交错”的叙述方法。然而，遗憾的是，受制于疆界明晰的“社会”概念，他没有放眼社会之间的“中间地带”，而是持续在诸社会内部求解大小传统上下垂直关联的“纵向”逻辑。

中间地带位于文明的“边界”，在过去的两三千年里，沿着这些

---

〔1〕 Frederick Damon, “Deep Historical Ecology: the Kula Ring as a Representative Moral System from the Indo-Pacific,” in *World Archaeoloyy*, Vol. 48, No. 4, 2016, pp. 544-562.

〔2〕 Michael Rowlands, “Neolithicities: From Africa to Eurasia and Beyond,” unpublished paper.

〔3〕 参见王铭铭：《中间圈——“藏彝走廊”与人类学的再构思》。

〔4〕 Marcel Mauss, *Techniques, Technology and Civilisation,* pp. 57-74.

〔5〕 Robert Redfield, *The Little Community and Peasant Society and Culture.*

范围广阔的地理区带，“大传统”的“超社会体系”横向扩展，从其原生的存在领域扩展到“外部”，在此过程中，它们彼此相遇，创造了诸如汉、藏、东南亚佛教等文化复合体。此外，中间地带是“边缘群体”的栖息地，这些群体加入了跨区域的人、物和神的流动网络，通过“同化”途经的“文明”，使得地方传统在“大传统”的扩张中“幸存”了下来，甚至将其传统的“地域特殊性”（parochialities）——例如流行的萨满式“内在性”和技能——转变为地区性“超社会体系”的普遍基质。

来自我所谓的“中间地带”，诸如此类的例子很奇特，但并非绝无仅有。正如我们一开始所观察到的，在西方——比如说，在英格兰——人类学家在将自己培养成有“对比求知”（contrasting to know）习惯的学者，而此时，传统间的灵活联结却持续唤起古老“泛灵论宇宙观”的生命赋予神话，由此在个体主义和自然主义理性现代“大传统”的核心势力范围内重新激活了自己。“大传统和小传统”在每一个现代西方国家的共存，确可以描述为新式社会阶序的一种内部斗争，却可以概念化为对启蒙的一种新追求，但“大传统”本身显然会比其通常呈现的状态，在内部更为多变，在外部连接更为广泛：难道我们视作学术和科学而加以接受的，不是依赖于不同观点的辩论或竞争而形成的吗？难道这些辩论或竞争，真的完全不同于东西方“轴心时代”哲学创造活动中“四个希腊”和东方“三国”各自的分殊与关联吗？在描述“大小传统”组成的新社会阶序“整体”时，难道我们不应将这个“整体”放在作为更大集合体的“社会环境”中来叙述吗？难道我们不该看到，诸文明集合体在“天下”共存几千年，必然会通过持续互动，给我们各自的“传统”带来大量变化吗？西方人类学家往往通过智识竞争的方式，努力达致“远方之见”，在此过程中，他们将远方的宇宙观形质带入了他们置身于其中的“自然主义社会”。而如我坚持认为的，这一“远方之见”本来也曾内在于“自然主义社会”，作为其组成部分持续存在，人类学这门学科正是由于这一原因而有其社会基础。如此说来，难道西方人类学家不是在当下重新激活着古代文明的复杂性吗?

历史本为序幕。过去的经历若是被记住，便可以启发我们对当下和对未来的理解。我相信，只要我们继续在大地之上、天空之下存在，未来我们将继续活在他者中间，而他者也将继续活在我们中间，我们和其他人、其他物，以及其他神，还将会经由相互交融、相互作用而创造历史。我也相信，未来我们的不同宇宙观将依旧是对“在宇宙中生活”的不同解释，而这些不同解释也将持续在此处或彼处、在生存境界的高处或低处相互关联。无论我们之间的文明关联方式是和平还是相反，所有这些，都会重现于另一次“西游”之旅。

附篇　人类学如何直接介入欧亚研究（答问）[1]

王老师，首先，衷心祝贺您成为拉德克里夫－布朗讲座2017年度受邀讲演人！对您来说，到海外讲学应该不算什么新鲜事了。但这次你受邀到大英学院做这个讲座，意义似乎还是蛮非凡的，因为，这是世界人类学最高规格的荣誉讲座之一。您从过去西行求学到现在能够“西行传道”，这一个经历是否说明了某种学科世界格局的转变？

接到大英学院相关负责人的邀请函，我有点惊讶。作为人类学的研究者，我早就知道这个拉德克里夫－布朗讲座。就我所知，它是1972年英国社会人类学会和大英学院为纪念现代人类学的奠基人之一拉德克里夫－布朗先生而设立，此后做过这个讲座的，多为对这门学科有重要贡献和开拓的西方代表人物。我所敬仰的人类学前辈，如英国的雷蒙德·弗思、马克斯·格拉克曼（Max Gluckman）、埃德蒙·利奇、杰克·古迪（Jack Goody），法国的路易·杜蒙、丹·斯帕波（Dan Sperber），美国的斯坦利·谭拜尔、马歇尔·萨林斯等，都应邀到这个讲坛演讲过。而近年的新一代杰出人类学家如提姆·英戈尔德、菲利普·德斯科拉，也名列讲者名单。我从这些不同代的人类学家的作品中学习到很多，没想到自己也能有机会，站在他们的队

〔1〕 本篇访谈的采访人为：张帆，德国马普社会人类学研究所博士候选人。

列中。对于一个致力于人类学事业的学者，这无疑是一份殊荣。至于我做这个讲座，是否就意味着你所说的“西行传道”，于我看，话不能那么说。“传道”必须先有“道”。而作为一个“人类学界”，我们是不是能通过短短二三十年时间的努力就能“得道”？我看可能性很小啊。邀请方的这一不寻常的决定，意味着什么？是不是表明我们在学科的世界格局中已经有了什么不同以往的地位？还是要等时间来解答。

如果我没有理解错，那么，您的讲座既致力于为欧亚文明研究寻找人类学道路，又旨在贯通欧亚和非欧亚的宇宙观研究。您批判了流行在人类学界的二元世界观，这些包括我者与他者、西方与东方、北方与南方、中心与边缘、文明与原始等。在讲座中，为了破除这些二元世界观，您把西方与原始社会、古希腊与中国、欧亚与“南方”混在一起谈。此外，您还比较了黑格尔和列维-斯特劳斯对于美洲“野蛮文化”与欧亚文明的分裂的看法，指出这两位思想家从相反的立场成就了同一种二元主义的世界观。

是的，我讲座时跳跃在不同方位之间，没有顺从所谓“民族志”的规范，这么做，意在说清楚既往人类学“原始主义情结”所存在的问题。我认为这种“情结”来自于某种并不恰当的“他者观”，时常跟那种自以为只有人类学的故乡——西方——才有“他者观”的知识论殖民主义看法密切勾连。

这些看法您好像在《西方作为他者》一书中已经表述了？

我在《西方作为他者》中借助古代中国的“西方学”，对此做了说明。讲座的确是那本书的一些观点的延伸，但它比起《西方作为他者》而言，更强调文明的相互性和边界的模糊性。

您在讲座中还涉及时下西方人类学界流行的“本体论转向”，您批判了其中的“多种本体论”主张，认为，这一理论表面上是在解决二元世界观的问题，实际上却起到强化这一世界观的作用。在批判“多种本体论”时，您不断谈互动、混杂，及您所谓的“共处与分立的辩证法”。这点在您主编的《文化复合性：西南地区的仪式、人物与交换》一书中也给予了强调说明。您用的概念，似乎接近西方人类学界近年用得比较多的另一个概念“hybridity”（混杂性），但您似乎又并不认同后者？

需要说明的是，在讲座中我的确批判了法国人类学家德斯科拉对世界诸“本体论”的四分法，不过，在不满于这个“多种本体论”的同时，我对它的对立面巴西人类学家维韦罗斯·德·卡斯特罗的一元主义泛灵论，也是不满的。在“本体论转向”里，一与多的矛盾得以重现，表现了西学难以用平常心对待“多元一体格局”的缺憾。我一直觉得中国人类学前辈费孝通先生“多元一体”这个提法，表现了一种直面整体社会事实之内在多样性的勇气，这是我们这个文明中特别难得的智慧，把它称作“共处与分立的辩证法”，一点也不为过。我说的事情，的确接近 hybridity，但也不完全一样。我的感觉是，hybridity 是微观的，难以为我们在理论上阐述一与多的关系提供充分的观念基础。

您过去的作品曾有大量对于文明、超社会体系以及宇宙观的论述，这些汇集到了近作《超社会体系：文明与中国》一书中，在这次讲座中，您则进一步将宇宙观定义为“并非仅仅是广义万物（例如人类、事物和神灵）的关系之模型，也包含模型与模型之间的关系，模型的复合结构包含了自古以来就相互交流的众多生活方式和传统”。这是不是有新的意味？

宇宙观研究，人类学界这些年做得很多。不过，就出现的作品看，同行们多注重分析特定生活世界中人与非人类别之间的关系模式。不同的关系模式之间的关系的考察，结构人类学家做过，我认为我们仍有必要从这些有水平的论述出发，重新把握我们想把握的。对于欧亚文明研究而言，这项工作尤其重要。18世纪以来，存在欧亚文明印欧、闪米特、“图兰”三区之分。这“三区”的文明确是有区别的。但在几千年来，这些文明相互之间关系密切，如果说它们各有“模型”，那么这些“模型”之间必定也产生了重叠、复合。它们之间的重叠、复合是否造就了一些超出关系模型的“模型”？我们需要加以深入考察。当然，说“模型”并不准确，因为，实际出现的情况可能用“历史”两字来形容更好，在一定意义上，所谓“历史”，正是这些关系模型在特定区域和地区势力相互消长的过程。

讲座中您提到“本体论”，您如何定义“本体论”并看待其与宇宙观的差异？

现在不少人时兴用“本体论”，但也有不少人认为“本体论”指的就是原来“文化”和“宇宙观”指的东西。我认为，“本体论”出现在“知识论反思”之后，大抵指实在的生活系统里的宇宙观，如果是这样，那么这个词指向的本应是对经验民族志的回归。虽然宇宙观被一些人等同于本体论，但这个方面过去人类学和其他学科有不少不同的研究，那些研究形成了不同学术传统，这些不同学术传统不是“本体论”一词可以涵盖的。

您在讲座中提到，“中间圈”是自我与他者、中心与边缘、文明与原始的相互依赖关系的纽带。在《中间圈——“藏彝走廊”与人类学的再构思》一书中，你对此有过详细论述。但是，欧美人类学界近期对于“自然”和“人文”的混融的讨论很多，但这些似乎没有在您的“中间圈”论述中得到讨论。那么，您是否认为“中间圈”是只属于人文世界的“社会事实”？

我在被我形容成“中间圈”的地带频繁行走，感受到这些地带既是文明意义上的“中间圈”，又是你所说的自然与人文混融意义上的“中间圈”。那里的山川，蕴藏着自然的实在与意象，这些实在与意象，多与我在其他论著中述及的“广义人文关系”有关，这些关系，是相对化的人、物、神存在体之间的关系，这些关系是不可以用自然/人文对立论来把握的。

您在讲座中使用了“大传统”和“小传统”，但是您的用法相比于这对概念的提出者雷德菲尔德的定义有了不同：您赞同将大传统视为一种超社会的关系结构，一种自上而下渗入不同社区、群体以及“民族”的文明，不过，您却同时指出，大传统在实现文明普遍化的同时，却也常常起到“区隔化”的作用，而小传统的历史延续性相对深远，其出现至少可以追溯到新石器时代，长期被人们认为有“偏狭性”，但它却因弥散在生活和信仰世界中而具有跨越边界的特征。您能否进一步定义大小传统并解释两者之间的关系，以及为什么您认为小传统更有弥散性，更容易跨越边界呢？

人们易于看到大传统的历史延续性和超社会性，但不容易看到小传统的类似特征，总是以为小传统等于“共同体的文化”，大传统等于“社会的文化”。我的讲座的起始点，其实是英国的小传统。过去我们的西方论更重视英国的新教伦理和科学理性大传统，以为这些新传统彻底改变了英国的文化面貌。而一些历史学家却告诉我们，历史不是这么简单的，新教伦理和科学理性出现后，像“巫术”那种代表小传统的东西还是持续存在，甚至不断复兴。对我来说，这一事实表明，那种认为18世纪以后欧洲即进入了宇宙观自然主义时代的看法是值得重新思考的。在英国，如同在所谓“原始社会”，泛灵论之类的“迷信”也是存在的。若是从这个事实出发重新考察欧亚大陆几千年来成为大传统的诸文明，则可以发现，这些文明的遭遇如同近代英国的新教伦理与自然主义，它们在播化自身的同时使自身成为特殊化的文化体系，另外，它们从来无法彻底覆盖所谓“小传统”。研究不同文明的政治思想“大传统”，我们发现，这种种“大传统”实有区域性“小传统”的根基，其相互之间的争鸣之所以可能，跟其生长的区域性“土壤”的差异所提供的思想养分是有密切关系的。当然，如我在前面指出的，在区域性的“小传统”间有不少共性，而对于我们理解这些共性，人类学从“野性的思维”之研究里提炼的种种宇宙观和本体观模式，是特别有用的。

您认为欧亚构成了东西方想象的核心圈，常常被人们与欧亚之外的“边缘”形成文明层级的对比，您认为这种传统认识需要被重新考虑。能具体谈谈“欧亚”作为一个地理区域对人类学有什么特殊意义？欧亚和欧亚之外是否也构成一种二元论？有没有处于欧亚与非欧亚之间的“中间圈”？

19世纪的人类学，有不少涉及欧亚的叙述，这些叙述有的把欧亚的一个部分（特别是西欧）说成是古代社会的未来，有的把欧亚的另一些部分（特别是印度、中东、中国）说成是文明的中间环节、过渡阶段甚至源头（如传播论者即如此看）。当时的人类学犯了“臆想历史”的毛病，这不可置疑，但它对欧亚文明是重视的。情况到了20世纪初产生了变化，英国、美国、法国的人类学研究者为了缔造社会或文化的“科学”，持续将欧亚之外的“简单社会”当作科学研究的实验场地，持续认为，只有研究与现代文明彻底不同的“远方”，人类学才可能达到其认识的目的。这个阶段的西方人类学家并不是都忽视欧亚，但他们共同面对一个“主流”，这就是有关原始他者的话语。记得1990年时最有活力的一批人类学家共同书写了一本关于世界主要民族志学术区的著作，其中有几篇涉及亚洲，但相比于有关非洲、南太平洋的那些篇章，这几篇黯然失色。这个对比似乎说明，在人类学里，欧亚与欧亚之外构成了某种二元对立，二者一个是文明高度发达、人类学落后地区，另一个则是“无文明”、人类学发达地区。我总是相信，这种二元对立的西方人类学世界观是有严重的问题的，若是人类学不直接介入欧亚研究，那么，它可能在人文社会科学领地失去位子。反对将欧亚与“其他”对立起来，除了这一学科利益的理由之外，更重要的是历史理由。在欧亚与欧亚之外，历史上存在着众多的交互往来，在南亚与非洲之间，在环太平洋圈，在西伯利亚－东北亚与美洲之间，在地中海沿岸与北欧之间，至少数千年来，人群迁徙频繁，不同共同体相互往来，也共享着地理覆盖面巨大的宇宙观。这些“线条”可以说是世界意义上的“中间圈”，它们联系着欧亚与非欧亚。对它们进行深入的历史和人类学考察，有助于使人类学从它自设的二元对立认识陷阱中解脱出来。对此，我抱有极高的期待。

附记 拉德克里夫－布朗讲座历届发言人

Raymond Firth（1972）

Max Gluckman（1974）

Edmund Leach（1976）

S. J. Tambiah（1979）

Louis Dumont（1980）

Ernest Gellner（1982）

Jack Goody（1984）

W. G. Runciman（1986）

Marshall Sahlins（1988）

Anatoly M. Khazanov（1992）

Alan Macfarlane（1992）

Julian Pitt-Rivers（1995）

Esther Goody（1997）

Dan Sperber（1999）

James W. Fernandez（2001）

Gillian Feeley-Harnik（2003）

Philippe Descola（2005）

Tim Ingold（2007）

Lila Abu-Lughod（2009）

Kirsten Hastrup（2012）

Georgina Born（2015）

Wang Mingming（2017）

Susan MacKinnon（2018）

“超文化”何以可能？

一

1938年秋天，法国人类学先驱马塞尔·莫斯应邀在赫胥黎纪念讲坛发表题为《一种人的精神范畴：人的概念，“我”的概念》的演讲。[1]在演讲中，莫斯将其摘取自世界各地的民族志资料纳入一个三分世界中：部落或原始社会、欧洲和其他地区的古代文明社会及现代社会。他提出，三分世界中的不同社会可以从外观和内里诸特征加以分类，而这些特征都落实在个人身心之上。莫斯关注作为现代概念的“我”，指出这一独立于他人与世界的“我”的感受，是在漫长的历史中渐渐生成的。人曾生存在原始和古代文明社会。在那些社会中，人也有其区分我他的个体性，这一个体性使他们有别于客体性（“它”），但这一个体性承载的主体性，并没有与客体性相分离，而是相反，它在结构中的“角色”往往表现为非人有机体的不同“局部”。现代性的一个突出特点是主客分离，而主客分离的结局是，边界清晰的主体概念生成了。这个概念首先出现在西方，在那里，基督教、哲学、心理学相继廓清了“个人”的疆域，这推动了人的概念之“进化”。在演讲的末尾，莫斯描画了这个进化的历程：

〔1〕 Marcel Mauss, “A Category of the Human Mind: the Notion of Person; the Notion of Self,” in Michael Carrithers, Steven Collins, and Steven Lukes eds., *The Category of the Person: Anthropology, Philosophy, History*, pp. 1-25.

从一个简朴的面具巫舞到面具本身，从一个“角色”到一个“人格”，一个名字，一个个人；从一个个人又到一个拥有形而上学的和道德的价值的存在者；从道德意识到一个神圣的存在，再从后者到一种思维和行动的基础形式——进化的历程方才完成。[1]

在我们这个时代，莫斯运用的进化史观早已过时，我们或许会嘲笑莫斯，将其叙述当作笑料。然而，莫斯其实还是说中了一些事；其中要者为，现代性的核心特征在于独立的、不可分割的、整合的“人”的感知。

莫斯笔下的“个人进化”，似还可以做另一种理解：作为概念，现代的“我”，是西方文明进程的结果，而在过去一二百年来，这一文明进程往往被非西方当成“进步的动因”加以模仿。如莫斯所言，在欧洲，“新教伦理”、康德形而上学和“后古典时代人文科学”的“洗礼”构成一系列“步骤”，它们相继清洗了古老文明的“复合人”观念，使边界清晰的主体性观念得以奠定。此后，“复合人”观念易于被当作现代主体性的“敌人”受到“斗争”。部落或原始社会的边缘化，实与现代“我”观念替代“复合人”的进程同步（这解释了人类学家缘何空前关注“唤醒”这些社会的“存在论”和“本体论”）。而在东亚的广大地区，古老的“仁”之传统，自“帝制末期”起，也遭受到了“进化论革命”带来的巨大生存压力，它们如果没有彻底“败退”，那也势力不再，仅是作为“国粹”之类的“怀旧情绪”，参杂在作为“进化”力量的哲学和社会科学之中艰难地寻找着生存空间……

---

〔1〕 Marcel Mauss, “A Category of the Human Mind: the Notion of Person; the Notion of Self, ” in *The Category of the Person: Anthropology, Philosophy, History*, p. 22.

《一神论的影子》这本书[1]可以说正是在这一背景下诞生的。书由赵汀阳和李比雄（Alain Le Pichon 的旧译，又译阿兰·乐比雄）这对友人之间的十封长信组成。两位作者都是我在 20 世纪 90 年代中后期结识的。在过去的二十年中，我们一起参加了很多次对话活动。他们不仅为人可圈可点，而且为学也优异。我或许可以放言说，他们居于当今这个“坏世界”最好的哲学家和人类学家之行列，他们“看透”了这个世界的糟糕之处，并且努力以“文明以止”为方式，致力于经由智识更新来改善“坏世界”。

赵汀阳是一位乐于独创的哲学家，其做派时不时让我想到“孔门风范”，而他确实是遵循孔子的古老教诲展开其叙述的；李比雄则是一位独树一帜的人类学家，他的研究从非洲部落社会的巫术开始，继之结合古希腊、罗马帝国、拜占庭文明、现代哲学之类“世界智慧”，致力于为人类学做哲学视野上的开拓。赵、李二人可谓是“同伙”，但是他们之间存在分歧——若不是有分歧，他们怎么可能会在十封信中展开如此密集的“观点拉锯战”呢？他们讨论了泛神论和一神论的问题，给我留下的印象是：赵“敬鬼神而远之”，喜欢一种无神论化的泛神论，李则用心于其改良版一神论。不是说这两位老友在主张上是敌对的，相反，必须指出，他们在思想上“你中有我，我中有你”。在谈论世界的未来时，赵自居为儒者，其实他的观点明显比李还富有西方味道。比方说，他说自己是个泛神论者，殊不知所谓“泛神论”，既非庄子的原意，又非佛陀的教示，其实是过去四百年来西方哲学家和新教神学家借助其想象的“东方”制造的“新信仰”。而在述及其改良版一神论时，李对中国文明的信仰虔诚得多，多次触及“天”这个概念含有的对新文明生成潜在的启迪。这令人想到明末清初耶稣会那些“西

---

[1] 赵汀阳、乐比雄：《一神论的影子：哲学家与人类学家的通信》，王惠民译，北京：中信出版社，2019。

儒”。读李对赵的回应，每每让我想到“仁”的一种别样理解。以他的先辈莫斯的视角观之，这是一种非主体的主体性，而他对此理解深刻。在书的204页，他疾呼我们与天重新立约，意思兴许是说，要让世界变得更好，要造就一个“仁”的世界格局，人类不仅必须超越孤立的主体（包括自己的文明），而且也必须重返人的“天地境界”（这或许可以被“翻译”为“跨客体关系”）。

总之，赵、李相互间称兄道弟，其主张一体两面，如同东西方文明“互为他者”境况一般。

二

《一神论的影子》是李比雄与著名哲学家翁贝托·埃科（Umberto Eco）合力推动的transcultura事业的近期成果。“transcultura”这个词一般被翻译为“跨文化研究”，它的意思与美国的“cross-cultural”或“inter-cultural”之类相近：“trans”这个前缀，通常可用以穿越区位的行为，或群体、事物、状态、方位从一地移动至另一地的过程，这与“cross”“inter”的意象相近。不过，为什么是“trans”而不是“cross”或“inter”？还是有原因的：除了穿越、转移、变化这些意思之外，这个前缀似乎还意味着有上下之辨的“超越”，transcultura从而含有“超越文化”的含义。

对于transcultura这项事业，过去二十多年来我有过直接接触。

记得1996年某一天，乐黛云教授打来电话，说欧洲有个学术机构，请她介绍个“专业人类学家”去参加他们的活动。除了进行比较文学之外，乐老师对人类学也相当熟悉，她愿意推举我，我当然欣然答应。两年后（1998年11月），我随乐老师（同行的还有其爱人汤一介老师）去西班牙，受克洛尼亚大学人文学院德·罗达（Antonia de Rota）教授之邀，参与其组织的“遗产”问题研讨会（其间，我们还一起前往圣地亚哥考察）。正是在这个研讨会上，我结识了李比雄。

我们之间算得上有缘。结识他一年多后，2000 年 1 月至 6 月，我应邀到芝加哥大学担任访问教授之职，在那里，我读到了关于他的“记载”。

有次芝大人类学系费尔南德斯（James Fernandez）教授在系里碰见我，欣然以其 1992 年与辛格（Milton Singer）教授合编的《互惠理解诸条件》（*The Conditions of Reciprocal Understanding*）文集相赠（该文集为 1992 年芝大百年校庆时召开的互惠人类学研讨会论文汇编）。[1] 在其《引言》[2] 里，费尔南德斯梳理了互惠理解的三个脉络。据这位著名人类学家，这些脉络，一个可追溯到雷德菲尔德 1951—1961 年间的“跨文化研究课题”，该课题旨在促成“文化对话”，另一个是 1998 年费尔南德斯教授提出的“托克维尔提议”（Toqueville Initiative），该提议基于托克维尔相关于法 - 美互惠理解的论述，号召学界增强社会科学调查研究的跨文化性和多边性；在其促进下，芝大在国际楼（International House）召集来自亚洲、美洲、欧洲等国的学者参与其社会科学研究，再一个就是埃科、李比雄等创办的 transcultura，这个机构致力于增进欧洲与世界其他地区（特别是第三世界）之间的相互研究。

对其业绩，李比雄在其《引言》[3] 中给予了介绍。他谈到其与埃科邀请非洲学者研究欧洲的事情，也谈到一个看法：世界需要更多往返于西方与非西方之间的人类学研究者。在李氏与埃科的共同努力下，20 世纪 80 年代，意大利博洛尼亚大学已出现建立跨文化研究院

---

〔1〕 James Fernandez and Milton Singer eds., *The Conditions of Reciprocal Understanding: A Centennial Conference at International House*, Chicago: The Center for International Studies, The University of Chicago, 1995.

〔2〕 James Fernandez, “Introductory Remarks, ” James Fernandez and Milton Singer eds., *The Conditions of Reciprocal Understanding: A Centennial Conference at International House*, pp. 1-7.

〔3〕 Alain Le Pichon, “Introductory Remarks, ” James Fernandez and Milton Singer eds., *The Condition of Reciprocal Understanding: A Centennial Conference at International House*, pp. 8-11.

的计划。不久，该机构得以创办，随后，相继实施了非欧相互研究项目和中欧合作研究项目，其目标均为建立“互惠人类学”（reciprocal anthropology）。

“互惠人类学”是什么？李比雄说，它是“动员两个主体或两种文化，以展开平等的相互研究”的学问。[1]

“互惠人类学”，令我心为之所动。

那个阶段，我正协助费孝通先生申办北大人类学研究学位点。在拟制培养计划时，我有必要思考国内人类学学科的朝向，于是想到，我们要培养的人才，对既有的国内区域（东西部）研究传统要善加承继，但同时也要拓宽研究的视野，改掉将非西方当作为西方理论提供“证据”的“素材园地”的坏习惯。这意味着，我们要颠倒“科学”的既有主客关系，为此，我们要通过对域外社会进行“表述”，走上解释世界的道路。因此，我诉诸“天下”概念，还在芝大和哈佛做了有关于它的演讲。在那个时期，西方同行也已出现了旨在克服将所研究共同体割裂于世界之外的做法。比如，沃尔夫和萨林斯，便分别从世界经济史和结构转化史的角度，对跨文化关系展开了研究。二者对我的启发，主要不是“认识姿态”上的。相比而言，“李比雄提议”与我关心的学术朝向问题相关性要大得多。这个“提议”主张促进有不同文明背景的认识者“多元互通”。从大的方面看，这对于知识人立足“本土”为“世界智慧”之积累做贡献有重要启迪；从小的方面看，对我这个有意经由域外民族志研究抵近另一种“普遍性”的人而言，它更是弥足珍贵。

世纪初的那两年，我频繁与李比雄碰面。在芝大期间，我曾飞往巴黎，与他和埃科带领的一批人文学者一道，南飞马里；从芝大回国后，我又于同年 11 月，与哲学家赵汀阳、艺术家邱志杰作三人行，

---

〔1〕 Alain Le Pichon, “Introductory Remarks, ” James Fernandez and Milton Singer eds., *The Condition of Reciprocal Understanding: A Centennial Conference at International House*, p. 10.

去意大利参与埃科组织的学术研讨会；次年年初，为了实施“西行计划”，我则又在法国国家科学中心的支持下，前往法国南部农村考察……几次活动，都得益于李比雄的安排，而我在同他闲聊中进一步理解了他的“互惠人类学”主张。

如结构人类学大师列维-斯特劳斯在其纪念史密松学会创始人J. 史密松诞辰两百周年庆典上的演讲（该演讲于1965年9月17日在华盛顿特区举行）[1]中所言，“人类学是一个暴力时代的产物”。在这个时代，世界上的一些民族被其他一些民族（特别是欧洲民族）征服。作为“殖民主义的侍女”，人类学正是在这个时代得到大发展的。与被征服者沦为牺牲品一样不幸的是，到了那些好不容易从帝国主义摧残中幸存的人想到要争取自身“生存权”之时，被人类学家记录和整理出来的“土著智慧”并没有真的得到“土著”自己的珍重。在一个由西方功利个人主义“进步论”支配的世界中求生存，“土著”多数选择接受“进步论”，敌视滞留于历史时间中的本土传统。他们即使学到人类学这门记载他们祖先的传统的学问，那也是为了将它改造成服务于民族进步的“社会学”。列维-斯特劳斯看到，要使西方人看到西方文明的本质，便需要借助“土著”的“遥远目光”。在他做那次演讲之前，也已有同行提出，“土著人”借助人类学方法研究西方人的时代来临了。他们说，有必要“让我们自己也被那些我们所描写过的人们……给‘民族志一下’……我们本身将从中取得额外的收获，即通过他人的眼睛更好地认识自己，这种相互的视角将会使整个学科从中获益”。然而，列氏心有忧患，他说，人类学如此西方，以至于研究主体的“角色颠倒”，都难以让这门学科“在它的牺牲者眼里变得较为可以容忍”。[2]

---

〔1〕 列维-斯特劳斯：《美国民族学研究署的工作与教训》，载其《结构人类学》(2)，519—530页。

〔2〕 同上，524页。

李比雄在青年时代捧着列维-斯特劳斯的杰作在法兰西的一座小山上构想出“互惠人类学”，他不可能不知晓列氏的告诫。在上文提到的那篇《导言》中，他说道，他与埃科花了许多经费从非洲请“土著人类学家”来研究欧洲人，结果，令他们大失所望的是，“该研究最后出现了误解，未能达到欧洲研究非洲的水平”。兴许是“土著”出于对被研究的前帝国主义者们的仇视，才故意制造“误解”的？兴许如列维-斯特劳斯早已意识到的，“互惠人类学”这个办法的确出自善意，但它主张让“土著”来研究现代文明之源，这不可能，而且“十分幼稚”？对于这个“理解的灾难”，李比雄似乎是明白其原因的，但他没有声张，而是悄悄将目光投向了东方。他相信，在中国的“文字阶级”里，可以找到与他进行知识交换，进而促成某种“相互对应的观察和分析”的合作者。[1]

三

中国的知识人会不会也如李比雄和埃科邀请到欧洲展开人类学研究的非洲学者那样，制造出“跨文化误解”？

在与李比雄的交往中，我得知，对于“互惠人类学”的“坏结局”，他有足够的心理准备——他甚至能够在昏暗中见识光明，将“误解”理解为跨文化知识交换中必然存在的、有意味的“解释”。有助于我们理解他对“误解”的宽容心的，还是《一神论的影子》一书。有些许可惜的是，两位作者都尽力通过对方来超越自我（东西方），但在其对话中，却既没有给“你中有我，我中有你”这一理论充分的说明，另外，赵李似乎也都没有想到，世界不单是由欧亚这两

---

〔1〕 Alain Le Pichon, “Introductory Remarks, ” James Fernandez and Milton Singer eds., *The Conditions of Reciprocal Understanding: A Centennial Conference at International House*, pp. 9-10.

方构成的，二者之间还有许多“第三方”（包括原始部落和东西方之间的“闪米特文明”与“游牧文明”，以及置身欧亚内外的所谓“原始社会”）。他们更没有想到，若要超越欧亚，我们显然需要扩展我们的地理视野……我将这些心绪告诉了李比雄，他却毫不在意；于他，只要“相互对应的观察和分析”，似乎便已足够。

学术上，我的强迫症并不严重，对李比雄的随意，我甚至有同理心。然而，我们的共同事业到底为何？还是应稍加界定，否则这个概念恐会引起太多误会。

我有如下几点认识：

（1）transcultura 既是一种学问，又是一种主张，作为学问，它的意思如李比雄所言，指跨文化的“相互对应的观察和分析”，及通过交流构成的理解；作为主张，它则相当于 transculturalism，指对文明差异的尊重与接受。

（2）作为主张，它并不是文化相对主义，更不是其颠倒版（民族中心主义），而是一种文明意义上的“互为主体”（inter-subjective）的观点。

（3）这一观点超出“跨文化”之类词的含义，后者带有的旨趣，仍旧是西方中心的，服务于西方跨出自己的领地进入非西方，把握和控制世界。而文明多元的世界，则要求的是一种交流的学问，这一学问有两个要点：其一，让旧有的（西方认识的）“对象”变成观察和分析“主体”的“眼睛”；其二，追寻高于个别文化或文明之间高一层次的境界。

（4）以上“境界”是诸文化或文明共享的，它可通过先验的觉知或通过历史中的互惠得来，但不等于是普遍主义。无论是世界帝国还是世界理性，都是普遍主义的，它们确实是“超文化的”，但并不等于 transcultura，因为，这些都不是奠定在共生交换（convivial exchange，这是依据莫斯的相关理论引申的）的理解基础之上的。

（5）共生交换的理解是什么，因此成为关键。在我看来，它有历史和现实基础，这表现为：a. 没有一种文化或文明是内在齐一的；b. 内在杂糅如果不是人存在的、先于经验的本质，那也必然是有历史根基的“文化基因”，它形成于交互的文化关联历史中；c. 基于其理解可以形成“超越文化”的主张，因此，作为主张的 transcultura，存在条件是对文化或文明交互往来的历史的研究，或者说，是对“文化基因”形成过程的研究。

transcultura 这项事业，听起来容易，做起来难。与莫斯刻画的那种独立的、不可分割的、整合的“人”的感知一道，一种现代逻辑 - 自然主义宇宙观已潜移默化了整个世界。这种宇宙观为近代文明吞噬乃至“消化”世界诸文明提供了条件，使非近代文明的自我表白，难以不带有这一条件的限制。在这情况下，“土著”即使被邀请去研究西方，其创造的知识若不符合逻辑 - 自然主义宇宙观的“逻辑”，便可能被视作“跨文化误解”。这解释了缘何近年前往海外从事民族志研究的青年一代中国人类学学者，纷纷归降于西式社会科学话语，带着这一话语，去往“我们的外国”，重复论证这一话语的正当性。另外，要展开有效的跨文化研究，学者似有必要坚守文化或文明的我他之辨，否则他们无以回馈合作的另一方。然而，这样做也是困难的，因为这易于使他们不自觉地沦为文化相对主义的“颠倒版”。比如，《一神论的影子》这本书，赋予作者所在的文明过于清晰的宇宙观边界。这边界似乎是为了对话、交换、互惠而设的，是必要的。但在这条边界两边，东西方两位作者以各自文明的代言人面目出现，重申着各自文明的“解释力”。这似乎又会导致问题：假使他们带着同样面目，跨越边界，前往对方所在国度从事人类学考察，其所创造的认识，被对方接受的概率并不高。如何规避对话式交流沦为文明的自我表白，这一问题本身值得我们思考。

“天人合一”与其他宇宙观

20 世纪 90 年代中后期，费孝通先生带着“文化自觉”概念，进入理论研究的新地界。至 2002 年，已九十二岁高龄的费孝通，写出了一篇富有时代感的文稿——《文化论中人与自然关系的再认识》。[1] 这篇文稿不长（不足八千字），但所涉课题重大，叙述时费氏一反其关注“发展”的常态，致力于返本开新，探求古代文明对于现代学术（特别是包括社会人类学在内的社会科学）之重构潜在的重要启迪。费孝通针对的问题，主要是对现实和认识领域都产生了严重负面影响的“西方文化中突出的功利追求”和“‘天人对立’的宇宙观”。[2] 这一反思，既与西方人类学界对于西方人性论的比较宇宙观反思[3] 不谋而合，又与当下被西方学界定义的“人类世”（即 Anthropocene，鉴于“工业革命”以来人类活动对环境影响至深，有学者用这个词来将我们的时代称作一个新地质时代）的提法[4] 一致。其运用的思想资源，主要来自钱穆先生诠释的天人合一宇宙观。从某个角度看，这一宇宙观可谓正是“生态文明”概念（我认为，这可谓是一种替代西方悲观主义“人类世”概念的东方乐观主义“后工业时代”主张）的基础。

---

〔1〕 费孝通：《文化论中人与自然关系的再认识》，载其《论人类学与文化自觉》，225—234 页。

〔2〕 同上，233 页。

〔3〕 见杜［迪］蒙：《论个体主义：对现代意识形态的人类学观点》和萨林斯：《人性的西方幻象》。

〔4〕 刘学、张志强、郑军卫等：《关于人类世问题研究的讨论》，载《地球科学进展》2014 年第 5 期，640—649 页。

费孝通展开天人合一思考时，在西方人类学中，后现代主义尘埃落定；此间，不少新生代人类学家，参与到将自然和文化关联起来思考的知识运动之中，他们提出了与天人合一论可比的主张。对于费氏致力于揭示的西方近代实证主义和功利个人主义的"人胜于天"信仰，在南美洲及欧亚大陆西端，以"本体论人类学家"为身份标签的学者，也给予了批判和相对化揭示。他们所用的语汇有异，方法、例证不同，但方向却与费孝通一致，关怀的问题同样是如何通过"究天人之际"，在视野拓展后的文化论中重构人与自然关系。新一代"本体论人类学家"特别重视研究相异于现代西方自然 / 文化对立论的其他宇宙观视角，他们在这方面取得相对丰厚的成果，被认为代表了学科中的一次"本体论转向"。[1]

本文是一篇述评之作；在文中，我将以费孝通的文稿所述思想为主线，串联人类学"本体论转向"的主要观点。接着，我将比较这些不同观点，并展望在新的"共同关怀"（天人、自然 / 文化意义上的求同存异关怀）下，不同宇宙观传统（特别是中国"生生论"）对于自他物我融通的新人类学所可能做出的贡献。

费孝通：文化自觉下的天人合一论

在其生命的最后十年，费孝通转向了传统的现代遭际之思考。反观为学的经历，他表明，19 世纪中后期至 20 世纪末，历史似乎消化了东西方思想差异，走过一条以西方文化替代东方传统的道路。随之，我们渐渐失去了文化上的"自知之明"。针对这个问题，费老提出"文化自觉"，主张返回传统（"各美其美"），从自身文化出发，带

〔1〕 Martin Hobraad and Morton Axel Pedersen, *The Ontological Turn: An Anthropological Exposition*. Cambridge: Cambridge University Press, 2017.

着开放姿态（“美人之美”），重新审视“人文价值”。他相信，中国传统中不仅存在着滋养社会的重要价值观，而且也存在着有助于处理世界问题的智慧；其中，与西方文化对差异的恐惧和排斥心态（由自普遍主义信仰）不同的“和而不同”思想，对于克服“世界性的战国时代”（国族主义时代）和“文明冲突”的深层危机，造就“美美与共”局面，有着重要的意义。〔1〕

在进行这番思考时，费孝通关注了近代天人关系思想的巨变，将所思所想记录于《文化论中人与自然关系的再认识》一文中。

在文章开篇，费孝通勾勒出清末以来中西文化关系的线索，指出在新的文化动态中关心自己传统文化的前途的知识分子很多，但由于近代以来，如他那样的知识分子，多“具有着重引进西方文化的家学传统”，且出于选择或不得已而从事新学，从而不知不觉地致使天人关系问题成为“深奥难测的谜团”。〔2〕他坦言，自己20世纪30年代开始追随老师吴文藻先生，“以引进人类学方法来创建中国的社会学为职志”，致力于“用西方学术中功能学派人类学的实地调查方法来建立符合中国发展需要的社会学”。〔3〕这是个被誉为“社会学的中国学派”的研究团队，但其学术目标却“是从西方的近代人类学里学来的，它的方法论是实证主义的”，而实证主义的由来是将人割裂于自然之外的科学。〔4〕换言之，他所在的学术阵营追求中国化，但实际做的工作却是在中国复制西方天人对立论。

针对功能学派，费孝通说：

> 这个学派的特点反映了西方文化中对生物性个人的重视，

〔1〕 见费孝通：《论人类学与文化自觉》。

〔2〕 费孝通：《文化论中人与自然关系的再认识》，载其《论人类学与文化自觉》，226页。

〔3〕 同上，226—227页。

〔4〕 同上，227页。

> 所谓文化的概念，说到底是“人为、为人”四个字。“人为”是说文化是人所创制的，即所谓人文世界。……我们把自然作为为我们所利用的客体，于是把文化看成了“为人”而设施了，“征服自然”也就被视为人生奋斗的目标。[1]

功能学派用“人为”和“为人”四个字，“把个人和自然对立起来了”，这正是西方文化价值观的表现。而20世纪30年代，“社会学的中国学派”急着要找到一个方便的办法，进入中国社会，求索其现实面貌和变动规律，于是，他们不假思索，将这种方法论背后的文化价值观一同带进国内。功能学派凭靠的文化价值观既是功利主义的，又是个人主义的，是一种“功利个人主义”。在这种价值观下，“我们的人文世界被理解为人改造自然世界的成就，这样不但把人文世界和自然世界相对立，而且把生物的人也和自然界对立了起来。这里的‘人’又被现代西方文化解释为‘个人’”。关于这种“人”，费孝通在文章第二部分解释说：“这里的‘人’字实在是指西方文化中所强调的利己主义中的‘己’字，这个‘己’字不等于生物人，更不等于社会人，是一个一切为它服务的‘个人’。”[2]

关于“己”这个字，费孝通早在1948年写作《乡土中国》时便给予了系统诠释。不过，那时，费孝通所说的“己”，不同于他在新世纪开初所说的这个“己”（见后文评介）。

《乡土中国》阐释了“差序格局”概念；正是在这个语境下，该书重点论述了“己”字的社会属性。“差序格局”是指中国社会的结构理想型。今日学者多半喜欢赋予这个概念结构性含义（在这个意义上，“差序格局”时常被界定为以“自我”或“主体”为中心形成的圈层式

---

〔1〕 费孝通：《文化论中人与自然关系的再认识》，载其《论人类学与文化自觉》，227页。
〔2〕 同上，227—229页。

关系网络和纵横交错的分层次序)。[1]然而，在阐述这个概念时，《乡土中国》却不时回溯与结构相反相成的“人”(“己”)的范畴，在书中，费孝通明确指出，“差序格局”是“己”这种“自我”的为人之道。

费孝通对于“己”的讨论，是在与基督教和现代性中个人与团体的二元对立观念对照下展开的，在这些讨论中，“己”作为社会团体的对立面存在。他说：

> 在这种富于伸缩性的网络里，随时随地是有一个“己”作中心的。这并不是个人主义，而是自我主义。个人是对团体而说的，是分子对全体。在个人主义下，一方面是平等观念，指在同一团体中各分子的地位相等，个人不能侵犯大家的权利；一方面是宪法观念，指团体不能抹杀个人，只能在个人们所愿意交出的一分权利上控制个人。这些观念必须先假定了团体的存在。在我们中国传统思想里是没有这一套的，因为我们所有的是自我主义，一切价值是以“己”作为中心的主义。[2]

这个意义上的“己”，大致相当于法国年鉴派社会学和社会人类学/民族学引路人之一莫斯在《乡土中国》成书前十年提出的“人”(法文 personne，英文 persons)的概念。莫斯指出，“人”的概念普遍存在于古今不同的社会中，但严格意义上的“个人”——尤其整合、不可分割的个体人——则属于近代西方的独特发明。作为主体的神圣存在，它滥觞于基督教的道德价值观，到了近代，基督教的神圣存在论进一步演化为有形而上学基础的思想和行为方式。在“个人”范畴完成其演化之前，“人”有其个体性，但人的个体性不纯是内在

---

〔1〕 阎云翔：《差序格局与中国文化的等级观》，载《社会学研究》2006年第4期，201—213页。
〔2〕 费孝通：《乡土中国》，31页。

的，更不是完美整合和不可分割的个体，正相反，在不同文明中，它经由不同途径，与种种被近世西方人视作外在性的因素紧密关联着。〔1〕

到了2002年，费孝通说到的“己”，已经不同于他在《乡土中国》中与西方“个人”相对比之下提出的那个概念（那个概念接近于莫斯试图从社会史角度给予观念谱系学梳理的西方“个人”）。费孝通认为，这个作为个人的“己”是西方文化的核心概念，要看清楚东西方文化的区别，理解它特别重要。“东方的传统文化里‘己’是应当‘克’的，即应当压抑的对象，克己才能复礼，复礼是取得进入社会、成为一个社会人的必要条件。扬己和克己也许正是东西方文化差别的一个关键”。〔2〕与东方思想不同，在“扬己”传统下，西方科学在其发展史上存在着一种偏向，这就是“把人和自然对立了起来”，“强调文化是人为和为人的性质，人成了主体，自然是成了这主体支配的客体，夸大了人的作用，以至有一种倾向把文化看成是人利用自然来达到自身目的的成就。这种文化价值观把征服自然、人定胜天视作人的奋斗目标。推进文化发展的动力放在其对人生活的功利上，文化是人用来达到人生活目的的器具，器具是为人所用的，它的存在决定于是否有利于人的，这是现代西方的文化价值观念”。〔3〕

19世纪西方现代思想中曾出现还算可取的看法，比如，“达尔文进化论是肯定人类是自然世界的一部分”，这接近于天人合一。然而，

〔1〕 莫斯应邀到英国皇家人类学会发表赫胥黎纪念讲座时发表了这一观点（Marcel Mauss, “A Category of the Human Mind: The Notion of Person; the Notion of Self,” in Michael Carrithers, Steven Collins, Steven Lukes eds., *The Category of the Person: Anthropology, Philosophy, History*, pp. 1-25）。该讲座于1938年11月29日在伦敦举行，同年秋初费孝通已完成学业离开英国（当年10月底抵达昆明，此后，在其郊县建立了著名的“魁阁社会学工作站”），未能与法国大师莫斯谋面。然而，1948年费先生写《乡土中国》时的思绪，却与莫斯思想不约而同。

〔2〕 费孝通：《文化论中人与自然关系的再认识》，载其《论人类学与文化自觉》，229页。

〔3〕 同上，228页。

在它成为基本的科学知识（常识）之后，达尔文进化论随即“被人与人之间利己主义所压制了”，此后，“进化论中强调了物竞天择的一方面，也就强调了文化是利用自然的手段。由此而出现的功利主义更把人和自然对立了起来。征服自然和利用自然成了科学的目的。因此对自然的物质方面的研究几乎掩盖了西方的科学领地”。[1]

20 世纪前期，西方学界出现了一些反功利主义思想。有关于此，费孝通提到芝加哥学派领袖人物派克“对当时欧美社会学忽视人们的精神部分深为忧虑”，又提到史禄国“苦心孤诣地要插手研究人类精神方面的文化”。对费氏而言，这些都表明，优秀的西方学者拥有不凡的反思能力，他们意识到将人与自然割裂开来的科学并不是“真正的科学”。[2]然而，费孝通指出，遗憾的是，尽管有这些学者拒绝“把精神实质的文化作为科学研究的对象”，但他们却都无法扭转西学的功利个人主义化大趋势，更无法改变自然科学支配人文世界的研究（社会科学和人文科学）的局面。在费孝通先生看来，“忽视精神方面的文化是一个至今还没有完全改变的对文化认识上的失误。这个失误正暴露了西方文化中人和自然相对立的基本思想的文化背景。这是‘天人对立’世界观的基础”。[3]

费孝通主张，在新的世纪，中外学者唯有共同努力，限制天人对立宇宙观影响的扩大化，才可能使其知识有益于世界。而要使这个共同努力成为可能，我们首先必须对“人为”和“为人”的功利个人主义文化观加以纠正。既有功利个人主义文化观将文化看待成满足个体的人之天生需要的“器具”（费孝通先生亲自翻译的马林诺夫斯基《文化论》一书，便是对文化作“器具”定义的始作俑

〔1〕 费孝通：《文化论中人与自然关系的再认识》，载其《论人类学与文化自觉》，228 页。
〔2〕 同上，228—229 页。
〔3〕 同上，229 页。

者[1]），而事实表明，这种“文化”是不存在的。通过综合派克、史禄国论点及儒家“心学”，费孝通提出，人这个高等动物的确是从原始生物的基础上，经过漫长时间，演化为有别于其他生物类别的“动物”的，但促成人之成人的主要因素是“能够接受外界的刺激”的“神经系统”，这个系统使人“获得意识上的印象”，“还能通过印象的继续保留而成为记忆，而且还能把前后获得的印象串联成认识外界事物的概念”、有含义的符号，如语言和文字。这个概念和符号系统具有“社会共识”，可由一个人传达给另一个人，使人与人之间的心灵得以相通。[2]心灵得以通过符号相通的，是“社会人”。“社会人”是人的一般本质，它不同于西方功利个人主义中突出来和自然相对立的“己”。“社会人”的本质特征是，其生命实际并不由生物的生命期所决定。作为生物体的人与其他生物体一样有生有死，但作为社会体的人创造的文化，具有超越个体生命的特征。“文化的社会性利用社会继替的差序格局即生物人生命的参差不齐，使它可以超脱生物生死的定律，而有自己存亡兴废的历史规律。这是人文世界即文化的历史性”。[3]

作为人的特质的文化，既是社会性的，是“社会人共同的集体创造”，又是在人与自然互动的过程中形成的，本质上不是与自然对立的。因而，可以认为，“人文世界拆开来看，每一个创新的成分都是社会任凭其个人天生的资质而日积月累并在与自然打交道中形成的”。[4]

费孝通对于人文世界生成于人与自然关系领域的看法，不仅与大其一辈的莫斯对于爱斯基摩人个体性与集体性在季节中的分布之

[1] 马林诺夫斯基[马凌诺斯基]：《文化论》，费孝通译，北京：华夏出版社，2002。
[2] 费孝通：《文化论中人与自然关系的再认识》，载其《论人类学与文化自觉》，230页。
[3] 同上，231页。
[4] 同上，230—231页。

研究[1]、与他同辈的埃文思－普里查德对努尔人结构时间在生态时间中的长成之研究[2]相呼应，而且与长他八岁的美国人类学家斯图尔德（Julian Steward）有重叠之处（斯图尔德通过综合人类学、考古学、历史学、生态学、民族志等几门学科的知识提出，社会系统不是独自生成的，而是在特定民族对其所在的自然环境的适应中形成的，是从资源利用的模式中起源的[3]）。

然而，费氏关注的不是莫斯、埃文思－普里查德、斯图尔德为之艰苦努力着的社会形态学、"自然秩序论"、文化生态学，顺应自然一事，虽引起了他的重视，但他更关心社会人类学的传统问题，即群己之别的不同界线。

如果说社会人类学理论可以粗略分为马林诺夫斯基式的"个人主义"模式和涂尔干式的"社会学主义"模式的分化与结合[4]，那么，也可以说，至费孝通完成其对天人对立和个人功利主义世界观的批判之时，他已从马林诺夫斯基"个人主义"的束缚中脱身，转变为一个包含了涂尔干"社会学主义"因素的思考者了。不过，用西学流派来定位费孝通，显然是不准确和不公道的。一方面，相比其他社会学思想（如韦伯思想[5]），对于涂尔干思想，费孝通的接触只能算是间接的。另一方面，即使他有接近于"社会学主义"的思想，那也主要来自儒家哲学中的"仁"观念，而论证这种"主义"是否正确，也并不是他的研究目标。如其表明的，他"强调重新认识文化的社会性"，是因为这"可以帮助我们调整文化的价值观"。那么，何为应得到调

[1] 莫斯、伯夏：《论爱斯基摩人社会的季节性变化：社会形态学研究》，载莫［毛］斯：《社会学与人类学》，323—396页。

[2] Edward Evans-Pritchard, *The Nuer: A Description of the Modes of Livelihood and Political Institutions of a Nilotic People*.

[3] Julian Steward, *Theory of Culture Change: The Methodology of Multilinear Evolution*, Illinois: University of Illinois Press, 1955.

[4] Adam Kuper ed., *Conceptualizing Society*, London: Routledge, 1992.

[5] 费孝通：《新教教义与资本主义精神之关系》，载《西北民族研究》2016年第1期，5—24页。

整的文化的价值观？他明确指出，这是蔓延在西方人文价值观中的利己个人主义。他承认，从已往的历史来看，利己个人主义“二百多年来曾为西方文化取得世界文化的领先地位的事业里立过功”[1]，但到了当下，基于这种利己个人主义形成的人与社会、人与自然对立的基本观点，“已经引起了自然的反抗”。环境受到的污染，“只是自然在对我们征服自然的狂妄企图的一桩很小的反抗的例子”。与环境破坏同时出现的，还有大量诸如“9·11事件”那样的“以牙还牙”仇杀，及众多形式的“不对等的战争”和高科技战争，这些“应了我们中国力戒‘以暴易暴’的古训”。[2]

在一个利己个人主义“天人对立”世界观给社会人的人文世界及对于生成至关重要的“天”（自然世界）带来众多深重灾难的当下，与西方文化价值观形成对照的天人关系论，成为必须失而复得的世界观。费孝通说，他由此“又想起钱穆先生所强调的从‘天’‘人’关系的认识上去思考东西方文化的差异”，还说，“这么一思考也使我有一点豁然贯通的感觉”。由钱穆先生的论述，费孝通想到，“中华文化的传统里一直推重《易经》这部经典著作，而《易经》主要就是讲阴阳相合而成统一的太极，太极就是我们近世所说的宇宙，二合为一是个基本公式。‘天人合一’就是这个宇宙观的一种说法”。“天人合一”意味着“反对‘天人对立’，反对无止境地用功利主义态度片面地改造自然来适应人的需要，而主张人尽可能地适应自然”。这既是一种宇宙观，又是一种“基本的处世的态度”。费孝通认为它便是他的老师之一潘光旦先生提出的“位育”的观点：“‘位育’就是‘中庸之道’，对立面的统一靠拢，便使一分为二成为二合为一，以达到一而二、二而一的阴阳合而成太极的古训。”[3]

---

〔1〕费孝通：《文化论中人与自然关系的再认识》，载其《论人类学与文化自觉》，232页。
〔2〕同上。
〔3〕同上，233页。

德斯科拉与维韦罗斯·德·卡斯特罗：一种宇宙观，两种政治性

《文化论中人与自然关系的再认识》一文，是费孝通先生为其在南京大学百年校庆（2002年5月20日）上的演讲（演讲的具体地点是南大逸夫管理科学楼21层报告厅）而写的讲稿。过去二十多年，校庆活动纷纷涌现，它们大抵可谓是一种"科层制壮观场面"（bureaucratic spectacles）的展现[1]，在其上，身份地位展演超过其他。而南京大学虽不是费孝通的母校，但其所在地是他的祖籍省份江苏，因此，费孝通参与其百年校庆，还兼有回乡重温地方"差序格局"传统的任务。按说费先生特别喜爱他的博士论文导师马林诺夫斯基创立的"席明纳"（seminar；20世纪30年代末40年代初，他还在云南呈贡魁星阁模仿这种学术研讨格式，办过密集的研讨活动），相信只有这种畅所欲言的小规模密集讨论，才有刺激思想的效果。然而，自称科层制"老虎身体里的老鼠"（这个说法，蒙1979年面见过费孝通的法国人类学家郭德烈［Maurice Goldelier］教授告之）和"乡绅"的费孝通，对"科层制壮观场面"和"差序格局"似乎都能习惯，他在那场仪式上，语不惊人，传达了他在讲稿中论述的内容。[2]

在费文发表七年后，2009年1月30日，在西方思想重镇巴黎，发生了一次围绕着一个相近主题的讨论。对于这次讨论，身兼哲学家、社会学家、人类学家多种身份，以《我们从未现代过：对称性人类学论集》一书名噪一时的巴黎政治学院教授布鲁诺·拉图尔亲

---

〔1〕 Don Handelman, *Models and Mirrors: Towards an Anthropology of Public Events*, Cambridge: Cambridge University Press, 1990.

〔2〕《文化论中人与自然关系的再认识》文稿完成一年后，2003年，费孝通先生又写出了它的续篇——《试谈扩展社会学的传统界限》（载《北京大学学报》［哲学社会科学版］2003年第3期，5—16页；引自费孝通：《费孝通论文化自觉》，207—234页），在这篇文章中，费孝通更明确地指出，社会科学要克服其割裂人与自然的问题，应将自身的学术使命重新定位在"究天人之际"上，而要担当这项使命，学者有必要将古人的"意会""将心比心"等智慧转化为对社会科学研究有用的方法。

自写了新闻报道，发表在英国皇家人类学会通讯《今日人类学》当年第2号上。[1]这场论题为“视角主义与泛灵论”（Perspectivism and Animism）的讨论，实为结构人类学大师列维－斯特劳斯门徒、现任法兰西学院“自然人类学”讲席教授的德斯科拉和巴西里约热内卢联邦大学国立博物院教授维韦罗斯·德·卡斯特罗之间的争鸣。两位都是当今世界最有天分和建树的人类学家，前者出生于1949年，后者晚生两年，二人都研究巴西亚马逊区域土著民族。到2009年他们已相识二十五年，既是老朋友，又是老论敌。

拉图尔（他显然在场，甚至可能是活动的始作俑者）告诉我们说，辩论是在位于苏格老街（Rue Suger）的高等研究院一个小会议室里举行的。与大多数西方学术研讨活动一样，这场辩论没有什么排场，对垒双方虽都是学界名流，来到此处，却不能像在“科层制的壮观场面”上以级别论输赢。而尽管那天巴黎天特别冷，来的听众却特别多，他们听说大名鼎鼎的德斯科拉与维韦罗斯·德·卡斯特罗两人私底下辩论过，也发表过文章相互批评，这次拟将把分歧在众人面前全盘托出，“辩论将会极猛烈”，“恐要见血”，因而带着好奇心前来观战。

拉图尔称颂这次辩论说，它就像过去几个世纪以来在巴黎拉丁区较真的学者之间展开的辩论一样，表明“巴黎的知识生命未亡”，“人类学还有活力和吸引力”。

相比于费孝通的那次讲演，巴黎的那场辩论，是在积累了不少“火候”之后才发生的。

辩论由德斯科拉开场，他说，他多年来致力于发明一些办法，以清除认识中的自然/文化二元对立论误区。所谓自然/文化二元对立论，亦即费孝通所说的天人对立论，但德斯科拉不是费孝通，为了揭示这一世界观的问题，他没有诉诸儒家天人合一思想，而是迅即转

[1] Bruno Latour, “Perspectivism: ‘Type’ or ‘Bomb’?” in *Anthropology Today*, No. 2, 2009, pp. 1-2.

入他所研究的专门领域——在美洲印第安人中广泛存在的“泛灵本体论”。所谓“泛灵”，19世纪以来人类学家多有涉及，一般指原始信仰里，灵魂、精神之类的东西，不仅在人当中存在，在万物中也存在，人与万物的躯体流动性一般有限，而“灵”这类东西，却可以相对自由地流动。所谓“本体论”原本属于宇宙论的一个部分，指对宇宙中万物存在的本质的思考。在德斯科拉等的用法中，这一理解得到沿用和拓展，用以指在人们的感知、实践和观念中存在的对于包括人在内的存在体之存在本质的“看法”。在他看来，尤其是生活于亚马逊河流域偏远角落的土著美洲印第安人的泛灵论，便是一种使他能够看清现代西方自然/文化二元对立论的形象的另一种观点。他承认，他的这一认识，受到了他的朋友兼论敌维韦罗斯·德·卡斯特罗的启发。

正是维韦罗斯·德·卡斯特罗，在过了时的泛灵论中重新展开了对于人与非人存在体之间关系的替代性认识模式。

多年前，维韦罗斯·德·卡斯特罗既已提出，美洲印第安人泛灵论是一种足以使我们摆脱自然/文化二元对立论束缚的模式。在他所研究的印第安人眼中，人与非人（包括动植物）可共享一种普遍存在文化（精神），却有不同的“自然”（躯体）。这种文化普遍主义与自然特殊主义的合体，与近代以来的西方自然主义理性世界观构成了鲜明反差，后者将人与非人的区分追溯到人独有多样的文化这一“事实”上，而将人与非人的同一性追溯到自然属性上，在这一宇宙观里，文化纷繁多彩，自然却极其单一和抽象。[1]

维韦罗斯·德·卡斯特罗与德斯科拉都把自然/文化二元对立论定义为自然主义本体论（naturalist ontology），他们也都把泛灵论看作真正与这种本体论相异的另类视角。然而，为了标新立异，德斯科

[1] Eduardo Viveiros de Castro, *From the Enemy's Point of View: Humanity and Divinity in an Amazonian Society,* Chicago: University of Chicago Press, 1992.

拉对维韦罗斯·德·卡斯特罗所谓的“自然”（相异的身体）与“文化”（将人与非人结合在一起的“人文”），重新界定为“物质性特质”与“精神性/内在性特质”。很显然，这个新的二元对论，来源于法兰西社会学年鉴派导师涂尔干的个体/社会、世俗/神圣、物质/精神“双重（duplex）人”定义——在《宗教生活的基本形式》中，涂尔干说：“人具有两种存在：一个是个体存在，它的基础是有机体，因此其活动范围是受到严格限制的；二是社会存在，它代表着我们通过观察可以了解到的智力和道德秩序中的最高实在，即我所说的社会。在实践过程中，我们的这种双重本性所产生的结果是：道德观念不能还原为功用的动机，理性在思维过程中不能还原为个体经验。只要个体从属于社会，他的思考和行动也就超越了自身。”[1]然而，德斯科拉认为，任何本体论-宇宙观都必须处理任何存在体中人格的两面与“客体”的相通、相异与关系问题。现代西方自然主义主张人与非人在物质性特质上是一致的，在精神性特质是相异的；而泛灵论则相反，主张人与非人在精神性特质上是一致的，在物质性特质上是相异的。这个新定义听起仍跟旧说法差别不大。但德斯科拉相信，他的突破在于将自然/文化二元对立论中的自然从学者共享的思想资源转化为一个研究课题。为了缔造一种关于自然的人类学，德斯科拉在重申他对泛灵论的重要性的看法之同时，补充了两种其他本体论，即图腾论与类比论。与泛灵论与自然主义一样，图腾论与类比论也构成一个对子，前者视人与非人为在物质性和精神性上均相通的存在，后者视二者之间毫无本质相通之处。

有四种而不是一种或两种本体论在手，德斯科拉自信已然消除了“自然主义者的帝国主义普遍论”，在这个条件下，自己便又可能创造一种新的普遍论。为了推进其创造新的普遍论的计划，他 2005 年出版

〔1〕 涂尔干：《宗教生活的基本形式》，17 页。

了《超越自然与文化》一书[1]，考察了四种本体论的内涵与结构关系。

拉图尔说，德斯科拉的发言，如有丝绒底色，温文细腻，而维韦罗斯·德·卡斯特罗，性格不同，发言风格也迥异。在德斯科拉娓娓道来之后，维韦罗斯·德·卡斯特罗闪电般突袭而进，用警句宣明，他也在追寻一种新的普遍论，只不过他追求的普遍论，远比德斯科拉所追求的要彻底得多。在他看来，视角主义（也就是美洲印第安人万物有灵本体论），不应被视作是德斯科拉的类型系统中的一个类别；相反，我们必须把它当作一颗炸弹，有朝一日用它来炸毁那个支配着人文科学解释的"隐形哲学"（维韦罗斯·德·卡斯特罗是一位相信人类学是一种社会或政治行动的人，他自己便是身兼学者和社会活动家身份的活跃分子）。如果说视角主义是好的，那么德斯科拉所用的"类型"这个词，便是最违背视角主义的（也就是说，是最坏的）。他进一步说，他提出视角主义，是因为在诸如亚马逊河流域这类区域的硬科学和软科学研究中，存在一个巨大的麻烦：在那里，主导的共识是，世上只有一个自然，但有好多种文化。他想告诉大家，世界是不同的，如亚马逊地区的人和非人看到的（他相信，非人也是会用眼睛观察的）那样，它有许多不同的自然，这些自然（复数）共享着一种文化。他反对德斯科拉的老师列维-斯特劳斯的意见，他不认为这种视角主义是一种列氏所谓的"野性思维"，相反，他相信，这是一种充分成熟而得到系统阐述的哲学。在当下西方，哲学正在重新赢得它既已失去的好奇心，而这种好奇心也正在将土著人的思想化成被西方哲学这个摆满古玩的储藏间收藏的玩意儿。印第安人应该站起来，与这种被重建的哲学做斗争。不幸的是，他的朋友和论敌德斯科拉先生，却如同类比论者那样，对差异的细枝末节如此着迷，其目的无非是要恢复重建西方正在失而复得的"隐形哲学"大厦！

此刻，拉图尔说："整个会议室的气氛变得紧张起来。"然而维韦

〔1〕 Philippe Descola, *Beyond Nature and Culture*.

罗斯·德·卡斯特罗并没有指责德斯科拉是一个结构主义者。这并不是因为在他看来结构主义是坏的，而恰恰是因为它是好的人类学。维韦罗斯·德·卡斯特罗自认为是一位别有个性的“后结构主义者”，他有志于列维-斯特劳斯的神话学，对人类学家所用的概念和理论与土著的概念和理论进行比较，从而将土著理论化成“与西方哲学对称的哲学”。维韦罗斯·德·卡斯特罗认为，列维-斯特劳斯的结构主义，其实是一种“美洲印第安人存在主义”，或者，更准确地说，是“美洲印第安人思想的转化”。列维-斯特劳斯犹如一个思想的导游，又犹如一个萨满，他是不同本体论的载体，将美洲印第安人哲学转运到了西方，以之摧毁西方哲学。列维-斯特劳斯远非一位冷峻的理性主义者，他学会了印第安人的梦幻术和漂移术，只不过他梦幻和漂移的方法不同，他通过做卡片、分类、写作，实现自由的流动。

维韦罗斯·德·卡斯特罗用列维-斯特劳斯的榜样教训了德斯科拉一番，他此时表明，通过这番激烈言辞，他不过是要表明，德斯科拉重建类型学，将会解除他自己在西方哲学里安设好的炸弹之引信。他与德斯科拉的分歧在于，在他看来，要真正理解他者的另类逻辑，便要务必放弃康德的理想。

听到这，德斯科拉忍不住了，他回应说，自己对西方思想也不感兴趣，他感兴趣的是“他者的思想”；而维韦罗斯·德·卡斯特罗却迅即反驳道：“你那个感兴趣的方式正是问题之所在！”

据拉图尔说，德斯科拉和维韦罗斯·德·卡斯特罗两人辩论结束后，有个听众不知提了个什么问题，维韦罗斯·德·卡斯特罗用托洛斯基式的警句答道：“人类学是不断去殖民化的理论与实践”，还补充说，“今日人类学大抵已经去殖民化了，但它的理论还不够，去殖民化的作用还不是很足。”[1]

---

〔1〕 Bruno Latour, “Perspectivism: ‘Type’ or ‘Bomb’?” in *Anthropology Today*, No. 2, 2009, p. 2.

东西方与南半球：天人之间的求同存异之路

东方的费孝通、西方的德斯科拉、南方的维韦罗斯·德·卡斯特罗，都志在用西方——在学术和政治领域，“西方”的确已不再是一个地理范畴，而是一个全球分布的“理想型”——之外的思想来鉴知近代西方宇宙观（或本体论）的本来面目。他们并没有否定天人或自然/文化之分的普遍存在。譬如，费孝通对西方天人对立宇宙观的批判是激烈的，但他认为，近代以来世界观出现的危机，并不来自天人区分，而来自“人为”和“为人”的功利个人主义文化观含有的天人对立主张。现代世界观的科学方法论表现是他也曾信以为真的实证主义，尤其是这种理性背后的文化价值观（功利个人主义），正是这种价值观通过“扬己”，创设了一个以分类主义为基本原理的宇宙图式，这种图式阻碍了文化的深层机理（如历史记忆、符号与精神领域）与天（自然世界）之间的“位育”（适应）。又譬如，德斯科拉和维韦罗斯·德·卡斯特罗将矛头指向自然/文化对立，他们同样致力于克服这种对立给学术和现代带来的问题。两位年轻一代人类学家一向关注“土著思想”，他们固然能够赞同费氏对于主张“理论必须是以看得见、摸得着客观存在的事物为基础的”的实证主义观点的批判。然而，实证主义的批判并不是其研究的最主要论题。他们旨在将科学的思想根基放归到其生长的文化土壤中考察，用泛灵论来反衬自然主义。他们同样没有取消自然/文化二元对立，相反，他们中的一个（维韦罗斯·德·卡斯特罗）将这种对立结构反转，使之成为可用以炸毁主导二元对立结构的某种“颠倒的二元对立结构”（文化一致性与自然多样性），另一个则将对立的二元转化为精神性与物质性二因，通过否定自然主义对人类精神特殊性的坚持，使这二因——或双重性——成为贯通物我的对子。总之，尽管德斯科拉与维韦罗斯·德·卡斯特罗之间存在分歧，但与费孝通相比，二者却有相同点——他们都不承认将文化单列为自然与人之外的“第三极”。

在两位时下广受承认的年轻一代人类学大师与身处东方的老一代人类学大师之间，还存在着一个更为突出的差异：德、韦两位，其实依旧沉浸于备受启蒙以来西方哲学和人类学重视的“自然状态”；[1]他们对于有文字、城市、阶级、国家、哲学的“文明社会”远离“原始”的本质，不可能有太大的好感（他们的精神领袖列维－斯特劳斯，对于此类文明便极其厌恶）；对他们而言（倘若他们能读到费氏论著的话），费孝通定义的文化，表面上与史禄国的“民族精神”（ethnos）或“心理－思想复合体”（psycho-mental complex）之类词的意义相通[2]，但本质上却带有更多东方“文明社会”的特征（其中，“心学”的成分[3]相对突出），而费孝通又坚持认为文化有别，甚至用一种对照的办法来形容中西文化之异（晚年费孝通似乎已放弃了其青壮年时代信奉的功能主义普遍论，而接受了钱穆的中西文化对比论），所以，其文化自觉思想含有文化多元主义乃至民族主义因素。

---

〔1〕如埃文思－普里查德说的：“长久以来，原始社会吸引了对习俗感兴趣的人类学家。18 世纪，原始社会引起了哲学家的注意，主要是因为它们提供了民事管理制度确立前假想的人类生活在自然状态的例子。它们在 19 世纪引起了人类学家的注意，是因为人类学家认为那一时期为探求制度的起源提供了重要线索。后来人类学家对此感兴趣是因为他们认为‘原始社会’以最简单的形式展示了制度，而从检验比较简单的社会进而检验比较复杂的社会，是进行研究的一个好方法，研究简单社会所获得的知识将有助于研究比较复杂的社会。”（埃文思－普里查德：《论社会人类学》，7—8 页）

〔2〕杨清媚：《知识分子的心史：从 ethnos 看费孝通的社区研究与民族研究》，载《社会学研究》2010 年第 4 期，20—49 页。

〔3〕费孝通的“心学”，本是与维韦罗斯·德·卡斯特罗所说的“视角”相通的，二者都主张一种杂糅主客、感受－思维、身体性－心灵性的“机制”。而费孝通确切表明，这个意义上的“心”不是中国文明固有的范畴。如其所言“‘心’这个概念，不仅仅是中国文化所独有，就我们现在所知，世界上其他文明中，也有把‘心脏’当做人类思想意识中心的观念，也因此以‘心’为‘中心’发展出一种抽象的‘心’的概念体系，并把它放在‘人’和‘社会’的一个很核心的位置。比如在西方文化中，‘心’这个概念本来也是源于对人生理器官‘心脏’的指称，但其引申含义，已经超过原来生理上的‘心脏’这个含义，至今在很多西方日常语言中，‘心’（heart，herz 等）这个词已经成为指一个人的‘真诚的意愿’‘真实的自我’‘重要的记忆’等等这样的意思了，这个词一直是描述‘自我’和‘人际关系’的十分重要的词语。这个‘心’的本意，在大多数情况下和中国‘心’的概念有很大的相似之处”（费孝通：《试谈扩展社会学的传统界限》，载其《费孝通论文化自觉》，229 页）。

维韦罗斯·德·卡斯特罗在他的论著中表现出对中国古代哲学的欣赏，他对“道起鸿蒙”之类说法，似有些了解。[1]然而，对于费孝通的天人合一论，他却不一定接受。换位思考，从维韦罗斯·德·卡斯特罗的角度看，可以认为，由于缺乏原始泛灵论因素，费孝通的天人合一论，实际还是含有复杂社会的“文野之别”因素的。确实，费孝通既主张像达尔文最初做的那样，追溯人的自然（“天”）起源，领悟人与万物之间的物质一致性，又主张将文化——尤其是其在文章中强调的“精神文化”，或者他的老师派克和史禄国所说的“心灵”——视作将人区别于物的系统（当然，如上文所述，他也指出，这个系统是在人与自然的关系中形成的）。费孝通的“天人区分”，来自钱穆的叙述，后者说过，“在中国传统见解里，自然界称为天，人文界称为人，中国人一面用人文来对抗天然，高抬人文来和天然并立，但一面却主张天人合一，仍要双方调和融通，既不让自然来吞灭人文，也不想用人文来战胜自然”。[2]如果说钱、费观点确实是对中国古代世界观的准确再现[3]，那么，似乎也可以认为，维韦罗斯·德·卡斯特罗和他的同人定义的、唯独近代西方才有的自然/文化二元论早在上古中国便不仅存在而且形成了系统叙述。如果是这样，我们便可以认为，古代中国思想（尤其是儒家思想）并不是维韦罗斯·德·卡斯特罗可能欣赏的，毕竟他的研究不是从中国的“道”出发的，而是从美洲印第安人泛灵论入手的。

此外，在身在地球南北两方的“土著学者”与欧亚西端的西方学

---

〔1〕 Roy Wagner, “Facts Force You to Believe in Them; Perspectives Encourage You to Believe out of Them: An Introduction to Viveros de Castro’s Magisterial Essay, ” in Eduardo Viveros de Castro, *Cosmological Perspectivism in Amazonia and Elsewhere,* pp. 11-44.

〔2〕 钱穆：《湖上闲思录》，北京：生活·读书·新知三联书店，2000，2页。

〔3〕 天人合一论与内在于其中天人相分观念构成的概念“张力”，在道家哲学里一样是存在的。例如，庄子即一面批判“丧己于物”“以物易己”，一面对自然进行理想化，以天人为完美的人格之境，并主张用逍遥之境来化解物我之分（杨国荣：《庄子的思想世界》，北京：北京大学出版社，2006，238—239页）。

者之间，似乎也存在某种值得关注的差异。谙熟西学但长期在西方以外的“本国”从事人类学研究的费孝通和维韦罗斯·德·卡斯特罗，在“去殖民化”这点上，兴许会更容易取得共识（费孝通的“文化自觉”概念实有维韦罗斯·德·卡斯特罗所谓的“去殖民化”内涵）；对此，作为人类学家的德斯科拉当然不会贸然反对（人类学这门学科的基本伦理是尊重被研究的“土著”），但如维韦罗斯·德·卡斯特罗指出的，像他那样的西方学究，已将自己的志业定位在搜罗越来越多的研究标本上，对于他这个有良知的西方学究而言，“去殖民化”有其正当性，但他这个来自老殖民宗主国的学者毕竟不可能伪装成不满的“土著”或者遭受过西方帝国主义者欺凌的“东方人”。

虽有这样或那样的不同，身处地球不同方位的两代人类学家，相互之间却不是没有共同关怀。

有关于此，在有关德斯科拉和维韦罗斯·德·卡斯特罗之间的辩论的报道最后一段，拉图尔说了一句总结性的话：“当然，对共同世界的求索变得远比从前复杂得多。人们栖居于大地上的种种模式变得如此根本不同，它们均已获得解放并得到运用和分布。但与此同时，在共同性并不完善的情况下构筑一个共同世界的使命，却十分清楚地落到了人类学家们的肩上。”〔1〕

在提出“共同世界”与“种种模式”的矛盾时，拉图尔具体指维韦罗斯·德·卡斯特罗与德斯科拉的分歧，他认为，二者的分歧表现在，前者认为，在求索共同世界的过程中，我们应用来自远方的见解来替代近处那种早已成问题的支配模式，后者认为，用一种“博爱”的目光，审视远近有别的众多模式，守护文化（尤其是其中的本体论内涵）或模式的丰富性，依旧是人类学家所应当承担的使命。

然而，这个具体的主张分歧，还牵涉一个更大的一般性问题。拉

〔1〕 Bruno Latour, “Perspectivism: ‘Type’ or ‘Bomb’ ?” in *Anthropology Today*, No. 2, 2009, p. 2.

图尔所谓的“共同世界”，大抵就是过去说的“全球文明”；如果是这样，那么，这里触及的人类学家的共同关怀，毋宁说内在于“文明”这个词的双重含义上。如列维－斯特劳斯指出的，一方面，文明是指不同民族、不同社会、不同文化迈向一个共同世界的进程；另一方面，文明恰恰意味着对不同集体、不同存在方式、不同思想的包容。[1]换言之，如果人类学真是“文明的”，而非反之，那么，如何领悟“文明”的双重含义，便是关键。

可以用古话“求同存异”来理解这个意义上的“文明”。这个成语源自《礼记·乐记》中的一句话：“乐者为同，礼者为异。同则相亲，异则相敬，乐胜则流，礼胜则离。”大意是：乐和礼有不同的作用，前者实现通达，后者服务于区分。与礼乐一样，人有共同性，便有亲切感，接受相异性，则又有益于形成相互尊重的道德。如中庸地处理乐与礼的关系一样，要处理世间的关系，也要追求平衡和辩证；若是只强调共同性，关系便会变得恣意，若是只注重相异性，关系便会变得疏远。

在人类学家传统研究的人文世界范围，求索文明求同存异的前景，任务已至为艰巨，而新世纪一来临，费孝通、德斯科拉、维韦罗斯·德·卡斯特罗随即又给我们增添了对于重归天人合一境界、再思自然/文化关系的要求。

为学往往需要“减法”，也就是在个别方面灌注精诚，但这个新近出现的“加法”，是有理由的。

对人文世界内部的细枝末节的把握（人类学家称之为“民族志工作”），不能充分解释人早已将“人间问题”从人文世界带进了自然世界这一事实（这便是所谓“人类世”意味的一切）。古今人文与自然相互影响的事实，为信奉天人、自然/文化对立教条的人所难以想象。

---

〔1〕 Claude Lévi-Strauss, *Anthropology Confronts the Problems of the Modern World*, p. 121.

自古所谓的“人间”从未孤立存在，人自身亦如此，其“生活世界”并不单是人的栖居场所，在其中，还有作为人的存在条件而存在的万物与广义的“神”。因而，“世界问题”也便必然广泛涉及人、物、神。[1]“文明”意义上的求同存异，也必然不只牵涉处理人自身的相互关系，它还要涉及对人“生死攸关”的非人存在体（在很大程度上，非人存在体正是人赖以实现物质和精神存在的“养分”）。虽则如此，自从人学会了种植与畜牧（据说“文化”这个词本来就是指此类生产或造作方式），那种以为这个世界仅是为了人的生活而设的“人类中心主义”愈演愈烈，最终成为一种教条。

面对这种教条及其在近几个世纪的“科学化”，重新思考“己”的构成原理，显然不仅是必要的，而且是紧迫的。

“容有他者的己”：差序格局、人观与“自然相对主义”下的物我

如我在前文中述及的，费孝通先生20世纪40年代末，以西方团体格局反观中国差序格局，又从差序格局下的“己”观念，对基督教和近代团体主义（在社会学里，其最高形式被界定为“国族主义”）加以反思，其所做工作，与莫斯异曲同工。[2]半个多世纪后，费孝通拓展了视野，延伸这一反思，用以进行“天人合一”思想的再认识。

如其在《文化论中人与自然关系的再认识》一文中表明的，利己个人主义既造成人文世界失和，又导致自然界的破坏（天灾对人的“报复”，前因正是这种破坏），其灾难性结果引人深思，如费氏所言：

---

〔1〕 王铭铭：《民族志：一种广义人文关系学的界定》，载《学术月刊》2015年第3期，129—140页。亦见本书248—451页。

〔2〕 杜蒙后来接续莫斯事业，经由印度种姓式社会整体主义，对西方个人主义展开比较和批判，见杜［迪］蒙，《论个体主义：对现代意识形态的人类学观点》。

> 现代工业文明已经走上自身毁灭的绝路，我们对地球上的资源，不惜竭泽而渔地消耗下去，不仅森林已遭难于恢复的破坏，提供能源的煤炭和石油不是已在告急了吗？后工业时期势必发生一个文化大转型，人类能否继续生存下去已经是个现实问题了。[1]

费孝通对利己个体主义有如此负面的态度，是因为，于他看，这种“主义”错误地将“同而不和”视作处理自我与他人关系及人与自然关系的准则，且错误地相信，这种“普遍主义”准则有助于满足人（往往被理解为利己的“己”）的需要。

在众多现代和后现代社会科学话语中，这种“同而不和”的利己观不断被运用，但费孝通的理想却与之相反，其基本气质“和而不同”，他相信，这种态度才真正有益于人、群体、社会的生存。费氏在文章中虽未对此展开论述，但若时间允许，他一定会将“和而不同”延伸为一种用以处理人与自然关系的理论，也一定会主张，将这四个字构成的理念，用于其致力于开拓的“人与自然关系的再认识”。

在这点上，费孝通与几十年来致力于抵制利己个人主义的其他思想者有一致性，也有不同之处。

继承年鉴派社会学传统，20 世纪 80 年代初起，法国学者阿兰·迦耶（Alain Caillé）从主编《莫斯评论》（*Revue du MAUSS*）入手，倡导“社会科学中的反功利主义运动”（Mouvement Anti-Utilitariste dans les Sciences Sociales，MAUSS）。迦耶推崇莫斯的思想，系统引用其“礼物理论”（迦耶认为，莫斯在《礼物》中向我们说明，在漫长的人类史中，社会是由礼物的赠予、接受、还礼三重义务缔造起来的，这说明，所谓的经济和市场并非一直以来都居于主导地位，而只是在近

---

〔1〕 费孝通：《反思·对话·文化自觉》，载其《论人类学与文化自觉》，183 页。

几个世纪才发生的现象），对经济主义和功利主义展开批判。他认为，这两种主义于20世纪在全球蔓延，已构成一种全球化现象，在这种思想的主导下，人类被认为只是追求个人利益最大化的经济人。“社会科学中的反功利主义运动”，是为应对这种经济主义和功利主义的全球蔓延而得到推进的。[1]

在论述社会科学中的反功利主义时，迦耶没有太多涉及自然/文化关系，而将焦点放在个人与个人、群体与群体、文明与文明之间的“共生”关系之历史考察与未来展望上。

“共生”是个好词，正因为此，它本应被用来替代其他关系类型，尤其是如果我们考察的问题是如何从社会和宇宙论同时入手纠正利己个人主义造成的认识误区与实际危害。

如果说，主张“同而不和”的利己个人主义之根本问题，是其中的“己”容不下“他者”（这里的“他者”，应既包括与“己”有关的人类他者或“别人”，又包括与人共处在世界上的“非人”），那么也可以说，要在人文和自然世界同时展开求同存异的思考，便要恢复“己”本有的“容有他者”的原有底色。

费孝通说，在乡土中国的世界观中，“己”并不是与团体对反的，这个字所在的意义之网，群己界限并不清晰，“以‘己’为中心，像石子一般投入水中，和别人所联系成的社会关系，不像团体中的分子一般大家立在一个平面上的，而是像水的波纹一般，一圈圈推出去，愈推愈远，也愈推愈薄”。[2]“己”因此“并不是个人主义，而是自我主义”[3]，而“自我”是网络的动态圈层关系的中心，这个中心与其之外的亲属制度、地缘制度乃至政治制度之间的关系不是在个体与团体之间展开的，而是共生的，“己”确是一个关系格局的一部分，但其

---

〔1〕迦耶：《迈向共生主义的文明政治》，载《西北民族研究》2018年第2期，43—53页。
〔2〕费孝通：《乡土中国》，30页。
〔3〕同上书，31页。

与后者之间的关系，不简单是局部与整体之间的，相反，作为格局的中心，“己”含有整个格局的内涵和价值，而整个格局也可以说是个“己”的放大版，是依据在经典礼仪理论中得到诠释和再诠释的“伦”一层层“推”出来的。[1]

如上，费孝通敏锐地洞见了“己”这个字之既有复合含义的一方面。

在古文中，“己”可作代词、名词、动词用。作为人称代词，它与指代他人的“人”字是反义的，指的就是自己。作为名词，它指天干的第六位。有不少古文字学家因考虑到“己”也是用以指约束、纪律规训、法的“纪”字的本字，而将其字源追溯到用以约束的纶索，但许慎《说文解字》则给予这个字“中心”的解释。许慎说，“己，中宫也”，意思是说，“己”指的是五方 / 宫的中央。清代文字训诂学家、经学家段玉裁相信，古人用意味着被四面环绕的“中央土”来指“皆有定形可纪识也”之物（有明确形态而可以识别的存在体），并用这个字的引申之义来形容人己之分，“言己以别于人者，己在中，人在外可纪识也”。[2]

可见，古文之“己”确实指“差序格局”的中心，它与“人”（即关系中的人类他者）内外有别，位在内中的“己”，作为第一人称代词，指的是与在外的“人”（及“别人”）相区分的“我”。

然而，“己”除了上述这一社会含义，还有宇宙观含义，后者不能以社会结构论上的“差序格局”概念予以替代。[3]

许慎说，“己”这个字“象人腹”（人腹部的内里），“象万物辟藏

〔1〕 周飞舟：《差序格局和伦理本位——从丧服制度看中国社会结构的基本原则》，载《社会》2015 年第 1 期，26—48 页。

〔2〕 段玉裁：《说文解字注》，南京：凤凰出版社，2007，1286 页。

〔3〕 晚年费孝通拓展了“己”的界限，指出，对于人和自然关系的理解，“实际上是我们‘人’作为主体，对所有客体的态度，是‘我们’对‘它们’的总体态度。这种态度，具有某种‘伦理’的含义，决定着我们‘人’如何处理自己和周围的关系，而这种关系，是从我们‘人’这个中心，一圈圈推出去，其实也构成一个‘差序格局’”（费孝通：《试谈扩展社会学的传统界限》，载其《费孝通论文化自觉》，211 页）。

诎形也”，大抵是说，其本字，是腹“诘诎之形”的象形，用以形容万物“辟藏”（盘辟收敛）之状。在“象人腹”这个语境下，“己”似乎不再用来指与“人”相对的“我”了，而成为象征万物盘辟收敛的情状（这种情状兴许与万物伸张奔放的情状对反）。然而，兴许也正是万物盘辟收敛的这种情状，被用来形容人与物之间彼己之分中的“己”这一方。这个猜想若是合宜，那么，“象人腹”的“己”，便含有一个意思，即“己”（费孝通所说的“自我”）不过是万物盘辟收敛、屈居于“中宫”的情状。也便是说，物人之分确可以说是彼己之分，但二者之分并不是绝对的，前者的某种情状，可以是后者的“本质”。

《说文解字》对“己”的述说，古文字学界颇有争议，但却在冥冥之中与近代民族志的发现构成某种呼应关系。这个述说，令人不禁联想到莫斯在其有关人的概念的叙述中提到的一个案例。莫斯对不同民族的取名习俗十分重视，认为这些取名习俗，界定了每个人在社会整体中的角色。在以“‘角色’与‘人’的地位”为题的那个部分，莫斯引述库兴有关普埃布洛人和祖尼人的民族志，说这些美洲印第安部落有给儿童取与图腾相关的名字的习俗，但他们不给孩子图腾动物整体的固定名号（如熊），他们取的人名，是图腾在各种条件下的名字，以及它的各部分或它的诸功能又或诸（现实的或神话的）属性的名字，尤其是后者。印第安人用六重方式对图腾动物的部分与功能加以细分。这样，一头图腾动物就被分为右手/前腿、左手/前腿、右腿、左脚、头、尾，这六个部分对应北、西、南、东、上部、下部，这些身体部位和它们代表的方位形成一个阶序，其代表的荣誉或不同的受尊敬程度由高而低。由此可见，“氏族是一个生命体，这个生命体是由一定数量的人或角色组成的，这些人或角色共同起的作用，是将预先设置好的氏族生活总体展演出来”。[1]

---

〔1〕 Marcel Mauss, “A Category of the Human Mind: The Notion of Person; the Notion of Self, ” in *The Category of the Person: Anthropology, Philosophy, History*, p. 5.

用一个非人存在体（图腾动物这种有机体）来代表社会总体，用它的局部来代表不同的“己”在这个社会生命体中的不同作用和角色，这点极其引人入胜。在有关“人”的概念的叙述里，莫斯关注的是“己”在近代之前如何成为一个“总体社会事实”的载体，因而，并没有特别强调印第安人对“人”的物性（以及其所可能含有的分化了的神性）的重视。然而，他引用的例子所能说明的，恰恰与人的物性有关。《说文解字》中对“己”的解释，含有在方位上得到分布的物（可以是图腾动物的身体局部，也可以是“万物”）的意思；这当中有一层意思，即人都有其个体性，但这个个体性不妨碍他与其他人“相形之下”获得“身份”，也不妨碍他作为非人存在体（或这些有机体的局部）的某种情状存在。换言之，人的本体既相关于他人，又相关于物。这个“逻辑”，与印第安人的本体论模式相通。我认为，如果一定要追求它的“本体论本质”，那么，这个本质，便必定是我称之为“容有他者的己”这种东西。

“容有他者的己”并非与周遭的他人和他物无别，只不过在这种“己”中，己他之别并没有妨碍己他互为转化。在这种“人的概念”中，除了群己界线的模糊之外，更重要的还有物我界线模糊化，界线的模糊化并不意味着没有区分，但这种区分不是一旦有了就永远不变，它有一个突出特征，即区分成为穿越被区分的事物和范畴的条件。这种群己、物我区分，实为主体与客体区分，而在“容有他者的己”的“人的概念”下，这种区分的模糊化，意味着主体与客体的相互转化——正是这种转化使“辟藏”（盘辟收敛）之物，可以用作己（主体）的定义，使“万物皆备于我”（《孟子·尽心上》），或者用莫斯的语言说，使图腾动物的局部可以用来形容在社会中扮演不同角色的人。

东汉时期的许慎与晚近两三个世纪的学人之间，一条宽阔的沟壑横穿而过，前者在论述人己之别时，用的概念是杂糅社会观和宇宙观的，其解释不仅涉及人文世界，而且还涉及自然世界，而在后者的观念里，这一杂糅自他与物己的做法，是难以接受的。这解释了近代以来的西方心理学，持续将“容有他者的己”视作病态，将人格的独立完整性视作心理健康的标志。

在一个天人对立、自然/文化二分的时代，想要恢复“己”字的底色，并非易事，要对这个字加以字义复原，更要凭靠想象。但我相信，想象有助于我们鉴知古今之变的大体样貌：正是天人对立与自然/文化对立，使“己”这个字丧失了其物己意义上的含义，而用来专指“内在自我”或内在一体化、不可分割的“自我”；因而，要破除天人对立与自然/文化对立的自然主义迷信，便要通过民族志和比较宇宙观研究，重返“我”的非我性、主体的非主体性、文化的自然性，或者反之，恢复非我的我性、客体的主体性、自然的文化性。

借助拉图尔的眼睛，我们见识了德斯科拉和维韦罗斯·德·卡斯特罗之间有关自然/文化二元论的辩论，我们意识到，这一辩论并非无关宏旨，它是当今对共同世界的求索和在世界中存在的模式多样化分布之间矛盾的表现。我们还从这一认识引申出一种看法：如果我们了解求同存异这种古老智慧的含义，那么，这个矛盾便并不可怕，但要真正领悟这个古老智慧的一语双关（双关于人文与自然的异同），则或多或少需要主动疏离于我们的时代，做某种穿越时间和空间的想象。幸而，无论是老一代人类学家费孝通，还是他的新一代同人德斯科拉和维韦罗斯·德·卡斯特罗，都开启了通向这一想象的道路。

关于费先生晚年的开拓，我们已做了比较多陈述，而关于德斯科拉和维韦罗斯·德·卡斯特罗的功业，我们则尚需费点笔墨。

坦率地说，我曾批评过德斯科拉。[1] 如上文所述，此君在《超越自然与文化》一书中，将世界范围内的宇宙观分为四大类，认为其中

---

〔1〕 Wang Mingming, “Some Turns in A ‘Journey to the West’: Cosmological Proliferation in An Anthropology of Eurasia,” in *Journal of the British Academy,* 2017, No. 5, pp. 201-250. 亦见本书 504—571 页。

只有西方这一大类是僵化的自然/文化二元对立主义，其他类多数都在区分开的“两个世界”之间留有巨大的交流空间（也就是上文说的“模糊化”）。一个在西方文明重镇之一巴黎工作的西方学者，能把西方孤立起来反思，实在不简单。我相信，他的初衷是善良的，他的做法是有益于跨文化对话事业的，对于我们削弱近代以来西方在世界知识体系中的支配势力是有帮助的。然而如我指出的，正是在孤立西方时，德斯科拉用负面的、反思的、批判的语言，有意无意增添了西方在话语世界的存在感，而这无异于用巧妙方式强化了西方的文明自我认同与认识论支配。

当然，必须承认，我对德斯科拉的批评，含有“戏说”成分；我承认，客观论之，他所做的工作意义重大，其《超越自然与文化》使我们看到，以上说的“容有他者的己”如何沦为“容不下他者的己”，并由此成为一种费孝通先生批判的有悖于“天人合一”的“利己个人主义”。更重要的是，德斯科拉还替我们指出，有益于我们重新思考人与自然关系的，不仅有差序格局下的中国宇宙观图式（德氏将之归入类比论），还有众多来自其他民族志区域的思想，其中，来自维韦罗斯·德·卡斯特罗和德斯科拉所在的民族志区域（南美的亚马逊区域）及他们的新一代人类学同人所在的另一些区域（北美西北海岸、亚洲北部）的“本体论”，有着突出的重要性。

有关于这些区域性“本体论”的共同特征，1996年，维韦罗斯·德·卡斯特罗在巴西发表了一篇论文，以美洲印第安人思想为焦点案例，进行条理化陈述。此文英文版1998年在《皇家人类学杂志》刊出，同年，他应邀在剑桥大学社会人类学系做系列（四次）讲座，丰富了该文内容，这些讲座稿，2012年被选入《豪：民族志理论杂志》之《大师课书系》出版。[1]

---

〔1〕 Eduardo Viveros de Castro, *Cosmological Perspectivism in Amazonia and Elsewhere*.

在这本著作里，维韦罗斯·德·卡斯特罗开宗明义地说，对于自然/文化的区分，批评已经够多了，有不少同行已指出，这个概念对子不能用以解释非西方宇宙观。尽管他自己同样致力于批判这个经典区分，但他却并不认为应该无视现代西方二元论下的一元主义倾向。他承认，给予二元论清晰定义的笛卡尔，通过与中世纪学者决裂，对人的存在本质加以彻底简化，将这个复杂的本体化约为两个原则，即思想与物质。而现代性则是从这种化约了的原则出发的，其本质内容是，复杂的本体可化约为认识论问题，而认识论问题即为表象问题。在这种认识论的界定下，万物中那些不能用“物质”固化的词来同化的，都必须为思想所“吞噬”。维韦罗斯·德·卡斯特罗将二元论下的认识论、表象论的一元主义界定为“本体论的简单化”（the simplification of ontology），认为它导致了一个后果：“在客体或事物被抚平，它们退到了一个外在、平静而同一的自然世界中，之后，主体开始增殖而喋喋不休起来。”这些喋喋不休的话语，给学界带来了名目繁多的概念和理论，如超验自我、理解、语言哲学、思想理论、社会表征、能指逻辑、话语实践、知识政治等。[1]这些其实都是“思想吞噬世界”的表现，都有康德哲学气质。[2]

自然/文化二元论下一元主义（“思想吞噬世界”）的实现，是西方普遍理性概念的逻辑结果。如英国人类学家英戈尔德指出的，普遍理性得以实现的第一步，是区分人与自然，第二步，是区分人类内部的被观察的土著和外来（西方）观察者，通过这两步，普遍理性自身变成了凌驾于自然或现实世界与各种受传统制约的世界观的“境

〔1〕 Eduardo Viveros de Castro, *Cosmological Perspectivism in Amazonia and Elsewhere*, p. 152.

〔2〕 美国文化人类学奠定者波亚士和结构主义大师列维-斯特劳斯，都可以说是带有康德哲学气质的人类学家。波亚士认为，人与自然的关系和社会群体之特征这两者之间的关联，是偶然的和随意的关联，它们之所以看起来这样，是因为这两种秩序之间的真实关系是以间接的方式穿过心灵的。波亚士的这一看法，深深启发了列维-斯特劳斯（列维-斯特劳斯：《图腾制度》，渠敬东译，北京：商务印书馆，2012，16页）。

界”。[1]比英戈尔德进一步，维韦罗斯·德·卡斯特罗强调，普遍理性身后，还有西方宗教史；他指出，这种普遍理性一元论来自于一神教，特别是西方一神教对于造物主与造物的区分，在这个区分里，作为超越性的造物主，创造了人和世界，因而，世界虽是二元的，但其本原为一。

我们这里数次提及的莫斯，早在20世纪前期，就对康德和费希特完善的科学“纯粹理性”观进行历史化和相对化。[2]从我的角度看，维韦罗斯·德·卡斯特罗对西方世界观的批判，可谓是莫斯观点在新世纪的回声。[3]然而，维韦罗斯·德·卡斯特罗并没充分承认莫斯启发，这兴许是可以理解的，因为，他的旨趣不仅在于“人的概念”，而且还在于人与“其他主体”（other subjectivities，传统上被定义为物的各种存在体，及可见或不可见的神性存在体）的存在本质（本体性）。

维韦罗斯·德·卡斯特罗自称，刺激其思考的，是来自亚马逊区域的一种“本土理论”（这种理论在神话中运用得最频繁，与这种理论紧密相关的，还有跨越可见与不可见世界的萨满）。维韦罗斯·德·卡斯特罗称，这种“本土理论”是一种比西方哲学精彩的哲学，它主张，世界上不仅住着人，还住着其他主体，这些其他主体各式各样，有神明、精灵、亡者、宇宙等别的层次的居民、气象现象、植物，甚至文物或工艺品。共处在这个世界的人与其他主体（传统上学者称之为客

---

〔1〕 Tim Ingold, *The Perception of the Environment: Essays in Livelihood, Dwelling and Skill*, p. 15.

〔2〕 Marcel Mauss, “A Category of the Human Mind: the Notion of Person; the Notion of Self, ” in *The Category of the Person: Anthropology, Philosophy, History*, pp. 21-22.

〔3〕 莫斯的“人论”和费孝通的“己论”早在20世纪前期即以提出。这类有关“人论”的早期叙述，含有被人们误以为是21世纪初才从一次“转向”中脱颖而出的本体论内涵，与后者一样，在这类叙述中，那种割裂自他、内外、主客的个体主义和“自然主义”被视作普遍适用的“原理”而遭到了“悬置”。不是说“本体论人类学”毫无新意：比较前后出现的两种“人观”叙述，可以发现，尽管莫斯和费孝通本都有潜力乃至企图将主体的范畴拓展到非人的客体上去，但东西方两位学界翘楚生活在一个“失范”年代，他们必须将几乎所有精力耗费在重建社会上，这就使他们将机会留给了后人了。

体），有不同的看待自己和他人的观点，人看到别的主体的方式，与别的主体看到人的方式，相互之间有根本不同。通常情况下，人看到的人是人，看到的物是物，但只有在异常情况下人（如萨满）才会看到精灵和不可见的存在体；但物和精神性的存在体（人的他者，亦即其他主体）把自己当人看，却不把人当人看，因为在这些动物眼里，人要么的猎人，要么是猎物。

在比西方哲学更好的“土著哲学”中，物（特别是动物）也是人，而且把自己当作人来看，这点给维韦罗斯·德·卡斯特罗的启发是，它与我们从西学里看到的宇宙观和认识论有根本不同，要求我们对自然和文化所对应的一系列范型概念对子进行“谓词”的重新配置。这些成对的范型概念，包括了普遍/特殊、客观/主观、物质/社会、事实/价值、给定的/制度化的、必然性/自发性、内在性/超越性、身体/思维、兽性/人性。物也是人这一“土著理论”，意味着曾被视作是人特有的精神气质（文化），其实是在普遍存在于万物之中的，人与其他主体共享一个普遍的文化，但他们各有不同的物质形态。在维韦罗斯·德·卡斯特罗看来，现代宇宙观之所以有问题，不在于它有这些二元主义范型概念对子，而在于它对这些对子所意味的本体之主语与宾语关系做了有问题的安排，而他自己致力于做的工作，是对被纳入这些概念对子中的“谓词”加以倒置。作为这项工作的成果，他提出了“多元自然主义”，认为这才真正是美洲印第安人思想之于现代宇宙观的根本不同。启蒙以来的现代宇宙观，有“文化多元主义”特点，在这种宇宙观下，普遍性被视作身体性和物质性的自然，它在人存在之前既已存在，人在获得其文化——亦即精神和意义的特殊性——之前，亦曾经处在与自然界的其他存在体差异不大的“自然境界”中，而一旦文化发源，则其变异为不同体系的潜质亦得以发挥。与此截然不同，有其“视角主义”的美洲印第安人则相反，他们将普遍性视作精神性的，在他们的观念世界里，特殊的、多样的，是身体性和物质性的东西，同时，在他们的宇宙观里，文化普遍存在于人与非人共处的世界，其起源先于自然。

比照文本，我发现，维韦罗斯·德·卡斯特罗这一文化为先的观点，明显呼应着当代杰出美国人类学家萨林斯自20世纪70年代起展开的对生物－物质决定论的批判（费孝通先生对于功利个人主义的批判，也涉及生物－物质决定论）。在20世纪90年代中期发表的一篇长文中，萨林斯深化了这一批判。在该文中，萨林斯将矛头指向两种"理论"："在市场经济条件下得以发展的那种认为人是致力于满足需求的生物的观念，以及铭刻在'伟大的存在之链'（the Great Chain of Being）上的有关人类构成的理论（特别是那种它同基督教肉体和精神间可怕的二元对立关系结合起来之后的那种认为肉体是一种残忍的、专注自我的、立基于人类心智的众多美好倾向之上并要战胜它们的动物性的观点）。"[1]他指出，这两种"理论"一直支配着近代以来的西方思想和社会科学，即使是思想最为独立活泼的大师也难以幸免成为其牺牲品。为对这些"理论"加以纠偏，萨林斯诉诸民族志的发现，借助新几内亚高原原住民和美洲印第安人实例表明，不少非西方宇宙观，并没有"把一个巨大的社会价值体系看成是产生于个人肉体之特殊感觉的这一独特的内省式看法和意识"[2]，而是认为，"人性是由文化决定的"。[3]

对于他的叙述与萨林斯的"考据"之间的关系，维韦罗斯·德·卡斯特罗没有给予说明。个中原因可能是，不同于坚持美国文化相对主义合理因素的萨林斯，他倾向于用"自然相对主义"来替代持续影响人类学人文价值观的文化观（特别是文化相对主义）。在他看来，自然相对主义有两个要点，自然多元主义必须得到价值上的

〔1〕萨林斯：《人性的西方幻象》，83页。
〔2〕同上书，85页。
〔3〕同上书，94页。

表达，而这种表达，在狩猎－采集群体的视角主义中是现成的。从某个角度看，所谓视角主义，意味着每个自然物种的物质或身体，都有其内在合理性和价值，要真正理解这些物质或身体的意义，就要在物种间换位思考，进入对方的视界。人有必要与其他主体（即过去通常被界定为客体的宇宙间的物质性存在体）或“超人”（如神明、精灵、祖先）形成感知和看法上的互通，有必要站在“猎物”的立场理解“猎物”及其与猎人之间的关系。

“天地之大德曰生”：造物主、灵魂与本体的缺席

在《自然的观念》一书中，柯林伍德（Robin George Collingwood）提到，按照古希腊人的观念，“一种植物或动物如同它们在物质上分有世界‘躯体’的物理机体那样，也依它们自身的等级，在心理上分有世界灵魂的生命历程，以及在理智上分有世界心灵的活动”[1]。柯林伍德说，对于古希腊思想的自然主义一面，现代西方人很容易理解，但他们却不容易明白古希腊思想中主张植物和动物也有灵魂与理智的这另一面。到底古希腊思想是不是有泛灵论或图腾论因素，还是说，它自一开始便是自然主义的？我们没有研究，便没有发言权；但柯林伍德明确告诉我们，“古希腊自然科学”，含有一种把灵魂和理智（或是我们称之为“文化”的东西）理解为人与万物共有的看法。这个看法，与美洲印第安人的视角主义，差异并没有那么大。

另外，在《人性的西方幻象》中，萨林斯提到基督教为了守护本体论而排斥异己的事实，他说：

---

〔1〕 柯林伍德：《自然的观念》，吴国盛、柯映红译，北京：华夏出版社，1999，4页。

> 基督教的上帝具有所有人性的特征，甚至有变成人形和经历人之死亡的能力。他也有一些天使般的人物追随着他。但是这个嫉妒的神祇不能容忍他的俗世领地有别的神，他也不和他的造物们居住在同样的俗世间。基督教（以及它之前的犹太教）宣称“自然崇拜”有罪，这样就将自己和“异教”区分开来，留下一个只剩下超越性神学和纯粹物质性本体论的世界。[1]

萨林斯这段话使人想到基思·托马斯数十年前发表的杰作《宗教与巫术的衰落》[2]，在此书中，这位伟大的历史人类学家告诉我们，基督教成为大传统的历史，也就是“异教”遭受清洗的过程，而“异教”相当于人类学家说的巫术。[3]对基督教来说，“异教”之所以是完全错误并因此是失德的，乃是因为这种“错误信仰”在上帝之外另立了别的神，并将超越性与物质本体性混淆了。由此可见，当柯林伍德说现代西方人理解不了古希腊的另一面，他说的恐怕并不是所有“现代西方人”，而只不过是那部分接受了基督教逻辑主义和科学自然主义的精英。

柯林伍德对古希腊混淆不清的“自然科学”的陈述，萨林斯和托马斯对于基督教统治下的“异教”的描述都表明，在其主导文明（宗教和科学）之外，西方内部还长期存有“灰色地带”，在这些灰色地带，我们能找到与维韦罗斯·德·卡斯特罗、德斯科拉及他们的同人在非西方世界遭遇的那些自然/文化关系模式的“影子”（这些在19

---

〔1〕 萨林斯：《人性的西方幻象》，219页。

〔2〕 Keith Thomas, *Religion and the Decline of Magic: Studies in Popular Beliefs in Sixteenth and Seventeenth Century England*.

〔3〕 弗雷泽在其《金枝》中，引用来自世界各地的民族志材料，以之论证巫术的前宗教性和前科学性。他认为，巫术“理论”含有两个原则相似律和接触律，前者指“‘同类相生’或果必同因”，后者指“物体一经互相接触，在中断实体接触后还会继续远距离的互相作用”（弗雷泽：《金枝》，19页）。有这两条“原理”，可见巫术对于物我没有进行清晰的区分，认为只要看起来相似，或互相有程度不一的交集，便可以说属于同一个。

世纪人类学里被称为“文化遗留”)。一个不同之处是，这种自然/文化关系模式，在非西方世界并不是在“灰色地带”分布着的，它们在各地传统里占有显要地位。这种关系模式，存续最好者，在那些离现代世界最为遥远的狩猎-采集民族住地可以找到。在狩猎-采集民族中，“原版异教”的典型表现是，“动物并不被看作是从另一个世界来的陌生的异类，而是被看作是人类所归属的同一个世界的参与人”。[1]然而，很显然，这个模式不能说是例外；如果我们将它与广义的物人关系联系起来，那么我们将能看到，它有相当大的普遍性。在自然/文化对立的宇宙观（这种宇宙观才是例外）之外，广泛存在类似的看法；无论是泛灵论、图腾论，还是类比论，在不同程度上都需要有穿过天人、物己界线，杂糅感知主客的特点。维韦罗斯·德·卡斯特罗笔下的万物有灵本体论若有什么特殊之处，那这个特殊之处不过是，如其所称的，视角是包括人在内的不同物种之间躯体差异的作用。然而，如果说，“视角主义可被视为一种极端的多神论（或者说，单一多神论），它是在一个身体与灵魂、造物之物质与造物主之精神部分的世界中得到运用的”[2]，那么，它便接近于中国思想中的“心”；而“视角”的跨物种交流，也很接近“将心比心”之说[3]，也同样接近于人类学家在澳大利亚、非洲、墨西哥和其他区域找到的本体论。[4]

确实不该将西方视作铁板一块，确实不该否定内在于西方的“他者”之存在。然而，对西方文明内在复合特征的同理心，却也不应妨碍我们去完成另一项任务：清晰阐述——乃至如维韦罗斯·德·卡斯特罗那样，彻底阐述——在非西方人文/自然世界里见闻到和领悟到

---

〔1〕 Tim Ingold, *The Perception of the Environment: Essays in Livelihood, Dwelling and Skill*, p. 69.

〔2〕 Eduardo Viveros de Castro, *Cosmological Perspectivism in Amazonia and Elsewhere,* p. 151.

〔3〕 费孝通：《试谈扩展社会学的传统界限》，载其《费孝通论文化自觉》，207—234 页。

〔4〕 Philippe Descola, *Beyond Nature and Culture*, pp. 144-171, 201-231.

的人事和物事，使之获得强有力的知识和伦理效力，以冲破近代文明给人类设下的思想牢笼。

可惜的是，对于这项任务的完成，即使是想用颠倒版的二元论来摧毁西方宇宙观的维韦罗斯·德·卡斯特罗，虽然用力够猛，但效果并不明显：倒置近代自然主义中精神与物质的主次关系，将感知和视角界定为多样的躯体自身的功能，都是在物我二分的框架下展开的，酒虽然换了，但瓶子还完好，它还会“吞噬”其他宇宙观。

正是出于对这个内在危机的警觉，维韦罗斯·德·卡斯特罗流露了对其沉浸于其中的美洲印第安人宇宙观的不满足，他将目光投向另一个方位。在论及西方宇宙观的“创世－生产主义”精神时，他对法国汉学家于连（François Jullien，著有《物势》[1]，在书中诠释了中国思想中不同于本质性权力的效力观）表示景仰。他给人一种感觉，似乎于连等同于中国文化，而中国文化保有比美洲印第安人宇宙观还不同于西方的“视角”。他认为，自古希腊起，西方文明持续用造作和制造这些字眼来形容人对物的支配关系，他相信，这种认识是错误的，因为，它不能解释未有生产的社会（特别是他研究的狩猎－采集民族）如何生活。替代造作和创造概念的，有“交换”一词。的确，交换形容的互通有无，在人还不生产的年代既已存在，也更有助于我们解释“原始人”在他们的世界与他们的动植物伙伴交往的逻辑。交换概念自莫斯完成其主要作品《礼物》之日起，便在人类学中站稳了脚跟，而维韦罗斯·德·卡斯特罗在行文中有意无意将它与于连这个中国文化的西方分身所代表的境界相联系。[2]

我猜想，借助“交换”一词，维韦罗斯·德·卡斯特罗想要找的是天人合一论或自然/文化相生论。

---

〔1〕 François Jullien, *The Propensity of Things: Toward a History of Efficacy in China*, trans. J. Lloyd, New York: Zone Books, 1995.

〔2〕 Eduardo Viveros de Castro, *Cosmological Perspectivism in Amazonia and Elsewhere,* pp. 58-59.

费先生曾明确指出，这类思想“实际上不仅是中国的，它是世界上很多文明所具有的基本的理念”[1]，传统中国的不同仅在于，它“对这方面有特别丰富的认识和深刻的探讨”。[2]这点能够解释维韦罗斯·德·卡斯特罗缘何身在南美洲，而目光朝向中国，试图在“彼处”寻获比他在印第安土著中洞察到的还深刻的智慧，以便以之更好地说明视角主义的含义。

然而，天人合一到底意味着什么？

有关于它，其实维韦罗斯·德·卡斯特罗景仰的于连，并没有给予充分阐述，而早在于连出现在学界几十年前，钱穆已给予了相当系统的叙说。

1948年似乎是一个特殊的年份，那年费孝通完成了他的《乡土中国》，而钱穆则在太湖边上“闲思”，写出了一本文体、格式、篇幅和费著差不多的《湖上闲思录》。钱穆谦言，他写这本书，“并不曾想如我们古代的先秦诸子们，儒墨道法，各成一家言，来诱世导俗。也并不曾想如我们宋明的理学先生们，程朱陆王，个个想承继或发明一个道统，来继绝学而开来者。我也并不曾想如西方欧洲的哲学家们，有系统、有组织、严格地、精密地，把思想凝练在一条线上，依照逻辑的推演，祈望发现一个客观的真理，启示宇宙人生之奇秘”。他说，他只不过“像无事人模样，来思考那些不关痛痒不着筋节的闲思虑”。[3]然而，正是在这本小册子里，他表露了自己没有刻意表露的有关中西哲学之异的重要思想。

《湖上闲思录》中有篇题为《道与命》的短文，开篇就把锋芒指向西方宗教和哲学。钱穆说，在西方思想里：

---

〔1〕 费孝通：《试谈扩展社会学的传统界限》，载其《费孝通论文化自觉》，210页。费孝通甚至说，“文化自觉”这个概念可以从小见大，“从人口较少的民族看到中华民族以至全人类的共同问题”（费孝通：《关于“文化自觉”的一些自白》，载其《论人类学与文化自觉》，194页）。

〔2〕 费孝通：《试谈扩展社会学的传统界限》，载其《费孝通论文化自觉》，210页。

〔3〕 钱穆：《湖上闲思录·序》，1—2页。

> 万物何从来，于是有上帝。死生无常，于是有灵魂。万物变幻不实，于是在现象之后有本体。此三种见解，不晓得侵入了几广的思想界，又不知发生了几多的影响。但上帝吧！灵魂吧！本体吧！究竟还是绝难证验。于是有人要求摆脱此三种见解，而却又赤裸裸地堕入唯物观念了。要反对唯物论，又来了唯心论。所谓唯心论，还是与上帝灵魂与本体三者差不多。[1]

鉴于西方思想的惯性如是，钱穆返回中国思想（尽管钱穆主要倾向儒家，但这里的“中国思想”不仅指儒家，还含有不少其他成分，这一思想明显不同于儒家一般持有的“条理状”观点，而有更多的“生生状”的内涵），指出，它“不重在主张上帝、灵魂和本体，但亦不陷入唯物与唯心之争”。那么，究竟中国思想如何看待宇宙万物？钱穆说，就连这个问题国人也不注重，“似乎向来中国人思想并不注重在探讨宇宙之本质及其原始等，而只重在宇宙内当前可见之一切事象上”。[2]既然中国人对本质或原始问题不感兴趣，那么，国人又对什么感兴趣呢？钱穆认为，只有一样，那就是思想者称之为“动”的东西。在他们的宇宙观里，宇宙万物没有存在本质，而只有“一动”，“动”又称为“易”，即变化。动，易，或变，都意味着有所为。然而，“有所为”并不等于创造，因为这一有所为的变动，是无所为而为，不存在目的或终极归宿。古代中国人没有神创说，他们并不关心现象背后是否另有本体，在他们眼中，现象即本体。万物不是被创造的，而是造化的，所谓“造化”就是造和化，造意味着生成，化意味着转化[3]，而“造作”即“化育”，即转化带来的“生育”。

对于“动”，中国人赋予了极高的能动性，它的地位高于物自身

---

〔1〕 钱穆：《湖上闲思录》，32页。
〔2〕 同上。
〔3〕 同上书，32—33页。

的本体性。在动的观念下，有生命界与无生命界融成一片，均在动的范围。这样一来，便没有了物我天人之别，“物我天人，也已尽融入此一动的概念之中了。此一动亦可称为道，道是无乎不在，而又变动不居的。道即物即灵，即天即人，即现象即本体，上帝和灵魂和本体的观念尽在此道的观念中消散了”。[1]

道有时也称之为生：“天地之大德曰生。就大自然言，有生命，无生命，全有性命，亦同是生。生生不已，便是道。这一个生，有时也称之曰仁。仁是说他的德，生是说他的性。”道是自然的、常然的、当然的、必然的、浑然的，中国思想可谓是“唯道论”。[2]

生生这种既是本质又是现象的“动”，背后是否还有更深层的动力？若有，那么这个动力是何种形质？是不是有“万变不离其中”的“中”？对于诸如此类的问题，历史上的思想者还是有分歧，有的（特别是儒家）致力于在不息不已的动中找到循环往复的“中”，以“中”为性[3]，有的则不一定如此。当然，无论古人如何解答这些复杂问题，生生是一种与西方传统有根本不同的宇宙观。

钱穆重申，在西方传统中，神不仅创造了人类，而且创造了整个宇宙。“人类在神的面前，固是地位低微，而人在自然界中的地位，在尚神论者的意想中，也不见得特别伟大与重要。因此，尚神论者必然会注意到人类以外的世界与万物。所以自然神论泛神论等，都是尚神论的题中应有之义了。如是则神学一转身便走上了自然科学的路”。[4]在中国思想中，不存在天主或上帝之类的超世间“制造者”，因而无论是人还是物，之所以出现在这个世界上，有其原因。这一原因被认为是物人不分的，也就是说，人们相信，不能用精神性或物质

〔1〕 钱穆：《湖上闲思录》，33页。
〔2〕 同上书，34页。
〔3〕 同上书，37页。
〔4〕 同上书，63页。

性来定义“本体”，人们一样相信，并不是有本质内涵的某一“生命”形式促成了人与万物的生成，人和万物的生成，都是两种“生”和“动”的因素（阴和阳）之间的媾和促成的。

钱穆的天人合一论并非一枝独秀，而是漫长的中西文化接触史中长期存在的人和自然观念各派看法中的一种。

对于生生与造作之反差的认识，其实由来已久。明末清初入华耶稣会士与一些士大夫围绕着天和天主的分野展开的辩论，就是由这个反差导致的。对这些辩论有专门研究的法国汉学家谢和耐对比说：“基督教信仰与一个人格化和超越一切的上帝有关，纯粹是一种神灵。它把人类误认为会有永久命运的本世以及与本世没有共同之处的彼世对立起来了。中国人的天则完全相反，它是一种把世俗和宗教表现形式融为一体的观念。在基督徒们看来，‘天’字仅为一种指上帝及其天使、天堂及‘上帝选民’的隐喻，而中国人则认为该词具有实际意义。它同时是神和自然、社会和宇宙秩序的表现。正如为一名传教士的著作写序的作家所写的那样，这是一种‘浑’的观念，它处于宗教、政治、观察和计算科学、人和世界观念的汇合点。”〔1〕在儒耶争论中，中国士大夫最难接受的是，“在万物化生之前，就存在一个在他们看来是矛盾的天主之本性”，他们不能想象，人与万物是由一个像人一样的神创造的，在他们看来，如果真有创世者，那一定是虚无缥缈的太极，而不可能是上帝，于是他们中有的从生生宇宙观对西方“制造”观念展开了批判。〔2〕

到了19世纪中后期，中西宇宙观在势力格局已不同于“礼仪之争”时期。处于自强新政时期的清朝，围绕着格致，出现了对象化的物理自然和作为认识者的理智主体观念。到清末民初，物理自然和理

---

〔1〕 谢和耐：《中国与基督教：中西文化的首次撞击》，耿昇译，上海：上海古籍出版社，2003，175—176页。

〔2〕 同上书，201页。

智主体的观念得到延续，与此同时，实体化的自然观念得到广泛传播，主体的观念开始与政治性和伦理性的“民”观念结合。到了新文化运动时期，科学概念得到广泛使用，作为科学认识对象的自然与科学得以紧密结合，作为主体的人的概念，则向“新人”、人格、个人、个性方向演化。这个时期也出现了将中西之异等同于东方精神文明与西方物质文明之异的对比，一些人相信人的物质生活的提升决定了精神生活的提升，因而，相信西方物质文明优于东方精神文明，另一些人则相反，他们看到西方物质文明（技术和工业文明）成就带来的问题，于是倾向于主张用东方精神文明来医治西方物质文明带来的病态（这一观点到了“一战”爆发后，得到了更多人的支持）。20 世纪 20—40 年代，中国出现了成体系的哲学学说，新儒家如熊十力、梁漱溟、贺麟，予以自然概念精神化和人文化的定义，也予以人的概念心灵化和伦理化的定义；与此同时，金岳霖等新实在论者致力于在认识论和逻辑学上推进中国哲学的进步，为传统的“道”和天人合一论注入新活力。[1]

从明末到 20 世纪，生生与造作 / 制造两种宇宙观之间的关系——矛盾和调和——构成一部复杂的文化接触史，正是在这个大背景下，钱穆提出了他的看法。

近代中国思想，既有西学的因素，也有传统因素；既有“自然与人的分化”观点，又有“人与自然的统一”看法。[2] 在两种“派别”中，钱穆属于致力于守护传统和天人合一思想这一派。在钱穆看来，认清中西之异，是中国在世界中存续的前提。在西方思想中，万物 / 上帝、死生 / 灵魂、现象 / 本体这三种二元论见解与唯物和唯心这两种决定论，长期被因袭着，到了近代，则通过宗教和科学的传播而流入世界

---

〔1〕 王中江：《自然和人：近代中国两个观念的谱系探微》，北京：商务印书馆，2018。
〔2〕 同上书，7—8 页。

各地；而在中国思想中，本既没有这三种二元论所做的区分，又没有唯物与唯心的对立，它有的主要是以生生为基础的天人合一论。近代以来，“一切学术，除旧则除中国，开新则开西方。有西方，无中国，今日国人之所谓现代化，亦如是而止矣”。[1]为了避免“唯中为旧，唯西为新”，以一种文化遮蔽乃至消灭另一种文化，钱穆自觉选择了在文化学比较中对天人合一和生生加以辨析。[2]

在钱穆笔下，生生宇宙观并不否定生的对反情形是常有的，这些包含了冲突、克伐、死亡、灾祸。但对于生生宇宙观而言，这些仅在个别上有意义，从宇宙与历史的整体上看，它们也都属于“动”，是消融了物我死生之别的“道”的一部分。[3]

生生宇宙观，指向自然 / 人文世界的“存在本质”，但它不仅是一种“真相的揭露”，而且还是一种态度。这个态度与我们在上文对于“己”概念的讨论相关，它要求人以对待祖先一样的态度对待自然（天），如董仲舒所言，“为生不能为人，为人者，天也，人之人本于天，天亦人之曾祖父也”，而“人之形体，化天数而成；人之血气，化天志而仁；人之德行，化天理而义；人之好恶，化天之暖清；人之

---

〔1〕钱穆：《现代中国学术论衡》，北京：生活·读书·新知三联书店，2001，5—6 页。

〔2〕近几年来，“生生”这个宇宙观概念重现于中国哲学界。丁耘发表《生生与造作——论哲学在中国思想中重新开始的可能性》（载其《中道之国：政治·哲学论集》，福州：福建教育出版社，2015，249—287 页），在文中提出，东方的生生与西方的造作（即维韦罗斯·德·卡斯特罗所说的“生产”）构成了根本性的对反，在西方，从柏拉图的创造和亚里士多德的制造模式，到宗教时代的创世和科学时代的生产模式，绵延不断。一个例外是懂得中国天道的海德格尔（张祥龙：《海德格尔思想与中国天道：终极视域的开启与交融》，北京：中国人民大学出版社，2010），他对此做了深刻反思，使西方思想出现了向东方思想靠拢（或者说，被中国天道重新纳入）的可能性。丁耘主张，要创立自己的哲学传统，中国思想应从生生这个概念重新出发。在丁耘发表其观点之后，杨立华在其《一本与生生：理一元论纲要》（北京：生活·读书·新知三联书店，2018）一书中用现代语言梳理了理学的生生论，吴飞则发表《论“生生”——兼与丁耘教授商榷》（载《哲学研究》2018 年第 1 期，32—40 页），进一步强调了中西哲学传统之异，基于《周易》模式，从阴阳二原则的相互作用来理解化生万物，他还主张，在西方思想界，即使是海德格尔，也依旧因袭了西方的“手工业制造的理解方式”。

〔3〕钱穆：《湖上闲思录》，34 页。

喜怒，化天之寒暑；人之受命，化天之四时；人生有喜怒哀乐之答，春秋冬夏之类也”(《春秋繁路·卷十一·为人者天》)，因而，真切明白天地运动的道，对人之自我修成尤为重要，我们应“自诚明，自明诚，成己成人成物而赞天地之化育”。[1]

基于美洲印第安人的“本土哲学”对近代西方宇宙观展开的批判，若是可以称为“本体论转向”，那么，也可以说，钱穆早就通过返回生生哲学实现了这一“转向”。并且，如我试图在上文指出的，相比当下的这一“转向”，他的那一“转向”明显有一个优点：它更明确地表明，西方文明的总特征在于造作、灵魂或精神和本体这些范畴，因而，要对它展开有效的批判，必须先摆脱这些范畴的支配，从生生、天和动构成的“运动的世界”入手，重新构想宇宙观和“人论”的前景。

假如钱穆了解维韦罗斯·德·卡斯特罗的看法，他一定会认为，后者通过叙述美洲印第安人“本土哲学”，以交换代替造作，以身心合一的“视角”代替灵魂或精神，可以说是做了有新意的尝试，但他并没有打通现象和本体，其原因是，他缺乏生生的“动感”。

人文/自然世界的分与合：融通自他物我

早在20世纪初（1907年），现代学科创立者之一波亚士便已指出，人类学这门学问的使命不在于论证主导文明——西方现代新传统——的进步性和合理性，而在于给它带来“文明价值相对性认识”。[2]波亚士此言（其他各派西方人类学大师也用不同方式表述过，

---

〔1〕 钱穆：《湖上闲思录》，35页。

〔2〕 Franz Boas, “Anthropology (a lecture delivered at Columbia University in the series of science, philosophy, and art, December 18, 1907), ” in *Franz Boas Reader: The Shaping of American Anthropology*, 1974, pp. 280-281.

其中，莫斯因袭演化论，对西方内在的“我”的观念进行的大历史相对化[1]，便是一例）是对西方听众讲的，它表达了20世纪以来西方人类学家的共同关切。即使是反对波亚士文化相对主义主张的英法普遍主义人类学家，对其学科使命的阐述，也没有贸然反对。而当代杰出西方人类学家之一德斯科拉，虽则自称追随一种新普遍论，但所做的工作，是将其他地理和历史方位上的本体论当成明镜，用以反照西方本体论的缺憾，这仍旧可谓是对“文明价值相对性认识”的学科使命的阐扬。

费孝通与维韦罗斯·德·卡斯特罗则有所不同。这两位学者固然也可以算是“西学世界体系”的组成部分（费孝通自称，他“是个从小在洋学堂里培养出来的知识分子”[2]，而维韦罗斯·德·卡斯特罗虽出自“南方”，但学养也一样是西学给的，在西方成名后，则又成为西学中重要的一分子）。然而，他们无论是哪个，都身在西方之外，他们不能像德斯科拉那样，自外而内，用远方之见——对他们所处的政治地理方位而言，这个远方之见，兴许正是西方——给自己的文明带来价值相对性。恰好相反，由于这个对其而言的远方之见——无论是对费孝通而言的天人对立观，还是对维韦罗斯·德·卡斯特罗而言的自然主义——是帝国主义普遍论，它侵袭了他们所在的社会，因而，已不是一个可以被视作文化价值相对性的系统，而两位人类学家也都难以直接引用波亚士的话来定义自己的学术实践。

身在一个有哲学传统的文明，费孝通无须论证中国哲学的存在（对他而言，这毋庸置疑），他需论证的似乎主要是这类问题：相比

〔1〕 Marcel Mauss, “A Category of the Human Mind: The Notion of Person; the Notion of Self,” in *The Category of the Person: Anthropology, Philosophy, History*.

〔2〕 费孝通说，因此，他“缺少了一段中国传统的经典教育”。他接着说，“我没有进过私塾，坐过冷板凳，对中国传统文化缺乏基本的训练，但是在业余时间也受到了上一代学者关于国学研究的影响，而且在学校里上学时已听到过‘天人合一’的说法，但当时并没触及我的思想深处”（费孝通：《文化论中人与自然关系的再认识》，载其《费孝通论文化自觉》，233页）。

于西方观念和思想，有哪些中国哲学观点，对于这个世界的“和而不同”有更正面的作用？有哪些来自中国的宇宙观模式，比西方哲学境界更高？

与费孝通不同，身处南美洲的维韦罗斯·德·卡斯特罗，所在国度（巴西）被承认的哲学，唯有那些跟随殖民主义者来临的西方思想；在此之外，“原住民”即使有深邃的洞见和开阔的想象力，也不能说“有哲学”——他们只是些令来自西方的人类学家“感兴趣”的事、物、观和神话的讲述者。这样一来，证实西方哲学传统之外其他哲学传统的存在，顺理成章地成为维韦罗斯·德·卡斯特罗自担的责任。

尽管费孝通与维韦罗斯·德·卡斯特罗因所在文明不同而对“本土哲学”的存在有高低不一的期待，但面对同一个西方，他们的态度却是一致的：对于西方宇宙观给他们所在的区域带来的危害，两位年龄不同、族籍不同的人类学家，选择了对这一宇宙观加以批判（在批判中，他们流露出了强度不同的“后殖民主义”态度，但与“后殖民主义”的纯批判不同，他们的著述充满对于替代性模式之出现的期待，因而富有建设性）。

不无吊诡的是，在具体内容上，这些来自非西方的批判，与德斯科拉在西方得出的结论，却没有太大的不同，甚至如维韦罗斯·德·卡斯特罗意识到的，它们都易于被德斯科拉这样的西方学者融化于其类型系统之中（德斯科拉在《超越自然与文化》一书中，除了归纳大量的民族志素材，在澄清类比论的形态特征时，还引用了中国案例）。[1]与此同时，非西方叙述是在西方中心的话语－权力世界格局中展开的，因而，它们带着一定西学风格（尤其是其批判思维风格），似为必然。

这是不是表明，作为西方人类学立足于世的文明价值观——即尊重

---

〔1〕 Philippe Descola, *Beyond Nature and Culture*, pp. 205-207.

他者的态度——易于转化为非西方文化自觉的手段？或者说，非西方文化自觉，本便难以与西方人类学持有的异文化“同情心”相区别？

一触及这类问题，我们便不禁要想起“一战”后游至巴黎的梁启超。

在巴黎，眼见“欧战”给欧洲带来的种种问题，梁启超对近代欧洲思想和制度的脉络进行了相当全面的梳理。在“历史现场”，他洞察了欧洲文明的局限性，于是在其《欧游心影录》一书中，他写下了数章文字，题之为“中国人的自觉”。在这些文字中，梁启超提出了一个文明政治纲领[1]，他宣明，中国人对于世界文明“有大责任”，国人应爱护本国文化，把自己的文化与其他文化进行“化合”，生成一个新系统，并加以扩充，使这一化合了的新系统有益于“人类全体的幸福”。[2]

“中国人的自觉”的理念[3]，是梁启超基于他对西方文明的批判提出的。然而，饶有兴味的是，如他在书中坦言的，在提出其主张期间，他频繁与法兰西哲人来往，从中获益良多。譬如，有一次他见到大哲学家柏格森的老师，这位大师的老师告诉他，他对中国文化向往有加，若不是年纪大了，他将会对这个文化进行系统研究。他还告诫梁启超，“最要紧的是把本国文化发挥光大”。[4]梁氏说，“听着他这番话，觉得登时有几百斤重的担子加在我肩上”。[5]他想到古代中国“三圣”（孔子、老子、墨子）的伟大哲学和佛家的深邃思想，他坚信中国思想不仅不是一钱不值，而且有光明的前景。[6]

---

〔1〕 梁启超：《欧游心影录·新大陆游记》，33—57 页。

〔2〕 同上，57 页。

〔3〕 比较梁启超 20 世纪初的号召和费孝通在世纪末的文化自觉之说，我们发现，二者之间几乎是同一个理念的先后两种版本。正是在世纪末世界危机的情景下，费孝通提出了“各美其美，美人之美，美美与共，和而不同”这文化自觉十六字诀，而这十六字诀的内涵，显然是梁启超有关中国文明对于世界的大责任的论述的世纪末回响。

〔4〕 梁启超：《欧游心影录·新大陆游记》，54 页。

〔5〕 同上，55 页。

〔6〕 同上，55—56 页。

梁启超在巴黎的体会表明，非西方文化自觉，是在与西方文明价值观的互动中生成的。世纪末东方的费孝通与南方的维韦罗斯·德·卡斯特罗对西方的批判和对身处其中的文化之自觉，明显也带有这一跨文明关系史面相。也因此，与批判西方同时，费孝通没有否认马林诺夫斯基、派克、史禄国的启迪，在揭示结构主义神学和康德主义哲学之“病根”时，维韦罗斯·德·卡斯特罗也没有放弃其对列维-斯特劳斯神话学的欣赏。

文明身份与西方中心的认识论世界体系之间的关系问题，是个解不开的结；幸而，在本文中我们并没有将关注的焦点放在这个难解的结上。

至此，我们侧重考察的核心问题，是“我们把人和人之外的世界视为一种对立的、分庭抗礼的、‘零和’的关系，还是一种协调的、互相拥有的、连续的、顺应的关系”。[1]无疑，对这一问题的回答，往往反映出不同社会间的深刻差异，而这些差异，可以表现为人与物的物质性关系的差异。在英戈尔德看来，在人与物的物质性关系领域，不同社会分别采用交换性、种植性、制造性等形态[2]，而在德斯科拉看来，这些形态可分为交换、生产、保护和传递等模式。[3]可以想见，除了物质性关系形态之外，还有人在天人之间的宇宙观关系。在有些宇宙观（如西方基督教和普遍理性论）中，自然世界外在于神和人，在天人“差序格局”上，也既高于神，又低于神；在另一些宇宙观（如中国的天人合一论）中，自然世界既内在于人，又高于人，而还有一些宇宙观（如某些形式的泛灵论和图腾论）中，物人关系有相对突出的互惠性（这种互惠性也往往存在于物人高低有别的关系次序中）。

---

〔1〕 费孝通：《试谈扩展社会学的传统界限》，载其《费孝通论文化自觉》，第211页。

〔2〕 Tim Ingold, *The Perception of the Environment: Essays in Livelihood, Dwelling and Skill*, pp. 40-88.

〔3〕 Philippe Descola, *Beyond Nature and Culture*, pp. 309-335.

物我关系模式的跨文化差异之分析，构成了本体论比较研究的核心内容。然而，如我们在上文中表明的，人类学家似有一个一致意见：一方面，唯有站到主客之间互惠共生关系（这种关系模式，更多存在于狩猎－采集和农耕社会）的立场上看世界，我们的“视角”方能有益于这个世界；另一方面，为了让这种互惠共生关系有可能超越其对立方（即天人对立的态度），我们应更集中地在哲学、历史与民族志领域探寻“在世界中的人”的宇宙观。

对于“和而不同”人文/自然关系的恢复重建，对于哲学、历史和民族志宇宙观研究的深化，诸如费孝通、维韦罗斯·德·卡斯特罗及德斯科拉，都起到了巨大推动作用。以上，我带着文明的双重含义——即列维－斯特劳斯界定的走向同一个世界和守护多样性这双重含义——将这些不同的观点联系起来，对它们的启迪，给予了充分肯定。

我在此展开比较和联想，有学术史的考量，更有方法论更新的旨趣。

我把功利个人主义理解为一种人类中心主义，我认为，人类中心主义致使20世纪的社会人类学将其在民族志区位里考察的“对象”限定在狭义人文关系领域里。在现代民族志中，作为所谓“生活世界”的内在或外在构成因素的“其他关系”（人与物、人与神的关系）往往被排除在“田野地点”之外。在狭义人文关系观点占据支配地位的年代，还是有天才的民族志书写者（如马林诺夫斯基、埃文思－普里查德等）能够不以理论突破为前提，将我称之为“广义人文关系”的系统纳入民族志文本。然而，由于人类中心的关切已占据研究者的大部分心灵空间，这些“其他关系”往往成为田野工作的“剩余物”，若不是被彻底置之不顾，那也是被用作地理情景来衬托狭义的“社会”。

如果说现实世界人与自然关系已出现严重问题，那么，包括民族志在内的社会科学诸方法的人类中心主义，必须承担相当一部分责任，正因这些所谓“科学方法”通过反复论证人文世界的构成原理和人的利益，减少了人们维系世界的“和而不同”面貌的愿望，甚至增加了用“社会”吞并世界的理由。

“本体论转向”成功告诫了我们：不能一如既往，通过人类学研究，丢弃人类赖以生存、赖以获得生活意义的那些“非人要素”，不能使世界变成只有人的空间，不能以功利个人主义概念来替代现实世界广泛存在的“容有他者的己”，不能以自恋的“民族精神”来消化离不开广义他者（他人、他物、他神）的“我”。总之，“本体论转向”为我们重建总体的人提供了重要的“土著哲学”资源。为了表明人与“客体”、“我们”与“它们”之间关系是互惠同构性质的，相互之间“你中有我，我中有你”，推动这个“转向”的同行们借助了狩猎-采集社会的泛灵论和“神话思维模式”，改称“客体”或“它们”为“非人之人”（non-human persons）。这个“转向”告诉我们，要做好民族志研究，便要有“后人类”心态，否则人这个“本体”将持续被“人的科学”扭曲。

反思民族志的人类中心主义局限，我致力于将“民族志”三字中的“民族”拓展为广义人文关系。广义人文关系正是相对于狭义人文关系而论的。狭义人文关系是指一般社会学和社会人类学最常集中于探究的关系，尤其是在特定区位或社会共同体中运行的关系和关系网络。说这些关系是狭义的，是因为在社会学家和社会人类学家习惯从事的研究中，这些人为和为人的关系并没有超出“人间”范畴，即使它们被联系到“非人间的他者”（non-human others）——亦即，人们通常定义的物性和神性存在。我用广义人文关系来指包含人间关系或人人关系在内而又超出这一范围的复杂关系，即人人、人物、人神关系。广义人文关系这一概念的提出，不仅旨在恢复人之无法脱离其生境而存续的本体论本来面目，而且也旨在对社会学和社会人类学研究提出观察、分析和理解的新要求。这一新要求有其现实针对性，它意味着，若是社会科学研究者依旧满足于从研究人间关系得出结论，那么，这些结论除了继续推动人类中心主义世界观对于人所在的世界的破坏之外，便别无他用了。这一新要求也有其方法论的含义，它意味着，若要真正把握所谓“主体”的本质，那么，我们除了展开对“主体”的内在性与外在性的复杂关系的探索之外，便别无他途了。[1]

对于此一在方法论上所做的广义人文关系思考，维韦罗斯·德·卡斯特罗和德斯科拉的“本体论转向”，能给予理论上的启发和内容上的丰富。然而，这并不自动表明，这个“转向”既已成功化解内在于其中的“心结”。

回望费孝通先生陈述其主张时凭靠的思想，一个比较的观点便呈现在我们面前：如钱穆所言，如果传统中国思想有何突出特征，那么，从其内里看，这个特征便是天人共生论。从欧亚东西两端横向比较的角度眺望这一宇宙观，即使我们仅能见识到它的形态，也能大体认识到，它明显不同于那种信奉凌驾于万物与人之上的造物主和认识者的“超越主义世界观”。而从南北半球纵向比较的角度看，这一天人共生论也不同于泛灵论：如在维韦罗斯·德·卡斯特罗和德斯科拉的叙述中表现出来的，后者的展开（更准确地说，其在西学中的展开），仍旧必须在西方精神性和物质性、内在性与体质性双重属性之间找到非此即彼的“本体论定位”，而生生宇宙观则无须如此。

“本体论人类学家”一面批判近代西方宇宙观，一面将这一宇宙观固有的精神性 / 物质性、内在性 / 外在性、人性 / 动物性、固有性 / 超越性、质 / 形等区分加以“改版”，使之适用于本体论的比较研究。如此一来，他们便“无意中”经由批判，将被批判对象——近代西方宇宙观——转化为一种对我们的思想仍旧有其潜移默化作用的实在。

“本体论转向”这一派的年轻成员最近在一部导引性的著作里，

---

〔1〕 王铭铭：《民族志：一种广义人文关系学的界定》，载《学术月刊》2015 年第 3 期，129—140 页。亦见本书 428—451 页。

提供了该派思想的谱系，他们把这一“转向”的源头追溯到20世纪70年代起瓦格纳、斯特雷森对反思、概念化、民族志实验的求索，将其开启，归功于维韦罗斯·德·卡斯特罗。[1]而更为细致的学术史分析则可表明，这个转向除了可以在涂尔干和莫斯大量的杰作里找到原型之外，还可以被我们与另外两个“转向”密切关联起来。其中，一个是萨林斯在列维-斯特劳斯的旗帜下推进的“宇宙观转向”（萨林斯基于其对生物人类学和“实践理性”的批判，综合结构人类学、文化论与历史学，对“资本主义时代诸宇宙观”的差异与联系展开研究，20世纪90年代起，将民族志与历史资源运用于西方宇宙观的批判），另一个是一批人类学新经验主义对区域民族志理论的普遍价值的重视。[2]

如果这一对“本体论转向”的学术史重新定位妥当，那么，如我述及的，这一“转向”实为一种“回归”。[3]而从上述学术史定位观之，其兴起可谓是现代西学反思性特征的重现。在这个反思性特征下，尽管西学的一大局部会服务于西方宇宙观的话语-权力旨趣，另一些局部却会与此相反，与这一旨趣展开长期的斗争。

我认为，重置自然与文化的关系，对于西方既有成就的借鉴，是必要的。在近代西方宇宙观出现后的某些时刻，还是存在天人共生论点的——这些除了费孝通提及的生物学进化论之外，也还有启蒙哲学人类学和古典人类学的自然人、自然法、原始主义的论点。埃文思-普里查德提到，人类学开始于孟德斯鸠，而孟氏18世纪中期提出了环境影响民族性格和政府权力形态的看法。埃文思-普里查德认为，孟德斯鸠思想中最有趣的部分，“是他关于社会中的一切与它周

---

〔1〕 Martin Hobraad and Morton Axel Pedersen, *The Ontological Turn: An Anthropological Exposition*, pp. 69-156.

〔2〕 王铭铭：《当代民族志形态的形成——从知识论的转向到新本体论的回归》，载《民族研究》2015年第3期，25—38页。亦见本书第477—501页。

〔3〕 同上。

围其他一切事物相关且相互作用的思想”；孟德斯鸠相信，只有把社会与环境彼此之间联系起来，才能理解法律。[1]诸如此类启蒙哲学的论点，兴许也可以说是在普遍理性观念框架下提出的，但它们朝向自然，而非造物主。内在于普遍理性观念的这一朝向自然的因素，为博物学（自然史）奠定了基础。如托马斯指出的，博物学给近代西方宇宙观增添了与城镇对反的乡村、与耕耘对反的荒野、与政府对反的保护、与杀生对反的慈悲。[2]从某种角度看，这些都有悖于天人对立论的近代大传统，正是西学反思性特征的表现。而基于这一反思性，西学甚至可能选择认识姿态的根本改变。譬如，杰出英国人类学家英戈尔德便一反社会人类学传统，将生活重新定义为一种不同于静态和制造的运动和生成的世界[3]，为此，他借用了海德格尔的不少说法，而这些说法，使他相当根本地改变了“人间主义”社会人类学的认识习惯，使其笔下的“运动和生产的世界”，接近于我们在上文界定的生生宇宙观。

以上对于“本体论转向”的批评并非无的放矢：很显然，这种“后人类视野”若不是得到更清晰的界定，便有可能误导我们陷入一个新的泥潭。

泛灵论视角主义论说中，依旧存在以“人”来化“物”的做法。这是否意味着视角主义仍旧是“人类中心主义”的？我认为，即便事实并非如此，这种做法也不能说是对在世界各地广泛分布的诸宇宙观的全面表述。如“西儒”涂尔干早已表明的，泛灵论其实可以说是基督教的一种变体，而不是“原始文化”的特点。“人类最先并没有把各种存在看成是如同自己的样子，他们起初反而相信自己具有某些与

〔1〕 埃文思-普里查德：《论社会人类学》，17页。

〔2〕 见托马斯：《人类与自然世界：1500—1800年间英国观念的变化》。

〔3〕 Tim Ingold, *The Perception of the Environment: Essays in Livelihood, Dwelling and Skill*, pp. 13-26.

人迥然相异的生物的形象”。[1]不仅如此，在基督教和普遍理性之外，有不少成系统的宗教大传统，并不是以神和精灵的概念为基础建立的。例如，印度的佛教和耆那教，也是无神论的，它们“不承认任何造物主的存在”。[2]即使是在有神论的宗教里，许多仪式也被视为独立于神的观念或精神存在而生成和实践的。[3]此外，必须指出，有文字记载的古代中国虽然早已脱离了人的原始状态，但生活在这个国度的人们还是认为，人之所以有生命并不是因为他们拥有与万物相异的“精神性”，而是因为阴阳两种“宇宙要素”合为一体，生成了人。人的这种“非人本质”，可以通过人们对于生的反面——死——来界定。人的故去，如“故去”这两个字意味的那样，等于某种回归，而不等于现代意义上的有机体化为无机物或“绝对死亡”。人的生命是由宇宙阴性和阳性两种“动力”混合而成的，生命的故去不过是阴性的魄和阳性的魂回归到了它们的所由来处，二者中，一个归藏于地，一个回升于天。而归藏与回升，可谓是“动”而非“本体”，是天人生生论下的生命论。近代以来，受西方本体论的影响，不少国人以为“魂魄”可以混同于“灵魂”。其实，原本这两样东西与“灵魂”没有太大关系。“魄”往往与“体”相牵扯，成其“体魄”，而“魂”往往与“气”义相通。[4]总之，在这样的“生死观”里含有贯通人与物的“动力”，而这种“动力”并不是“泛灵论”中的“灵”或本体论人类学家时常提到的“精神”。我认为，对于破除西方天人对立宇宙观，这类对于人之非本体的界定，远比本体论讨论中广泛诉诸的泛灵论更有力量。

---

〔1〕 涂尔干:《宗教生活的基本形式》, 83 页。
〔2〕 同上书, 38 页。
〔3〕 同上书, 39 页。
〔4〕 钱穆:《灵魂与心》, 36—37 页。

结 语

中国是个“超社会体系”[1]，这个国度不仅有哲学的“百家争鸣”，其所涵括的区域、民族、宗教、文明、阶层，都有鲜明的多元复合性。在上文中，我们多次诉诸钱、费版本的儒家思想，但目的并不是要以偏概全，以一家之说代表“超社会体系”的整体。如我认为的，倘若德斯科拉列出的那四种本体论/宇宙模式是对世界诸思想体系的完整展现，那么必须说，在中国这个“超社会体系”，它们都曾长期并存过，而我们在本文中重点论述的，不过是其中一种。在本文中，我将论述重点放在儒家天人合一论上，不是因为要排他（坦率地说，对于儒家过于看重人的“历史文化的群业”[2]的倾向，我暗自有看法上的保留；另外，虽则我在本文中局限于考察批判近代西方自然/文化二元对立观念的文本，但我对于在这个观念之下得到空前扩展的博物学一向有好感，我总是觉得，这门学问与古代中国“无我之我”境界相通），而是因为要借助这个思想传统的若干要素进行某种“思想操练”。[3]

为此，我必须重申，无论是费孝通在一场兼有“科层制壮观场面”和“差序格局”内涵的仪式活动上所做的语不惊人的铺陈，还是德斯科拉和维韦罗斯·德·卡斯特罗在一场研讨会上展开的暴风骤雨般的争辩，都值得珍视——诚然，这不是因为这几位论者是某个潮流或“转向”的“时尚引领者”，也不是因为他们为我们揭示了存在的本质，而是因为，他们在不同时间，于不同地理方位，从不同角度，为我们展现了不同宇宙观的面貌，通过比较、联想和再思考，诠释了

〔1〕见王铭铭：《超社会体系：文明与中国》。
〔2〕钱穆：《湖上闲思录》，1—3页。
〔3〕在展开与西方和南方的对话时，凭靠的主要是缘于华夏的思想传统。然而，在过去二十年里，我关注非华夏的时间已远远超过关注华夏的时间。我深知，一如在国外的诸民族志区域，在国内各民族中，都能遇见令我们惊奇的思想。

求同存异之道，展望了这个“道”超越“人间”进入“天人之际”的可能前景。

“天人之际”意义上的求同存异，是一项未竟的事业；在迈向自他物我融通的新人类学道路上，我们仍旧要拓展视野，以开放的目光看待各种缓慢或突然来到我们面前的不同模式。而有一点我们却可以坚信，那就是，曾经长期被视作外在于人的宇宙万物，既与我们有着漫长的交往史，早已与我们结下了亲缘关系，又与我们保持着某种有魅惑力的距离，给予了我们万般遐思——无论这些遐思是巫术的、神话的、宗教的、艺术的，抑或是科学的。无论出于何种“理由”，隔断这些关系，剪除这些遐思，都无异于刨除人在世界中生成的根基。“人的科学”有待厘清“历史文化的共业”，通过哲学、历史和民族志的“考据”，将其中有益于自他物我融通的因素识别出来，以之为素材，构建一个有益于自然－文化共生的知识框架，依此重新展望“人的科学”的前景。

参考文献

中文

阿地力·阿帕尔、迪木拉提·奥迈尔、刘明编著:《维吾尔族萨满文化遗存调查》,北京:民族出版社,2010。

爱德华·泰勒:《原始文化:神话、哲学、宗教、语言、艺术和习俗发展之研究》,连树声译,桂林:广西师范大学出版社,2005。

埃利亚斯:《文明的进程:文明的社会起源和心理起源的研究》,王佩莉、袁志英译,上海:上海译文出版社,2009。

埃文思-普里查德:《论社会人类学》,冷凤彩译,梁永佳审校,北京:世界图书出版公司,2010。

埃文思-普里查德:《努尔人:对尼罗河畔一个人群的生活方式和政治制度的描述》,褚建芳、阎书昌、赵旭东译,北京:华夏出版社,2002。

巴菲尔德:《危险的边疆:游牧帝国与中国》,袁剑译,南京:江苏人民出版社,2011。

巴赫金:《巴赫金全集》,钱中文译,石家庄:河北教育出版社,1998。

北京大学社会学人类学研究所编:《社区与功能:派克、布朗社会学文集及学记》,北京:北京大学出版社,2002。

冰心:《我的老伴——吴文藻》(一至二),载其《冰心全集》第8卷,福州:海峡文艺出版社,1994。

波兰尼:《大转型:我们时代的政治与经济起源》,冯钢、刘阳译,杭州:浙江人民出版社,2007。

柏林:《启蒙的三个批评者》,马寅卯、郑想译,南京:译林出版社,2014。

布罗代尔:《菲利普二世时代的地中海和地中海世界》,唐家龙、曾培耿等译,北京:商务印书馆,1996。

布罗代尔:《文明史纲》,肖昶、冯棠、张文英、王明毅译,桂林:广西师范大学出版社,2003。

蔡元培:《说民族学》,载其《蔡元培民族学论著》,台北:中华书局,1962。

岑家梧:《西南民族研究的回顾与前瞻》,载其《岑家梧民族研究文集》,北京:民族出版社,

1992。
陈宝良：《中国的社与会》，杭州：浙江人民出版社，1996。
陈波：《李安宅与华西学派人类学》，成都：巴蜀书社，2010。
陈福康：《井中奇书考》，上海：上海文艺出版社，2001。
陈鼓应、赵建伟：《周易今注今译》，北京：商务印书馆，2016。
陈连山：《〈山海经〉学术史考论》，北京：北京大学出版社，2012。
陈永龄：《民族学浅论文集》，台北：财团法人子峰文教基金会、弘毅出版社，1995。
戴逸：《中国民族边疆史简论》，北京：民族出版社，2006。
戴裔煊：《西方民族学史》，北京：社会科学文献出版社，2001。
道格拉斯：《洁净与危险》，黄剑波、卢忱、柳博赟译，北京：民族出版社，2008。
丁耘：《中道之国：政治·哲学论集》，福州：福建教育出版社，2015。
杜［迪］蒙：《论个体主义：对现代意识形态的人类学观点》，谷方译，上海：上海人民出版社，2003。
杜蒙：《阶序人：卡斯特体系及其衍生现象》，王志明译，杭州：浙江大学出版社，2017。
段玉裁：《说文解字注》，南京：凤凰出版社，2007。
恩格斯：《家庭、私有制和国家的起源》，北京：人民出版社，1972。
方国瑜：《中国西南历史地理考释》，北京：中华书局，1987。
费孝通：《江村经济——中国农民的生活》，戴可景译，北京：商务印书馆，2001。
费孝通：《新教教义与资本主义精神之关系》，佚稿，1940；亦载《西北民族研究》2016年第1期。
费孝通：《初访美国》，上海：生活书店，1946。
费孝通：《重访英伦》，上海：大公报馆，1947。
费孝通：《美国人的性格》，上海：生活书店，1947。
费孝通：《生育制度》，上海：商务印书馆，1947。
费孝通：《乡土中国》，北京：生活·读书·新知三联书店，2013。
费孝通：《论小城镇及其他》，天津：天津人民出版社，1986。
费孝通：《边区开发与社会调查》，天津：天津人民出版社，1987。
费孝通：《中华民族的多元一体格局》，《北京大学学报》（哲学社会科学版）1989年第4期。
费孝通：《费孝通文集》，北京：群言出版社，1999—2004。
费孝通：《师承·补课·治学》，北京：生活·读书·新知三联书店，2002。
费孝通：《论人类学与文化自觉》，北京：华夏出版社，2004。
费孝通：《芳草天涯：费孝通外访杂文选集》，苏州：苏州大学出版社，2005。
费孝通：《费孝通论文化自觉》，费宗惠、张荣华编，呼和浩特：内蒙古人民出版社，2009。
费孝通、吴晗等著：《皇权与绅权》，北京：生活·读书·新知三联书店，2013。
费正清编：《中国的世界秩序：传统中国的对外关系》，杜继东译，北京：中国社会科学出版社，2010。
冯时：《中国天文考古学》，北京：中国社会科学出版社，2007。

冯友兰:《中国哲学史》，北京：商务印书馆，2011。
弗雷泽:《金枝：巫术与宗教之研究》，徐育新、汪培基、张泽石译，北京：中国民间文艺出版社，1987。
福柯:《词与物：人文科学考古学》，莫伟民译，上海：上海三联书店，2001。
福柯:《知识考古学》，谢强、马月译，北京：生活·读书·新知三联书店，1998。
傅斯年:《傅斯年全集》，长沙：湖南教育出版社，2003。
傅斯年:《史学方法导论》，北京：中国人民大学出版社，2004。
干春松:《保教立国：康有为的现代方略》，北京：生活·读书·新知三联书店，2015。
甘阳:《文明·国家·大学》(增订本)，北京：生活·读书·新知三联书店，2018。
格尔兹:《尼加拉：十九世纪巴厘剧场国家》，赵丙祥译，王铭铭校，上海：上海人民出版社，1999。
葛兰言:《中国文明》，杨英译，北京：中国人民大学出版社，2012。
龚荫:《回顾20世纪中国土司制度研究的理论与方法》，载其《民族史考辨：龚荫民族研究文集》，昆明：云南大学出版社，2004。
古德利尔:《礼物之谜》，王毅译，上海：上海人民出版社，2007。
古正美:《从天王传统到佛王传统——中国中世佛教治国意识形态研究》，台北：商周出版、城邦文化发行，2003。
顾颉刚:《史迹俗辨》，上海：上海文艺出版社，1997。
顾颉刚:《中国上古史研究讲义》，北京：中华书局，2002。
顾颉刚、史念海:《中国疆域沿革史》，北京：商务印书馆，1999。
郭庆藩:《庄子集释》，王孝鱼整理，北京：中华书局，1961。
海德格尔:《存在与时间》(修订本)，陈嘉映、王庆节译，北京：生活·读书·新知三联书店，2014。
海德格尔:《演讲与论文集》，孙周兴译，北京：生活·读书·新知三联书店，2005。
郝瑞:《再谈“民族”与“族群”：回应李绍明教授》，《民族研究》2002年第6期。
亨廷顿:《文明的冲突与世界秩序的重建》，周琪等译，北京：新华出版社，2002。
胡鸿保主编:《中国人类学史》，北京：中国人民大学出版社，2006。
华勒斯坦等:《开放社会科学》，刘锋译，北京：生活·读书·新知三联书店，1997。
黄兴涛:《晚清民初现代“文明”和“文化”概念的形成及其历史实践》，《近代史研究》2006年第6期。
黄一农:《通书——中国传统天文与社会的交融》，《汉学研究》第14卷第2期，1996年。
黄应贵:《光复后台湾地区人类学研究的发展》，《“中央研究院”民族学研究所集刊》1984年第55期。
迦耶:《迈向共生主义的文明政治》，《西北民族研究》2018年第2期。
江绍原:《发须爪：关于它们的迷信》，北京：中华书局，2007。
康有为:《大同书》，汤志钧导读，上海：上海古籍出版社，2005。
康有为:《康有为全集》，姜义华、张荣华编校，北京：中国人民大学出版社，2007。

康有为：《欧洲十一国游记》，上海：广智书局，1906。
柯林伍德：《自然的观念》，吴国盛、柯映红译，北京：华夏出版社，1999。
克拉克洪：《论人类学与古典学的关系》，吴银玲译，北京：北京大学出版社，2013。
拉铁摩尔：《中国的亚洲内陆边疆》，唐晓峰译，南京：江苏人民出版社，2005。
拉图尔：《我们从未现代过：对称性人类学论集》，刘鹏、安涅思译，苏州：苏州大学出版社，2010。
李安宅：《李安宅回忆海外访学》，未发表档案。
李安宅：《藏族宗教史之实地研究》，北京：中国藏学出版社，1989。
李猛：《福柯与权力分析的新尝试》，《社会理论学报》1999 年第 2 期。
李如东：《地方知识与自然阶序——华西的植物研究与人类学（1920—1937 年）》，北京：社会科学文献出版社，2018。
李绍明：《从彝族的认同谈族群理论：与郝瑞教授商榷》，《民族研究》2002 年第 2 期。
李绍明：《西南丝绸之路与民族走廊》，载其《李绍明民族学文选》，成都：成都出版社，1995。
李绍明：《中国人类学的华西学派》，载王铭铭主编：《中国人类学评论》第 4 辑，北京：世界图书出版公司，2008。
李绍明口述、伍婷婷等记录整理：《变革社会中的人生与学术》，北京：世界图书出版公司，2009。
李有义：《汉夷杂区经济》，昆明：云南人民出版社，2014。
李泽厚：《中国近代思想史论》，北京：生活·读书·新知三联书店，2008。
利奇：《缅甸高地诸政治体系：对克钦社会结构的一项研究》，杨春宇、周歆红译，北京：商务印书馆，2010。
连瑞枝：《隐藏的祖先：妙香国的传说和社会》，北京：生活·读书·新知三联书店，2007。
梁启超：《中国历史研究法》，上海：上海古籍出版社，1998。
梁启超：《欧游心影录·新大陆游记》，北京：东方出版社，2006。
梁启超：《欧游心影录》，北京：商务印书馆，2014。
梁启超：《论中国学术思想变迁之大势》，上海：上海世纪出版集团、上海古籍出版社，2006。
梁启超：《梁启超传记五种》，天津：百花文艺出版社，2009。
梁启超：《新史学》，夏晓虹、陆胤校，北京：商务印书馆，2014。
梁永佳：《地域的等级：一个大理村镇的仪式与文化》，北京：社会科学文献出版社，2005。
列维－斯特劳斯：《忧郁的热带》，王志明译，北京：生活·读书·新知三联书店，2000。
列维－斯特劳斯：《结构人类学》，张祖建译，北京：中国人民大学出版社，2006。
列维－斯特劳斯：《人类学讲演集》，张毅声、张祖建、杨珊译，北京：中国人民大学出版社，2007。
列维－斯特劳斯：《图腾制度》，渠敬东译，梅非校，北京：商务印书馆，2012。
林惠祥：《林惠祥文集》，蒋炳钊、吴春明主编，厦门：厦门大学出版社，2011。
林耀华：《从人类学的观点考察中国宗族乡村》，《社会学界》1936 年第 9 期。

林耀华：《凉山彝家的巨变》，北京：商务印书馆，1995。
凌纯声：《松花江下游的赫哲族》，南京：中央研究院出版社，1934；上海：上海文艺出版社，1990。
凌纯声：《中国边疆民族与环太平洋文化》，台北：联经出版事业公司，1979。
凌纯声、林耀华等：《20世纪中国人类学民族学研究方法与方法论》，北京：民族出版社，2004。
刘学、张志强、郑军卫等：《关于人类世问题研究的讨论》，《地球科学进展》2014年第5期。
刘学堂：《新疆史前宗教研究》，北京：民族出版社，2009。
路威：《文明与野蛮》，吕叔湘译，北京：生活·读书·新知三联书店，1984。
罗兰：《从民族学到物质文化（再到民族学）》，载王铭铭主编：《中国人类学评论》第5辑，北京：世界图书出版公司，2008。
罗杨：《他邦的文明：柬埔寨吴哥的知识、王权与宗教生活》，北京：北京联合出版公司，2016。
罗志田：《天下与世界：清末士人关于人类社会认知的转变——侧重梁启超的观念》，载《中国社会科学》2007年第5期。
吕思勉：《中国民族史》，上海：世界书局，1934。
马长寿：《凉山罗彝考察报告》，成都：巴蜀书社，2006。
马长寿：《马长寿民族学论集》，北京：人民出版社，2003。
马大正：《中国边疆研究论稿》，哈尔滨：黑龙江教育出版社，2002。
马林诺夫斯基［马凌诺斯基］：《文化论》，费孝通译，北京：华夏出版社，2002。
马林诺夫斯基［马凌诺斯基］：《西太平洋的航海者》，梁永佳、李绍明译，高丙中校，北京：华夏出版社，2002。
摩尔根：《古代社会》，杨东莼、马雍、马巨译，北京：商务印书馆，1981。
莫［毛］斯：《社会学与人类学》，佘碧平译，上海：上海译文出版社，2003。
莫斯：《礼物：古式社会中交换的形式与理由》，汲喆译，陈瑞桦校，上海：上海人民出版社，2002。
莫斯：《论祈祷》，蒙养山人译，夏希原校，北京：北京大学出版社，2013。
莫斯：《莫斯学术自述》，罗杨译、赵丙祥校，载王铭铭主编：《中国人类学评论》第15辑，北京：世界图书出版公司，2010。
莫斯、涂尔干、于贝尔：《论技术、技艺与文明》，蒙养山人译、罗杨审校，北京：世界图书出版公司，2010。
莫斯、于贝尔：《巫术的一般理论 献祭的性质与功能》，杨渝东、梁永佳、赵丙祥译，桂林：广西师范大学出版社，2007。
帕金：《身处当代世界的人类学》，王铭铭编，北京：北京大学出版社，2017。
潘光旦：《家族制度与选择作用》，《社会学界》1936年第9期。
潘乃谷、王铭铭编：《重归"魁阁"》，北京：社会科学文献出版社，2005。
潘乃穆等编：《中和位育：潘光旦百年诞辰纪念》，北京：中国人民大学出版社，1999。
彭文斌、汤芸、张原：《20世纪80年代以来美国人类学界的中国西南研究》，载王铭铭主编：《中国人类学评论》第7辑，北京：世界图书出版公司，2008。
钱穆：《读康有为〈欧洲十一国游记〉》，《思想与时代》第41期，1947。
钱穆：《湖上闲思录》，北京：生活·读书·新知三联书店，2000。
钱穆：《灵魂与心》，桂林：广西师范大学出版社，2004。
钱穆：《文化学大义》，北京：九州出版社，2017。
钱穆：《现代中国学术论衡》，北京：生活·读书·新知三联书店，2001。
渠敬东：《缺席与断裂：有关失范的社会学研究》，上海：上海人民出版社，1999。
渠敬东：《涂尔干的遗产：现代社会及其可能性》，《社会学研究》1999年第1期。
渠敬东：《职业伦理与公民道德——涂尔干对国家与社会之关系的新构建》，《社会学研究》2014年第4期。
渠敬东主编：《涂尔干：社会与国家》，北京：商务印书馆，2014。
萨林斯：《历史之岛》，蓝达居、张宏明、黄向春等译，刘永华、赵丙祥校，上海：上海人民出版社，2003。
萨林斯：《人性的西方幻象》，王铭铭编选，赵丙祥、胡宗泽、罗杨译，北京：生活·读书·新知三联书店，2019。
萨林斯：《石器时代经济学》，张经纬、郑少雄、张帆译，北京：生活·读书·新知三联书店，2009。
萨林斯：《甜蜜的悲哀：西方宇宙观的本土人类学探讨》，王铭铭、胡宗泽译，北京：生活·读书·新知三联书店，2000。
萨林斯：《整体即部分：秩序与变迁的跨文化政治》，刘永华译，载王铭铭主编：《中国人类学评论》第9辑，北京：世界图书出版公司，2009。
萨林斯、王铭铭：《我们是彼此的一部分——萨林斯、王铭铭对谈录》，载王铭铭主编：《中国人类学评论》第12辑，北京：世界图书出版公司，2009。
施坚雅主编：《中华帝国晚期的城市》，叶光庭等译，北京：中华书局，2000。
石硕主编：《藏彝走廊：历史与文化》，成都：四川人民出版社，2005
舒新成：《近代中国留学史》，上海：上海书店出版社，2011。
舒瑜：《山水的“命运”——鄂西南清江流域发展中的“双重脱嵌”》，《社会发展研究》2015年第4期。
舒瑜：《微“盐”大义：云南诺邓盐业的历史人类学考察》，北京：世界图书出版公司，2010。
四川省编辑组：《四川省凉山彝族社会历史调查》，成都：四川社会科学院出版社，1985。
宋蜀华：《论历史人类学与西南民族文化研究——方法论探索》，载王筑生主编：《人类学与西南民族》，昆明：云南大学出版社，1998。
苏秉琦：《中国文明起源新探》，北京：生活·读书·新知三联书店，1999。
孙喆、王江：《边疆、民族、国家：〈禹贡〉半月刊与20世纪30—40年代的中国边疆研究》，北京：中国人民大学出版社，2013。
唐文明：《敷教在宽：康有为孔教思想申论》，北京：中国人民大学出版社，2012。
陶云逵：《车里摆夷之生命环：陶云逵历史人类学文选》，杨清媚编，北京：生活·读书·新知三联书店，2017。
陶云逵：《陶云逵民族研究文集》，北京：民族出版社，2012。
田汝康：《芒市边民的摆》，昆明：云南人民出版社，2008。
童恩正：《南方文明》，重庆：重庆出版社，1998。
涂尔干［迪尔凯姆］：《社会学方法的准则》，狄玉明译，北京：商务印书馆，1995。
涂尔干：《社会分工论》，渠敬东译，北京：生活·读书·新知三联书店，2000。
涂尔干：《社会学方法论》，许德珩译，上海：商务印书馆，1925。
涂尔干：《职业伦理与公民道德》，渠东、付德根译，上海：上海人民出版社，2006。
涂尔干：《宗教生活的基本形式》，渠东、汲喆译，上海：上海人民出版社，1999。
涂尔干、莫斯：《原始分类》，汲喆译，渠东校，上海：上海人民出版社，2000。
托马斯：《人类与自然世界：1500—1800 年间英国观念的改变》，宋丽丽译，南京：译林出版社，2009。
汪荣祖：《康有为论》，北京：中华书局，2006。
王炳根：《吴文藻与民国时期“民族问题”论战》，《观察与交流》第 153 期，北京：北京大学中国与世界研究中心，2015。
王国维：《人间词话》，北京：中国人民大学出版社，2004。
王建民：《中国民族学史》，昆明：云南教育出版社，1997。
王建民：《中国人类学西南田野工作与著述的早期实践》，载王铭铭主编：《中国人类学评论》第 7 辑。
王柯：《民族主义与近代中日关系：“民族国家”、“边疆”与历史认识》，香港：香港中文大学出版社，2015。
王明珂：《羌在汉藏之间：一个华夏边缘的历史人类学研究》，台北：联经出版事业公司，2003。
王明珂：《英雄祖先与弟兄民族：根基历史与文本情景》，台北：允晨文化实业股份有限公司，2006。
王铭铭：《社会人类学与中国研究》，北京：生活·读书·新知三联书店，1997。
王铭铭：《社区的历程：溪村汉人家族的个案研究》，天津：天津人民出版社，1997。
王铭铭：《村落视野中的文化与权力——闽台三村五论》，北京：生活·读书·新知三联书店，1997。
王铭铭：《王铭铭自选集》，桂林：广西师范大学出版社，2000。
王铭铭：《走在乡土上：历史人类学札记》，北京：中国人民大学出版社，2003。
王铭铭：《溪村家族：社区史、仪式与地方政治》，贵阳：贵州人民出版社，2004。
王铭铭：《裂缝间的桥——解读摩尔根〈古代社会〉》，济南：山东人民出版社，2004。
王铭铭：《西学“中国化”的历史困境》，桂林：广西师范大学出版社，2005。
王铭铭：《心与物游》，桂林：广西师范大学出版社，2006。
王铭铭：《没有后门的教室：人类学随笔录》，北京：中国人民大学出版社，2006。
王铭铭：《西方作为他者：论中国“西方学”的谱系与意义》，北京：世界图书出版公司，

2007。
王铭铭：《经验与心态——历史、世界想象与社会》，桂林：广西师范大学出版社，2007。
王铭铭：《中间圈——“藏彝走廊”与人类学的再构思》，北京：社会科学文献出版社，2008。
王铭铭：《近三十年来中国的人类学：成就与问题》，载邓正来、郝雨凡主编：《中国人文社会科学三十年：回顾与前瞻》，上海：复旦大学出版社，2008。
王铭铭：《人生史与人类学》，北京：生活·读书·新知三联书店，2010。
王铭铭：《葛兰言（Marcel Granet）何故少有追随者？》，《民族学刊》2010 年第 1 期。
王铭铭：《人类学讲义稿》，北京：世界图书出版公司，2011。
王铭铭：《超越“新战国”：吴文藻、费孝通的中华民族理论》，北京：生活·读书·新知三联书店，2012。
王铭铭：《三圈说：另一种世界观，另一种社会科学》，《西北民族研究》2013 年第 1 期。
王铭铭：《莫斯民族学的“社会论”》，《西北民族研究》2013 年第 3 期。
王铭铭：《东亚文明中的山：对中国之山的几个印象》，《西北民族研究》2013 年第 2 期。
王铭铭：《山川意境及其人类学相关性》，《民族学刊》2013 年第 3 期。
王铭铭：《超社会体系：文明与中国》，北京：生活·读书·新知三联书店，2015。
王铭铭：《反思“社会”的人间主义定义》，《西北民族研究》2015 年第 2 期。
王铭铭：《当代民族志形态的形成——从知识论的转向到新本体论的回归》，《民族研究》2015 年第 3 期。
王铭铭：《民族志：一种广义人文关系学的界定》，《学术月刊》2015 年第 3 期。
王铭铭：《局部作为整体——从一个案例看社区研究的视野拓展》，《社会学研究》2016 年第 4 期。
王铭铭：《社会中的社会——读涂尔干、莫斯〈关于“文明”概念的札记〉》，《西北民族研究》2018 年第 1 期。
王铭铭：《在国族与世界之间：莫斯对文明与文明研究的构想》，《社会》2018 年第 4 期。
王铭铭主编，杨清媚、张亚辉副主编：《民族、文明与新世界：20 世纪前期的中国叙述》，北京：世界图书出版公司，2010。
王铭铭、舒瑜编：《文化复合性：西南地区的仪式、人物与交换》，北京：北京联合出版公司，2015。
王铭铭、孙静编著：《物与人——安溪铁观音人文状况调查与研讨实录》，厦门：厦门大学出版社，2016。
王铭铭、罗兰、孙静：《聚宝城南：“闽南文化生态园”人文区位学考察》，《民俗研究》2016 年第 3 期。
王铭铭、吴银玲、孙静、金婧怡：《地理与社会视野中的民间文化——惠东小岞考察》，《民俗研究》2017 年第 2 期。
王同惠、费孝通：《花蓝瑶社会组织》，南京：江苏人民出版社，1988。
王桐龄：《中国民族史》，北平：文化学社，1934。
王文光、仇学琴：《〈史记〉“四裔传”与秦汉时期的边疆民族史研究》，《思想战线》2008 年第 2 期。

王文光、翟国强：《试论中国西南民族地区青铜文化的地位》，《思想战线》2006 年第 6 期。
王中江：《自然和人：近代中国两个观念的谱系探微》，北京：商务印书馆，2018。
威廉姆斯［威廉斯］：《关键词：文化与社会的词汇》，刘建基译，北京：生活·读书·新知三联书店，2005。
韦伯：《古犹太教》（韦伯作品集 XI），康乐、简惠美译，桂林：广西师范大学出版社，2007。
韦伯：《新教伦理与资本主义精神》（韦伯作品集 VII），康乐、简美惠译，桂林：广西师范大学出版社，2007。
韦伯：《印度的宗教》（韦伯作品集 X），康乐、简惠美译，桂林：广西师范大学出版社，2005。
韦伯：《中国的宗教 宗教与世界》（韦伯作品集 V），康乐、简惠美译，桂林：广西师范大学出版社，2004。
韦伯：《宗教社会学》（韦伯作品集 VIII），康乐、简惠美译，桂林：广西师范大学出版社，2005。
韦尔南：《神话与政治之间》，余中先译，北京：生活·读书·新知三联书店，2001。
翁乃群：《女源男流：从象征意义论川滇边境纳日文化中社会性别的结构体系》，《民族研究》1996 年第 4 期。
沃尔夫：《欧洲与没有历史的人民》，赵丙祥、刘传珠、杨玉静译，上海：上海人民出版社，2006。
吴飞：《论“生生”——兼与丁耘教授商榷》，《哲学研究》2018 年第 1 期。
吴晗：《读史札记》，北京：生活·读书·新知三联书店，1956。
吴文藻：《论社会学中国化》，北京：商务印书馆，2010。
吴文藻：《吴文藻人类学社会学研究文集》，北京：民族出版社，1990。
伍婷婷：《变革社会中的人生与学术——围绕李绍明的中国人类学史个案研究》，中央民族大学博士论文，2009。
伍婷婷：《交往的历史，“文化”和“民族–国家”：以马长寿 20 世纪 30—40 年代的研究为例》，载王铭铭主编：《中国人类学评论》第 10 辑，北京：世界图书出版公司，2009。
向达：《唐代长安与西域文明》，北平：哈佛–燕京学社，1933。
萧公权：《康有为思想研究》，汪荣祖译，北京：中国人民大学出版社，2014。
谢冰青：《从康有为〈欧洲十一国游记〉中的意大利形象看康有为对中国文明的态度》，《文艺生活》2012 年第 5 期。
谢和耐：《中国与基督教：中西文化的首次撞击》，耿昇译，上海：上海古籍出版社，2003。
徐传保：《先秦国际法之遗迹》，上海：中国科学公司，1931。
徐旭生：《中国古史的传说时代》，桂林：广西师范大学出版社，2003。
许烺光：《驱逐捣蛋者——魔法、科学与文化》，王芃、徐隆德、余伯泉译，台北：南天书局有限公司，1997。
许烺光：《祖荫下——中国乡村的亲属、人格与社会流动》，王芃、徐隆德译，台北：南天书局有限公司，2001。

阎云翔：《差序格局与中国文化的等级观》，《社会学研究》2006年第4期。
杨伯达：《巫玉之光：中国史前玉文化论考》，上海：上海古籍出版社，2005。
杨伯峻：《论语译注》，北京：中华书局，1980。
杨成志：《杨成志人类学民族学文集》，北京：民族出版社，2003。
杨成志：《杨成志文集》，广州：中山大学出版社，2004。
杨国荣：《庄子的思想世界》，北京：北京大学出版社，2006。
杨堃：《社会学与民俗学》，成都：四川民族出版社，1997。
杨堃：《杨堃民族研究文集》，北京：民族出版社，1991。
杨立华：《一本与生生：理一元论纲要》，北京：生活·读书·新知三联书店，2018。
杨联陞：《从历史看中国的世界秩序》，载费正清编：《中国的世界秩序：传统中国的对外关系》，杜继东译，北京：中国社会科学出版社，2010。
杨清媚：《"燕京学派"的知识社会学思想及其应用——围绕吴文藻、费孝通、李安宅展开的比较研究》，《社会》2015年第4期。
杨清媚：《知识分子的心史：从ethnos看费孝通的社区研究与民族研究》，《社会学研究》2010年第4期。
杨清媚：《最后的绅士：以费孝通为个案的人类学史研究》，北京：世界图书出版公司，2010。
杨庆堃：《中国社会中的宗教：宗教的现代社会功能与其历史因素之研究》，范丽珠等译，上海：上海人民出版社，2007。
杨圣敏、胡鸿保主编：《中国民族学六十年：1949—2010》，北京：中央民族大学出版社，2012。
杨正文：《苗族服饰文化》，贵阳：贵州民族出版社，1998。
姚纯安：《社会学在近代中国的进程：1895—1919》，北京：生活·读书·新知三联书店，2006。
叶舒宪编选：《结构主义神话学》，西安：陕西师范大学出版社，1988。
游琪、刘锡诚主编：《山岳与象征》，北京：商务印书馆，2004。
袁剑：《近代西方"边疆"概念及其阐释路径：以拉策尔、寇松为例》，《北方民族大学学报》（哲学社会科学版）2015年第2期。
袁珂：《中国神话通论》，成都：巴蜀书社，1993。
云南省编辑组：《永宁纳西族社会及母权制调查》，昆明：云南人民出版社，1986。
詹承绪、王承权、李进春、刘龙初：《永宁纳西族的阿注婚姻和母系家庭》，上海：上海人民出版社，2006。
张帆：《吴泽霖与他的〈美国人对黑人、犹太人和东方人的态度〉》，载王铭铭主编：《中国人类学评论》第5辑。
张冠生：《费孝通传》，北京：群言出版社，2000。
张江华：《"乡土"与超越"乡土"：费孝通与雷德斐尔德的文明社会研究》，《社会》2015年第4期。
张启祯、张启礽编：《康有为在海外·美洲辑——补南海康先生年谱（1898—1913）》，北京：商务印书馆，2018。
张祥龙：《海德格尔思想与中国天道：终极视域的开启与交融》，北京：中国人民大学出版社，2010。
张星烺：《欧化东渐史》，北京：商务印书馆，2000。
张治：《康有为海外游记研究》，《南京师范大学文学院学报》2007 年第 1 期。
章永乐：《万国竞争：康有为与维也纳体系的衰变》，北京：商务印书馆，2017。
章永乐：《作为全球秩序思考者的康有为》，《读书》2017 年第 12 期。
赵汀阳、乐比雄：《一神论的影子：哲学家与人类学家的通信》，王惠民译，北京：中信出版社，2019。
赵心愚：《纳西族与藏族关系史》，成都：四川人民出版社，2004。
曾亦：《共和与君主：康有为晚期政治思想研究》，上海：上海人民出版社，2010。
郑少雄：《汉藏之间的康定土司：清末民初末代明正土司人生史》，北京：生活·读书·新知三联书店，2016。
郑振满：《明清福建家族组织与社会变迁》，长沙：湖南教育出版社，1992。
钟叔河：《走向世界：近代中国知识分子考察西方的历史》，北京：中华书局，2000。
周飞舟：《差序格局和伦理本位——从丧服制度看中国社会结构的基本原则》，《社会》2015 年第 1 期。
周密：《武林旧事》，北京：中华书局，2007。
周文玖、张锦鹏：《关于“中华民族是一个”学术论辩的考察》，《民族研究》2007 年第 3 期。
庄成：《安溪县志》，厦门：厦门大学出版社，1988。

外文

Ackroyd, Peter 2001. *London: The Biography*, London: Vintage Books.

Alberti, Benjamin, Severin Fowles, Martin Holbraad, Yvonne Marshall, Christopher Witmore 2011. “‘Worlds Otherwise’: Archaeology, Anthropology, and Ontological Difference, ” in *Current Anthropology*, Vol. 52, No. 6.

Amin, Samir 1973. *Le Développement Inégal. Essai sur les Formes Sociales du Capitalisme Périphérique*, Paris: Editions de Minuit.

Anderson, Benedict 1991. *Imagined Communities: Reflections on the Origin and Spread of Nationalism* (Revised and Extended Edition), London: Verso.

Arkush, David 1982. *Fei Xiaotong and Sociology in Revolutionary China*, Cambridge, Massachusetts: Asia Center, Harvard University.

Asad, Talal ed. 1973. *Anthropology and the Colonial Encounter*, London: Ithaca Press.

Atwill, David G. 2005. *The Chinese Sultanate: Islam, Ethnicity, and the Panthay Rebellion in Southwest China, 1856-1873*, Stanford: Stanford University Press.

Aveni, Anthony 1989. *Empires of Time: Calendars, Clocks, and Cultures*, New York: Kodansha International.

Barth, Fredrik 1969. "Introduction, " in Fredrik Barth ed. *Ethnic Groups and Boundaries*, Long Grove, Illinois: Waveland Press, Inc..

Barth, Fredrik 1987. *Cosmological in the Making: A Generative Approach to Cultural Variation in Inner New Guinea*, Cambridge: Cambridge University Press.

Berlin, Isaiah 2000. *Three Critics of the Enlightenment: Vico, Hamann, Herder*, London: Pimlico.

Boas, Franz 1974. "Anthropology (a lecture delivered at Columbia University in the series of science, philosophy, and art, December 18, 1907), " in George Stocking, Jr. ed., *A Franz Boas Reader: The Shaping of American Anthropology, 1883-1911.*

Boas, Franz 1974. "The Aims of Ethnology, " in George Stocking, Jr. ed., *A Franz Boas Reader: The Shaping of American Anthropology, 1883-1911*, Chicago: University of Chicago Press.

Bourdieu, Pierre 2014. *On the State: Lectures at the Collège de France*, trans. David Fernbach, Cambridge: Polity Press.

Brague, Rémi 2003. *The Wisdom of the World: The Human Experience of the Universe in Western Thought,* Chicago: University of Chicago Press.

Brandewie, Ernest 1990. *When Giants Walked the Earth: The Life and Times of Wilhelm Schmidt*, Fribourg, Switzerland: University Press.

Bruckermann, Charlotte and Stephan Feuchtwang 2016. *The Anthropology of China: China as Ethnographic and Theoretical Critique*, London: Imperial College Press.

Carrithers, Michael, Steven Collins and Steven Lukes eds. 1985. *The Category of the Person: Anthropology, Philosophy, History*, Cambridge: Cambridge University Press.

Carrithers, Michael, Matei Candea, Karen Sykes, Martin Holbraad, and Soumhya Venkatesan 2010. "Ontology is Just Another Word for Culture: Motion Tabled at the 2008 Meeting of the Group for Debates in Anthropological Theory, University of Manchester, " in *Critique of Anthropology*, Vol. 30, Iss. 2.

Ch'ü, T'ung-Tsu 1972. *Han Social Structure*, Seattle: University of Washingtong Press.

Chiao, Chien 1987. "Radcliffe-Brown in China, " in *Anthropology Today*, Vol. 3, No. 2.

Childe, Gordon 1950. "The Urban Revolution, " in *the Town Planning Review*, Vol. 21, No. 1.

Clifford, James and George Marcus eds. 1986. *Writing Culture: The Poetics and Politics of Ethnography*, Berkeley: University of California Press.

Damon, Frederick 1990. *From Muyuw to the Trobriands: Transformations Along the Northern Side of the Kula Ring*, Tucson: University of Arizona Press.

Damon, Frederick 2016. "Deep Historical Ecology: the Kula Ring as a Representative Moral System from the Indo-Pacific, " in *World Archaeology*, Vol. 48, No. 4.

de Groot, J. J. M 1884. *Buddhist Masses for the Dead at Amoy*, Leiden: Brill.

Dean, Kenneth 1993. *Taoist Ritual and Popular Cults of Southeast China*, Princeton: Princeton

University Press.

Deleuze, Gilles and Félix Guattari 1986. *Nomadology: The War Machine*, New York: Semiotext.

Descola, Philippe 1994. *In the Society of Nature: A Native Ecology in Amazonia,* trans. N. Scott, Cambridge: Cambridge University Press.

Descola, Philippe 2013. *Beyond Nature and Culture*, trans. J. Lloyd, Chicago: University of Chicago Press.

Dirlik, Arif, Li Guannan and Yen Hsiao-Pei ed. 2012. *Sociology and Anthropology in Twentieth-Century China: Between Universalism and Indigenism*, Hong Kong: Chinese University of Hong Kong Press.

Donnan, Hasting and Thomas Wilson, 2010. *Borders: Frontiers of Identity, Nation, and State*, Oxford: Oxford University Press.

Douglas, Mary 1980. *Edward Evans-Pritchard*, New York: Viking Press.

Dumézil, Georges 1970. *Archaic Roman Religion*, trans. P. Krapp, Chicago: University of Chicago Press.

Dumont, Louis 1980. *Homo Hierarchicus: The Caste System and its Implications* (Complete Revised English Edition), Chicago: University of Chicago Press.

Dumont, Louis 1985. "A Modified View of our Origins: the Christian Beginnings of Modern Individualism, " in Michael Carrithers, Steven Collins and Steven Lukes eds., *The Category of the Person: Anthropology, Philosophy, History*.

Dumont, Louis 1994. *German Ideology: From France to Germany and Back*, Chicago: University of Chicago Press.

Eisenstadt, S. N. 2003. *Comparative Civilizations and Multiple Modernities*, Leiden: Brill.

Eliade, Mircea 1959. *Cosmos and History: The Myth of the Eternal Return*, New York: Harper & Row Publishers, Inc.

Eliade, Mircea 1971. *The Myth of the Eternal Return: or, Cosmos and History*, trans. Willard R. Trask, Princeton: Princeton University Press.

Elias, Norbert 1994. *Reflections on a Life*, Cambridge: Polity Press.

Elvin, Mark 1985. "Between the Earth and Heaven: Conceptions of the Self in China, " in Michael Carrithers, Steven Collins and Steven Lukes eds. *The Category of the Person: Anthropology, Philosophy, History.*

Escobar, Arturo 1993. "The Limits of Reflexivity: Politics in Anthropology's Post-*Writing Culture* Era, " in *Journal of Anthropological Research*, Vol. 49, No. 4.

Escobar, Arturo and Gustavo Lins Ribeiro eds. 2006. *World Anthropologies: Disciplinary Transformations within Systems of Power*, London: Routledge.

Evans-Pritchard, Edward 1937. *Witchcraft, Oracles and Magic among the Azande*, Oxford: Clarendon Press.

Evans-Pritchard, Edward 1940. *The Nuer: A Description of the Modes of Livelihood and Political*

Institutions of a Nilotic People, Oxford: Oxford University Press.

Evans-Pritchard, Edward 1962. *Social Anthropology and Other Essays*, New York: The Free Press of Glencoe.

Evans-Pritchard, Edward 1965. *Theories of Primitive Religion*, Oxford: Oxford University Press.

Étiembl, René 1988. *L'Europe Chinoise,* Paris: Gallimard.

Fabian, Johannes 1983. *Time and the Other: How Anthropology Makes Its Object*, New York: Columbia University Press.

Fahim, Hussein ed. 1982. *Indigenous Anthropology in Non-Western Countries*, Durham: Carolina Academic Press.

Fardon, Richard ed. 1990. *Localizing Strategies: Regional Traditions of Ethnographic Writing*, Edinburgh: Scottish Academic Press & Washington: Smithsonian Institution Press.

Fei, Xiaotong 1939. *Peasant Life in China: A Field Study of Country Life in the Yangtze Valley*, London: Routledge & Kegan Paul.

Fei, Hsiao-Tung and Chih-I Chang 1948. *Earthbound China: A Study of Rural Economy in Yunnan*, Chicago: University of Chicago Press.

Fei, Hsiao-Tung 1953. *China's Gentry: Essays in Rural-Urban Relations* (Revised and Edited by Margaret Park Redfield), Chicago: University of Chicago Press.

Fei, Xiaotong 1992. *From the Soil, the Foundations of Chinese Society*, trans. Gary G. Hamilton and Wang Zheng, Berkeley: University of California Press.

Feld, Steven and Keith Basso eds. 1996. *Senses of Place*, Santa Fe: School of American Research Press.

Fernandez, James and Milton Singer eds. 1995. *The Conditions of Reciprocal Understanding: A Centennial Conference at International House*, Chicago: The Center for International Studies, The University of Chicago.

Feuchtwang, Stephan 1989. "The Problem of Superstition in the PRC, " in Gustavo Benavides and Martin W. Daly eds., *Religion and Political Power*, Albany: The State University of New York Press.

Feuchtwang, Stephan 2005. "Fei Xiaotong: Anthropologist and Reformer, " in *The Guardian*, 5 May.

Feuchtwang, Stephan and Wang Mingming 2001. *Grassroots Charisma: Four Local Leaders in China*, London: Routledge.

FitzGerald, Charles P. 1972. *The Southern Expansion of the Chinese People*, New York: Praeger Publishers, Inc.

Fournier, Marcel 1994. *Marcel Mauss*, Paris: Fayard.

Freeman, Derek 1983. *Margaret Mead and Samoa*, Cambridge, Massachusetts: Harvard University Press.

Freedman, Maurice 1979, *The Study of Chinese Society,* selected and introduced by G. William Skinner, Stanford: Stanford University Press.

Freedman, Maurice 1963. "A Chinese Phase in Social Anthropology," *The Study of Chinese Society*; also in *British Journal of Sociology*, Vol. 14, No. 1.

Gane, Mike 1992. "Introduction: Émile Durkheim, Marcel Mauss and the Sociological Project, " in his ed., *The Radical Sociology of Durkheim and Mauss*, London: Routledge.

Geertz, Clifford ed. 1963. *Old Societies and New States*, New York: Free Press.

Geertz, Clifford 1973. "Thick Description: Toward an Interpretive Theory of Culture, " in his *The Interpretation of Cultures: Selected Essays*, New York: Basic Books.

Geertz, Clifford 1983. *Local Knowledge: Further Essays in Interpretive Anthropology*, New York: Basic Books.

Gellner, Ernest 1980, *Soviet and Western Anthropology*, London: Duckworth.

Gellner, Ernest 1993. *Postmodernism, Reason and Religion*, London: Routledge.

Gerholm, Tomas and Ulf Hannerz 1982. "Introduction: The Shaping of National Anthropologies," in *Ethnos*, Vol. 47, No. 1.

Giddens, Anthony 1985. *The Nation-State and Violence*, Cambridge: Polity Press.

Goody, Jack 1996. *The East in the West*, Cambridge: Cambridge University Press.

Granet, Marcel 1930. *Chinese Civilization*, trans. Kathleen Innes and Mabel Brailsford, London: Kegan Paul Trench and Co., Ltd.

Granet, Marcel 1932. *Festival and Songs of Ancient China*, trans. E. D. Edwards, London: George Routledge and Sons. Ltd.

Gupta, Akhil and James Ferguson eds. 1997. *Anthropological Locations: Boundaries and Grounds of a Field Science*, Berkeley: University of California Press.

Handelman, Don 1990. *Models and Mirrors: Towards an Anthropology of Public Events*, Cambridge: Cambridge University Press.

Harrell, Stevan ed. 1995. *Cultural Encounters on China's Ethnic Frontiers*, Seattle: University of Washington Press.

Harrell, Stevan 2001. "The Anthropology of Reform and the Reform of Anthropology: Anthropological Narratives of Recovery and Progress in China, " in *Annual Review of Anthropology*, Vol. 30.

Hart, Keith 2007. "Marcel Mauss: In Pursuit of the Whole. A Review Essay, " in *Comparative Studies in Society and History*, Vol. 49, No. 2.

Hegel, G. W. Friedrich 1956. *The Philosophy of History,* ed. and trans. J. Sibree, New York: Dover Publications.

Helms, Mary W. 1993. *Craft and the Kingly Ideal: Art, Trade, and Power*, Austin: University of Texas Press.

Henare, Amiria, Martin Holbraad and Sari Wastell eds. 2007. *Thinking through Things: Theorising Artefacts Ethnographically*, London: Routledge.

Hobsbawm, Eric and Terence Ranger eds. 1983. *The Invention of Tradition*, Cambridge:

Cambridge University Press.

Holbraad, Martin 2012. *Truth in Motion: The Recursive Anthropology of Cuban Divination*, Chicago: University of Chicago Press.

Hobraad, Martin and Morton Axel Pedersen 2017. *The Ontological Turn: An Anthropological Exposition*, Cambridge: Cambridge University Press.

Hostetler, Laura 2001. *Qing Colonial Enterprise: Ethnography and Cartography in Early Modern China*, Chicago: University of Chicago Press.

Hsu, Francis L. K. 1944. "Sociological Research in China, " in *Quarterly Bulletin of Chinese Bibliography*, New (2d) Series, Vol. 3, No. 1.

Hsu, Francis L. K. 1963. *Clan, Caste, and Club*, Princeton: Van Nostrand.

Hsu, Francis L. K. 1971. *Under the Ancestors' Shadow: Kinship, Personality, and Social Mobility in China*, Stanford, California: Stanford University Press.

Hubert, Henri and Marcel Mauss 1981. *Sacrifice: Its Nature and Function,* trans. W. D. Halls, Chicago: University of Chicago Press.

Ingold, Tim 1986. *The Appropriation of Nature: Essays on Human Ecology and Social Relations*, Manchester: Manchester University Press.

Ingold, Tim 2000. *The Perception of the Environment: Essays in Livelihood, Dwelling and Skill*, London: Routledge.

Jackson, Michael 2013. *Lifeworlds: Essays in Existential Anthropology*, Chicago: University of Chicago Press.

James, Wendy 1998. "One of Us' : Marcel Mauss and 'English' Anthropology, " in Wendy James and N. J. Allen eds., *Marcel Mauss: A Centenary Tribute*, Oxford: Berghahn Books.

Jaspers, Karl 2003. *Way to Wisdom: An Introduction to Philosophy*, New Haven: Yale University Press.

Jullien, François 1995. *The Propensity of Things: Toward a History of Efficacy in China*, trans. J. Lloyd, New York: Zone Books.

Karsenti, Bruno 1994. *Marcel Mauss: Le Fait Social Total*, Paris: PUF.

Karsenti, Bruno 1998. "The Maussian Shift: A Second Foundation for Sociology in France, " in Wendy James and N. J. Allen eds., *Marcel Mauss: A Centenary Tribute*.

Keightley, David N. 2000. *The Ancestral Landscape: Time, Space, and Community in Late Shang China (Ca. 1200-1045 B.C.),* Berkeley: Institute of East Asian Studies.

Keyes, Charles 1987. *Thailand: Buddhist Kingdom as Modern Nation-State*, New York: Westview Press Inc.

Kluckhohn, Clyde 1961. *Anthropology and the Classics*, Providence: Brown University Press.

Kohn, Eduardo 2009. "A Conversation with Philippe Descola, " in *Tipit'ı: Journal of the Society for the Anthropology of Lowland South America*, Vol. 7, No. 2.

Krotz, Esteban 1997. "Anthropologies of the South: Their Rise, their Silencing, their

Characteristics, " in *Critique of Anthropology*, Vol. 17, Iss.2.

Kuper, Adam ed. 1992. *Conceptualizing Society*, London: Routledge.

Kuper, Adam 1999. *Culture: The Anthropologists' Account*, Cambridge, Massachusetts: Harvard University Press.

La Fontaine, Jean 1998. *Speak of the Devil: Tales of Satanic Abuse in Contemporary England*, Cambridge: Cambridge University Press.

Latour, Bruno 1993. *We Have Never Been Modern*, trans. Catherine Porter, Cambridge, Massachusetts: Harvard University Press.

Latour, Bruno 2009. "Perspectivism: 'Type' or 'Bomb' ?" in *Anthropology Today*, No. 2.

Lattimore, Owen 1967. *Inner Asian Frontiers of China*, Boston: Beacon Books.

Le Pichon, Alain 1995. "Introductory Remarks" , James Fernandez and Milton Singer eds., *The Conditions of Reciprocal Understanding: A Centennial Conference at International House.*

Leach, Edmund 1954. *Political Systems of Highland Burma: A Study of Kachin Social Structure*, London: G. Bell & Son Ltd.

Leach, Edmund 1971. *Rethinking Anthropology*, London: Athlone Press.

Leach, Edmund 1982. *Social Anthropology*, Glasgow: Fontana Press.

Lévi-Strauss, Claude 1963. "Do Dual Organizations Exist?" in his *Structural Anthropology*, Vol. 1, New York: Basic Books. Also London: Penguin Books, 1977.

Lévi-Strauss, Claude 1963. "The Place of Anthropology in the Teaching of the Social Sciences and Problems Raised in Teaching It, " in his *Structural Anthropology,* Vol. 2, London: Penguin Books.

Lévi-Strauss, Claude, 1969. *The Elementary Structure of Kinship*, trans. James Bell, John Sturmer and Rodney Needham, Boston: Beacon Press.

Lévi-Strauss, Claude 1970. *The Raw and the Cooked: Introduction to a Science of Mythology,* Vol. 1, trans. John and Doreen Weightman, New York: Harper Torchbooks.

Lévi-Strauss, Claude 1987. *Introduction to the Work of Marcel Mauss*, trans. Felicity Baker, London: Routledge and Kegan Paul.

Lévi-Strauss, Claude 1992. *The View from Afar*, trans. Joachim Neugroschel and Phoebe Hoss, Chicago: University of Chicago Press.

Lévi-Strauss, Claude 2013. *Anthropology Confronts the Problems of the Modern World*, trans. Jane Marie Todd, Cambridge, Massachusetts: The Belknap Press of Harvard University Press.

Li, Chi 1977. *Anyang*, Seattle: University of Washington Press.

Liang, Chi-chao 1930. *History of Chinese Political Thought: During the Early Tsin Period*, London: Kegan Paul, Trench, Trubner & Co., Ltd.

Lin, Yue-hua, 1948. *The Golden Wing: A Sociological Study of Chinese Familism*, London: Routledge and Kegan Paul.

Litzinger, Ralph. A. 2000. *Other Chinas: The Yao and the Politics of National Belonging*,

Durham: Duke University Press.

Macfarlane, Alan 1978. *The Origins of English Individualism,* Oxford: Basil Blackwell.

Malinowski, Bronislaw 1935. *Coral Gardens and Their Magic*, London: Allen & Unwin.

Malinowski, Bronislaw 1939. "Preface, " to Fei Hsiao-Tung, *Peasant life in China*, London: Routledge and Kegan Paul.

Malinowski, Bronislaw 1948. *Magic, Science and Religion and Other Essays*, Glencoe: The Free Press.

Marcus, George E. and Michael M. J. Fischer 1986. *Anthropology as Cultural Critique: An Experimental Moment in the Human Sciences*, Chicago: University of Chicago Press.

Marret, Robert 1914. "Pre-animistic Religion, " in his *The Threshold of Religion*, London: Methuen & Co., Ltd.

Marriott, McKim ed. 1955. *Village India: Studies in the Little Community*, Chicago: University of Chicago Press.

Mauss, Marcel 1950. *Sociologie et Anthropologie*, Paris: PUF.

Mauss, Marcel 1974. *Œeuvres 2: Représentations Collectives et Diversité des Civilisations*, Paris: Les Éditions de Minuit.

Mauss, Marcel 1985. "A Category of the Human Mind: The Notion of Person; the Notion of Self," in Michael Carrithers, Steven Collins and Steven Lukes eds., *The Category of the Person: Anthropology, Philosophy, History*.

Mauss, Marcel 1990. *The Gift: Forms and Functions of Exchange in Archaic Societies*, London: Routledge.

Mauss, Marcel 1998. "An Intellectual Self-Portrait, " in Wendy James and A. J. Allen eds., *Marcel Mauss: A Centenary Tribute*.

Mauss, Marcel 2006. *Techniques, Technology and Civilisation*, edited and introduced by N. Schlanger, New York, Oxford: Durkheim Press/Berghahn Books.

Muggler, Eric 2001. *The Age of Wild Ghosts: Memory, Violence, and Place in Southwest China*, Berkeley: University of California Press.

Müller, Friedrich Max 1855. *The Languages of the Seat of War in the East: With a Survey of the Three Families of Language, Semitic, Arian, and Turanian*, London: Williams and Norgate.

Müller, Friedrich Max 2010. *Comparative Mythology: An Essay*, Whitefish: Kessinger Publishing.

Ortner, Sherry 1984. "Theory in Anthropology since the Sixties, " in *Comparative Studies in Society and History,* Vol. 26, No. 1.

Overmyer, Daniel L. 1972. "Folk-Buddhist Religion: Creation and Eschatology in Medieval China, " in *History of Religions*, Vol. 12, No. 1.

Pasternak, Burton 1988. "A Conversation with Fei Xiaotong, " in *Current Anthropology*, Vol. 29, No. 4.

Park, Robert, Ernest W. Burgess and Roderick D. McKenzie 1925. *The City*, Chicago: University of Chicago Press.

Pedersen, Morten A. 2001. "Totemism, Animism and North Asian Indigenous Ontologies, " in *Journal of the Royal Anthropological Institute*, Vol. 7, No. 3.

Pickering, William 1998. "Mauss's Jewish Background: A Biographical Essay, " in Wendy James and N. J. Allen eds., *Marcel Mauss: A Centenary Tribute*.

Pratt, Mary L. 1992. *Imperial Eyes: Travel Writing and Transculturation*, London: Routledge.

Rabinow, Paul 1977. *Reflections on Fieldwork in Morocco*, Berkeley: University of California Press.

Rabinow, Paul and Hubert Dreyfus 1983. *Michel Foucault, Beyond Structuralism and Hermeneutics*, Chicago: University of Chicago Press.

Radcliffe-Brown, Alfred 1977. "The Comparative Method in Social Anthropology, " in Adam Kuper ed., *The Social Anthropology of Radcliffe-Brown*, London: Routledge and Kegan Paul.

Radcliffe-Brown, Alfred 1977. "The Comparative Method in Social Anthropology; " "Religion and Society, " in Adam Kuper ed., *The Social Anthropology of Radcliffe-Brown*.

Redfield, Robert 1948. *The Folk Culture of Yucatan*, Chicago: University of Chicago Press.

Redfield, Robert 1953. "Introduction, " to Fei Hsiao-Tung, *China's Gentry: Essays in Rural-Urban Relations*, Chicago: University of Chicago Press.

Redfield, Robert 1956. *Peasant Society and Culture: An Anthropological Approach to Civilization*, Chicago: University of Chicago Press.

Redfield, Robert 1973. *The Little Community and Peasant Society and Culture*, Chicago: University of Chicago Press.

Restrepo, Eduardo and Arturo Escobar 2006. "Responses to 'Other Anthropologies and Anthropology Otherwise' : Steps to a World Anthropologies Framework, " in *Critique of Anthropology*, Vol. 26, Iss. 4.

Rio, Knut and Olaf Smedal eds. 2001. *Hierarchy: Persistence and Transformation in Social Formations*, New York: Berghahn Books.

Rowlands, Michael 2014. "Neolithicities: From Africa to Eurasia and Beyond, " unpublished paper, the International Academic Workshop on Communication and Isolation, Quanzhou.

Sahlins, Marshall 1988. "Cosmologies of Capitalism: The Trans-Pacific Sector of the 'World System'," in *Proceedings of the British Academy*, LXXIV.

Sahlins, Marshall 1999. "Two or Three Things that I Know about Culture, " in *Journal of the Royal Anthropological Institute*, Vol. 5, No. 3.

Sahlins, Marshall 2000. *Culture in Practice: Selected Essays*, New York: Zone Books.

Sahlins, Marshall 2003. *Stone Age Economics,* London: Routledge.

Said, Edward 1978. *Orientalism: Western Representations of the Orient*, London: Routledge and Kegan Paul.

Samuel, Geoffrey 1993. *Civilized Shamans: Buddhism in Tibetan Societies*, Washington:

Smithsonian Institute of Press.

Sanjek, Roger 1998. "Ethnography, " in Alan Barnard and Jonathan Spencer eds., *Encyclopedia of Social and Cultural Anthropology*, London: Routledge.

Schein, Louisa 2000. *Minority Rules: The Miao and the Feminine in China's Cultural Politics*, Durham: Duke University Press.

Schlanger, Nathan 1998. "The Study of Techniques as An Ideological Challenge: Technology, Nation, and Humanity in the Work of Marcel Mauss, " in Wendy James and N. J. Allen eds., *Marcel Mauss: A Centenary Tribute.*

Schlanger, Nathan 2006. "Introduction. Technological Commitments: Marcel Mauss and the Study of Techniques in the French Social Sciences" , in Marcel Mauss, *Techniques, Technology and Civilisation.*

Scott, James 2009. *The Art of Not Being Governed: An Anarchist History of Upland Southeast Asia*, New Haven: Yale University Press.

Shirokogoroff, Sergei 1935. *Psychomental Complex of the Tungus*, London: Kegan Paul, Trench, Trubner.

Shirokogoroff, Sergei 1942. "Ethnographic Investigation of China, " in *Asian Ethnology (Asian Folklore),* Vol. 1, No. 1.

Smith, Arthur 2003. *Village Life in China: A Study in Sociology*, London: Kegan Paul International.

Smith, William Robertson 1957. *The Religion of the Semites: The Fundamental Institutions*, New York: The Meridian Books.

Stein, Rolf Alfred 1972. *Tibetan Civilization,* trans. S. Driver, Stanford: Stanford University Press.

Steward, Julian 1955. *Theory of Culture Change: The Methodology of Multilinear Evolution*, Illinois: University of Illinois Press.

Stocking, George, Jr. 1974. *A Franz Boas Reader: The Shaping of American Anthropology, 1883-1911*, Chicago: University of Chicago Press.

Stocking, George, Jr. 1982. "Afterword: A View from the Center, " in *Ethnos*, Vol. 47, No. 1-2.

Stocking, George, Jr. 1987. *Victorian Anthropology*, New York: The Free Press.

Stocking, George, Jr. 1995. *After Tylor: British Social Anthropology, 1888-1951*, Madison: University of Wisconsin Press.

Stocking, George, Jr. ed. 1991. *Colonial Situations: Essays on the Contextualization of Ethnographic Knowledge*, Madison: University of Wisconsin Press.

Strathern, Marilyn 1988. *The Gender of the Gift: Problems with Women and Problems with Society in Melanesia*, Berkeley: University of California Press.

Strathern, Marilyn 1995. *The Relation: Issues in Complexity and Scale*, Cambridge: Prickly Pear Press.

Szanton, David ed. 2004. *The Politics of Knowledge: Area Studies and the Disciplines*, Berkeley:

University of California Press.

Tambiah, Stanley J. 1970. *Buddhism and the Spirit Cults in North-east Thailand*, Cambridge: Cambridge University Press.

Tambiah, Stanley J. 1976. *World Conqueror and World Renouncer: A Study of Buddhism and Polity in Thailand against a Historical Background*, Cambridge: Cambridge University Press.

Tambiah, Stanley J. 1985. *Culture, Thought, and Social Action: An Anthropological Perspective*, Cambridge: Harvard University Press.

Tan, Chee-Beng and Ding Yu-ling 2010. "The Promotion of Tea in South China: Re-Inventing Tradition in an Old Industry, " in *Food and Foodways*, Vol. 18.

Thomas, Keith 1973. *Religion and the Decline of Magic: Studies in Popular Beliefs in Sixteenth and Seventeenth Century England*, Harmondsworth: Penguin Books.

Trescott, Paul 1992. "Institutional Economics in China: Yenching, 1917-1941, " in *Journal of Economic Issues*, Vol. 16, No. 4.

Turner, Victor and Edith Turner 2011. *Image and Pilgrimage in Christian Culture*, New York: Columbia University Press.

Tylor, Edward Burnett 1871. *Primitive Culture: Researches into the Development of Mythology, Philosophy, Religion, Language, Art and Custom*, London: John Murray.

Umesao, Tadao 2003. *An Ecological View of History: Japanese Civilization in the World Context*, Melbourne: Trans Pacific Press.

Van Spengen, Wim 2000. *Tibetan Border Worlds: A Geographical Analysis of Trade and Traders*, London and New York: Kegan Paul International.

Vernant, Jean-Pierre 2006. *Myth and Thought among the Greeks,* trans. J. Lloyd and Jeff Fort, New York: Zone Books.

Viveiros de Castro, Eduardo 1992. *From the Enemy's Point of View: Humanity and Divinity in an Amazonian Society,* Chicago: University of Chicago Press.

Viveiros de Castro, Eduardo 1998. "Cosmological Deixis and Amerindian Perspectivism, " in *Journal of the Royal Anthropological Institute*, Vol. 4, No. 3.

Viveiros de Castro, Eduardo 2012. *Cosmological Perspectivism in Amazonia and Elsewhere: Four Lectures given in the Department of Social Anthropology,* Cambridge University, February-March 1988, Manchester: *Hau* Masterclass Series.

Viveiros de Castro, Eduardo 2013. "The Relative Native, " in *Hau: Journal of Ethnographic Theory*, Vol. 3, No. 3.

Wagner, Roy 1981. *The Invention of Culture*, Chicago: University of Chicago Press.

Wang, Fan-sen 2000. *Fu Ssu-nien: A Life in Chinese History and Politics*, Cambridge: Cambridge University Press.

Wang, Mingming 2009. *Empire and Local Worlds: A Chinese Model for Long-Term Historical Anthropology*, California: Left Coast Press.

Wang, Mingming 2011. "A Drama of the Concepts of Religion: Reflecting on Some of the Issues of 'Faith' in Contemporary China," in *Working Paper Series*, No. 155, Singapore: Asia Research Institute, National University of Singapore.

Wang, Mingming 2012. "All under Heaven (Tianxia): Cosmological Perspectives and Political Ontologies in Pre-modern China," in *Hau: Journal of Ethnographic Theory*, Vol. 2, No. 1.

Wang, Mingming 2014. "To Learn from the Ancestors or to Borrow from the Foreigners: China's Self-identity as a Modern Civilisation, " in *Critique of Anthropology*, Vol. 34, No. 4.

Wang, Mingming 2014. *The West as the Other: A Genealogy of Chinese Occidentalism*, Hong Kong: The Chinese University of Hong Kong Press.

Wang, Mingming 2017. "Some Turns in A 'Journey to the West' : Cosmological Proliferation in An Anthropology of Eurasia, " (Radcliffe-Brown Lecture in Social Anthropology, read March 29, 2017) in *Journal of the British Academy*, No. 5.

Wang, Mingming 2017. "The West in the East: Chinese anthropologies in the making, " in *Japanese Review of Cultural Anthropology*, Vo. 18, Iss. 2.

Wang, Zhusheng 1997. *The Jingpo Kachin of the Yunnan Plateau*, Arizona: Program of East Asian Studies, University of Arizona.

Weber, Max 2013. *The Agrarian Sociology of Ancient Civilizations*, trans. R. I. Frank, London: Verso.

Wengrow, David 2010. *What Makes Civilization? The Ancient Near East and the Future of the West*, Oxford: Oxford University Press.

Wengrow, David and David Graeber, 2015. "Farewell to the 'Childhood of Man' : Ritual, Seasonality, and the Origins of Inequality, " in *Journal of the Royal Anthropological Institute*, Vol. 21, No. 3.

Wilcox, Clifford 2006. *Robert Redfield and the Development of American Anthropology* (2nd, revised ed.), Lanham: Lexington Books.

Willerslev, Rane 2007. *Soul Hunters: Hunting, Animism, and Personhood among the Siberian Yukaghirs*, Berkeley: University of California Press.

Wolf, Eric 1982. *Europe and the People without History*, Berkeley: University of California Press.

Xu Lufeng and Ji Zhe, 2018. "Pour une réévaluation de l' histoire et de la civilisation. Les sources françaises de l' anthropologie chinoise," in *cArgo: Revue Internationale d'Anthropologie Culturelle & Sociale,* Vol. 8.

Yamashita, Shinji, Joseph Bosco and J. S. Eades 2004. "Asian Anthropologies: Foreign, Native, and Indigenous, " in their ed., *The Making of Anthropology in East and Southeast Asia*, Oxford: Berghahn Books.